W0342315

Lambacher Schweizer 11

Mathematik für Gymnasien

Bayern

Lösungen und Materialien

erarbeitet von
Simone Diehl
Hans-Georg Kosuch
Joachim Krick
Martina Kurka
Elke Räthe
Kathrin Ruf-Oesterreicher
Horst Weber

Ernst Klett Verlag
Stuttgart · Leipzig

Bildnachweis
Umschlag U1.1 Getty Images (Stockbyte), München; **U1.2** fab-pics, Köln; **200.1 – 200.6** Klett-Archiv (Felix Weiser, Oppenweiler); **212** Klett-Archiv (Felix Weiser, Oppenweiler)

Sollte es in einem Einzelfall nicht gelungen sein, den korrekten Rechteinhaber ausfindig zu machen, so werden berechtigte Ansprüche selbstverständlich im Rahmen der üblichen Regelungen abgegolten.

1. Auflage 1 6 5 4 3 2 | 18 17 16 15 14

Alle Drucke dieser Auflage sind unverändert und können im Unterricht nebeneinander verwendet werden.
Die letzte Zahl bezeichnet das Jahr des Druckes.
Das Werk und seine Teile sind urheberrechtlich geschützt. Jede Nutzung in anderen als den gesetzlich zugelassenen Fällen bedarf der vorherigen schriftlichen Einwilligung des Verlages. Hinweis § 52 a UrhG: Weder das Werk noch seine Teile dürfen ohne eine solche Einwilligung eingescannt und in ein Netzwerk eingestellt werden. Dies gilt auch für Intranets von Schulen und sonstigen Bildungseinrichtungen. Fotomechanische oder andere Wiedergabeverfahren nur mit Genehmigung des Verlages.

© Ernst Klett Verlag GmbH, Stuttgart 2013. Alle Rechte vorbehalten. www.klett.de

Erarbeitet unter Mitwirkung von:
Herbert Götz, Uttenreuth; Manfred Herbst, Herzogenaurach; Arne Jessen, Balingen; Christine Kestler, Holzkirchen; Dr. Johannes Novotný, Schwabach; Karl-Friedrich Reiß, Nürnberg; Barbara Sy, Nürnberg; Thomas Thiessen, Erlangen; Arnold Zitterbart, Triberg

Entstanden in Zusammenarbeit mit dem Projektteam des Verlags

Redaktion: Dr. U. Weiser, C. Hofmeister, K. Leidenberger
Umschlaggestaltung: SoldanKommunikation, Stuttgart
Illustrationen: dtp-studio Andrea Eckhardt, Göppingen
Satz: dtp-studio Andrea Eckhardt, Göppingen
Druck: AZ Druck und Datentechnik GmbH, Kempten/Allgäu
Printed in Germany
ISBN 978-3-12-732763-2

9 783127 327632

Inhaltsverzeichnis

Inhaltsverzeichnis

Bedeutung der Symbole

Lambacher Schweizer 11
Lehrerband

Erläuterung	Symbol	Bedeutung
Im Schülerbuch wurden nur solche Aufgaben mit * versehen, bei denen vielleicht nicht auf den ersten Blick ersichtlich ist, dass die Aufgabe schwer oder zeitaufwändig in der Bearbeitung ist. Damit soll „unbedachten Hausaufgabenstellungen" vorgebeugt werden. Aus pädagogischen Gründen sind weitere Kennzeichnungen im Schülerbuch unterblieben. Im Lehrerband sind nun schwierige und zeitaufwändige Aufgaben als solche gekennzeichnet.		schwierige Aufgabe
		zeitaufwändige Aufgabe
Die Aufgabe erfordert in besonderem Maße das Verbalisieren mathematischer Sachverhalte.		Verbalisieren
Zur Bearbeitung der Aufgabe sind Kenntnisse aus verschiedenen Teilbereichen der Mathematik nötig. Die Vernetzung mit arithmetischen Grundfertigkeiten wird jedoch nicht gekennzeichnet.		vernetzende Aufgabe
Aufgabenstellung oder Lösungsstrategien sind offen oder zur Öffnung gut geeignet. In diesem Fall sind im Lehrerband häufig Hinweise zur Öffnung gegeben.		offene / zu öffnende Aufgabe
Aufgaben, die ein besonderes Maß an Eigeninitiative erfordern, die „aus dem Klassenzimmer hinausführen", die sich zu einem Projekt eignen, die umfangreichere Recherchen voraussetzen etc.		den üblichen Rahmen sprengend
		fächerübergreifende Aufgabe
		Partnerarbeit
		(Klein-) Gruppenarbeit
		zusätzliches Material / Werkzeug nötig
		Taschenrechner sinnvoll / erforderlich
		PC-Einsatz sinnvoll / erforderlich
		Internet-Einsatz sinnvoll / erforderlich
Kopiervorlagen im Buch oder weitere Informationsquellen, die dann im Text genannt werden.	→	Verweis auf andere Materialien
		Spiel
(wird in dieser Klassenstufe nicht benötigt)		Zaubertrick
Historische Informationen		Historisches
Informationen, die hier angegeben sind, um Eigenrecherche zu ersparen; Hintergrundinformationen für die Lehrerin / den Lehrer	i	(Hintergrund-) Information

hier ausschneiden und – am besten foliert – als Lesezeichen verwenden →

Vorwort

Zum Lehrplan

In Kapitel I werden gebrochen rationale Funktionen näher untersucht.
Kapitel II befasst sich mit dem lokalen und globalen Differenzieren und wichtigen Ableitungsregeln.
Anwendung findet der Ableitungsbegriff bei der Untersuchung rationaler Funktionen u.a. auf Monotonie und Extrema in Kapitel III.
Koordinatengeometrie im Raum ist das Thema von Kapitel IV. Hier werden Skalarprodukt, Vektorprodukt, Flächen- und Volumenberechnungen und die Kugelgleichung behandelt.
In Kapitel V wird die Differentialrechnung weitergeführt: Ableitungsregeln für trigonometrische Funktionen, Umkehrfunktionen und verkettete Funktionen werden erarbeitet.
Mit Exponential- und Logarithmusfunktionen wird dann in Kapitel VI eine weitere wichtige Funktionenklasse betrachtet.
In Kapitel VII zur Stochastik werden die Entwicklung des Wahrscheinlichkeitsbegriffs thematisiert und anschließend zusammengesetzte Ereignisse und die Abhängigkeit/Unabhängigkeit von Ereignissen untersucht.
Bei Funktionsbestimmungen und -anpassungen und beim Lösen von Extremwertproblemen wenden die Schülerinnen und Schüler abschließend in Kapitel VIII die in der Differentialrechnung erworbenen Kenntnisse und Fertigkeiten an .

Konzeption des Lehrerbandes

Mit diesem Lehrerband geben wir Ihnen eine praktikable Hilfe für den Unterricht und den Umgang mit unserem Schülerbuch an die Hand. Sie erhalten hilfreiche Hinweise zur Verwendung der Aufgaben im Buch und gelegentlich Erläuterungen zu den Intentionen des Lehrplanes und deren Umsetzung im Schülerbuch.

Lösungen

Die Lösungen zu den Aufgaben sind möglichst knapp gehalten; wesentliche Lösungsschritte, die auch von den Schülern erwartet werden, sind festgehalten. Aus den Lösungen lässt sich, zusammen mit den Symbolen und , der Bearbeitungsaufwand der Aufgaben schnell einschätzen.

Weitere Hinweise zu den Aufgaben

Alle weiteren Informationen und Hinweise zu den Aufgaben finden Sie direkt bei den Lösungen. Um eine schnelle Orientierung zu bieten und den Text knapp zu halten, werden hierfür Symbole verwendet, die in die Randspalte vor die jeweilige Aufgabennummer gesetzt sind.
Werden ergänzende Aufgabenstellungen vorgeschlagen, so befindet sich in der Spalte der Aufgabennummer ein **+**.
Bei offenen Aufgaben können z.B. besonders kreative (nicht rezeptartig abarbeitbare) Lösungsstrategien erforderlich, verschiedene Lösungen möglich sein oder die konkrete Fragestellung offen bleiben. Solche Aufgaben sind im Lehrerband mit gekennzeichnet. Das Öffnen von Aufgaben und das Variieren von Fragestellungen sollte Schülern und Lehrern als selbstverständlich vertraut werden, da hierbei auf kreative Weise und mit hoher Eigenmotivation besonders effektiv gelernt werden kann. Diesem Ziel widerspräche aber eine Ausformulierung aller solcher Öffnungsmöglichkeiten im Schülerbuch. Im Lehrerband sind nun (ebenso mit gekennzeichnete) weitere Anregungen gegeben, welche Aufgaben sich gut zum Öffnen eignen. Der eigenen Kreativität sollen hier aber ausdrücklich keine Grenzen gesetzt werden.
Darüber hinaus sind Aufgaben gekennzeichnet, die den korrekten Umgang mit der Fachsprache trainieren , vernetzende Aufgaben , Aufgaben, die „den üblichen Rahmen sprengen" – also z.B. ein besonderes Maß an Eigeninitiative erfordern , fächerübergreifende Aufgaben und Aufgaben, die sich gut für Partner- bzw. Gruppenarbeit eignen.
Werden zusätzliche Materialien oder Werkzeuge benötigt, so ist dies mit gekennzeichnet; ist der Einsatz eines Taschenrechners, des PC oder des Internets sinnvoll oder geboten, weisen , bzw. @ darauf hin.

Dateien, die bei der Bearbeitung von Aufgaben hilfreich sind, sind downloadbar im Internetauftritt. Die Dateien verraten in der Regel noch nicht die Lösungen, vielmehr kann der Schüler damit entdeckend arbeiten. Bei den Lösungen befindet sich an entsprechender Stelle ein Verweis auf diese Dateien.
Historische Informationen sind mit 📜, sonstige Informationen mit **i** gekennzeichnet.
Die Bedeutung aller Symbole finden Sie auf Seite 5 (Lesezeichen zum Ausschneiden) zusammengefasst.

Alternative Einstiege
Für einige Lerneinheiten werden alternative Einstiege angeboten. In der Spalte für die Aufgabennummern wird dann **A1**, **A2** … notiert. Solche Alternativen nehmen z. B. Bezug zu Themenseiten oder Aufgaben im Schülerbuch oder auf Kopiervorlagen hier im Lehrerband. Häufig bieten diese Vorschläge einen offenen oder selbstentdeckenden Zugang zu dem jeweiligen Problemkreis an.

Sonstige Informationen
Manchen Kapiteln oder Lerneinheiten sind Informationen zu den Inhalten, den Intentionen des Lehrplanes bzw. der Konzeption des Schülerbuches vorangestellt.

Zusatzmaterial
Im zweiten Teil des Lehrerbandes finden Sie umfangreiches Material als Kopiervorlagen zum direkten Einsatz im Unterricht.
Auf dieses Zusatzmaterial wird im Lösungsteil des Lehrerbandes am Ende der entsprechenden Lerneinheiten verwiesen. Gegebenenfalls findet sich auch ein zusätzlicher Verweis bei den alternativen Einstiegen oder bei den Aufgaben, soweit sie Bezug auf dieses Zusatzmaterial nehmen.

- **Arbeitsblätter** zum Ausfüllen ergänzen die Möglichkeiten des Schülerbuches. Auch finden Sie solche Aufgabenstellungen aus dem Schülerbuch als Kopiervorlage, die besonders aufwändig ins Heft zu übertragen wären. Manche dieser Arbeitsblätter können zu Lernzirkeln zusammengefasst werden.
- Bei einigen elementaren Techniken ist es für manche Schüler hilfreich, umfangreiches Trainingsmaterial zu bearbeiten. Um im Schülerbuch kein falsches Signal zu geben und gemäß den Intentionen des Lehrplanes, dem bloßen Kalkül nicht zuviel Platz einzuräumen, haben wir dort auf große „Aufgabenplantagen" verzichtet. Die **Trainingsblätter** eignen sich nun besonders für diese Differenzierung nach unten.
- **Spiele** bieten ein reichhaltiges und motivierendes Aufgabenangebot, insbesondere für offenere Unterrichtssituationen. Ziel der angebotenen Spiele ist es, wichtige elementare mathematische Fertigkeiten intensiv zu üben. Die Aufbereitung als Spiel bewirkt auch in der Oberstufe oft eine höhere Motivation, sich mit dem jeweiligen Gegenstand zu beschäftigen. Hinweise zum Einsatz finden sich im Lösungsteil des Buches, Anleitungen für die Schüler sind auf den Kopiervorlagen mit abgedruckt.

Die **Lösungen** zu den Zusatzmaterialien sind ebenfalls als Kopiervorlage beigefügt oder befinden sich im Lösungsteil an entsprechender Stelle.

Internetauftritt
Der Lehrerband wird durch den Internetauftritt zum Buch unter
www.klett.de ergänzt. Geben Sie den Code q7da4f in das Suchfeld der Startseite ein. Hier werden weitere Materialien, wie z. B. Tabellenkalkulationsdateien, Animationen für den PC-Einsatz, DGS-Dateien und weitere Kopiervorlagen angeboten. Verweise auf die Materialien im Internetauftritt finden Sie im Lehrerband an entsprechender Stelle.

Viel Erfolg und Freude beim Einsatz der Begleitmaterialien wünschen Autorenteam
und Verlagsredaktion.

I Graphen gebrochen rationaler Funktionen

1 Verhalten in der Umgebung der Definitionslücken

S. 8

1 a) f: $x \mapsto 10 + 0{,}6x$

(Gesamtpreis in €)

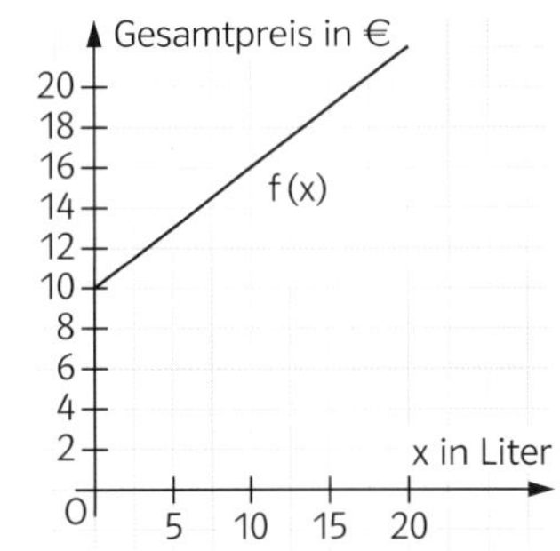

b) g: $x \mapsto \frac{10 + 0{,}6x}{x}$

(Durchschnittspreis pro Liter in €)

x	1	2	4	6	8	10
g(x)	10,6	5,6	3,1	≈ 2,27	1,85	1,6

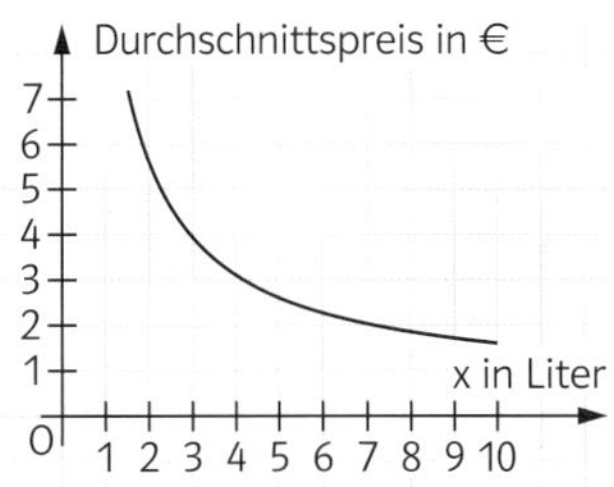

c) $\frac{1}{4}$ l Saft kostet 10,15 €! Der durchschnittliche Literpreis steigt für kleiner werdendes x an, nahe bei 0 sogar sehr stark, weshalb der Kauf eines Viertelliters nicht sinnvoll ist; Ursache ist der Festpreisanteil (Fixkostenanteil).

2 $f(x) > 100$ z. B. für $x = 3{,}001$ oder für $x = 3{,}005$; $f(x) < -100$ z. B. für $x = 2{,}995$ oder $x = 2{,}999$; allgemein gilt:
$f(x) > 100$ für $3 < x < 3{,}01$; $f(x) < -100$ für $2{,}99 < x < 3$
Der Graph fällt bei Annäherung an 3 von links immer stärker und verschwindet im negativen Unendlichen. Für $x = 3$ gibt es keinen Graphenpunkt. Für $x > 3$ kommt der Graph aus dem Unendlichen und fällt immer schwächer während er sich der x-Achse wieder annähert.

S. 12

3 a) gebrochen rationale Funktion; Definitionslücke bei $x = 3$
b) gebrochen rationale Funktion; Definitionslücken bei $x = -1$; $x = 3$
c) kann man im Sinne der Definition (*Schülerbuch S. 8*) als gebrochen rational bezeichnen (das Polynom im Nenner hat den Grad 0), wenn auch ohne Definitionslücke und den typischen Eigenschaften
d) Nenner: $x^2 - x - 6 = (x + 2)(x - 3)$; gebrochen rationale Funktion; Definitionslücken bei $x = -2$; $x = 3$
e) keine gebrochen rationale Funktion; Definitionslücke bei $x = 1$
f) gebrochen rationale Funktion; keine Definitionslücke

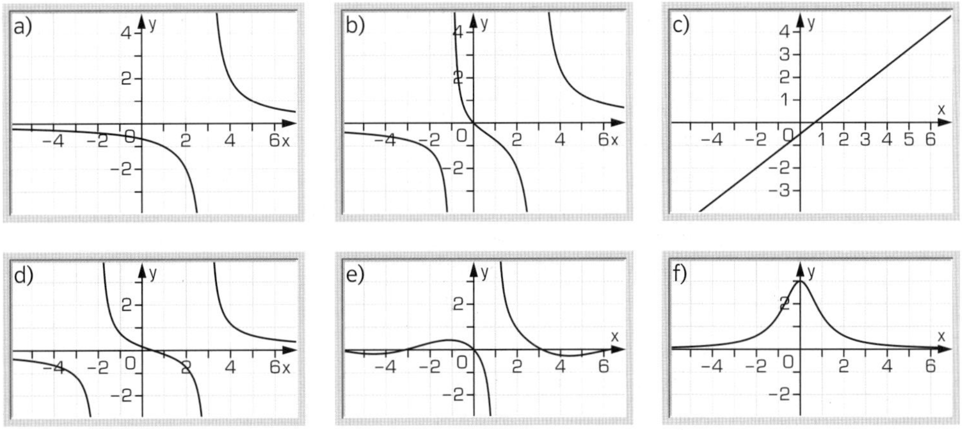

4 a) Polstellen mit Vorzeichenwechsel +/− bei $x = -\sqrt{3}$ und −/+ bei $x = \sqrt{3}$
b) Polstelle ohne Vorzeichenwechsel bei $x = 2$ mit Verhalten −/−
c) Polstellen mit Vorzeichenwechsel +/− bei $x = 0$ und −/+ bei $x = 3$
d) Polstelle ohne Vorzeichenwechsel bei $x = 0{,}5$ mit Verhalten −/−
e) keine Polstelle
f) Polstelle ohne Vorzeichenwechsel bei $x = -1$ mit Verhalten +/+
mit Vorzeichenwechsel +/− bei $x = 0$

5 a) $D_f = \mathbb{R}\setminus\{2\}$; $\lim\limits_{x \underset{<}{\to} 2} f(x) = +\infty$; $\lim\limits_{x \underset{>}{\to} 2} f(x) = -\infty$; keine Nullstelle
b) $D_g = \mathbb{R}\setminus\{-1\}$; $\lim\limits_{x \underset{<}{\to} -1} g(x) = -\infty$; $\lim\limits_{x \underset{>}{\to} -1} g(x) = -\infty$; Nullstelle bei $x = 0{,}5$
c) $D_f = \mathbb{R}\setminus\{-1; +1\}$; $\lim\limits_{t \underset{<}{\to} -1} f(t) = -1$; $\lim\limits_{t \underset{>}{\to} -1} f(t) = -1$; $\lim\limits_{t \underset{<}{\to} 1} f(t) = -\infty$; $\lim\limits_{t \underset{>}{\to} 1} f(t) = +\infty$;
~~keine Nullstelle~~
d) $D_g = \mathbb{R}$; Nullstellen: $x_1 = \frac{1-\sqrt{5}}{2} \approx -0{,}62$; $x_2 = \frac{1+\sqrt{5}}{2} \approx 1{,}62$
e) $D_f = \mathbb{R}\setminus\{-\sqrt{2}; \sqrt{2}\}$; $\lim\limits_{z \underset{<}{\to} -\sqrt{2}} f(z) = +\infty$; $\lim\limits_{z \underset{>}{\to} -\sqrt{2}} f(z) = -\infty$; $\lim\limits_{z \underset{<}{\to} \sqrt{2}} f(z) = -\infty$; $\lim\limits_{z \underset{>}{\to} \sqrt{2}} f(z) = +\infty$;
keine Nullstelle
f) $D_f = \mathbb{R}\setminus\{-1; 3\}$; $\lim\limits_{t \underset{<}{\to} -1} f(t) = -\infty$; $\lim\limits_{t \underset{>}{\to} -1} f(t) = +\infty$; $\lim\limits_{t \underset{<}{\to} 3} f(t) = -\infty$; $\lim\limits_{t \underset{>}{\to} 3} f(t) = +\infty$;
Nullstelle bei $t = 0{,}5$
g) $D_g = \mathbb{R}\setminus\{1\}$; $\lim\limits_{x \underset{<}{\to} 1} g(x) = -\infty$; $\lim\limits_{x \underset{>}{\to} 1} g(x) = +\infty$; Nullstelle bei $x = -\frac{1}{8}$
h) $D_f = \mathbb{R}\setminus\{-1; 2\}$; $\lim\limits_{z \underset{<}{\to} -1} f(z) = +\infty$; $\lim\limits_{z \underset{>}{\to} -1} f(z) = -\infty$; $\lim\limits_{z \underset{<}{\to} 2} f(z) = \frac{1}{3}$; $\lim\limits_{z \underset{>}{\to} 2} f(z) = \frac{1}{3}$;
Nullstelle bei $z = 1$

6 von links:
- Polstelle mit Vorzeichenwechsel; $x = 1$; $f: x \mapsto \frac{1}{1-x}$
- Polstelle ohne Vorzeichenwechsel; $x = 2$; $f: x \mapsto \frac{-2}{(x-2)^2}$
- Polstelle mit Vorzeichenwechsel; $x = 0{,}5$; $f: x \mapsto \frac{1}{x-0{,}5}$
- Polstelle ohne Vorzeichenwechsel; $x = 0$; $f: x \mapsto \frac{1{,}5}{x^2}$
- Polstelle mit Vorzeichenwechsel; $x = -1$; $f: x \mapsto \frac{1}{2(x+1)}$

7 f: Definitionslücke bei $x = 0$
g: Definitionslücke bei $x = 1$
h: Definitionslücke bei $x = -4$

Der Graph von g entsteht aus demjenigen von f durch Verschiebung um eine Einheit in positive x-Richtung.
Der Graph von h entsteht aus demjenigen von f durch Verschiebung um 4 Einheiten in negative x-Richtung.
Der Graph von h entsteht aus demjenigen von g durch Verschiebung um 5 Einheiten in negative x-Richtung.

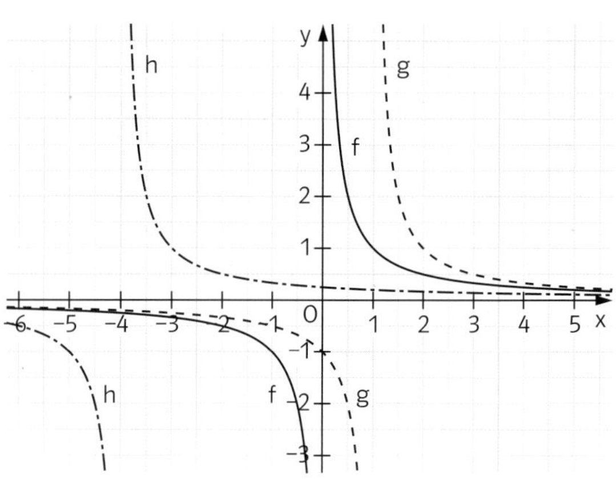

8 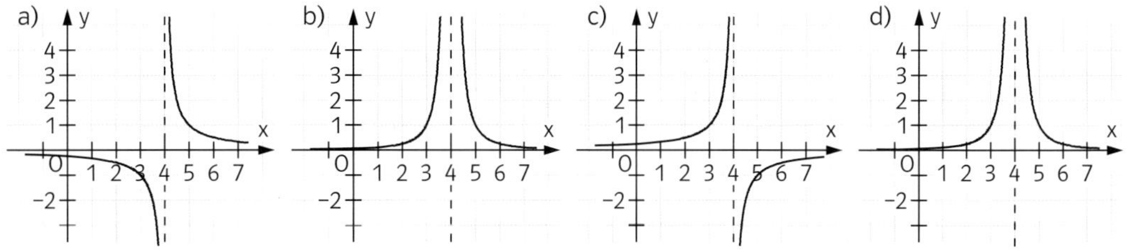

9 a) Z.B. f: $x \mapsto \frac{1}{x+3}$; $-\frac{1}{2x+6}$; $-\frac{2}{3+x}$

b) Z.B. f: $x \mapsto \frac{1}{(x+2)(x-2)} = \frac{1}{x^2-4}$; $-\frac{1}{2x^2-8}$; $\frac{2}{x^2-4}$

c) Z.B. f: $x \mapsto \frac{1}{(x+2)(x-3)} = \frac{1}{x^2-x-6}$; $-\frac{1}{2x^2-2x-12}$; $\frac{2}{x^2-x-6}$

d) Z.B. f: $x \mapsto \frac{1}{x^2+1}$; $-\frac{1}{2x^2+2}$; $\frac{2}{1+x^2}$

10 a) $f(x) = \frac{2x+3}{(x-1)(x-4)}$; $D_f = \mathbb{R} \setminus \{1; 4\}$

$\lim\limits_{x \underset{<}{\to} 1} f(x) = +\infty$; $\lim\limits_{x \underset{>}{\to} 1} f(x) = -\infty$;

$\lim\limits_{x \underset{<}{\to} 4} f(x) = -\infty$; $\lim\limits_{x \underset{>}{\to} 4} f(x) = +\infty$;

Nullstelle: $x = -\frac{3}{2}$

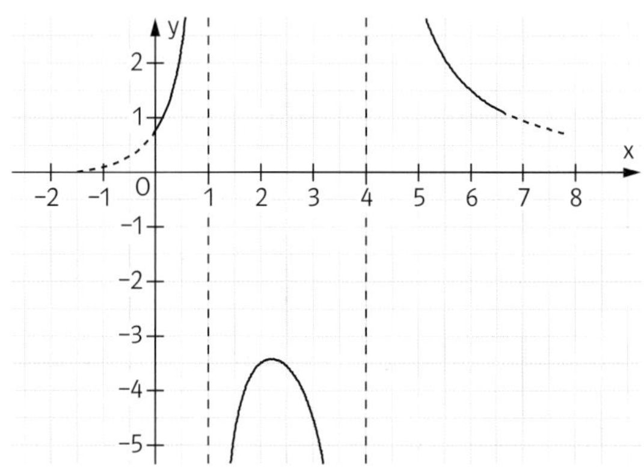

b) $f(x) = \frac{2x(x-2)}{2(x-2)^2}$; $D_f = \mathbb{R} \setminus \{2\}$

$\lim\limits_{x \underset{<}{\to} 2} f(x) = -\infty$; $\lim\limits_{x \underset{>}{\to} 2} f(x) = +\infty$;

Nullstelle: $x = 0$

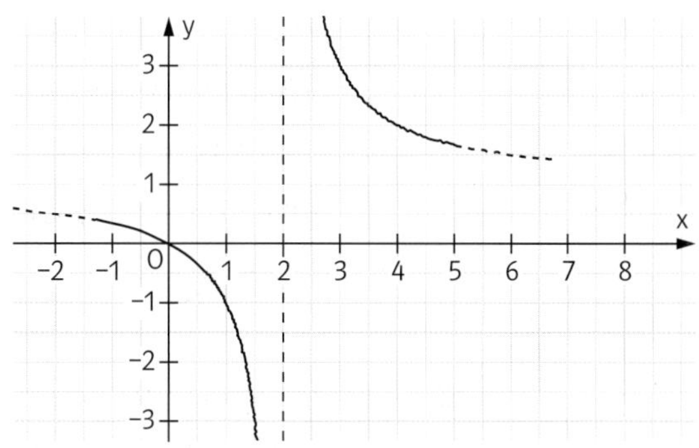

c) $f(x) = \frac{x^2+5x+2}{(x+1)^2}$; $D_f = \mathbb{R} \setminus \{-1\}$

$\lim\limits_{x \underset{<}{\to} -1} f(x) = -\infty$; $\lim\limits_{x \underset{>}{\to} -1} f(x) = -\infty$;

Nullstellen:

$x_1 = \frac{-5-\sqrt{17}}{2} \approx -4{,}6$; $x_2 = \frac{-5+\sqrt{17}}{2} \approx -0{,}4$

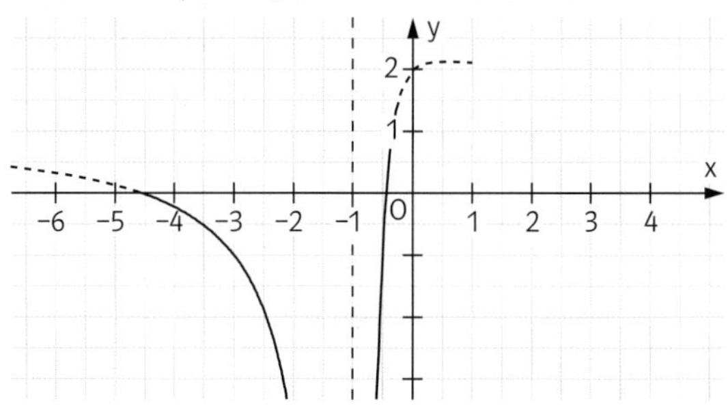

d) $f(x) = \frac{3x}{(x+2)(x-1)^2}$; $D_f = \mathbb{R} \setminus \{-2; 1\}$

$\lim\limits_{x \underset{<}{\to} -2} f(x) = +\infty$; $\lim\limits_{x \underset{>}{\to} -2} f(x) = -\infty$;

$\lim\limits_{x \underset{<}{\to} 1} f(x) = +\infty$; $\lim\limits_{x \underset{>}{\to} 1} f(x) = +\infty$;

Nullstelle: $x = 0$

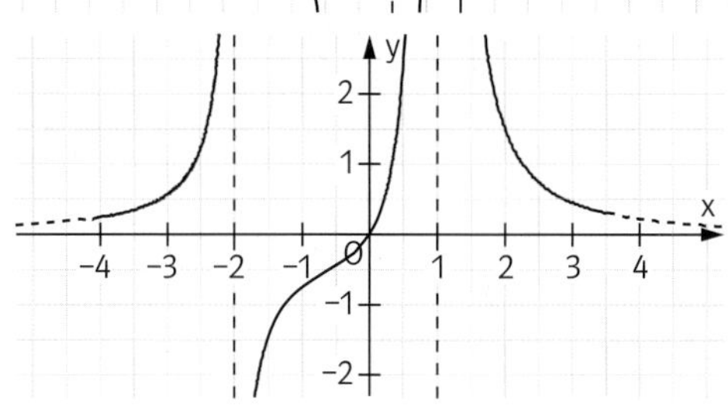

S. 13

11 a) $A(x) = \frac{1}{2}(U-2x) \cdot x$

$= -x^2 + \frac{U}{2}x$

$D = \left]0; \frac{U}{2}\right[$

Für $U = 12$ ergibt sich:

$A(x) = -x^2 + 6x$

$D =]0; 6[$

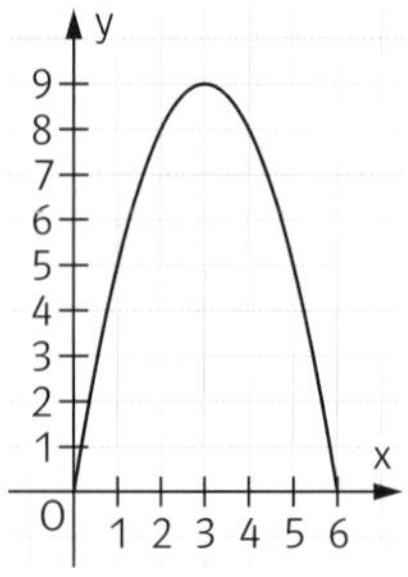

b) $U(x) = 2 \cdot \left(x + \frac{A}{x}\right)$

$= \frac{2(x^2+A)}{x}$

$D = \mathbb{R}^+$

Für $A = 6$ ergibt sich:

$U(x) = \frac{2x^2+12}{x}$

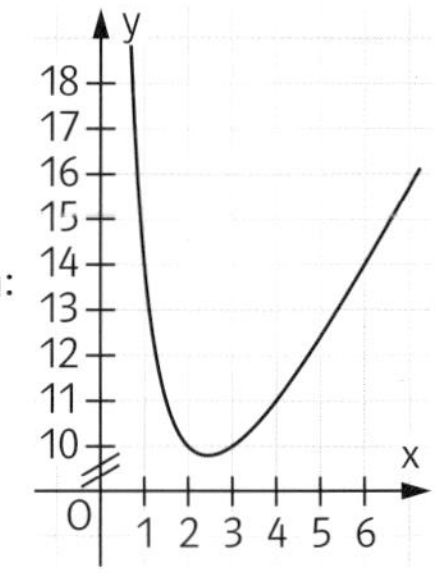

i An den Graphen kann abgelesen werden: Das Quadrat mit Seitenlänge $x = 3\,cm$ ist von allen Rechtecken mit gleichem Umfang $U = 12\,cm$ dasjenige mit dem größten Flächeninhalt.

Das Quadrat mit Seitenlänge $\sqrt{6}\,cm$ ist von allen Rechtecken mit gleichem Flächeninhalt $A = 6\,cm^2$ dasjenige mit dem kleinsten Umfang.

12 Individuelle Lösungen, z.B.:

a) $f: x \mapsto \frac{1}{x+2}$

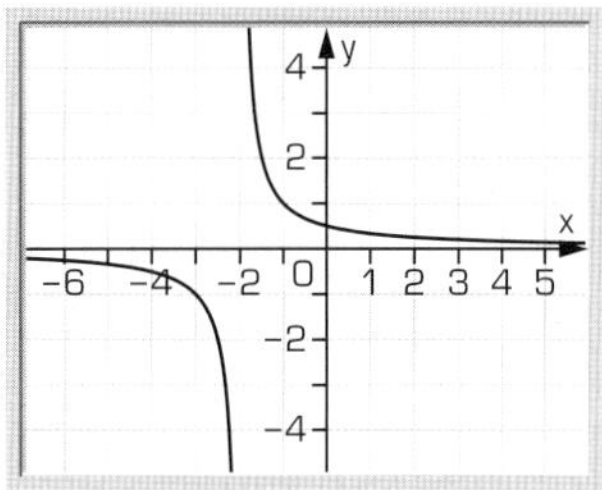

b) $f: x \mapsto \frac{1}{(x+2)^2}$

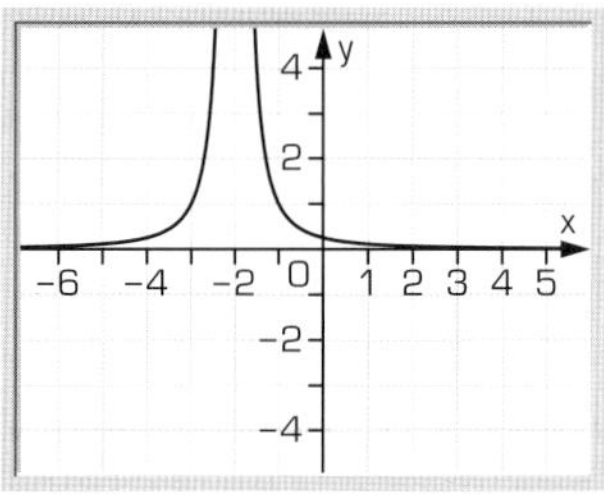

c) $f: x \mapsto -\frac{x-1}{x-3}$

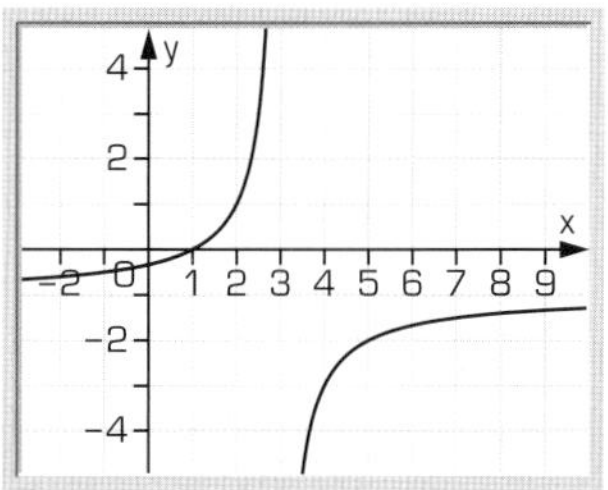

d) $f: x \mapsto \frac{x-1}{(x-3)^2}$

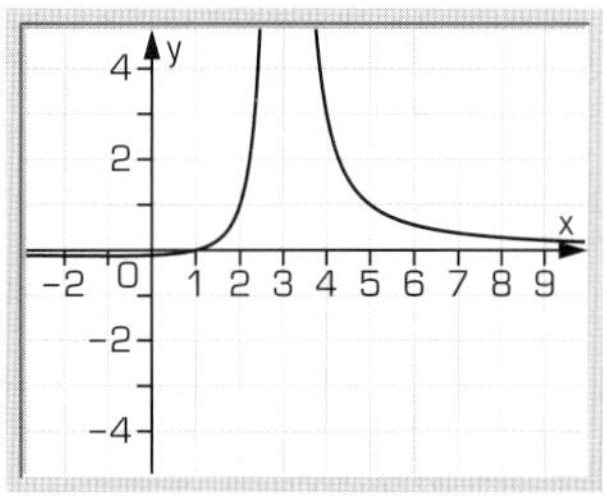

e) $f: x \mapsto \frac{x^2-2x}{x-2} = \frac{x(x-2)}{x-2}$

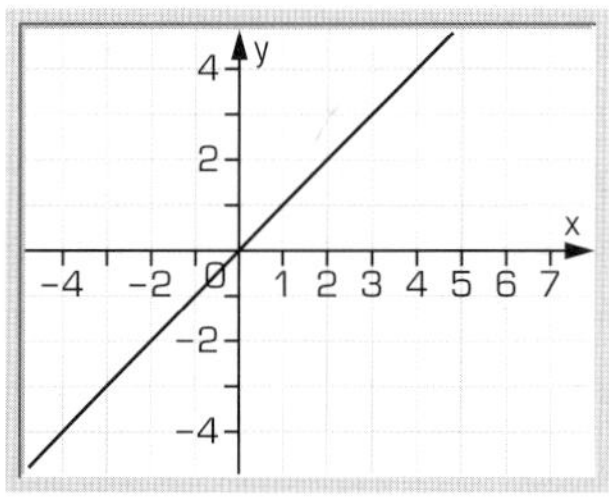

f) $f: x \mapsto \frac{x(x+1)}{(x+1)(x-1)^2}$

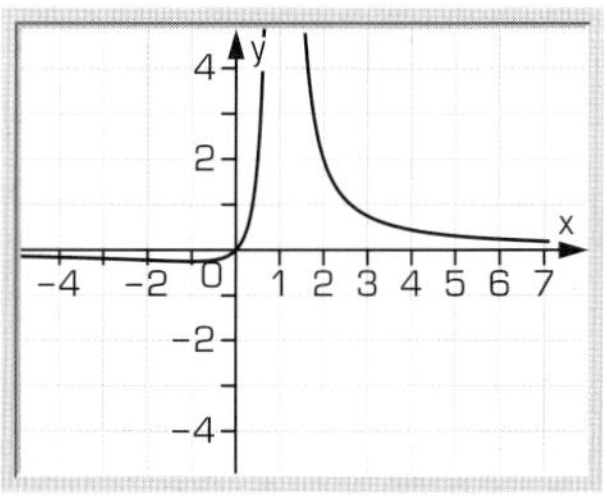

Individuelle Lösungen bei ähnlichen Partneraufgaben.

13 a) $t < 0$: 2 Definitionslücken bei $x = \pm\sqrt{-t}$

$\Rightarrow D_{f_t} = \mathbb{R} \setminus \{-\sqrt{-t}; +\sqrt{-t}\}$

$t = 0$: 1 Definitionslücke bei $x = 0$

$\Rightarrow D_{f_t} = \mathbb{R} \setminus \{0\}$

$t > 0$: keine Definitionslücke

$\Rightarrow D_{f_t} = \mathbb{R}$

b)

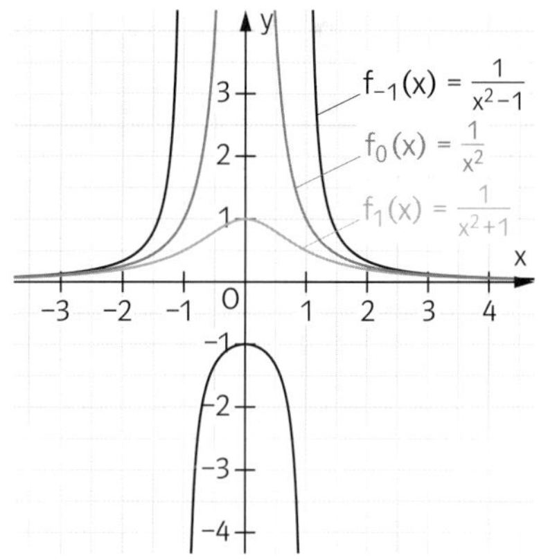

+ Mit einem Funktionsplotter kann sehr schön das Verhalten der Funktionenschar für verschiedene t untersucht werden.

14 a) $h(r) = \frac{V}{r^2 \cdot \pi}$

speziell für V = 12:

$h(r) = \frac{12}{r^2 \cdot \pi}$

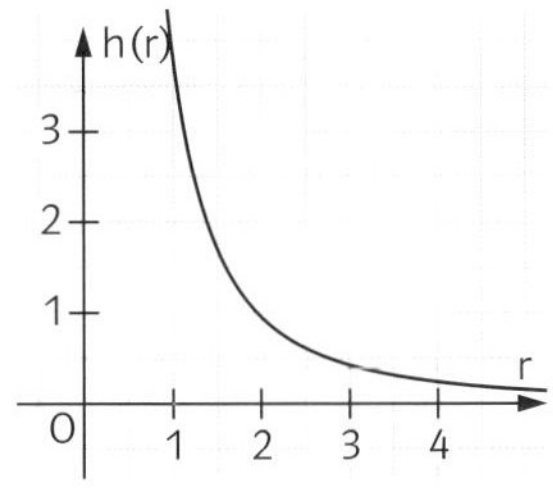

b) $h(2r) = \frac{V}{(2r)^2 \cdot \pi} = \frac{V}{4r^2 \cdot \pi} = \frac{1}{4} \frac{V}{r^2 \cdot \pi}$

$= \frac{1}{4} h(r)$

Die Höhe wird geviertelt.

15 a) $x^2 + 3x - 10$ b) $x^3 - 2x^2 + 1$ c) $x - 2$ d) $2x + 8$ e) $x^2 + x + 3$

16 Die Ziffern ① – ⑥ geben die Reihenfolge der Berechnung an.

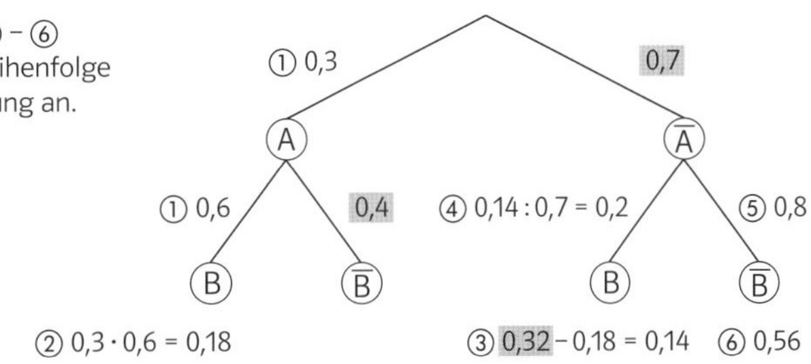

a) $P(A \cap B) = 0{,}18$

b) $P_{\overline{A}}(B) = 0{,}2$

c) $P(A \cup B) = 1 - P(\overline{A} \cap \overline{B}) = 0{,}44$

d) $P_B(A) = \frac{P(A \cap B)}{P(B)} = \frac{0{,}18}{0{,}32} = 0{,}5625$

17 Das durch die Zerlegung entstandene Parallelogramm hat die gleiche Höhe wie das entstandene Dreieck.
Damit beide Figuren den gleichen Flächeninhalt haben, muss die Grundseite des Dreiecks doppelt so groß wie die Grundseite des Parallelogramms sein.
Dies wird von Trapezen erfüllt, bei denen eine der zueinander parallelen Seiten dreimal so lang wie die andere ist.

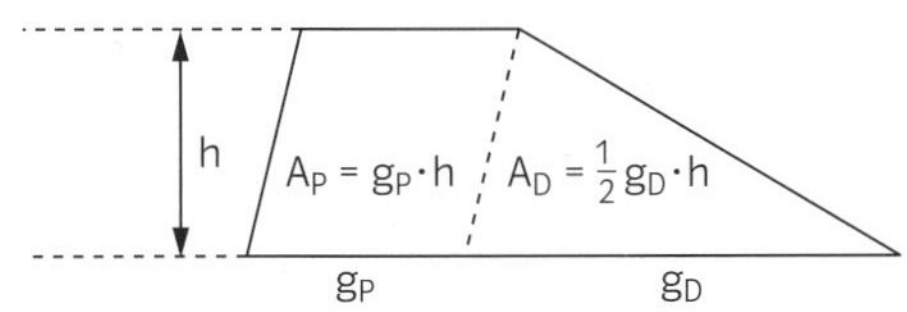

→ TB Trainingsblatt: Polstellen oder behebbare Definitionslücken; Kopiervorlage S. 161 f.

2 Verhalten im Unendlichen

A **Alternative (auch zum Einstieg):**

→ AB, TB Grundlegende Inhalte dieser Lerneinheit können mit dem Lernzirkel: Verhalten im Unendlichen bei gebrochen rationalen Funktionen selbst erarbeitet bzw. trainiert werden.
Kopiervorlage S. 163 ff.

S. 14

1 $\lim\limits_{h \to +\infty} A_K = \lim\limits_{h \to +\infty} \frac{2\pi r^2 h}{r + h} = \lim\limits_{h \to +\infty} \frac{h \cdot 2\pi r^2}{h\left(\frac{r}{h} + 1\right)} = \lim\limits_{h \to +\infty} \frac{2\pi r^2}{\frac{r}{h} + 1} = 2\pi r^2 = \frac{1}{2} \cdot 4\pi r^2$ (d. h. die Hälfte der gesamten Erdoberfläche)

Alternative Lösung:
Für sehr große Werte von h liefert die Formal für A_K annähernd die halbe Erdoberfläche.
Anschaulich: Aus sehr großer Entfernung muss man knapp die halbe Erdoberfläche sehen können, da die den Blickwinkel begrenzenden Halbgeraden nahezu parallel werden.

i Das Phänomen lässt sich auch gut durch nahes/entferntes Betrachten z. B. eines Fußballs demonstrieren.

Randspalte: Einsetzen in die Formel liefert: Die Besatzung der ISS sieht etwa 2,6 % Erdoberfläche.

S. 16

2

	waagrechte Asymptoten	senkrechte Asymptoten	schräge Asymptoten
a)	$y = 0$	$x = -0{,}5$	–
b)	$y = 1$	$x = -1$	–
c)	$y = 0$	$x = -0{,}5$; $x = 0{,}5$	–
d)	$y = 0{,}5$	–	–
e)	$y = -2$	$x = 0$; $x = 4$	–
f)	–	$x = 0{,}5$	$y = 1{,}5x - 0{,}25$
g)	–	$x = 1$	$y = x$
h)	$y = 0$	$x = 2$	–

i **3** Bei dieser Aufgabe kommt es darauf an, die Graphen geeignet zu skalieren, um wesentliche Eigenschaften ablesen zu können. Die Funktionsterme geben hierbei jeweils einen Hinweis auf das zu erwartende Verhalten der Graphen.

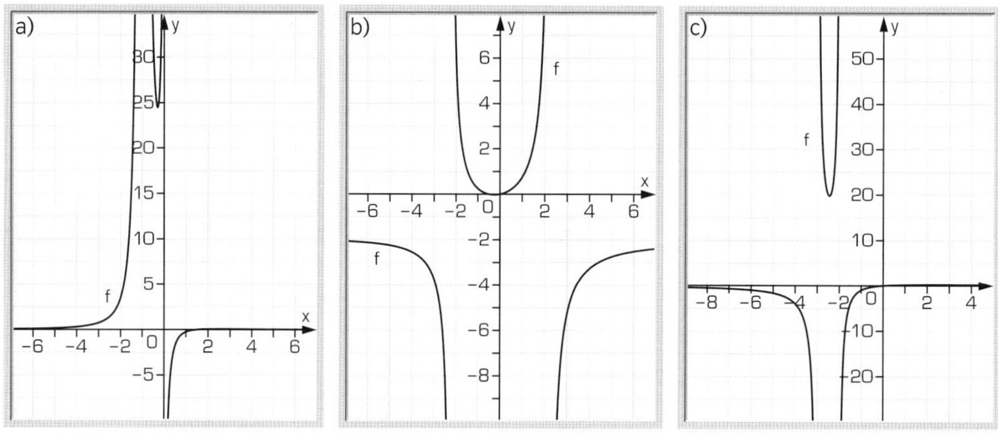

Individuelle Lösungen, z. B.:

Für $x \to -\infty$ nähert sich der Graph der x-Achse. Für wachsende x-Werte steigt er, bis er an der Definitionslücke $x = -1$ eine senkrechte Asymptote besitzt. Aus dem positiven Unendlichen kommend fällt der Graph dann bis $x \approx -0{,}3$; daraufhin steigt er wieder und hat eine weitere senkrechte Asymptote bei $x = 0$. Rechts davon kommt er aus dem negativen Unendlichen, steigt und nähert sich für $x \to +\infty$ wieder der x-Achse.

Der Graph ist achsensymmetrisch bezüglich der y-Achse. Für $x \to \pm\infty$ ist $x = -2$ waagrechte Asymptote. Für $x > 0$ steigt der Graph bis zur Polstelle $x = +\sqrt{5}$ mit senkrechter Asymptote. Rechts der Polstelle steigt der Graph, aus dem negativen Unendlichen kommend, ebenfalls. (Für $x < 0$ ist das Verhalten entsprechend symmetrisch.)

Der Graph besitzt die x-Achse als waagrechte Asymptote sowie senkrechte Asymptoten bei $x = -3$ mit Vorzeichenwechsel −/+ und bei $x = -2$ mit Vorzeichenwechsel +/−. Von links gesehen fällt der Graph zunächst bis zur Definitionslücke −3; rechts davon fällt er zunächst, steigt dann bis zur nächsten Definitionslücke −2 und steigt nur noch rechts von ihr. Bei $x = -1$ besitzt der Graph ein Loch.

S. 17

4 f_1, f_3, f_4 und f_6 kommen nicht in Frage, da sie wegen Zählergrad = Nennergrad waagrechte Asymptoten besitzen und keine schrägen. f_2 kommt ebenso nicht in Frage, da deren senkrechte Asymptote $x = -2$ und nicht $x = 2$ wäre. Daher muss es f_5 sein.
Formt man f_5 so um, so sieht man: $f_5(x) = 0{,}5x + 1 + \frac{1}{4 - 2x}$
Individuelle Lösungen bei ähnlichen Partneraufgaben.

5 1 → $\frac{x}{x-1} - \frac{1}{1-x}$; 2 → $\frac{2x^2+x-2}{x}$; 3 → $x^2 - 4x + 4$;
4 → $\frac{\frac{3}{x} - 2}{4 + \frac{1}{x^2}}$; 5 → $x + 3 - \frac{1}{2-x}$; 6 → $2(x-2)(x-4)$

Lösungswort (rückwärts gelesen): KAKADU

6 1. Aussage: Bei einer senkrechten Asymptote stimmt das, da $x = x_0$ (x_0 Polstelle) nicht in den Funktionsterm eingesetzt werden darf.

2. Aussage: $\lim\limits_{x\to\pm\infty} \frac{x^2}{(x-2)^2} = \lim\limits_{x\to\pm\infty} \frac{x^2}{x^2-4x+4} = \lim\limits_{x\to\pm\infty} \frac{1}{1-\frac{4}{x}+\frac{4}{x^2}} = 1$

$\Rightarrow$ $y = 1$ ist waagrechte Asymptote.
Aber: $f(1) = 1$
Auch diese Aussage stimmt also.

i „Schneiden" ist so zu verstehen, dass die Graphen einen gemeinsamen Punkt besitzen. Die Graphen müssen sich hierfür nicht kreuzen.

7 Waagrechte Asymptote $y = 0$: f_2, f_7, f_9
Waagrechte Asymptote $y = -2$: f_1, f_3
Schräge Asymptote $y = x - 3$: f_4, f_5, f_{10} (Polynomdivision liefert: $f_5(x) = x - 3 + \frac{1}{1-2x}$)

8

Graph	Funktion	Begründung
rot	f	Asymptoten: $x = 1$; $y = 1{,}5$
blau	g	Asymptoten: $x = -1$; $y = -0{,}5$
schwarz	m	Asymptote: $y = 3$
grün	n	nach unten geöffnete Parabel
violett	p	Sinusfunktion; Streckung um 2 in x-Richtung
–	h	Asymptoten: $x = 1$; $y = 0$
–	k	Asymptoten: $x = 1$; $y = 0$
–	r	nach oben geöffnete Parabel

9 Individuelle Lösungen, z. B.:

a) $f(x) = \frac{1}{x} - 1 = \frac{1-x}{x}$
b) $f(x) = \frac{1}{2x-3}$
c) $f(x) = x - 2 + \frac{1}{x+1} = \frac{x^2-x-1}{x+1}$
d) $f(x) = \frac{1}{(x-2)(x+2)} = \frac{1}{x^2-4}$
e) $f(x) = x - \frac{1}{x} = \frac{x^2-1}{x}$
f) $f(x) = \frac{1}{x-\sqrt{2}}$

g) Entweder sind Zählergrad und Nennergrad gleich, dann gibt es eine waagrechte Asymptote aber keine schräge oder der Zählergrad ist um 1 größer als der Nennergrad, dann gibt es eine schräge Asymptote aber keine waagrechte. Beides kann nicht gleichzeitig eintreten.

S. 18

10 a) $c = 12$;
(I) $\frac{a+b+12}{2} = 4{,}5$ und
(II) $\frac{4a+2b+12}{5} = 6{,}0$
ergibt: $a = 12$; $b = -15$

b)

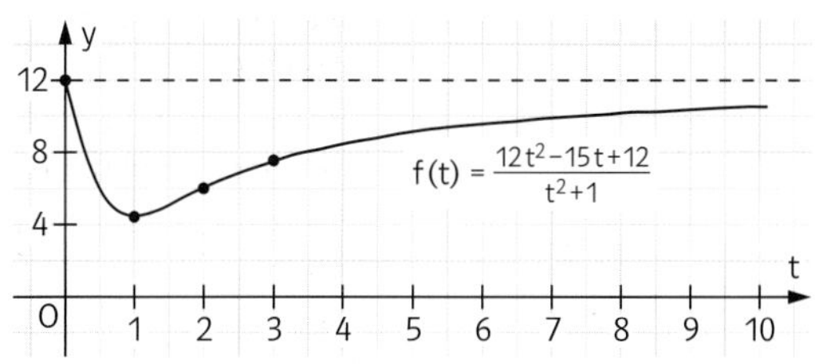

c) Ansatz: $f(t) = 0{,}9 \cdot f(0)$;
$\Rightarrow$ $12t^2 - 15t + 12 = 10{,}8(t^2+1)$ $\Rightarrow$ $t \approx 12{,}4$ (Tage); $t \approx 0{,}08$ als Lösung unsinnig.
Nach etwa 12,5 Tagen beträgt der Sauerstoffgehalt wieder 90 % des normalen Werts.

11 a) $f(x) = 8 - \frac{19}{0{,}5x+2}$ $\Rightarrow$ $y = 8$

b) $f(x) = -\frac{3}{2} - \frac{\frac{3}{2}x - \frac{7}{2}}{-2x^2-x+3}$ $\Rightarrow$ $y = -\frac{3}{2}$

c) $g(x) = \frac{1}{4}x - \frac{1}{8} + \frac{\frac{17}{8}}{2x+1}$ $\Rightarrow$ $y = \frac{1}{4}x - \frac{1}{8}$

d) $g(x) = -\frac{5}{2} + \frac{2-\frac{5}{2}x}{2x^2-x}$ $\Rightarrow$ $y = -\frac{5}{2}$

12 Der Graphenplot muss geeignet skaliert werden, um Aussagen treffen zu können.

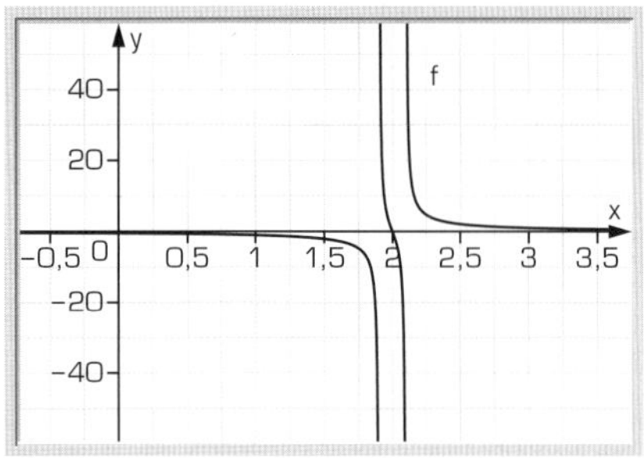

Der Graph kommt für $x \to -\infty$ von der x-Achse und fällt bis zur Asymptote $x = 1{,}9$; einer Asymptote mit Vorzeichenwechsel.
Rechts von $x = 1{,}9$ fällt der Graph bis zur Asymptote $x = 2{,}1$; wieder mit Vorzeichenwechsel.
Dabei schneidet er die x-Achse an der Nullstelle $x = 2$.
Rechts von $x = 2{,}1$ fällt der Graph und nähert sich für große x der x-Achse.

13 Die Funktion g ergibt sich mittels Polynomdivision. Die Differenz der beiden Funktionswerte entspricht dem Wert des Restterms.

a) $g(x) = \frac{1}{2}x^2 - \frac{1}{4}x + \frac{9}{8}$

$|f(10) - g(10)| = \frac{\frac{17}{8}}{2 \cdot 10 + 1} \approx 0{,}101$

$|f(100) - g(100)| = \frac{\frac{17}{8}}{2 \cdot 100 + 1} \approx 0{,}011$

b) $g(x) = 2x^3 - 3$

$|f(10) - g(10)| = \frac{1}{10^2 + 1} \approx -0{,}01$

$|f(100) - g(100)| = \frac{1}{100^2 + 1} \approx -0{,}0001$

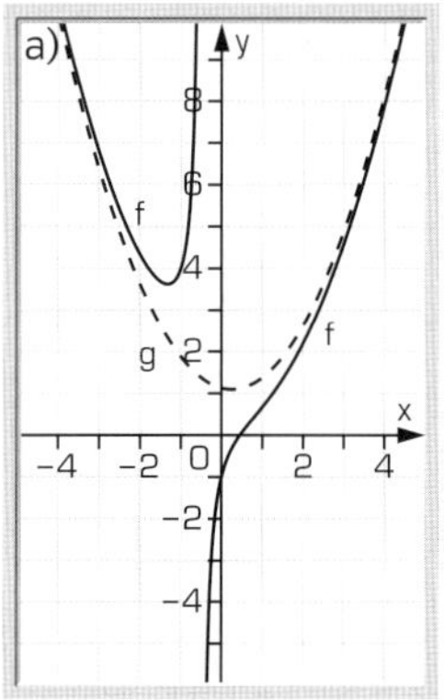

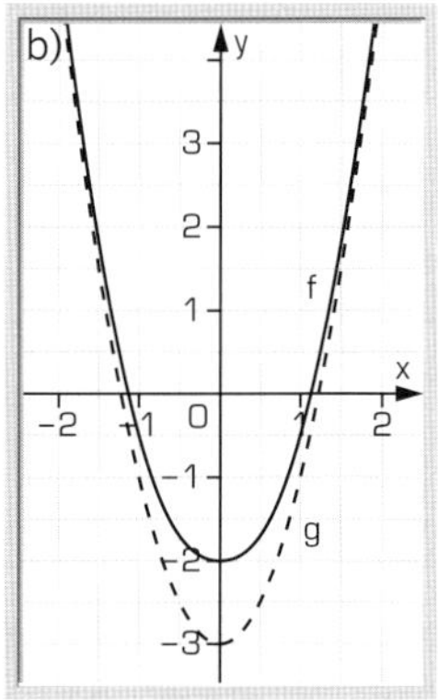

c) $g(x) = -2x^3 - 4x^2 - 6x - 7{,}5$

$|f(10) - g(10)| = \frac{\frac{45}{2}}{2 \cdot 10 - 3} \approx 1{,}324$

$|f(100) - g(100)| = \frac{\frac{45}{2}}{2 \cdot 100 - 3} \approx 0{,}114$

d) $g(x) = -\frac{3}{2}x^2 - \frac{3}{4}x - \frac{3}{8}$

$|f(10) - g(10)| = \left|\frac{\frac{3}{8}}{-2 \cdot 10 + 1}\right| \approx 0{,}02$

$|f(100) - g(100)| = \left|\frac{\frac{3}{8}}{-2 \cdot 100 + 1}\right| \approx 0{,}002$

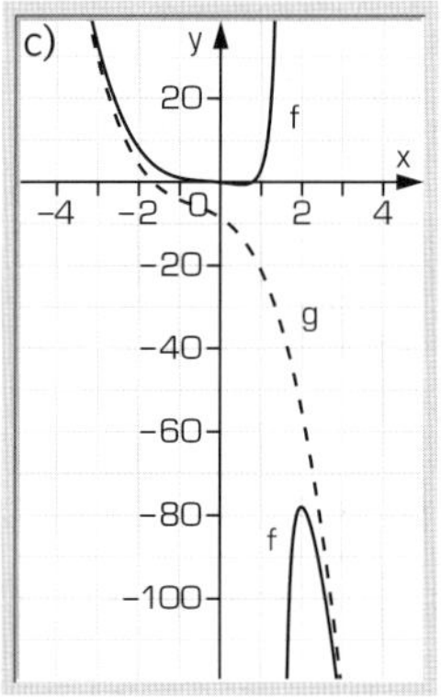

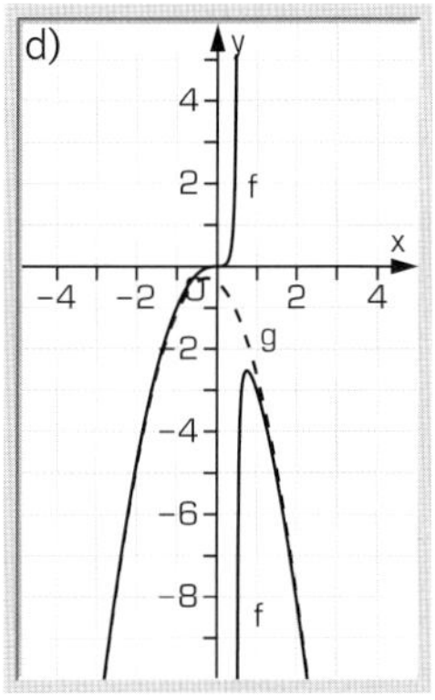

14 a) $f_a(x) = a(x+1)(x-3);\ a \in \mathbb{R}$

b) Ansatz: $f_a(1) = a(1+1) \cdot (1-3) = 2 \Rightarrow a = -0{,}5$

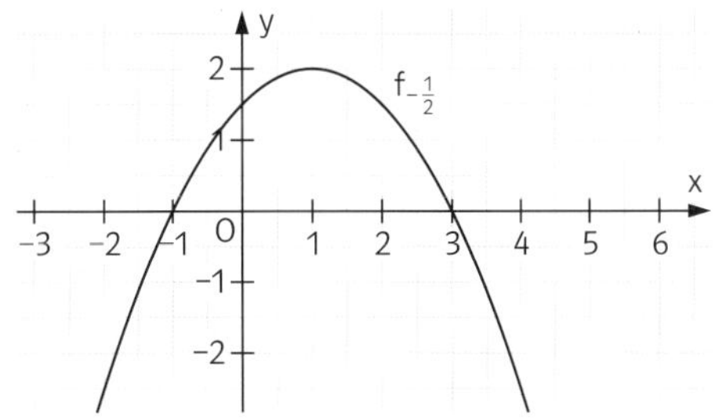

c) Scheitelpunktform: $f_a(x) = a(x-1)^2 - 4a$

Die Scheitelpunkte haben die Koordinaten $S_c(1\,|\,-4a)$.

Somit liegen die Scheitelpunkte aller Parabeln auf der Geraden $x = 1$.

Da $(-1\,|\,0)$ und $(3\,|\,0)$ bereits Nullstellen der Parabeln sind, kann es keine weitere Nullstelle mehr geben. Der Punkt $(1\,|\,0)$ kann also auch kein Scheitelpunkt sein.

15 a) 1 Lösung: $r = 6;\ s = 0{,}6$ b) keine Lösung c) $L = \{(\alpha;\ \beta)\,|\,\alpha \in \mathbb{R};\ \beta = -\frac{1}{2}\alpha + 1{,}5\}$

d) 1 Lösung: $\gamma = \frac{1}{3};\ \varepsilon = 0$ e) 1 Lösung: $x = 1;\ y = 1$ f) 1 Lösung: $x = 7\frac{4}{9};\ y = 8\frac{5}{9}$

→ AB, TB Lernzirkel: Verhalten im Unendlichen bei gebrochen rationalen Funktionen; Kopiervorlage S. 163 ff.
Die Kopiervorlagen dieses Lernzirkels können auch voneinander unabhängig eingesetzt werden:

→ AB Arbeitsblatt: Verhalten im Unendlichen bei gebrochen rationalen Funktionen ($z \leqq n$); Kopiervorlage S. 164 f.

→ AB Arbeitsblatt: Verhalten im Unendlichen bei gebrochen rationalen Funktionen ($z \geqq n+1$); Kopiervorlage S. 166 f.

→ TB Trainingsblatt: Verhalten im Unendlichen bei gebrochen rationalen Funktionen; Kopiervorlage S. 168 f.

3 Zusammenhang von Graphen und Termen

i In dieser Lerneinheit werden Symmetrien nur bezüglich y-Achse und Ursprung betrachtet.

S. 19

1 Links: Achsensymmetrisch bezüglich der y-Achse; zwei Schnittpunkte mit der x-Achse bei etwa $x_1 = -1{,}4$ und $x_2 = 1{,}4$; zwei senkrechte Asymptoten: $x = -1$, $x = 1$; vermutlich waagrechte Asymptote

Mitte links: keine Symmetrie; Schnittpunkt mit der x-Achse bei $x = 2$; evtl. waagrechte oder schwach geneigte schräge Asymptote; keine senkrechte Asymptote

Mitte rechts: punktsymmetrisch bezüglich des Koordinatenursprungs; kein Schnittpunkt mit der x-Achse; senkrechte Asymptote: $x = 0$; waagrechte Asymptote: $y = 0$

Rechts: Schnittpunkt mit der x-Achse bei $x = 0{,}5$; senkrechte Asymptote: $x = 1$; waagrechte Asymptote: $y = 1$

2 Ganzrationale Funktionen (vom Grad n):
können symmetrisch sein; gehen gegen Unendlich; keine Unterbrechungen bei maximaler Definitionsmenge; können die x-Achse bis zu n-mal schneiden
Gebrochen rationale Funktionen:
können symmetrisch sein; können senkrechte, waagrechte oder schräge Asymptoten besitzen; maximale Definitionsmenge ist meist nicht $\mathbb{R}$

S. 21

3

	Definitionsmenge	Symmetrie	Asymptoten	Nullstellen
a)	$D_f = \mathbb{R} \setminus \{-1\}$	–	$x = -1;\ y = -3$	$x = \frac{2}{3}$
b)	$D_g = \mathbb{R} \setminus \{-1; 1\}$	punktsymmetrisch bezüglich (0 | 0)	$x = -1;\ x = 1;\ y = 0$	$x = 0$
c)	$D_f = \mathbb{R} \setminus \left\{-\frac{2}{3}\right\}$	–	$x = -\frac{2}{3};\ y = \frac{1}{2}x - 1$	$x_1 = \frac{2-2\sqrt{7}}{3} \approx -1{,}1;\ x_2 = \frac{2+2\sqrt{7}}{3} \approx 2{,}4$
d)	$D_f = \mathbb{R}$	achsensymmetrisch bezüglich y-Achse	$y = 0{,}5$	$x_1 = 2;\ x_2 = -2$
e)	$D_g = \mathbb{R} \setminus \{-1; 3\}$	–	$x = -1;\ x = 3;\ y = 0$	$x = 2$
f)	$D_g = \mathbb{R} \setminus \{2\}$	–	$x = 2;\ y = 2x + 4$	$x_1 = -\frac{1}{\sqrt{2}};\ x_2 = \frac{1}{\sqrt{2}}$

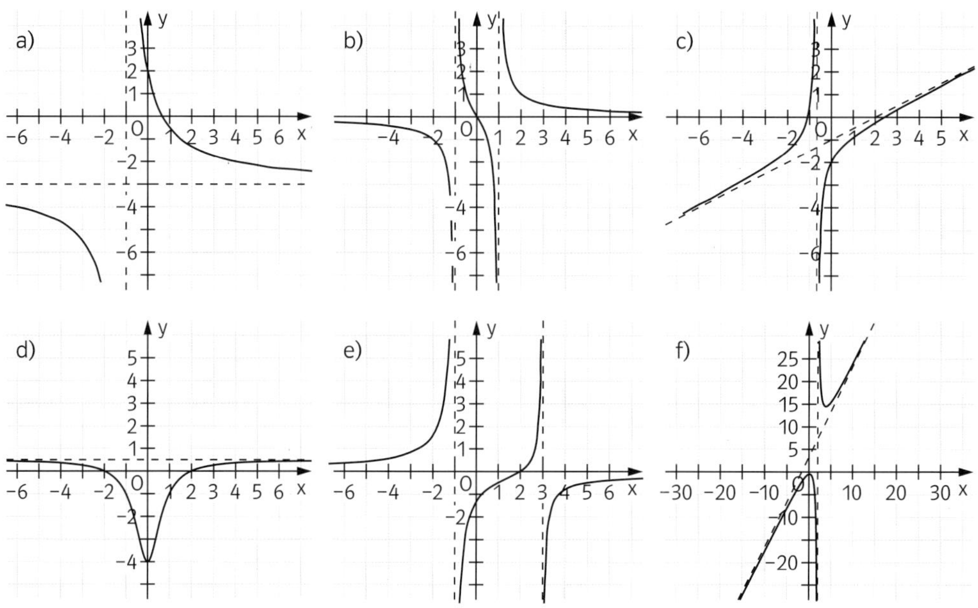

4 Individuelle Lösungen, z. B.:

a) $f\colon x \mapsto \frac{1}{x}$ b) $f\colon x \mapsto \frac{x-1}{x-2}$ c) $f\colon x \mapsto \frac{x+1}{x-2}$

d) $f\colon x \mapsto 1 - x + \frac{1}{x+1} = \frac{-x^2+2}{x+1}$ e) $f\colon x \mapsto \frac{1}{x^2-4}$

5 Individuelle Lösungen, z. B.:

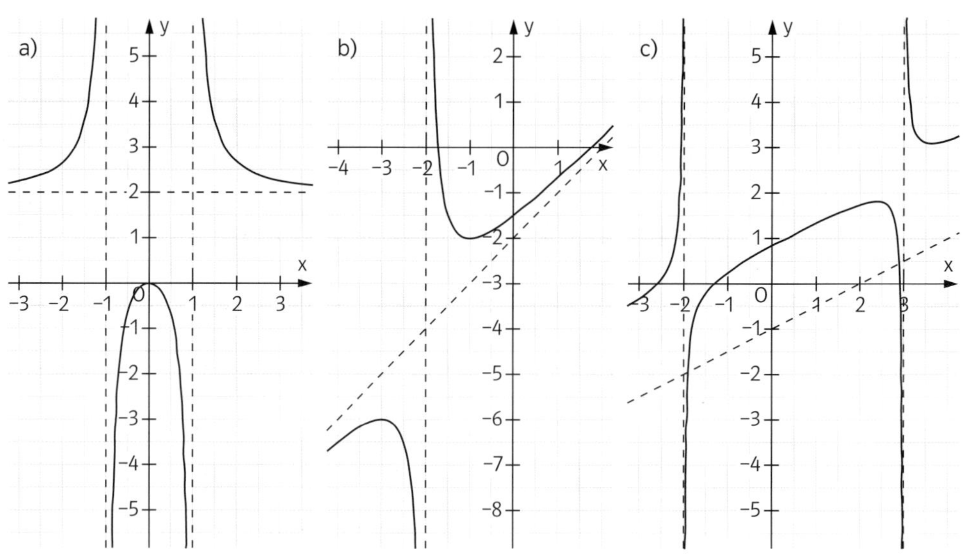

6 a) Achsensymmetrisch bezüglich der y-Achse $\Leftrightarrow$ nur gerade Exponenten im Funktionsterm; punktsymmetrisch bezüglich des Koordinatenursprungs $\Leftrightarrow$ nur ungerade Exponenten im Funktionsterm

b) Für gebrochen rationale Funktionen der Form $\frac{p(x)}{q(x)}$ gilt:

Haben die Funktionsterme von p und q nur gerade Exponenten, so ist der Graph achsensymmetrisch bezüglich der y-Achse. Gleiches gilt, wenn die beiden Funktionsterme nur ungerade Exponenten besitzen.

Hat der Funktionsterm von p nur gerade Exponenten und der von q nur ungerade oder umgekehrt, so ist der Graph punktsymmetrisch bezüglich des Koordinatenursprungs.

7

	Asymptoten	Symmetrie	Nullstellen	möglicher Funktionsterm
f	$x = 0{,}5;\ y = 0{,}5 - 0{,}75x$	–	–	$f(x) = 0{,}5 - 0{,}75x - \frac{1}{2x-1}$
g	$x \approx -0{,}7;\ x \approx 0{,}7;\ y = 0$	punktsymmetrisch bezüglich Ursprung	$x = 0$	$g(x) \approx \frac{0{,}25x}{(x-0{,}7)(x+0{,}7)}$
h	$x \approx -1{,}4;\ x \approx 1{,}4;\ y = -0{,}5$	–	$x_1 = 1;\ x_2 = 2$	$h(x) \approx \frac{-0{,}5(x-1)(x-2)}{(x^2-1{,}4^2)} \approx \frac{-0{,}5(x-1)(x-2)}{x^2-2}$

8 a) $V = 324\,dm^3 \cdot \pi \approx 1017{,}88\,dm^3$ $\qquad O = 168\,dm^2 \cdot \pi \approx 527{,}79\,dm^2$

b) $V = \frac{179{,}2}{3}\,dm^3 \cdot \pi \approx 187{,}66\,dm^3$ $\qquad O = \left(4 \cdot \sqrt{3{,}2^2 + 4^2} + 32\right)dm^2 \cdot \pi \approx 164{,}90\,dm^2$

9 a) Mit $t_{Kai} = t_{Stefan} + 4\,min$, $s = v \cdot t$ und $s_{Stefan} = s_{Kai}$ folgt:

$400\,\frac{m}{min} \cdot t_{Stefan} = 300\,\frac{m}{min} \cdot (t_{Stefan} + 4\,min) \Rightarrow t_{Stefan} = 12\,min$

$s = v_{Stefan} \cdot t_{Stefan} = 4{,}8\,km$

Der Schulweg der beiden ist 4,8 km lang.

b) $\frac{v_{Stefan}}{v_{Kai}} = \frac{400\,\frac{m}{min}}{300\,\frac{m}{min}} = \frac{4}{3} \approx 1{,}333$

Stefan fährt etwa 33,3 % schneller als Kai.

c) $\frac{t_{Kai} - t_{Stefan}}{t_{Kai}} = \frac{4\,min}{16\,min} = 0{,}25$

Stefan spart gegenüber Kai 25 % an Zeit ein.

Trio mio zu gebrochen rationalen Funktionen; Kopiervorlage S. 170 ff.
Spiel für 2 bis 4 Personen (Spieldauer: 20 – 30 min)

Spielidee:
Aus zufällig aufliegenden Funktionstermen und -graphen sind jeweils drei mit einer gemeinsamen Eigenschaft zu finden. Alle Mitspieler treten gleichzeitig gegeneinander an.

Thema: Das Schluckvermögen einer Straße

S. 23

1 Mit den Abstandsregeln (3) und (4) hat die Verkehrsdichte bereits zwischen 22 – 25 $\frac{km}{h}$ ihren Höchstwert erreicht.

Danach fällt sie für höhere Geschwindigkeiten wieder ab. Die Verkehrsdichte für (4) liegt dabei immer etwas höher als für (3).

Mit den Abstandsregeln (1) und (2) ist im Diagramm kein Maximum für die Verkehrsdichte erkennbar. Allerdings steigt sie ab etwa 20 $\frac{km}{h}$ weniger stark an. Die Verkehrsdichte für (1) liegt durchweg etwas höher als für (2).

Mit Abstandsregel (5) erhält man die größte Verkehrsdichte, die nach Erreichen ihres Höchstwertes bei 70 $\frac{km}{h}$ wieder etwas abfällt, allerdings nicht so stark wie mit Abstandsregel (3) und (4).

2 a)

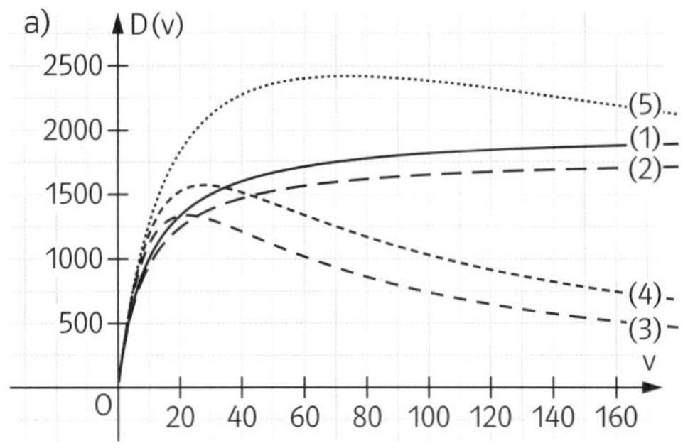

b)

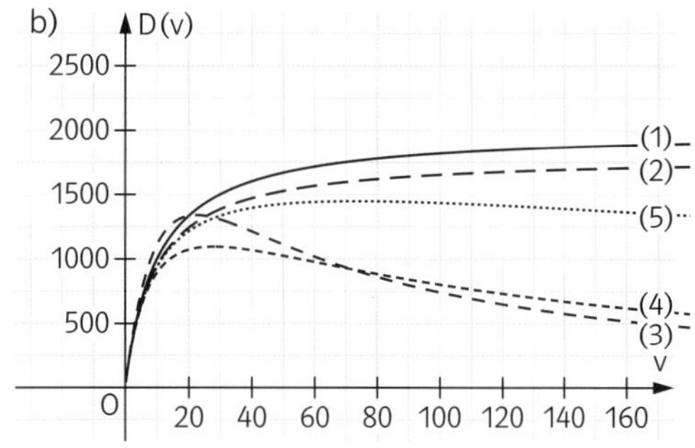

3 a)

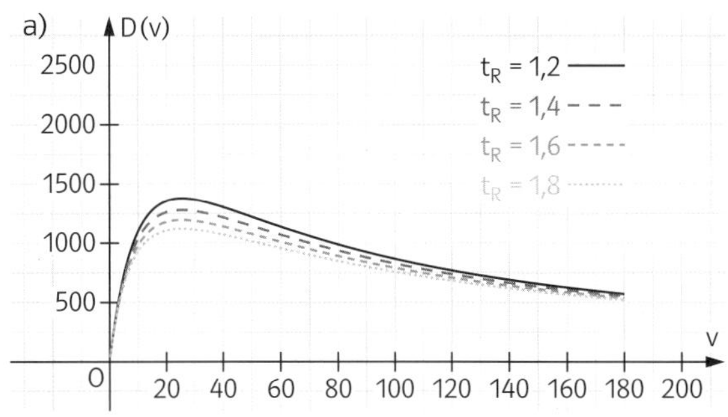

Je länger die Reaktionszeit t_R bei gleicher Bremsverzögerung b ist, desto geringer ist die Verkehrsdichte D.
v_0 ändert sich nicht bei sich ändernden Reaktionszeiten, d.h., v_0 ist unabhängig von t_R.

b)

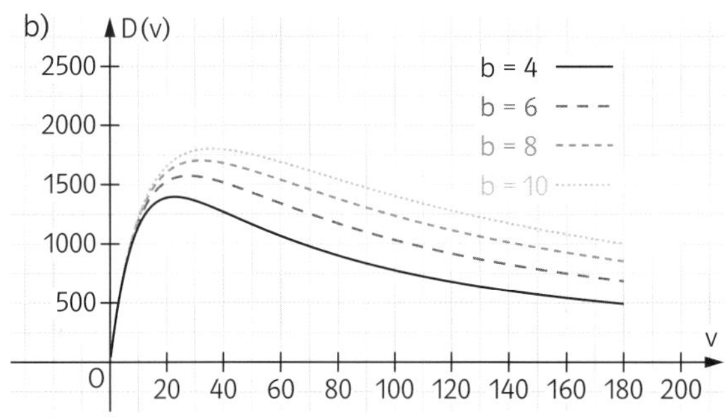

Je geringer die Bremsverzögerung b bei gleichbleibender Reaktionszeit t_R ist, desto geringer sind v_0 und die Verkehrsdichte D.

c) Je größer die Länge L und/oder die Bremsverzögerung b ist, desto größer ist v_0.

b = 4: $v_0 = 3{,}6 \cdot \sqrt{2 \cdot 5 \cdot 4} \approx 22{,}77 \left(\frac{km}{h}\right)$

$$D = \frac{1000 \cdot v_0}{5 + \frac{v_0}{3{,}6} \cdot 1 + \frac{1}{8} \cdot \frac{v_0^2}{3{,}6^2}} \approx 1394{,}73 \left(\frac{1}{h}\right) \text{ oder } \frac{\text{Fahrzeuge}}{\text{Stunde}}$$

b = 8: $v_0 = 3{,}6 \cdot \sqrt{2 \cdot 5 \cdot 8} \approx 32{,}20 \left(\frac{km}{h}\right)$

$$D = \frac{1000 \cdot v_0}{5 + \frac{v_0}{3{,}6} \cdot 1 + \frac{1}{16} \cdot \frac{v_0^2}{3{,}6^2}} \approx 1699{,}69 \left(\frac{1}{h}\right) \text{ oder } \frac{\text{Fahrzeuge}}{\text{Stunde}}$$

Tatsächlich sind die Geschwindigkeiten deutlich höher. Dies bedeutet, dass die Abstandsregeln nicht beachtet werden oder die Verkehrsdichte geringer als optimal ist.
Umgekehrt gilt: Ist die Verkehrsdichte sehr hoch, stellt sich eine deutlich niedrigere Durchschnittsgeschwindigkeit ein (zähfließender Verkehr/Stau).

d) $v_0 = 3{,}6 \cdot \sqrt{2L} \cdot \sqrt{\frac{b_1 \cdot b_2}{b_2 - b_1}}$ hängt sowohl von der Länge L als auch von der eigenen Bremsverzögerung b_1 und der Bremsverzögerung b_2 des vorausfahrenden Fahrzeugs ab. Der Term $\sqrt{\frac{b_1 \cdot b_2}{b_2 - b_1}}$ nimmt dabei umso größere Werte an, je größer die einzelnen Werte der Bremsverzögerungen sind (Zähler) und je geringer ihre Differenz ist (Nenner).
Große Unterschiede in der Bremsverzögerung zum vorausfahrenden Fahrzeug zwingen im Allgemeinen zu einem größeren Sicherheitsabstand.

II Lokales und globales Differenzieren

In dieser Jahrgangsstufe soll laut Lehrplan nur die 1. Ableitung behandelt werden.
Die 2. Ableitung ist Gegenstand in Jahrgangsstufe 12.
In Umkehrung zum Ableiten wird jedoch die Suche nach Stammfunktionen bereits in diesem Kapitel (in Lerneinheit 5) thematisiert.

1 Differenzenquotient und mittlere Änderungsrate

S. 28

1 a) Da der dargestellte Graph keine Gerade ist, verläuft die Temperaturzunahme nicht gleichmäßig. Z. B. Temperaturzunahme zwischen 6 Uhr und 7 Uhr 1 °C, zwischen 7 Uhr und 8 Uhr aber 3 °C.

b) Zwischen 6 Uhr und 8 Uhr: $\frac{19\,°C - 15\,°C}{2\,h} = 2\,\frac{°C}{h}$
Zwischen 7 Uhr und 10 Uhr: $\frac{28\,°C - 16\,°C}{3\,h} = 4\,\frac{°C}{h}$
Zwischen 9 Uhr und 13 Uhr: $\frac{34\,°C - 23\,°C}{4\,h} = 2{,}75\,\frac{°C}{h}$

Der stündliche Temperaturanstieg ist im Zeitraum 7–10 Uhr am größten, im Zeitraum 6–8 Uhr am kleinsten.

c)

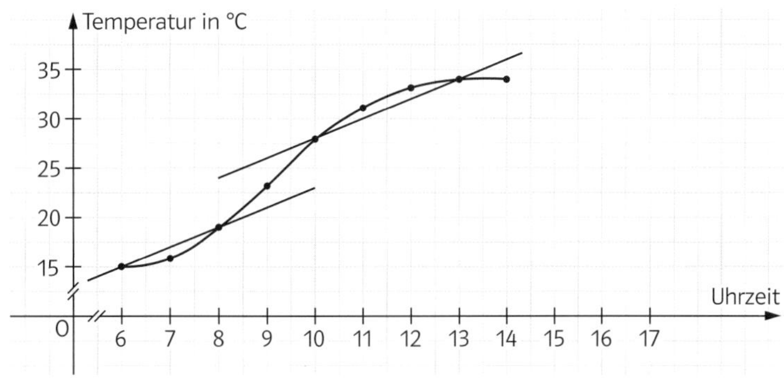

Es fällt auf, dass die beiden Geraden parallel verlaufen. Also ist die Temperaturzunahme im Mittel gleich.

S. 29

2 a) $D_f = \mathbb{R}$; $m_1 = \frac{f(0) - f(-1)}{0 - (-1)} = \frac{-2+1}{1} = -1$; $m_2 = 1$; $m_3 = 4$; $m_4 = 3$

b) $D_f = \mathbb{R}$; $m_1 = -9$; $m_2 = -7$; $m_3 = -4$; $m_4 = -5$

c) $D_f = [-2; +\infty[$ $m_1 = \frac{1}{2}\sqrt{2} - \frac{1}{2} \approx 0{,}21$; $m_2 = \frac{1}{2}\sqrt{3} - \frac{1}{2}\sqrt{2} \approx 0{,}16$; $m_3 = \frac{1}{4}(\sqrt{5} - \sqrt{3}) \approx 0{,}13$;
$m_4 = \frac{1}{6}(\sqrt{5} - \sqrt{2}) \approx 0{,}14$

d) $D_f = \mathbb{R} \setminus \{-2\}$ $m_1 = -6$; $m_2 = -2$; $m_3 = -0{,}8$; $m_4 = -1{,}2$

e) $D_f = \mathbb{R}$; $m_1 = m_2 = m_3 = m_4 = 5$

f) $D_f = \mathbb{R}$; $m_1 = \frac{1}{2}$; $m_2 = 1$; $m_3 = 3$; $m_4 = \frac{7}{3} \approx 2{,}33$

3 a) Steigung durch $P_1(0|0)$ und $Q_1(3|-0{,}3)$: $m_1 = -0{,}1$
Steigung durch $P_2(0|0)$ und $Q_2(4|2{,}4)$: $m_2 = 0{,}6$
Steigung durch $P_3(0|0)$ und $Q_3(5|7{,}5)$: $m_3 = 1{,}5$
Steigung durch $P_4(1|-0{,}9)$ und $Q_4(5|7{,}5)$: $m_4 = 2{,}1$
Steigung durch $P_5(-1|-0{,}9)$ und $Q_5(4|2{,}4)$: $m_5 = 0{,}3$

größte Steigung: Sekante durch P_4 und Q_4
kleinste Steigung: Sekante durch P_1 und Q_1

b) Skizze des Graphen $y = 0{,}1x^3 - x = 0{,}1x \cdot (x - \sqrt{10}) \cdot (x + \sqrt{10})$ erstellen und die Punkte P_1, P_4, P_5 und Q_1, Q_2, Q_3, Q_5 markieren. Weiteres Vorgehen mit Ausschlussprinzip.
Es wird deutlich, dass nur die Steigung der Sekante durch P_1 und Q_1 negativ ist und somit die kleinste Steigung ist.
Die Sekante durch P_4 und Q_4 hat die größte Steigung.

c) Sekante 1: $y = -0{,}1x$; Sekante 2: $y = 0{,}6x$; Sekante 3: $y = 1{,}5x$;
Sekante 4: $y = 2{,}1x - 3$; Sekante 5: $y = 0{,}3x + 1{,}2$

S. 30

4 a) Der Zeitraum umfasst 39 Monate.

$m_S = \frac{95254-53823}{39} \approx 1062,$ die Anzahl der offenen Stellen nimmt im Mittel monatlich um 1062 zu.

$m_A = \frac{22879-63901}{39} \approx -1052,$ die Anzahl der Arbeitslosen nimmt im Mittel monatlich um 1052 ab.

b) Der Unterschied verändert sich im Mittel um $1062-(-1052) = 2114$ pro Monat.

c) und d) können mit dem Lineal am Graphen gelöst werden.

c) Mögliche Zeiträume: Januar 2006 – März 2006; Januar 2007 – Februar 2007; Januar 2005 bis zu beliebigem Monat vor November 2007

d) Mögliche Zeiträume: Juni 2006 – Dezember 2006; Januar 2007 – Juli 2007, Mai 2006 – November 2007

5

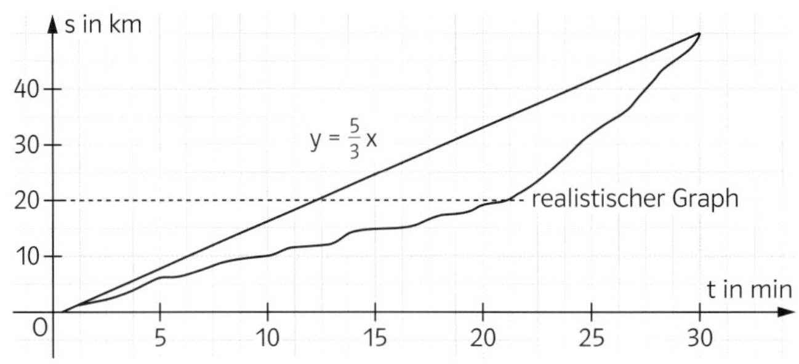

Der Wagen fährt durchschnittlich mit $\frac{5}{3}\frac{\text{km}}{\text{min}}$, das sind $100\,\frac{\text{km}}{\text{h}}$.
Während der ersten 20 km ist die Steigung des realistischen Graphen vermutlich nie größer als $\frac{5}{3}\frac{\text{km}}{\text{min}}$ (Geschwindigkeitsbeschränkung auf Landstraßen), danach wohl immer.

6

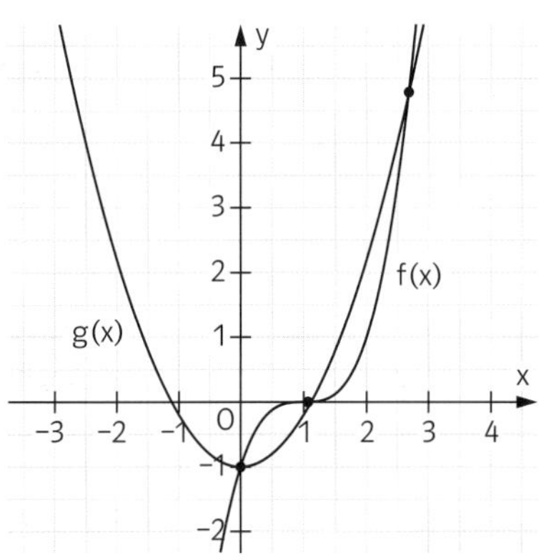

Die beiden Graphen schneiden sich in 3 Punkten. Zwischen je zwei x-Werten der Schnittpunkte haben f und g dieselbe Änderungsrate.

$(x-1)^3 = 0{,}8x^2-1 \;\Leftrightarrow\; x^3-3x^2+3x-1 = 0{,}8x^2-1$

$\Rightarrow\; x^3-3{,}8x^2+3x = 0$

$x(x^2-3{,}8x+3) = 0$

$x_1 = 0;$

$x_{2/3} = \frac{3{,}8 \pm \sqrt{14{,}44-12}}{2} = \frac{3{,}8 \pm \sqrt{2{,}44}}{2}$

$x_2 \approx 2{,}68; \quad x_3 \approx 1{,}12$

$\Rightarrow\; I_1 = [0;1{,}12]; \quad I_2 = [1{,}12;2{,}68]; \quad I_3 = [0;2{,}68]$

7 a) $0 \leqq t < 6\,\text{s}$: Der Fahrstuhl beschleunigt aus dem Stillstand (aufwärts).

$6 \leqq t < 13\,\text{s}$: Der Fahrstuhl fährt mit konstanter Geschwindigkeit.

$13 \leqq t < 16\,\text{s}$: Der Fahrstuhl bremst bis zum Stillstand.

$16 \leqq t < 26\,\text{s}$: Der Fahrstuhl steht still.

$26 \leqq t < 29\,\text{s}$: Der Fahrstuhl beschleunigt (abwärts).

$29 \leq t < 32\,\text{s}$: Der Fahrstuhl fährt mit konstanter Geschwindigkeit.

$32 \leqq t < 36\,\text{s}$: Der Fahrstuhl bremst bis zum Stillstand.

b) $[0;16]$: $\frac{10\,\text{m}-0\,\text{m}}{16\,\text{s}-0\,\text{s}} = 0{,}625\,\frac{\text{m}}{\text{s}}$; $[16;26]$: $\frac{10\,\text{m}-10\,\text{m}}{26\,\text{s}-16\,\text{s}} = 0\,\frac{\text{m}}{\text{s}}$; $[26;36]$: $\frac{5\,\text{m}-10\,\text{m}}{36\,\text{s}-26\,\text{s}} = -0{,}5\,\frac{\text{m}}{\text{s}}$

Die Werte geben jeweils die durchschnittliche Geschwindigkeit des Fahrstuhls im angegebenen Zeitintervall an.
Der negative Wert drückt aus, dass sich der Fahrstuhl nach unten bewegt.

c) Der Fahrstuhl braucht weniger als 80 s, da er nur einmal beschleunigt und einmal bremst. Ines unterstellt bei ihren Überlegungen je fünf Beschleunigungs- und Bremsphasen. In diesen Phasen wäre jedoch die durchschnittliche Geschwindigkeit geringer als bei konstanter Geschwindigkeit.

d) 20. Stock: $2{,}5\,\text{m} \cdot 20 = 50\,\text{m}$ Strecke

Der Fahrstuhl beschleunigt ca. 6 s ($\triangleq$ 2,5 m) und bremst ca. 3 s ($\triangleq$ 1,5 m), also fährt er ca. $50\,\text{m}-(2{,}5+1{,}5)\,\text{m} = 46\,\text{m}$ mit konstanter Geschwindigkeit $v = \frac{6}{7}\frac{\text{m}}{\text{s}}$.

Für die 46 m benötigt er $\frac{46\,\text{m}}{\frac{6}{7}\frac{\text{m}}{\text{s}}} = 54\,\text{s}$.

Insgesamt benötigt er $54\,\text{s}+6\,\text{s}+3\,\text{s} = 63\,\text{s}$.

8 a), b), c)

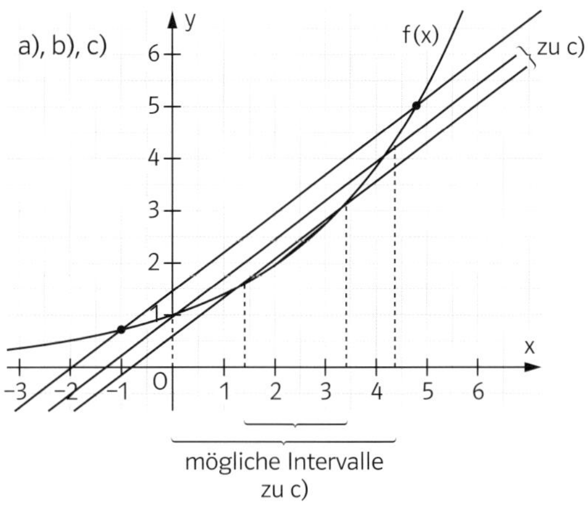

d)

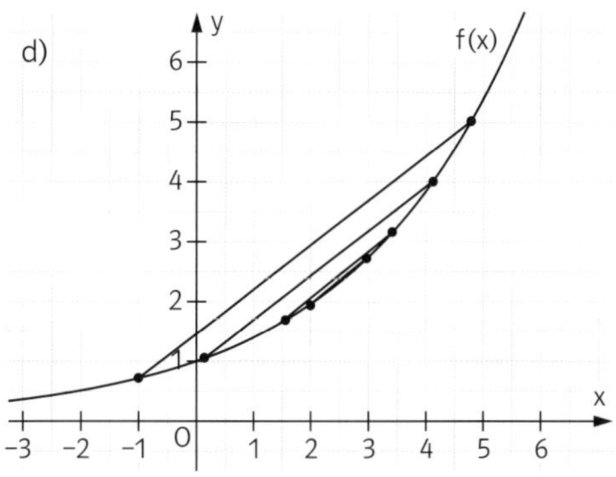

b) $r_I = \frac{1{,}4^5 - 1{,}4^{-1}}{(5-(-1))} \approx 0{,}78$

Die Sekante wird parallel verschoben, bis das zugehörige Intervall (auf der x-Achse) 4 (2; 1) beträgt.
Länge 4: [≈ 0,3; ≈ 4,3]
Länge 2: [≈ 1,4; ≈ 3,4]
Länge 1: [≈ 2; ≈3]

9 Steigung der Strecke [AB]: $m = \frac{3-1}{4+2} = \frac{1}{3}$
Steigung der Senkrechten: $m_2 = -3$, denn $m \cdot m_2 = -1$
Mittelpunkt der Strecke [AB]: M(1 | 2)
Gerade durch M mit Steigung m_2: $2 = -3 \cdot 1 + t \Rightarrow t = 5$
Gleichung der Mittelsenkrechten: $y = -3x + 5$; alle Punkte P_x liegen also auf ihr.

2 Differentialquotient und lokale Änderungsrate

A Alternative zum Einstieg:

→ AB Arbeitsblatt: Der Grenzwert des Differenzenquotienten; Kopiervorlage S. 174 f.
Mit diesem Arbeitsblatt kann die Konvergenz der Sekantensteigungen zur Tangentensteigung graphisch und rechnerisch erarbeitet werden.

S. 31

1 a) Da der Graph von A immer flacher wird, legt A in gleich langen Zeiten immer geringere Strecken zurück, somit wird die Geschwindigkeit von A immer geringer.
Da der Graph von B eine Gerade ist, legt B in gleich langen Zeitintervallen immer die gleich lange Strecke zurück und fährt somit mit konstanter Geschwindigkeit. Etwa (5 | 300) und (35 | 1400) liegen auf dem Graphen.
$v_B \approx \frac{1100\,\text{m}}{30\,\text{s}} = 36{,}\overline{6}\,\frac{\text{m}}{\text{s}} = 132\,\frac{\text{km}}{\text{h}}$
b) Der Graph von A ist beim ersten Treffen steiler. A überholt B und ist somit schneller.
c) Bei etwa 20 s, da hier der Graph von A etwa so steil ist wie der Graph von B.
d) Man müsste ermitteln, wie steil der Graph von A für t = 5 s ist.

S. 33

2

	x	2,5	2,9	2,99	2,999	… …	3,001	3,01	3,1	3,5
a)	$\frac{0{,}25x^2-2-0{,}25}{x-3}$	1,375	1,475	1,4975	1,49975	1,5	1,50025	1,5025	1,525	1,625
b)	$\frac{x-0{,}1x^3-0{,}3}{x-3}$	−1,275	−1,611	−1,691	−1,699	−1,7	−1,701	−1,709	−1,791	−2,175
c)	$\frac{2x+2-8}{x-3}$	2	2	2	2	2	2	2	2	2
d)	$\frac{0{,}5 \cdot 2^x-4}{x-3}$	2,343	2,679	2,763	2,772	2,773	2,774	2,782	2,871	3,314
e)	$\frac{-2-(-2)}{x-3}$	0	0	0	0	0	0	0	0	0
f)	$\frac{\sin x-0{,}141}{x-3}$	−0,915	−0,981	−0,989	−0,990	−0,99	−0,990	−0,991	−0,995	−0,984

3 s(1) = 2; s(2) = 8; s(3) = 18

t	0	0,5	0,9	0,99	0,999	… …	1,001	1,01	1,1	1,5	2
$\frac{2t^2-2}{t-1}$	2	3	3,8	3,98	3,998	4	4,002	4,02	4,2	5	6

t	1	1,5	1,9	1,99	1,999	… …	2,001	2,01	2,2	2,5	3
$\frac{2t^2-8}{t-2}$	6	7	7,8	7,98	7,998	8	8,002	8,02	8,4	9	10

t	2	2,5	2,9	2,99	2,999	… …	3,001	3,01	3,3	3,5	4
$\frac{2t^2-18}{t-3}$	10	11	11,8	11,98	11,998	12	12,002	12,02	12,6	13	14

S. 34

4 a), b)

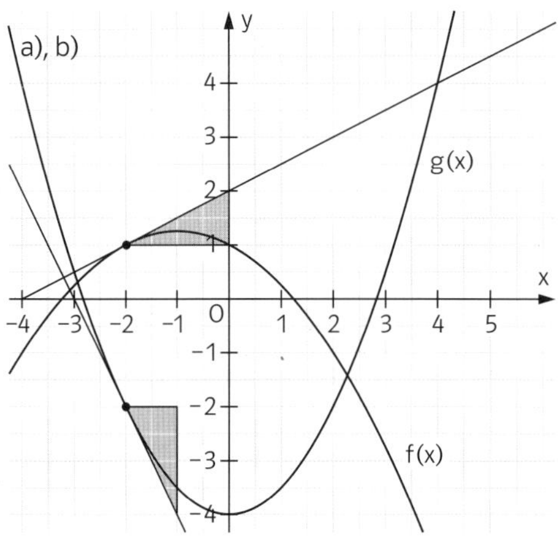

c) Steigung der Tangente an G_f: 0,5
Steigung der Tangente an G_g: −2
Individuelle Lösungen für die Steigungsdreiecke.
Die Steigungen beschreiben die lokale Änderungsrate von f bzw. von g an der Stelle x = −2.

d) Die beiden Tangenten sind zueinander senkrecht.
Der Wert des Produkts ihrer Steigungen ist −1: 0,5 · (−2) = −1

5 $x_1 = -2$ | −3,9 G ; $x_2 = -1$ | 1,2 I ; $x_3 = 0$ | 2,0 T ; $x_4 = 1$ | 0,6 H
$x_5 = 2$ | −1,2 C ; $x_6 = 3$ | −1,5 I ; $x_7 = 4$ | 1,6 R

Lösungswort (von hinten gelesen): RICHTIG

6 a) Wassermenge W(t) eines Auflaufbeckens G hat Einheit m^3 O ; Volumenänderung N hat Einheit $\frac{m^3}{s}$ G ; GONG
Länge einer Pflanze D hat Einheit m I (A); Wachstumsgeschwindigkeit E hat Einheit $\frac{m}{s}$ B ; DIEB
Konzentration K(t) eines Medikaments F hat Einheit $\frac{mg}{l}$ E ; Konzentrationsänderung L hat Einheit $\frac{mg}{l \cdot h}$ D ; FELD
Höhe h(x) H hat Einheit m A (I); Steigung bzw. Gefälle U hat keine Einheit S ; HAUS
Geschwindigkeit v(t) T hat Einheit $\frac{m}{s}$ E ; Beschleunigung S hat Einheit $\frac{m}{s^2}$ T ; TEST

b) Die lokale Änderungsrate hat die Einheit $\frac{e_1}{e_2}$.

7 Individuelle Lösungen
Lösung am Beispiel der Temperatur einer Wassermenge. Diese kühlt z. B. von 90° auf 25° ab.
Mittlere Änderungsrate m: Sie gibt an, um wieviel °C sich das Wasser im Mittel pro Zeiteinheit (z. B. Sekunde) innerhalb des Zeitintervalls $[t_0; t_1]$ abgekühlt hat.
Die mittlere Änderungsrate beschreibt die Änderung der Temperatur zwischen zwei unterschiedlichen Zeitpunkten.
Lokale (oder im Falle der Zeit „momentane") Änderungsrate m_{t_0}: Sie gibt an, wie stark die Änderung der Wassertemperatur zum festen Zeitpunkt t_0 ist.
Die lokale Änderungsrate beschreibt die Änderung der Temperatur zu einem festen Zeitpunkt.
Zusammenhang: Die lokale Änderungsrate ist der Grenzwert der mittleren Änderungsrate für $t \to t_0$.

8 a) $V(0) = \left(90 - 20 \cdot \cos\left(\frac{0}{20}\right) - 0\right) l = (90 - 20)\, l = 70\, l$

b) 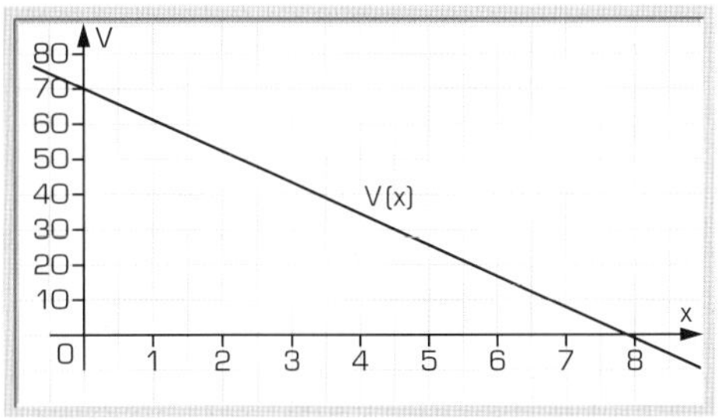

$V(x) = 0$ wenn $x \approx 7{,}95$; also kann der PKW ca. 795 km weit fahren.

c) Vorgehensweise wie im Beispiel 1 (*Schülerbuchseite S. 32*).

100 km: $x_0 = 1$: $V(1) \approx 61{,}025$ $\quad m_1 = \frac{V(x) - V(1)}{x - 1} = -8{,}95$ $\left(\text{in } \frac{\text{Liter}}{\text{km}}\right)$

500 km: $x_0 = 5$: $V(5) \approx 25{,}622$ $\quad m_5 = \frac{V(x) - V(5)}{x - 5} = -8{,}75$ $\left(\text{in } \frac{\text{Liter}}{\text{km}}\right)$

Interpretation: der lokale Spritverbrauch beträgt bei der Stelle 100 km 8,95 Liter pro Kilometer, und bei 500 km 8,75 Liter pro Kilometer.

9 a) Für $a = -4$ ergibt sich: $g(x) = x^3 + 2x^2 - 4x + 1$
Mithilfe einer Tabelle kann für die lokale Änderungsrate von g an der Stelle $x_0 = -2$ der Wert 0 ermittelt werden.

b) Die zugehörige Funktion hat für Werte $a \leqq 1$ Stellen, an denen die lokale Änderungsrate den Wert Null hat.

10 a) Nullstellen für $x_1 = -3$; $x_2 = -1$; $x_3 = 1$; $x_4 = 3$

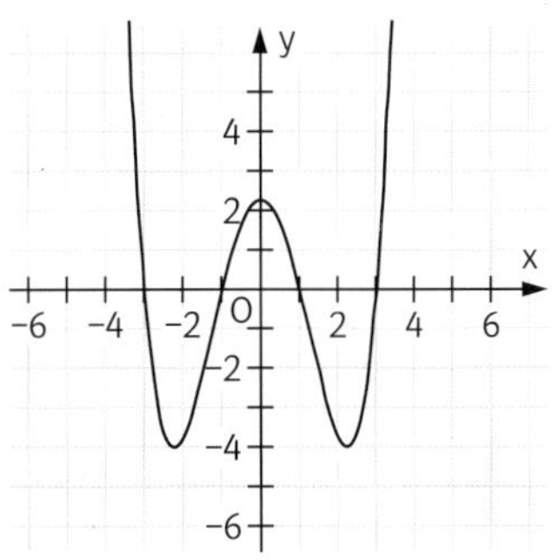

3 Stellen mit lokaler Änderungsrate 0

b) Nullstellen für $x_1 = -3$; $x_2 = 2 - \sqrt{3}$; $x_3 = 2 + \sqrt{3}$
(Lösungsformel für quadr. Gleichungen)

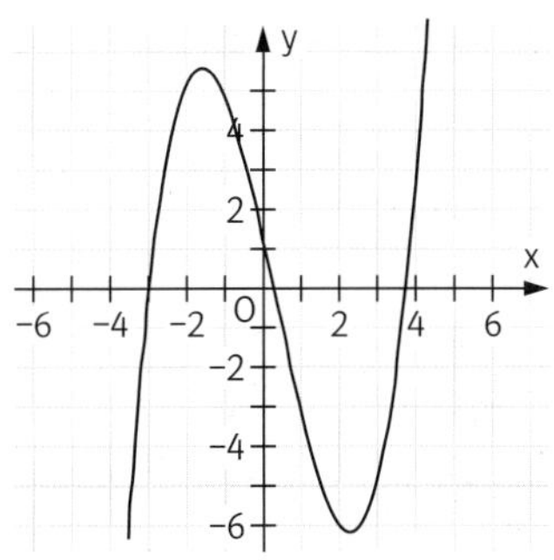

2 Stellen mit lokaler Änderungsrate 0

c) Nullstellen für $x_1 = -2$; $x_2 = 0$ (dreifach); $x_3 = 2$

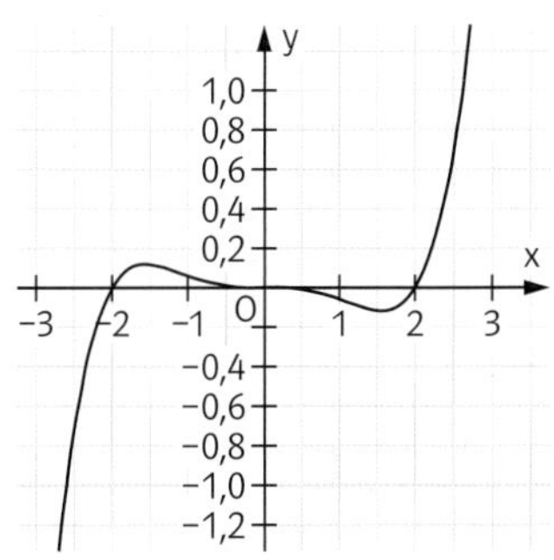

3 Stellen mit lokaler Änderungsrate 0

S. 35

11 a) Ansatz mit Nullstellenform $a \cdot t \cdot (t - 4)$;
Einsetzen von H liefert: $h(t) = -\frac{19}{4} \cdot t \cdot (t - 4) = -4{,}75 t^2 + 19 t$
Mithilfe einer Tabelle kann die Geschwindigkeit zu den verschiedenen Zeitpunkten mit $\frac{h(t) - h(t_0)}{t - t_0}$ angenähert werden.
Geschwindigkeit zum Zeitpunkt $t_0 = 0$ ist 19, für $t_1 = 1$ ist 9,5, für $t_2 = 2$ ist 0 und für $t_3 = -3$ ist $-9{,}5$. Das negative Vorzeichen drückt aus, dass der Körper nach unten fällt.

12 Lokale Änderungsrate wird mit $\frac{A(a) - A(4)}{a - 4} = \frac{a^2 - 16}{a - 4}$ bestimmt. Ergebnis: 8.

13 a) (1) $V(a) = a^3$

(2) Im Tetraeder teilt der Fußpunkt der Tetraederhöhe h_T die Höhe h_G der Dreiecksgrundfläche im Verhältnis 1:2.

Skizze:

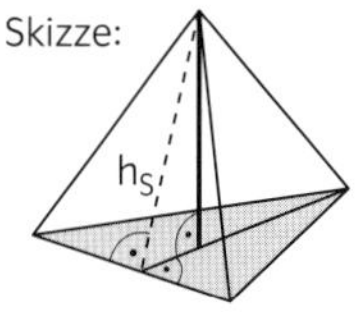

$h_S = \frac{a}{2}\sqrt{3}$ (gleichseitiges Dreieck)

Somit folgt mit Pythagoras:

$h_T = \frac{a}{3}\sqrt{6}$; $G = \frac{a^2}{4}\sqrt{3}$

$V_T(a) = \frac{1}{3} \cdot G \cdot h_T = \frac{1}{3} \cdot \frac{a^2}{4}\sqrt{3} \cdot \frac{a}{3}\sqrt{6} = \frac{1}{12}a^3 \cdot \sqrt{2}$

b) Lokale Änderungsrate an der Stelle $a_0 = 3$

für (1): $\frac{a^3-27}{a-3}$; mithilfe einer Tabelle: 27

für (2): $\frac{\frac{1}{12}a^3 \cdot \sqrt{2} - \frac{9}{4}\sqrt{2}}{a-3}$; mithilfe einer Tabelle: ≈ 3,182

14 a)

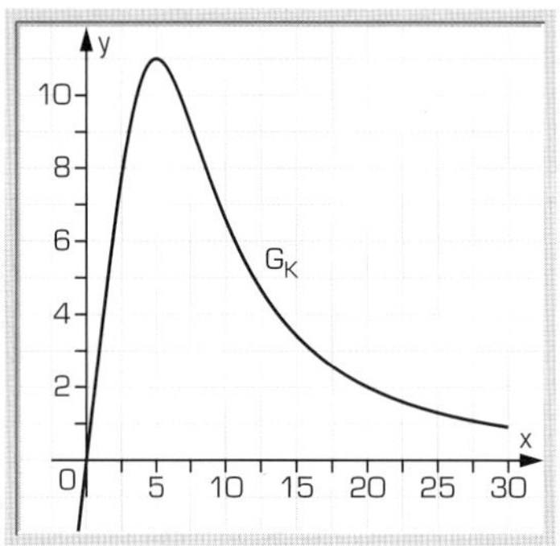

Für die Bearbeitung der weiteren Teilaufgaben sollte der Funktionsplot möglichst groß ausgedruckt werden.

b) Konzentration ist für $t_0 \approx 5$ am größten; $K(5) \approx 11$; momentane Änderungsrate: $m_5 = 0$

c) $m_6 \approx -0{,}7$; $m_8 \approx -1{,}1$; $m_{11} \approx -0{,}8$

d) Etwa für $t = 8$ wird das Medikament am stärksten abgebaut.

e) Zum Beispiel für $t_1 \approx 6{,}0$ und $t_2 \approx 11{,}8$; die momentane Änderungsrate beträgt dann etwa $-0{,}7$.

15 a) $k(0) = \frac{2}{0{,}2} - 2 = 8$; die Kerze war zu Beginn 8 cm hoch.

$k(t) = 0 \Leftrightarrow \frac{2}{0{,}05t+0{,}2} - 2 = 0 \Rightarrow 2 = 2(0{,}05t+0{,}2) \Rightarrow 2 = 0{,}1t+0{,}4 \Rightarrow t = 16$

b) $v = \frac{k(16)-k(0)}{16-0} = \frac{-8}{16} = -0{,}5 \left(\text{in } \frac{\text{cm}}{\text{h}}\right)$; das negative Vorzeichen drückt das Herabbrennen aus.

c)

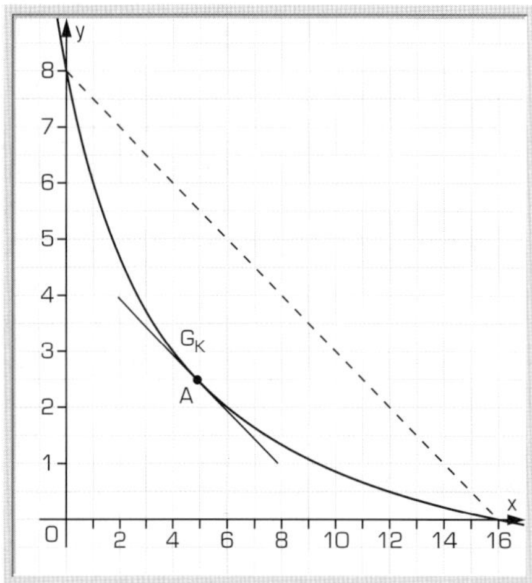

Etwa bei $t = 5$ stimmt die momentane Abbrenngeschwindigkeit mit v überein.

d) Der Graph von k wird mit zunehmenden t-Werten immer flacher, also ist zum Zeitpunkt $t = 0$ der maximale Wert der Abbrenngeschwindigkeit vorhanden und zum Zeitpunkt $t = 16$ der minimale Wert der Abbrenngeschwindigkeit.
Beide Werte können mit Hilfe einer Tabelle ermittelt werden.
Alternativ könnte man die Tangenten an den Graphen von k zu den Zeitpunkten $t = 0$ und $t = 16$ einzeichnen und jeweils deren Steigung bestimmen.

Randspalte: Die gelbe Kerze hat am ehesten das beschriebene Abbrennverhalten, da sie kegelförmig ist. Somit nimmt die abzubrennende Wachsmenge mit steigender Brenndauer immer mehr zu. Die Abbrenngeschwindigkeit wird immer geringer. Dies entspricht der Tatsache, dass der Graph von k mit zunehmender Zeit immer flacher wird.

16 a) $5 \cdot 1{,}6^x - 12 \cdot 0{,}8^x = 0 \Rightarrow 5 \cdot 1{,}6^x = 12 \cdot 0{,}8^x \Rightarrow 2^x = 2{,}4 \Rightarrow x = \frac{\lg 2{,}4}{\lg 2} \approx 1{,}26$

b) Substitution $1{,}2^x = u$

$u - 15 \cdot u^{-1} = 2 \Rightarrow u^2 - 15 = 2u \Rightarrow u^2 - 2u - 15 = 0$; $u_1 = 5$; $u_2 = -3$

$1{,}2^x = 5 \Rightarrow x = \frac{\lg 5}{\lg 1{,}2} \approx 8{,}83$ ($1{,}2^x = -3$ ist nicht definiert.)

→ AB Arbeitsblatt: Der Grenzwert des Differenzenquotienten; Kopiervorlage S. 174 f.

3 Differenzierbarkeit

i Gleichungen von Tangenten und Normalen können bereits hier, wie im *Schülerbuch auf Seite 37* gezeigt, aufgestellt werden. Zu dieser Thematik gibt es auch ein Trainingsblatt, welches die dann bereits bekannten Ableitungsregeln ausnutzt:

→ TB Trainingsblatt: Gleichungen von Tangenten und Normalen; Kopiervorlage S. 181 f.
(im Anschluss an Lerneinheit 8 bearbeitbar)

S. 36

1 Bei $x_1 = 1$: keine Änderung, da der Graph eine waagrechte Tangente besitzt.
Bei $x_2 = 3$: die lokale Änderungsrate von f ist negativ, da die Tangente an den Graphen eine negative Steigung aufweist.
Bei $x_3 = 6$: hier ist keine Aussage möglich, da man an den Graphen im Punkt $P(6\,|\,f(6))$ keine (eindeutige) Tangente anlegen kann.
Bei $x_4 = 7$: die lokale Änderungsrate von f ist positiv, da die Tangente an den Graphen eine positive Steigung aufweist.

i **2** Die Aufgabe bereitet das Vorgehen beim Berechnen von Ableitungstermen vor.

$m_4 = \lim\limits_{x\to 4} \frac{2x^2-32}{x-4} = \lim\limits_{x\to 4} \frac{2(x^2-16)}{x-4} = \lim\limits_{x\to 4} \frac{2(x+4)(x-4)}{(x-4)} = \lim\limits_{x\to 4} 2(x+4) = 16$

l) $f(3) = 2$; $f(0{,}5) = 12$; $f(-1{,}5) = -4$; $f(a) = \frac{6}{a}$;

S. 38

3 a) $f(3) = 9$ b) $f(0{,}5) = -1$ c) $f(-1{,}5) = 9$
d) $f(a) = 2a^2-3a$ e) $f(r+2) = 2r^2+5r+2$ f) $f(2+h) = 2h^2+5h+2$
g) $f(x)-f(2) = 2x^2-3x-2$ h) $f(2+h)-f(2) = 8h+2h^2-3h = 2h^2+5h$
i) $\frac{f(x)-f(2)}{x-2} = \frac{2x^2-3x-2}{x-2} = (2x^2-3x-2) : (x-2) = 2x+1$ (Polynomdivision) k) $\frac{f(2+h)-f(2)}{h} = 2h+5$
l) $f(3) = 2$; $f(0{,}5) = 12$; $f(-1{,}5) = -4$; $f(a) = \frac{6}{a}$;
$f(r+2) = \frac{6}{r+2}$; $f(-1+h) = \frac{6}{-1+h}$; $f(x)-f(-1) = \frac{6}{x}+6 = \frac{6+6x}{x}$;
$f(-1+h)-f(-1) = \frac{6h}{h-1}$; $\frac{f(x)-f(-1)}{x+1} = \frac{6}{x}$; $\frac{f(-1+h)-f(-1)}{h} = \frac{6}{h-1}$

4 a) Der Graph von f hat bei $x = -3$ und $2{,}5 < x \leqq 3{,}5$ waagrechte Tangenten.
b) Die Funktion f ist an folgenden Stellen nicht differenzierbar:
$x_1 = -4$: es existiert offensichtlich keine (eindeutige) Tangente an den Graphen im Punkt $P_1(-4\,|\,0)$. Alternativ: Linksseitiger Grenzwert $(-5) \neq$ rechtsseitiger Grenzwert (4).
$x_2 = -2$: Begründung wie x_1; linksseitiger Grenzwert $(-4) \neq$ rechtsseitiger Grenzwert (1,5).
$x_3 = -1$: Begründung wie x_1; linksseitiger Grenzwert $(1{,}5) \neq$ rechtsseitiger Grenzwert (-2).
$x_4 = 1$: Begründung wie x_1; linksseitiger Grenzwert $(-2) \neq$ rechtsseitiger Grenzwert (0).
$x_5 = 2{,}5$: Begründung wie x_1; linksseitiger Grenzwert $(6) \neq$ rechtsseitiger Grenzwert (0).

5 1. Möglichkeit: $f'(x_0) = \lim\limits_{x\to x_0} \frac{f(x)-f(x_0)}{x-x_0}$; 2. Möglichkeit: $f'(x_0) = \lim\limits_{h\to 0} \frac{f(x_0+h)-f(x_0)}{h}$
a) $f'(4) = 16$ b) $f'(-2) = -1{,}5$ c) $f'(2) = 10$ d) $f'\left(\frac{4}{3}\right) = \frac{5}{3}$ e) $f'(1) = -1$

6 a) $\lim\limits_{h\to 0} \frac{\frac{3}{h+2}-\frac{3}{2}}{h} = \lim\limits_{h\to 0} \frac{3-\frac{3}{2}(h+2)}{h(h+2)} = \lim\limits_{h\to 0} \frac{-\frac{3}{2}h}{h(h+2)} = \lim\limits_{h\to 0} \frac{-\frac{3}{2}}{h+2} = -\frac{3}{4}$

b)

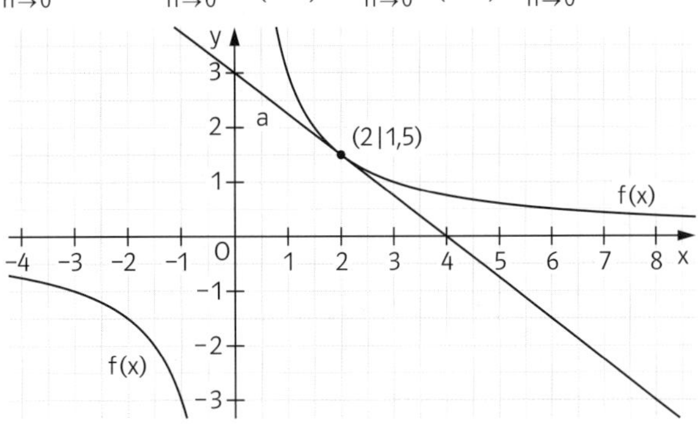

Die Tangente im Punkt $A(2\,|\,1{,}5)$ hat die Steigung $-\frac{3}{4}$.

7 a) $\lim\limits_{\substack{x \to 0 \\ >}} \frac{0{,}5x}{x} = 0{,}5$; $\lim\limits_{\substack{x \to 0 \\ <}} \frac{-0{,}5x}{x} = -0{,}5$

f ist für $x = 0$ nicht differenzierbar, da die Grenzwerte unterschiedlich sind.

b) $\lim\limits_{\substack{x \to 2 \\ >}} \frac{x-2}{x-2} = 1$; $\lim\limits_{\substack{x \to 2 \\ <}} \frac{-(x-2)}{x-2} = -1$

f ist für $x = 2$ nicht differenzierbar, da die Grenzwerte unterschiedlich sind.

c) $\lim\limits_{\substack{x \to 0 \\ >}} \frac{\frac{x}{x+1}}{x} = \lim\limits_{\substack{x \to 0 \\ >}} \frac{1}{x+1} = 1$;

$\lim\limits_{\substack{x \to 0 \\ <}} \frac{\frac{x}{-x+1}}{x} = \lim\limits_{\substack{x \to 0 \\ <}} \frac{1}{-x+1} = 1$

f ist für $x = 0$ differenzierbar, da die Grenzwerte gleich sind.

d) z.B. $f: x \mapsto |x-4| = \begin{cases} -(x-4), & \text{falls } x < 4 \\ x-4, & \text{falls } x \geqq 4 \end{cases}$

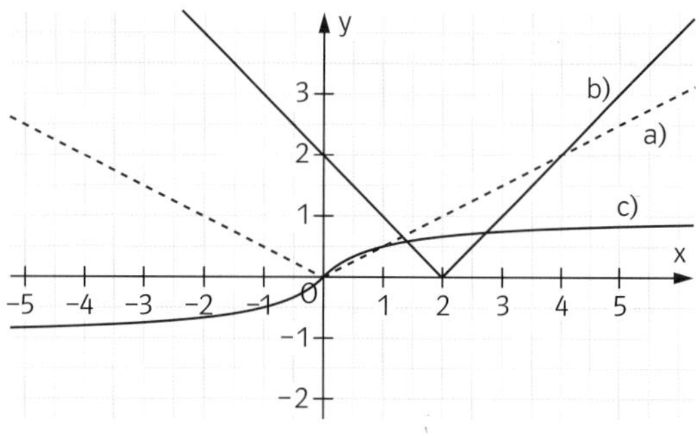

S. 39

8 a) $m_T = \lim\limits_{x \to 2} \frac{x^2-4}{x-2} = \lim\limits_{x \to 2} \frac{(x-2)(x+2)}{(x-2)} = \lim\limits_{x \to 2} (x+2) = 4$;

Ansatz für Tangente: $4 = 4 \cdot 2 + t \Rightarrow t = -4$; also Tangente t: $y = 4x - 4$

$m_n = -\frac{1}{4}$; $4 = -\frac{1}{4} \cdot 2 + t \Rightarrow t = 4{,}5$; Normale n: $y = -\frac{1}{4}x + 4{,}5$

Schnittwinkel Tangente mit x-Achse: $\alpha \approx 76{,}0°$

Schnittwinkel Normale mit x-Achse: $\alpha \approx 166{,}0°$

b) Fehler im *Schülerbuch bis Auflage 1*^{4}: Es muss heißen: $P_0(-2\,|\,-0{,}5)$

Tangente t: $y = 0{,}5x + 0{,}5$; Schnittwinkel mit x-Achse: $\alpha \approx 26{,}6°$

Normale n: $y = -2x - 4{,}5$; Schnittwinkel mit x-Achse: $\alpha \approx 116{,}6°$

c) Tangente t: $y = -5x$; Schnittwinkel mit x-Achse: $\alpha \approx 101{,}3°$

Normale n: $y = \frac{1}{5}x$; Schnittwinkel mit x-Achse: $\alpha \approx 11{,}3°$

d) Tangente t: $y = -\frac{1}{6}x + 1{,}5$; Schnittwinkel mit x-Achse: $\alpha \approx 170{,}5°$

Normale n: $y = 6x - 17$; Schnittwinkel mit x-Achse: $\alpha \approx 80{,}5°$

9 a)

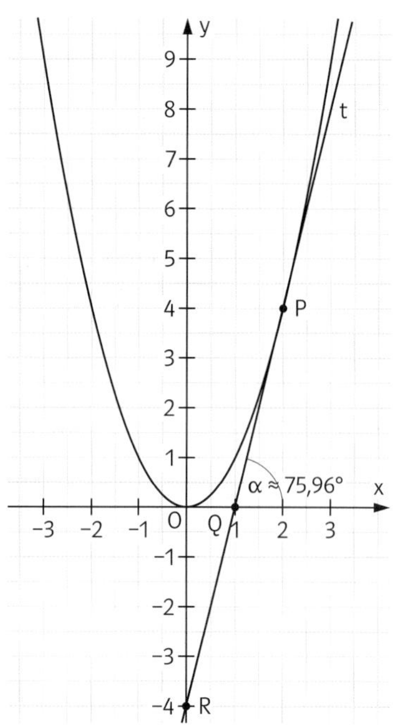

b) $\tan \alpha = 4 \Rightarrow \alpha \approx 75{,}96°$

c) $\overline{QR}^2 = 4^2 + 1^2 \Rightarrow \overline{QR} = \sqrt{17} \approx 4{,}12$

d) a ist die Höhe im Dreieck RQO;

somit gilt: $\frac{1}{2} \cdot \overline{QR} \cdot a = A_{RQO}$

$\frac{1}{2} \cdot \sqrt{17} \cdot a = 2$

$\Rightarrow \quad a = \frac{4}{\sqrt{17}}$

Andere Lösungsmöglichkeit:
Normale n zu t, welche durch 0 geht.
Schnittpunkt von n und t liefert mit Pythagoras dasselbe Ergebnis.

e) $m_n = -\frac{1}{4}$; $4 = -\frac{1}{4} \cdot 2 + t \Rightarrow t = 4{,}5$

n: $y = -0{,}25x + 4{,}5$

f) $-0{,}25x + 4{,}5 = x^2 \Rightarrow x^2 + 0{,}25x - 4{,}5 = 0$

mit Lösungsformel ergibt sich $x_1 = 2$; $x_2 = -2{,}25$ und somit $S_2(-2{,}25\,|\,5{,}0625)$.

g) Das Flächenstück ist ein Dreieck mit der Grundseite [RP] und der Höhe $[PP_0]$, wobei $P_0\,(0\,|\,4{,}5)$.

Damit ergibt sich:

$A = (+4 + 4{,}5) \cdot 2 \cdot \frac{1}{2} = 8{,}5$

10 Probieren, z. B. durch Anlegen eines Lineals an die Zeichnung, liefert gegebenenfalls die Lösungsidee, Tangenten zu betrachten.
Gleichsetzen von Tangenten- und Parabelterm: $mx + 6 = -0{,}5x^2 + 4$
$\Rightarrow +0{,}5x^2 + mx + 2 = 0 \quad \Rightarrow \quad x_{1/2} = \frac{-m \pm \sqrt{m^2 - 4}}{1}$; $\quad m^2 - 4 = 0$ für $m_1 = 2$; $m_2 = -2$
-2 ist hier nicht möglich, also $y = 2x + 6$; somit ergibt sich für den Schnittpunkt $P(-2\,|\,2)$.
Das Fahrzeug bewegt sich entlang der Tangente t mit der Gleichung t: $y = 2x + 6$;
es verlässt die Fahrbahn im Punkt $P(-2\,|\,2)$.

11 a) $\lim\limits_{\substack{x \to 2 \\ <}} g(x) = \lim\limits_{\substack{x \to 2 \\ <}} -(x-1)^2 + 4 = 3 \qquad \lim\limits_{\substack{x \to 2 \\ >}} g(x) = \lim\limits_{\substack{x \to 2 \\ >}} (x-3)^2 + 1 = 2$
b) g ist für $x_0 = 2$ nicht differenzierbar, da die Funktion an der Stelle x_0 eine Sprungstelle besitzt.
(vergleiche Hinweis auf *Randspalte im Schülerbuch*)

12 Tangente:
Ansatz: $y = mx + t$; also $f(x_0) = m \cdot x_0 + t$
$\Rightarrow \quad t = -m \cdot x_0 + f(x_0)$
$\Rightarrow y = mx - m \cdot x_0 + f(x_0)$
$= m(x - x_0) + f(x_0)$
$= f'(x_0) \cdot (x - x_0) + f(x_0)$

Normale:
Ansatz: $y = m_N x + t$; also $f(x_0) = m_N \cdot x_0 + t$
$\Rightarrow \quad y = m_N(x - x_0) + f(x_0)$
(analog)
Wegen $m_N \cdot m = -1$ und $m = f'(x_0)$ gilt:
$y = -\frac{1}{f'(x_0)} \cdot (x - x_0) + f(x_0)$

13 a) Ansatz: $0{,}5x^2 = 2x + r \quad \Rightarrow \quad 0{,}5x^2 - 2x - r = 0$
Die quadratische Gleichung hat genau eine Lösung, wenn Diskriminante $D = 4 + 2r = 0$,
also $r = -2$; $\quad g_{-2}$: $y = 2x - 2$
Lösung der Gleichung $0{,}5x^2 - 2x + 2 = 0$ liefert den Berührpunkt für $x = 2$, also $B(2\,|\,2)$.
b) Gesucht ist die Steigung m_2 im Punkt $(2\,|\,2)$ an den Graphen von $y = 0{,}5x^2$.
$m_2 = \lim\limits_{x \to 2} \frac{0{,}5x^2 - 2}{x - 2} = \lim\limits_{x \to 2} \frac{0{,}5 \cdot (x+2)(x-2)}{(x-2)} = \lim\limits_{x \to 2} 0{,}5(x+2) = 2; \quad 2 = 2 \cdot 2 + t \quad \Rightarrow \quad t = -2$
somit ergibt sich als Tangentengleichung: $y = 2x - 2$; dies stimmt mit g_{-2} überein.

14 a)

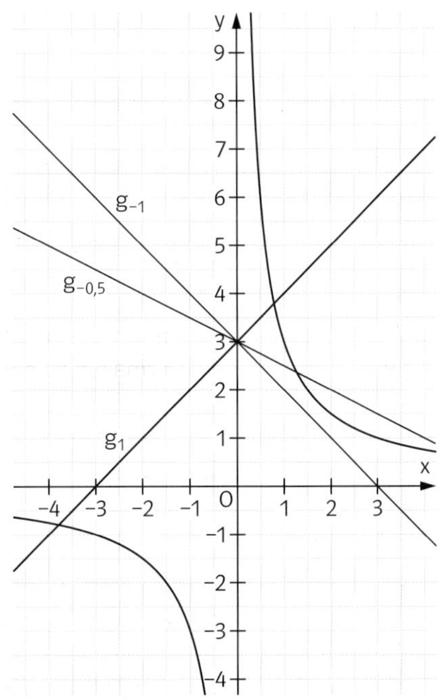

b) $\frac{3}{x} = mx + 3 \quad \Rightarrow \quad 0 = mx^2 + 3x - 3$;
Die quadratische Gleichung hat zwei Lösungen (und damit zwei Schnittpunkte), wenn $D > 0$;
$D = 9 + 12m$; $\quad D > 0$ wenn $m > -\frac{3}{4}$.
c) $\frac{3}{x+a} = -x + 3 \quad \Rightarrow \quad 0 = x^2 + x \cdot (a-3) + 3 - 3a = 0$
Die quadratische Gleichung hat genau eine Lösung, wenn $D = 0$, also $(a-3)^2 - 4 \cdot (3 - 3a) = 0$
$a_1 = -3 + \sqrt{12}$; $\quad a_2 = -3 - \sqrt{12}$
$k_1(x) = \frac{3}{x - 3 + \sqrt{12}}$; $\quad k_2(x) = \frac{3}{x - 3 - \sqrt{12}}$

15 a) $\sqrt[6]{c^3} \cdot c^2 \cdot \sqrt[6]{\frac{1}{c^4}} = c^{\frac{1}{2}} \cdot c^2 \cdot c^{-\frac{2}{3}} = c^{\frac{11}{6}}$
b) $\sqrt{\frac{a}{b}} \cdot \sqrt[3]{\frac{b^2}{a}} = \frac{a^{\frac{1}{2}} \cdot b^{\frac{2}{3}}}{b^{\frac{1}{2}} \cdot a^{\frac{1}{3}}} = (a \cdot b)^{\frac{1}{6}}$
c) $\sqrt[3]{\frac{1}{x}} \cdot x^4 \cdot x^{-\frac{1}{3}} = x^{-\frac{1}{3}} \cdot x^4 \cdot x^{-\frac{1}{3}} = x^{\frac{10}{3}}$
d) $z^{-\frac{7}{4}} \cdot z \cdot \sqrt[4]{z^3} = z^{-\frac{7}{4}} \cdot z \cdot z^{\frac{3}{4}} = 1$

4 Ableitungsfunktion

S. 40

1 a) Steigung für einen allgemeinen Wert x_0: $f'(x_0) = \lim\limits_{x \to x_0} \dfrac{\frac{1}{500}x^2 - \frac{1}{500}x_0^2}{x - x_0} = \lim\limits_{x \to x_0} \frac{1}{500} \dfrac{(x + x_0)(x - x_0)}{x - x_0}$

$= \lim\limits_{x \to x_0} \frac{1}{500}(x + x_0) = \frac{1}{250}x_0$;

$\frac{1}{250}x_0 > 1$ wenn $x_0 > 250$, also wird der Kraterrand bei $x = 300$ nicht erreicht.

b) $f'(x_0) = 1$ für $x_0 = 250$; $f(250) = 125$; das Fahrzeug erreicht eine Höhe von 125 m.

S. 42

2 a) $f'(x) = 4x$; $4x = 2$ für $x = 0{,}5$; Steigung 2 im Punkt $P(0{,}5\,|\,0{,}5)$

b) $f'(x) = -8x$; $-8x = 2$ für $x = -0{,}25$; Steigung 2 im Punkt $P(-0{,}25\,|\,-0{,}25)$

c) $f'(x) = 0$; in keinem Punkt hat G_f die Steigung 2

d) $f'(x) = 2$; in jedem Punkt $x \in \mathbb{R}$ hat G_f die Steigung 2

e) $f'(x) = -4$; in keinem Punkt hat G_f die Steigung 2

f) $f'(x) = x - 2$; $x - 2 = 2$ für $x = 4$; Steigung 2 im Punkt $P(4\,|\,0)$.

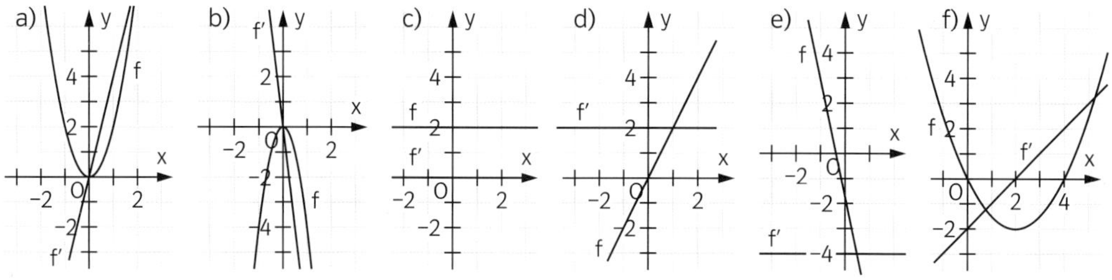

3 a) $f'(x_0) = \lim\limits_{x \to x_0} \dfrac{x^2 - x_0^2}{x - x_0} = \lim\limits_{x \to x_0} x + x_0 = 2x_0$; $2x_0 = -5 \Leftrightarrow x_0 = -2{,}5$; $B(-2{,}5\,|\,6{,}25)$

Ansatz für Tangentengleichung: $-5 \cdot (-2{,}5) + t = 6{,}25 \Rightarrow t = -6{,}25$; t: $y = -5x - 6{,}25$

b) Schnittpunkt der Tangente mit der x-Achse: $-5x - 6{,}25 = 0 \Rightarrow x = -1{,}25$

$A = \frac{1}{2} \cdot 1{,}25 \cdot 6{,}25 = 3{,}90625$

4 a)

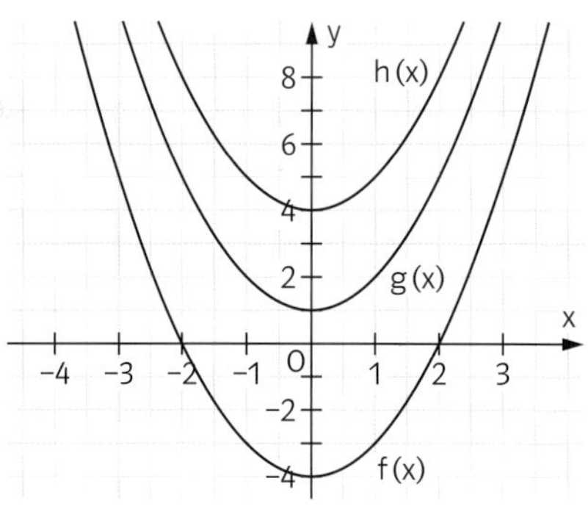

$f'(x_0) = \lim\limits_{x \to x_0} \dfrac{x^2 - 4 - (x_0^2 - 4)}{x - x_0} = \lim\limits_{x \to x_0} \dfrac{(x + x_0)(x - x_0)}{x - x_0}$

$= \lim\limits_{x \to x_0} x + x_0 = 2x_0$;

also $f'(x_0) = 2x$

analog: $g'(x) = h'(x) = 2x$

b) $f_c'(x_0) = \lim\limits_{x \to x_0} \dfrac{x^2 - c - (x_0^2 - c)}{x - x_0} = \lim\limits_{x \to x_0} x + x_0 = 2x_0$;

also $f_c'(x) = 2x$ für jedes $c \in \mathbb{R}$

5 (1) falsch; es existieren bereits 4 Nullstellen (eine doppelte Nullstelle bei (0 | 0).
Mehr Nullstellen kann eine ganzrationale Funktion vierten Grades nicht besitzen und somit kann der Graph die x-Achse nicht mehr kreuzen.

(2) richtig; der Graph der Funktion hat an der Stelle $x_0 = 0$ eine waagrechte Tangente, somit gilt: $f'(0) = 0 = f(0)$

i „Schneiden" umfasst auch „Berühren".

(3) richtig; f' hat genau drei Nullstellen, weil f an drei Stellen waagrechte Tangenten besitzt.

(4) richtig; (falls „auch" im Sinne von „auch wenigstens an einer Stelle x" verstanden wird)
f'(x) hat eine weitere Nullstelle für $x \in]0;4[$, also gibt es in diesem Intervall auch einen negativen Bereich für f.

falsch; (falls „auch" im Sinne von „$G_{f'}$ ebenso wie auch G_f für alle $x \in]0;4[$" verstanden wird)
z.B. im Bereich $[-2;0]$ steigt G_f, also verläuft $G_{f'}$ dort oberhalb der x-Achse.

(5) falsch; der Graph von f'(x) verläuft von $-\infty$ bis -2 unterhalb der x-Achse. (Die beiden Graphen schneiden sich im III. Quadranten.)

S. 43

6 Individuelle Lösungen z. B.:

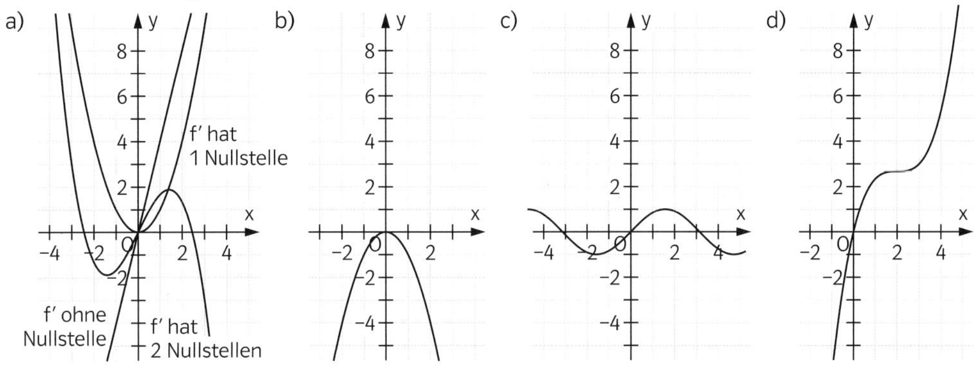

7 Der hellblaue Graph scheidet aus, da der Wasserstand erst abnimmt (bis $t \approx 1{,}1$). Der dunkelblaue Graph scheidet aus, da G_p dann bis ungefähr $t = 4{,}5$ ansteigt und anschließend bis ungefähr $t = 8$ wieder abnimmt.

Der Anstieg von p ist an der Stelle 2,5 sicher kleiner als 1.

Der orangefarbene Graph spiegelt die Pegelstandsänderung am genauesten wieder.

8 Individuelle Lösungen in Anlehnung an Aufgabe 7.

9 Für die Bearbeitung der Teilaufgaben c) – e) ist ein Ausdruck des Funktionsplots nötig.

a)

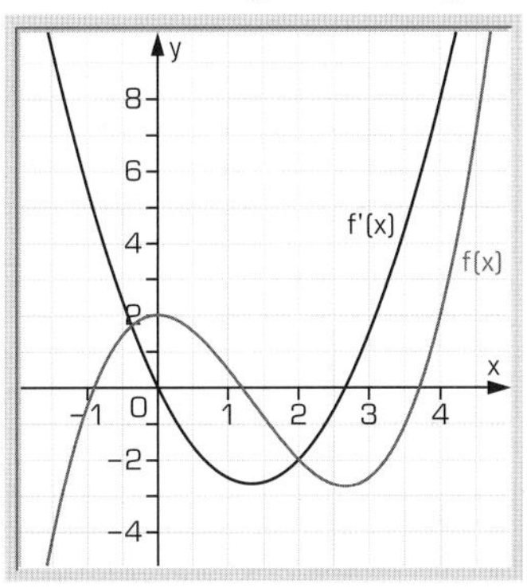

b) $1{,}5x^2 - 4x = 2 \quad \Leftrightarrow \quad 1{,}5x^2 - 4x - 2 = 0$

$x_1 = \frac{4}{3} + \frac{2}{3}\sqrt{7} \approx 3{,}1; \quad x_2 = \frac{4}{3} - \frac{2}{3}\sqrt{7} \approx -0{,}43$

(mit Lösungsformel) $y_1 \approx -2{,}33; \quad y_2 \approx 1{,}59$

c) graphisch: $A(\approx 1{,}3 \,|\, \approx -0{,}4)$; rechnerisch: $A\left(\frac{4}{3} \,\middle|\, -\frac{10}{27}\right)$

(mit Scheitelpunktform von $f'(x)$)

d) graphisch: $]-\infty; 0] \cup [\approx 2{,}7; +\infty[$; rechnerisch:

$f'(x) > 0$ wenn $1{,}5x^2 - 4x > 0 \quad \Rightarrow \quad x \cdot (1{,}5x - 4) > 0$

Nullstellensuche für $x \cdot (1{,}5x - 4)$ und Graphenplot liefern:

Der Graph der Funktion steigt für $x < 0$ oder $x > \frac{8}{3}$.

e) graphisch: Ablesen an $G_{f'}$: $]-\infty; \approx -0{,}6] \cup [\approx 3{,}3; +\infty[$;

rechnerisch: $f'(x) > 3$ wenn $1{,}5x^2 - 4x - 3 > 0$

Nullstellensuche für $1{,}5x^2 - 4x - 3$ liefert (da entsprechende Parabel nach oben geöffnet ist):

Die Steigung der Graphen ist für $x < \frac{4}{3} - \frac{\sqrt{34}}{3}$ oder $x > \frac{4}{3} + \frac{\sqrt{34}}{3}$ größer als 3.

10 Hinweis: Die Zeichnung suggeriert, dass die Rampe die Böschung tangential trifft, also die gleiche Steigung hat. Es könnten aber auch nur Böschungs- und Rampenfunktion gleichgesetzt werden.

a) Gleichung der Rampe: $m_R = \tan 14° \approx 0{,}25$; R: $y = 0{,}25x + 1$

Die Rampe endet im Gelände bei $x = -4$. (denn $R(-4) = 0$)

Die Rampe trifft auf die Böschung, wenn beide die gleiche Steigung haben:

$\frac{1}{2\sqrt{x}} = 0{,}25 \quad \Rightarrow \quad \frac{1}{\sqrt{x}} = 0{,}5 \quad \Rightarrow \quad x = 4$

b) $L^2 = 8^2 + 2^2 \quad \Rightarrow \quad l = 8{,}25$ Die Rampe ist also ungefähr 41 m lang.

11 A – 4: Ableitung hat Nullstelle bei $x = 2$; sie ist negativ für $x < 2$ und positiv für $x > 2$.
B – 3: Ableitung hat keine Nullstelle; sie steigt stetig an;
C – 5: Ableitung hat Nullstelle bei $x = 2$; links davon steigt sie, rechts davon fällt sie.
D – 2: Ableitung hat zwei Nullstellen;
E – 1: Polstelle bei $x = 2$; keine Nullstellen

12 Individuelle Lösungen z. B.

a) $f(x) = x^{-\frac{1}{2}}$
$f(x) = -x$

b) $f(x) = x^2 - 4$
$f(x) = \sin x$

c) $f(x) = x^3 - 4x + 2$
$f(x) = (x-1) \cdot x \cdot (x+1)$

S. 44

13 a)

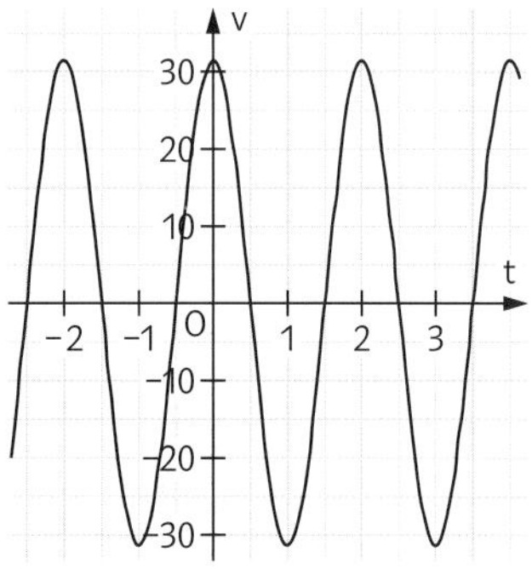

b) h′(t) beschreibt die Geschwindigkeit des Körpers in Abhängigkeit von der Zeit.

c) Z. B. die Schwingung eines Gewichtstückes an einem Federpendel.

i **14** Die Skizzen sollen nur den wesentlichen Verlauf zeigen und müssen nicht den exakten Ableitungsgraphen entsprechen.

a) $f'(x) > 0$ für alle $x \in \mathbb{R}$

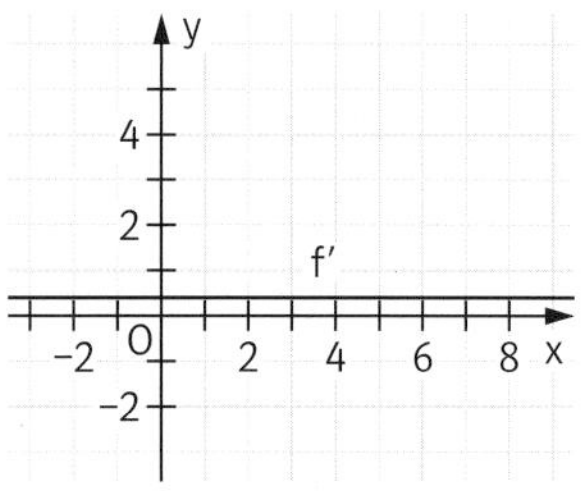

b) $f'(x) = 0$
für $x = -2$ und $x = 2$
$f'(x) > 0$
für $x \in \mathbb{R} \setminus [-2; 2]$
$f'(x) < 0$
für $x \in]-2; 2[$

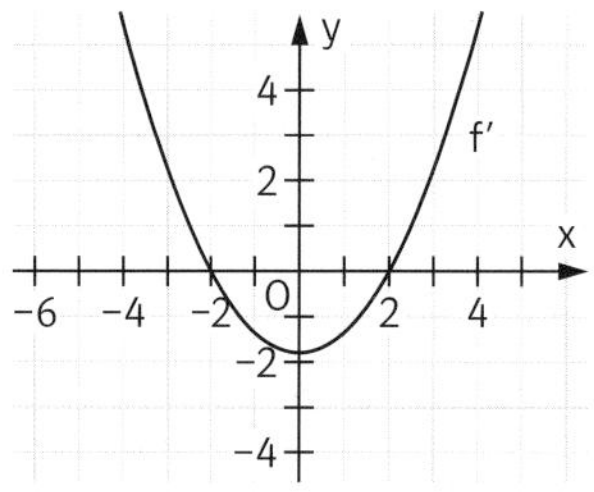

c) $f'(x) = 0$
für $x = -2$; $x = 0$ und $x = 3$
$f'(x) > 0$
für $x \in]-2; 0[\cup]3; +\infty[$
$f'(x) < 0$
für $x \in]-\infty; -2[\cup]0; 3[$

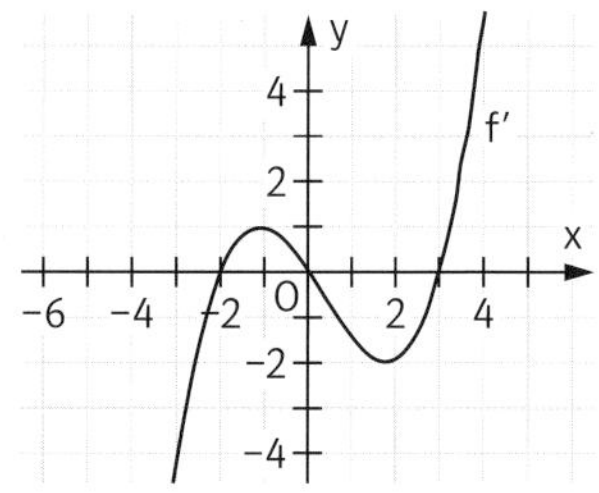

d) $f'(x) = 0$ für $x = \frac{3}{4}$
$f'(x) > 0$ für $x > \frac{3}{4}$
$f'(x) < 0$ für $x < \frac{3}{4}$

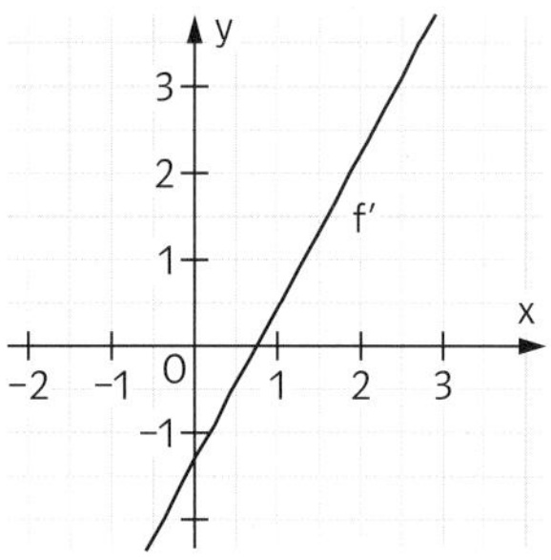

e) $f'(x) = 0$
für $x = 0$ und $x = 2\frac{1}{4}$
$f'(x) > 0$ für $x \in \left]0; 2\frac{1}{4}\right[$
$f'(x) < 0$ für $x \in \mathbb{R} \setminus \left[0; 2\frac{1}{4}\right]$

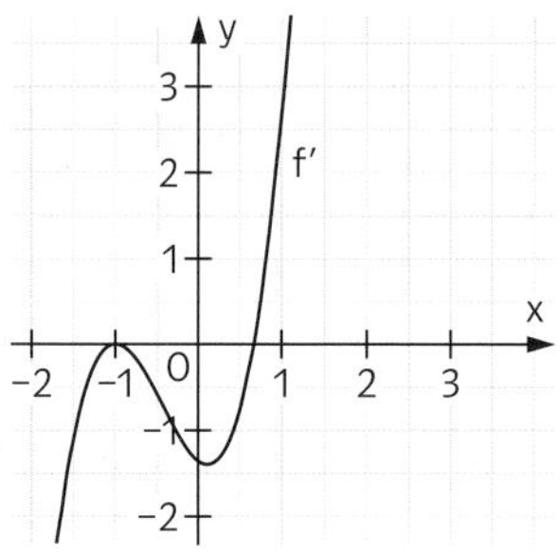

f) $f'(x) = 0$
für $x = -1$ und $x = \frac{2}{3}$
$f'(x) > 0$ für $x > \frac{2}{3}$
$f'(x) < 0$
für $x \in \left]-\infty; \frac{2}{3}\right[\setminus \{-1\}$

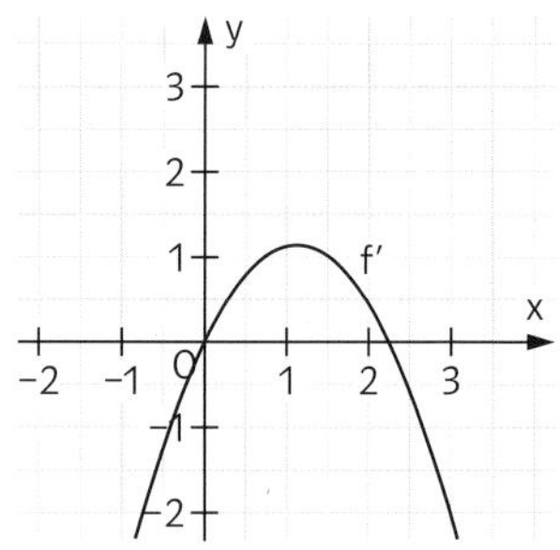

g) $f'(x) = 0$ für $x = 0$
$f'(x) > 0$ für $x > 0$
$f'(x) < 0$ für $x < 0$

h) $f'(x) = 0$
für $x = -0{,}5$ und $x = 0{,}75$
$f'(x) > 0$
für $x \in]-\infty; -0{,}5[\cup]0{,}75; +\infty[$
$f'(x) < 0$
für $x \in]-0{,}5; 0{,}75[$

i) $f'(x) > 0$ für alle $x \in \mathbb{R}$

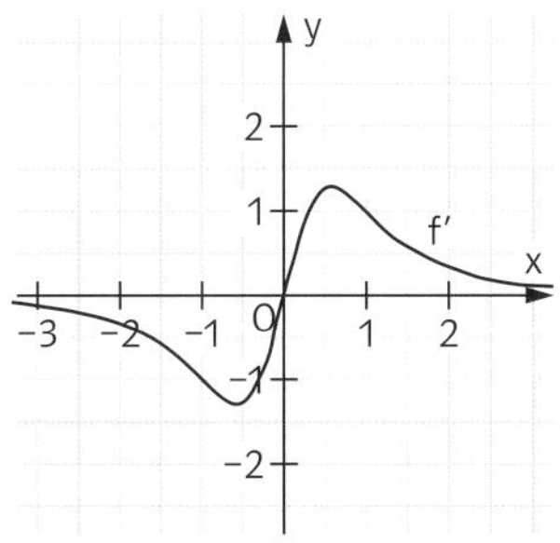

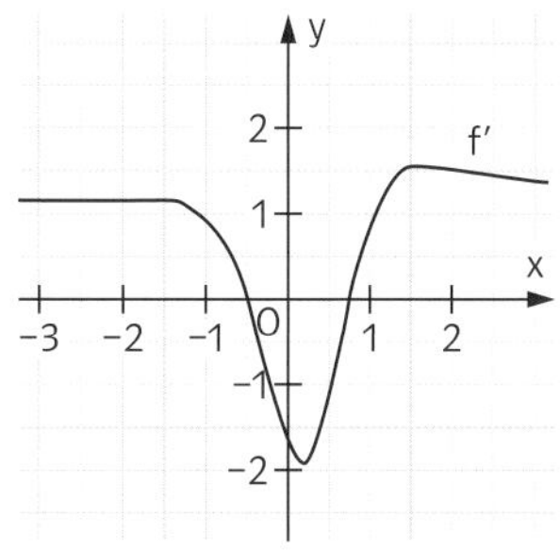

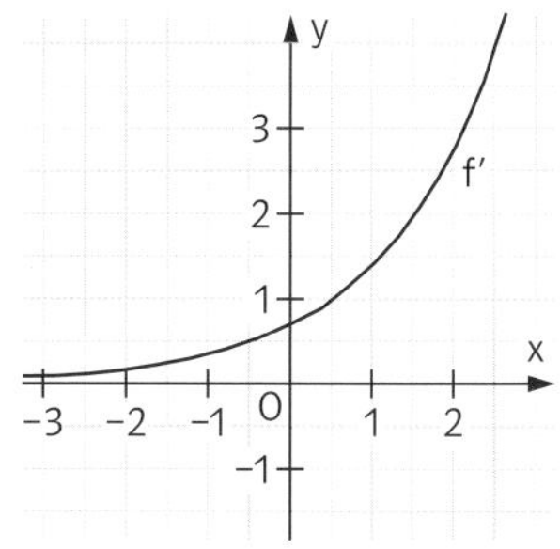

15

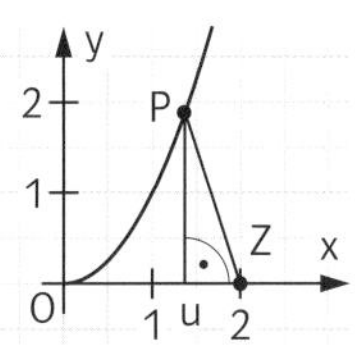

$\overline{ZP}^2 = (2-u)^2 + u^4 \quad \Rightarrow \quad l(u) = \sqrt{u^4 + u^2 - 4u + 4}$

Minimaler Abstand: $l_{min} = 1{,}3577 \approx 1{,}36$

Strategie: Wegen der geforderten Genauigkeit genügt eine Handzeichnung nicht.

16

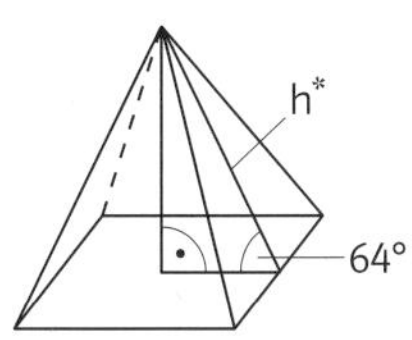

$\tan 64° = \frac{h}{2{,}5} \quad \Rightarrow \quad h = 2{,}5 \cdot \tan 64° \approx 5{,}13\,\text{cm}$

$\cos 64° = \frac{2{,}5}{h^*} \quad \Rightarrow \quad h^* = \frac{2{,}5}{\cos 64°} \approx 5{,}7\,\text{cm}$

$V = \frac{1}{3} \cdot G \cdot h \approx \frac{1}{3} \cdot 25\,\text{cm}^2 \cdot 5{,}13\,\text{cm} \approx 42{,}7\,\text{cm}^3$

$O = G + 4$ Seitendreiecke $\approx 25\,\text{cm}^2 + 4 \cdot \left(\frac{1}{2} \cdot 5\,\text{cm} \cdot 5{,}7\,\text{cm}\right)$
$= 25\,\text{cm}^2 + 57\,\text{cm}^2 = 82\,\text{cm}^2$

17 $1 - \left(\frac{1}{2}\right)^n \geqq 0{,}99$ (Gegenereignis: n-mal Wappen)

$\left(\frac{1}{2}\right)^n \leqq 0{,}01$

$n \geqq \frac{\lg 0{,}01}{\lg 0{,}5} \approx 6{,}64$

Die Laplace-Münze muss mindestens 7 Mal geworfen werden.

→ Dominoschlange zu Graphen von Funktionen und ihren Ableitungen; Kopiervorlage S. 176
Spiel für 1 Person oder Kleingruppen (Spieldauer: 5–10 min)

Spielidee:
Die Graphen von Funktionen und deren Ableitungen sind (allein aufgrund des Steigungsverhaltens, also ohne Rechnung) einander zuzuordnen.

5 Stammfunktionen

i In Umkehrung zum Ableiten wird die Suche nach Stammfunktionen bereits in dieser Lerneinheit thematisiert. Die Bedeutung des HDI kann sich leichter erschließen, wenn der Begriff der Stammfunktion nicht erst in unmittelbarem Zusammenhang mit der Integralrechnung eingeführt wird.

S. 45

1 Der Graph von f' hat seine Nullstellen bei −1 und 3, für $x \in]-1; 3[$ sind die Funktionswerte negativ, d.h. der Graph von f muss bei −1 und 3 waagrechte Tangenten haben und für $x \in]-1; 3[$ monoton fallen. Deswegen können sowohl der blaue als auch der orange Graph zur Funktion f gehören.

S. 46

2 a) $F'(x_0) = \lim\limits_{x \to x_0} \frac{0{,}5x^2 - 0{,}5x_0^2}{x - x_0} = \lim\limits_{x \to x_0} 0{,}5(x + x_0) = x_0 \;\Rightarrow\; F'(x) = x = f(x)$

F ist Stammfunktion.

b) $F'(x_0) = \lim\limits_{x \to x_0} \frac{2x - 2 - 2x_0 + 2}{x - x_0} = \lim\limits_{x \to x_0} 2 = 2 \;\Rightarrow\; F'(x) = 2 \neq f(x)$

F ist keine Stammfunktion.

c) $F'(x_0) = \lim\limits_{x \to x_0} \frac{3x^2 + 1 - 3x_0^2 - 1}{x - x_0} = \lim\limits_{x \to x_0} 3(x + x_0) = 6x_0 \;\Rightarrow\; F'(x) = 6x = f(x)$

F ist Stammfunktion.

d) $F'(x_0) = \lim\limits_{x \to x_0} \frac{x^2 - 2x - x_0^2 + 2x_0}{x - x_0} = \lim\limits_{x \to x_0} (x + x_0) - 2 = 2x_0 - 2 \;\Rightarrow\; F'(x) = 2x - 2 = f(x)$

F ist Stammfunktion.

e) $F'(x_0) = \lim\limits_{x \to x_0} \frac{-x^3 + 3 + x_0^3 - 3}{x - x_0} = \lim\limits_{x \to x_0} \frac{-x^3 + x_0^3}{x - x_0} = \lim\limits_{x \to x_0} -x^2 - x_0 x - x_0^2 = -3x_0^2 \;\Rightarrow\; F'(x) = -3x^2 \neq f(x)$

F ist keine Stammfunktion.

3 a) F: roter Graph (Parabel); f: blauer Graph (Gerade); da z. B. die Steigung des roten Graphen an der Stelle $x = -2$ null beträgt.

b) F: orangefarbener Graph; f: violetter Graph; da z. B. der orangefarbene Graph überall steigt und der violette Graph oberhalb der x-Achse verläuft.

4 $f(1) = 0$ (einzige Nullstelle) $\Rightarrow$ G_F hat nur an der Stelle $x = 1$ eine waagrechte Tangente

$f(x) < 0$ für $x > 1$ $\Rightarrow$ G_F fällt für $x > 1$

$\Rightarrow$ nur Graph C möglich

$g(1) = g(3) = 0$ $\Rightarrow$ G_G hat an den Stellen $x_1 = 1$ und $x_2 = 3$ waagrechte Tangenten

$g(x) > 0$ für $x \in]1; 3[$ $\Rightarrow$ G_G steigt für $x \in]1; 3[$

$\Rightarrow$ A und G möglich.

5 a), c)

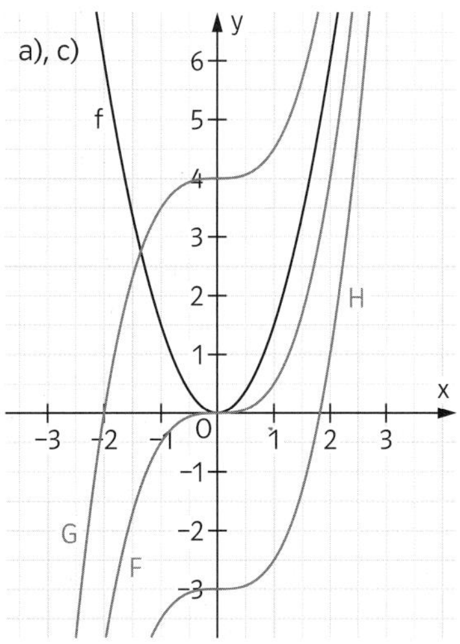

b) $f(0{,}8) = 1{,}5 \cdot 0{,}8^2 = 0{,}96$

Die Steigung im Punkt $P(0{,}8\,|\,0{,}256)$ beträgt 0,96.

$0{,}96 = 1{,}5 \cdot x^2 \;\Rightarrow\; x_1 = 0{,}8;\; x_2 = -0{,}8$

Im Punkt $S(-0{,}8\,|\,-0{,}256)$ besitzt G_F die gleiche Steigung.

c) Individuelle Lösungen

z. B. G: $x \mapsto 0{,}5x^3 + 4$

H: $x \mapsto 0{,}5x^3 - 3$

d) Je zwei der drei Graphen können durch Verschiebung in y-Richtung ineinander übergeführt werden.

e) $K(x) = 0{,}5x^3 + c$

$K(2) = 11 \;\Rightarrow\; 0{,}5 \cdot 2^3 + c = 11 \;\Rightarrow\; c = 7$

somit $K(x) = 0{,}5 \cdot x^3 + 7$

6 Individuelle Lösungen, z. B.:

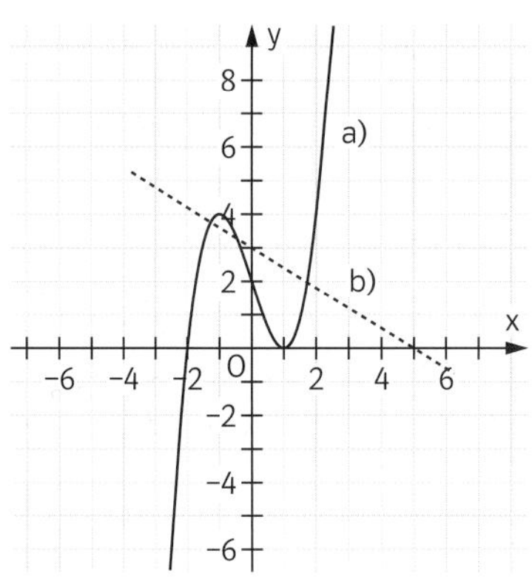

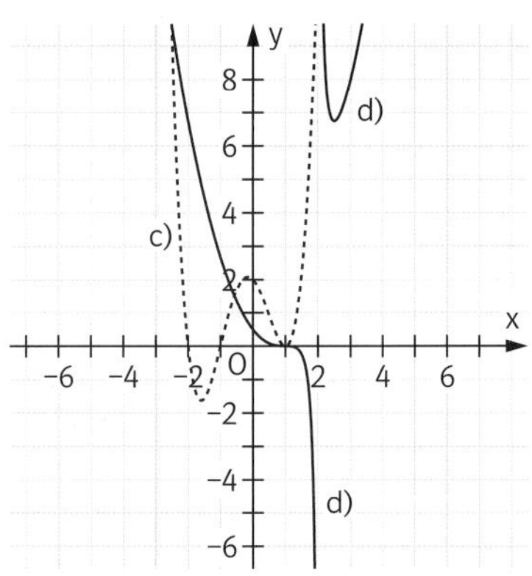

6 Die Ableitung der Funktion $x \mapsto x^n$ $(n \in \mathbb{Z})$

S. 47

1 a)

n	3	2	1	−1
$f(x) = x^n$	x^3	x^2	x	$\frac{1}{x}$
$f'(x)$	$3x^2$	$2x$	1	$-\frac{1}{x^2}$

b) Vermutung für f: $x \mapsto x^n$: $f'(x) = n \cdot x^{n-1}$

c) Individuelle Lösungen
Für einige Beispielfunktionen sind Graph und laut b) bestimmte Ableitungsgraphen zu zeichnen und auf Plausibilität zu prüfen.

S. 48

2 a) $f'(x) = 4x^3$ b) $f'(x) = 6x^5$ c) $f'(x) = 9x^8$ d) $f'(x) = -2x^{-3}$
e) $f'(x) = -5x^{-6}$ f) $f'(x) = 35x^{34}$ g) $f'(x) = -8x^{-9}$ h) $f'(x) = 100 \cdot x^{99}$

3 a) $f'(x) = k \cdot x^{k-1}$ b) $f'(x) = 2n \cdot x^{2n-1}$ c) $f'(x) = (2k+1)x^{2k}$ d) $f'(x) = (3-m) \cdot x^{2-m}$
e) $f'(x) = (-n+5)x^{-n+4}$ f) $f'(x) = (1-3n) \cdot x^{-3n}$ g) $f'(x) = -m \cdot x^{-m-1}$ h) $f'(x) = (n+1) \cdot x^n$

4 a) $f(x) = (x^2)^3 = x^6$; $f'(x) = 6x^5$ (Potenzgesetz)
b) $g(x) = (x^{-3})^2 = x^{-6}$; $g'(x) = -6x^{-7}$ (Potenzgesetz)
c) Ableitung nicht möglich, da $\frac{1}{3} \notin \mathbb{Z}$.
d) $k(x) = \left(x^{\frac{1}{3}}\right)^9 = x^3$; $k'(x) = 3x^2$ (Potenzgesetz)
e) Ableitung nicht möglich, da $2\sqrt{2} \notin \mathbb{Z}$.
f) Ableitung nicht möglich, da $3{,}5 \notin \mathbb{Z}$.
g) $g(r) = (r^4)^{2,5} = r^{10}$; $g'(r) = 10r^9$ (Potenzgesetz)
h) Ableitung nicht möglich, da $0{,}5 \notin \mathbb{Z}$.

5 $f(x) = x^3$; $f'(x) = 3x^2$ $\Rightarrow$ Graph h_3, denn $h_3(1) \approx 3$ aber $h_1(1) = 1$.
$g(x) = x^4$; $g'(x) = 4x^3$ $\Rightarrow$ Graph h_2, denn nur h_2 verläuft von links unten nach rechts oben.

6 a) $f'(x) = 4x^3$; $f'(x) = -4$ $\Leftrightarrow$ $4x^3 = -4$ $\Rightarrow$ $x = -1$;
$f(-1) = 1$; Ansatz für Tangente: $-1 \cdot (-4) + t = 1$ $\Rightarrow$ $t = -3$; Tangente: $y = -4x - 3$
Vorgehensweise bei den anderen Teilaufgaben analog.
b) $y = 12x + 16$ oder $y = 12x - 16$
c) $y = -\frac{3}{4}x - \sqrt{3}$ oder $y = -\frac{3}{4}x + \sqrt{3}$
d) $y = \frac{1}{4}x + \frac{3}{4}$
e) $y = 6x + 7$
f) $y = 0$

7 a)

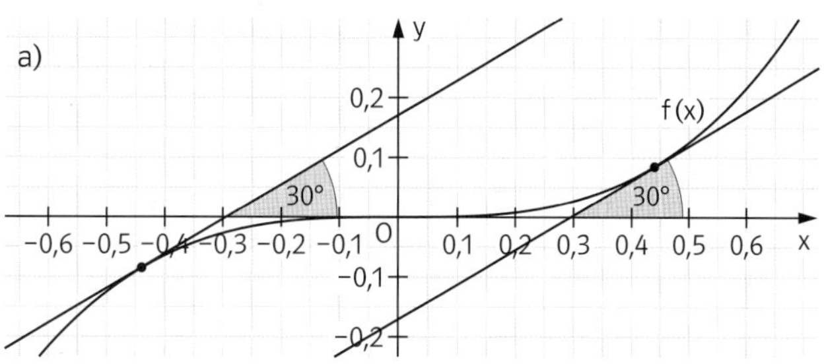

$f'(x) = 3x^2$;
$m = \tan 30° \left(= \frac{1}{\sqrt{3}}\right) \approx 0{,}58$
$3x^2 = \frac{1}{\sqrt{3}}$
$\Rightarrow$ $x_1 = -\sqrt{\frac{1}{3\sqrt{3}}} \approx -0{,}44$;
$x_2 = \sqrt{\frac{1}{3\sqrt{3}}} \approx 0{,}44$

Vorgehensweise für Teilaufgaben b), c), d) analog.

b) $x = \sqrt[3]{\frac{1}{4}} \approx 0{,}63$ c) $x_1 = -\sqrt[4]{\frac{\sqrt{3}}{5}} \approx -0{,}77$; $x_2 = \sqrt[4]{\frac{\sqrt{3}}{5}} \approx 0{,}77$ d) $x = -\sqrt[5]{\frac{4}{\tan 21°}} \approx -1{,}6$

8 a) $m = \frac{s(10) - s(0)}{10 - 0} = 10\,\frac{m}{s}$; m gibt die Durchschnittsgeschwindigkeit im Intervall $[0;10]$ an.
b) $s'(t) = 2t$; Ansatz: $2t = 15$ $\Rightarrow$ $t = 7{,}5$;
Zum Zeitpunkt $t = 7{,}5\,s$ hat das Auto die Momentangeschwindigkeit $15\,\frac{m}{s}$.

9 a) $f'(x) = 5x^4;\quad f'(-x) = 5\cdot(-x)^4 = 5\cdot x^4 = f'(x)$

$\Rightarrow$ Der Graph von f′ ist achsensymmetrisch bezüglich der y-Achse.

b) $f'(x) = n\cdot x^{n-1};\quad f'(-x) = n\cdot(-x)^{n-1} \overset{\substack{n-1 \text{ gerade}\\ \downarrow}}{=} n\cdot x^{n-1} = f'(x)$

c) Es gilt: $f'(-x) = n\cdot(-x)^{n-1} \overset{\substack{n-1 \text{ ungerade}\\ \downarrow}}{=} n\cdot(-(x^{n-1})) = -n\cdot x^{n-1} = -f'(x)$

Die Aufgabenstellung kann verschieden interpretiert werden. Mögliche Antworten:
Nein, denn $G_{f'}$ ist nicht achsensymmetrisch bezüglich der y-Achse.
Ja: $G_{f'}$ ist **punkt**symmetrisch bezüglich des Ursprungs.

10 a) Tangente in B(1|1): $m = h'(1) = 3\cdot1^2 = 3$; Ansatz: $3\cdot1+t = 1 \;\Rightarrow\; t = -2 \;\Rightarrow\; y = 3x-2$

weiterer Schnittpunkt mit G_h: $3x-2 = x^3 \;\Rightarrow\; x^3-3x+2 = 0$

Lösen der Gleichung führt auf den Schnittpunkt P(−2|−8).

b) $m = 3a^2$; Ansatz: $a\cdot3a^2+t = a^3 \;\Rightarrow\; t = -2a^3 \;\Rightarrow\; y = 3a^2\cdot x-2a^3$

11 Individuelle Lösungen, z. B.

a)
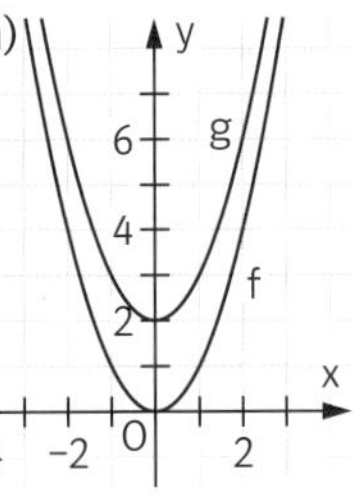

b)
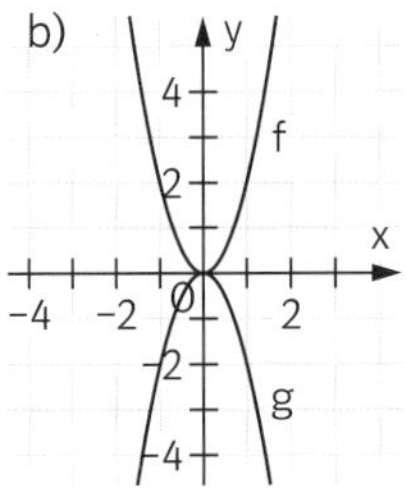

c)
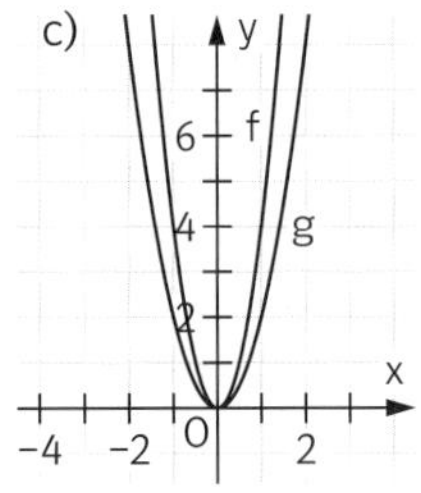

d)
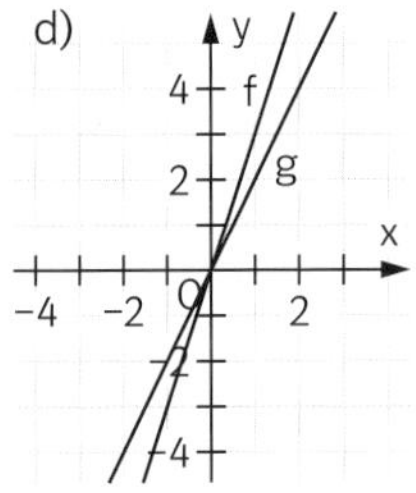

12 a) Amplitude = a; Periode = $\frac{2\pi}{b}$; keine Phasenverschiebung

b) Amplitude = 1; Periode = $\frac{2\pi}{b}$; Phasenverschiebung $\frac{c}{b}$

13 a) $\sqrt{\frac{1}{9}-\frac{1}{25}} = \sqrt{\frac{25-9}{9\cdot25}} = \sqrt{\frac{16}{9\cdot25}} = \frac{4}{3\cdot5} = \frac{4}{15}$

b) $\sqrt{\frac{1}{36}+\frac{1}{64}} = \sqrt{\frac{64+36}{36\cdot64}} = \sqrt{\frac{100}{36\cdot64}} = \frac{10}{6\cdot8} = \frac{5}{24}$

7 Summenregel und Faktorregel

S. 49

1 $g'(x) = 2x;\quad h'(x) = -\frac{1}{x^2}$

$$f'(x_0) = \lim_{x\to x_0}\frac{x^2+\frac{1}{x}-x_0^2-\frac{1}{x_0}}{x-x_0} = \lim_{x\to x_0}\frac{x^2-x_0^2+\frac{x_0-x}{x\cdot x_0}}{x-x_0} = \lim_{x\to x_0}\frac{x\cdot x_0\cdot(x-x_0)(x+x_0)-(x-x_0)}{x\cdot x_0\cdot(x-x_0)}$$

$$= \lim_{x\to x_0} x+x_0-\frac{1}{x\cdot x_0} = 2x_0-\frac{1}{x_0^2}$$

also folgt: $f'(x) = g'(x)+h'(x)$ für beliebige x.

2 Ablesen der Steigungen zeigt: $g'(1) = 1,\; f'(1) = 0{,}5$ und $g'(2) = 2,\; f'(2) = 1$

also ist die Steigung des Graphen von g in beiden Punkten doppelt so groß.

$$f'(x_0) = \lim_{x\to x_0}\frac{\frac{1}{4}x^2-\frac{1}{4}x_0^2}{(x-x_0)} = \lim_{x\to x_0}\frac{1}{4}\frac{(x-x_0)(x+x_0)}{x-x_0} = \lim_{x\to x_0}\frac{1}{4}(x+x_0) = \frac{1}{2}x_0$$

$$g'(x_0) = \lim_{x\to x_0}\frac{2\cdot\frac{1}{4}x^2-2\cdot\frac{1}{4}x_0^2}{x-x_0} = \lim_{x\to x_0}\frac{1}{2}\frac{(x-x_0)(x+x_0)}{x-x_0} = \lim_{x\to x_0}\frac{1}{2}(x+x_0) = x_0$$

somit folgt: $g'(x) = 2\cdot f'(x)$ für beliebige x.

S. 51

3 a) $f'(x) = -\frac{1}{x^2}$ b) $g'(x) = 2x + \frac{2}{x^3}$ c) $f'(z) = 8z^5$ d) $f'(x) = 3x^2 - 5x^{-6}$
e) $g'(u) = -8u^{-9} - 24u^2$ f) $f'(x) = \frac{2}{5} - \frac{10}{x^3}$ g) $f'(x) = -\frac{3}{2x^3}$ h) $f'(x) = 0$
i) $g'(x) = -3x^{-6}$ k) $h'(x) = -\frac{5}{x^{11}}$

4

a) $f'(x) = 12x^2 - 10x - 3$;	$f'(0) = -3$,	Graph fällt;	$f'(1) = -1$
b) $f'(x) = 6x^7 - 10x^4 + \frac{5}{2}x^2 - \frac{2}{3}x$;	$f'(0) = 0$,	keine Steigung;	$f'(1) = -2\frac{1}{6}$
c) $f'(x) = 3{,}2x^3 - 2{,}6x + a$;	$f'(0) = a$,	Graph fällt für $a < 0$; Graph steigt für $a > 0$;	$f'(1) = 0{,}6 + a$
d) $f'(x) = 4x^5 - \frac{5}{3}x - 3 + \frac{2}{x^2}$;	Funktion und somit auch die Ableitungsfunktion sind für $x = 0$ nicht definiert. $\lim\limits_{x \to 0} f'(x) = +\infty$		$f'(1) = 1\frac{1}{3}$
e) $f'(x) = -3x^2 + 3x - 3{,}5$;	$f'(0) = -3{,}5$,	Graph fällt;	$f'(1) = -3{,}5$
f) $f'(x) = 3ax^2 - 25x^4$;	$f'(0) = 0$,	keine Steigung;	$f'(1) = 3a - 25$
g) $f'(x) = 7x^6 - 6x^5 + 5x^4 - 4x^3 + 1$;	$f'(0) = 1$,	Graph steigt;	$f'(1) = 3$

5 a) g hat den Grad 3 und somit g′ den Grad 2. h_2 kommt somit nicht in Frage.
An der Stelle $x = 0$ fällt der Graph, daher kommt h_1 wegen $h_1(0) > 0$ nicht in Frage.
Da g für betragsmäßig große x steigt, muss h für betragsmäßig große x positiv sein; damit scheidet h_4 aus und es bleibt h_3 übrig.
b) Der Grad von k muss 4 sein, somit scheidet k_3 aus. $k_1(x)$ scheidet aus, weil $k_1'(0) = -\frac{3}{4} \neq 0$ ist.
k_4 scheidet aus, weil für große x $k_4'(x)$ negativ ist. Es bleibt k_2.

6 a) $h'(x) = 12x - \frac{3}{2x^2}$ b) $f'(a) = -\frac{3}{2}a^{-4} - 3$ c) $g'(x) = 4x$ d) $h'(a) = -6a$
e) $f'(t) = -4t^{-2} - a$ f) $g'(x) = 0$ g) $h'(x) = \frac{16}{3}x^3 - \frac{1}{x^2}$ h) $f'(z) = \frac{3}{2}z^3 - 3z$
i) $f'(t) = 6t^2 - 6t$ k) $h'(x) = 6x$ l) $g'(x) = 7{,}8x^5$

7 a) $f(x) = 2 \cdot x^0$, also $f'(x) = 2 \cdot 0 \cdot x^{-1} = 0$;
ebenso ist $g'(x) = 0$ und $h'(x) = 0$
Die Ableitung jeder konstanten Funktion ist die Nullfunktion.
b) $f'(x) = 2$; $g'(x) = -\frac{1}{2}$; $h'(x) = m$
(Die Ableitung jeder linearen Funktion ist konstant.)

8

Funktionsterm	Ableitungsfunktion		Stammfunktion	
$f_1(x) = 3x + \frac{1}{x^2}$	$f_1'(x) = 3 - \frac{2}{x^3}$	R	$F_1(x) = \frac{3}{2}x^2 - \frac{1}{x}$	Z
$f_2(x) = 2{,}4x^2 - \frac{1}{2}x^4$	$f_2'(x) = 4{,}8x - 2x^3$	E	$F_2(x) = 0{,}8x^3 - \frac{1}{10}x^5$	K
$f_3(x) = -\frac{5}{x^2} - 4x$	$f_3'(x) = 10x^{-3} - 4$	B	$F_3(x) = \frac{5}{x} - 2x^2$	N
$f_4(x) = x^3 - 2x^2$	$f_4'(x) = 3x^2 - 4x$	A	$F_4(x) = \frac{1}{4}x^4 - \frac{2}{3}x^3$	T
$f_5(x) = 3 - \frac{3}{x^2}$	$f_5'(x) = 6x^{-3}$	L	$F_5(x) = 3x + \frac{3}{x}$	M
$f_6(x) = 4x^3 - 3x^4$	$f_6'(x) = 12x^2 - 12x^3$	R	$F_6(x) = x^4 - \frac{3}{5}x^5$	D

Es bleiben bei den roten Kärtchen H und O und bei den grünen Kärtchen S und E übrig.
Lösungswort: HOSE

9 a) $f'(x) = 27x^2 - 2$; $f'(-1) = f'(1) = 25$; $f'(0) = -2$
Der Graph der Funktion steigt an den Stellen $x = -1$ und $x = 1$ sehr stark an, während er an der Stelle $x = 0$ fällt.

b) $f'(x) = n \cdot 2x^{n-1}$; $\quad f'(-1) = \begin{cases} -2n & \text{für n gerade} \\ 2n & \text{für n ungerade} \end{cases}$ $\quad f'(1) = 2n$; $\; f'(0) = 0$

Ob der Graph an der Stelle $x = -1$ steigt oder fällt, hängt davon ab, ob n positiv oder negativ und gerade oder ungerade ist, und an der Stelle $x = 1$ nur davon , ob n positiv oder negativ ist. An der Stelle $x = 0$ ist die Steigung immer 0, d.h. der Graph der Funktion hat dort eine waagrechte Tangente.

S. 52

10 Die Skizzen zeigen mögliche Lösungen. Der charakteristische Verlauf und die eingezeichneten Punkte sollten berücksichtigt sein.

a) Vorgehensweise wie im *Schülerbuch auf S. 41*

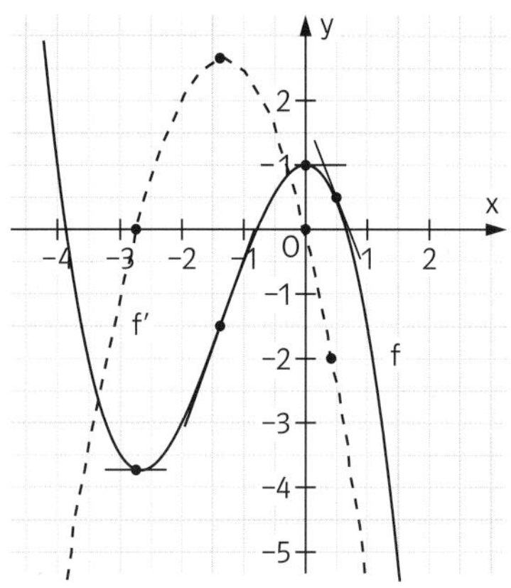

b) Fehler im *Schülerbuch bis Auflage 1*[4]:
Es muss „Stammfunktion G" heißen.
Beginnend vom Punkt (0 | 0) muss G_G nach rechts bis $x = 4{,}8$ fallen (am stärksten bei $x = 2$) und anschließend steigen. Für $x \in]-\infty; -0{,}8]$ steigt G_G, bis zum Punkt (0 | 0) fällt G_G.

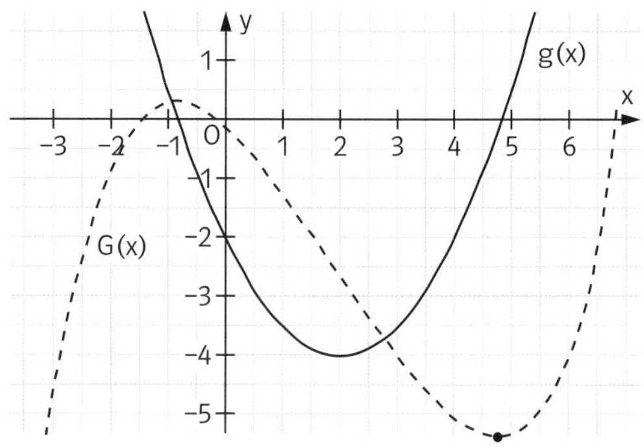

11 $f'(x) = 2x^4 - \frac{5}{2}x^2 - 8x + 1$ $\qquad$ f' hat den Grad 4
$g'(x) = (f')'(x) = 8x^3 - 5x - 8$ $\qquad$ g hat den Grad 3

12 a) $f'(x) = \frac{5}{3}x - \frac{3}{2}$ $\qquad$ Nullstelle bei $x = \frac{9}{10}$

b) $f'(x) = 6x^2 + 2x - 1$ $\qquad$ Nullstellen bei $x_1 = \frac{-1-\sqrt{7}}{6}$ und $x_2 = \frac{-1+\sqrt{7}}{6}$

c) $f'(x) = \frac{4}{3}x^2 - 2$ $\qquad$ Nullstellen bei $x_1 = \frac{\sqrt{6}}{2}$ und $x_2 = -\frac{\sqrt{6}}{2}$

d) $f'(x) = 9x^2 - \frac{2}{x^2}$ $\qquad$ Nullstellen bei $x_1 = \sqrt[4]{\frac{2}{9}}$ und $x_2 = -\sqrt[4]{\frac{2}{9}}$

e) $f'(x) = 3x^3 - 2x^2 - x$ $\qquad$ Nullstellen bei $x_1 = 0$, $x_2 = 1$, $x_3 = -\frac{1}{3}$

f) $f'(x) = \frac{10}{3}x^4 + \frac{3}{8}x^2 + 3$ $\qquad$ keine Nullstellen

13 a) $f'(-x) = 2 \cdot (-x)^4 - (-x)^2 - 3 = 2x^4 - x^2 - 3 = f(x)$
$\Rightarrow$ G_f ist achsensymmetrisch bezüglich der y -Achse

b) $f'(x) = 8x^3 - 2x$

c) $f'(-x) = 8 \cdot (-x)^3 - 2 \cdot (-x) = -8x^3 + 2x = -(8x^3 - 2x) = -f'(-x)$
$\Rightarrow$ G_f ist punktsymmetrisch bezüglich des Ursprungs.

d)

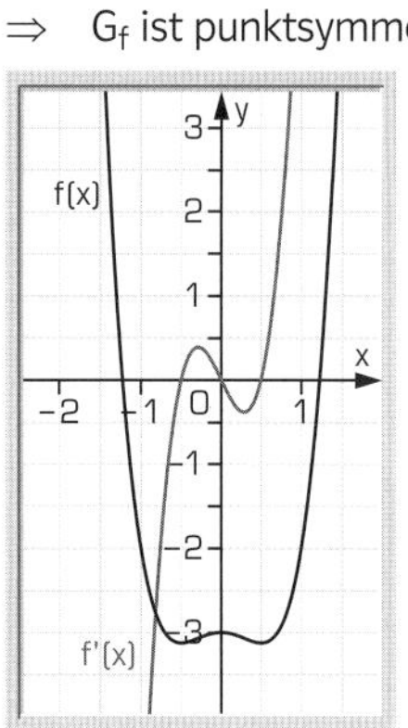

e) Bei achsensymmetrischen Funktionen sind die Funktionswerte in gleichem Abstand von der y-Achse gleich, somit sind die Tangentensteigungen in gleichem Abstand betragsgleich, haben aber unterschiedliche Vorzeichen.
Daher ist die abgeleitete Funktion punktsymmetrisch bezüglich des Ursprungs.
Bei punktsymmetrischen Funktionen unterscheiden sich die Funktionswerte in gleichem Abstand von der y-Achse nur durch das Vorzeichen, somit haben die Tangentensteigungen gleiche Vorzeichen.
Die abgeleitete Funktion ist achsensymmetrisch.

14 Hinweis: Der Schnittpunkt mit der y-Achse ist nicht zu vergessen.

a) $f(x) = 0 \;\Leftrightarrow\; x(4-x^2) = 0 \;\Rightarrow\; x_1 = 0;\; x_2 = -2;\; x_3 = 2$

$f'(x) = 4-3x^2;\;\; f'(0) = 4;\;\; f'(-2) = -8;\;\; f'(2) = -8$

b) $f(x) = 0 \;\Leftrightarrow\; 4x^2-x-3 = 0 \;\Rightarrow\; x_1 = 1;\; x_2 = -0{,}75;$

$f'(x) = 8x-1;\;\; f'(1) = 7;\;\; f'(-0{,}75) = -7;\;\; f'(0) = -1$

c) $f(x) = 0 \;\Leftrightarrow\; x^3-3x+2 = 0 \;\Rightarrow\; x_1 = 1$ (Probieren);

Polynomdivision: $(x^3-3x+2):(x-1) = x^2+x-2 \;\Rightarrow\; x_2 = 1;\; x_3 = -2$

$f'(x) = 3x^2-3;\;\; f'(1) = 0;\;\; f'(-2) = 9;\;\; f'(0) = -3$

d) $f(x) = 0 \;\Leftrightarrow\; 3x^2-1 = 0 \;\Rightarrow\; x_1 = \frac{\sqrt{3}}{3};\; x_2 = -\frac{\sqrt{3}}{3}$

$f'(x) = 6x;\;\; f'\left(\frac{\sqrt{3}}{3}\right) = 2\sqrt{3};\;\; f'\left(-\frac{\sqrt{3}}{3}\right) = -2\sqrt{3};\;\; f'(0) = 0$

e) $f(x) = 0 \;\Leftrightarrow\; 3x^2-x^4 = 0 \;\Rightarrow\; x^2(3-x^2) = 0 \;\Rightarrow\; x_1 = x_2 = 0;\;\; x_3 = \sqrt{3};\;\; x_4 = -\sqrt{3}$

$f'(x) = 6x-4x^3;\;\; f'(0) = 0;\;\; f'(\sqrt{3}) = -6\sqrt{3};\;\; f'(-\sqrt{3}) = 6\sqrt{3};$

f) $f(x) = 0 \;\Leftrightarrow\; x^4-5x^2+4 = 0;$ Substition $x_2 = u \;\Rightarrow\; u^2-5u+4 = 0$

$\Rightarrow\; u_1 = 4,\; u_2 = 1 \;\Rightarrow\; x_1 = 2;\; x_2 = -2;\; x_3 = 1;\; x_4 = -1$

$f'(x) = 4x^3-10x;\;\; f'(0) = 0;\;\; f'(2) = 12;\;\; f'(-2) = -12;\;\; f'(1) = -6;\;\; f'(-1) = 6$

15 a) $f(x) = 0 \;\Leftrightarrow\; \frac{2}{9}x^3-\frac{x}{2} = 0 \;\Leftrightarrow\; x\cdot\left(\frac{2}{9}x^2-\frac{1}{2}\right) = 0 \;\Rightarrow\; x_1 = 0;\;\; x_2 = \frac{3}{2};\;\; x_3 = -\frac{3}{2}$

$f'(x) = \frac{2}{3}x^2-\frac{1}{2};\;\; f'(0) = -\frac{1}{2};$ Schnittwinkel α: $\tan\alpha = -\frac{1}{2} \;\Rightarrow\; \alpha \approx 153{,}43°$

$f'\left(\frac{3}{2}\right) = f'\left(-\frac{3}{2}\right) = 1;$ Schnittwinkel α: $\tan\alpha = 1 \;\Rightarrow\; \alpha \approx 45°$

$g(x) = 0 \;\Leftrightarrow\; -\frac{1}{18}x^3+2x = 0 \;\Leftrightarrow\; x\cdot\left(-\frac{1}{18}x^2+2\right) = 0 \;\Rightarrow\; x_1 = 0;\;\; x_2 = 6;\;\; x_3 = -6$

$g'(x) = -\frac{1}{6}x^2+2;\;\; g'(0) = 2;$ Schnittwinkel α: $\tan\alpha = 2 \;\Rightarrow\; \alpha \approx 63{,}43°$

$g'(6) = g'(-6) = -4;$ Schnittwinkel α: $\tan\alpha = -4 \;\Rightarrow\; \alpha \approx 104{,}04°$

b) $f(x) = g(x) \;\Leftrightarrow\; \frac{2}{9}x^3-\frac{x}{2} = -\frac{1}{18}x^3+2x \;\Rightarrow\; \frac{5}{18}x^3-2{,}5x = 0 \;\Rightarrow\; x\left(\frac{5}{18}x^2-2{,}5\right) = 0$

$S_1(0\,|\,0);\;\; S_2(-3\,|\,-4{,}5);\;\; S_3(3\,|\,4{,}5)$

$f'(0) = -\frac{1}{2} \;\Rightarrow\; \alpha \approx 153{,}43°;\;\; g'(0) = 2 \;\Rightarrow\; \alpha \approx 63{,}43°$

also Schnittwinkel $\gamma \approx 153{,}43°-63{,}43° \approx 90°;$ wegen $f'(0)\cdot g'(0) = -1$ gilt sogar: $\gamma = 90°$

$f'(-3) = 5{,}5 \;\Rightarrow\; \alpha \approx 79{,}7°;\;\; g'(-3) = \frac{1}{2} \;\Rightarrow\; \alpha \approx 26{,}57°;$ Schnittwinkel $\gamma \approx 53{,}13°$

$f'(3) = 5{,}5;\;\; g'(3) = \frac{1}{2} \;\Rightarrow$ Schnittwinkel $\varphi \approx 53{,}13°$

c) waagrechte Tangente bedeutet:

$g'(x) = 0 \;\Leftrightarrow\; -\frac{1}{6}x^2+2 = 0 \;\Rightarrow\; x_1 = 2\sqrt{3};\; x_2 = -2\sqrt{3}$

$g(2\sqrt{3}) = -\frac{1}{18}\cdot(2\sqrt{3})^3+2\cdot2\sqrt{3} = \frac{8}{3}\sqrt{3};$ $g(-2\sqrt{3})$ ist negativ, es gibt also nur einen solchen geforderten Graphenpunkt mit waagrechter Tangente.

Die Gerade h: $x \mapsto \frac{8}{3}\sqrt{3}$ geht durch den Punkt $P\left(2\sqrt{3}\,\middle|\,\frac{8}{3}\sqrt{3}\right)$ und hat Steigung 0.

16 1. Lösungsmöglichkeit:

Bedingung: $A_{\triangle ABC} = 2\cdot A_{\triangle A'B'C}$

Als Bildfigur des zentrisch gestreckten Dreiecks A'B'C gilt für das Dreieck ABC:

$A_{\triangle ABC} = k^2\cdot A_{\triangle A'B'C}$ und somit für den Streckfaktor $k = \sqrt{2}$.

Also gilt: $\frac{h_c}{x} = \sqrt{2} \;\Rightarrow\; x = \frac{1}{\sqrt{2}}\cdot h_c$

2. Lösungsmöglichkeit:

Bedingung: $A_{\triangle ABC} = 2\cdot A_{\triangle A'B'C}$

somit $\frac{1}{2}\cdot\overline{AB}\cdot h_c = \overline{A'B'}\cdot x \;\Rightarrow\;$ (I) $x = \frac{1}{2}\cdot h_c\cdot\frac{\overline{AB}}{\overline{A'B'}}$

Nach dem Strahlensatz gilt: (II) $\frac{\overline{AB}}{\overline{A'B'}} = \frac{h_c}{x}$

(II) in (I): $x = \frac{1}{2}\cdot h_c\cdot\frac{h_c}{x} \;\Rightarrow\; x^2 = \frac{1}{2}h_c^2$

$\Rightarrow\; x = \frac{1}{\sqrt{2}}\cdot h_c$

17 $g(x) = 2\cdot\left(\frac{x}{2}\right)^2 - 3\cdot\left(\frac{x}{2}\right) - 2 = 0{,}5x^2 - 1{,}5x - 2$
Nullstellen von $f(x)$: $x_1 = 2$; $x_2 = -0{,}5$
Nullstellen von $g(x)$: $x_1 = 4$; $x_2 = -1$

→ TB Trainingsblatt: Ableitungsregeln: Summen- und Faktorregel; Kopiervorlage S. 177f.

8 Produkt- und Quotientenregel

S. 53

1 a) $u'(x) = 6x,\quad v'(x) = 12x^2 - 3$
b) $f(x) = (3x^2-4)\cdot(4x^3-3x) = 12x^5 - 25x^3 + 12x$; $f'(x) = 60x^4 - 75x^2 + 12$
c) $u'(x)\cdot v'(x) = 6x\cdot(12x^2-3) = 72x^3 - 18x \neq f'(x)$ $\Rightarrow$ Die Gleichung $f'(x) = u'(x)\cdot v'(x)$ stimmt nicht.

2

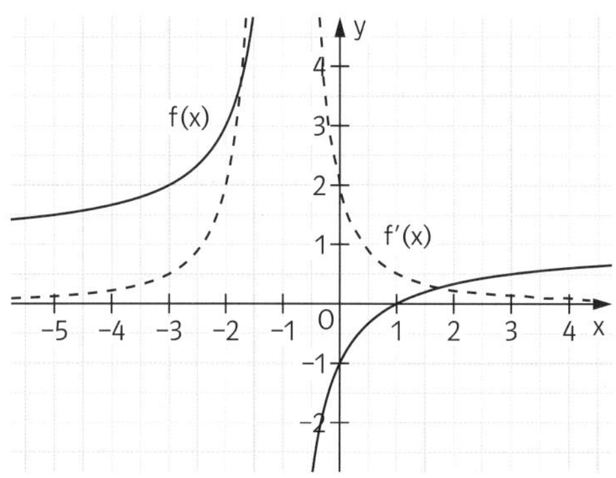

Eigenschaften von $f'(x)$:
f' hat bei $x = -1$ ebenfalls eine senkrechte Asymptote und geht links und rechts der Asymptote gegen $+\infty$. (Polstelle ohne Vorzeichenwechsel, also Nenner $(x+1)^2$)
f' besitzt keine Nullstelle, da G_f nirgends eine waagrechte Tangente besitzt. Weil die Steigung von G_f für $x \to \pm\infty$ gegen 0 geht, ist die x-Achse Asymptote von $G_{f'}$. Damit ist der Zählergrad kleiner 2, also der Zähler möglicherweise konstant.
Vermutung: $f'(x) = \frac{1}{(x+1)^2}$

(Hinweis: Tatsächlich ist $f'(x) = \frac{2}{(x+1)^2}$, was z. B. durch Anlegen einer Tangente an G_f in $(0\,|\,-1)$ nahegelegt wird.)

S. 55

3 Berechnung analog *Schülerbuch, Seite 54,* Beispiel 1
a) $f'(x) = 5x^4 + 3x^2 - 2x - 6$
b) $f'(x) = 4x^3 - 7{,}5x^2 - 8x + 1$
c) $f'(x) = 2x + 2$
d) $f'(x) = 6x^5 - 10x^4 + 4x^3 + 6x^2 - 2x - 2$
e) $f'(x) = 6x^5 + 16x^3 + 9x^2 + 12$
f) $f'(x) = 2{,}5x^4 - 16x^3 + 27x^2 - 17{,}5x + 22$
g) $f'(x) = 2x^3 - x$

4 a) $f'(x) = \frac{1}{(x+1)^2}$
b) $g'(x) = \frac{2}{(1+3x)^2}$
c) $f'(z) = \frac{-z^2-4z-1}{(z+2)^2}$
d) $f'(t) = \frac{-t^2-4t-1}{(t^2-1)^2}$
e) $g'(x) = \frac{6(x^2+15)}{(15-x^2)^2}$
f) $h'(z) = \frac{8z^2+8z+10}{(2z+1)^2}$

5 $f'(x) = \frac{0\cdot x^2 - 1\cdot 2x}{(x^2)^2} = \frac{-2x}{x^4} = \frac{-2}{x^3}$ oder: $f(x) = x^{-2}$ $\Rightarrow$ $f'(x) = -2\cdot x^{-3} = \frac{-2}{x^3}$ (vgl. LE 6)

S. 56

6 a) $f'(x) = 2x\cdot\sin\frac{x}{2} + x^2\cdot\frac{1}{2}\cdot\cos\frac{x}{2}$
b) $f'(x) = \frac{1}{\sqrt{2x}}\cdot(x^2-x-1) + \sqrt{2x}\cdot(2x-1)$
c) $f'(x) = \frac{x}{\sqrt{1+x^2}}\cdot\cos(2x-1) - \sqrt{1+x^2}\cdot 2\sin(2x-1)$
d) $f(x) = \sqrt{2x\cdot(x^2+1)} = \sqrt{2x}\cdot\sqrt{1+x^2}$ Somit gilt: $f'(x) = \frac{1}{\sqrt{2x}}\cdot\sqrt{1+x^2} + \sqrt{2x}\cdot\frac{x}{\sqrt{1+x^2}}$
e) $f'(x) = \frac{1}{2}\cos\frac{x}{2}\cdot\sin\frac{x}{2} + \sin\frac{x}{2}\cdot\frac{1}{2}\cos\frac{x}{2} = \sin\frac{x}{2}\cdot\cos\frac{x}{2}$
f) $\sqrt{2x^3-4x^2+2x} = \sqrt{2x}\cdot\sqrt{x^2-2x+1} = \sqrt{2x}\cdot\sqrt{(x-1)^2} = \begin{cases} \sqrt{2x}\cdot(x-1) & \text{für } x > 1 \\ -\sqrt{2x}\cdot(x-1) & \text{für } x < 1 \end{cases}$

$$\Rightarrow\quad f'(x) = \begin{cases} \frac{3x-1}{\sqrt{2x}} & \text{für } x > 1 \\ \frac{1-3x}{\sqrt{2x}} & \text{für } x < 1 \end{cases}$$

7 a) $f(x) = -x - \frac{1}{2x} \quad \Rightarrow \quad f'(x) = -1 + \frac{1}{2x^2}$ b) $f(x) = 3x \quad f'(x) = 3$

c) (mit Quotientenregel) $f'(x) = \frac{8x^2 - 8x - 2}{(2x-1)^2}$ d) $f(x) = \frac{3}{x^3} - \frac{4}{x} \quad f'(x) = \frac{-9}{x^4} + \frac{4}{x^2}$

e) $f(x) = 2x^3 - \frac{x^2}{5} + \frac{1}{5} \quad f'(x) = 6x^2 - \frac{2}{5}x$ f) (mit Quotientenregel) $f'(x) = \frac{12}{(2x+3)^2}$

+ Lösen Sie, wo möglich, die Teilaufgaben mit und ohne Quotientenregel und stoppen Sie jeweils die hierfür benötigte Zeit. Welches Verfahren fällt Ihnen leichter? – Individuelle Lösungen

8 $f(-2) = 1{,}5$; $f(0) = 2$; $f(1{,}5) = 5$;
$f(2{,}5) = -3$; $f(6) = 0{,}5$

$f'(x) = \frac{2}{(2-x)^2}$ (Quotientenregel);
$f'(-2) = 0{,}125$; $f'(0) = \frac{1}{2}$; $f'(1{,}5) = 8$;
$f'(2{,}5) = 8$; $f'(6) = 0{,}125$

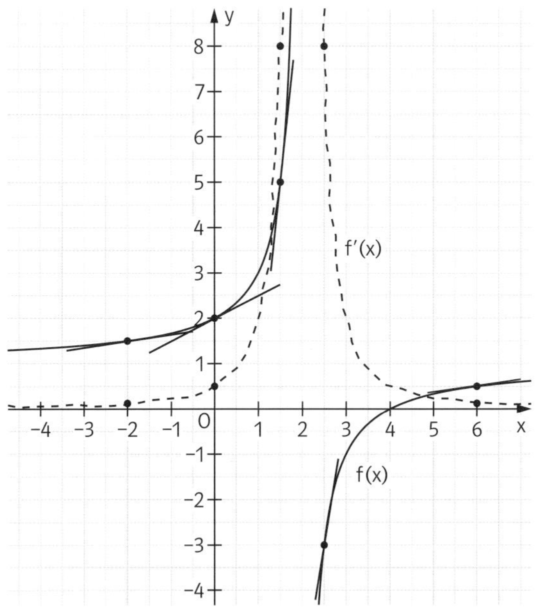

9 a) $g'(x) = 20x^4 + 32x^3 - 42x^2 - 8x + 6$ b) $f'(x) = 4x^3 - 3ax^2 + x(2-2a) + a^2$ c) $f'(x) = \frac{-6ax}{(1+x^2)^2}$

d) $f'(a) = \frac{3}{1+x^2}$ e) $g'(x) = \frac{16x^3}{(x^4+4)^2}$ f) $h'(x) = \frac{tx^2 + 2tx - 2}{(x+1)^2}$

10 a)

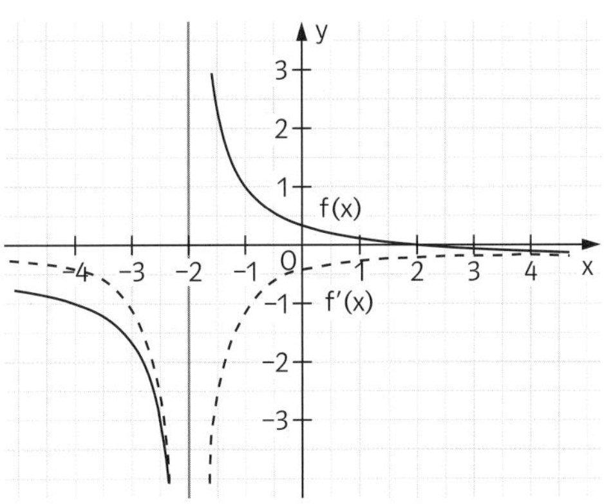

b)

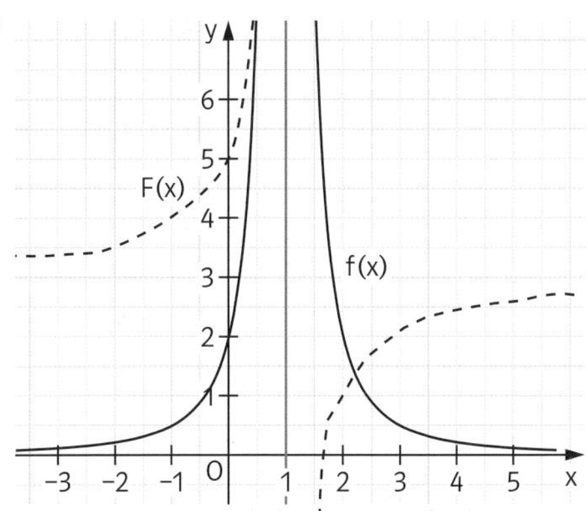

Alle weiteren möglichen Stammfunktionsgraphen liegen in y-Richtung verschoben.

11 a) $f'(x) = \frac{1}{2} - \frac{3}{2x^2}$; $\quad \frac{1}{2} - \frac{3}{2x^2} = -\frac{1}{2} \Rightarrow \frac{3}{2x^2} = 1 \Rightarrow x^2 = \frac{3}{2} \Rightarrow x_1 = +\sqrt{\frac{3}{2}}$; $x_2 = -\sqrt{\frac{3}{2}}$

b) $f'(x) = -1 - \frac{1}{x^2}$; $\quad -1 - \frac{1}{x^2} = -5 \Rightarrow -\frac{1}{x^2} = -4 \Rightarrow x^2 = \frac{1}{4} \Rightarrow x_1 = \frac{1}{2}$; $x_2 = -\frac{1}{2}$

c) $f'(x) = \frac{x^2 + 4x + 9}{(x+2)^2}$; $\quad x^2 + 4 + 9 = \frac{6}{5} \cdot (x+2)^2 \Rightarrow -x^2 - 4x + 21 = 0 \Rightarrow x_1 = -7$; $x_2 = 3$

12 Fehler im *Schülerbuch*: Es muss heißen:
„An welchen Stellen stimmen die Funktionswerte von f′ und g′ überein." Das bedeutet geometrisch, dass an den berechneten Stellen die Tangenten an die beiden Graphen parallel sind.

a) $f'(x) = 2x;\quad g'(x) = \frac{2}{x^3}$

$2x = \frac{2}{x^3}$

$\Rightarrow\quad x^4 = 1$

$\Rightarrow\quad x_1 = -1;\ x_2 = 1$

b) $f'(x) = \frac{-1}{(x+1)^2};\ g'(x) = \frac{-1}{(x-1)^2}$

$\frac{-1}{(x+1)^2} = \frac{-1}{(x-1)^2}$

$\Rightarrow\quad -(x-1)^2 = -(x+1)^2$

$\Rightarrow\quad x = 0$

c) $f'(x) = -2x+2;\ g'(x) = \frac{8}{(x-2)^2}$

$-2x+2 = \frac{8}{(x-2)^2}$

$\Rightarrow\quad -2x^3+10x^2-16x = 0$

$\Rightarrow\quad -2x(x^2-5x+8) = 0$

$\Rightarrow\quad x = 0$

(x^2-5x+8 wird nicht Null)

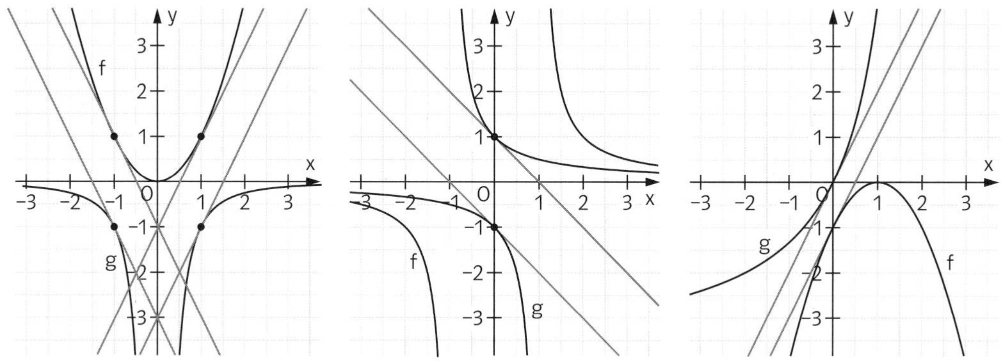

(💻) Die Graphen könnten auch mit einem Funktionsplotter gezeichnet werden.
(Das Einzeichnen der Tangenten war laut Aufgabenstellung nicht gefordert.)

S. 57

13 a) $f'(x) = \frac{1}{(x+1)^2};$ $\quad f'(1) = \frac{1}{4};\quad f(1) = \frac{1}{2}\quad \frac{1}{2} = \frac{1}{4}\cdot 1 + t \Rightarrow t = \frac{1}{4};\quad y = \frac{1}{4}x + \frac{1}{4}$

$f'(2) = \frac{1}{9};\quad f(2) = \frac{2}{3}\quad \frac{2}{3} = \frac{1}{9}\cdot 2 + t \Rightarrow t = \frac{4}{9};\quad y = \frac{1}{9}x + \frac{4}{9}$

b) $f'(x) = \frac{8x^3+2}{x^2};$ $\quad f'(1) = 10;\quad f(1) = 2\quad 2 = 10\cdot 1 + t \Rightarrow t = -8;\quad y = 10x - 8$

$f'(2) = 16{,}5;\quad f(2) = 15\quad 15 = 16{,}5\cdot 2 + t \Rightarrow t = -18;\quad y = 16{,}5x - 18$

i **14** Hinweis: Man sollte eventuell mit der leichteren Teilaufgabe b) beginnen.
Es ist die Tangente von einem Punkt außerhalb des Graphen an den Graphen zu legen.
Dazu ist zunächst die Berührstelle zu berechnen und danach die Gleichung der Tangente.
Ansatz: $y = mx + t$ liefert, da $P(1|1)$ auf der Tangente liegen soll: $1 = m + t \Rightarrow t = 1 - m$
also: $y = mx - m + 1$

a) $mx - m + 1 \overset{!}{=} \frac{2x}{x-2};$ mit $m = f'(x) = -\frac{4}{(x-2)^2}$ folgt:

$-\frac{4x}{(x-2)^2} + \frac{4}{(x-2)^2} + 1 = \frac{2x}{x-2} \quad\Rightarrow\quad -4x + 4 + (x-2)^2 = (x-2)\cdot 2x$

$\Rightarrow \begin{cases} x_1 = -2(\sqrt{3}+1); & m = f'(x_1) = 4\sqrt{3}-7 \approx -0{,}072; & t = 1-m = 8-4\sqrt{3} \approx 1{,}072 \\ x_2 = 2(\sqrt{3}-1); & m = f'(x_2) = -4\sqrt{3}-7 \approx -13{,}93; & t = 1-m = 8+4\sqrt{3} \approx 14{,}93 \end{cases}$

Tangenten: $y = -0{,}072x + 1{,}072$ oder $y = -13{,}93x + 14{,}93$

b) $mx - m + 1 \overset{!}{=} \frac{2x+1}{2x-1};$ mit $m = f'(x) = -\frac{4}{(2x-1)^2}$ folgt:

$-\frac{4x}{(2x-1)^2} + \frac{4}{(2x-1)^2} + 1 = \frac{2x+1}{2x-1} \quad\Rightarrow\quad -4x + 4 + (2x-1)^2 = (2x-1)\cdot(2x+1)$

$\Rightarrow\quad x = \frac{3}{4};\quad m = f'\left(\frac{3}{4}\right) = -16;\quad t = 1 - m = 17;$ Tangente: $y = -16x + 17$

15 Da der Graph von f in der Umgebung der beiden senkrechter Asymptoten fallend verläuft, müssen die Ableitungen negativ sein. Somit kommt nur der vierte Graph in Frage.
möglicher Funktionsterm:

$f(x) = \frac{x+1}{(x+2)(x-1)}$ (wegen Nullstelle bei $x = -1$ und zwei senkrechter Asymptoten für $x = -2$ und $x = 1$)

$f'(x) = \frac{-(x^2+2x+3)}{(x^2+x-2)^2};$ Graph von f′ muss Graph 4 sein.

16 a) $f'(t) = 0{,}16 \cdot \frac{2-t}{(t+2)^3}$

$f'(0) = 0{,}04$; $f'(3) = -0{,}00128$; $f'(6) = -0{,}00125$

mittlere Änderungsrate $= \frac{f(6)-f(0)}{6-0} = \frac{0{,}015}{6} = 0{,}0025$

Die mittlere Änderungsrate liegt zwischen dem größten Steigungswert am Anfang und den negativen Werten im weiteren Verlauf.

b)

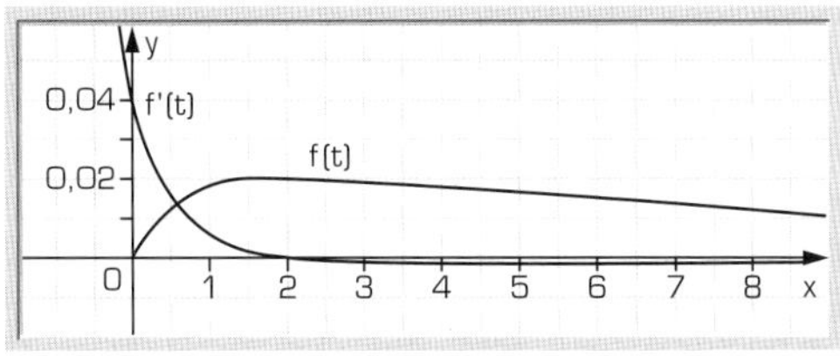

Der Graph muss in y-Richtung sinnvoll skaliert werden, um Aussagen treffen zu können.

Der Graph von f nimmt für $x \in [0;2]$ leicht zu, erst für $x \in [2;6]$ gehen die Werte langsam zurück.

17 Individuelle Lösungen

z.B. Betrachten folgender Funktionsterme: $f(x) = \frac{1}{x-1}$; $f'(x) = \frac{-1}{(x-1)^2}$

Wird eine gebrochen rationale Funktion abgeleitet, muss die Quotientenregel angewandt werden. Der Linearfaktor im Nenner wird quadriert. Somit besitzt die Ableitungsfunktion an derselben Stelle einen Pol ohne Vorzeichenwechsel.

18 (I) $2 = m \cdot 4 + t$ $\Rightarrow$ $2 - 4m = t$

(II) $\frac{1}{3} = m \cdot (-5) + t$

(I) in (II): $\frac{1}{3} = -5m + 2 - 4m$ $\Rightarrow$ $m = \frac{5}{27}$; $t = 1\frac{7}{27}$

$y = \frac{5}{27}x + 1\frac{7}{27}$

→ TB Trainingsblatt: Ableitungsregeln: Produkt- und Quotientenregel; Kopiervorlage S. 179 f.

→ TB Trainingsblatt: Gleichungen von Tangenten und Normalen; Kopiervorlage S. 181 f.

Thema: Stetigkeit und Differenzierbarkeit von Funktionen

S. 59

1 G_f: Er lässt sich ohne Absetzen des Zeichenstiftes zeichnen, somit ist f im gesamten gezeichneten Bereich stetig. Da der Graph an den Stellen $x = 1$ und $x = 2$ einen Knick hat, ist er dort nicht differenzierbar. An allen anderen Stellen ist f differenzierbar.

G_g: Die Funktion g ist für $x = 0$ nicht definiert.
Für $x < 0$ und für $x > 0$ ist g stetig und differenzierbar.

2 mögliche Lösung:

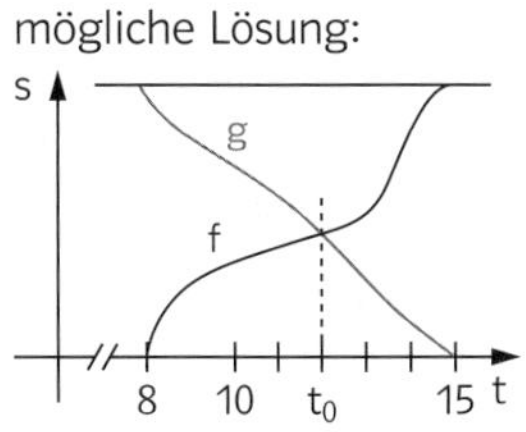

Der Auf- und Abstieg am nächsten Tag können durch stetige Funktionen f und g wie in der Skizze veranschaulicht werden.
Es gilt: $f(8) < g(8)$ und $f(15) > g(15)$. Die beiden stetigen Funktionen müssen sich an einer Stelle t_0 schneiden.
Dies ist die Stelle, an der er zur gleichen Zeit vorbeikommt.

3 a) Die Aussage ist wahr. Der Graph einer in x_0 stetigen Funktion kann dort einen Knick haben. Dann ist f in x_0 nicht differenzierbar. Beispiel: f: $x \mapsto |x|$ in $x_0 = 0$.

b) Die Aussage ist wahr. Ist f differenzierbar, so existiert $\lim\limits_{x \to x_0} \frac{f(x)-f(x_0)}{x-x_0}$; der Differenzenquotient hat also bei x_0 eine hebbare Definitionslücke.
Dazu ist notwendig, dass auch der Zähler im Differenzenquotienten für $x \to x_0$ gegen Null strebt, d.h. $\lim\limits_{x \to x_0} f(x) = f(x_0)$ existiert.

III Anwendungen der Ableitung

A Alternative zum Einstieg in das Kapitel:

→ AB Arbeitsblatt: Der Tangentensurfer; Kopiervorlage S. 183 f.

Mit dem Arbeitsblatt lassen sich die wesentlichen Inhalte der Lerneinheiten 1–3 motivieren.

1 Monotonie

S. 64

1 a) $f_1'(x) = 0$, d.h. keine Steigung $\Rightarrow$ f_1' gehört zu G_c
$f_2'(x) = x^2 \geqq 0$, d.h. positive Steigung $\Rightarrow$ f_2' gehört zu G_b
$f_3'(x) = -x^2 \leqq 0$, d.h. negative Steigung $\Rightarrow$ f_3' gehört zu G_a

b) $f'(x) = 0 \Leftrightarrow G_f$ hat keine Steigung
$f'(x) > 0 \Leftrightarrow G_f$ steigt
$f'(x) < 0 \Leftrightarrow G_f$ fällt

S. 66

2 a)

z. B.

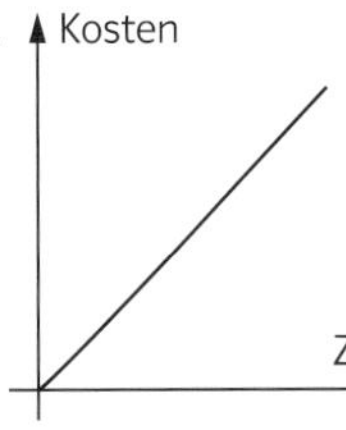

streng monoton steigend

oder

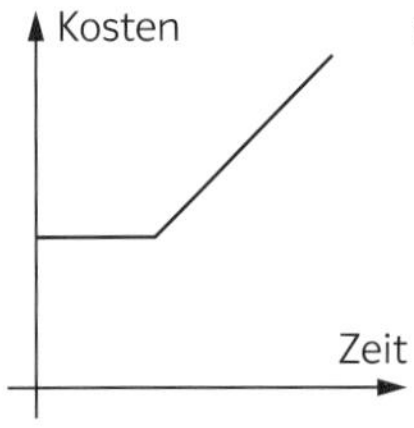

monoton steigend

usw.

b)

z. B.

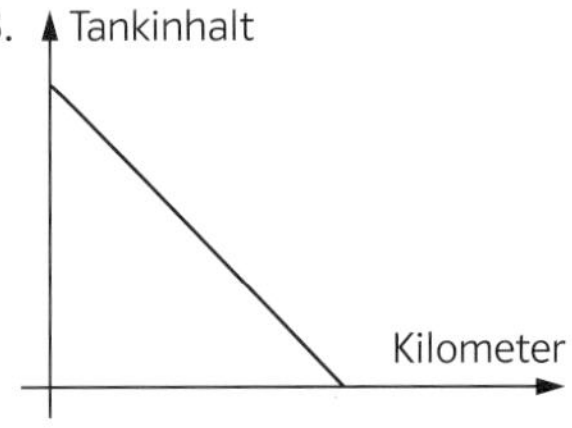

streng monoton fallend

c)

z. B.

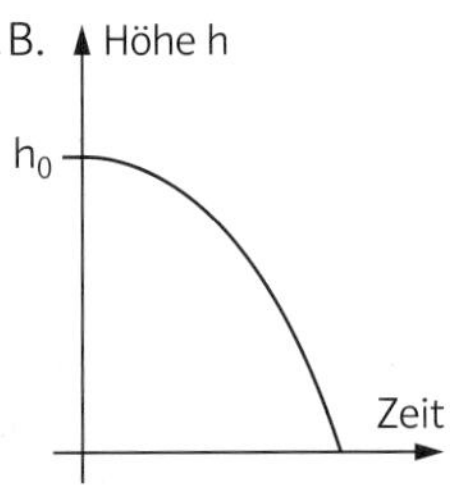

streng monoton fallend

oder

streng monoton steigend

d)

z. B.

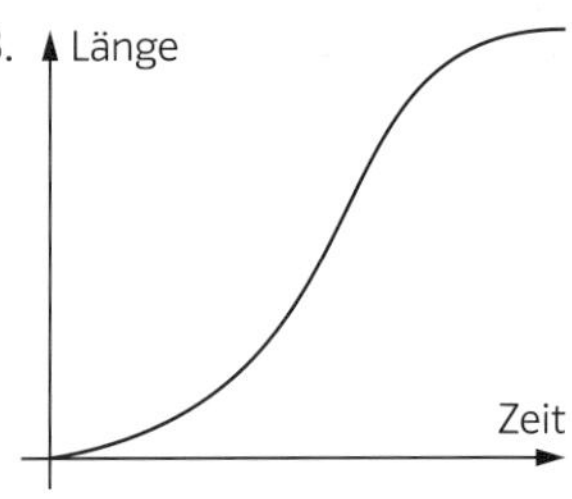

streng monoton steigend

3 a) f ist für $x \in [-1; 2]$ streng monoton zunehmend und für $x \in [2; 4]$ streng monoton abnehmend.

b) f ist für $x \in [0; 1]$ streng monoton abnehmend, für $x \in [1; 2]$ streng monoton zunehmend und für $x \in [2; \infty[$ streng monoton abnehmend.

c) f ist für $x \in]-\infty; 2[$ und für $x \in [2; 5[$ streng monoton abnehmend.

4 a) G_f ist streng monoton fallend für $x \in]-\infty; \approx -0{,}5]$ und $x \in [\approx 0{,}5; \approx 2{,}9]$.
Er ist streng monoton steigend für $x \in [\approx -0{,}5; \approx 0{,}5]$ und $x \in [\approx 2{,}9; +\infty[$.
$f'(x) < 0$ für $x \in]-\infty; \approx -0{,}5[$ und $x \in]\approx 0{,}5; \approx 2{,}9[$;
$f'(x) > 0$ für $x \in]\approx -0{,}5; \approx 0{,}5[$ und $x \in]\approx 2{,}9; +\infty[$.

b) G_f ist streng monoton steigend für $x \in]-\infty; -1]$ und streng monoton fallend für $x \in [-1; 0[$ und $x \in]0; +\infty[$.
$f'(x) < 0$ für $x \in]-1; 0[$ und $x \in]0; +\infty[$;
$f'(x) > 0$ für $x \in]-\infty; -1[$.

c) G_f ist streng monoton fallend für $x \in \left[k \cdot \pi; (2k+1)\frac{\pi}{2}\right]$ $(k \in \mathbb{Z})$ und streng monoton steigend für $x \in \left[(2k-1)\frac{\pi}{2}; k \cdot \pi\right]$ $(k \in \mathbb{Z})$.
$f'(x) < 0$ für $x \in \left]k \cdot \pi; (2k+1)\frac{\pi}{2}\right[$ $(k \in \mathbb{Z})$;
$f'(x) > 0$ für $x \in \left](2k-1)\frac{\pi}{2}; k \cdot \pi\right[$ $(k \in \mathbb{Z})$.

i (G_f entsteht aus der Sinuskurve durch Stauchen mit dem Faktor 2 in x-Richtung $\left(\text{Periode: } \frac{2\pi}{2} = \pi\right)$, Verschieben um $+\frac{\pi}{2}$ in x-Richtung (nach links) und Strecken mit dem Faktor 2 in y-Richtung.)

i 5 Bei den Graphenskizzen kommt es nur auf das Monotonieverhalten an; daher sind die y-Achsen nicht skaliert.

a) $f'(x) = 4 + 2x = 2(2 + x)$; $f'(x) = 0$ für $x_0 = -2$

Monotonieverhalten von f:

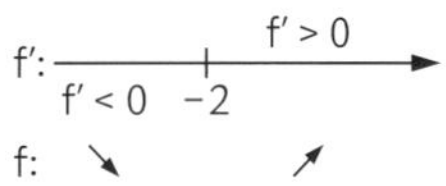

also in $]-\infty; -2]$ streng monoton abnehmend
und in $[-2; +\infty[$ streng monoton zunehmend

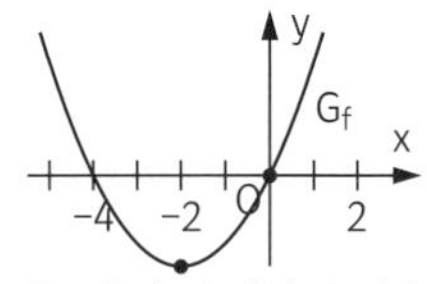

Parabel mit Scheitel S(−2|−4)

b) $f'(x) = x^2 - 9 = (x - 3)(x + 3)$; $f'(x) = 0$ für $x_1 = -3$, $x_2 = 3$

Monotonieverhalten von f:

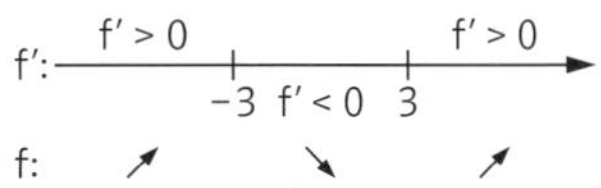

f ist für $x \in]-\infty; -3]$ und $x \in [3; +\infty[$ streng monoton zunehmend
und für $x \in [-3; 3]$ streng monoton abnehmend.

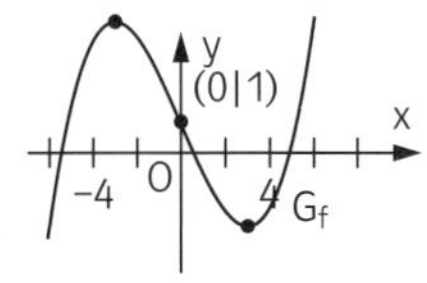

Graphenverlauf von links unten nach rechts oben

c) $f'(x) = -\frac{1}{2}x^3 + 4$; $f'(x) = 0$ für $x_0 = 2$

Monotonieverhalten von f:

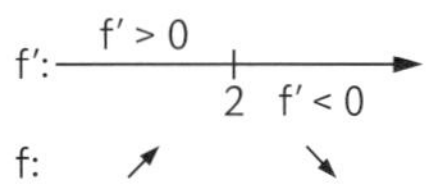

f ist für $x \in]-\infty; 2]$ streng monoton zunehmend
und für $x \in [2; +\infty[$ streng monoton abnehmend.

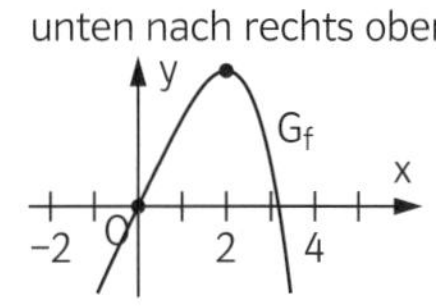

Graphenverlauf von links unten nach rechts unten

d) $f'(x) = x^4 - x^3 = x^3(x - 1)$; $f'(x) = 0$ für $x_1 = 0$, $x_2 = 1$

Monotonieverhalten von f:

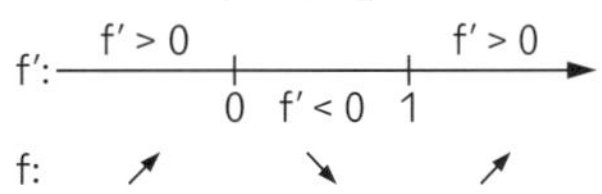

f ist für $x \in]-\infty; 0]$ und $x \in [1; +\infty[$ streng monoton zunehmend
und für $x \in [0; 1]$ streng monoton abnehmend.

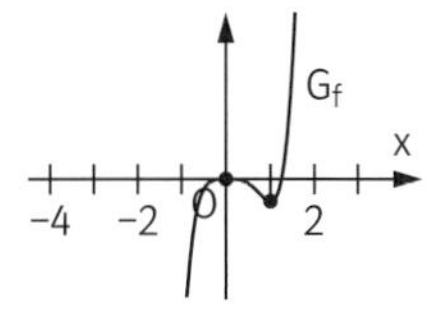

Graphenverlauf von links unten nach rechts oben

e) $D_f = \mathbb{R} \setminus \{-2; 2\}$

$f'(x) = \frac{-2x}{(x^2 - 4)^2} = \frac{-2x}{(x-2)^2(x+2)^2}$; $f'(x) = 0$ für $x_0 = 0$

Monotonieverhalten von f:

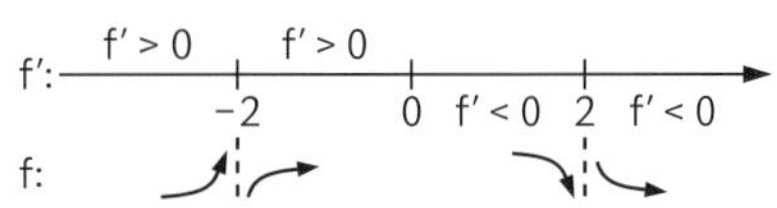

f ist für $x \in]-\infty; -2[$ und $x \in]-2; 0]$ streng monoton zunehmend
und für $x \in [0; 2[$ und $x \in]2; +\infty[$ streng monoton abnehmend.

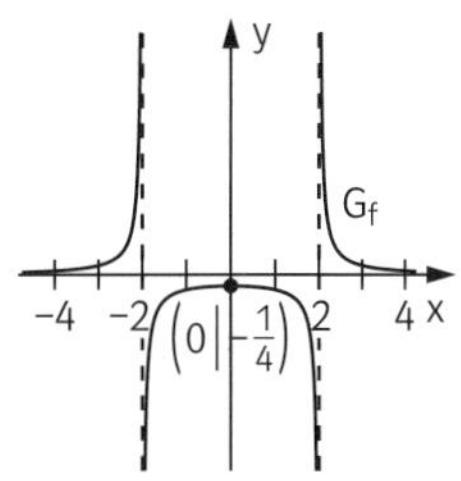

waagrechte Asymptote y = 0

f) $D_f = \mathbb{R} \setminus \{-1\}$

$f'(x) = \frac{1}{(x+1)^2} > 0$ für alle $x \in D_f$

Monotonieverhalten von f:

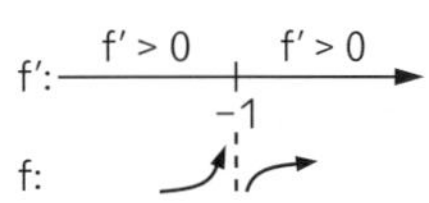

f ist für $x \in]-\infty; -1[$ und $x \in]-1; +\infty]$ streng monoton zunehmend.

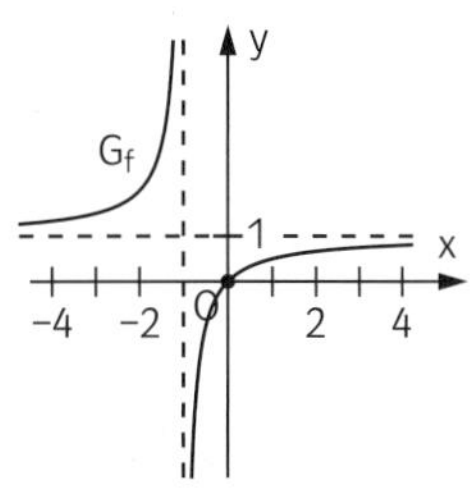

waagrechte Asymptote y = 1

g) $D_f = \mathbb{R} \setminus \{1\}$

$f'(x) = \frac{-2x-2}{(x-1)^3}$; $f'(x) = 0$ für $x_0 = -1$

Monotonieverhalten von f:

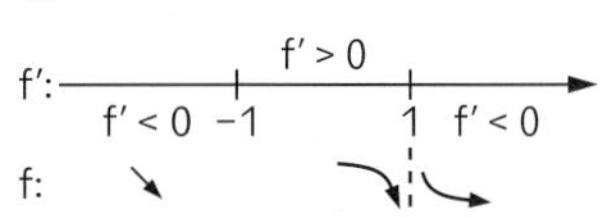

f ist für $x \in]-\infty; -1]$ und $x \in]1; +\infty[$ streng monoton abnehmend
und für $x \in [-1; 1[$ streng monoton zunehmend.

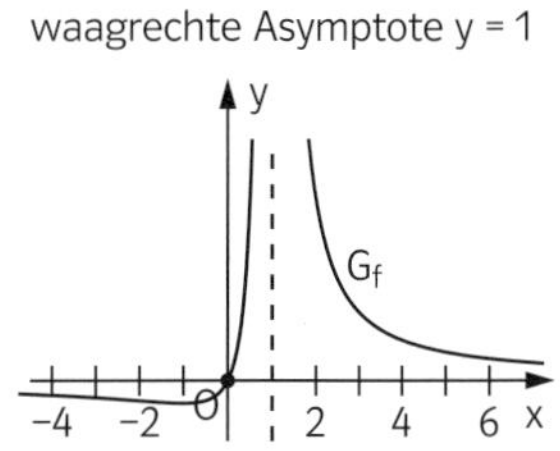

waagrechte Asymptote y = 0

h) $D_f = \mathbb{R} \setminus \{-1\}$

$f'(x) = \frac{2x}{(x+1)^3}$; $f'(x) = 0$ für $x_0 = 0$

Monotonieverhalten von f:

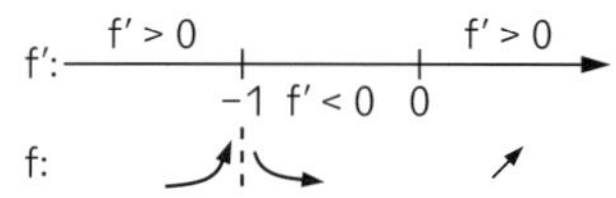

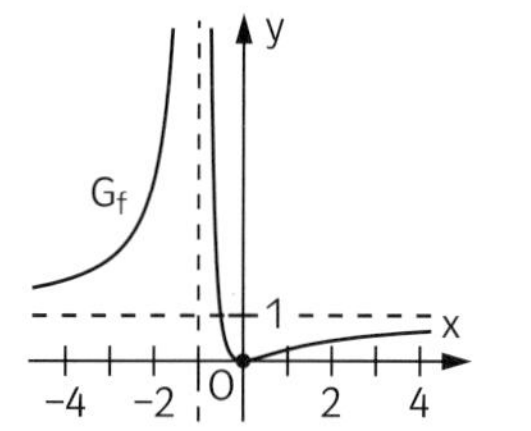

waagrechte Asymptote y = 1

f ist für $x \in]-\infty; -1]$ und $x \in]0; +\infty[$ streng monoton zunehmend und für $x \in [-1; 0[$ streng monoton abnehmend.

S. 67

6 a)

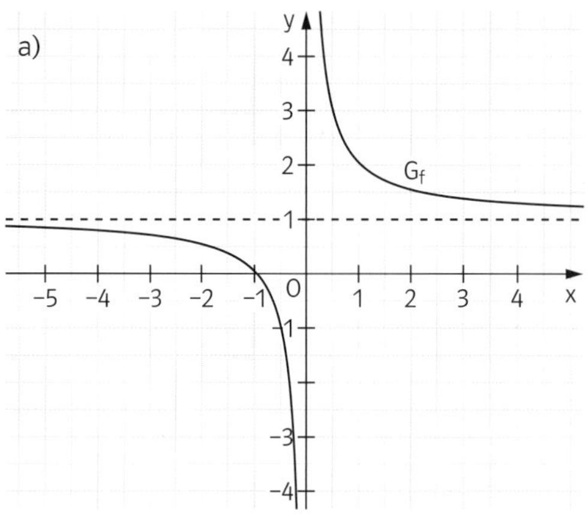

G_f entsteht durch Verschiebung des Graphen der Funktion $x \mapsto \frac{1}{x}$ um eine Einheit in positive y-Richtung.
f ist also streng monoton abnehmend für $x \in]-\infty; 0[$ und $x \in]0; +\infty[$.

b)

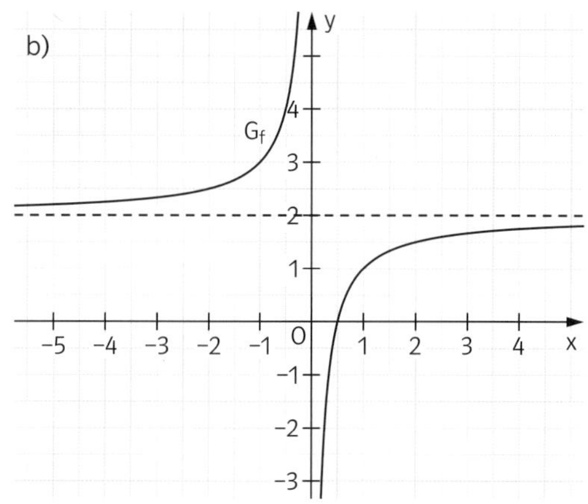

G_f entsteht aus dem Graphen der Funktion $x \mapsto \frac{1}{x}$ durch Spiegelung an der y-Achse und Verschiebung um 2 Einheiten in positive y-Richtung.
f ist also streng monoton zunehmend für $x \in]-\infty; 0[$ und $x \in]0; +\infty[$.

c)

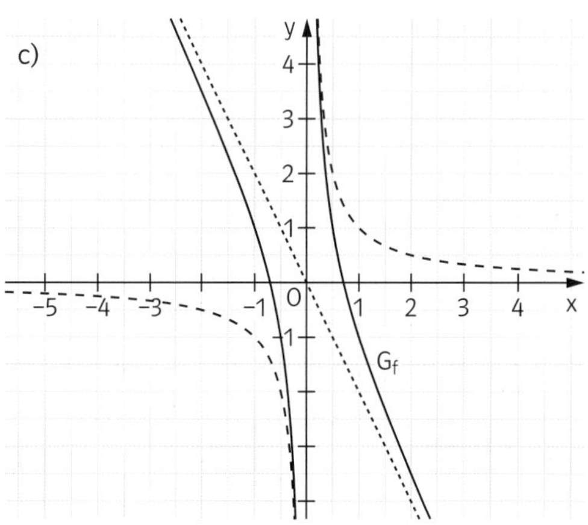

G_f entsteht durch Zusammensetzung der Graphen der Funktionen $x \mapsto \frac{1}{x}$ und $x \mapsto -2x$.
f ist streng monoton abnehmend für $x \in]-\infty; 0[$ und $x \in]0; +\infty[$.

d)

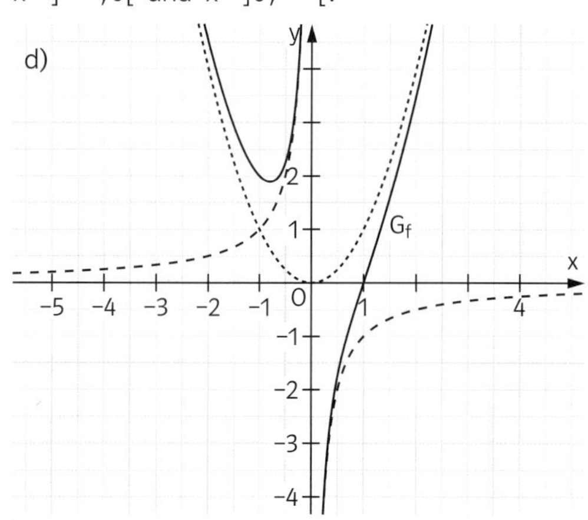

G_f entsteht durch Zusammensetzung der Graphen der Funktionen $x \mapsto x^2$ und $x \mapsto -\frac{1}{x}$.
f ist streng monoton abnehmend für $x \in]-\infty; \approx -0{,}8]$ und streng monoton zunehmend für $x \in [\approx -0{,}8; 0[$ und $x \in]0; +\infty[$.

Alternativ könnten die Graphen auch wie in Kapitel I untersucht werden.

7 a) Punkt D liegt auf dem Graphen, da der Graph von f wegen $f'(x) < 0$ für $x \in]-2; 2[$ im Intervall $[-2; 2]$ ausschließlich fällt.
Aus Symmetriegründen muss $E(0 \mid -2{,}5)$ auf dem Graph liegen.

b)

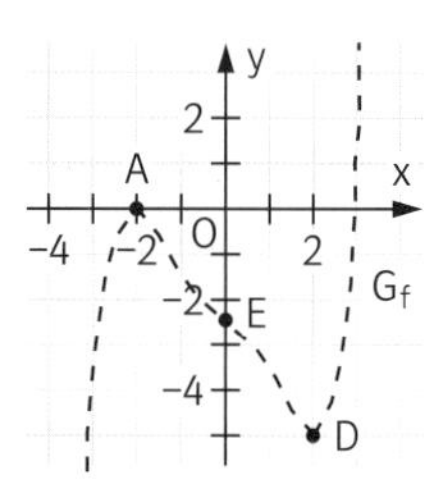

8 a) $f_a(x) = ax - x^2 = x(a-x)$

$f_a'(x) = a - 2x$; $f_a'(x) = 0$ für $x_0 = \frac{a}{2}$ $(a \in \mathbb{R})$

Monotonieverhalten von f_a für $a \in \mathbb{R}$:

f_a': $f_a' > 0$ | $\frac{a}{2}$ | $f_a' < 0$

f_a: ↗ ↘

f ist für $x \in \left]-\infty; \frac{a}{2}\right]$ streng monoton zunehmend; f ist für $x \in \left[\frac{a}{2}; +\infty\right[$ streng monoton abnehmend.

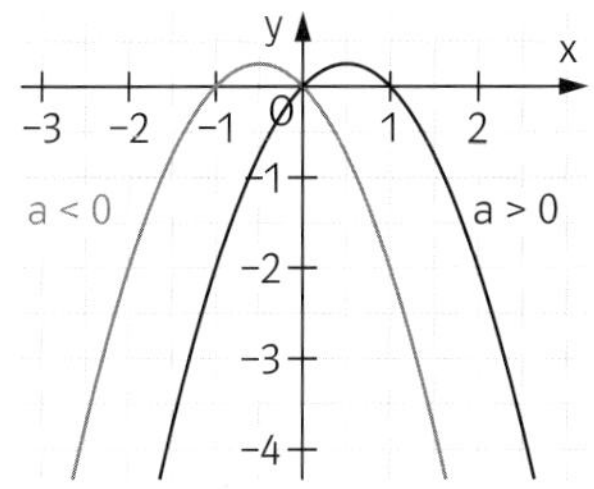

Vorgehen bei b) – d) wie bei a)

b) $g_a(x) = x^3 - ax = x(x^2 - a)$

$g_a'(x) = 3x^2 - a$; $g_a'(x) = 0$ für $x_1 = \sqrt{\frac{a}{3}}$, $x_2 = -\sqrt{\frac{a}{3}}$ $(a \geqq 0)$

$a > 0$: g_a ist streng monoton zunehmend für $x \in \left]-\infty; -\sqrt{\frac{a}{3}}\right]$ und $x \in \left[\sqrt{\frac{a}{3}}; +\infty\right[$ und streng monoton abnehmend für $x \in \left[-\sqrt{\frac{a}{3}}; \sqrt{\frac{a}{3}}\right]$.

$a = 0$: g_a ist streng monoton zunehmend für $x \in]-\infty; +\infty[$.

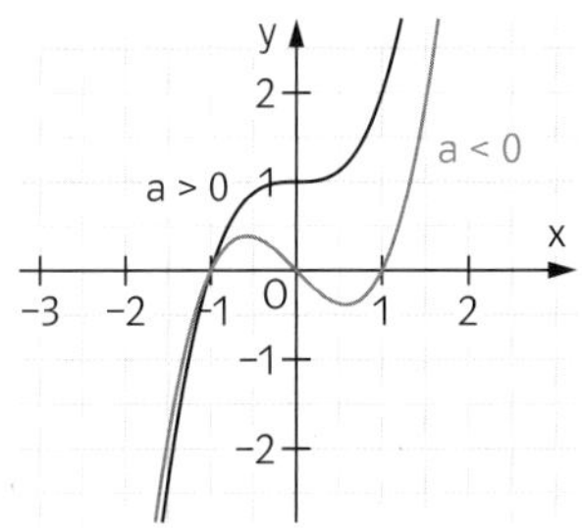

c) $h_a(x) = ax^3 - ax^2 = ax^2(x-1)$

$h_a'(x) = 3ax^2 - 2ax = 3ax\left(x - \frac{2}{3}\right)$; $h_a'(x) = 0$ für $x_1 = 0$, $x_2 = \frac{2}{3}$

$a > 0$: h_a ist streng monoton zunehmend für $x \in]-\infty; 0]$ und $x \in \left[\frac{2}{3}; +\infty\right[$ und streng monoton abnehmend für $x \in \left[0; \frac{2}{3}\right]$.

$a < 0$: h_a ist streng monoton abnehmend für $x \in]-\infty; 0]$ und $x \in \left[\frac{2}{3}; +\infty\right]$ und streng monoton zunehmend für $x \in \left[0; \frac{2}{3}\right]$.

$a = 0$: $h_a(x) = 0$ $\Rightarrow$ h_a ist eine konstante Funktion.

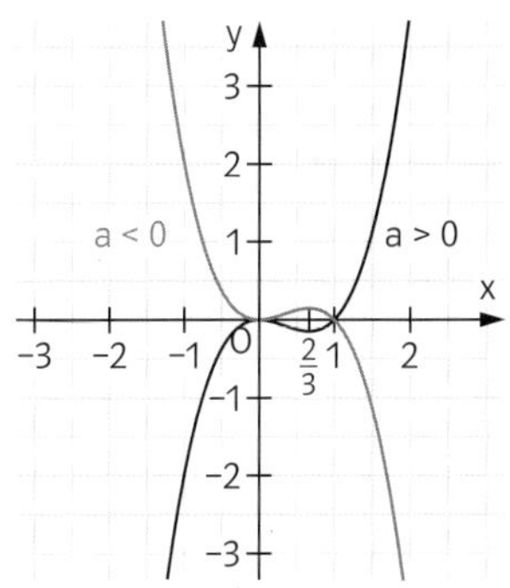

d) $k_a(x) = x^4 + ax^2 = x^2(x^2 + a)$

$k_a'(x) = 4x^3 + 2ax = 4x\left(x^2 + \frac{a}{2}\right)$;

für $a \geqq 0$: $k_a'(x) = 0$ für $x_1 = 0$

für $a < 0$: $k_a'(x) = 0$ für $x_1 = 0$; $x_2 = \sqrt{-\frac{a}{2}}$, $x_3 = -\sqrt{-\frac{a}{2}}$;

$a \geqq 0$: k_a ist streng monoton abnehmend für $x \in]-\infty; 0]$ und streng monoton zunehmend für $x \in [0; +\infty[$.

$a < 0$: k_a ist streng monoton abnehmend für $x \in \left]-\infty; -\sqrt{-\frac{a}{2}}\right]$ und $x \in \left[0; \sqrt{-\frac{a}{2}}\right]$ und streng monoton zunehmend für $x \in \left[-\sqrt{-\frac{a}{2}}, ;0\right]$ und $x \in \left[\sqrt{-\frac{a}{2}}; +\infty\right[$.

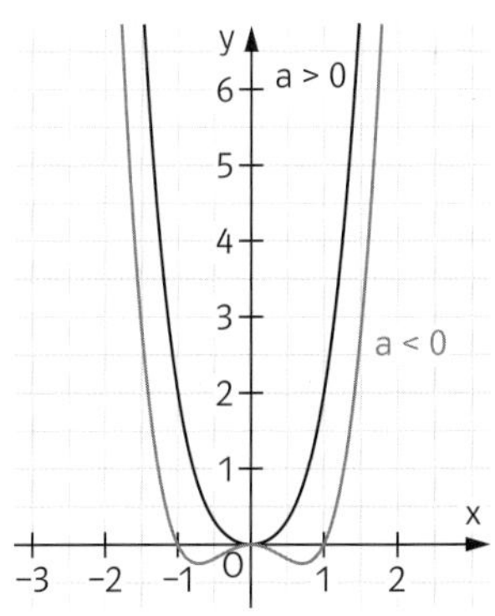

\+ Überprüfen Sie Ihre Skizzen mithilfe eines Funktionsplotters.

9 Mögliche Argumentation:

f_4': $f_4' > 0$ | -2 | $f_4' < 0$

f_4: ↗ Max ↘

also: f_a und f_c gehören zu f_4'.

f_2': $f_2' > 0$ | $\approx -2{,}7$ | $f_2' < 0$ | -2 | $f_2' > 0$ | $\approx -1{,}3$ | $f_2' < 0$

f_2: ↗ ↘ ↗ ↘

also: f_b gehört zu f_2'.

10 Der violett gezeichnete Graph gehört zur Stammfunktion F, da

- $f(x) > 0$ für $x \in \mathbb{R}$ und somit F nur streng monoton steigend ist und
- f bei $x_0 = 1$ eine Polstelle gerader Ordnung und somit F bei $x_0 = 1$ eine Polstelle ungerader Ordnung (mit Vorzeichenwechsel) hat.

11 Lineares Wachstum: $f(t) = a \cdot t + b$
f(t) wächst pro Zeiteinheit jeweils um den konstanten Wert a.
Exponentielles Wachstum: $f(t) = b \cdot a^t$
f(t) wächst pro Zeiteinheit jeweils mit dem konstanten Faktor a.

12

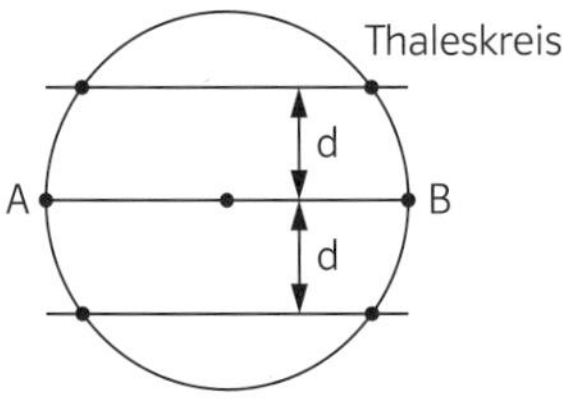

Die Punkte, von denen aus die Strecke [AB] unter einem rechten Winkel erscheint und die von [AB] den Abstand d haben, liegen
a) auf dem Thaleskreis über [AB] und
b) auf Parallelen zu AB im Abstand d.
$d < \frac{\overline{AB}}{2}$: 4 Punkte
$d = \frac{\overline{AB}}{2}$: 2 Punkte
$d > \frac{\overline{AB}}{2}$: keine Lösungen

→ AB Arbeitsblatt: Der Tangentensurfer; Kopiervorlage S. 183 f.

Mit dem Arbeitsblatt lassen sich die wesentlichen Inhalte der Lerneinheiten 1–3 motivieren.

2 Extremstellen, Extremwerte

S. 68

1 a) Höchste Temperatur: 13.00 Uhr
Niedrigste Temperatur: 08.00 Uhr
b) Die Temperatur fällt kurzzeitig auf eine relativ niedrige Temperatur ab. Ab 14.00 Uhr ist es vergleichsweise zu den Temperaturen kurz vorher bzw. kurz nachher relativ kalt. Die Temperatur um 14.00 Uhr kann als lokales Minimum charakterisiert werden.

S. 69

2 a) Extremstellen: $x_1 = 0,\ x_2 = 2,\ x_3 = 5,\ x_4 = 8,\ x_5 = 10$
Hochpunkte: (0 | 5), (5 | 3), (10 | 4)
Tiefpunkte: (2 | 1), (8 | 0)
Lokale Maxima: $f(0) = 5,\ f(5) = 3,\ f(10) = 4$
Globales Maximum: $f(0) = 5$ (globales Randmaximum)
Lokale Minima: $f(2) = 1,\ f(8) = 0$
Globales Minimum: $f(8) = 0$

b) Extremstellen: $x_1 = 0,\ x_2 = 3,\ x_3 = 5,\ x_4 = 8,\ x_5 = 11$
Hochpunkte: (0 | 3), (8 | 2)
Tiefpunkte: (3 | −2), (5 | −2), (11 | −2)
Lokale Maxima: f(0) = 3, f(8 | 2)
Globales Maximum: $f(0) = 3$ (globales Randmaximum)
Lokale Minima: $f(3) = -2,\ f(5) = -2,\ f(11) = -2$
Globale Minima: $f(3) = -2,\ f(5) = -2,\ f(11) = -2$ (globales Randminimum)

3 Nullstellen: $x_1 = 0$ (doppelte Nullstelle), $x_2 = 3$ (doppelte Nullstelle) } Berührpunkte mit der x-Achse
$f(x) \geqq 0$ für alle $x \in \mathbb{R}$, also auch in der Umgebung von x_1 und x_2.
$\Rightarrow$ $f(0) = 0$ und $f(3) = 0$ sind lokale Minima.
Dazwischen gibt es ein lokales Maximum; es gibt also insgesamt sogar drei Extrema.

Skizze:

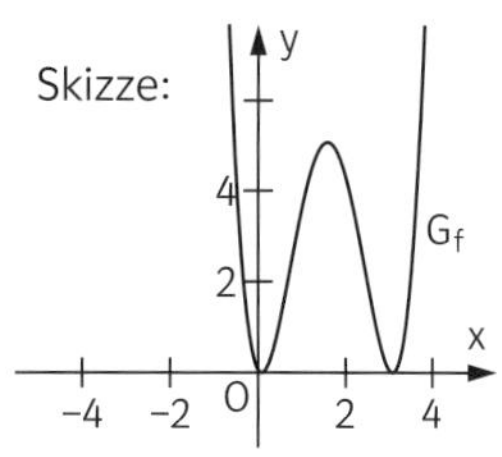

4 a)

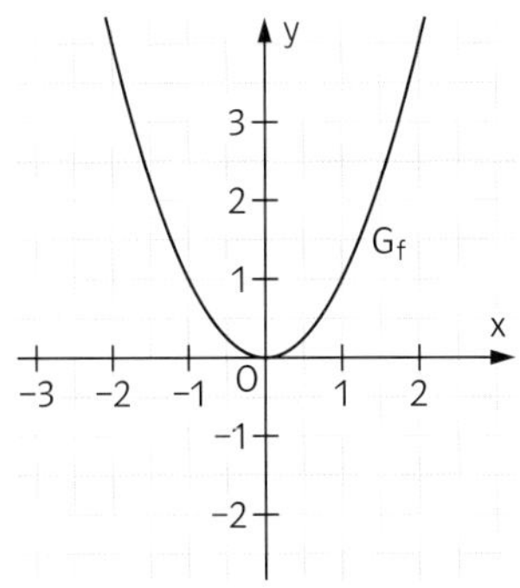

Extremstelle: $x_0 = 0$
Extremwert: $f(0) = 0$
Tiefpunkt: $T(0|0)$

b)

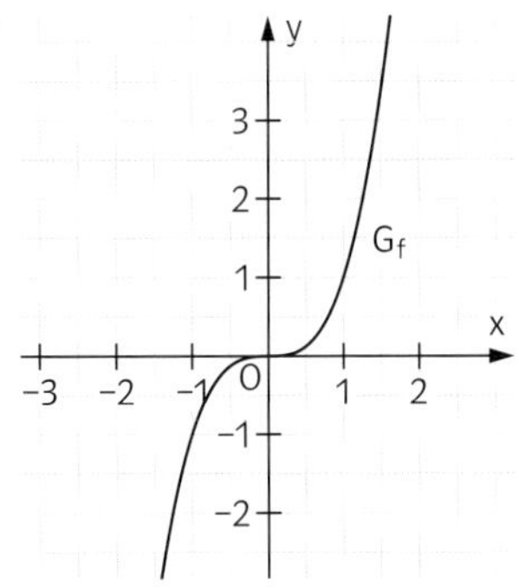

keine Extremstelle

c)

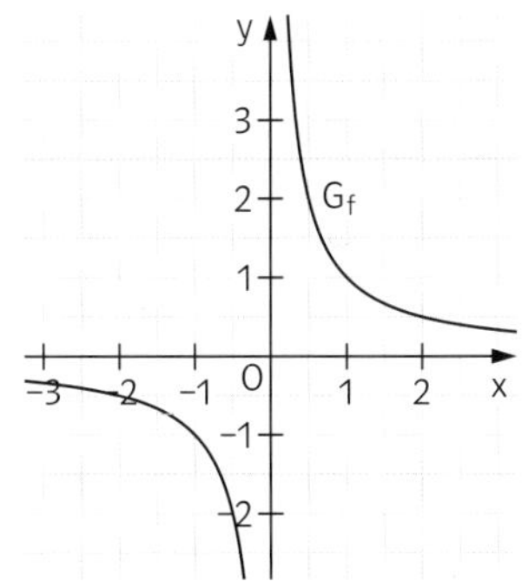

keine Extremstelle

d)

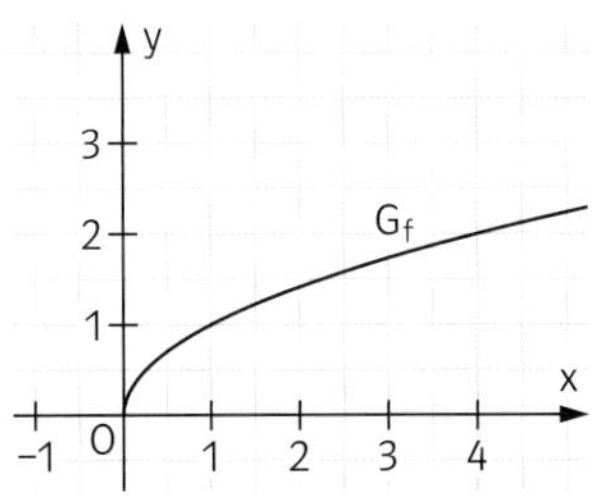

Extremstelle: $x_0 = 0$
Extremwert: $f(0) = 0$
Tiefpunkt: $T(0|0)$

e)

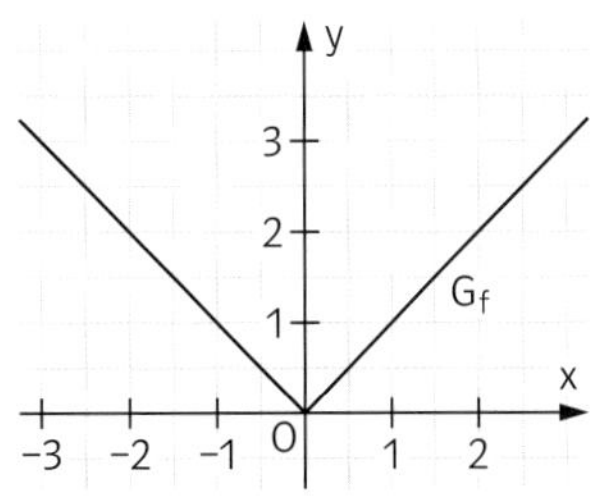

Extremstelle: $x_0 = 0$
Extremwert: $f(0) = 0$
Tiefpunkt: $T(0|0)$

f)

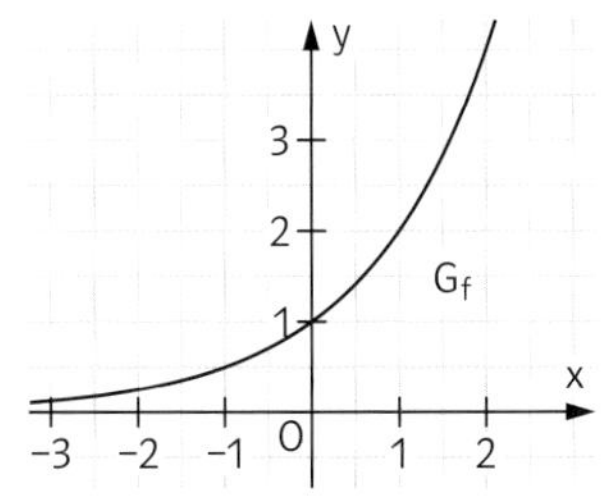

keine Extremstelle

g)

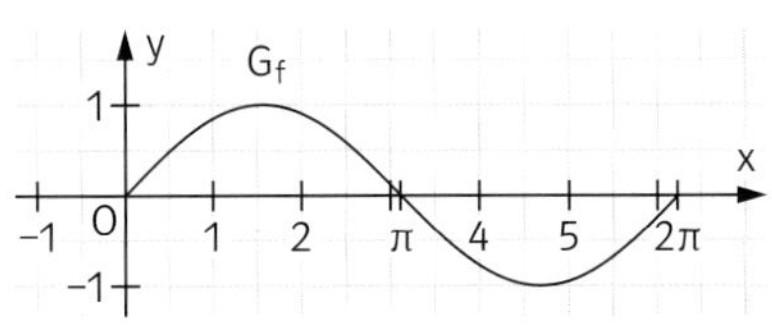

Extremstellen: $x_1 = \frac{\pi}{2}$, $x_2 = \frac{3}{2}\pi$
Extremwerte: $f\left(\frac{\pi}{2}\right) = 1$, $f\left(\frac{3}{2}\pi\right) = -1$
Hochpunkt: $\left(\frac{\pi}{2}\middle|1\right)$
Tiefpunkt: $\left(\frac{3}{2}\pi\middle|-1\right)$

h)

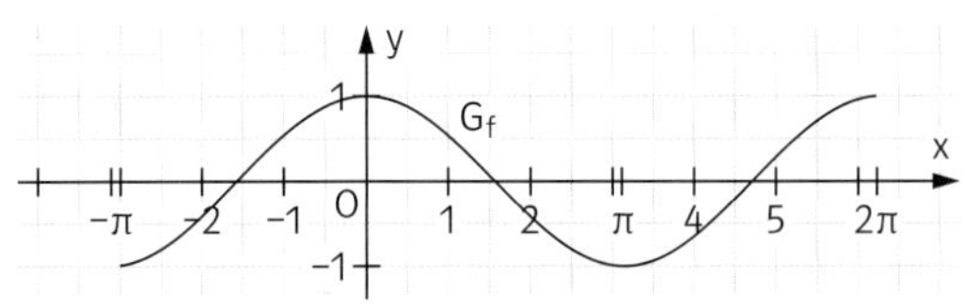

Extremstellen: $x_1 = -\pi$, $x_2 = 0$, $x_3 = \pi$, $x_4 = 2\pi$
Extremwerte: $f(-\pi) = -1$, $f(0) = 1$,
$f(\pi) = -1$, $f(2\pi) = 1$
Hochpunkte: $(0|1)$, $(2\pi|1)$
Tiefpunkte: $(-\pi|-1)$, $(\pi|-1)$

5 $f(x) = x\cdot(-x^2+7x-10)$; Nullstellen: $x_1 = 0$, $x_2 = 2$, $x_3 = 5$
Verhalten im Unendlichen: $\lim\limits_{x\to-\infty} f(x) = +\infty$, $\lim\limits_{x\to+\infty} f(x) = -\infty$

Skizze:

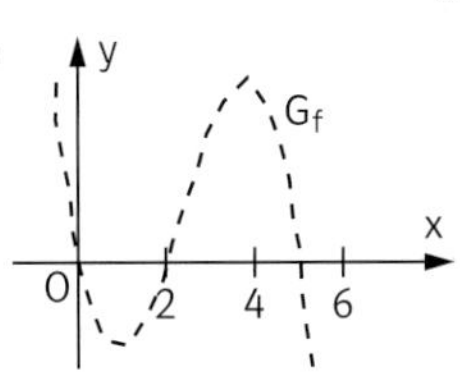

Da zwischen den Nullstellen ein Monotoniewechsel erforderlich ist, gilt folgendes für die Extremstellen:
Lokales Minimum für ein $x \in]0;2[$ und lokales Maximum für ein $x \in]2;5[$.
Da $W = \mathbb{R}$ gilt, gibt es keine globalen Extrema.

6 $x_1 = -\frac{1}{3}$; $x_2 = 1$

3 Bedingungen für Extrema

S. 70

1 a) f ist für $x \in]-\infty;-1]$ und $x \in [1;+\infty[$ streng monoton zunehmend und für $x \in [-1;1]$ streng monoton abnehmend.

b) Extremstellen: $x_1 = -1$; $x_2 = 1$

$f'(x) = 3x^2 - 3$; $f'(-1) = 0$; $f'(1) = 0$

S. 72

2 a) $f'(x) = 4x^3 - 12x = 4x(x^2-3) = 4x(x-\sqrt{3})(x+\sqrt{3})$

$f'(x) = 0$ für $x_1 = 0$, $x_2 = -\sqrt{3}$, $x_3 = \sqrt{3}$

b) $f'(x) = \frac{1}{4}x - \frac{2}{x^2}$

$f'(x) = 0$ für $x_1 = 2$

c) $f'(x) = -\frac{1}{2}x^4 + 8$

$f'(x) = 0$ für $x_1 = -2$, $x_2 = 2$

d) $f'(x) = \frac{14x}{(x^2-9)^2}$

$f'(x) = 0$ für $x_1 = 0$

e) $f'(x) = 3x^2 - \frac{27}{x^2}$

$f'(x) = 0$ für $x_1 = -\sqrt{3}$, $x_2 = \sqrt{3}$

f) $f'(x) = \frac{x^2-2x}{(x-1)^2} = \frac{x(x-2)}{(x-1)^2}$

$f'(x) = 0$ für $x_1 = 0$, $x_2 = 2$

g) $f'(x) = -\frac{72x}{(x^2+9)^2}$

$f'(x) = 0$ für $x_1 = 0$

h) $f'(x) = 6x^5 - 6x^4 - 12x^3 = 6x^3(x+1)(x-2)$

$f'(x) = 0$ für $x_1 = -1$, $x_2 = 0$, $x_3 = 2$

S. 73

3 f ist
- streng monoton zunehmend für $x \in]-\infty;-2]$;
- streng monoton abnehmend für $x \in [-2;4]$;
- streng monoton zunehmend für $x \in]4;+\infty[$

und hat für $x_1 = -2$ ein lokales Maximum und für $x_2 = 4$ ein lokales Minimum.

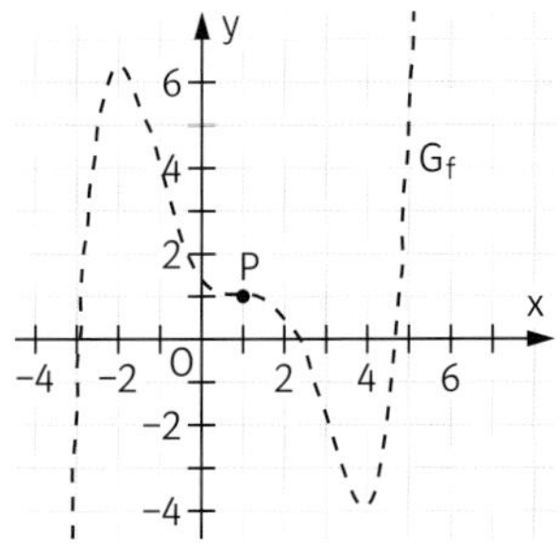

4 Um die Graphen skizzieren zu können, ist es ggf. sinnvoll, weitere Eigenschaften der Funktionen zu untersuchen.

a) $f'(x) = -x^3 + 3x^2 - 2x = -x(x-1)(x-2)$

$f'(x) = 0$ für $x_1 = 0$, $x_2 = 1$, $x_3 = 2$

Monotonieverhalten von f:

		0		1		2	
f':	f' > 0		f' < 0		f' > 0		f' < 0
f:	↗		↘		↗		↘

Globale Maxima bei $x_1 = 0$, $x_3 = 2$: $f(x_1) = f(0) = 0$,
$f(x_3) = f(2) = 0$

Lokales Minimum bei $x_2 = 1$: $f(x_2) = f(1) = -0{,}25$

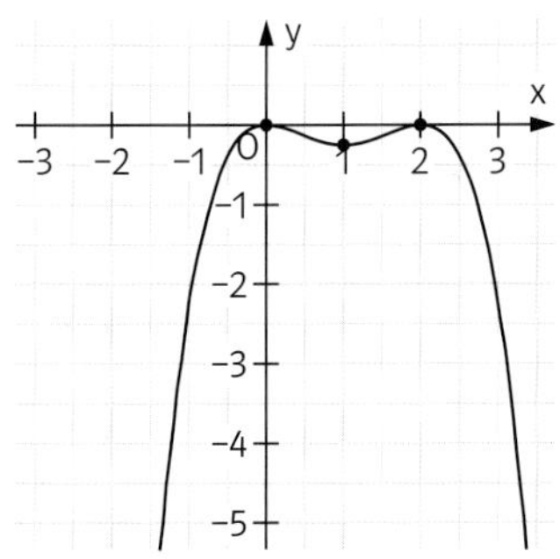

Vorgehensweise bei den folgenden Teilaufgaben analog.

b) $f'(x) = 3x^2 - 6x = 3x(x-2)$

Lokales Maximum bei $x_1 = 0$: $f(x_1) = f(0) = 1$

Lokales Minimum bei $x_2 = 2$: $f(x_2) = f(2) = -3$

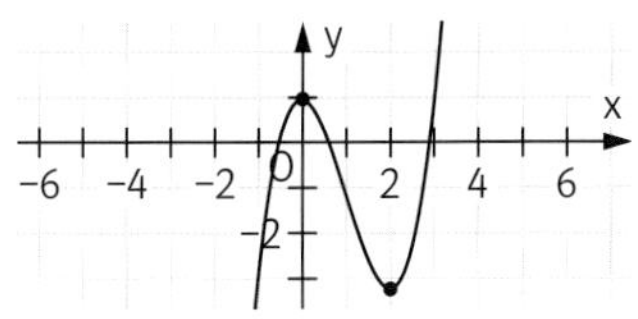

c) $f'(x) = 2x + \frac{1}{x^2}$

Lokales Minimum bei $x_1 = -\sqrt[3]{0{,}5}$:

$f(x_1) = f(-\sqrt[3]{0{,}5}) = -(0{,}5)^{\frac{2}{3}} - (0{,}5)^{-\frac{1}{3}} \approx 1{,}89$

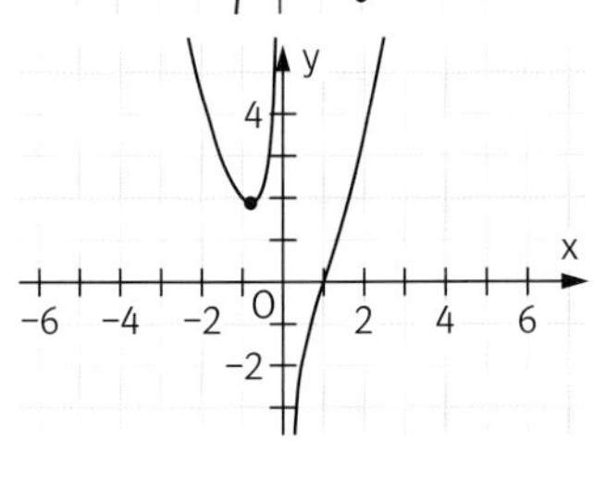

d) $f'(x) = \frac{16x}{(4-x^2)^2}$
Lokales Minimum bei $x_1 = 0$: $f(x_1) = f(0) = 2$

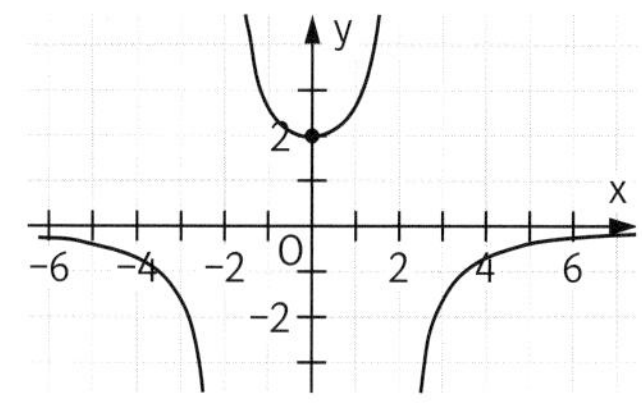

e) $f'(x) = x^3 - x^2 - 2x = x(x-2)(x+1)$
Lokales Maximum bei $x_1 = 0$: $f(x_1) = f(0) = 0$
Globales Minimum bei $x_2 = 2$: $f(x_2) = f(2) = -\frac{8}{3}$
Lokales Minimum bei $x_3 = -1$: $f(x_3) = f(-1) = -\frac{5}{12}$

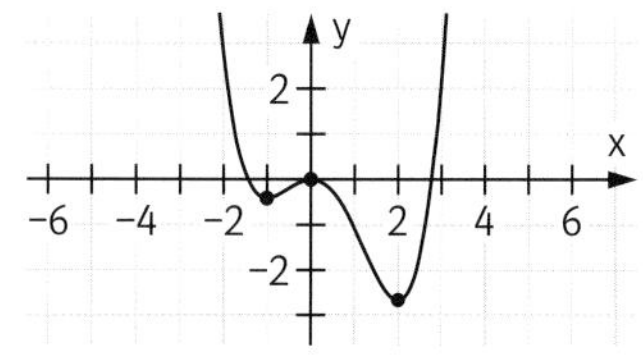

f) $f'(x) = 4x(x^2-1) = 4x(x-1)(x+1)$
Lokales Maximum bei $x_1 = 0$: $f(x_1) = f(0) = 1$
Globale Minima bei $x_2 = -1$, $x_3 = 1$: $f(x_2) = f(-1) = 0$,
$f(x_3) = f(1) = 0$

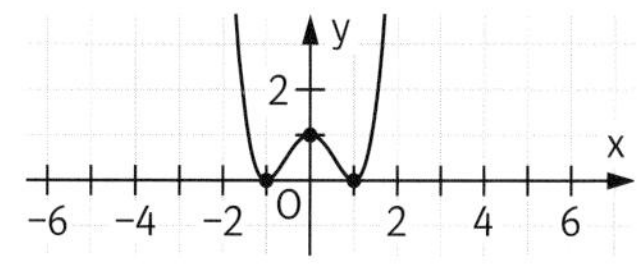

g) $f'(x) = \frac{12x}{(x^2+2)^2}$
Globales Minimum bei $x_1 = 0$: $f(x_1) = f(0) = -2$

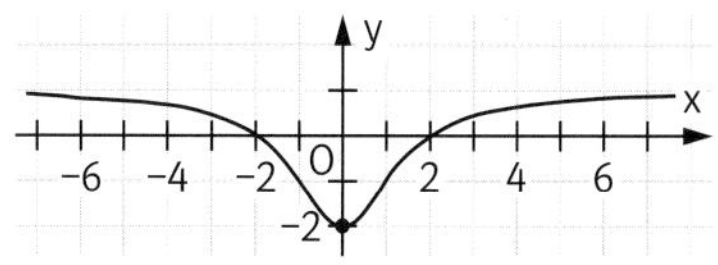

h) $f'(x) = -\frac{x^2-4x+3}{(2-x)^2} = -\frac{(x-1)(x-3)}{(2-x)^2}$
Lokales Minimum bei $x_1 = 1$: $f(x_1) = f(1) = 0$
Lokales Maximum bei $x_2 = 3$: $f(x_2) = f(3) = -4$

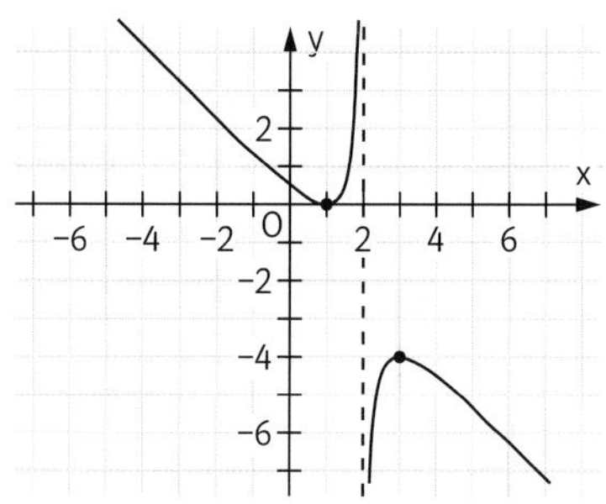

5 a) Globale Minima für $x1 = -0{,}5$ und $x3 = 0{,}5$ mit
$f(x1) = f(-0{,}5) = -0{,}25$ und $f(x3) = f(0{,}5) = -0{,}25$
Lokales Maximum für $x_2 = 0$ mit $f(x_2) = f(0) = 0$

b) Globale Minima für $x_1 = -1$, $x_3 = 0$ und $x_5 = 1$ mit
$f(x_1) = f(x_3) = f(x_5) = 0$
Lokale Maxima für $x_2 \approx -0{,}58$ und $x_4 \approx 0{,}58$ mit
$f(x_2) \approx 0{,}38$ und $f(x_4) \approx 0{,}38$

c) Globale Minima für $x_1 = 0$ und $x_3 = 2$ mit
$f(x_1) = f(x_3) = 0$
Lokales Maximum für $x_2 = 1$ mit $f(x_2) = 1$

d) Globale Minima für $x_1 = -2$ und $x_3 = 1$ mit
$f(x_1) = f(x_3) = 0$
Lokales Maximum für $x_2 = -0{,}5$ mit $f(x_2) = 2{,}25$

e) Globale Minima für $x_1 = -1$ und $x_3 = 3$ mit
$f(x_1) = f(x_3) = 0$
Lokales Maximum für $x_2 = 1$ mit $f(x_2) = 4$

f) Globale Minima für $x_1 = 0$, $x_3 \approx 1{,}38$ und $x_5 \approx 3{,}62$ mit
$f(x_1) = f(x_3) = f(x_5) = 0$
Lokale Maxima für $x_2 = 1$ und $x_4 = 3$ mit
$f(x_2) = 0{,}2$ und $f(x_4) = 5{,}4$

6 Individuelle Lösungen

a) z. B. gewünschtes Monotonieverhalten von f:

f: ↗ Max ↘ Min ↗

f': $f' > 0$ | -1 | $f' < 0$ | 3 | $f' > 0$

Ansatz für f': $f'(x) = (x+1)\cdot(x-3) = x^2-2x-3 \Rightarrow f(x) = \frac{1}{3}x^3 - x^2 - 3x$

oder

möglicher Graph:

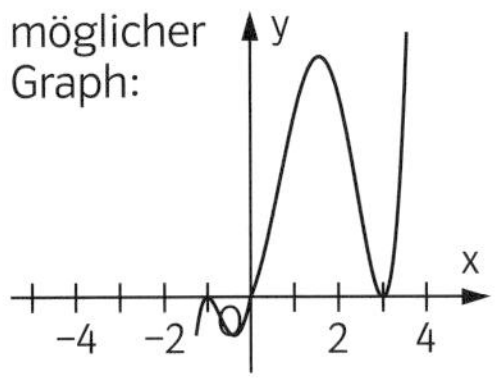

$f(x) = (x+1)^2 \cdot x \cdot (x-3)^2$
- Graphenverlauf von links unten nach rechts oben
- bei $x_1 = -1$ und $x_3 = 3$: Nullstellen ohne Vorzeichenwechsel; bei $x_2 = 0$: Nullstelle mit Vorzeichenwechsel

b) z. B. gewünschtes Monotonieverhalten von f:

f: ↘ Min ↗ Max ↘ Min ↗

f': $f' < 0$ | -1 | $f' > 0$ | 0 | $f' < 0$ | 3 | $f' > 0$

Ansatz für f': $f'(x) = (x+1)x(x-3) = x^3-2x^2-3x \Rightarrow f(x) = \frac{1}{4}x^4 - \frac{2}{3}x^3 - \frac{3}{2}x^2$

oder

möglicher Graph:

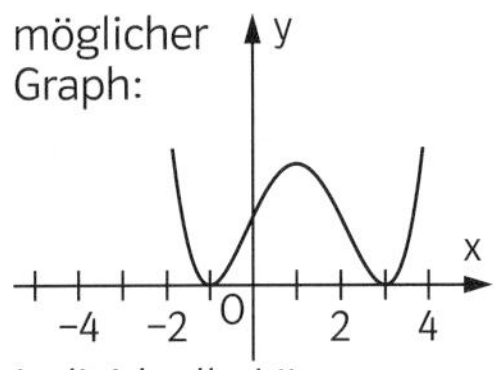

$f(x) = (x+1)^2 \cdot (x-3)^2$
- Graphenverlauf von links oben nach rechts oben
- bei $x_1 = -1$ und $x_2 = 3$: Nullstellen ohne Vorzeichenwechsel

c) Individuelle Lösungen

7 a) z. B.

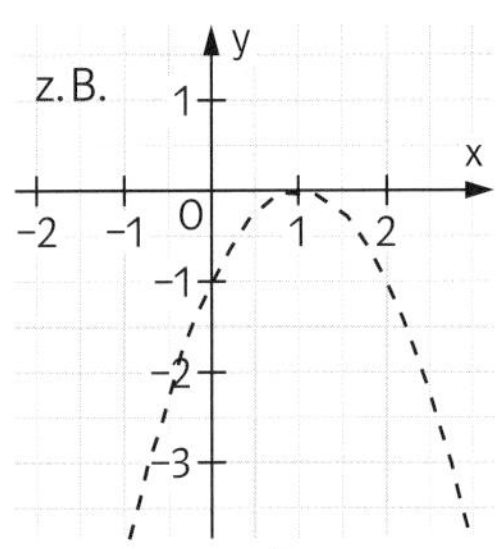

$f(x) = -(x-1)^2$, $D_f = \mathbb{R}$

b) z. B.

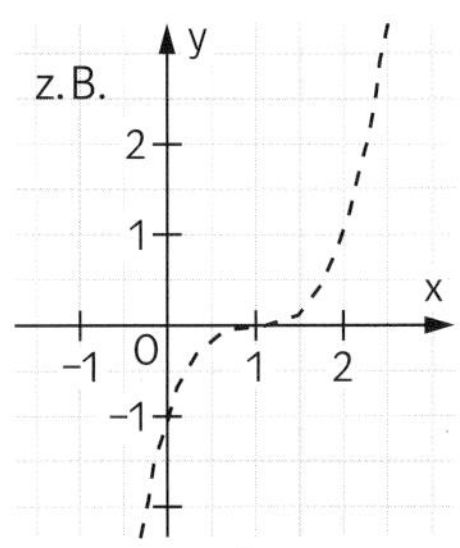

$f(x) = (x-1)^3$, $D_f = \mathbb{R}$

c) z. B.

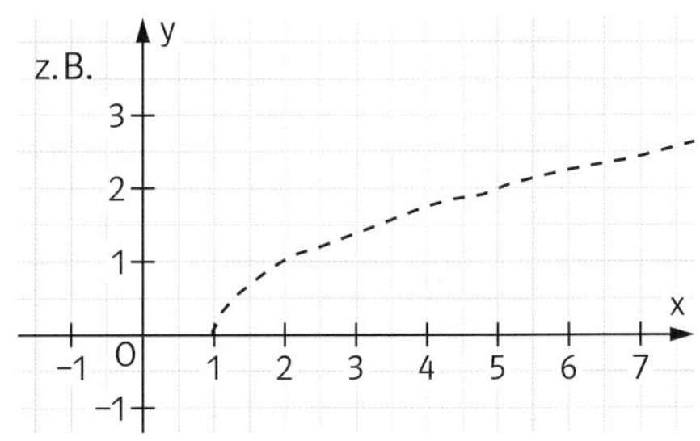

$f(x) = \sqrt{x-1}$, $D_f = [1; +\infty[$

8 - G_g hat 2 senkrechte Asymptoten für $x = -1{,}5$; $x = 1{,}5 \Rightarrow G_2$ oder G_3 kommen in Frage.
g hat ein lokales Minimum für $x_1 \approx 0{,}5$;
g' muss an dieser Stelle einen Vorzeichenwechsel −/+ haben.
$\Rightarrow G_2$ ist der Graph der Ableitung von g.

- G_f hat eine senkrechte Asymptote $x = 2 \Rightarrow G_1$ oder G_4 kommen in Frage.
f hat ein lokales Maximum für $x_1 \approx 0{,}5 \Rightarrow f'(0{,}5) = 0$ und
f hat ein lokales Minimum für $x_2 \approx 3{,}5 \Rightarrow f'(3{,}5) = 0$
$\Rightarrow G_4$ ist der Graph der Ableitung von f.

9 Der Einfluss des Parameters a auf den Graphen kann auch gut mit einem Funktionsplotter untersucht werden.

a) $f(x) = x^3 - ax = x(x-\sqrt{a})(x+\sqrt{a})$

$f'(x) = 3x^2 - a$

$f'(x) = 0$: $a > 0$: 2 Nullstellen $x_{1/2} = \pm\sqrt{\frac{a}{3}}$ mit Vorzeichenwechsel $\Rightarrow$ 2 Extremstellen

$a = 0$: 1 Nullstelle $x_0 = 0$ ohne Vorzeichenwechsel $\Rightarrow$ keine Extremstelle

$a < 0$: keine Nullstelle $\Rightarrow$ keine Extremstelle

Für wachsende x-Werte verlaufen alle Graphen von $-\infty$ kommend nach $+\infty$ gehend.
Alle Graphen gehen durch den Ursprung. Für $a > 0$ gibt es drei Nullstellen und je ein Maximum und ein Minimum. Für $a = 0$ besitzt der Graph im Ursprung einen Terrassenpunkt.

b) $f(x) = x^4 + ax^2 = x^2(x^2 + a)$
$f'(x) = 4x^3 + 2ax = 2x(2x^2 + a)$
$f'(x) = 0$: $a > 0$: 1 Nullstelle $x_0 = 0$ mit Vorzeichenwechsel $\Rightarrow$ 1 Extremstelle
$a = 0$: 1 Nullstelle $x_0 = 0$ mit Vorzeichenwechsel $\Rightarrow$ 1 Extremstelle
$a < 0$: drei Nullstellen $x_{1/2} = \pm\sqrt{-\frac{a}{2}}$, $x_3 = 0$ mit Vorzeichenwechsel
$\Rightarrow$ 3 Extremstellen
Für wachsende x-Werte verlaufen alle Graphen von $+\infty$ kommend nach $+\infty$ gehend.
Für $a \geqq 0$ gibt es ein Minimum, welches im Ursprung liegt.
Für $a < 0$ gibt es zwei weitere, symmetrisch liegende Nullstellen und somit zwei Minima und ein Maximum im Ursprung.

c) $f(x) = \frac{1}{3}x^3 + x^2 + ax = x\left(\frac{1}{3}x^2 + x + a\right)$
$f'(x) = x^2 + 2x + a$
$f'(x) = 0$: $a > 1$: keine Nullstelle $\Rightarrow$ keine Extremstelle
$a = 1$: 1 Nullstelle $x_0 = -1$ ohne Vorzeichenwechsel $\Rightarrow$ keine Extremstelle
$a < 1$: 2 Nullstellen $x_{1/2} = -1 \pm \sqrt{1-a}$ mit Vorzeichenwechsel
$\Rightarrow$ 2 Extremstellen
Für wachsende x-Werte verlaufen alle Graphen von $-\infty$ kommend nach $+\infty$ gehend.
Für $a > 1$ ist der Graph streng monoton steigend. Für $a = 1$ gibt es einen Terrassenpunkt bei $x = -1$. Für $a < 1$ gibt es je ein Maximum und ein Minimum.

10 a) Hochpunkt: Tiefpunkt: Terrassenpunkt:

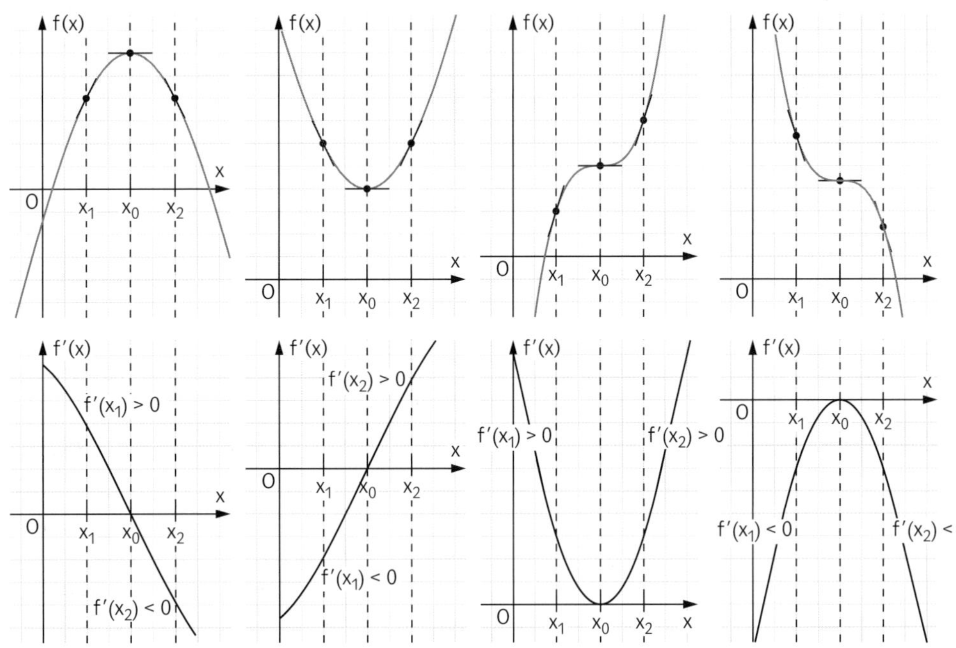

b) Hochpunkt: z.B: $f(x) = -(x-2)^2 + 2$ mit $x_0 = 2$
Tiefpunkt: z.B: $f(x) = (x-2)^2 + 1$ mit $x_0 = 2$
Terrassenpunkt: z.B: $f(x) = (x-2)^3 + 2$ mit $x_0 = 2$
oder $f(x) = -(x-2)^3 + 2$ mit $x_0 = 2$

c) Individuelle Lösungen

11 S = „Anzahl der Sechser beim 10-maligen Wurf eines Laplace-Würfels"
$P(S=0) = \left(\frac{5}{6}\right)^{10} \approx 0{,}16 = 16\,\%$

→ AB Arbeitsblatt: Der Tangentensurfer; Kopiervorlage S. 183 f.
Mit dem Arbeitsblatt lassen sich die wesentlichen Inhalte der Lerneinheiten 1–3 motivieren.

→ TB Trainingsblatt: Monotonieverhalten und Extremstellen; Kopiervorlage S. 185 f.

→ TB Spiel/Trainingsblatt: Abfahrtsrennen – monoton bergab; Kopiervorlage S. 187 ff.
Spiel für beliebig viele Einzelkämpfer (Spieldauer: 10–25 min)

Taschenrechner wird benötigt

Spielidee:
Um sich zwischen möglichen Abfahrtsrouten zu entscheiden, muss das Monotonieverhalten von Graphen untersucht werden. Die Ableitungsterme sind bereits in faktorisierter Form angegeben.

4 Funktionsuntersuchungen rationaler Funktionen

S. 74

1 Bisher: Definitionsmenge, Symmetrie, Schnittpunkte mit den Koordinatenachsen, Verhalten an den Definitionslücken, Verhalten im Unendlichen
Neu: Monotonie, Extremwerte

2 a)

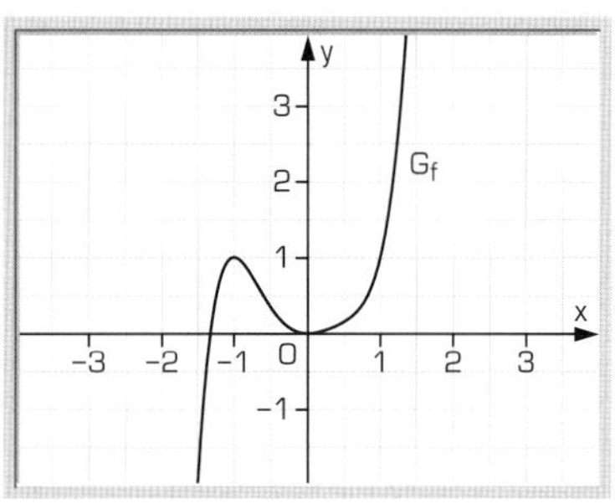

Eigenschaften: keine Symmetrie;
Nullstellen bei $x_1 \approx -1{,}3$ und $x_2 \approx 0$;
lokales Maximum bei $x_2 \approx -1$; $f(-1) \approx 1$;
lokales Minimum bei $x_2 \approx 0$; $f(0) \approx 0$;
$\lim\limits_{x \to +\infty} f(x) = +\infty$; $\lim\limits_{x \to -\infty} f(x) = -\infty$

b) Nachteile:
- alle Werte sind nur ungefähre Werte
- es ist nur ein bestimmter ggf. wenig aussagekräftiger oder irreführender Bereich dargestellt

Vorteile:
- nicht berechenbare Nullstellen bzw. Extremstellen lassen sich (bis auf kleine Ungenauigkeiten) ablesen.
- bietet schnell einen Überblick über Verlauf des Graphen

S. 77

3 Um die Graphen skizzieren zu können, ist es ggf. sinnvoll, weitere Eigenschaften der Funktion zu untersuchen.

a) Symmetrie: keine
Nullstellen: $x_1 = 0$; $x_2 = 4$ (doppelt)
Tiefpunkt: $T(4\,|\,0)$; Hochpunkt: $H\left(1\tfrac{1}{3}\,\middle|\,4\tfrac{20}{27}\right)$

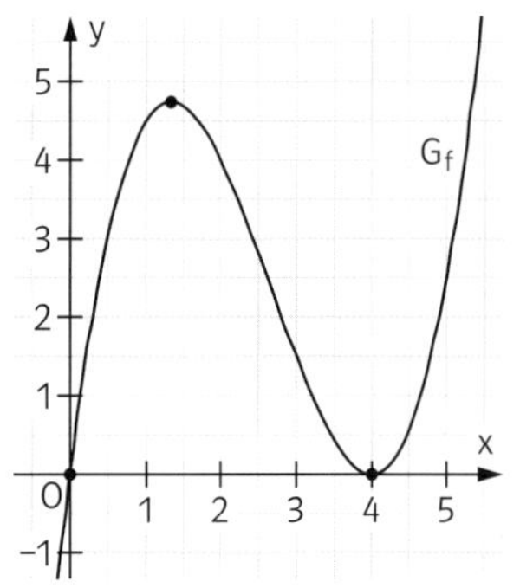

b) Symmetrie: punktsymmetrisch bezüglich des Ursprungs
Nullstellen: $x_1 = -\sqrt{3}$; $x_2 = 0$; $x_3 = \sqrt{3}$
Tiefpunkt: $T\left(1\,\middle|\,-\tfrac{2}{3}\right)$; Hochpunkt: $H\left(-1\,\middle|\,\tfrac{2}{3}\right)$

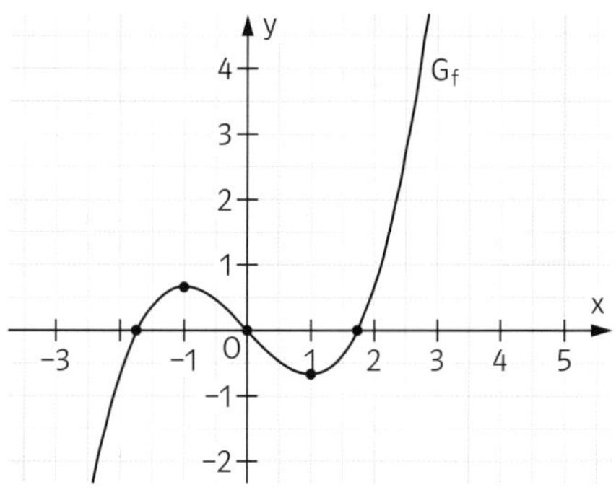

c) Symmetrie: keine
Nullstellen: $x_1 = 0$ (dreifach); $x_2 = -\frac{4}{3}$
Tiefpunkt: $T(-1|-1)$; Terrassenpunkt: $S(0|0)$

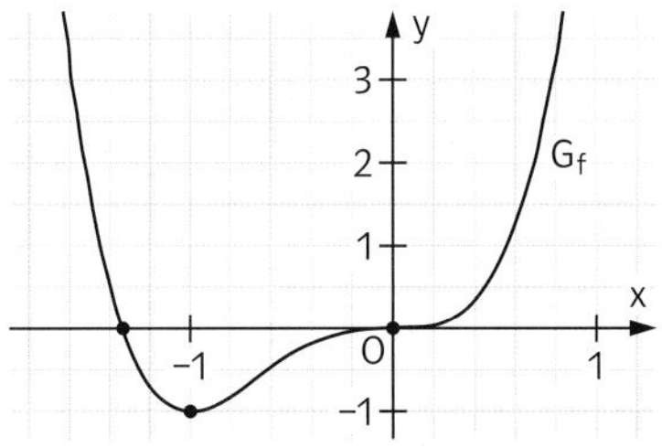

d) Symmetrie: achsensymmetrisch bezüglich der y-Achse
Nullstellen: keine
Tiefpunkte: $T_1\left(-\frac{\sqrt{5}}{2}\middle|\frac{7}{16}\right)$; $T_2\left(\frac{\sqrt{5}}{2}\middle|\frac{7}{16}\right)$;
Hochpunkt: $H(0|2)$

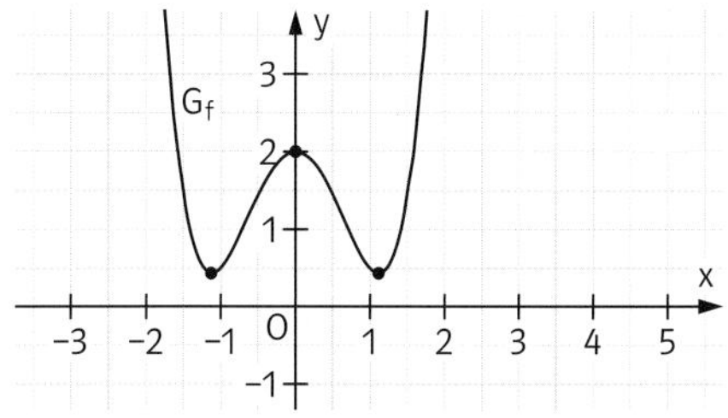

e) Symmetrie: achsensymmetrisch bezüglich der y-Achse
Nullstellen: keine
$D = \mathbb{R}\setminus\{-3;3\}$
Verhalten an den Definitionslücken:
$\lim\limits_{x \overset{<}{\to} -3} f(x) = +\infty$; $\lim\limits_{x \overset{>}{\to} -3} f(x) = -\infty$;
$\lim\limits_{x \overset{<}{\to} 3} f(x) = -\infty$; $\lim\limits_{x \overset{>}{\to} 3} = +\infty$
Hochpunkt: $H\left(0\middle|-\frac{4}{9}\right)$

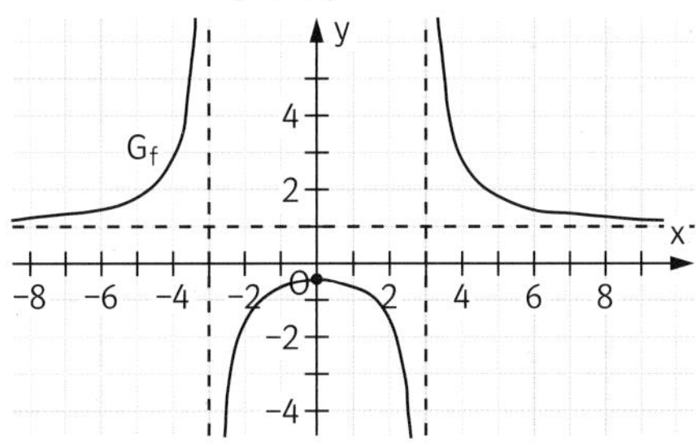

f) Symmetrie: achsensymmetrisch bezüglich der y-Achse
Nullstellen: $x_1 = -2$; $x_2 = 2$
keine Definitionslücken
Hochpunkt: $T(0|-4)$

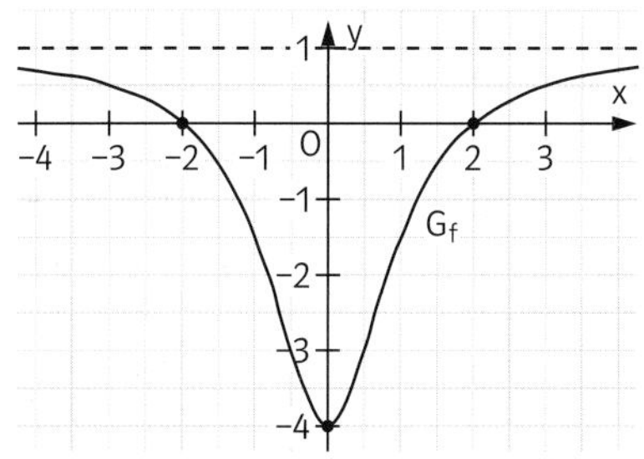

\+ Die Skizzen können mit einem Funktionsplotter geprüft werden.

i **4** Je nach Situation ist unterschiedlich vorzugehen. Es soll nicht stur immer dasselbe Schema angewandt werden.

a) $D = \mathbb{R}$
G_f ist eine nach unten geöffnete Parabel.
Nullstellen: $x_1 = 1$; $x_2 = 5$
Hochpunkt: $H(3|8)$
Ansatz für Tangente: $y = -4x + t$
$f'(x) = -4 \;\Rightarrow\; -4x + 12 = -4 \;\Rightarrow\; x_3 = 4$
$f(4) = 6 \;\Rightarrow\;$ Tangente: $y = -4x + 22$

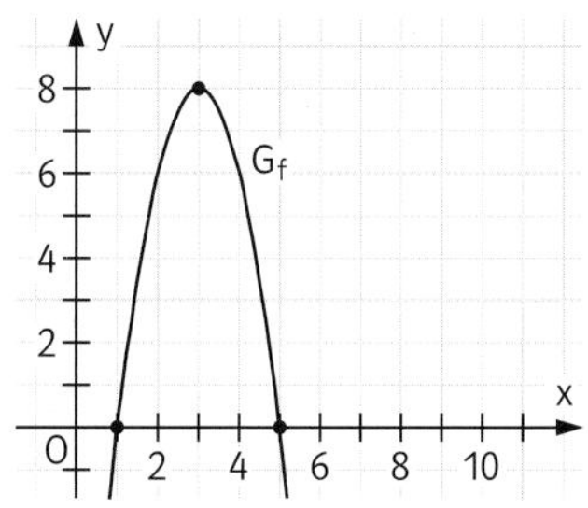

b) $D = \mathbb{R}$
Graphenverlauf von links unten nach rechts oben
Symmetrie: keine
Hochpunkt: $H\left(2-\frac{\sqrt{6}}{3}\middle|8+\frac{4}{9}\sqrt{6}\right) \approx (1{,}18|9{,}09)$
Tiefpunkt: $T\left(2+\frac{\sqrt{6}}{3}\middle|8-\frac{4}{9}\sqrt{6}\right) \approx (2{,}82|6{,}91)$
Schnittpunkt mit der y-Achse: $S_y(0|4)$
Ansatz für Tangente: $y = x + t$
$f'(x) = 1 \;\Rightarrow\; 3x^2 - 12x + 10 = 1 \;\Rightarrow\; x_1 = 1$; $x_2 = 3$
$f(1) = 9$; $f(3) = 7 \;\Rightarrow\;$ Tangenten: $y = x + 8$ und $y = x + 4$

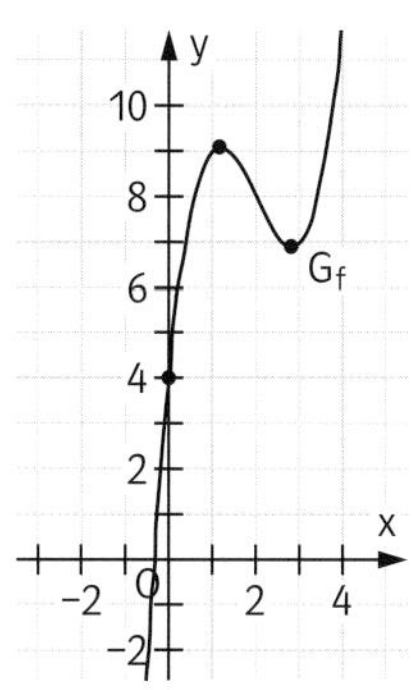

5 $f'(x) = \frac{2x}{x^4} = \frac{2}{x^3} \neq 0$ für alle $x \in \mathbb{R}$

f hat also keine Extremwerte. Somit gehört der untere Graph zu f.

6 a) Graphenverlauf von links unten nach rechts oben

Symmetrie: keine

Nullstellen: $x_1 = 0$; $x_2 = 9 - 3\sqrt{\frac{23}{3}} \approx 0{,}69$

$x_3 = 9 + 3\sqrt{\frac{23}{3}} \approx 17{,}31$

Hochpunkt: $H\left(6 - 4\sqrt{2} \,\middle|\, -60 + \frac{128}{3}\sqrt{2}\right) \approx (0{,}34 \,|\, 0{,}34)$

Tiefpunkt: $T\left(6 + 4\sqrt{2} \,\middle|\, -60 - \frac{128}{3}\sqrt{2}\right) \approx (11{,}66 \,|\, 120{,}34)$

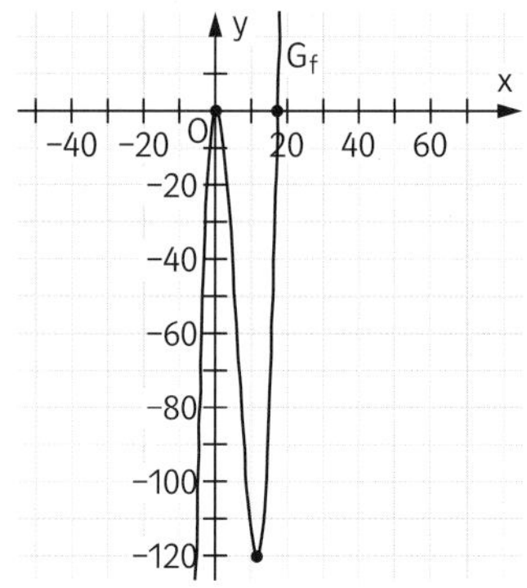

b) Graphenverlauf von links unten nach rechts oben

Symmetrie: keine

Nullstellen: $x_1 = -1$ (doppelt); $x_2 = 2$

Hochpunkt: $H(-1\,|\,0)$; Tiefpunkt: $T\left(1 \,\middle|\, -\frac{2}{3}\right)$

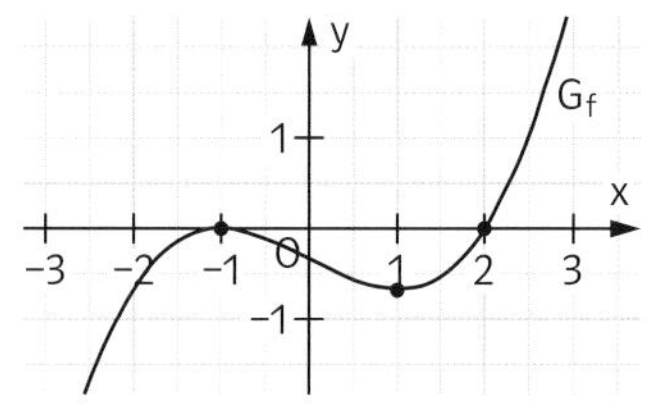

c) Graphenverlauf von links unten nach rechts oben

Symmetrie: punktsymmetrisch bezüglich des Ursprungs

Nullstellen: $x_1 = -3\sqrt{3} \approx -5{,}2$; $x_2 = 0$; $x_3 = 3\sqrt{3} \approx 5{,}2$

Hochpunkt: $H(-3\,|\,6)$; Tiefpunkt: $T(3\,|\,-6)$

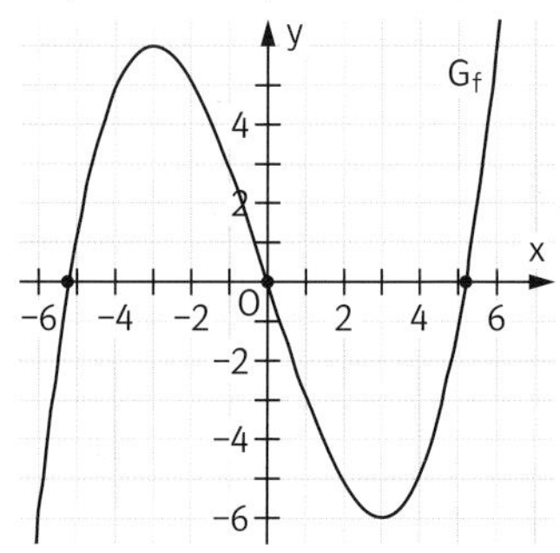

d) Graphenverlauf von links oben nach rechts oben

Symmetrie: achsensymmetrisch bezüglich der y-Achse

Nullstellen: $x_1 = -1$ (doppelt); $x_2 = 1$ (doppelt)

$f'(x) = 2x(x^2 - 1)$

Hochpunkt: $H(0\,|\,0{,}5)$; Tiefpunkte: $T_1(-1\,|\,0)$; $T_2(1\,|\,0)$

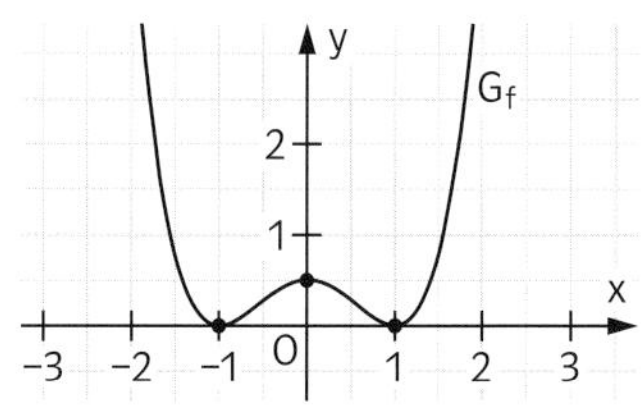

e) Graphenverlauf von links oben nach rechts oben

Symmetrie: achsensymmetrisch bezüglich der y-Achse

Nullstellen: keine

$f'(x) = 0{,}4x(x^2 + 1)$

Tiefpunkt: $T(0\,|\,0{,}1)$

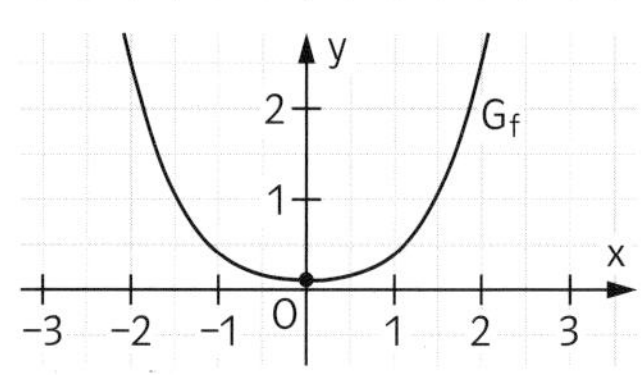

f) Graphenverlauf von links oben nach rechts oben

Symmetrie: achsensymmetrisch bezüglich der y-Achse

Nullstellen: $x_1 = -1$ (dreifach), $x_2 = 1$ (dreifach)

$f'(x) = 6x(x^2 - 1)^2$

Tiefpunkt: $T(0\,|\,-1)$; Terrassenpunkte: $T_1(-1\,|\,0)$, $T_2(1\,|\,0)$

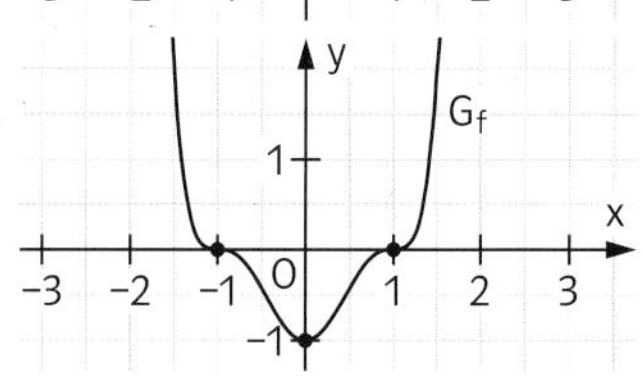

g) Graphenverlauf von links unten nach rechts oben

Symmetrie: punktsymmetrisch bezüglich des Ursprungs

Nullstellen: $x_1 = -\sqrt{\frac{10}{3}}$; $x_2 = 0$ (dreifach); $x_3 = \sqrt{\frac{10}{3}}$

$f'(x) = \frac{1}{4}x^4 - \frac{1}{2}x^2 = \frac{1}{4}x^2(x^2 - 2)$

Hochpunkt: $H\left(-\sqrt{2} \,\middle|\, \frac{2}{15}\sqrt{2}\right)$; Tiefpunkt: $T\left(\sqrt{2} \,\middle|\, -\frac{2}{15}\sqrt{2}\right)$;

Terrassenpunkt: $T(0\,|\,0)$

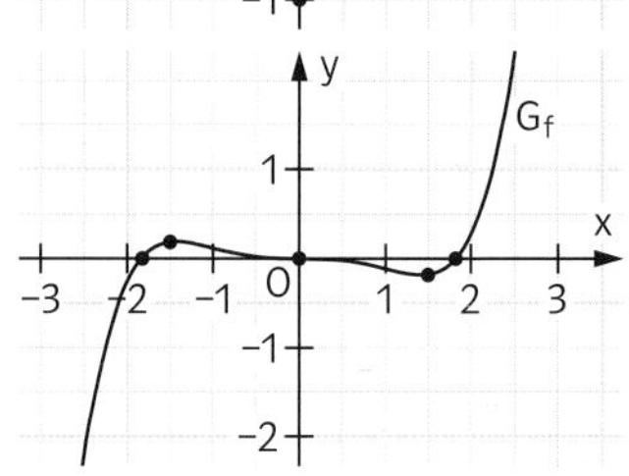

h) $D = \mathbb{R} \setminus \{1\}$

Symmetrie: keine

Nullstellen: $x_0 = 0$

$f'(x) = \frac{-1}{(x-1)^2} \neq 0 \quad \Rightarrow \quad$ keine Extrema

Verhalten an der Definitionslücke:

Polstelle mit Vorzeichenwechsel –/+

Verhalten im Unendlichen: $\lim\limits_{x \to \pm\infty} f(x) = 1$

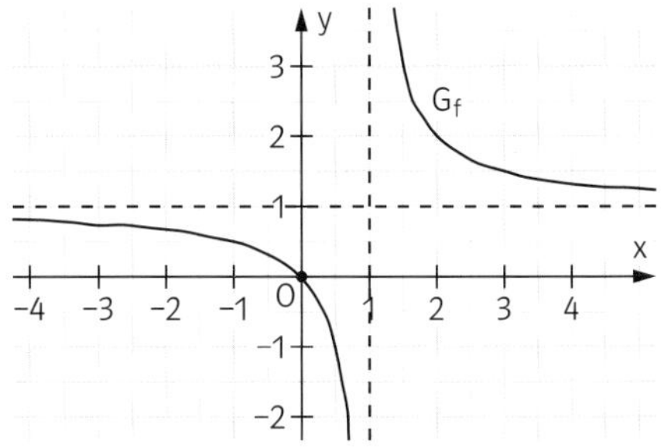

i) $D = \mathbb{R} \setminus \{2\}$

Symmetrie: keine

Nullstellen: $x_1 = -0{,}5$

$f'(x) = \frac{-5}{(x-2)^2} \neq 0 \quad \Rightarrow \quad$ keine Extrema

Verhalten an der Definitionslücke:

Polstelle mit Vorzeichenwechsel –/+

Verhalten im Unendlichen: $\lim\limits_{x \to \pm\infty} f(x) = 2$

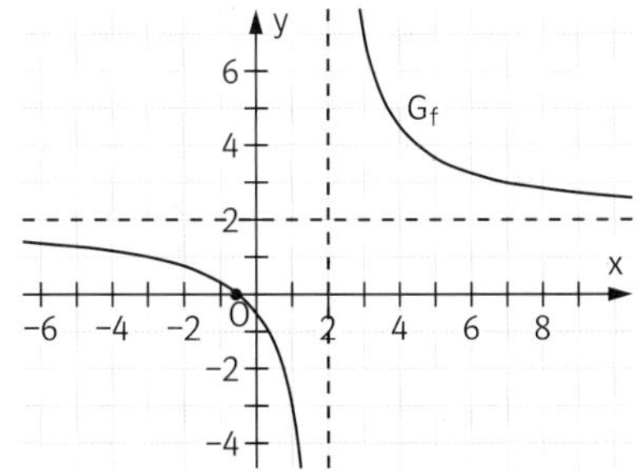

k) $D = \mathbb{R} \setminus \{-2; 2\}$

Symmetrie: achsensymmetrisch bezüglich der y-Achse

Nullstellen: keine

Tiefpunkt: $(0 \mid 2)$

Verhalten an den Definitionslücken:

$x_1 = -2$ ist Polstelle mit Vorzeichenwechsel –/+

$x_2 = 2$ ist Polstelle mit Vorzeichenwechsel +/–

Verhalten im Unendlichen: $\lim\limits_{x \to \pm\infty} f(x) = 0$

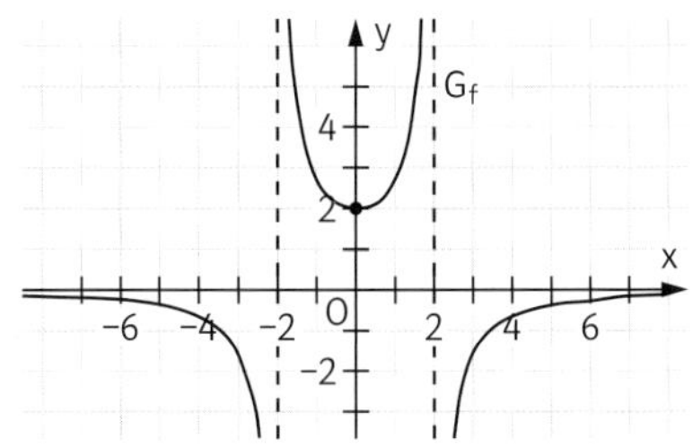

+ Überprüfen der Skizzen mit einem Funktionsplotter ist sinnvoll.

S. 78

7 Mögliche Lösung:

Für f_1 gilt: $\lim\limits_{x \underset{<}{\overset{>}{\to}} 0} f(x) = -\infty$

$\Rightarrow$ f_1 hat bei $x_0 = 0$ eine Polstelle ohne Vorzeichenwechsel

$\Rightarrow$ F_1 hat bei $x_0 = 0$ eine Polstelle mit Vorzeichenwechsel (vgl. *Schülerbuch S. 67, Randspalte*)

$\Rightarrow$ F_a, F_c, F_d und F_e sind möglich.

$F_a'(x) = \frac{x^3-1}{x^2}$; $F_a'(-1) \neq 0$; $\qquad F_c'(x) = \frac{x^3+1}{x^2}$; $F_c'(-1) = 0$

$F_d'(x) = \frac{3x^4-16}{4x^2}$; $F_d'(-1) \neq 0$; $\qquad F_e'(x) = \frac{-x^3-1}{x^2}$; $F_e'(-1) = 0$

$\Rightarrow$ F_c und F_e sind möglich.

G_{F_1} ist links und rechts nahe der Definitionslücke streng monoton fallend.

$\lim\limits_{x \overset{<}{\to} 0} F_c(x) = +\infty$; $\lim\limits_{x \overset{>}{\to} 0} F_c(x) = -\infty$

$\Rightarrow$ F_e könnte Stammfunktion sein.

Für f_2 gilt: $\lim\limits_{x \overset{<}{\to} 0} f_2(x) = +\infty$; $\lim\limits_{x \overset{>}{\to} 0} f_2(x) = -\infty$

$\Rightarrow$ f_2 hat bei $x_0 = 0$ eine Polstelle mit Vorzeichenwechsel;

$\Rightarrow$ F_2 hat bei $x_0 = 0$ eine Polstelle ohne Vorzeichenwechsel;

$\Rightarrow$ F_b und F_f sind möglich.

$F_b'(x) = \frac{-x^4-16}{2x^3}$; $F_b'(2) \neq 0$, $F_b'(-2) \neq 0$; $\qquad F_f'(x) = \frac{x^4-16}{2x^3}$; $F_f'(2) = 0$, $F_f'(-2) = 0$

$\Rightarrow$ F_f könnte Stammfunktion sein.

8 a) f_1:
Nullstellen: $x_0 = 0$
Verhalten im Unendlichen:
$\lim\limits_{x \to -\infty} f_1(x) = -\infty$;
$\lim\limits_{x \to +\infty} f_1(x) = +\infty$
$f_1'(x) = 3x^2 - 2x + 3$;
kein Extremum

f_3:
Nullstellen: $x_0 = 0$
Verhalten im Unendlichen:
$\lim\limits_{x \to -\infty} f_3(x) = -\infty$;
$\lim\limits_{x \to +\infty} f_3(x) = +\infty$
$f_3'(x) = 3x^2 - 6x + 3$;
Terrassenpunkt: $T(1|1)$

f_4:
Nullstellen: $x_1 = 0,\ x_2 = 1,\ x_3 = 3$
Verhalten im Unendlichen:
$\lim\limits_{x \to -\infty} f_4(x) = -\infty$;
$\lim\limits_{x \to +\infty} f_4(x) = +\infty$
$f_4'(x) = 3x^2 - 8x + 3$;
Hochpunkt: $H\left(\frac{4-\sqrt{7}}{3} \,\middle|\, \frac{-20+14\sqrt{7}}{27}\right)$
Tiefpunkt: $T\left(\frac{4+\sqrt{7}}{3} \,\middle|\, \frac{-20-14\sqrt{7}}{27}\right)$

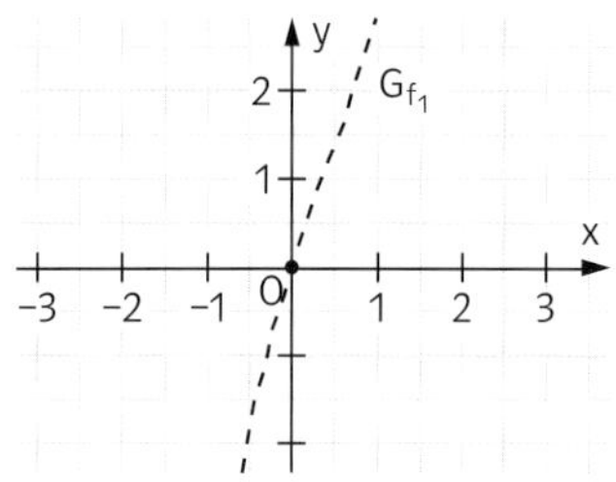

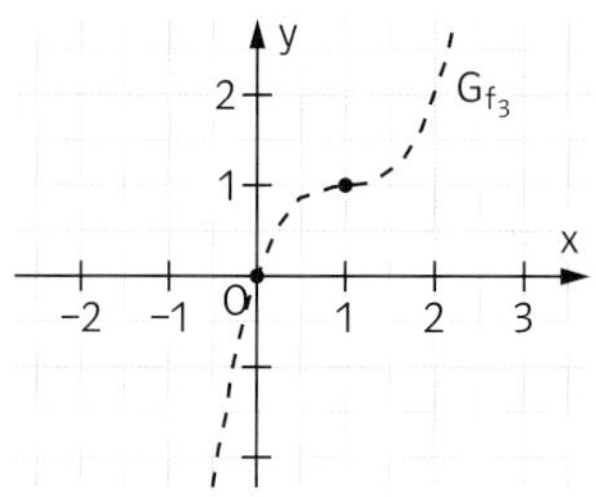

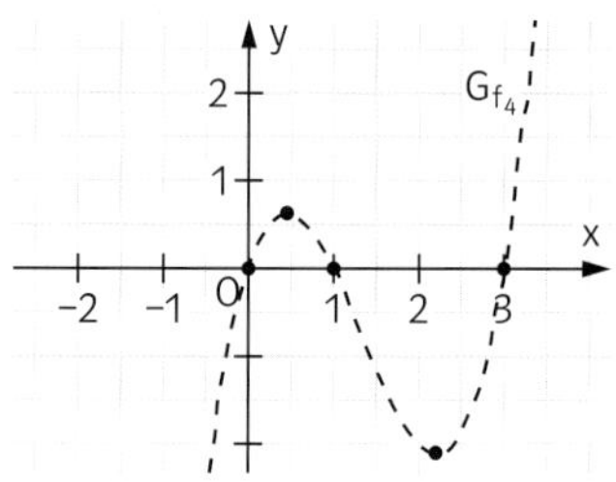

b) Fehler im *Schülerbuch bis Auflage* 1^4: Es muss heißen $f_a(x) = x^3 - ax^2 + 3x$
$f_a'(x) = 3x^2 - 2ax + 3$
$f_a'(x) = 0 \iff x_{1/2} = \frac{2a \pm \sqrt{4a^2 - 36}}{6}$

2 Extrema: $4a^2 - 36 > 0 \Rightarrow a^2 > 9 \Rightarrow a \in \mathbb{R} \setminus [-3; 3]$
Terrassenpunkt: $4a^2 - 36 = 0 \Rightarrow a^2 = 9 \Rightarrow a \in \{-3; 3\}$
kein Extremum: $4a^2 - 36 < 0 \Rightarrow a^2 < 9 \Rightarrow a \in]-3; 3[$
(Nur ein Extremum tritt nicht auf; beim Vorliegen nur einer waagrechten Tangente handelt es sich um einen Terrassenpunkt.)

9 Mögliche Lösung; untersucht wurden wesentliche Eigenschaften:
a) – keine Streckung (Stauchung) des Graphen
– Graph ist um $+c$ in y-Richtung verschoben
$\Rightarrow$ Extremstellen bleiben gleich, Extremwerte verschieben sich: Aus $(x_E | y_E)$ wird $(x_E | y_E + c)$.
– Nullstellen verändern sich.
b) – Graph ist um den Faktor c in y-Richtung gestaucht bzw. gestreckt;
bei $c < 0$ auch noch an der x-Achse gespiegelt
$\Rightarrow$ Extremstellen bleiben gleich, Extremwerte verschieben sich: Aus $(x_E | y_E)$ wird $(x_E | c \cdot y_E)$.
(für $c < 0$ wird aus dem Maximum ein Minimum und umgekehrt)
– Nullstellen bleiben gleich
c) – keine Streckung (Stauchung) des Graphen
– Graph ist um $-c$ in x-Richtung verschoben
$\Rightarrow$ Extremstellen verschieben sich, Extremwerte bleiben gleich: Aus $(x_E | y_E)$ wird $(x_E - c | y_E)$.
– Nullstellen verschieben sich entsprechend.
d) – Graph ist um den Faktor c in x-Richtung gestaucht bzw. gestreckt
$\Rightarrow$ Extremstellen verschieben sich, Extremwerte bleiben gleich: Aus $(x_E | y_E)$ wird $\left(\frac{x_E}{c}; y_E\right)$.
– Nullstellen verschieben sich entsprechend.

10 Wegen $f'(0) = f'(-2) = f'(2) = 0$ Ansatz für f': $f'(x) = a \cdot x \cdot (x-2) \cdot (x+2) = ax^3 - 4ax$
$f(x) = \frac{a}{4}x^4 - 2ax^2 + c,\ c \in \mathbb{R}$
$\left.\begin{array}{ll} f(0) = 1 & \Rightarrow c = 1 \\ f(\pm 2) = 5 & \Rightarrow a = -1 \end{array}\right\} \Rightarrow f(x) = -\frac{1}{4}x^4 + 2x^2 + 1$

11 Individuelle Lösungen; mögliche Begründungen:

1) – Ganzrationale Funktion 3. Grades $\Rightarrow$ f′ ganzrationale Funktion 2. Grades
   – lokales Maximum bei $x_1 = -1$ und lokales Minimum bei $x_2 = 1$ $\Rightarrow$ $f'(x) = a\cdot(x^2-1),\ a > 0$
   – Steigung an der Stelle $x_0 = 0$ beträgt etwa -3
   $\Rightarrow$ $f'(x) = 3(x^2-1)$ | B
2) – Ganzrationale Funktion 5. Grades $\Rightarrow$ f′ ganzrationale Funktion 4. Grades
   – lokales Maximum bei $x_1 = -2$ und und $x_2 = 1$; lokales Minimum bei $x_3 = -1$ und $x_4 = 2$
   $\Rightarrow$ $f'(x) = a\cdot(x^2-1)(x^2-4);\ a > 0$
   – Steigung an der Stelle $x_0 = 0$ beträgt etwa 2
   $\Rightarrow$ $f'(x) = \frac{1}{2}(x^2-1)(x^2-4)$ | L
3) – Gebrochen rationale Funktion $\Rightarrow$ f′ gebrochen rationale Funktion
   – Polstellen mit Vorzeichenwechsel bei $x_1 = -3$ und $x_2 = 3$
   $\Rightarrow$ f′ hat Polstellen ohne Vorzeichenwechsel bei $x_1 = -3$ und $x_2 = 3$
   – lokales Minimum bei $x_0 = 0$
   $\Rightarrow$ $f'(x) = \frac{14x}{(x^2-9)^2}$ | U
4) – Ganzrationale Funktion 4. Grades $\Rightarrow$ f′ ganzrationale Funktion 3. Grades
   – lokales Minimum bei $x_1 = -3$ und Terrassenpunkt bei $x_0 = 0$ $\Rightarrow$ $f'(x) = ax^2(x+3);\ a > 0$
   $\Rightarrow$ $f'(x) = x^3+3x^2$ | M
5) – Gebrochen rationale Funktion $\Rightarrow$ f′ gebrochen rationale Funktion
   – Polstelle mit Vorzeichenwechsel bei $x_0 = -1$
   $\Rightarrow$ f′hat bei $x_0 = -1$ eine Polstelle ohne Vorzeichenwechsel
   – lokales Maximum bei $x_1 = -3$ und lokales Minimum bei $x_2 = 1$ $\Rightarrow$ $f'(x) = a\frac{(x+3)(x-1)}{(x+1)^2};\ a > 0$
   $\Rightarrow$ $f'(x) = \frac{x^2+2x-3}{2(x+1)^2}$ | E

Lösungswort: BLUME

S. 79

12 a) Es wird die Gleichung einer Tangente durch den allgemeinen Punkt $(x_0|y_0)$ aufgestellt.

$f'(x) = -4x$ $\Rightarrow$ Steigung in $(x_0|y_0) = (x_0|f(x_0))$
$= (x_0|-2x_0^2-2)$: $m = -4x_0$

Tangente durch $(0|0)$: $y = mx$ $\Rightarrow$ $y = -4x_0\cdot x$

$(x_0|-2x_0^2-2)$ einsetzen: $-2x_0^2-2 = -4x_0\cdot x_0$

$\Rightarrow$ $x_0 = \pm1,\ y_0 = -4$

$\Rightarrow$ t_1: $y = 4x$, t_2: $y = -4x$; $P_1(-1|-4)$; $P_2(1|-4)$

b) t_1: $y = -10x$; t_2: $y = 2x$; $P_1(-3|30)$; $P_2(3|6)$

c) t: $y = \frac{9}{2}x$ $P\left(\frac{3}{2}\middle|\frac{27}{4}\right)$

d) t: $y = -\frac{9}{8}x$ $P\left(\frac{4}{3}\middle|-\frac{3}{2}\right)$

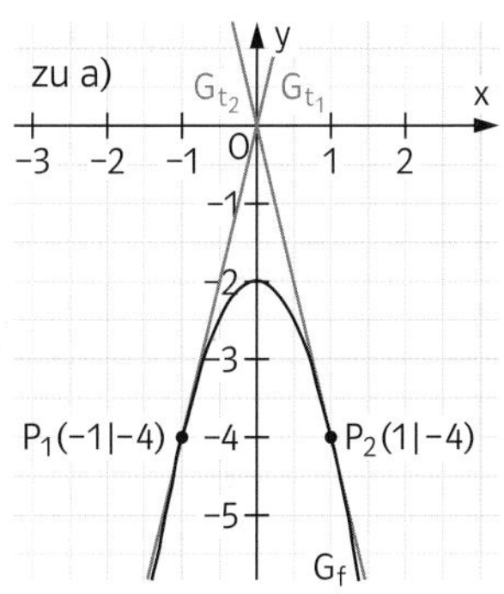

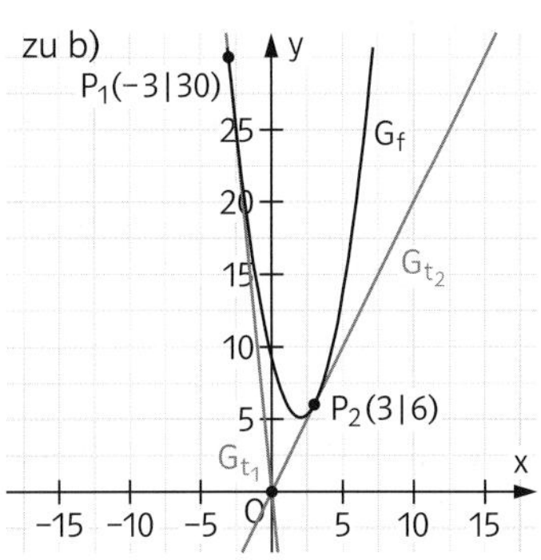

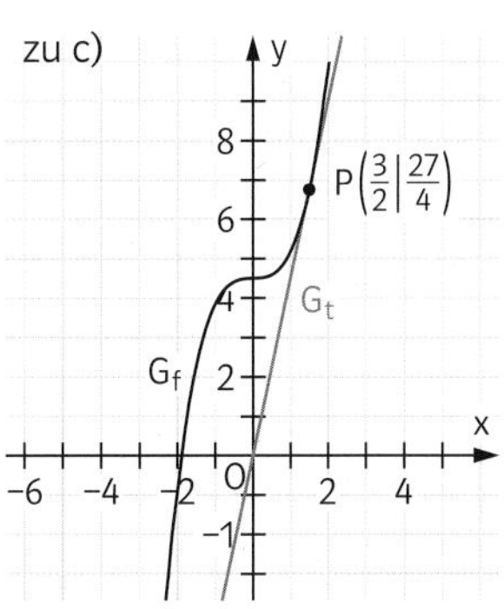

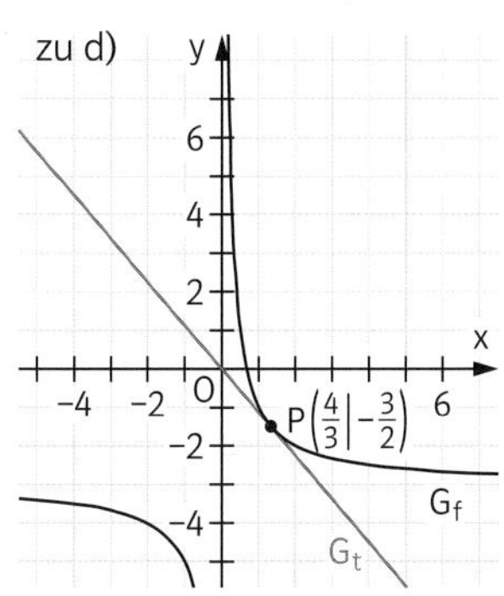

+ Alternativ könnte auch vor der Rechung mit einem Funktionsplotter der Graph gezeichnet werden. Durch den Ursprung und einen Punkt, welcher auf dem Graphen gleitet, wird eine Gerade gelegt und beobachet, wo diese Gerade zur Tangente an den Graphen wird.

13 a) Symmetrie:
achsensymmetrisch bzgl. y-Achse
Schnittpunkte mit der x-Achse (Nullstellen):
$x_1 = -2\sqrt{5}$; $x_2 = -2$; $x_3 = 2$; $x_4 = 2\sqrt{5}$
(über Substitution $z = x^2$ berechnet)
Schnittpunkt mit der y-Achse: $S_y\left(0\,\middle|\,\frac{5}{3}\right)$
$f'(x) = \frac{1}{12}(x^3 - 12x)$
Hochpunkt: $H\left(0\,\middle|\,\frac{5}{3}\right)$;
Tiefpunkte: $T_1\left(-2\sqrt{3}\,\middle|\,-\frac{4}{3}\right)$, $T_2\left(2\sqrt{3}\,\middle|\,-\frac{4}{3}\right)$

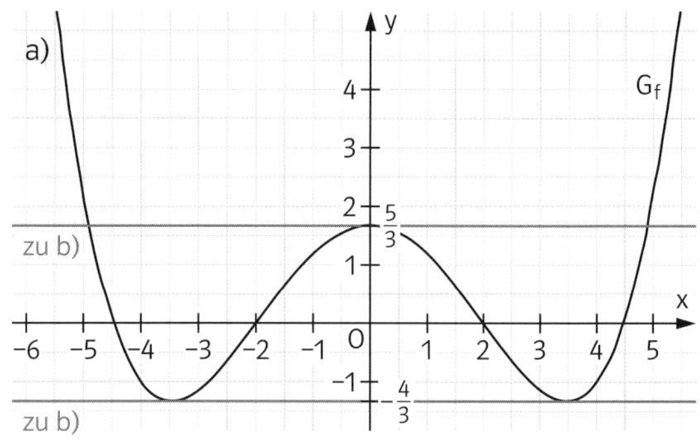

b) $g(x) = \frac{1}{48}(x^4 - 24x^2 + 80) - c = 0$
Gesucht ist die Anzahl möglicher Nullstellen von g. Dem Graphen lässt sich entnehmen:
$c < -\frac{4}{3}$: keine Lösung; $c = -\frac{4}{3}$: 2 Lösungen; $-\frac{4}{3} < c < \frac{5}{3}$: 4 Lösungen;
$c = \frac{5}{3}$: 3 Lösungen; $c > \frac{5}{3}$: 2 Lösungen

14 a) $f(x) = ax4 + bx3 + cx2 + dx + e$; $f'(x) = 4ax3 + 3bx2 + 2cx + d$
G_f ist achsensymmetrisch bzgl. der y-Achse $\Rightarrow$ f ist eine gerade Funktion $\Rightarrow$ $b = d = 0$
$f(x) = ax^4 + cx^2 + e$; $f'(x) = 4ax^3 + 2cx$
$A \in G_f \Rightarrow e = 2$
$B \in G_f \Rightarrow 0 = a + c + e \Rightarrow a = -c - 2$ (I)
B ist Tiefpunkt $\Rightarrow f'(1) = 0 \Rightarrow 4a + 2c = 0$ (II)
(I), (II) $\Rightarrow a = 2$; $c = -4$
Nachweis, dass B Tiefpunkt ist:
f': $f' < 0$ | 1 | $f' > 0$
f: ↘ Min ↗
$\Rightarrow f(x) = 2x^4 - 4x^2 + 2$

b) $f(x) = ax^3 + bx^2 + cx + d$; $f'(x) = 3ax^2 + 2bx + c$
f ist eine ungerade Funktion $\Rightarrow b = d = 0$
$f(x) = ax^3 + cx$; $f'(x) = 3ax^2 + c$
Terrassenpunkt in $(0\,|\,0)$: $f'(0) = 0 \Rightarrow c = 0$
Nachweis, dass $(0\,|\,0)$ Terrassenpunkt ist:
$a < 0$: f': $f' < 0$ | 0 | $f' < 0$; f: ↘ ↘
$a > 0$: f': $f' > 0$ | 0 | $f' > 0$; f: ↗ ↗
$\Rightarrow f(x) = ax^3$; $a \in \mathbb{R}$; also z.B. mögliche Lösung: $f(x) = x^3$

15 a) Bei allen drei Funktionen ist folgendes immer gleich:
Definitionslücken $x = -2$ und $x = 2$ mit den entsprechenden senkrechten Asymptoten, Nullstelle $x = 0$, Vorzeichenwechsel-Verhalten +/− in der Umgebung der Definitionslücken, Verhalten im Unendlichen mit schrägen Asymptoten der Form $y = ax$ $(a > 0)$.

b) Für $t \in \mathbb{R}$, $t > 0$ bewirkt der Faktor t eine Streckung bzw. Stauchung in y-Richtung. Dabei bleiben die unter Teilaufgabe a) genannten Eigenschaften erhalten.

c) Für $t < 0$ wird der Graph an der x-Achse gespiegelt. Dabei verändert sich das Vorzeichenwechsel-Verhalten in der Umgebung der Definitionslücken von −/+ nach +/− sowie das Verhalten im Unendlichen mit schrägen Asymptoten der Form $y = ax$ $(a < 0)$.

16 a) $f'(x) = f$: waagrechte Asymptote $y = 1$
keine Symmetrie
Polstelle $x = 2$; ohne Vorzeichenwechsel
} D und roter Graph

g: waagrechte Asymptote $y = 1$
achsensymmetrisch bzgl. y-Achse
keine Polstelle
} B und brauner Graph

h: punktsymmetrisch bzgl. Ursprung
h' achsensymmetrisch bzgl. y-Achse
Polstellen $x_1 = 2$ und $x_2 = -2$
2 Extrema bewirken 2 Nullstellen mit Vorzeichenwechsel beim Ableitungsgraphen.
Wegen x^3 3fache Nullstelle bei $x_0 = 0$,
also für h' 2fache Nullstelle bei $x_0 = 0$,
also Berührpunkt des Graphen in $(0\,|\,0)$.
} C und gelber Graph

k: Polstelle $x_1 = 2$ mit Vorzeichenwechsel,
also hat k' Polstelle ohne Vorzeichenwechsel
$x_0 = 1$ ist doppelte Nullstelle von k, also
hat G_k den Extrempunkt $(1\,|\,0)$ und k' die
Nullstelle $x_0 = 1$.
} A und violetter Graph

b) Individuelle Lösungen

\+ Die Aufgabenidee ist aufbereitet zu einem Spiel:
Funktionsuntersuchungs-Quintett (-Quartett/-Trio); Kopiervorlage S. 193 f.

17 a) Höhe: $f(0) = 187{,}5$ (m)
Breite: $f(x) = 0 \Rightarrow x_{1/2} \approx \pm 80{,}75$ (m) $\Rightarrow$ Der Bogen ist 161,5 m breit.

b) $f'(x) = -7{,}952 \cdot 10^{-6}x^3 - 3{,}158 \cdot 10^{-2}x$
$f'(80{,}75) \approx -6{,}7371 = \tan\alpha \Rightarrow \alpha \approx 81{,}56°$

c) (1) $f(9+10) = f(19) \approx 181{,}5$ (m) (Bedingung für den horizontalen Sicherheitsabstand)
(2) $f(9) - 10 \approx 176{,}2$ (m) (Bedingung für den vertikalen Sicherheitsabstand)
Die maximale Flughöhe beträgt etwa 176,2 m.

i Die Bedingung (1) wird letzlich also gar nicht benötigt, da (2) ohnehin stärker einschränkt.

S. 80

18 a)

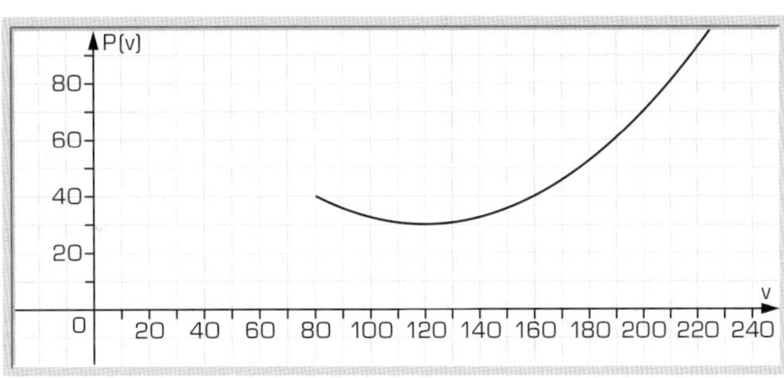

Zeichnung mit Funktionsplotter oder Wertetabelle

b) $P(v) = 32{,}5 \Rightarrow \frac{1}{160}v^2 - \frac{3}{2}v + 87{,}5 = 0$
$\Rightarrow v_1 = 100;\ v_2 = 140$
Es können die Geschwindigkeiten $100\,\frac{km}{h}$ und $140\,\frac{km}{h}$ geflogen werden.

c) $P'(v) = \frac{1}{80}v - \frac{3}{2}$; $P'(v) = 0 \Rightarrow v_0 = 120$
oder Ausnutzen der Symmetrie der Parabel: $v_0 = \left(\frac{100+140}{2}\right) = 120$
Die benötigte Leistung ist bei einer Geschwindigkeit von $120\,\frac{km}{h}$ am kleinsten.
Die Flugdauer würde bei noch kleineren Geschwindigkeiten noch größer sein; jedoch wählt der Pilot aus Sicherheitsgründen (und wegen der Zeitersparnis) wohl die bei gleicher Leistung größere Geschwindigkeit. Nur bei $120\,\frac{km}{h}$ kann er keine schnellere Geschwindigkeit (bei gleicher Leistung) wählen; die Flugdauer ist hier also am größten.

19 a) $v(F) = \frac{c}{F+a} - b$

b) $v(F) = \frac{370}{F+40} - 1{,}5$

$v'(F) = \frac{-370}{(F+40)^2} < 0$

für alle $F > 0$;

also fällt v streng monoton

F	0	10	60
v(F)	7,75	5,9	2,2

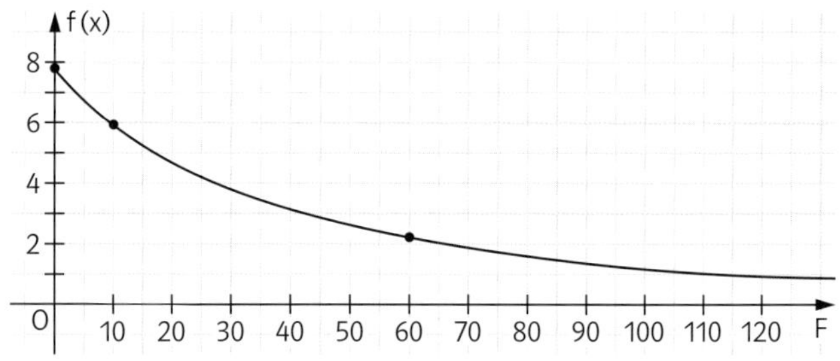

c) $v(50) = 2\frac{11}{18} \approx 2{,}61$; es ergibt sich eine Kontraktionsgeschwindigkeit von etwa $2{,}61\frac{m}{s}$.

20 a) $E'(x) = \frac{5}{9} \cdot \left(-8 + \frac{50}{x^2}\right)$

$E'(x) = 0 \quad \Rightarrow \quad x_{1/2} = \pm 2{,}5$

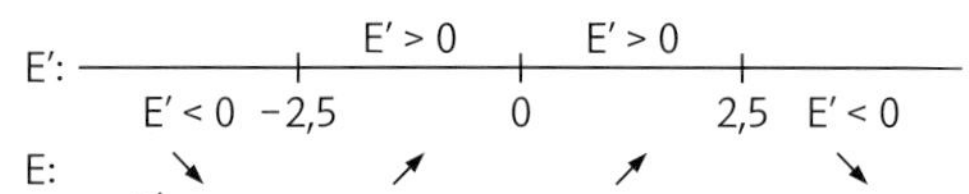

Die Wirkung ist bei einer Dosis von $2{,}5\frac{\mu l}{kg}$ am größten.

$2{,}5\frac{\mu l}{kg} \cdot 85\,kg = 212{,}5\,\mu l$

Die optimale Dosis für eine 85 kg schwere Person beträgt 212,5 µl.

b) Das Präparat ist schädlich, wenn für die Aktiviät E gilt: $E < 0$; es sind also Nullstellen von E zu suchen: Nullstellen: $\frac{5}{8}$; 10; nach Teilaufgabe a) ergeben sich die Vorzeichenwechsel −/+ bei $x = \frac{5}{8}$ und +/− bei $x = 10$.

Ab einer Dosis von $10\frac{\mu l}{kg}$ ist das Präparat also schädlich.

21 a) Lösen des linearen Gleichungssystems (I) $\frac{100a}{10\,000+b} = 25$

(II) $\frac{600a}{36\,000+b} = 20$ liefert $a \approx 13\,462$; $b \approx 43\,846$

b)

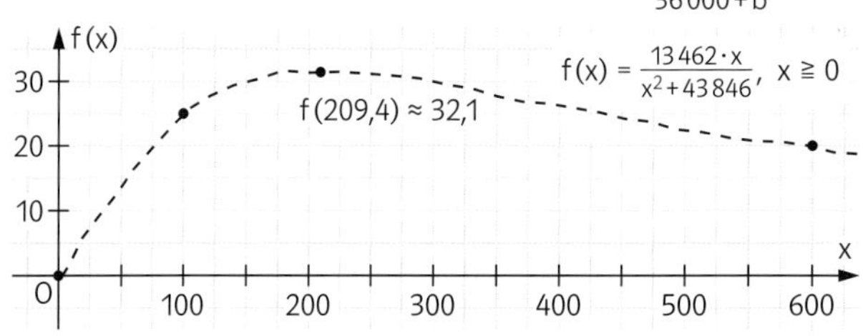

$f'(x) = \frac{590\,254\,852 - 13\,462x^2}{(x^2 + 43\,846)^2}, \quad x \geq 0$

$f'(x) = 0 \quad \Rightarrow \quad x_{1/2} \approx \pm 209{,}4$

Die optimale Düngerzugabe beträgt etwa $209{,}4\frac{kg}{ha}$.

22 Falsch. Aufgrund der Periodizität der Kosinusfunktion gilt mit $\sqrt{3} \cdot \cos\alpha = 2 \cdot \cos\beta$ auch:
$\sqrt{3} \cdot \cos\underbrace{(\alpha + n \cdot 360°)}_{\alpha'} = 2 \cdot \cos\beta$; für genügend großes n ist dann $\alpha' > \beta$.

→ AB

Arbeitsblatt: Funktionsuntersuchungen im Tandem; Kopiervorlage S. 191 f.

Die Funktionen werden in Partnerarbeit untersucht. Auf S. 192 ist eine große Auswahl zu untersuchender Terme in drei Schwierigkeitsgraden gegeben.

→

Funktionsuntersuchungs-Quintett (-Quartett/-Trio); Kopiervorlage S. 193 f.
Spiel für 2–4 Personen (Spieldauer: 30 min)

Spielidee:
Graph und Term von Funktionen und deren Ableitungen sowie die Beschreibung ausgewählter Eigenschaften sind einander zuzuordnen.

5 Das Newton-Verfahren

S. 81

1 a) Über den Mittelwert der beiden x-Koordinaten lässt sich ein Näherungswert x_0 für die Nullstelle von f ermitteln.
Hier: $x_0 = \frac{x_2+x_1}{2} = \frac{3+2}{2} = \frac{5}{2} = 2{,}5$.

b) $f'(x) = 3x^2 - 10x + 8$
Ansatz für Tangente: $y = mx + t$
$m = f'(3) = 5$; $P_2 \in t$: $1 = 5 \cdot 3 + t \Rightarrow t = -14$; also Tangente: $y = 5x - 14$
Nullstelle der Tangente: $x_0 = 2{,}8$; dies könnte ein Näherungswert für die Nullstelle von f sein.

S. 83

2 a) Je nach Startwert x_0 wird das Newton-Verfahren unterschiedliche Näherungswerte liefern und verschieden schnell konvergieren. Sinnvollerweise wird man x_0 in der Nähe von (z. B. aufgrund Funktionsplots) vermuteten Nullstellen wählen. Jedoch kann die Konvergenz in bestimmten Fällen (vgl. *Schülerbuch S. 82 oben*) auch scheitern, so dass ein anderer Startwert zu wählen ist.
$f(x) = x^3 + 2x - 1$; $f'(x) = 3x^2 + 2$
$f'(x) \neq 0$ für alle $x \in \mathbb{R} \Rightarrow$ f hat keine Extrema
Graphenverlauf von links unten nach rechts oben und $f(0) = -1$.
Die Nullstelle liegt rechts vom Ursprung; Startwert z. B.: $x_0 = 0{,}5$
Iterationsvorschrift: $x_{n+1} = x_n - \frac{x_n^3 + 2x_n - 1}{3x_n^2 + 2}$

n	x_n	$f(x_n)$	$f'(x_n)$	$f(x_n)/f'(x_n)$	x_{n+1}
0	0,5	0,125	2,75	0,04545455	0,45454545
1	0,45454545	0,00300526	2,61983471	0,00114712	0,45339834
2	0,45339834	1,7929E-06	2,61671016	6,8516E-07	0,45339765
3	0,45339765	6,386E-13	2,61670829	2,4405E-13	0,45339765

$\Rightarrow x^* \approx 0{,}453$

b) – g) Vorgehensweise analog

b) Iterationsvorschrift: $x_{n+1} = x_n - \frac{x_n^3 + 3x_n - 6}{3x_n^2 + 3}$; Startwert z. B.: $x_0 = 1{,}5$; $x^* \approx 1{,}288$

c) Iterationsvorschrift: $x_{n+1} = x_n - \frac{x_n^3 + 3x_n^2 - 8}{3x_n^2 + 6x_n}$; Startwert z. B.: $x_0 = -1{,}5$; $x^* \approx 1{,}355$

d) Iterationsvorschrift: $x_{n+1} = x_n - \frac{x_n^5 - x_n^3 + 1}{5x_n^4 - 3x_n^2}$; Startwert z. B.: $x_0 = -1{,}5$; $x^* \approx -1{,}236$

e) Iterationsvorschrift: $x_{n+1} = x_n - \frac{2x_n^3 - x_n^2 + x_n - 1}{6x_n^2 - 2x_n + 1}$; Startwert z. B.: $x_0 = 0{,}5$; $x^* \approx 0{,}739$

f) Iterationsvorschrift: $x_{n+1} = x_n - \frac{\frac{3}{x_n} - 1 + x_n^4}{-\frac{3}{x_n^2} + 4x_n^3}$; Startwert z. B.: $x_0 = -1{,}5$; $x^* \approx -1{,}341$

g) Iterationsvorschrift: $x_{n+1} = x_n - \frac{\frac{1}{x_n} + x^4 - 1}{-\frac{1}{x_n^2} + 4x_n^3}$; Startwert z. B.: $x_0 = -1{,}5$; $x^* \approx -1{,}167$

3 a) $f'(x) = 3x2 + 6x$
Startwert $-2{,}5$ liefert $x_1 \approx -2{,}532$; Startwert $x_0 = -1{,}5$ liefert $x_2 \approx -1{,}347$
Startwert $x_0 = 0{,}5$ liefert $x_3 \approx 0{,}879$

b) $f'(x) = 4x^3 + 3x^2 - 8x + 1$
Startwert $-2{,}5$ liefert $x_1 \approx -2{,}635$; Startwert $x_0 = -0{,}5$ liefert $x_2 \approx -0{,}246$
Startwert $x_0 = 0{,}5$ liefert $x_3 \approx 0{,}603$; Startwert $x_0 = 1{,}5$ liefert $x_4 \approx 1{,}278$

c) $f'(x) = \frac{2x^3 - 3x^2 + 4}{(x-1)^2}$
Startwert $-1{,}5$ liefert $x_1 \approx -1{,}532$; Startwert $x_0 = -0{,}5$ liefert $x_2 \approx -0{,}347$
Startwert $x_0 = 1{,}5$ liefert $x_3 \approx 1{,}879$

d) $f'(x) = \frac{2x^4 - 6x^3 + 6x^2 + 10x - 2}{(x-1)^3}$
Startwert $-1{,}5$ liefert $x_1 \approx -1{,}332$; Startwert $x_0 = -0{,}5$ liefert $x_2 \approx -0{,}521$
Startwert $x_0 = 0{,}5$ liefert $x_3 \approx 0{,}420$; Startwert $x_0 = 3{,}5$ liefert $x_4 \approx 3{,}432$

4 a) $f'(x) = x^2 + 2x$
Symmetrie: keine
Hochpunkt: $H(-2\,|\,-1)$; Tiefpunkt: $T\left(0\,|\,-\frac{7}{3}\right)$
Graphenverlauf von links unten nach rechts oben

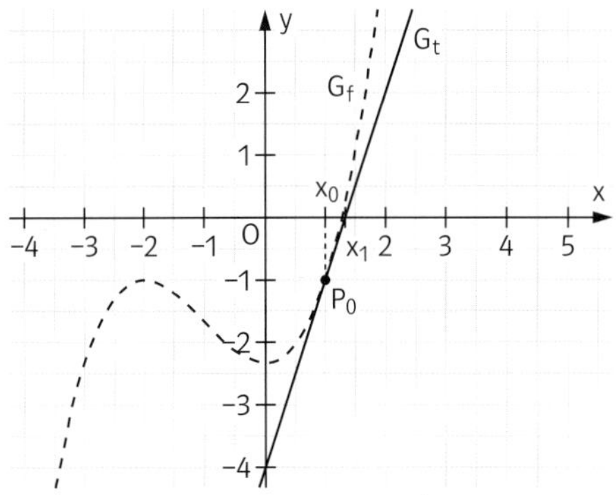

Newton-Verfahren liefert $x_1 = \frac{4}{3}$

b) $f'(x) = -\frac{1}{x^2} + 2x$
$D_f = \mathbb{R} \setminus \{0\}$
Polstelle bei $x = 0$ mit Vorzeichenwechsel $-/+$
Verhalten im Unendlichen: $\lim\limits_{x \to \pm\infty} f(x) = +\infty$
Tiefpunkt: $T(\approx 0{,}79\,|\approx 3{,}89)$

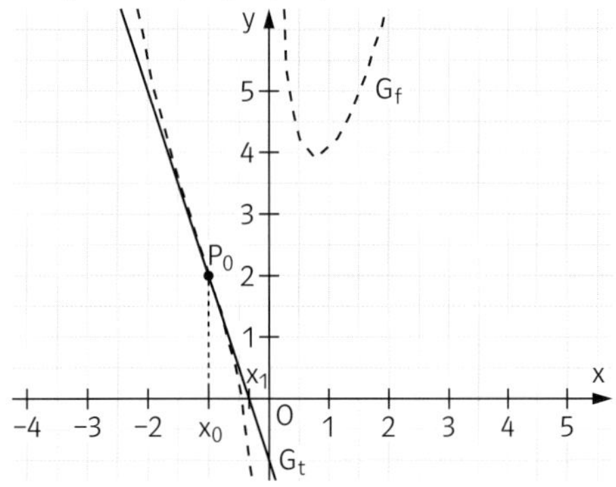

Newton-Verfahren liefert $x_1 = -\frac{1}{3}$

5 Es wird jeweils mit dem Newton-Verfahren die Nullstelle der Ableitung gesucht. Falls mit dem gewählten Startwert eines der im *Schülerbuch S. 82 oben* geschilderten Probleme auftritt, ist ein anderer Startwert zu wählen.

a) $f'(x) = 2x + 3 + \frac{1}{x^2}$
Iterationsvorschrift: $x_{n+1} = x_n - \dfrac{2x_n + 3 + \frac{1}{x_n^2}}{2 - \frac{2}{x_n^3}}$ liefert zum Startwert $x_0 = -1{,}5$
Extremstelle: $x^* \approx -1{,}68$.

b) $f'(x) = 4x - 1 - \frac{1}{x^2}$
Iterationsvorschrift: $x_{n+1} = x_n - \dfrac{4x_n - 1 - \frac{1}{x_n^2}}{4 + \frac{2}{x_n^3}}$ liefert zum Startwert $x_0 = 0{,}5$
Extremstelle: $x^* \approx 0{,}73$.

c) $f'(x) = \frac{12x^3 - 36x^2 - 48}{(6x - 12)^2} = \frac{x^3 - 3x^2 - 4}{3(x-2)^2}$; es genügt, die Nullstelle des Zählers zu suchen.
Iterationsvorschrift: $x_{n+1} = x_n - \dfrac{x_n^3 - 3x_n^2 - 4}{3x_n^2 - 6x_n}$ liefert zum Startwert $x_0 = 3{,}5$
Extremstelle: $x^* \approx 3{,}36$.

d) $f'(x) = \frac{4x^3 - 6x^2 + 3}{(x-1)^2}$; es genügt, die Nullstelle des Zählers zu suchen.
Iterationsvorschrift: $x_{n+1} = x_n - \dfrac{4x_n^3 - 6x_n^2 + 3}{12x_n^2 - 12x_n}$ liefert zum Startwert: $x_0 = -0{,}5$
Extremstelle: $x^* \approx -0{,}60$.

6 a) $f'(x) = 2x^3 - 3x^2 \overset{!}{=} m = 12 \;\Rightarrow\; 2x^3 - 3x^2 - 12 = 0$
Iterationsvorschrift: $x_{n+1} = x_n - \dfrac{2x_n^3 - 3x_n^2 - 12}{6x_n^2 - 6x_n}$ liefert $x^* \approx 2{,}478$.

b) $f'(x) = 0{,}4x^3 - 2x - 1 \overset{!}{=} m = 1 \;\Rightarrow\; 0{,}4x^3 - 2x - 2 = 0$
Iterationsvorschrift: $x_{n+1} = x_n - \dfrac{0{,}4x_n^3 - 2x_n - 2}{1{,}2x_n^2 - 2}$ liefert $x^* \approx 2{,}627$.

c) $f'(x) = 2x - \frac{2}{x^3} \overset{!}{=} m = 5 \;\Rightarrow\; 2x - \frac{2}{x^3} - 5 = 0$
Iterationsvorschrift: $x_{n+1} = x_n - \dfrac{2x_n - \frac{2}{x_n^3} - 5}{2 + \frac{6}{x_n^4}}$ liefert $x^* \approx 2{,}560$.

d) $f'(x) = \frac{2x^3 - 4x^2 + 2x - 1}{(x-1)^2} \overset{!}{=} m = 4 \;\Rightarrow\; \frac{2x^3 - 4x^2 + 2x - 1}{(x-1)^2} - 4 = 0$
Iterationsvorschrift: $x_{n+1} = x_n - \dfrac{\frac{2x_n^3 - 8x_n^2 + 10x_n - 5}{(x_n - 1)^2}}{\frac{2x_n^3 - 6x_n^2 + 6x_n}{(x_n - 1)^3}}$ liefert $x^* \approx 2{,}297$.

7 a) $g(x) = h(x) \;\Rightarrow\; x3 - x2 - 1 = 0$
Bestimmung der Nullstelle x^* der Funktion f mit dem Term $f(x) = x^3 - x^2 - 1$:
Iterationsvorschrift: $x_{n+1} = x_n - \dfrac{x_n^3 - x_n^2 - 1}{3x_n^2 - 2x_n}$ liefert zum Startwert $x_0 = 1{,}5$ $x^* \approx 1{,}47$.

b) $f(x) = \frac{1}{2}x^3 + 2x - 2$

Iterationsvorschrift: $x_{n+1} = x_n - \frac{\frac{1}{2}x_n^3 + 2x_n - 2}{\frac{3}{2}x_n^2 + 2}$ liefert zum Startwert $x_0 = 0{,}5$ $x^* \approx 0{,}85$.

c) $f(x) = x^4 - 2x^3 - \frac{1}{x}$

Iterationsvorschrift: $x_{n+1} = x_n - \frac{x_n^4 - 2x_n^3 - \frac{1}{x_n}}{4x_n^3 - 6x_n^2 + \frac{1}{x_n^2}}$ liefert zum Startwert $x_0 = 2{,}5$ $x^* \approx 2{,}06$.

d) $f(x) = \frac{1}{x^2+1} - \frac{x}{x^2+x+2}$

Iterationsvorschrift: $x_{n+1} = x_n - \frac{f(x_n)}{f'(x_n)}$ liefert zum Startwert $x_0 = 1{,}5$ $x^* \approx 1{,}70$.

8 Der Preis ist um etwa 11,9 % erhöht worden. Vor der Verteuerung war die Fahrkarte um etwa 10,6 % günstiger.

→ AB Arbeitsblatt: Newton-Verfahren; Kopiervorlage S. 196 f.

Bei diesem Arbeitsblatt werden einige Schritte des Newton-Verfahrens graphisch durchgeführt.

→ AB Arbeitsblatt: Problematische Fälle beim Newton-Verfahren; Kopiervorlage S. 198 f.

Hier werden die im *Schülerbuch S. 82* vorgestellten problematischen Fälle beim Newton-Verfahren nachvollzogen.

Thema: Pierre de Fermat – ein Wegbereiter der modernen Analysis

S. 84 **1** Es ist $\overline{OQ'} = x$, $\overline{OQ} = a$ und $\overline{P'Q'} = y$, $\overline{PQ} = b$. Aus $\frac{\overline{OQ'}}{\overline{OQ}} = \frac{\overline{P'Q'}^2}{\overline{PQ}^2}$ folgt damit $\frac{x}{a} = \frac{y^2}{b^2}$.
Wegen $b > 0$ und $y > 0$ gilt dann $y = \frac{b}{\sqrt{a}} \cdot \sqrt{x}$. Also ist $y = r \cdot \sqrt{x}$ mit $r = \frac{b}{\sqrt{a}}$.

2 a) Bezeichnet U den Schnittpunkt von Parabel und [RS], so gilt $\overline{US} < \overline{RS}$ und somit nach der für die Kurve charakteristischen Gleichung aus Aufgabe 1 $\frac{\overline{OQ}}{\overline{OS}} = \frac{\overline{PQ}^2}{\overline{US}^2} > \frac{\overline{PQ}^2}{\overline{RS}^2}$. Nach dem Strahlensatz bzw. der Eigenschaften ähnlicher Dreiecke gilt $\frac{\overline{PQ}}{\overline{RS}} = \frac{\overline{QT}}{\overline{ST}}$ und somit $\frac{\overline{PQ}^2}{\overline{RS}^2} = \frac{\overline{QT}^2}{\overline{ST}^2}$; also $\frac{\overline{OQ}}{\overline{OS}} > \frac{\overline{QT}^2}{\overline{ST}^2}$.

b) Wenn R rechts von P auf der Parabel liegt, erhielte Fermat dasselbe Ergebnis.

S. 85 **3** a) Wenn R links von P auf der Parabel liegt wie in der Abbildung zu Aufgabe 2, so folgt aus $\overline{OQ} = d$ und $\overline{QS} = e$, dass $\overline{OS} = d - e$ gilt. Da $\overline{QT} = a$ ist, gilt $\overline{ST} = a - e$.
Aus $\frac{\overline{OQ}}{\overline{OS}} > \frac{\overline{QT}^2}{\overline{ST}^2}$ folgt damit $\frac{d}{d-e} > \frac{a^2}{(a-e)^2} = \frac{a^2}{a^2 + e^2 - 2ae}$

b) Weil die Nenner größer null sind, folgt aus a): $d(a^2 + e^2 - 2ae) > a^2(d - e)$

$\Rightarrow \quad a^2d + de^2 - 2ade > a^2d - a^2e$

$\Rightarrow \quad de^2 + a^2e > 2ade$

Bis hier sind die Schritte auch aus heutiger Sicht nicht zu beanstanden, nun aber folgert Fermat, dass auch $de^2 + a^2e \approx 2ade$
gilt. Dies kann man nicht exakt begründen.
Division durch e ergibt $de + a^2 \approx 2ad$.
Fermat vernachlässigt nun (auf unzulässige Weise) den Term de (wohl da e als klein angenommen wird) und schreibt das Ergebnis als Gleichung (was auch nicht zulässig ist). Damit erhält er

$$a^2 = 2ad$$

und schließlich $a = 2d$.

c) Man vermisst den Begriff des Grenzwertes. Es werden kleine Größen einfach noch vernachlässigt ohne nähere Überlegungen.

d) Bei gegebenen Punkten P, Q und O wird T so konstruiert, dass O der Mittelpunkt von [QT] ist.

IV Koordinatengeometrie im Raum

i Die Koordinatengeometrie im Raum ist häufig vernetzt mit der Geometrie der Mittelstufe. Viele Aufgaben sind auch allein mit Kenntnissen der Mittelstufengeometrie lösbar.

Viele räumliche Problemstellungen lassen sich mithilfe eines 3D-Geometriesystems leichter verstehen. Die Nutzung eines solchen Programms sei hier ausdrücklich empfohlen. An besonders geeigneten Stellen wird auch explizit auf den Einsatz eines 3D-Geometriesystems hingewiesen.

1 Das dreidimensionale Koordinatensystem

S. 90

1 1. Möglichkeit: A: Linke vordere obere Ecke des ganz linken Würfels
B: rechte hintere obere Ecke des ganz rechten Würfels
C: rechte hintere untere Ecke des obersten Würfels
D: linke hintere obere Ecke des obersten Würfels

2. Möglichkeit: Platz des Würfels wird nummeriert, sonst wie 1. Möglichkeit
Bsp. zu A: linke vordere obere Ecke des Würfels in der ersten Reihe, Platz eins, 1. Etage
Bsp. zu B: rechte hintere obere Ecke des Würfels in der dritten Reihe, Platz drei, 1. Etage.

Um die Angabe nur mit Zahlen machen zu können, könnte man zunächst einen festen Ausgangspunkt der Zählung wählen (= Ursprung eines Koordinatensystems).
Dann muss die Bedeutung der einzelnen Zahlen festgelegt werden:
1. Zahl: Anzahl der Schritte nach vorne (+) oder nach hinten (–).
2. Zahl: Anzahl der Schritte nach rechts (+) oder nach links (–).
3. Zahl: Anzahl der Schritte nach oben (+) oder nach unten (–).
Beispiel: Ursprung B, somit ist A(3 | –3 | 0); C(0 | –1 | 1); D(0 | –2 | 2)

S. 91

2

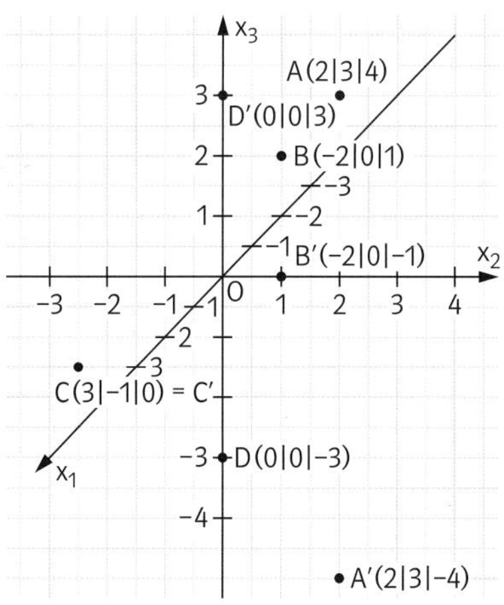

3 a) $x_1 = 0$: Punkte liegen in x_2x_3-Ebene
$x_2 = 0$: Punkte liegen in x_1x_3-Ebene
$x_3 = 0$: Punkte liegen in x_1x_2-Ebene
b) $x_2 = x_3 = 0$: Punkte liegen auf x_1-Achse.
c) $x_1 = x_2 = 1$: Punkte liegen auf einer Parallelen zur x_3-Achse durch den Punkt P(1 | 1 | 0).

4 P(2 | 3 | 0); Q(4 | 4 | 0); $x_3 = 0$; die x_1-Koordinate kann man als Schnittpunkt der x_1-Achse mit der Parallelen durch P (bzw. Q) zur x_2-Achse ablesen. Die x_2-Koordinate kann man als Schnittpunkt der x_2-Achse mit der Parallelen durch P (bzw. Q) zur x_1-Achse ablesen.
R(0 | 3 | 1); S(0 | –2 | –1); $x_1 = 0$; Parallelen zur x_2- und x_3-Achse sind zu betrachten.
T(2 | 0 | 2); U(3 | 0 | –1); $x_2 = 0$; Parallelen zur x_1- und x_3-Achse sind zu betrachten.

5 a) (x_1- und x_2-Koordinaten bleiben); A'(2 | 0 | 0); B'(−1 | 2 | 1); C'(−2 | 3 | −4); D'(3 | 4 | 2)
b) (x_2- und x_3-Koordinaten bleiben); A'(−2 | 0 | 0); B'(1 | 2 | −1); C'(2 | 3 | 4); D'(−3 | 4 | −2)
c) (x_1- und x_3-Koordinaten bleiben); A'(2 | 0 | 0); B'(−1 | −2 | −1); C'(−2 | −3 | 4); D'(3 | −4 | −2)
d) (alle Koordinaten verändern ihr Vorzeichen); A'(−2 | 0 | 0); B'(1 | −2 | 1); C'(2 | −3 | −4); D'(−3 | −4 | 2)

6

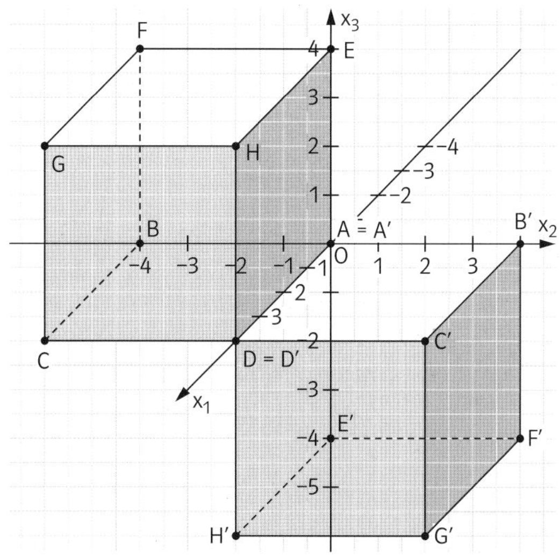

a) C(4 | −4 | 0); F(0 | −4 | 4); G(4 | −4 | 4); H(4 | 0 | 4)
b) B'(0 | 4 | 0); C'(4 | 4 | 0); E'(0 | 0 | −4); F'(0 | 4 | −4); G'(4 | 4 | −4); H'(4 | 0 | −4)

7

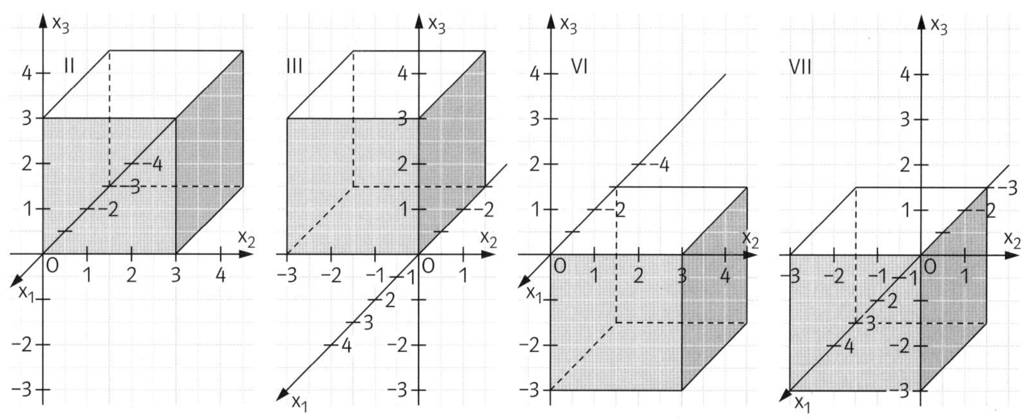

8 a)

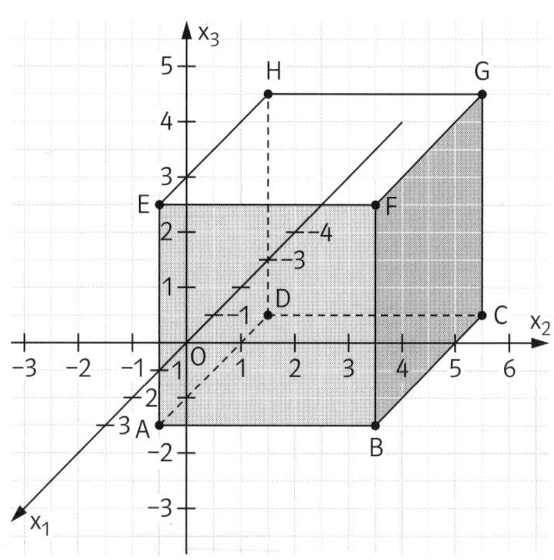

A(5 | 2 | 1); B(5 | 6 | 1); C(1 | 6 | 1); D(1 | 2 | 1); E(5 | 2 | 5); F(5 | 6 | 5); G(1 | 6 | 5); H(1 | 2 | 5)
Keine Schnittpunkte der Koordinatenachsen mit den Würfelflächen vorhanden.

b)

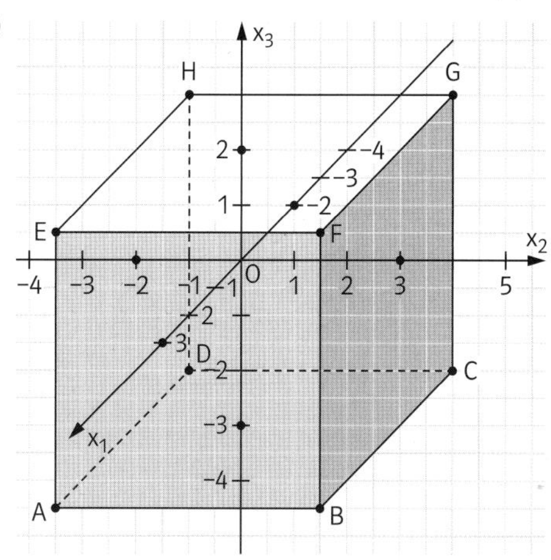

A(3 | −2 | −3); B(3 | 3 | −3); C(−2 | 3 | −3); D(−2 | −2 | −3); E(3 | −2 | 2); F(3 | 3 | 2); G(−2 | 3 | 2); H(−2 | −2 | 2)

c) Würfel analog wie bei Teilaufgabe b) mit den vorgegebenen Punkten D und F statt B und H.

S. 92 **9** Individuelle Lösungen

10 a) + b)

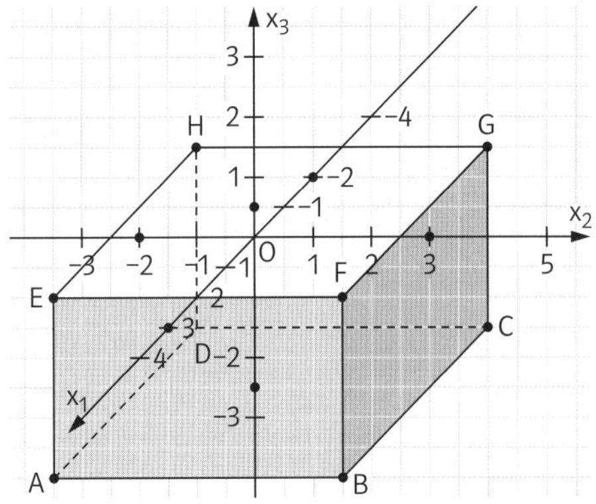

a) $[AE] \parallel x_3$-Achse $\Rightarrow$ $A(3|-2|?)$
$[AC] \parallel x_1x_2$-Ebene $\Rightarrow$ $a_3 = c_3 = -2{,}5$; also $A(3|-2|-2{,}5)$
$[BC] \parallel x_1$-Achse $\Rightarrow$ $B(?|3|-2{,}5)$
$[AB] \parallel x_2x_3$-Ebene $\Rightarrow$ $b_1 = a_1 = 3$; also $B(3|3|-2{,}5)$
$[AB] \parallel x_2$-Achse $\Rightarrow$ $\overline{AB}$ ist gleich der Differenz der x_2-Koordinaten, also $\overline{AB} = 5$.
Analoge Überlegungen liefern:
$\overline{AD} = 5$ und $\overline{AE} = 3$.

b) $A(3|-2|-2{,}5)$; $B(3|3|-2{,}5)$; $C(-2|3|-2{,}5)$; $D(-2|-2|-2{,}5)$; $E(3|-2|0{,}5)$; $F(3|3|0{,}5)$; $G(-2|3|0{,}5)$; $H(-2|-2|0{,}5)$

11 a) $M(-2|2|0)$

a) + c)

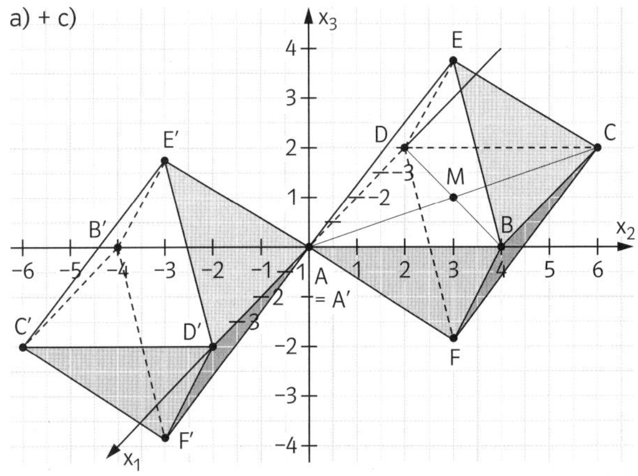

b) $\overline{ME} = \overline{MA} = \frac{1}{2}\overline{AC} = 2\sqrt{2}$
$E(-2|2|2\sqrt{2})$; $F(-2|2|-2\sqrt{2})$

12 Fehler im *Schülerbuch bis Auflage 1*[4]: Es muss jeweils Oktanten (statt Quadranten) heißen.

Blick von rechts unten in den V. Oktanten;

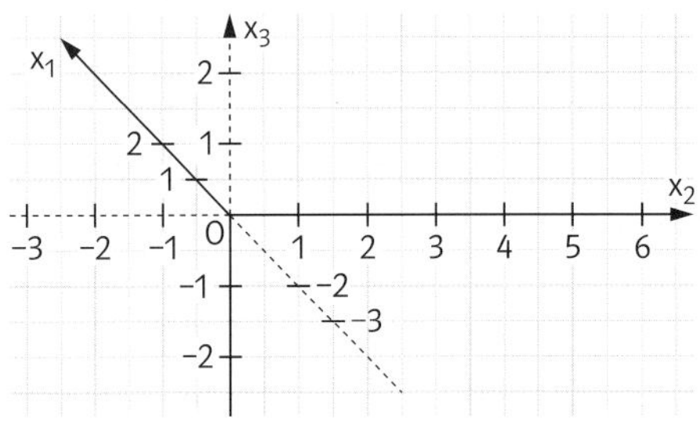

Blick von links unten in den VIII. Oktanten

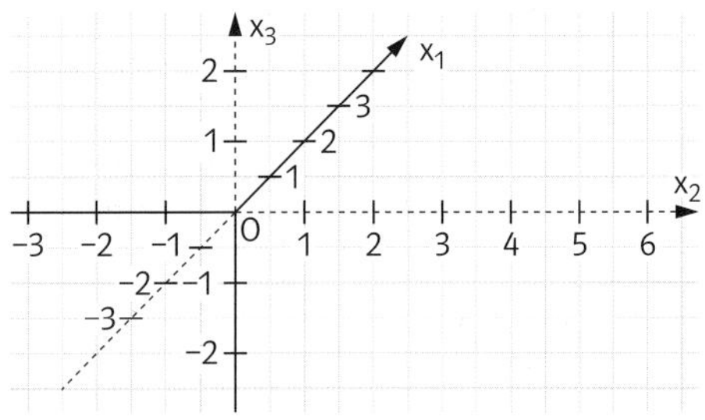

13 a)

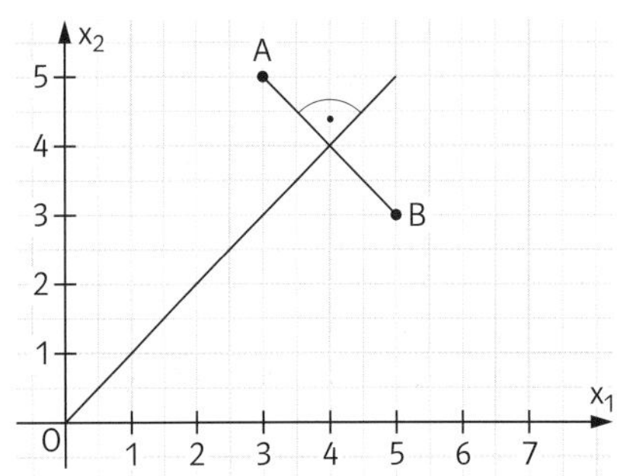

Die Vertauschung der Koordinaten bewirkt eine Spiegelung an der Winkelhalbierenden des I. und III. Quadranten.

b) Die Punkte $A(3|5|2)$ und $B(5|3|2)$ sind symmetrisch bezüglich der Ebene, die festgelegt ist durch die x_3-Achse und die Winkelhalbierende des I. bzw. III. Quadranten der x_1x_2-Ebene.

14 a) + e)

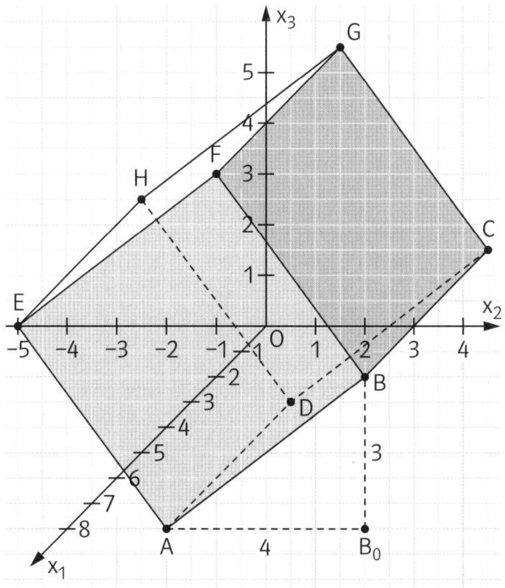

b) A und B haben gleiche x_1-Koordinaten, also gilt: $[AB] \parallel x_2x_3$-Ebene.
A und D haben gleiche x_2- bzw. x_3-Koordinaten, also gilt: $[AD] \parallel x_1$-Achse.
Da $[AE] \perp [AD]$ gilt, muss $[AE] \parallel x_2x_3$-Ebene sein. Somit sind die Würfelflächen ABFE und DCGH parallel zur x_2x_3-Ebene.

c) $\overline{AB_0} = 4$; $\overline{B_0B} = 3$
mit Pythagoras folgt: $\overline{AB} = 5 = \overline{AD}$

d) Das Quadrat ABFE mit der Seitenlänge 5 LE ist auch im Schrägbild unverzerrt.
E erhält man durch Konstruktion des gleichschenklig rechtwinkligen Dreiecks BAE mit der Schenkellänge 5. Um die Koordinaten von E zu erhalten, dreht man das Dreieck AB_0B um 90° gegen den Uhrzeigersinn, also muss man von A 4 Einheiten nach oben und 3 Einheiten nach links gehen: $E(8 \mid 2-3 \mid 0+4) = E(8 \mid -1 \mid 4)$

e) $C(3 \mid 6 \mid 3)$; $F(8 \mid 3 \mid 7)$; $G(3 \mid 3 \mid 7)$; $H(3 \mid -1 \mid 4)$

15 $\alpha_1 + \alpha_2 + \varepsilon = 180°$; (Stufenwinkel an parallelen Geraden)
$\alpha_1 = 180° - 142° - 15{,}6° = 22{,}4°$
$\alpha_1 + \alpha_2 + \beta + \frac{1}{3}\beta = 180°$ (Winkelsumme im Dreieck)
$\beta = (180° - 22{,}4° - 15{,}6°) \cdot \frac{3}{4} = 106{,}5° \Rightarrow \delta = \frac{1}{3} \cdot 106{,}5° = 35{,}5°$

16 $ax^2 = -x^2 - 4x - 3 \Rightarrow (a+1) \cdot x^2 + 4x + 3 = 0$
Die Gleichung hat nur eine Lösung für $D = 16 - 12 \cdot (a+1) = 0 \Rightarrow a = \frac{1}{3}$
$\frac{1}{3}x^2 = -x^2 - 4x - 3 \Rightarrow \frac{4}{3}x^2 + 4x + 3 = 0 \Rightarrow 4x^2 + 12x + 9 = 0 \Rightarrow (2x+3)^2 = 0$
$\Rightarrow x = -1{,}5$; $y = 0{,}75$; $B(-1{,}5 \mid 0{,}75)$.

→ AB 3D-Koordinatensystem; Kopiervorlage S. 200 f.

Mit Schere und gegebenenfalls Klebstoff basteln sich Schüler ihr dreidimensionales Koordinatensystem. Es kann zur Veranschaulichung geometrischer Situationen eingesetzt werden.

→ TB Trainingsblatt: Das dreidimensionale Koordinatensystem; Kopiervorlage S. 202 f.

→ Raumschiffe versenken; Kopiervorlage S. 204 f.
Spiel für 2 Personen (Spieldauer: 30 min)

Spielidee:
Das Spiel ähnelt dem bekannten „Schiffe versenken", wird jedoch im dreidimensionalen Raum gespielt. Die Beschreibung von Punkten durch Koordinaten sowie das räumliche Vorstellungsvermögen werden hierbei geübt.

2 Vektoren

S. 93

1 a) Die Pfeile sind parallel, gleich lang und gleich gerichtet.
b) Die Pfeile symbolisieren die Geschwindigkeit des Flugzeugs. Es genügt, einen Pfeil zu zeichnen.
c) Man kann die Flugrichtung mitteilen. Die Pfeillänge könnte den Betrag der Geschwindigkeit angeben, jedoch fehlt die Angabe einer Längeneinheit für die Geschwindigkeit.

S. 95

2

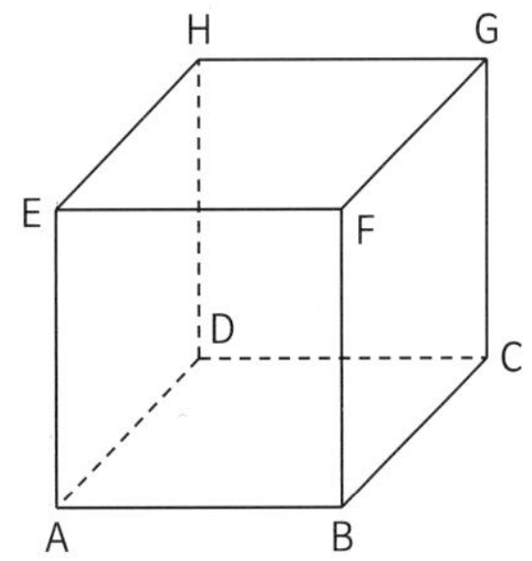

a) Von jeder Ecke aus kann man sieben Pfeile zu den anderen Ecken zeichnen. Es gibt also $7 \cdot 8 = 56$ Pfeile.

b) $\overrightarrow{AB} = \overrightarrow{DC} = \overrightarrow{EF} = \overrightarrow{HG}$; $\overrightarrow{BA} = \overrightarrow{FE} = \overrightarrow{CD} = \overrightarrow{GH}$; $\overrightarrow{AD} = \overrightarrow{BC} = \overrightarrow{EH} = \overrightarrow{FG}$;
$\overrightarrow{DA} = \overrightarrow{CB} = \overrightarrow{HE} = \overrightarrow{GF}$; $\overrightarrow{AE} = \overrightarrow{BF} = \overrightarrow{CG} = \overrightarrow{DH}$; $\overrightarrow{EA} = \overrightarrow{FB} = \overrightarrow{GC} = \overrightarrow{HD}$;
$\overrightarrow{AH} = \overrightarrow{BG}$; $\overrightarrow{HA} = \overrightarrow{GB}$; $\overrightarrow{AC} = \overrightarrow{EG}$; $\overrightarrow{CA} = \overrightarrow{GE}$; $\overrightarrow{AF} = \overrightarrow{DG}$; $\overrightarrow{FA} = \overrightarrow{GD}$;
$\overrightarrow{AG}$; $\overrightarrow{GA}$; $\overrightarrow{BD} = \overrightarrow{FH}$; $\overrightarrow{DB} = \overrightarrow{HF}$; $\overrightarrow{BE} = \overrightarrow{CH}$; $\overrightarrow{EB} = \overrightarrow{HC}$; $\overrightarrow{BH}$; $\overrightarrow{HB}$;
$\overrightarrow{CF} = \overrightarrow{DE}$; $\overrightarrow{FC} = \overrightarrow{ED}$; $\overrightarrow{CE}$; $\overrightarrow{EC}$; $\overrightarrow{DF}$; $\overrightarrow{FD}$

3 a)

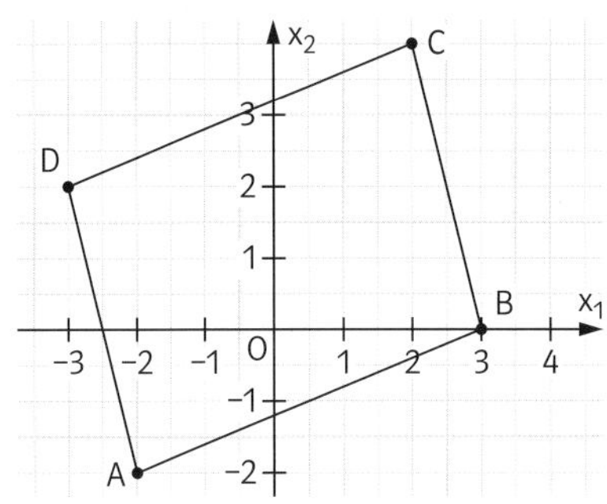

b) $\overrightarrow{AB} = \begin{pmatrix} 3+2 \\ 0+2 \end{pmatrix} = \begin{pmatrix} 5 \\ 2 \end{pmatrix}$; $\overrightarrow{AD} = \begin{pmatrix} -3+2 \\ 2+2 \end{pmatrix} = \begin{pmatrix} -1 \\ 4 \end{pmatrix}$

$\overrightarrow{BC} = \begin{pmatrix} 2-3 \\ 4-0 \end{pmatrix} = \begin{pmatrix} -1 \\ 4 \end{pmatrix}$; $\overrightarrow{DC} = \begin{pmatrix} 2+3 \\ 4-2 \end{pmatrix} = \begin{pmatrix} 5 \\ 2 \end{pmatrix}$

Das Viereck ist ein Parallelogramm.

4 a) $\overrightarrow{AB} = \begin{pmatrix} 3-1 \\ 4-0 \\ 1-1 \end{pmatrix} = \begin{pmatrix} 2 \\ 4 \\ 0 \end{pmatrix}$; $\overrightarrow{BA} = \begin{pmatrix} 1-3 \\ 0-4 \\ 1-1 \end{pmatrix} = \begin{pmatrix} -2 \\ -4 \\ 0 \end{pmatrix}$

b) $\overrightarrow{AB} = \begin{pmatrix} -1 \\ 1 \\ 3 \end{pmatrix}$; $\overrightarrow{BA} = \begin{pmatrix} 1 \\ -1 \\ -3 \end{pmatrix}$

c) $\overrightarrow{AB} = \begin{pmatrix} 3 \\ -4 \\ 1 \end{pmatrix}$; $\overrightarrow{BA} = \begin{pmatrix} -3 \\ 4 \\ -1 \end{pmatrix}$

5

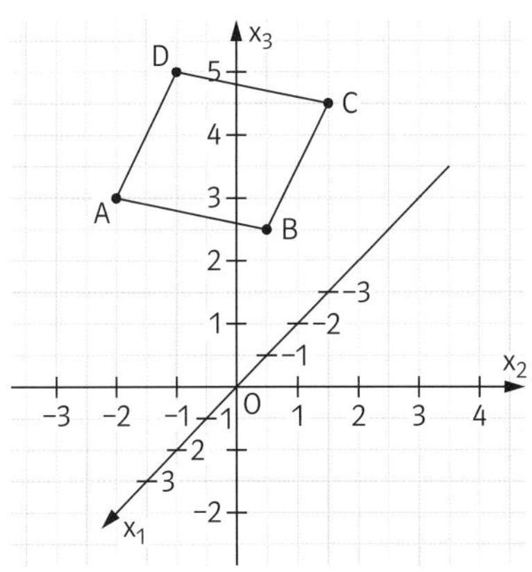

Es genügt, die Parallelität und gleiche Länge, z.B. von [AB] und [DC] zu zeigen:

$\overrightarrow{AB} = \begin{pmatrix} 1+2 \\ 1+3 \\ 3-2 \end{pmatrix} = \begin{pmatrix} 3 \\ 4 \\ 1 \end{pmatrix}$

$\overrightarrow{DC} = \begin{pmatrix} 1+2 \\ 2+2 \\ 5-4 \end{pmatrix} = \begin{pmatrix} 3 \\ 4 \\ 1 \end{pmatrix}$

i Die Begründung durch Rechnung ist notwendig, weil die Anschauung täuschen kann. Z.B. der Punkt E(0|−1|4) nimmt im Schrägbild dieselbe Stelle wie D ein. Das Viereck ABCE wäre aber kein Parallelogramm.

6

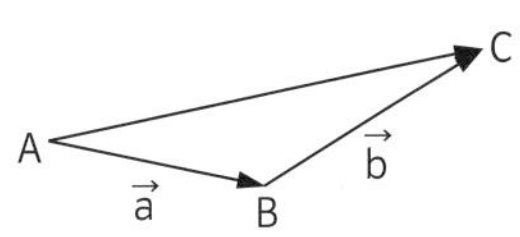

Die Aussage ist falsch.
Die Längen der Pfeile, die $\vec{a}$ und $\vec{b}$ repräsentieren, sind zusammen mindestens so lang wie der Pfeil zu $\overrightarrow{AC}$. (Dreiecksungleichung)

7

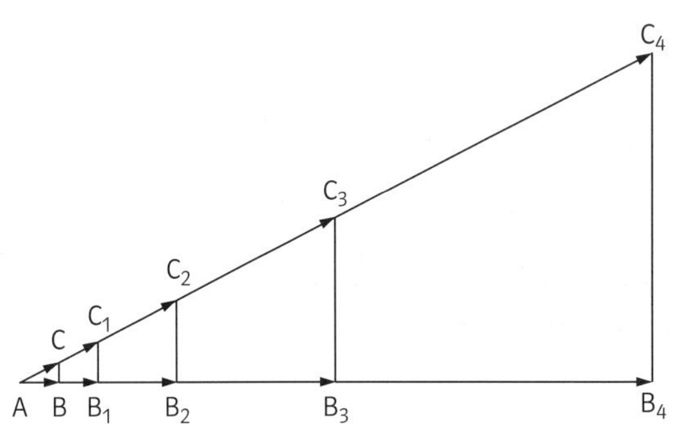

Es handelt sich um zentrische Streckungen mit Streckfaktor 2.
Bei jeder Streckung vervierfacht sich der Flächeninhalt.

$A_{AB_4C_4} = 4^4 \cdot A_{ABC} = 256 \cdot A_{ABC}$

8 a)

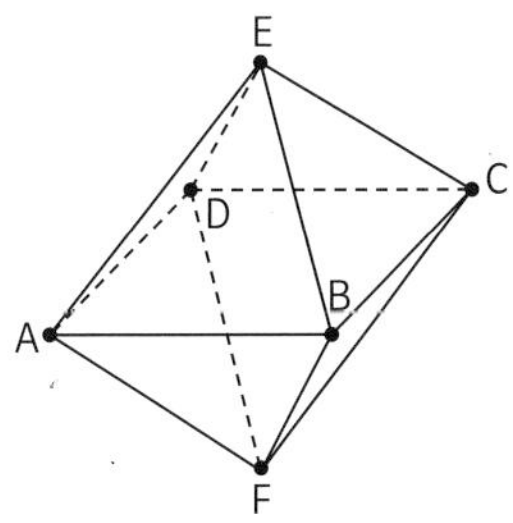

Von jeder der 6 Ecken kann man 5 Pfeile zeichnen, also insgesamt 30 Pfeile.

$\overrightarrow{AB} = \overrightarrow{DC}$; $\overrightarrow{AC}$; $\overrightarrow{AD} = \overrightarrow{BC}$; $\overrightarrow{AE} = \overrightarrow{FC}$; $\overrightarrow{AF} = \overrightarrow{EC}$
$\overrightarrow{BA} = \overrightarrow{CD}$; $\overrightarrow{CA}$; $\overrightarrow{DA} = \overrightarrow{CB}$; $\overrightarrow{EA} = \overrightarrow{CF}$; $\overrightarrow{FA} = \overrightarrow{CE}$
$\overrightarrow{BD}$; $\overrightarrow{BE} = \overrightarrow{FD}$; $\overrightarrow{BF} = \overrightarrow{ED}$; $\overrightarrow{EF}$
$\overrightarrow{DB}$; $\overrightarrow{EB} = \overrightarrow{DF}$; $\overrightarrow{FB} = \overrightarrow{DE}$; $\overrightarrow{FE}$
(Die Pfeile repräsentieren 18 verschiedene Vektoren.)

b)

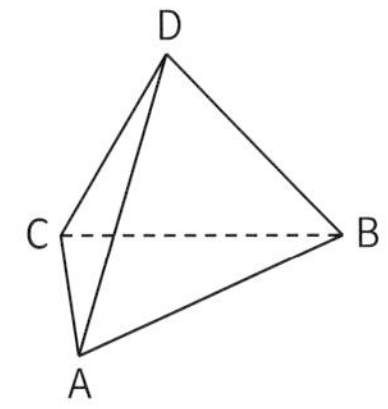

$\overrightarrow{AB}$; $\overrightarrow{AC}$; $\overrightarrow{AD}$
$\overrightarrow{BA}$; $\overrightarrow{BC}$; $\overrightarrow{BD}$
$\overrightarrow{CA}$; $\overrightarrow{CB}$; $\overrightarrow{CD}$
$\overrightarrow{DA}$; $\overrightarrow{DB}$; $\overrightarrow{DC}$
(12 verschiedene Vektoren)

9 a) Der Springer kann 8 verschiedene Züge machen, der Turm 14 verschiedene Züge (7 waagrecht, 7 senkrecht).
b) Individuelle Lösungen

10

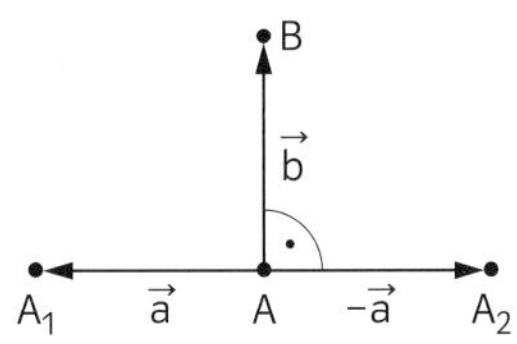

Für ein gleichschenkliges Dreieck A_1A_2B muss der Pfeil für $\vec{b}$ senkrecht zum Pfeil für $\vec{a}$ sein.
Für ein gleichseitiges Dreieck muss die Länge des Pfeils für $\vec{b}$ $\sqrt{3}$ mal so lang sein wie der Pfeil für $\vec{a}$.

11

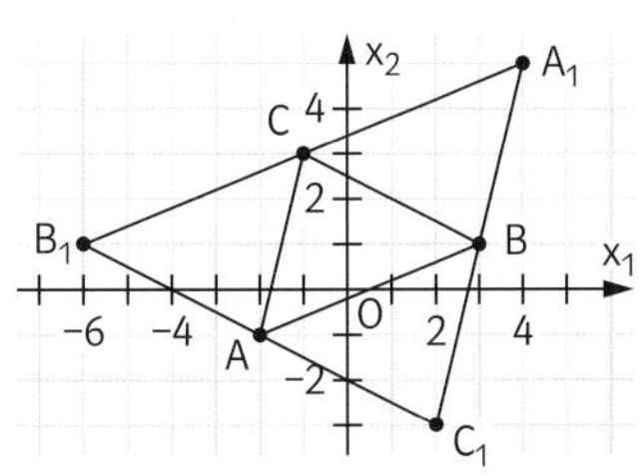

$\overrightarrow{AC} = \begin{pmatrix} 1 \\ 4 \end{pmatrix} = BA_1$; $A_1(4|5)$
$\overrightarrow{CA} = \begin{pmatrix} -1 \\ -4 \end{pmatrix} = BC_1$; $C_1(2|-3)$
$\overrightarrow{BC} = \begin{pmatrix} -4 \\ 2 \end{pmatrix} = AB_1$; $B_1(-6|1)$

12 a) $\sqrt{125} - \sqrt{98} - \sqrt{45} - 3\sqrt{8} - \sqrt{5} = 5\sqrt{5} - 7\sqrt{2} - 3\sqrt{5} - 6\sqrt{2} - \sqrt{5} = \sqrt{5} - 13\sqrt{2}$
b) $\sqrt{\frac{1{,}47ac^4d^2}{b}} : \sqrt{3\frac{ac}{b^2}} = \sqrt{\frac{1{,}47ac^4d^2\cdot b^2}{3abc}} = \sqrt{0{,}49\cdot bc^3d^2} = 0{,}7|c|\cdot|d|\cdot\sqrt{bc}$, falls $a, b, c \neq 0$
c) $\sqrt{x^4y^5 - x^2y^7} = \sqrt{x^2y^5\cdot(x^2 - y^2)} = |x|\cdot y^2\cdot\sqrt{y(x^2 - y^2)}$

13

	a)	b)	c)	d)	e)	f)	g)	h)
Gradmaß	15°	435°	480°	135°	225°	−315°	−690°	345°
Bogenmaß	$\frac{\pi}{12} \approx 0{,}26$	$\frac{29}{12}\pi \approx 7{,}59$	$\frac{8}{3}\pi \approx 8{,}38$	$\frac{3}{4}\pi \approx 2{,}36$	$\frac{5}{4}\pi \approx 3{,}93$	$-\frac{7}{4}\pi \approx -5{,}50$	$-\frac{23}{6}\pi \approx -12{,}04$	$\frac{23}{12}\pi \approx 6{,}02$

3 Addition und Subtraktion von Vektoren

S. 96

1 A nach B: Gehe 1 in x_1-Richtung, −2 in x_2-Richtung.
B nach C: Gehe 4 in x_1-Richtung, 1 in x_2-Richtung.
A nach C: Gehe 5 in x_1-Richtung, −1 in x_2-Richtung.
Für die Bewegung von A nach C in x_1- und x_2-Richtung müssen die Befehle für die Bewegung von A nach B und von B nach C addiert werden.

S. 98

2 $\overrightarrow{AG} = -\vec{a} + \vec{b} - \vec{c}$; $\overrightarrow{CE} = \vec{a} + \vec{b} + \vec{c}$; $\overrightarrow{FH} = -\vec{a} + \vec{c}$; $\overrightarrow{BF} = \vec{b}$; $\overrightarrow{DG} = \vec{b} - \vec{c}$

3 a) $\overrightarrow{PR}$ b) $\vec{o}$ c) $\overrightarrow{PQ} - \overrightarrow{RQ} = \overrightarrow{PQ} + \overrightarrow{QR} = \overrightarrow{PR}$ d) $\overrightarrow{RP}$

e) $\overrightarrow{PS}$ f) $\overrightarrow{RQ}$ g) $\vec{B}$ h) $\overrightarrow{PQ} - \overrightarrow{RS} - \overrightarrow{PR} = \overrightarrow{SR} + \overrightarrow{RP} + \overrightarrow{PQ} = \overrightarrow{SQ}$

4 Zeichnung individuell

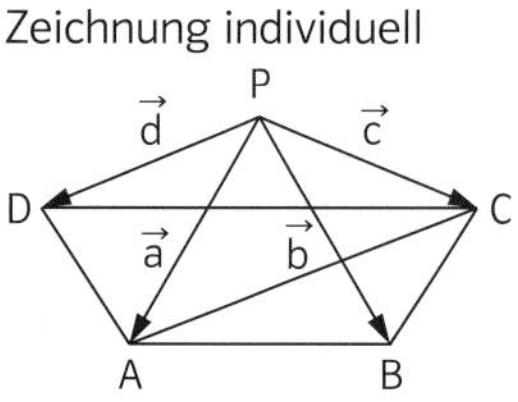

$\overrightarrow{AB} = \vec{b} - \vec{a}$; $\overrightarrow{BA} = \vec{a} - \vec{b}$
$\overrightarrow{AC} = \vec{c} - \vec{a}$; $\overrightarrow{CA} = \vec{a} - \vec{c}$
$\overrightarrow{AD} = \vec{d} - \vec{a}$; $\overrightarrow{DA} = \vec{a} - \vec{d}$
$\overrightarrow{BC} = \vec{c} - \vec{b}$; $\overrightarrow{CB} = \vec{b} - \vec{c}$
$\overrightarrow{CD} = \vec{d} - \vec{c}$; $\overrightarrow{DC} = \vec{c} - \vec{d}$

5 a) $\begin{pmatrix} 7 \\ 1 \\ -2 \end{pmatrix}$ b) $\begin{pmatrix} 0 \\ 1 \\ -9 \end{pmatrix}$ c) $\begin{pmatrix} 3 \\ -4 \\ 5 \end{pmatrix} - \begin{pmatrix} -3 \\ 3 \\ 6 \end{pmatrix} = \begin{pmatrix} 6 \\ -7 \\ -1 \end{pmatrix}$

6 $\overrightarrow{AB} = \begin{pmatrix} 2 \\ -1 \\ 3 \end{pmatrix} \Rightarrow \vec{B} - \vec{A} = \begin{pmatrix} 2 \\ -1 \\ 3 \end{pmatrix}$; $\vec{B} = \begin{pmatrix} 2 \\ -1 \\ 3 \end{pmatrix} + \vec{A}$; $\vec{A} = \vec{B} - \begin{pmatrix} 2 \\ -1 \\ 3 \end{pmatrix}$

a) $B(4\,|-2\,|\,6)$ b) $B(19\,|\,10\,|\,34)$ c) $A(-19\,|\,12\,|\,28)$ d) $A(31\,|-70\,|-184)$

7 a) $\begin{pmatrix} 1 \\ 1 \\ -2 \end{pmatrix} + \begin{pmatrix} 6 \\ -3 \\ 3 \end{pmatrix} = \begin{pmatrix} 7 \\ -2 \\ 1 \end{pmatrix}$ b) $\begin{pmatrix} 2 \\ 5 \\ -1 \end{pmatrix} - \begin{pmatrix} -5 \\ 7 \\ -2 \end{pmatrix} = \begin{pmatrix} 7 \\ -2 \\ 1 \end{pmatrix}$ c) $\begin{pmatrix} 1 \\ 1 \\ -2 \end{pmatrix} - \begin{pmatrix} -5 \\ 7 \\ -2 \end{pmatrix} - \begin{pmatrix} 4 \\ -8 \\ 4 \end{pmatrix} = \begin{pmatrix} 2 \\ 2 \\ -4 \end{pmatrix}$

d) $\begin{pmatrix} 1 \\ 4 \\ 1 \end{pmatrix} + \begin{pmatrix} -4 \\ 8 \\ -4 \end{pmatrix} - \begin{pmatrix} -1 \\ -4 \\ -1 \end{pmatrix} = \begin{pmatrix} -2 \\ 16 \\ -2 \end{pmatrix}$ e) $\begin{pmatrix} 6 \\ -3 \\ 3 \end{pmatrix} - \begin{pmatrix} -6 \\ 3 \\ -3 \end{pmatrix} + \begin{pmatrix} 1 \\ 4 \\ 1 \end{pmatrix} = \begin{pmatrix} 13 \\ -2 \\ 7 \end{pmatrix}$ f) $\begin{pmatrix} -4 \\ 8 \\ -4 \end{pmatrix} + \begin{pmatrix} 6 \\ -3 \\ 3 \end{pmatrix} + \begin{pmatrix} -1 \\ -4 \\ -1 \end{pmatrix} = \begin{pmatrix} 1 \\ 1 \\ -2 \end{pmatrix}$

8

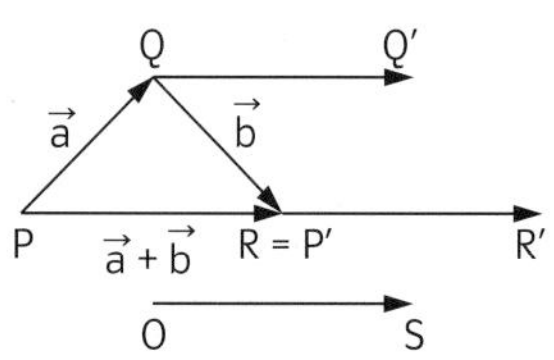

a) $\vec{a} = \begin{pmatrix} 1 \\ -12 \\ 10 \end{pmatrix}$; $\vec{b} = \begin{pmatrix} -1 \\ 11 \\ -14 \end{pmatrix}$; $\vec{a} + \vec{b} = \begin{pmatrix} 0 \\ -1 \\ -4 \end{pmatrix} \Rightarrow S(0\,|-1\,|-4)$

$P' = R(2\,|\,6\,|-5)$; $Q'(3\,|-6\,|\,5)$; $R'(2\,|\,5\,|-9)$

b) $\vec{a} = \begin{pmatrix} -3 \\ 13 \\ -3 \end{pmatrix}$; $\vec{b} = \begin{pmatrix} -3 \\ -7 \\ 12 \end{pmatrix}$; $\vec{a} + \vec{b} = \begin{pmatrix} -6 \\ 6 \\ 9 \end{pmatrix} \Rightarrow S(-6\,|\,6\,|\,9)$

$P' = R(5\,|\,6\,|\,7)$; $Q'(2\,|\,19\,|\,4)$; $R'(-1\,|\,12\,|\,16)$

9

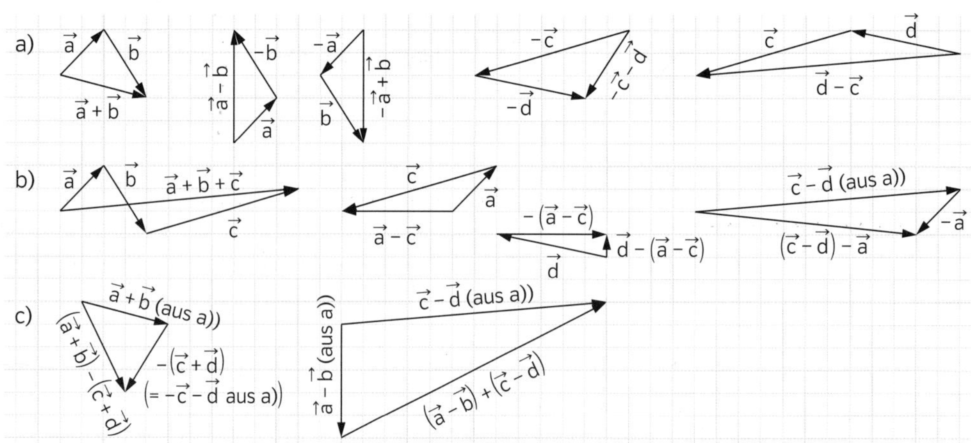

10 a) C(1 | 6 | −1); D(1 | 2 | −1); E(3 | 2 | 2); F(3 | 6 | 2); G(1 | 6 | 2)

b) M(3 | 2 | 0,5); N(2 | 6 | −1); S(1 | 4 | 2)

$\overrightarrow{MN} = \begin{pmatrix} -1 \\ 4 \\ -1{,}5 \end{pmatrix}; \quad \overrightarrow{MS} = \begin{pmatrix} -2 \\ 2 \\ 1{,}5 \end{pmatrix}; \quad \overrightarrow{NS} = \begin{pmatrix} -1 \\ -2 \\ 3 \end{pmatrix}$

S. 99

11 $\vec{a} = \vec{y} - \vec{z}$; $\vec{b} = -\vec{x} - \vec{y} + \vec{z}$; $\vec{c} = \vec{x} + \vec{y}$

12

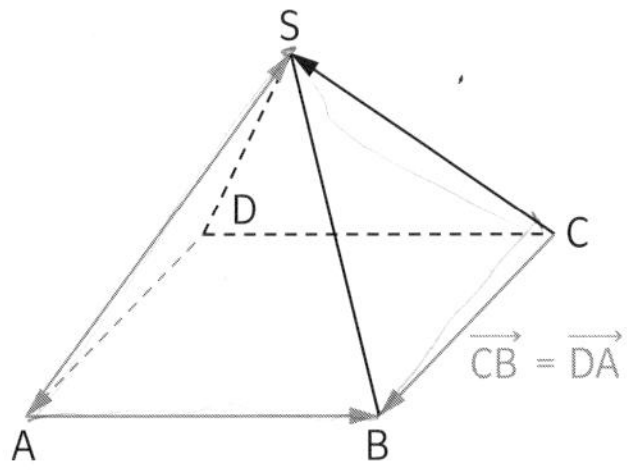

$\overrightarrow{CS} = \overrightarrow{CB} - \overrightarrow{AB} + \overrightarrow{AS}$
$= \overrightarrow{DA} - \overrightarrow{AB} + \overrightarrow{AS}$

13 a) gleiche Kraft:

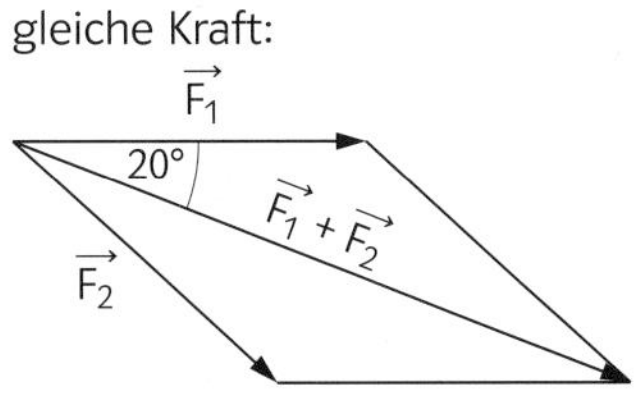

doppelte Kraft:

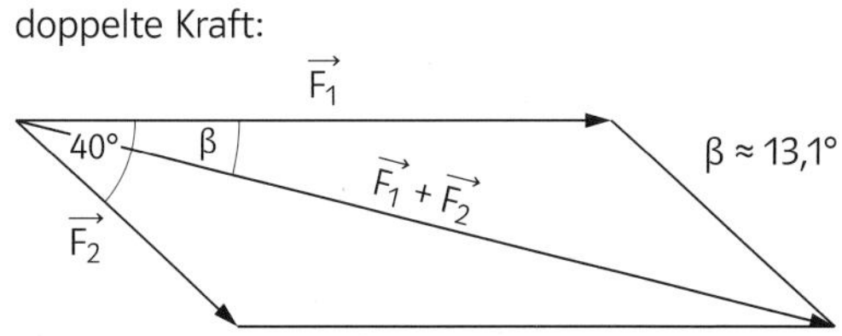

b) Beim Winkel 180° wird der Mann mit der geringsten Kraft gezogen, weil die Kräfte einander entgegen wirken.

14

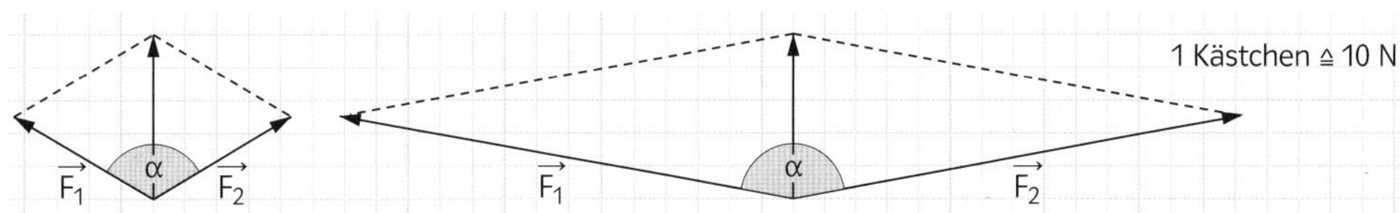

50 N
$\alpha = 120°$
$|\vec{F_1}| = |\vec{F_2}| \approx 50\,N$

50 N
$\alpha = 160°$
$|\vec{F_1}| = |\vec{F_2}| \approx 145\,N$

15

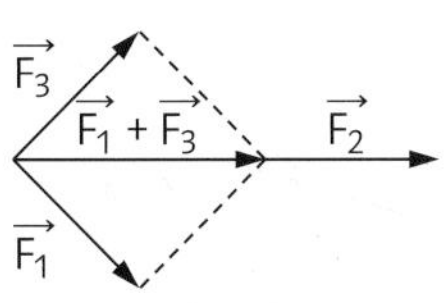

$\vec{F} = \vec{F_1} + \vec{F_2} + \vec{F_3}$

Der Pfeil für $\vec{F}$ ist $(\sqrt{2} + 1)$ mal so lang wie die Pfeile für $\vec{F_1}$, $\vec{F_2}$ und $\vec{F_3}$.
Die Pfeile für die Kräfte der Hobbysportler müssen $\frac{1+\sqrt{2}}{3} \approx 0{,}805$ mal so lang wie die Pfeile der Profisportler sein.
Jeder Hobbysportler muss mit mindestens 80,5 % der Kraft des Profisportlers ziehen, damit die Gruppe nicht verliert.

16

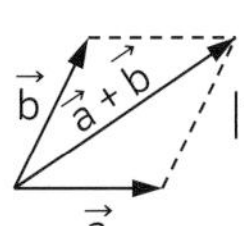

$|\vec{a}| = |\vec{b}|$

Die Repräsentanten von a und b schließen einen Winkel von 90° ein, da unter allen Rauten der Seitenlänge $|\vec{a}|$ nur das Quadrat eine Diagonalenlänge $\sqrt{2} \cdot |\vec{a}|$ besitzt.

17 a) $f(x) = -2 \cdot (x+2)(x-2)$; $x_1 = -2$; $x_2 = 2$

b) $g(x) = 4 \cdot (x+1)(x-2)$; $x_1 = -1$; $x_2 = 2$

c) $k(x) = x \cdot (x-1)^2$; $x_1 = 0$; $x_2 = 1$

d) $h(x) = 2x^2 \cdot (x+\sqrt{10})(x-\sqrt{10})$; $x_1 = 0$; $x_2 = -\sqrt{10}$; $x_3 = \sqrt{10}$

e) $s(x) = 10x^3 \cdot (x^2+4)$; $x_1 = 0$

f) $d(x) = x \cdot (x-1)(x-2)^2$; $x_1 = 0$; $x_2 = 1$; $x_3 = 2$

g) $f(x) = 5x^2 \cdot (x+3)(x-3)$; $x_1 = 0$; $x_2 = -3$; $x_3 = 3$

18 a)

$$\begin{array}{lrl} \text{(I)} & \frac{2}{3}x - 5y + 1 = 0 & \\ \text{(II)} & \frac{1}{3}x - \ \ y - 1 = 0 & \\ \hline \text{(I)} - 2\cdot\text{(II)}: & -3y + 3 = 0 & \Rightarrow \ y = 1;\ x = 6 \end{array}$$

b)

$$\begin{array}{lrl} \text{(I)} & \frac{x}{2} - \frac{y}{3} - 5 = 0 & \\ \text{(II)} & \frac{x}{4} - \frac{2y}{3} - 4 = 0 & \\ \hline 2\cdot\text{(I)} - \text{(II)} & \frac{3}{4}x \quad - 6 = 0 & \Rightarrow \ x = 8;\ y = -3 \end{array}$$

19 $P(E) = 1 - P(\overline{E}) = 1 - \left(\frac{5}{6}\right)^4 \approx 0{,}52$

(E: Mindestens ein Würfel zeigt die Augenzahl 6; $\overline{E}$: Kein Würfel zeigt die Augenzahl 6.)

4 Multiplikation eines Vektors mit einer Zahl (S-Multiplikation)

S. 100

1 a) $\frac{\overline{OQ}}{\overline{OP}} = \frac{r}{1}$ $r > 0$ (Strahlensatz) $\Rightarrow$ $\overline{OQ} = r \cdot \overline{OP}$

b) $\overrightarrow{OQ'} = -\overrightarrow{OQ}$; der Repräsentant von $\overrightarrow{OQ'}$ ist auch r-mal so lang wie der Repräsentant von $\overrightarrow{OP}$, aber entgegengesetzt gerichtet. Also gilt: $\overrightarrow{OQ'} = -r\overrightarrow{OP}$

S. 101

2 a) $\begin{pmatrix} 6 \\ -3 \end{pmatrix}$ b) $\begin{pmatrix} -0{,}4 \\ 1 \end{pmatrix}$ c) $\begin{pmatrix} 2 \\ 2ac \end{pmatrix}$ d) $\begin{pmatrix} \frac{3}{4} \\ 4 \\ -\frac{6}{5} \end{pmatrix}$ e) $\begin{pmatrix} 3 \\ 0 \\ -33 \end{pmatrix}$ f) $\begin{pmatrix} -7{,}5 \\ -8{,}25 \\ -9 \end{pmatrix}$

3 Individuelle Lösungen, z. B.:

a) $\frac{1}{12}\begin{pmatrix} 6 \\ 4 \\ 3 \end{pmatrix} = \frac{1}{24}\begin{pmatrix} 12 \\ 8 \\ 6 \end{pmatrix}$ b) $\frac{1}{10}\begin{pmatrix} 50 \\ 4 \\ 15 \end{pmatrix}$ c) $4\cdot\begin{pmatrix} -2 \\ 3 \\ 9 \end{pmatrix}$ d) $\frac{1}{24}\begin{pmatrix} 288 \\ -20 \\ -3 \end{pmatrix}$

S. 102

4 a) $\begin{pmatrix} -3 \\ 12 \\ 6 \end{pmatrix} - \begin{pmatrix} -4 \\ 8 \\ 2 \end{pmatrix} + \begin{pmatrix} -3 \\ 12 \\ 6 \end{pmatrix} = \begin{pmatrix} -2 \\ 16 \\ 10 \end{pmatrix}$ b) $\begin{pmatrix} -4 \\ -6 \\ 1 \end{pmatrix} + \begin{pmatrix} 8 \\ -4 \\ 8 \end{pmatrix} + \begin{pmatrix} 6 \\ 9 \\ -1{,}5 \end{pmatrix} = \begin{pmatrix} 10 \\ -1 \\ 7{,}5 \end{pmatrix}$ c) $\begin{pmatrix} 2 \\ 8 \\ -4 \end{pmatrix} + \begin{pmatrix} 2 \\ 3 \\ 12 \end{pmatrix} - \begin{pmatrix} 6 \\ 0{,}5 \\ 3 \end{pmatrix} = \begin{pmatrix} -2 \\ 10{,}5 \\ 5 \end{pmatrix}$

i 5 Im Lehrtext wurde auf eine Herleitung der Koordinatendarstellung eines Vektors $r\cdot\vec{a}$ verzichtet. Dies soll hier mithilfe der auf der Randspalte abgebildeten Zeichnung unter Ausnutzung des Strahlensatzes geschehen. Es ist allein von der Definition der S-Multiplikation, wie sie im *Schülerbuch S. 100* im Kasten vorgegeben ist, auszugehen.

a)

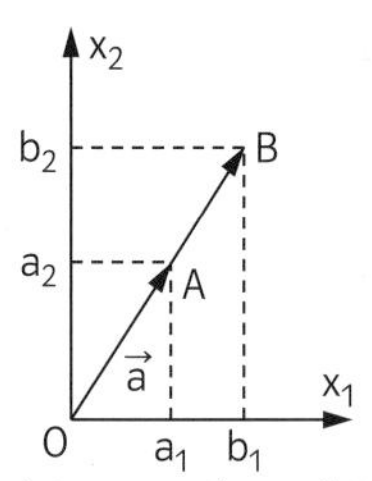

$\vec{b} = r\cdot\vec{a} \Rightarrow \overline{OB} = r\cdot\overline{OA}$

Nach Strahlensatz gilt: $\frac{b_1}{a_1} = \frac{\overline{OB}}{\overline{OA}} = \frac{r}{1} \Rightarrow b_1 = r\cdot a_1$

$b_2 = r\cdot a_2$ (Beweis analog)

Also gilt:

$r\cdot\begin{pmatrix} a_1 \\ a_2 \end{pmatrix} = r\cdot\vec{a} = \vec{b} = \begin{pmatrix} b_1 \\ b_2 \end{pmatrix} = \begin{pmatrix} r\cdot a_1 \\ r\cdot a_2 \end{pmatrix}$

b) Ist r negativ, so ist der Vektor $\vec{b} = r\cdot\vec{a}$ zum Vektor $\vec{a}$ entgegen gerichtet.

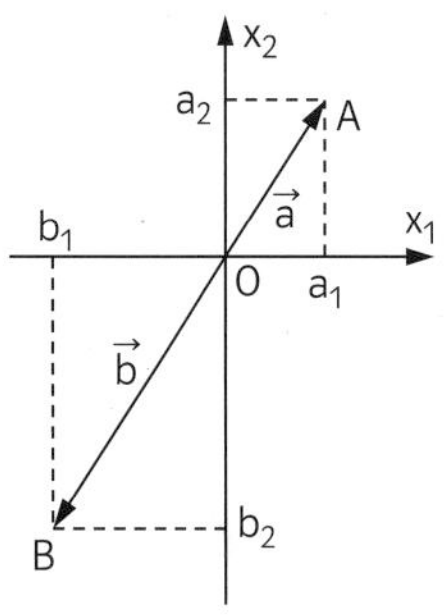

Für die (positiven) Streckenlängen gilt:

$\overline{OB} = \underbrace{-\underbrace{r}_{\text{neg.}}}_{\text{pos.}} \cdot \overline{OA}$

Nach Strahlensatz gilt: $\frac{-b_1}{a_1} = \frac{\overline{OB}}{\overline{OA}} = \frac{-r}{1} \Rightarrow b_1 = r\cdot a_1$

$b_2 = r\cdot a_2$ (analog)

Also gilt: $r\cdot\begin{pmatrix} a_1 \\ a_2 \end{pmatrix} = r\cdot\vec{a} = \vec{b} = \begin{pmatrix} b_1 \\ b_2 \end{pmatrix} = \begin{pmatrix} r\cdot a_1 \\ r\cdot a_2 \end{pmatrix}$

Die Aussage gilt also auch für negative r.

6 a) $x = 4$ b) $x = \frac{1}{2}\sqrt{3}$ c) nicht lösbar d) $x = -\frac{1}{2}$ e) $x = 20$ f) $x = 6$

7 $\vec{M} = \vec{A} + \frac{1}{2}\overrightarrow{AB} = \vec{A} + \frac{1}{2}(\vec{B} - \vec{A}) = \vec{A} + \frac{1}{2}\vec{B} - \frac{1}{2}\vec{A} = \frac{1}{2}\vec{A} + \frac{1}{2}\vec{B} = \frac{1}{2}(\vec{A} + \vec{B})$.

8 a) $\overrightarrow{M_{AB}} = \frac{1}{2}\begin{pmatrix}-2+2\\-3+3\\2+2\end{pmatrix} = \frac{1}{2}\begin{pmatrix}0\\0\\4\end{pmatrix} = \begin{pmatrix}0\\0\\2\end{pmatrix}$; $M_{AB}(0\,|\,0\,|\,2)$

$\overrightarrow{M_{AC}} = \frac{1}{2}\begin{pmatrix}-2-4\\-3-1\\2+4\end{pmatrix} = \frac{1}{2}\begin{pmatrix}-6\\-4\\6\end{pmatrix} = \begin{pmatrix}-3\\-2\\3\end{pmatrix}$; $M_{AC}(-3\,|\,-2\,|\,3)$

$\overrightarrow{M_{BC}} = \frac{1}{2}\begin{pmatrix}2-4\\3-1\\2+4\end{pmatrix} = \frac{1}{2}\begin{pmatrix}-2\\2\\6\end{pmatrix} = \begin{pmatrix}-1\\1\\3\end{pmatrix}$; $M_{BC}(-1\,|\,1\,|\,3)$

b) [AB] ist parallel zur x_1x_2-Ebene; M_1 liegt auf der x_3-Achse, d.h. die Achse halbiert [AB].

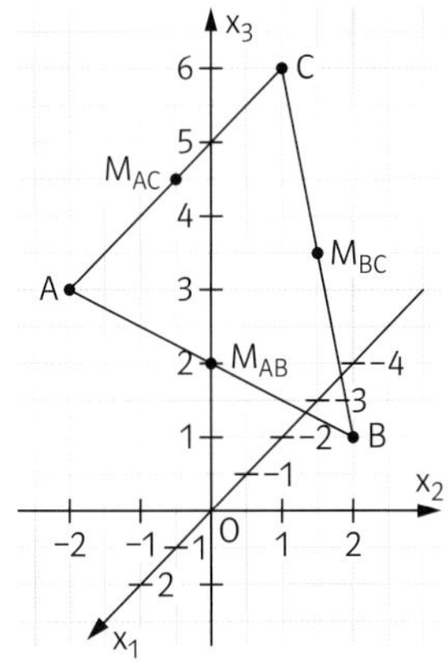

9 a) $\vec{o}$ b) $22{,}8\vec{a} + 8{,}4\vec{b} - 12{,}1\vec{c}$ c) $4\vec{a} + 3\vec{b}$ d) $9\vec{a} + 6\vec{b}$ e) $2\vec{u} - 10\vec{v}$

10 a)

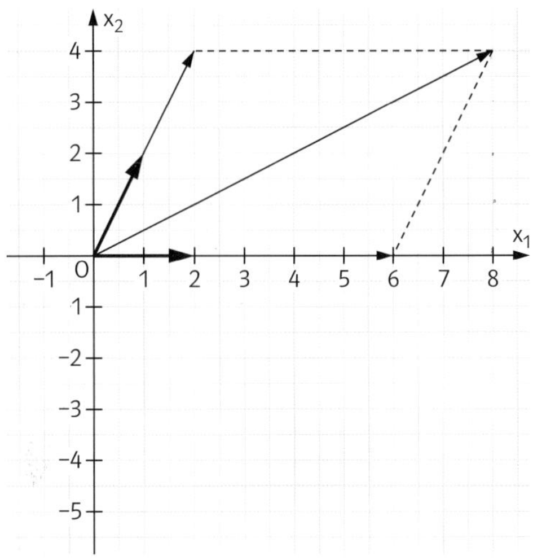

b)

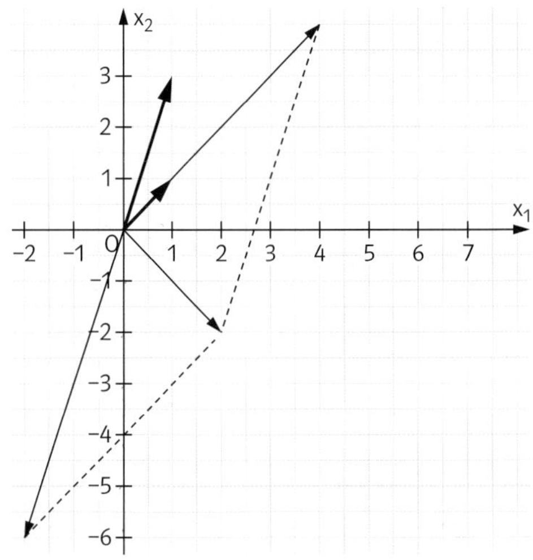

c)

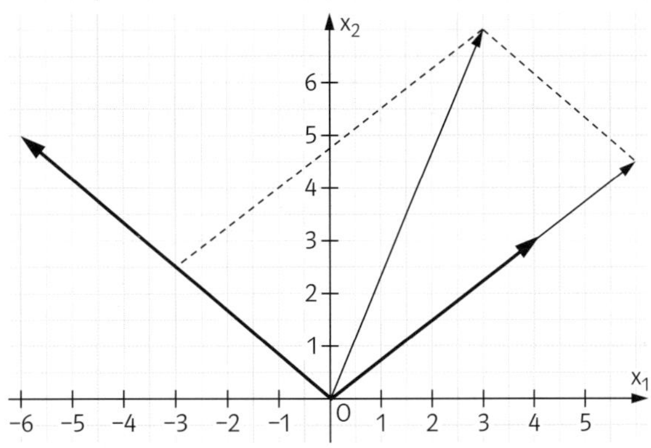

d)

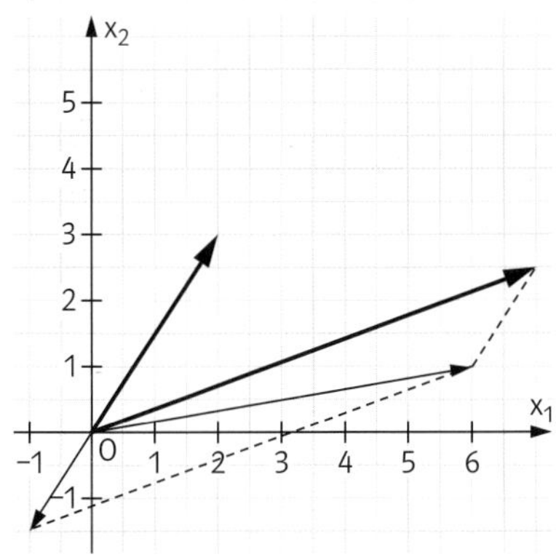

11 a) Die Aussage ist richtig, denn $\overrightarrow{BA}$ ist Gegenvektor von $\overrightarrow{AB}$.
b) Die Aussage ist falsch, denn die Differenz zweier Vektoren ist wieder ein Vektor. Es gilt: $\vec{a} - \vec{a} = \vec{o}$
c) Die Aussage ist falsch; Zahl mal Vektor ist wieder ein Vektor. Es gilt: $0 \cdot \vec{a} = \vec{o}$
d) Die Aussage ist richtig.
e) Die Aussage ist falsch, es gilt: $\overrightarrow{AB} = \vec{B} - \vec{A}$
f) Die Aussage ist falsch, denn die Summe von Vektoren ergibt einen Vektor. Es gilt: $\overrightarrow{AB} + \overrightarrow{BC} + \overrightarrow{CA} = \vec{o}$

Individuelle Lösungen zu ähnlichen Aufgaben

12 $a = \begin{pmatrix} 4 \\ 1 \end{pmatrix}$; $b = \begin{pmatrix} -2 \\ -1 \end{pmatrix}$; $c = \begin{pmatrix} -2 \\ 1{,}5 \end{pmatrix}$; $d = \begin{pmatrix} 1 \\ -3 \end{pmatrix}$

Die Zeichnungen sind analog zu Aufgabe 10 auszuführen.

a) $\begin{pmatrix} 4 \\ 1 \end{pmatrix} + \begin{pmatrix} -4 \\ -2 \end{pmatrix} = \begin{pmatrix} 0 \\ -1 \end{pmatrix}$ b) $\begin{pmatrix} -2 \\ -1 \end{pmatrix} - \begin{pmatrix} 8 \\ 2 \end{pmatrix} = \begin{pmatrix} -10 \\ -3 \end{pmatrix}$

c) $\begin{pmatrix} -6 \\ 4{,}5 \end{pmatrix} - \begin{pmatrix} 4 \\ -12 \end{pmatrix} = \begin{pmatrix} -10 \\ 16{,}5 \end{pmatrix}$ d) $\begin{pmatrix} 2 \\ 0{,}5 \end{pmatrix} - \begin{pmatrix} -2 \\ -1 \end{pmatrix} + \begin{pmatrix} 2 \\ -6 \end{pmatrix} = \begin{pmatrix} 6 \\ -4{,}5 \end{pmatrix}$

S. 103

13 $\overrightarrow{CA} = \vec{b}$; $\overrightarrow{CB} = \vec{a}$; $\vec{c} = \overrightarrow{AB} = \vec{a} - \vec{b}$ $\overrightarrow{MN} = \frac{1}{2}\vec{a} + \frac{1}{2}\vec{b} = \frac{1}{2}(\vec{a} - \vec{b}) = \frac{1}{2}\overrightarrow{AB} = \frac{1}{2}\vec{c}$

Somit gilt auch $\overrightarrow{MN} \parallel \overrightarrow{AB}$.

14 a) $\vec{x} = \begin{pmatrix} 4 \\ -3 \\ 1 \end{pmatrix} - \begin{pmatrix} 3 \\ 2 \\ 1 \end{pmatrix} = \begin{pmatrix} 1 \\ -5 \\ 0 \end{pmatrix}$ b) $\vec{x} = \begin{pmatrix} 2 \\ -4 \\ -1 \end{pmatrix} + \begin{pmatrix} -2 \\ 0{,}5 \\ 3 \end{pmatrix} + \begin{pmatrix} 3 \\ -1 \\ 4 \end{pmatrix} = \begin{pmatrix} 3 \\ -4{,}5 \\ 6 \end{pmatrix}$

c) $\vec{x} = \frac{1}{2}\left[\begin{pmatrix} 1 \\ -4 \\ 6 \end{pmatrix} - \begin{pmatrix} 9 \\ -6 \\ 2 \end{pmatrix}\right] = \begin{pmatrix} -4 \\ 1 \\ 2 \end{pmatrix}$

15 Individuelle Lösungen

16 Es vereinfacht die Rechnung, zunächst $\overrightarrow{AB}$ und $\overrightarrow{BC}$ zu berechnen.

$\overrightarrow{AB} = \overrightarrow{SB} - \overrightarrow{SA}$; $\overrightarrow{BC} = \overrightarrow{SC} - \overrightarrow{SB}$; $\overrightarrow{CD} = \overrightarrow{BA} = \overrightarrow{SA} - \overrightarrow{SB}$; $\overrightarrow{DA} = \overrightarrow{CB} = \overrightarrow{SB} - \overrightarrow{SC}$;

$\overrightarrow{SD} = \overrightarrow{SC} + \overrightarrow{CD} = \overrightarrow{SC} + \overrightarrow{SA} - \overrightarrow{SB}$

17 a)

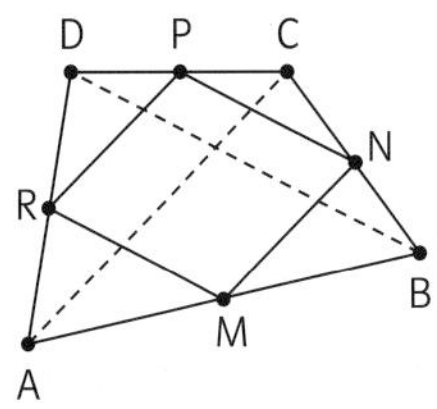

$[MN] \parallel [AC] \parallel [RP]$
$[MR] \parallel [BD] \parallel [NP]$ } Umkehrung des Strahlensatzes, vgl. *Band 8, S. 142*

$\Rightarrow$ Viereck MNPR ist ein Parallelogramm.

b) $\overrightarrow{MN} = \vec{N} - \vec{M} = \frac{1}{2}(\vec{B} + \vec{C}) - \frac{1}{2}(\vec{A} + \vec{B}) = \frac{1}{2}(\vec{C} - \vec{A})$
$\overrightarrow{RP} = \vec{P} - \vec{R} = \frac{1}{2}(\vec{C} + \vec{D}) - \frac{1}{2}(\vec{A} + \vec{D}) = \frac{1}{2}(\vec{C} - \vec{A})$ } $\overrightarrow{MN} = \overrightarrow{RP}$ $\Rightarrow$ Viereck MNPR ist ein Parallelogramm.

c) Die Überlegungen bzw. Rechnungen gelten für Vektoren im Raum ebenfalls, denn es wurden für sie keinerlei Einschränkungen gemacht.

18 a) $\triangle ABD$ ist rechtwinklig (Thaleskreis) $A_{ABCD} = 2 \cdot \left(\frac{1}{2} \cdot 12 \cdot 5\right) = 60$

b) $\overline{AB} = \sqrt{12^2 + 5^2} = 13$; $A_{ABD} = \frac{1}{2} \cdot 13 \cdot h = 30 \Rightarrow h = \frac{60}{13}$

c) Schnittpunkt der Diagonalen sei N. Der Schnittpunkt S der Winkelhalbierenden des Winkels BNC mit [BC] hat von den Diagonalen den gleichen Abstand. S halbiert die Seite [BC], wenn im Dreieck BCN die Winkelhalbierende Symmetrieachse ist, also $\triangle BCN$ gleichschenklig ist. Dies bedeutet, dass das Parallelogramm ABCD gleichlange Diagonalen hat, also rechtwinklig ist. Dies ist jedoch nie der Fall, da D auf dem Thaleskreis liegt.

19 Umwandlung in Scheitelpunktform: $f(x) = -\frac{1}{2}(x-2)^2 + 5$; $S(2\,|\,5)$

Die Parabel ist mit dem Faktor $\frac{1}{2}$ gestreckt und nach unten geöffnet.

→ Ping-Pong zu Vektoren; Kopiervorlage S. 205

Spiel für 2 Personen (Spieldauer: 15–25 min)

Spielidee:

Es sind Vektorgleichungen zu lösen, wobei Vektoren zu addieren, subtrahieren und mit Zahlen zu multiplizieren sind.

5 Betrag von Vektoren, Länge von Strecken

S. 104

1 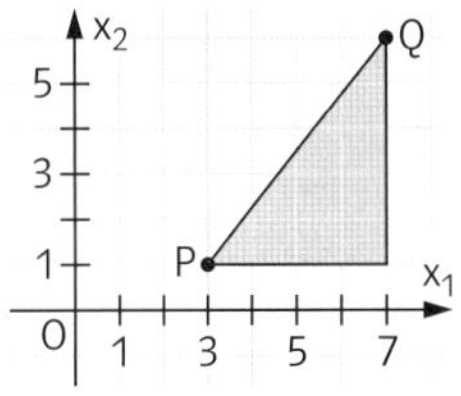

$\overline{PQ} = \sqrt{(7-3)^2 + (6-1)^2} = \sqrt{41}$

2 a) $d = \sqrt{10^2 + 4^2} = \sqrt{116}$ b) $D = \sqrt{116 + 5^2} = \sqrt{141}$

S. 105

3 $|\vec{a}| = \sqrt{5}$; $\vec{a_0} = \frac{1}{\sqrt{5}}\begin{pmatrix}1\\2\end{pmatrix}$; $|\vec{b}| = 5$; $\vec{b_0} = \begin{pmatrix}0,6\\0,8\end{pmatrix}$; $|\vec{c}| = \sqrt{29}$; $\vec{c_0} = \frac{1}{\sqrt{29}}\begin{pmatrix}-2\\-5\end{pmatrix}$;

$|\vec{d}| = \sqrt{5}$; $\vec{d_0} = \frac{1}{\sqrt{5}} \cdot \frac{1}{\sqrt{5}} \cdot \begin{pmatrix}4\\-3\end{pmatrix} = \begin{pmatrix}0,8\\-0,6\end{pmatrix}$; $|\vec{x}| = \sqrt{29}$; $\vec{x_0} = \frac{1}{\sqrt{29}}\begin{pmatrix}3\\-2\\4\end{pmatrix}$;

$|\vec{y}| = 7$; $\vec{y_0} = \frac{1}{7}\begin{pmatrix}3\\-2\\6\end{pmatrix}$; $|\vec{u}| = 0,3$; $\vec{u_0} = \frac{1}{3}\begin{pmatrix}2\\2\\1\end{pmatrix}$; $|\vec{v}|; = \sqrt{10}$; $|\vec{v_0}| = \begin{pmatrix}\sqrt{0,2}\\\sqrt{0,3}\\\sqrt{0,5}\end{pmatrix}$

4 a) $\overline{AB} = \sqrt{65}$; $\overline{AC} = \sqrt{130}$; $\overline{BC} = \sqrt{65}$ Dreieck ABC ist gleichschenklig.
b) $\overline{AB} = \sqrt{181}$; $\overline{AC} = \sqrt{185}$; $\overline{BC} = \sqrt{178}$
c) $\overline{AB} = \sqrt{21}$; $\overline{AC} = 3$; $\overline{BC} = \sqrt{8}$
d) $\overline{AB} = \sqrt{13}$; $\overline{AC} = \sqrt{13}$; $\overline{BC} = \sqrt{14}$ Dreieck ABC ist gleichschenklig.

+ Insbesondere die Teilaufgaben c) und d) lassen sich gut mit einem 3D-Geometriesystem veranschaulichen.

5 $\overline{PQ} = \sqrt{1^2 + 2^2 + (p-5)^2} = 3 \Rightarrow (p-5)^2 = 4$; (1) $p - 5 = 2 \Rightarrow p = 7$; also $P_1(5|0|7)$
(2) $p - 5 = -2 \Rightarrow p = 3$; also $P_2(5|0|3)$

+ Stellen Sie Ihrem Nachbarn/Ihrer Nachbarin ähnliche Aufgaben und überprüfen Sie die Lösung mit einem 3D-Geometriesystem.

6 $\vec{u} = r \cdot \vec{v} = \begin{pmatrix}r \cdot v_1\\r \cdot v_2\\r \cdot v_3\end{pmatrix}$; $|\vec{u}| = \sqrt{(r \cdot v_1)^2 + (r \cdot v_2)^2 + (r \cdot v_3)^2} = |r| \cdot |\vec{v}|$

7 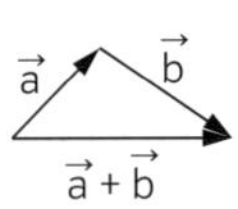

$|\vec{a} + \vec{b}| \leqq |\vec{a}| + |\vec{b}|$

8 a) 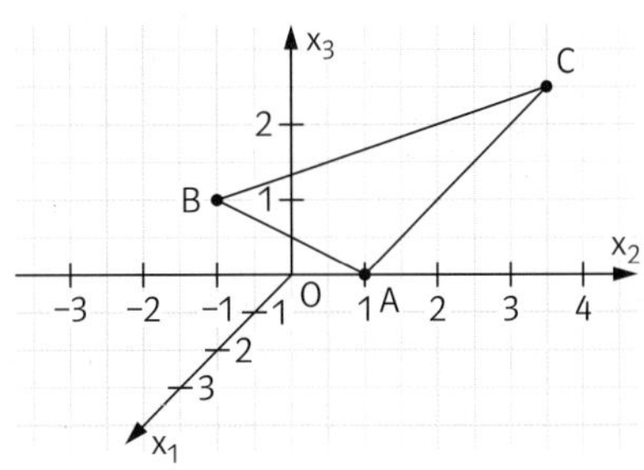

b) $\overline{AB} = \sqrt{4+1+4} = 3$;
$\overline{AC} = \sqrt{1+4+4} = 3$;
$\overline{BC} = \sqrt{9+9} = 3\sqrt{2}$;
$\overline{AB}^2 + \overline{AC}^2 = \overline{BC}^2$
Das Dreieck ABC ist gleichschenklig rechtwinklig.

9 $\overline{OA} = 4$; $\overline{OB} = \sqrt{4 + b^2} = 4 \Rightarrow b^2 = 12 \Rightarrow b_1 = 2\sqrt{3}$; $b_2 = -2\sqrt{3}$
Für $b_1 = 2\sqrt{3}$ und $b_2 = -2\sqrt{3}$ ist das Dreieck OAB gleichseitig.

10 $\overline{XM} = \sqrt{(4-x_1)^2 + (1-x_2)^2 + (-1-x_3)^2} = 3 \quad \Rightarrow \quad (4-x_1)^2 + (1-x_2)^2 + (-1-x_3)^2 = 9$

Es gilt z. B.: $2^2 + 1^2 + 2^2 = 9$, also könnte $x_1 = 2$; $x_2 = 0$ und $x_3 = -3$ gewählt werden, also $X(2|0|-3)$

weitere mögliche (ganzzahlige) Lösungen: $(2|0|1)$; $(6|0|-3)$; $(3|3|1)$; $(6|-1|0)$

11 a) $\overline{AC_k} = \sqrt{(1+3k)^2 + (1{,}5+2k)^2 + (3-2k)^2} = \sqrt{12{,}25+17k^2}$

$\overline{BC_k} = \sqrt{(-1+3k)^2 + (-1{,}5+2k)^2 + (-3-2k)^2} = \sqrt{12{,}25+17k^2}$

$\Rightarrow \quad \overline{BC_k} = \overline{AC_k}$ für alle $k \in \mathbb{R}$

b) $\overline{AB} = \sqrt{2^2+3^2+6^2} = 7$

$AC_k = 7 \quad \Rightarrow \quad 17k^2 + 12{,}25 = 49 \quad \Rightarrow \quad k^2 = \frac{36{,}75}{17}$; $k_1 \approx 1{,}47$; $k_2 \approx -1{,}47$

Für $k_1 \approx 1{,}47$ oder $k_2 \approx -1{,}47$ ist das Dreieck ABC_k gleichseitig.

c) Wenn das Dreieck ABC_k gleichschenklig ist, muss C_k auf der Mittelsenkrechten zu [AB] liegen.

12

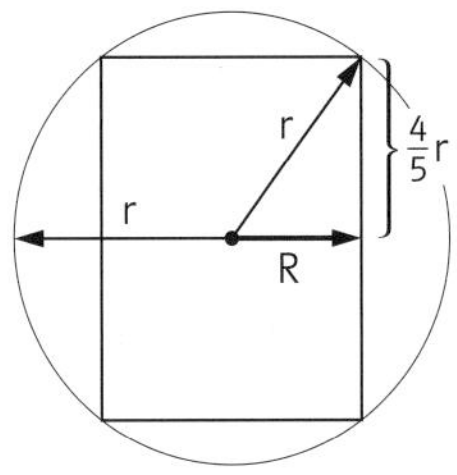

r = Kugelradius; R = Zylinderradius

$\frac{h}{r} = \frac{8}{5} \quad \Rightarrow \quad h = \frac{8}{5}r$

$R^2 + \left(\frac{4}{5}r\right)^2 = r^2 \quad \Rightarrow \quad R^2 = \frac{9}{25}r^2 \quad \Rightarrow \quad R = \frac{3}{5}r$

$V_K = \frac{4}{3}r^3\pi$; $\qquad V_Z = \left(\frac{3}{5}r\right)^2\pi \cdot \frac{8}{5}r = \frac{72}{125}r^3\pi$

$\frac{V_Z}{V_K} = \frac{72 \cdot 3}{125 \cdot 4} = \frac{54}{125} = 0{,}432$

Der Zylinder füllt 43,2 % des Kugelvolumens aus.

13 a) $A(0|-3)$; $B(3|0) \quad \Rightarrow \quad g_{AB}$: $y = x - 3$

b) Parabelgleichung: $f(x) = ax^2 + bx + c$

$A \in G_f \quad \Rightarrow \quad c = -3$

$B \in G_f \quad \Rightarrow \quad 9a + 3b - 3 = 0 \quad \Rightarrow \quad b = -3a + 1$

Die Variable a kann noch frei gewählt werden.

$f(x) = ax^2 + (-3a+1)x - 3$

$C(2|1) \in G_f \quad \Rightarrow \quad 4a + (1-3a) \cdot 2 - 3 = 1 \quad \Rightarrow \quad a = -1$

$f(x) = -x^2 + 4x - 3$

14 $f(x) = \frac{(x^2-3x-1)\cdot(2x+1)}{2x+1} = x^2 - 3x - 1$ für $x \neq -\frac{1}{2}$; G_f ist eine Parabel mit dem „Loch" $\left(-\frac{1}{2}\middle|\frac{3}{4}\right)$.

$y = x^2 - 3x - 1 = (x-1{,}5)^2 - 3{,}25$; $S(1{,}5|-3{,}25)$

→ TB Trainingsblatt: Betrag von Vektoren, Länge von Strecken; Kopiervorlage S. 206 f.

6 Skalarprodukt von Vektoren, Größe von Winkeln

S. 106

1 a) $\sin 37{,}35° = \frac{h}{3{,}5} \quad \Rightarrow \quad h = 3{,}5 \cdot \sin 37{,}35° \approx 2{,}12$

$\cos 37{,}35° = \frac{x}{3{,}5} \quad \Rightarrow \quad x = 3{,}5 \cdot \cos 37{,}35° \approx 2{,}78$

$a^2 = h^2 + (c-x)^2 \quad \Rightarrow \quad a \approx \sqrt{2{,}12^2 + (4{,}8-2{,}78)^2} \approx 2{,}93$

b) $a = \sqrt{\left(|\vec{b}| \cdot \sin\alpha\right)^2 + \left(|\vec{c}| - |\vec{b}| \cdot \cos\alpha\right)^2} = \sqrt{|\vec{b}|^2 \cdot \sin^2\alpha + |\vec{c}|^2 - 2 \cdot |\vec{b}| \cdot |\vec{c}| \cdot \cos\alpha + |\vec{b}|^2 \cdot \cos^2\alpha}$

$= \sqrt{|\vec{b}|^2 \underbrace{(\sin^2\alpha + \cos^2\alpha)}_{=1} + |\vec{c}|^2 - 2 \cdot |\vec{b}| \cdot |\vec{c}| \cdot \cos\alpha} = \sqrt{|\vec{b}|^2 + |\vec{c}|^2 - 2 \cdot |\vec{b}| \cdot |\vec{c}| \cdot \cos\alpha}$

S. 108

2 a) −4 b) −12 c) −2 d) 0

3 a) 3 b) 5 c) 0 d) 8 e) −2 f) 12

4 a) $\cos\alpha = \frac{\vec{a} \circ \vec{b}}{|\vec{a}| \cdot |\vec{b}|} \approx -0{,}355 \quad \Rightarrow \quad \alpha \approx 110{,}8°$ b) $\cos\alpha \approx 0{,}414 \quad \Rightarrow \quad \alpha \approx 65{,}6°$

5 Für die Lösung wird kein Taschenrechner benötigt.

$\vec{a} \circ \vec{d} = 2 \cdot 2 \cdot \cos 120° = -2;$ $\vec{a} \circ \vec{g} = 2 \cdot 4 \cdot \cos 60° = 4;$ $\vec{d} \circ \vec{g} = 2 \cdot 4 \cdot \cos 60° = 4;$

$\vec{e} \circ \vec{g} = 2 \cdot 4 = 8;$ $\vec{b} \circ \vec{e} = 2 \cdot 2 = 4$

6 a) $\overrightarrow{AB} = \begin{pmatrix} 3 \\ -2 \end{pmatrix};\ \overline{AB} = \sqrt{13};$ $\overrightarrow{AC} = \begin{pmatrix} 2 \\ 2 \end{pmatrix};\ \overline{AC} = 2\sqrt{2};$ $\overrightarrow{BC} = \begin{pmatrix} -1 \\ 4 \end{pmatrix};\ \overline{BC} = \sqrt{17}$

$\alpha \approx 78{,}7°;\ \beta \approx 42{,}3°;\ \gamma \approx 59{,}0°$

b) $\overrightarrow{AB} = \begin{pmatrix} 9 \\ -6 \end{pmatrix};\ \overline{AB} = 3\sqrt{13};$ $\overrightarrow{AC} = \begin{pmatrix} 2 \\ 8 \end{pmatrix};\ \overline{AC} = 2\sqrt{17};$ $\overrightarrow{BC} = \begin{pmatrix} -7 \\ 14 \end{pmatrix};\ \overline{BC} = 7\sqrt{5}$

$\alpha \approx 109{,}7°;\ \beta \approx 29{,}7°;\ \gamma \approx 40{,}6°$

c) $\overrightarrow{AB} = \begin{pmatrix} 2 \\ -1 \\ 2 \end{pmatrix};\ \overline{AB} = 3;$ $\overrightarrow{AC} = \begin{pmatrix} 1 \\ 2 \\ -2 \end{pmatrix};\ \overline{AC} = 3;$ $\overrightarrow{BC} = \begin{pmatrix} -1 \\ 3 \\ -4 \end{pmatrix};\ \overline{BC} = \sqrt{26}$

$\alpha \approx 116{,}4°;\ \beta \approx 31{,}8°;\ \gamma \approx 31{,}8°$

Eine Kontrolle mit einem 3D-Geometriesystem ist sinnvoll. Bei a) und b) ist $x_3 = 0$ zu setzen.

S. 109

7 $\vec{a} \circ \vec{b} = \begin{pmatrix} 1 \\ 1 \\ \sqrt{2} \end{pmatrix} \circ \begin{pmatrix} 1 \\ 1 \\ \sqrt{3} \end{pmatrix} = 2 + \sqrt{6};$ $\vec{a} \circ \vec{c} = \begin{pmatrix} 1 \\ 1 \\ \sqrt{2} \end{pmatrix} \circ \begin{pmatrix} 1 \\ 1 \\ -\sqrt{2} \end{pmatrix} = 2 - 2 = 0 \quad \Rightarrow \quad \vec{a} \perp \vec{c};$

$\vec{a} \circ \vec{d} = \begin{pmatrix} 1 \\ 1 \\ \sqrt{2} \end{pmatrix} \circ \begin{pmatrix} -1 \\ -2 \\ \sqrt{3} \end{pmatrix} = -3 + \sqrt{6};$ $\vec{b} \circ \vec{c} = \begin{pmatrix} 1 \\ 1 \\ \sqrt{3} \end{pmatrix} \circ \begin{pmatrix} 1 \\ 1 \\ -\sqrt{2} \end{pmatrix} = 2 - \sqrt{6};$

$\vec{b} \circ \vec{d} = \begin{pmatrix} 1 \\ 1 \\ \sqrt{3} \end{pmatrix} \circ \begin{pmatrix} -1 \\ -2 \\ \sqrt{3} \end{pmatrix} = -3 + 3 = 0 \quad \Rightarrow \quad b \perp d;$ $\vec{c} \circ \vec{d} = \begin{pmatrix} 1 \\ 1 \\ -\sqrt{2} \end{pmatrix} \circ \begin{pmatrix} -1 \\ -2 \\ \sqrt{3} \end{pmatrix} = -3 - \sqrt{6}$

8 Für zueinander senkrechte Vektoren $\vec{a}$ und $\vec{b}$ gilt: $\vec{a} \circ \vec{b} = 0$

a) $2b_1 - 12 = 0 \quad \Rightarrow \quad b_1 = 6$

b) $3b_1 + 4b_2 = 0 \quad \Rightarrow \quad b_2 = -\frac{3}{4}b_1;$ b_1 ist frei wählbar.
Setzt man $\frac{1}{4}b_1 = r$, ergibt sich: $\vec{b} = r \cdot \begin{pmatrix} 4 \\ -3 \end{pmatrix}$

c) $2 + a_2 - 3 = 0 \quad \Rightarrow \quad a_2 = 1$

d) $2 + b_2 + 2b_3 = 0 \quad \Rightarrow \quad b_2 = -2 - 2b_3;$ b_3 ist frei wählbar.
Setzt man $b_3 = r$, ergibt sich: $\vec{b} = \begin{pmatrix} 1 \\ -2-2r \\ r \end{pmatrix}$

9 $a \cdot b = 0$, wenn mindestens ein Faktor gleich null ist.

$\vec{a} \circ \vec{b} = 0$, wenn $a \perp b$ oder mindestens ein Vektor gleich dem Nullvektor ist.

Beim Skalarprodukt kann also das Ergebnis null sein, auch wenn beide Vektoren vom Nullvektor verschieden sind.

10 Dreieck ABC: $\overrightarrow{AB} = \begin{pmatrix} -2 \\ 0 \\ -4 \end{pmatrix};$ $\overrightarrow{AC} = \begin{pmatrix} 0 \\ 4 \\ -4 \end{pmatrix};$ $\overrightarrow{BC} = \begin{pmatrix} 2 \\ 4 \\ 0 \end{pmatrix}$

$\overline{AB} = 2\sqrt{5};$ $\overline{AC} = 4\sqrt{2};$ $\overline{BC} = 2\sqrt{5}$

$\cos\alpha = \frac{16}{8\sqrt{10}} \quad \Rightarrow \quad \alpha \approx 50{,}8°;$ $\cos\beta = \frac{4}{20} \quad \Rightarrow \quad \beta \approx 78{,}5°$

$\cos\gamma = \frac{16}{8\sqrt{10}} \quad \Rightarrow \quad \gamma \approx 50{,}8°$

Dreieck DEF: $\overrightarrow{DE} = \begin{pmatrix} 0 \\ -4 \\ 2 \end{pmatrix};$ $\overrightarrow{DF} = \begin{pmatrix} -2 \\ 0 \\ 2 \end{pmatrix};$ $\overrightarrow{FE} = \begin{pmatrix} 2 \\ -4 \\ 0 \end{pmatrix}$

$\overline{DE} = 2\sqrt{5};$ $\overline{DF} = 2\sqrt{2};$ $\overline{FE} = 2\sqrt{5}$

$\cos\sphericalangle EDF = \frac{4}{4\sqrt{10}} \quad \Rightarrow \quad \sphericalangle EDF \approx 71{,}6°;$ analog: $\sphericalangle DFE \approx 71{,}6°$

$\cos\sphericalangle DEF = \frac{16}{20} \quad \Rightarrow \quad \sphericalangle DEF \approx 36{,}9°$

11 a) (I) $x_1 + 2x_2 + 3x_3 = 0$
(II) $2x_1 + \quad 3x_3 = 0$ } Gleichungssystem ist unterbestimmt; Setze $x_3 = r$

$\Rightarrow \begin{matrix} x_1 = -1{,}5r \\ x_2 = -0{,}75r \end{matrix}$; $\vec{n} = r \cdot \begin{pmatrix} -1{,}5 \\ -0{,}75 \\ 1 \end{pmatrix} = \frac{r}{4} \cdot \begin{pmatrix} -6 \\ -3 \\ 4 \end{pmatrix}$

b) analoge Vorgehensweise wie in a) $\vec{n} = r \cdot \begin{pmatrix} 5 \\ -1 \\ 13 \end{pmatrix}$

Veranschaulicht man die Situation mit einem 3D-Geometriesystem, kann man durch geeignete Drehung die Orhogonalität von $\vec{n}$ zu den gegebenen Vektoren sehen.

12 a) falsch; $\vec{a} \circ \vec{b} = 0$ für $|\vec{a}| = 0$ oder $|\vec{b}| = 0$; dann gilt jedoch nicht $\vec{a} \perp \vec{b}$

b) richtig nach Satz im *Schülerbuch S. 107.*

c) falsch; denn die Gleichung gilt auch für $\vec{b} \neq \vec{o}$, falls nämlich $\vec{b} \perp \vec{c}$.

d) richtig; denn: $(\vec{a} - \vec{b})^2 = (\vec{a} - \vec{b}) \circ (\vec{a} - \vec{b})$
$= \vec{a} \circ \vec{a} - 2 \cdot \underbrace{(\vec{a} \circ \vec{b})}_{0} + \vec{b} \circ \vec{b}$
$= \vec{a}^2 + \vec{b}^2$

Hinweis: Das Quadrat ist im Sinne des Skalarprodukts zu verstehen.

13 a)

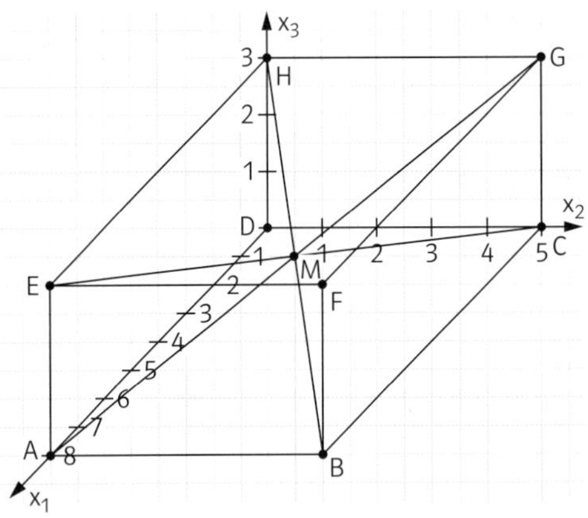

b) M(4 | 2,5 | 1,5)

$\overrightarrow{AM} = \begin{pmatrix} -4 \\ 2{,}5 \\ 1{,}5 \end{pmatrix}$; $\overline{AM} = \sqrt{24{,}5}$

$\overrightarrow{BM} = \begin{pmatrix} -4 \\ -2{,}5 \\ 1{,}5 \end{pmatrix}$; $\overline{BM} = \sqrt{24{,}5}$

$\overrightarrow{CM} = \begin{pmatrix} 4 \\ -2{,}5 \\ 1{,}5 \end{pmatrix}$; $\overline{CM} = \sqrt{24{,}5}$

$\cos \sphericalangle AMB = \frac{12}{24{,}5} \Rightarrow \sphericalangle AMB \approx 60{,}7°$

$\cos \sphericalangle BMC = \frac{-7{,}5}{24{,}5} \Rightarrow \sphericalangle BMC \approx 107{,}8°$

c) $d = 7\sqrt{2}$

d) Wegen der Symmetrie im Quader kann man eine beliebige Raumdiagonale herausgreifen, z.B. [AG]

$\sphericalangle(\overrightarrow{AG}, \overrightarrow{AC}) \approx 17{,}6°$ $\sphericalangle(\overrightarrow{AG}, \overrightarrow{AF}) \approx 53{,}9°$ $\sphericalangle(\overrightarrow{AG}, \overrightarrow{AH}) \approx 30{,}3°$

14 $\vec{c} = \vec{a} + \vec{b}$; $|\vec{c}|^2 = |\vec{a} + \vec{b}|^2 = (\vec{a} + \vec{b}) \circ (\vec{a} + \vec{b}) = \vec{a} \circ \vec{a} + 2 \cdot (\vec{a} \circ \vec{b}) + \vec{b} \circ \vec{b} = |\vec{a}|^2 + |\vec{b}|^2$,
da $\vec{a} \circ \vec{b} = 0$ wegen $\vec{a} \perp \vec{b}$

15 (1) $\vec{a} \circ \vec{b} = a_1b_1 + a_2b_2 + a_3b_3 = b_1a_1 + b_2a_2 + b_3a_3 = \vec{b} \circ \vec{a}$

(2) $(r \cdot \vec{a}) \circ \vec{b} = ra_1 \cdot b_1 + ra_2 \cdot b_2 + ra_3 \cdot b_3 = r \cdot (a_1b_1) + r \cdot (a_2b_2) + r \cdot (a_3b_3) = r \cdot (a_1b_1 + a_2b_2 + a_3b_3)$
$= r \cdot (\vec{a} \circ \vec{b})$

(3) $(\vec{a} + \vec{b}) \circ \vec{c} = (a_1 + b_1) \cdot c_1 + (a_2 + b_2) \cdot c_2 + (a_3 + b_3) \cdot c_3 = (a_1c_1 + a_2c_2 + a_3c_3) + (b_1c_1 + b_2c_2 + b_3c_3)$
$= \vec{a} \circ \vec{c} + \vec{b} \circ \vec{c}$

16 nach Definition des cos gilt: $|\vec{b_a}| = \left||\vec{b}| \cdot \cos\alpha\right| = \left||\vec{b}| \cdot \frac{\vec{a} \circ \vec{b}}{|\vec{a}| \cdot |\vec{b}|}\right| = \left|\frac{\vec{a} \circ \vec{b}}{|\vec{a}|}\right| = \left|\frac{\vec{a}}{|\vec{a}|} \circ \vec{b}\right| = |\vec{a_0} \circ \vec{b}|$

$\vec{b_a}$ und $\vec{a}$ bzw. $\vec{a}$ und $\vec{a_0}$ sind parallel und gleich gerichtet, also gilt: $\vec{b_a} = (\vec{a_0} \circ \vec{b}) \cdot \vec{a_0}$

\+ Zeigen Sie anhand einer geeigneten Skizze, dass die Aussagen auch für $90° < \alpha < 180°$ gelten.

17

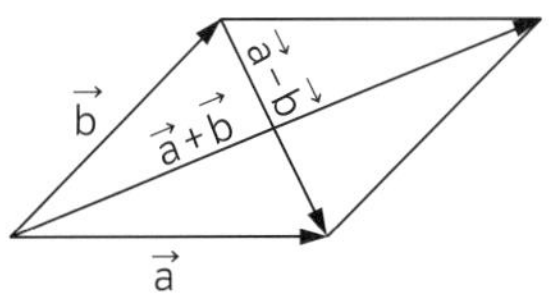

$(\vec{a}+\vec{b}) \circ (\vec{a}-\vec{b}) = \vec{a} \circ \vec{a} - \vec{b} \circ \vec{b} = |\vec{a}|^2 - |\vec{b}|^2 = 0$ für $|\vec{a}| = |\vec{b}|$,

also ist $\vec{a}+\vec{b} \perp \vec{a}-\vec{b}$

S. 110

18 a)

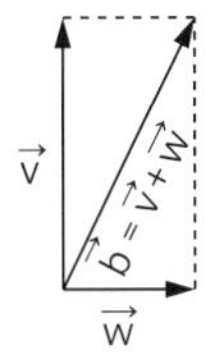

b) $t = \frac{100}{1{,}5\frac{m}{s}} \approx 66{,}7\,s$

c) $s = 0{,}5\frac{m}{s} \cdot \frac{200}{3}\,s \approx 33{,}3\,m$

d) $\tan\alpha = \frac{1}{3} \Rightarrow \alpha \approx 18{,}4° \Rightarrow \beta \approx 71{,}6°$

zu d)

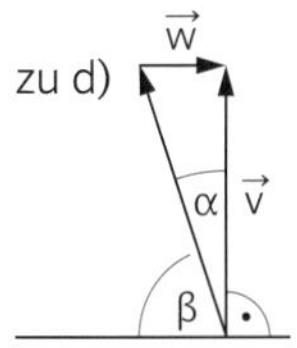

19 a) mögliche Lage im Koordinatensystem:

Sparren: $\vec{s} = \begin{pmatrix} 0 \\ -4{,}5 \\ 3{,}5 \end{pmatrix}$ Windrispe: $\vec{v} = \begin{pmatrix} 7{,}25 \\ -4{,}5 \\ 3{,}5 \end{pmatrix}$

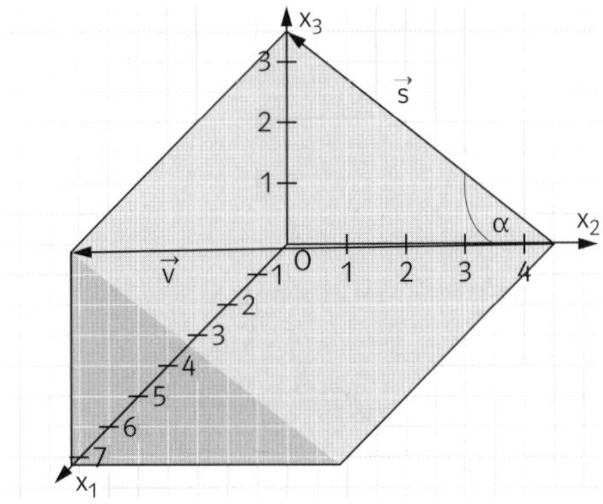

b) $|\vec{v}| = \sqrt{85{,}0625} \approx 9{,}22\,[m]$

$|\vec{s}| = \sqrt{32{,}5} \approx 5{,}70\,[m]$

$\cos\alpha = \frac{\vec{v} \circ \vec{s}}{|\vec{v}| \cdot |\vec{s}|} \approx \frac{32{,}5}{52{,}58} \Rightarrow \alpha \approx 51{,}8°$

20 a) $\overrightarrow{AC_k} = \begin{pmatrix} 2+k \\ 1+2k \\ -2+2k \end{pmatrix}$; $|\overrightarrow{AC_k}| = \sqrt{(2+k)^2 + (1+2k)^2 + (-2+2k)^2} = \sqrt{9+9k^2} = 3 \cdot \sqrt{1+k^2}$

$\overrightarrow{BC_k} = \begin{pmatrix} -2+k \\ -1+2k \\ 2+2k \end{pmatrix}$; $|\overrightarrow{BC_k}| = 3 \cdot \sqrt{1+k^2}$

} alle Dreiecke ABC_k sind gleichschenklig

b) $\overrightarrow{AB} = \begin{pmatrix} 4 \\ 2 \\ -4 \end{pmatrix}$; $|\overrightarrow{AB}| = 6$; $|\overrightarrow{AC_k}| = 6$ wenn $3 \cdot \sqrt{1+k^2} = 6 \Rightarrow k = \pm\sqrt{3}$

Für $k = \sqrt{3}$ oder $k = -\sqrt{3}$ ist das Dreieck gleichseitig.

c) $M_{AB}(1|2|1)$

d) $\overrightarrow{MC_k} = \begin{pmatrix} k \\ 2k \\ 2k \end{pmatrix}$; $\overrightarrow{AB} \circ \overrightarrow{MC_k} = \begin{pmatrix} 4 \\ 2 \\ -4 \end{pmatrix} \circ \begin{pmatrix} k \\ 2k \\ 2k \end{pmatrix} = 4k + 4k - 8k = 0 \Rightarrow \overrightarrow{MC_k} \perp \overrightarrow{AB}$

21 a)

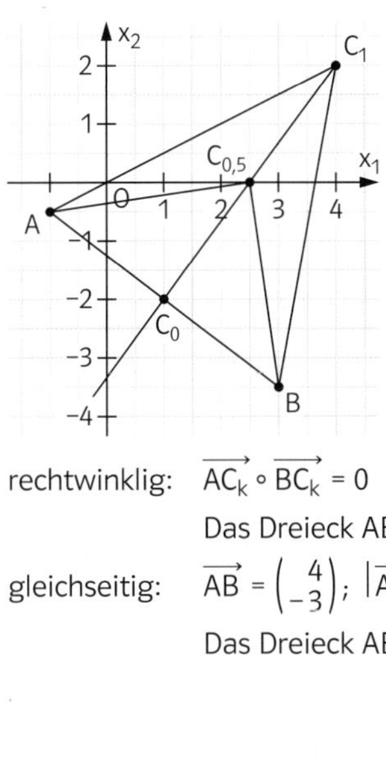

$C_1(4|2)$; $C_0(1|-2)$; $C_{0,5}(2{,}5|0)$

Vermutung: die Dreiecke ABC_k sind gleichschenklig.

$\overrightarrow{AC_k} = \begin{pmatrix} 2+3k \\ -1{,}5+4k \end{pmatrix}$; $|\overrightarrow{AC_k}| = \sqrt{(2+3k)^2 + (-1{,}5+4k)^2} = \sqrt{6{,}25+25k^2}$

$\overrightarrow{BC_k} = \begin{pmatrix} -2+3k \\ 1{,}5+4k \end{pmatrix}$; $|\overrightarrow{BC_k}| = \sqrt{6{,}25+25k^2} = \overrightarrow{AC_k}$

b) rechtwinklig: $\overrightarrow{AC_k} \circ \overrightarrow{BC_k} = 0 \Rightarrow (2+3k) \cdot (-2+3k) + (-1{,}5+4k)(1{,}5+4k) = 0 \Rightarrow k = \pm 0{,}5$

Das Dreieck ABC_k ist für $k = 0{,}5$ oder $k = -0{,}5$ rechtwinklig.

gleichseitig: $\overrightarrow{AB} = \begin{pmatrix} 4 \\ -3 \end{pmatrix}$; $|\overrightarrow{AB}| = 5$; $|\overrightarrow{AC_k}| = 5$, wenn $\sqrt{6{,}25+25k^2} = 5 \Rightarrow k = \pm\frac{1}{2}\sqrt{3}$

Das Dreieck ABC_k ist für $k = \frac{1}{2}\sqrt{3}$ oder $k = -\frac{1}{2}\sqrt{3}$ gleichseitig.

c) $\overrightarrow{C_0C_k} = \begin{pmatrix} 3k \\ 4k \end{pmatrix}$; $\overrightarrow{C_0C_k} \circ \overrightarrow{AB} = 12k - 12k = 0$; also $\overrightarrow{C_0C_k} \perp \overrightarrow{AB}$.

Da $C_0(1|-2)$ Mittelpunkt von [AB] ist, liegen alle Punkte C_k auf der Mittelsenkrechten zu [AB].

22 a) $(\overrightarrow{MC} - \overrightarrow{MA}) \circ (\overrightarrow{MC} + \overrightarrow{MA}) = \overrightarrow{MC} \circ \overrightarrow{MC} - \overrightarrow{MA} \circ \overrightarrow{MA} = 0$, weil $|\overrightarrow{MC}| = |\overrightarrow{MA}| = \frac{1}{2}\overline{AB}$;

also gilt $\overrightarrow{AC} \perp \overrightarrow{BC}$.

b) Es wird angenommen, dass M der Mittelpunkt von [AB] ist.

$\overrightarrow{AC} \perp \overrightarrow{BC} \Rightarrow (\overrightarrow{MC} - \overrightarrow{MA}) \circ (\overrightarrow{MC} + \overrightarrow{MA}) = \overrightarrow{MC} \circ \overrightarrow{MC} - \overrightarrow{MA} \circ \overrightarrow{MA} = 0 \Rightarrow |\overrightarrow{MC}| = |\overrightarrow{MA}|$,

d.h. C liegt auf einem Kreis mit dem Durchmesser [AB].

23

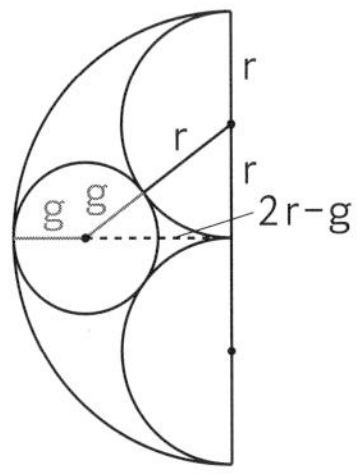

$(r+g)^2 = r^2 + (2r-g)^2 \Rightarrow g = \frac{2}{3}r$

weiße Fläche: $r^2 \cdot \pi + \left(\frac{2}{3}r\right)^2 \pi = \frac{13}{9}r^2\pi$

blaue Fläche: $\frac{1}{2} \cdot (2r)^2 \cdot \pi - \frac{13}{9}r^2\pi = \frac{5}{9}r^2\pi$

Anteil der blauen Fläche: $\dfrac{\frac{5}{9}r^2\pi}{2r^2\pi} = \frac{5}{18} \approx 27{,}8\,\%$

24

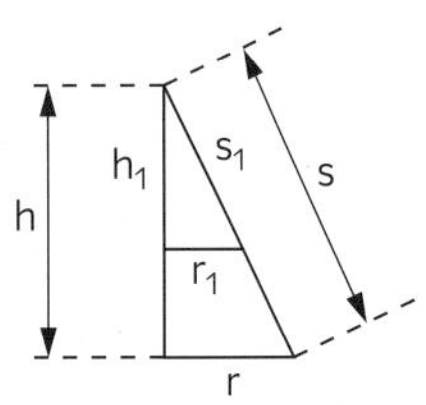

a) $h = \sqrt{3} \cdot r \Rightarrow s = \sqrt{3r^2 + r^2} = 2r \Rightarrow M = 2r^2\pi$

$h_1 = \frac{1}{2}\sqrt{6}\,r$; $r_1 = \frac{h_1}{h} \cdot r = \frac{1}{2}\sqrt{2}\,r$; $s_1 = \sqrt{\left(\frac{1}{2}\sqrt{6}\,r\right)^2 + \left(\frac{1}{2}\sqrt{2}\,r\right)^2} = \sqrt{2}\,r$

$\Rightarrow M_1 = \sqrt{2}\,r \cdot \frac{1}{2}\sqrt{2}\,r \cdot \pi = r^2\pi$

Mantel des Kegelstumpfs: $2r^2\pi - r^2\pi = r^2\pi$

b) $V_k = \frac{1}{3} \cdot r^2 \cdot \pi \cdot \sqrt{3} \cdot r = \frac{1}{3}\sqrt{3} \cdot r^3\pi$

$V_1 = \frac{1}{3} \cdot \left(\frac{1}{2}\sqrt{2}\,r\right)^2 \pi \cdot \frac{1}{2}\sqrt{6}\,r = \frac{1}{12}\sqrt{6} \cdot r^3\pi$

$V_{Rest} = V_k - V_1 = \left(\frac{1}{3}\sqrt{3} - \frac{1}{12}\sqrt{6}\right) \cdot r^3\pi$

Verhältnis der beiden Teilkörper: $\dfrac{\frac{1}{3}\sqrt{3} - \frac{1}{12}\sqrt{6}}{\frac{1}{12}\sqrt{6}} = 2\sqrt{2} - 1 \approx 1{,}83$

Der Kegelstumpf ist ca. 1,83 mal so groß wie der abgeschnittene Kegel.

→ TB Trainingsblatt: Skalarprodukt, Größe von Winkeln; Kopiervorlage S. 208 f.

7 Das Vektorprodukt

S. 111

1 a) $A = |\vec{a}| \cdot h = |\vec{a}| \cdot |\vec{b}| \cdot \sin\alpha$; $\cos\alpha = \dfrac{\vec{a} \circ \vec{b}}{|\vec{a}| \cdot |\vec{b}|}$; $\vec{a} \circ \vec{b} = 4 + 4 - 8 = 0 \Rightarrow \cos\alpha = 0$, $\sin\alpha = 1$;

also gilt: $A = |\vec{a}| \cdot |\vec{b}| = 6 \cdot 3 = 18$

b) geometrisch: jeder Pfeil senkrecht zur Parallelogrammebene repräsentiert einen der gesuchten Vektoren $\vec{n}$; es gibt also unendlich viele Vektoren $\vec{n}$.

rechnerisch: $\vec{n} = \begin{pmatrix} n_1 \\ n_2 \\ n_3 \end{pmatrix}$ $\vec{n} \perp \vec{a}$: (I) $4n_1 + 2n_2 + 4n_3 = 0$

$\vec{n} \perp \vec{b}$: (II) $n_1 + 2n_2 - 2n_3 = 0$

$\frac{1}{2}$(I) + (II): $3n_1 + 3n_2 = 0$

Das Gleichungssystem hat mehrere Lösungen. Eine Variable ist frei wählbar.

Setzt man z.B. $n_1 = 1 \Rightarrow \vec{n} = \begin{pmatrix} 1 \\ -1 \\ -0{,}5 \end{pmatrix}$

Die Veranschaulichung mit einem 3D-Geometriesystem ist sinnvoll.

S. 113

2 a) $\vec{a} \times \vec{b} = \begin{pmatrix} -9 \\ 13 \\ 1 \end{pmatrix}$; $\quad \vec{b} \times \vec{a} = \begin{pmatrix} 9 \\ -13 \\ -1 \end{pmatrix}$; $\quad \vec{b} \times \vec{c} = \begin{pmatrix} 0 \\ -1 \\ 2 \end{pmatrix}$; $\quad \vec{c} \times \vec{a} = \begin{pmatrix} 0 \\ 5 \\ -1 \end{pmatrix}$

b) $\vec{a} \times (\vec{b} \times \vec{c}) = \begin{pmatrix} 7 \\ -4 \\ -2 \end{pmatrix}$; $\quad (\vec{a} \times \vec{b}) \times \vec{c} = \begin{pmatrix} 0 \\ -1 \\ 13 \end{pmatrix}$

3 a) $\overrightarrow{AB} = \begin{pmatrix} -4 \\ -2 \\ 4 \end{pmatrix}$; $\quad \overrightarrow{AC} = \begin{pmatrix} 4 \\ 0 \\ -2 \end{pmatrix}$; $\quad A = \frac{1}{2} \cdot \left|\overrightarrow{AB} \times \overrightarrow{AC}\right| = \frac{1}{2} \cdot \left|\begin{pmatrix} 4 \\ 8 \\ 8 \end{pmatrix}\right| = 6$

b) $\overrightarrow{AB} = \begin{pmatrix} 3 \\ -3 \\ 2 \end{pmatrix}$; $\quad \overrightarrow{AC} = \begin{pmatrix} 3 \\ -3 \\ 0 \end{pmatrix}$; $\quad A = \frac{1}{2} \cdot \left|\begin{pmatrix} 6 \\ 6 \\ 0 \end{pmatrix}\right| = 3\sqrt{2}$

c) $\overrightarrow{AB} = \begin{pmatrix} -2 \\ -1 \\ 2 \end{pmatrix}$; $\quad \overrightarrow{AC} = \begin{pmatrix} -4 \\ 2 \\ 3 \end{pmatrix}$; $\quad A = \frac{1}{2} \cdot \left|\begin{pmatrix} -7 \\ -2 \\ -8 \end{pmatrix}\right| = \frac{3}{2}\sqrt{13}$

4 a) $\vec{a} = \overrightarrow{AB} = \begin{pmatrix} 1 \\ 7 \\ 3 \end{pmatrix}$; $\quad \vec{b} = \overrightarrow{AC} = \begin{pmatrix} 2 \\ -3 \\ 4 \end{pmatrix}$; $\quad \vec{c} = \overrightarrow{AD} = \begin{pmatrix} 6 \\ 1 \\ 10 \end{pmatrix}$; $\quad V = \frac{1}{6} \cdot \left|\begin{pmatrix} 37 \\ 2 \\ -17 \end{pmatrix} \circ \begin{pmatrix} 6 \\ 1 \\ 10 \end{pmatrix}\right| = \frac{1}{6} \cdot 54 = 9$

b) $\vec{a} = \overrightarrow{AB} = \begin{pmatrix} 10 \\ 5 \\ -7 \end{pmatrix}$; $\quad \vec{b} = \overrightarrow{AC} = \begin{pmatrix} 2 \\ 7 \\ -4 \end{pmatrix}$; $\quad \vec{c} = \overrightarrow{AD} = \begin{pmatrix} 18 \\ 6 \\ -8 \end{pmatrix}$; $\quad V = \frac{1}{6} \cdot \left|\begin{pmatrix} 29 \\ 26 \\ 60 \end{pmatrix} \circ \begin{pmatrix} 18 \\ 6 \\ -8 \end{pmatrix}\right| = \frac{1}{6} \cdot 198 = 33$

5 a)

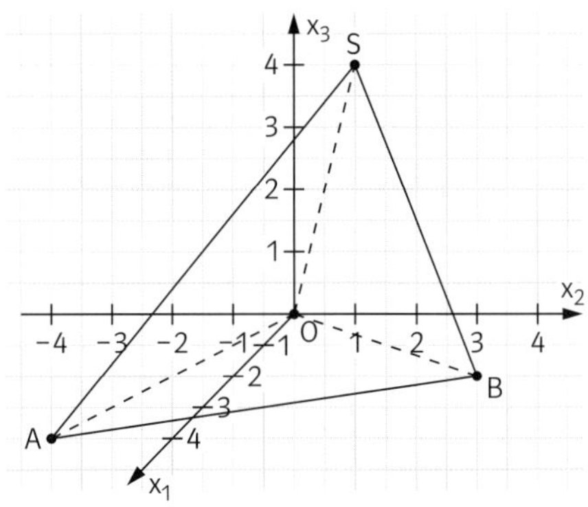

b) $\overrightarrow{OA} \circ \overrightarrow{OB} = \begin{pmatrix} 4 \\ -2 \\ 0 \end{pmatrix} \circ \begin{pmatrix} 2 \\ 4 \\ 0 \end{pmatrix} = 8 - 8 = 0$; also $\overrightarrow{OA} \perp \overrightarrow{OB}$.

c) Die Grundfläche der Pyramide liegt in der x_1x_2-Ebene; da $S(2|2|5)$, beträgt $h = 5$ (x_3-Koordinate).

d) $\left|\overrightarrow{OA}\right| = 2\sqrt{5}$; $\quad \left|\overrightarrow{OB}\right| = 2\sqrt{5}$

$V = \frac{1}{3} \cdot G \cdot h = \frac{1}{3} \cdot \left(\frac{1}{2} \cdot 2\sqrt{5} \cdot 2\sqrt{5}\right) \cdot 5 = \frac{1}{3} \cdot 10 \cdot 5 = \frac{50}{3}$

alternativ mit dem Spatprodukt:

$V = \frac{1}{6} \cdot \left|\left(\overrightarrow{OA} \times \overrightarrow{OB}\right) \circ \overrightarrow{OS}\right| = \frac{50}{3}$

6

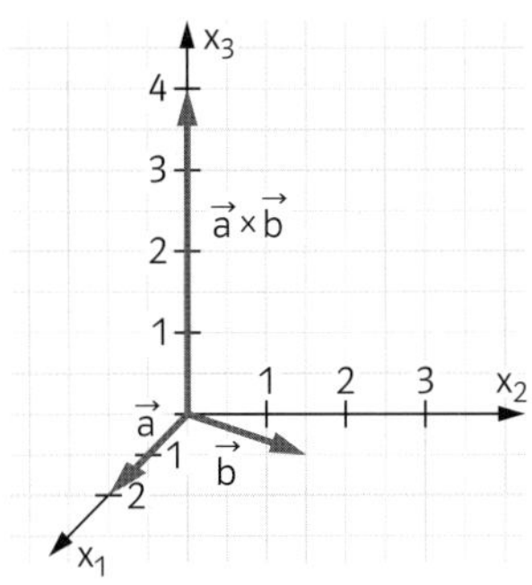

$\vec{a} \times \vec{b} = \begin{pmatrix} 0 \\ 0 \\ 4 \end{pmatrix}$;

zeigt $\vec{a}$ in Richtung Daumen und $\vec{b}$ in Richtung Zeigefinger, so zeigt $\vec{a} \times \vec{b}$ in Richtung Mittelfinger.

7 Individuelle Lösungen. Vgl. auch Aufgabe 2b).
Wenn nicht $\vec{a} = \vec{b} = \vec{c}$ gewählt wird, zeigt jedes Beispiel: $(\vec{a} \times \vec{b}) \times \vec{c} \neq \vec{a} \times (\vec{b} \times \vec{c})$.

+ Veranschaulichen Sie die Situation mit einem 3D-Geometriesystem.

S. 114

8 a) $\vec{c} = \vec{a} \times \vec{b} = \begin{pmatrix} 5 \\ -2 \\ 11 \end{pmatrix}$

b) $\vec{c_r} \circ \vec{a} = r \cdot \begin{pmatrix} a_2b_3 - a_3b_2 \\ a_3b_1 - a_1b_3 \\ a_1b_2 - a_2b_1 \end{pmatrix} \circ \begin{pmatrix} a_1 \\ a_2 \\ a_3 \end{pmatrix} = r \cdot (a_1a_2b_3 - a_1a_3b_2 + a_2a_3b_1 - a_1a_2b_3 + a_1a_3b_2 - a_2a_3b_1) = r \cdot 0 = 0$

analog: $\vec{c_r} \circ \vec{b} = 0$

9 a) $-\vec{a}\times\vec{b} = \begin{pmatrix}(-a_2)b_3-(-a_3)b_2\\(-a_3)b_1-(-a_1)b_3\\(-a_1)b_2-(-a_2)b_1\end{pmatrix} = \begin{pmatrix}a_3b_2-a_2b_3\\a_1b_3-a_3b_1\\a_2b_1-a_1b_2\end{pmatrix} = \vec{b}\times\vec{a}$

b) $\vec{a}\times\vec{b}+\vec{a}\times\vec{c} = \begin{pmatrix}a_2b_3-a_3b_2\\a_3b_1-a_1b_3\\a_1b_2-a_2b_1\end{pmatrix} + \begin{pmatrix}a_2c_3-a_3c_2\\a_3c_1-a_1c_3\\a_1c_2-a_2c_1\end{pmatrix} = \begin{pmatrix}a_2(b_3+c_3)-a_3(b_2+c_2)\\a_3(b_1+c_1)-a_1(b_3+c_3)\\a_1(b_2+c_2)-a_2(b_1+c_1)\end{pmatrix} = \vec{a}\times(\vec{b}+\vec{c})$

c) $\vec{a}\times(r\cdot\vec{b}) = \begin{pmatrix}a_2(rb_3)-a_3(rb_2)\\a_3(rb_1)-a_1(rb_3)\\a_1(rb_2)-a_2(rb_1)\end{pmatrix} = r\cdot\begin{pmatrix}a_2b_3-a_3b_2\\a_3b_1-a_1b_3\\a_1b_2-a_2b_1\end{pmatrix} = r(\vec{a}\times\vec{b})$

10 $\vec{a}\times\vec{b} = \begin{pmatrix}3\\2\\-4\end{pmatrix}\times\begin{pmatrix}-4{,}5\\-3\\6\end{pmatrix} = \begin{pmatrix}0\\0\\0\end{pmatrix}$;

die Vermutung, dass der Vektor $\vec{b}$ Vielfaches von $\vec{a}$ ist, wird mit $\vec{b} = -1{,}5\vec{a}$ bestätigt.

Die Aufgabenstellung führt zu zwei Gleichungen:

$\left.\begin{array}{lll}\vec{c}\perp\vec{a}: & \text{(I)} & 3c_1+2c_2-4c_3=0\\ \vec{c}\perp\vec{b}: & \text{(II)} & -4{,}5c_1-3c_2+6c_3=0\end{array}\right\}\ 1{,}5\cdot\text{(I)}+\text{(II)}:\ 0=0$

Die Gleichungen sind äquivalent. Es können zwei der drei Variablen frei gewählt werden, z. B. liefern $c_1 = 2$ und $c_3 = 1$ die Koordinate $c_2 = -1$ (oder $c_1 = -2$ und $c_3 = 1$ die Koordinate $c_2 = 5$);

also sind $\vec{c_1} = \begin{pmatrix}2\\-1\\1\end{pmatrix}$ und $\vec{c_2} = \begin{pmatrix}-2\\5\\1\end{pmatrix}$ mögliche Lösungen.

Alle Linearkombinationen dieser beiden Vektoren $\vec{c_1}$ und $\vec{c_2}$ sind weitere Lösungen.

Dieses Ergebnis passt zu der Erkenntnis aus der Mittelstufe, dass es zu einer Richtung im Raum unendlich viele verschiedene senkrechte Richtungen gibt.

11 $\vec{a}\times(\vec{b}+r\cdot\vec{a}) \overset{\text{vgl. 9b)}}{=} \vec{a}\times\vec{b}+\vec{a}\times r\cdot\vec{a} \overset{\text{vgl. 9c)}}{=} \vec{a}\times\vec{b}+r\cdot(\vec{a}\times\vec{a}) = \vec{a}\times\vec{b}+r\cdot\vec{0} = \vec{a}\times\vec{b}$

Das schwarze umrandete und das graue Parallelogramm haben den gleichen Flächeninhalt.

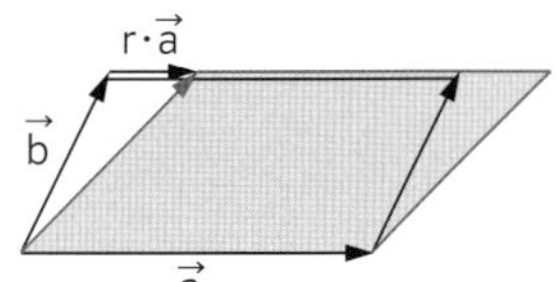

12 $\vec{a}\times\vec{b} = \begin{pmatrix}-4\\-10\\8\end{pmatrix}$; $\begin{pmatrix}3\\y\\x\end{pmatrix} = r\cdot\begin{pmatrix}-4\\-10\\8\end{pmatrix} \Rightarrow r = -\frac{3}{4}$; somit $y = 7{,}5$; $x = -6$; $\vec{c} = \begin{pmatrix}3\\7{,}5\\-6\end{pmatrix}$

13 a) $\overrightarrow{AB} = \begin{pmatrix}2\\1\\2\end{pmatrix}$; $\overrightarrow{BC} = \begin{pmatrix}-2\\2\\1\end{pmatrix}$; $\overrightarrow{DC} = \begin{pmatrix}2\\1\\2\end{pmatrix}$; $\overrightarrow{AD} = \begin{pmatrix}-2\\2\\1\end{pmatrix}$

$\left.\begin{array}{l}\overrightarrow{AB} = \overrightarrow{DC};\ \overrightarrow{BC} = \overrightarrow{AD};\ |\overrightarrow{AB}| = |\overrightarrow{BC}| = 3\\ \overrightarrow{AB}\circ\overrightarrow{BC} = 2\cdot(-2)+1\cdot2+2\cdot1 = 0 \Rightarrow \overrightarrow{AB}\perp\overrightarrow{BC}\end{array}\right\} \Rightarrow$ ABCD ist ein Quadrat.

b) $\overrightarrow{AS_k} = \begin{pmatrix}k\\1{,}5+2k\\1{,}5-2k\end{pmatrix}$; $\overrightarrow{BS_k} = \begin{pmatrix}-2+k\\0{,}5+2k\\-0{,}5-2k\end{pmatrix}$; $\overrightarrow{CS_k} = \begin{pmatrix}k\\-1{,}5+2k\\-1{,}5-2k\end{pmatrix}$; $\overrightarrow{DS_k} = \begin{pmatrix}2+k\\-0{,}5+2k\\0{,}5-2k\end{pmatrix}$

$|\overrightarrow{AS_k}| = |\overrightarrow{BS_k}| = |\overrightarrow{CS_k}| = |\overrightarrow{DS_k}| = \sqrt{4{,}5+9k^2}$

c) $\overrightarrow{AB}\times\overrightarrow{AD} = \begin{pmatrix}-3\\-6\\6\end{pmatrix}$

d) $|\overrightarrow{MS_k}|$ gibt die Höhe der Pyramide an.

e) $V = \frac{1}{3}\cdot G\cdot h$; $h = |\overrightarrow{MS_k}|$; $\vec{M} = \frac{1}{2}(\vec{A}+\vec{C}) = \begin{pmatrix}-1\\3{,}5\\0{,}5\end{pmatrix}$; $\overrightarrow{MS_k} = \begin{pmatrix}k\\2k\\-2k\end{pmatrix}$

$\Rightarrow\ V = \frac{1}{3}\cdot3\cdot3\cdot|\overrightarrow{MS_k}| = \frac{1}{3}\cdot3\cdot3\cdot|k|\cdot3 = 9\cdot|k|$

oder: $V = \frac{1}{3}\cdot\left|\left(\begin{pmatrix}2\\1\\2\end{pmatrix}\times\begin{pmatrix}-2\\2\\1\end{pmatrix}\right)\circ\begin{pmatrix}k\\1{,}5+2k\\1{,}5-2k\end{pmatrix}\right| = \frac{1}{3}\cdot\left|\begin{pmatrix}-3\\-6\\6\end{pmatrix}\circ\begin{pmatrix}k\\1{,}5+2k\\1{,}5-2k\end{pmatrix}\right| = \frac{1}{3}\cdot|-3k-9-12k+9-12k| = 9\cdot|k|$

i Achtung: Die Pyramide hat eine quadratische Grundfläche. Sie wird nicht durch nur 3 Vektoren aufgespannt. Durch das Spatprodukt wird das Volumen eines Prismas mit quadratischer Grundfläche berechnet. Mit dem Faktor $\frac{1}{3}$ ergibt sich das Pyramidenvolumen.

14 a) falsch; Gegenbeispiel: A(0 | 0 | 0); B(1 | 1 | 0); C(1 | 1 | 1); D(0 | 0 | 1); das Parallelogramm ABCD (welches sogar ein Rechteck ist) hat offensichtlich den Flächeninhalt $\sqrt{2}$.

b) richtig; V ist als Summe von Produkten ganzer Zahlen eine ganze Zahl.

$$V = \left[\begin{pmatrix} a_1 \\ a_2 \\ a_3 \end{pmatrix} \times \begin{pmatrix} b_1 \\ b_2 \\ b_3 \end{pmatrix}\right] \circ \begin{pmatrix} c_1 \\ c_2 \\ c_3 \end{pmatrix} = (a_2b_3 - a_3b_2) \cdot c_1 + (a_3b_1 - a_1b_3) \cdot c_2 + (a_1b_2 - a_2b_1) \cdot c_3$$

c)
$$\vec{a} \circ (\vec{b} \times \vec{c}) = a_1 \cdot (b_2c_3 - b_3c_2) + a_2 \cdot (b_3c_1 - b_1c_3) + a_3 \cdot (b_1c_2 - b_2c_1)$$
$$= (a_1b_2c_3 + a_2b_3c_1 + a_3b_1c_2) - (a_1b_3c_2 + a_2b_1c_3 + a_3b_2c_1)$$
$$(\vec{a} \times \vec{b}) \circ \vec{c} = (a_2b_3 - a_3b_2) \cdot c_1 + (a_3b_1 - a_1b_3) \cdot c_2 + (a_1b_2 - a_2b_1) \cdot c_3$$
$$= (a_2b_3c_1 + a_3b_1c_2 + a_1b_2c_3) - (a_3b_2c_1 + a_1b_3c_2 + a_2b_1c_3)$$

Also gilt auch: $\left|\vec{a} \circ (\vec{b} \times \vec{c})\right| = \left|(\vec{a} \times \vec{b}) \circ \vec{c}\right|$

15 a) falsch, das Kreuzprodukt beschreibt einen Vektor; $\vec{a} \times (r \cdot \vec{a}) = \vec{o}$

b) richtig; $\vec{a} \circ (r \cdot \vec{a}) = r \cdot (\vec{a} \circ \vec{a}) = r \cdot |\vec{a}|^2$

c) richtig; siehe Teilaufgabe 14 c)

d) richtig; $\underbrace{\vec{b} \circ \vec{a}}_{r} = \underbrace{\vec{a} \circ \vec{b}}_{r}$ gemäß Kommutativgesetz für die Skalarmultiplikation und $\vec{a} \cdot r = r \cdot \vec{a}$ nach Definition der S-Multiplikation

16 a) $\frac{D(1)}{D(0)} = 0{,}9$; $\frac{D(2)}{D(1)} \approx 0{,}9$; $\frac{D(3)}{D(2)} \approx 0{,}9$; $\frac{D(4)}{D(3)} \approx 0{,}9$; D nimmt also exponentiell ab.

$D(t) = 70 \cdot 0{,}9^t$; $D(t) = T(t) - 20 \quad \Rightarrow \quad T(t) = 20 + 70 \cdot 0{,}9^t$

b) $40 = 20 + 70 \cdot 0{,}9^t \quad \Rightarrow \quad \frac{2}{7} = 0{,}9^t \quad \Rightarrow \quad t = \frac{\lg\frac{2}{7}}{\lg 0{,}9} \approx 11{,}9$

Nach 12 Minuten hat der Tee eine Temperatur von 40 °C.

17 a) falsch; Gegenbeispiel: $f\colon x \mapsto x^{2k+1}$, $k \in \mathbb{Z}$;
G_f ist punktsymmetrisch bezüglich des Koordinatenursprungs.

b) falsch; eine ganzrationale Funktion 5. Grades hat höchstens 5 Nullstellen;
Gegenbeispiel: $f\colon x \mapsto x \cdot (x^2 + 2)(x - 1) \cdot (x + 2)$; f hat nur 3 Nullstellen.

c) richtig; eine ganzrationale Funktion 3. Grades verläuft „von links unten nach rechts oben" oder „von links oben nach rechts unten". Also muss G_f mindestens einmal die x-Achse schneiden.

→ TB Trainingsblatt: Vektorprodukt; Kopiervorlage S. 210 f.

8 Kreise und Kugeln im Koordinatensystem

S. 115

1 a)

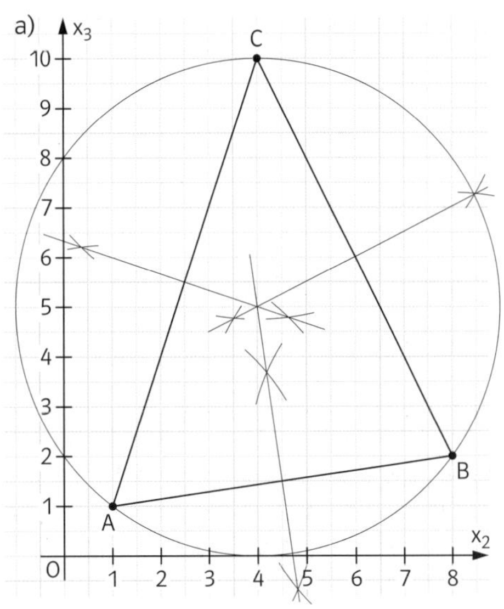

b) Alle Punkte der Kreislinie haben von M den gleichen Abstand. M ist der Schnittpunkt der Mittelsenkrechten.

c) Alle Punkte des Raumes, die von einem Punkt A einen festen Abstand r haben, liegen auf einer Kugel um A mit dem Radius r. Sollen die Punkte von einem zweiten Punkt B den gleichen Abstand r haben, so müssen sie auch auf einer Kugel um B mit dem Radius r liegen. Beide Bedingungen sind für den Schnittkreis der beiden Kugeln erfüllt.
Dieser Sachverhalt lässt sich mithilfe eines 3D-Geometriesystems gut veranschaulichen.

d) Eine Kugel im Raum ist festgelegt durch die Angabe des Mittelpunktes und eines weiteren Punktes. Der Abstand dieser Punkte legt den Radius der Kugel fest.

S. 116

2 Fehler im *Schülerbuch bis Auflage 1*[4]: Bei e) und f) muss es $\overrightarrow{M}$ (statt $\overrightarrow{m}$) heißen.

a) $\left[\begin{pmatrix} x_1 \\ x_2 \end{pmatrix} - \begin{pmatrix} 5 \\ 2 \end{pmatrix}\right]^2 = 9;\quad (x_1-5)^2+(x_2-2)^2 = 9$

b) $\begin{pmatrix} x_1 \\ x_2 \end{pmatrix}^2 = 4;\quad x_1^2 + x_2^2 = 4$

c) $\left[\begin{pmatrix} x_1 \\ x_2 \\ x_3 \end{pmatrix} - \begin{pmatrix} 2 \\ 3 \\ -1 \end{pmatrix}\right]^2 = 2{,}25;\quad (x_1-2)^2+(x_2-3)^2+(x_3+1)^2 = 2{,}25$

d) $\begin{pmatrix} x_1 \\ x_2 \\ x_3 \end{pmatrix}^2 = 16;\quad x_1^2+x_2^2+x_3^2 = 16$

e) $\left[\begin{pmatrix} x_1 \\ x_2 \end{pmatrix} - \begin{pmatrix} -2 \\ -3 \end{pmatrix}\right]^2 = 25;\quad (x_1+2)^2+(x_2+3)^2 = 25$

f) $\left[\begin{pmatrix} x_1 \\ x_2 \\ x_3 \end{pmatrix} - \begin{pmatrix} 2 \\ -2 \\ 1 \end{pmatrix}\right]^2 = 9;\quad (x_1-2)^2+(x_2+2)^2+(x_3-1)^2 = 9$

3 a) $\overline{MA} = \sqrt{(4-1)^2+(1-1)^2+(3-7)^2} = \sqrt{9+16} = \sqrt{25} = 5 \;\Rightarrow\;$ A liegt auf der Kugel;

analog: $\overline{MB} = \sqrt{14} < 5 \;\Rightarrow\;$ B liegt innerhalb der Kugel;

$\overline{MC} = \sqrt{40} > 5 \;\Rightarrow\;$ C liegt außerhalb der Kugel.

b) $\overline{MA} = \sqrt{110} > 8 \;\Rightarrow\;$ A liegt außerhalb der Kugel;

$\overline{MB} = \sqrt{86} > 8 \;\Rightarrow\;$ B liegt außerhalb der Kugel;

$\overline{MC} = \sqrt{26} < 8 \;\Rightarrow\;$ C liegt innerhalb der Kugel.

4 a) Für Punkte auf der Kugel muss gelten:

$(3-2)^2+(4+3)^2+(c-1)^2 = 50 \;\Rightarrow\; (c-1)^2 = 0 \;\Rightarrow\; c = 1$

Für Punkte außerhalb der Kugel muss gelten:

$(3-2)^2+(4+3)^2+(c-1)^2 > 50 \;\Rightarrow\; (c-1)^2 > 0$

Diese Bedingung ist für alle $c \neq 1$ erfüllt. Es gibt also kein c, für das P innerhalb liegt.

b) Für Punkte auf der Kugel muss gelten:

$(2-2)^2+(c+3)^2+(6-1)^2 = 50 \;\Rightarrow\; (c+3)^2 = 25 \;\Rightarrow\; c_1+3 = 5$ oder $c_2+3 = 5$

$\Rightarrow\; c_1 = 2$ oder $c_2 = -8$

Für Punkte außerhalb der Kugel muss gelten:

$(2-2)^2+(c+3)^2+(6-1)^2 > 50 \;\Rightarrow\; (c+3)^2 > 25 \;\Rightarrow\; c > 2$ oder $c < -8$

Für $-8 < c < 2$ liegt P innerhalb der Kugel.

c) Für Punkte auf der Kugel muss gelten:

$(c-2)^2+(c+3)^2+(6-1)^2 = 50 \;\Rightarrow\; c^2+c-6 = 0 \;\Rightarrow\; c_1 = -3,\ c_2 = 2$

Für Punkte außerhalb der Kugel muss gelten:

$(c-2)^2+(c+3)^2+(6-1)^2 > 50 \;\Rightarrow\; c^2+c-6 > 0 \;\Rightarrow\; c > 2$ oder $c < -3$

Für $-3 < c < 2$ liegt P innerhalb der Kugel.

5 Weil der Mittelpunkt auf der Geraden $x_2 = x_1$ liegen soll, hat er die Form $M(m\,|\,m)$.

K: $(x_1-m)^2+(x_2-m)^2 = (4\sqrt{2})^2 = 32$

a) $m^2+m^2 = 32 \;\Rightarrow\; m^2 = 16;\ m_1 = 4;\ m_2 = -4;$ K: $(x_1-4)^2+(x_1-4)^2 = 32$ oder K: $(x_1+4)^2+(x_1+4)^2 = 32$

b) $(-7-m)^2+(1-m)^2 = 32 \;\Rightarrow\; m^2+6m+9 = 0$

$\Rightarrow\; (m+3)^2 = 0 \;\Rightarrow\; m = -3;$ K: $(x_1+3)^2+(x_2+3)^2 = 32$

6 $2r = d = \overline{AB} = \sqrt{(5+3)^2+(5+1)^2} = \sqrt{100} = 10 \;\Rightarrow\; r = 5$

$\overrightarrow{M} = \frac{1}{2}(\overrightarrow{A}+\overrightarrow{B}) = \frac{1}{2}\begin{pmatrix} 2 \\ 4 \end{pmatrix} = \begin{pmatrix} 1 \\ 2 \end{pmatrix}$

K: $(x_1-1)^2+(x_2-2)^2 = 25$

S. 117

7 K_1: $\left[\overrightarrow{X} - \begin{pmatrix} 5 \\ 3 \end{pmatrix}\right]^2 = 6^2$ Kreis mit $M(5\,|\,3)$ und $r = 6$

K_2: $\left[\overrightarrow{X} - \begin{pmatrix} 5 \\ 3 \\ 0 \end{pmatrix}\right]^2 = 6^2$ Kugel mit $M(5\,|\,3\,|\,0)$ und $r = 6$

K_1 ist die Gleichung des Schnittkreises der Kugel K_2 mit der x_1x_2-Ebene.

\+ Veranschaulichung mit einem 3D-Geometriesystem ist sinnvoll.

8 a) Der Mittelpunkt muss auf der Winkelhalbierenden des I. und III. Quadranten liegen, also M(m | m); der Radius ist m.

$K: (x_1-m)^2+(x_2-m)^2 = m^2$

$P(1|2) \in K: (1-m)^2+(2-m)^2 = m^2 \Rightarrow m^2-6m+5=0 \Rightarrow m_1 = 1;\ m_2 = 5$

$K_1: (x_1-1)^2+(x_2-1)^2 = 1 \qquad K_2: (x_1-5)^2+(x_2-5)^2 = 25$

b) Ist der Radius r, so muss der Mittelpunkt den Abstand r von der x_1-Achse haben, also $M(m_1|r)$.

$K: (x_1-m_1)^2+(x_2-r)^2 = r^2$

$P(1|2) \in K: \quad \text{(I)} \quad (1-m_1)^2+(2-r)^2 = r^2$

$G(-3|2) \in K: \quad \text{(II)} \quad (-3-m_1)^2+(2-r)^2 = r^2$

$\text{(I)}-\text{(II)}: \quad (1-m_1)^2-(-3-m_1)^2 = 0 \Rightarrow m_1 = -1$

$\text{in (I)}: \quad 2^2+(2-r)^2 = r^2 \Rightarrow r = 2$

$K: (x_1+1)^2+(x_2-2)^2 = 4$

9 $\overline{M_1M_2} = \sqrt{12^2+4^2+6^2} = 14; \qquad \overline{M_1M_2}-(r_1+r_2) = 14-10 = 4$

Der Abstand der Kugeln ist 4.

10 $K: (\vec{X}-\vec{M})^2 = 25$

$\vec{M_1} = \begin{pmatrix}5\\0\\0\end{pmatrix};\ \vec{M_2} = \begin{pmatrix}-5\\0\\0\end{pmatrix};\ \vec{M_3} = \begin{pmatrix}0\\5\\0\end{pmatrix};\ \vec{M_4} = \begin{pmatrix}0\\-5\\0\end{pmatrix};\ \vec{M_5} = \begin{pmatrix}0\\0\\5\end{pmatrix};\ \vec{M_6} = \begin{pmatrix}0\\0\\-5\end{pmatrix}$

\+ Veranschaulichung der Lösung mit einem 3D-Geometriesystem ist sinnvoll.

11 Berührt die Kugel die x_1x_2-Ebene, so muss $|m_3| = 13$ sein; analog $|m_2| = 13$.

Ansatz: $(x_1-m)^2+(x_2-13)^2+(x_3-13)^2 = 169$

$P(5|1|9) \in K: (5-m)^2+(1-13)^2+(9-13)^2 = 169 \Rightarrow (5-m)^2 = 9 \Rightarrow m = 2 \text{ oder } m = 8$

M(2 | 13 | 13) oder M(8 | 13 | 13)

\+ Veranschaulichung der Lösung mit einem 3D-Geometriesystem ist sinnvoll.

12 a) $r = \frac{1}{2}d = \frac{1}{2}\overline{PQ} = \frac{1}{2}\sqrt{(-2)^2+8^2+(-16)^2} = \frac{1}{2}\cdot 18 = 9$

$\vec{M} = \frac{1}{2}(\vec{P}+\vec{Q}) = \begin{pmatrix}4\\2\\4\end{pmatrix}$

$K: \left[\vec{X}-\begin{pmatrix}4\\2\\4\end{pmatrix}\right]^2 = 81$

$K: (x_1-4)^2+(x_2-2)^2+(x_3-4)^2 = 81$

b) analoge Vorgehensweise; $K: \left[\vec{X}-\begin{pmatrix}-2\\0\\2\end{pmatrix}\right]^2 = 49; \quad K: (x_1+2)^2+x_2^2+(x_3-2)^2 = 49$

13 Im Raum ist die x_3-Koordinate frei wählbar. Deshalb beschreibt die Gleichung $x_1^2+x_2^2 = 100$ einen nach oben und unten unendlich langen Zylinder mit der x_3-Achse als Zylinderachse und dem Radius r = 10.

14 Der Würfel ist festgelegt durch die Punkte (0 | 0 | 0), (−5 | 0 | 0), (0 | 5 | 0) und (0 | 0 | 5).

Mittelpunkt der Kugel ist der Schnittpunkt der Raumdiagonalen, also M(−2,5 | 2,5 | 2,5).

Radius der einbeschriebenen Kugel $r = 2{,}5$; $\quad K: (x_1+2{,}5)^2+(x_2-2{,}5)^2+(x_3-2{,}5)^2 = 2{,}5^2 = 6{,}25$

Radius der umschreibenden Kugel $r = 2{,}5\cdot\sqrt{3}$; $\quad K: (x_1+2{,}5)^2+(x_2-2{,}5)^2+(x_3-2{,}5)^2 = 18{,}75$

15 In der Erdatmosphäre sind die erwärmten Teile der Flamme leichter und steigen nach oben. Im Weltall dehnt sich die Flamme wegen der fehlenden Schwerkraft nach allen Richtungen gleich stark aus, es ergibt sich eine kugelförmige Flamme.

16 a)

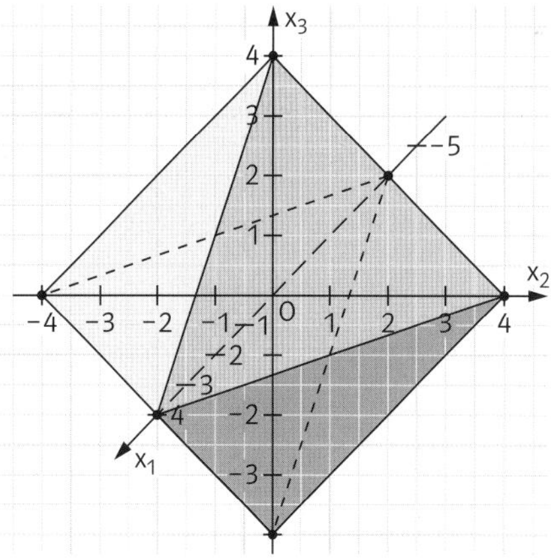

b) $V = 2\cdot\frac{1}{3}\cdot G\cdot h = \frac{2}{3}\cdot(4\sqrt{2})^2\cdot 4 = \frac{256}{3}\ (= 85{,}\overline{3})$

$O = 8\cdot\frac{1}{2}\cdot\left|\begin{pmatrix}4\\0\\-4\end{pmatrix}\times\begin{pmatrix}0\\4\\-4\end{pmatrix}\right|$

$= 4\cdot\left|\begin{pmatrix}16\\16\\16\end{pmatrix}\right| = 64\sqrt{3}\ (\approx 110{,}9)$

c) K: $x_1^2 + x_2^2 + x_3^2 = 16$

Hier lohnt eine Darstellung des Oktaeders mit einem 3D-Geometriesystem, bei der man das Bild drehen kann.

17 a)

	X	$\overline{X}$	
Y	**0,1**	**0,15**	0,25
$\overline{Y}$	0,3	**0,45**	**0,75**
	0,4	0,6	1

b)

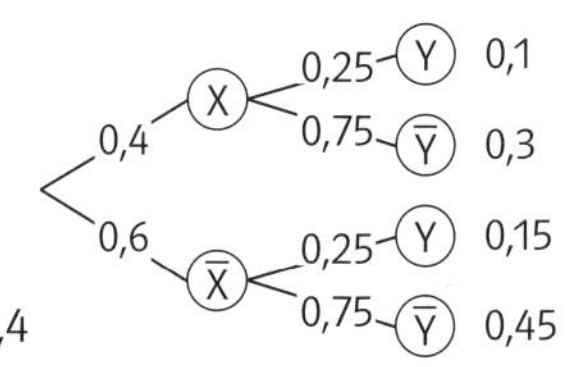

zu c): hier steht $P_Y(X)$

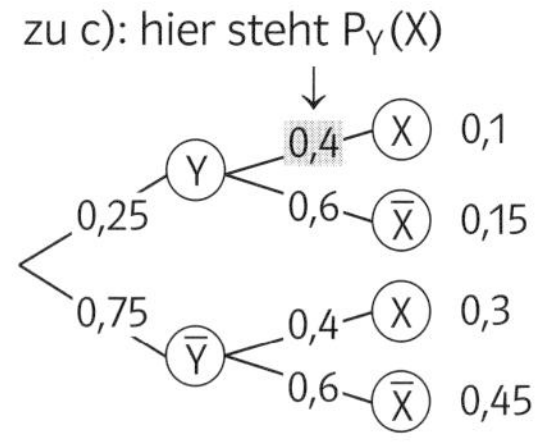

c) $P(X) = 0{,}4;\ P_Y(X) = \frac{P(X\cap Y)}{P(Y)} = \frac{0{,}1}{0{,}25} = 0{,}4$

(oder Ablesen am Baumdiagramm) Die Wahrscheinlichkeiten sind gleich groß.

18 Mit geeigneten algebraischen Umformungen lässt sich jeweils Gleichheit oder Ungleichheit begründen. Z. B. folgendermaßen:

a) $-0{,}5x^2 - x + 2xz = x(-0{,}5x - 1 + 2z) \neq x(-0{,}5x + 2z)$ falsch (es fehlt −1 in der Klammer)

b) $x(4 + 3a\cdot 2b) = 4x + 6abx \neq 4x + 3ax\,2xb$ falsch
(laut Distributivgesetz muss jeder Summand in der Klammer mit x multipliziert werden; hier wurde offenbar jeder Faktor des 2. Summanden mit x multipliziert)

c) $4v - 2(t - 2x) = 4v - 2t + 4x$ richtig

d) $2x^2 + 4x - 16 = 2\cdot(x-2)(x+4) = -2(2-x)(4+x)$ richtig

e) $5{,}1 + 4{,}9t + 0{,}5t = 5{,}1 + 5{,}4t \neq 10{,}5t$ falsch („Punkt vor Strich" missachtet)

19 $3\beta + 30° = 180° \Rightarrow \beta = 50°;\quad \delta = \beta = 50°,\ \varepsilon = 180° - 50° = 130°$

Rumkugeln; Kopiervorlage S. 212 ff.
Spiel für 2–4 Personen (Spieldauer: 30–45 min)

Material: Zum Mitspielen benötigt jeder Spieler ein 3D-Koordinatensystem (Kopiervorlage S. 200 f.) und eine Spielfigur, Stift und Papier.

Spielidee: Jeder Spieler versucht, für jeden Oktanten mindestens eine Kugel(-karte) zu finden, deren Kugelmittelpunkt in dem Oktanten liegt. Hierzu müssen Kugelgleichungen interpretiert und aufgestellt werden. Die Aufgabenkarten trainieren vielfältige geometrische Aspekte im dreidimensionalen Koordinatensystem (die Karten auf Seite 215 auch zu Jahrgangsstufe 12).

Thema: Vektoren in der Physik

S. 119 **i** **1** Hinweis: Für die Koordinaten von D ist von (0 | 0 | 5) auszugehen.

a) $\overrightarrow{M} = \begin{pmatrix}0\\0\\-3\end{pmatrix}\times\begin{pmatrix}0\\2\\0\end{pmatrix} + \begin{pmatrix}0\\1\\-2\end{pmatrix}\times\begin{pmatrix}0\\3\\0\end{pmatrix} + \begin{pmatrix}0\\-3k\\-4k\end{pmatrix}\times\begin{pmatrix}0\\-2\\0\end{pmatrix} = \begin{pmatrix}6\\0\\0\end{pmatrix} + \begin{pmatrix}6\\0\\0\end{pmatrix} + \begin{pmatrix}-8k\\0\\0\end{pmatrix} = \begin{pmatrix}12-8k\\0\\0\end{pmatrix}$

b) Im Gleichgewichtsfall gilt $\overrightarrow{M} = \vec{0}$; $12 - 8k = 0 \Rightarrow k = 1{,}5$ $\overrightarrow{F_{3;1,5}} = \left|\begin{pmatrix}0\\-4{,}5\\-6\end{pmatrix}\right| = 7{,}5$

V Weitere Ableitungsregeln

1 Ableiten der Sinus- und Kosinusfunktion

A Alternative zum Einstieg:

→ AB Arbeitsblatt: Graphisches Ableiten der Sinusfunktion; Kopiervorlage S. 216 f.

S. 126

1

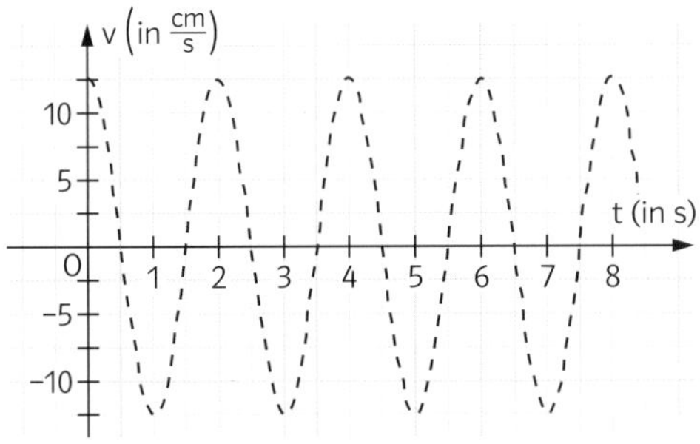

Vermutung: Da das Zeit-Weg-Diagramm eine Sinuskurve und das zugehörige Zeit-Geschwindigkeits-Diagramm eine Kosinuskurve zeigt, könnte die Kosinusfunktion die Ableitung der Sinusfunktion sein.

S. 127

2 a) $f'(x) = 2x + \frac{1}{2}\sin x$; $f'\left(\frac{\pi}{2}\right) = \pi + \frac{1}{2}$

b) $f'(x) = -9 \cdot \cos x$; $f'\left(\frac{\pi}{2}\right) = 0$

c) $f'(x) = \sqrt{5} \cdot \cos x - \sqrt{5} \cdot x \cdot \sin x$; $f'\left(\frac{\pi}{2}\right) = -\frac{\pi \cdot \sqrt{5}}{2}$

d) $f'(x) = -\frac{1}{x^2} + \frac{\cos x}{2}$; $f'\left(\frac{\pi}{2}\right) = -\frac{4}{\pi^2}$

e) $f'(x) = 18x^2 \cdot \cos x - 6x^3 \cdot \sin x$; $f'\left(\frac{\pi}{2}\right) = -\frac{3\pi^3}{4}$

f) $f'(x) = (\cos x)^2 - (\sin x)^2$; $f'\left(\frac{\pi}{2}\right) = -1$

g) $f'(x) = -\frac{2}{3}x \cdot \sin x - \frac{1}{3}x^2 \cdot \cos x$; $f'\left(\frac{\pi}{2}\right) = -\frac{\pi}{3}$

g) $f'(x) = \frac{3}{4} \cdot \cos x + \frac{1}{8}$; $f'\left(\frac{\pi}{2}\right) = \frac{1}{8}$

3 $f'(x) = 3 \cdot \cos x - 3x \cdot \sin x$; Produkt bzw. Notwendigkeit der Produktregel wurde nicht erkannt.

$g'(x) = -\frac{1}{x^2} + \sin x$; falsches Vorzeichen

4 a) $\cos x = 1 \;\Rightarrow\; x_n = 2n\pi$ mit $n \in \mathbb{Z}$

b) $\cos x = 0 \;\Rightarrow\; x_n = \left(n + \frac{1}{2}\right)\pi$ mit $n \in \mathbb{Z}$

c) $\cos x = -1 \;\Rightarrow\; x_n = (2n+1)\pi$ mit $n \in \mathbb{Z}$

d) $\cos x = \frac{1}{2}$ für $x = 1 \cdot \frac{\pi}{3};\ 5 \cdot \frac{\pi}{3};\ 7 \cdot \frac{\pi}{3};\ 11 \cdot \frac{\pi}{3};\ \ldots$ (Skizze von cos x hilfreich)

$\Rightarrow\; x_n = (6n-1) \cdot \frac{\pi}{3}$ und $x_n = (6n+1) \cdot \frac{\pi}{3}$ mit $n \in \mathbb{Z}$

5 a) Man müsste die Funktion f viermal ableiten.

b) Man müsste die Funktion g viermal ableiten.

S. 128

6 $c'(x) = a(x)$; $d'(x) = b(x)$; $h'(x) = f(x)$; $g'(x) = k(x)$; $i'(x) = e(x)$

mögliche Begründungen:

- G_k ist einzige Gerade; der Graph der zugehörigen Ableitung wäre eine Parallele zur x-Achse, welche aber nicht abgebildet ist. Also muss k selbst Ableitungsfunktion sein.
  Der Graph einer Stammfunktion (ein Polynom vom Grad 2) muss parabelförmig sein. Dies trifft nur für G_g zu.
- G_e ist der Graph der Sinusfunktion. Die Stammfunktionen von e haben die Form $-\cos x + c$.
  i ist eine solche Funktion.
- Monotonieverhalten von h:

Monotonieverhalten von h:		↘		↗		↘
	0		≈ 3,7		≈ 5,8	
Vorzeichen von h':		< 0		> 0		< 0

  Genau dieses Vorzeichenverhalten besitzt (nur) die Funktion f.
- weitere Begründungen analog.

7 a) Den Graphen G_f erhält man, wenn man die zu denselben x-Wert gehörenden y-Werte der Funktionen p: $x \mapsto \sin x$ und q: $x \mapsto x$ addiert.

b) Graphisch: Vergleich der Steigung von h: $x \mapsto 2x$ mit den Tangentensteigungen. Für ein x zwischen −3 und 0 bzw. zwischen 3 und 5 ist die Tangentensteigung 2.

Rechnerisch: $g'(x) = 2 \;\Rightarrow\; 1 - \sin x = 2$

$\Rightarrow\; \sin x = -1 \;\Rightarrow\; x_1 = -\frac{\pi}{2};\; x_2 = \frac{3\pi}{2}$

$g\left(-\frac{\pi}{2}\right) = -\frac{\pi}{2} \;\Rightarrow\; P_2\left(-\frac{\pi}{2} \,\middle|\, -\frac{\pi}{2}\right)$

$g\left(\frac{3\pi}{2}\right) = \frac{3}{2}\pi \;\Rightarrow\; P_2\left(\frac{3\pi}{2} \,\middle|\, \frac{3\pi}{2}\right)$

c) $f'(x) = 1 + \cos x \geqq 0$, da $-1 \leqq \cos x \leqq 1$

$g'(x) = 1 - \sin x \geqq 0$, da $-1 \leqq \sin x \leqq 1$

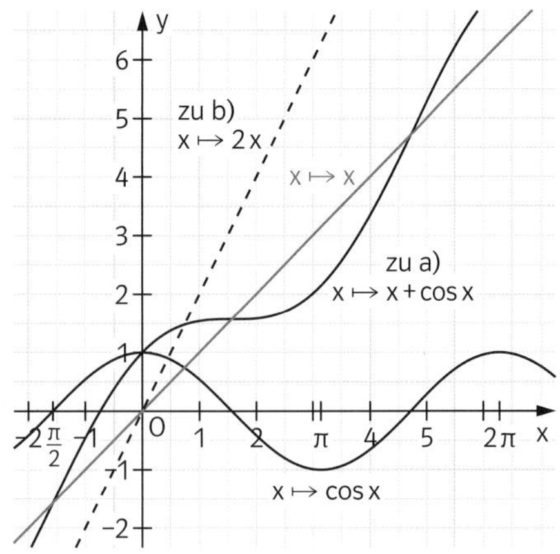

8 a)

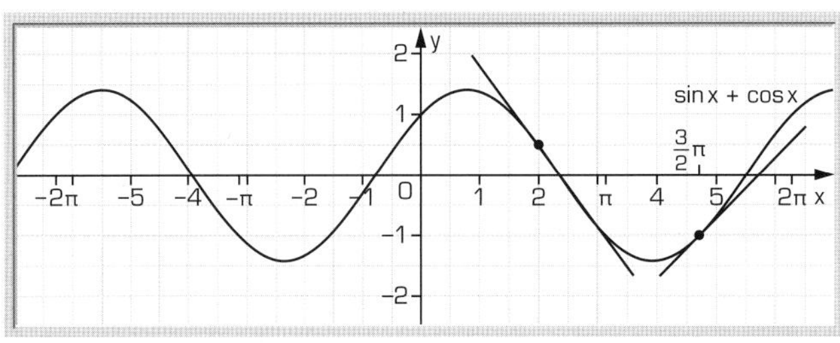

Graphisch:
$f'(2) \approx -1{,}3 \qquad f'\left(\frac{3}{2}\pi\right) \approx 1$

Rechnerisch:
$f'(x) = \cos x - \sin x$
$f'(2) = \cos 2 - \sin 2 \approx -1{,}33$
$f'\left(\frac{3}{2}\pi\right) = \cos\left(\frac{3}{2}\pi\right) - \sin\left(\frac{3}{2}\pi\right)$
$= 0 + 1 = 1$

b) Individuelle Lösungen, z. B. $g(x) = 0{,}5x - 1$; $f(x) = \sin x + 0{,}5x - 1$

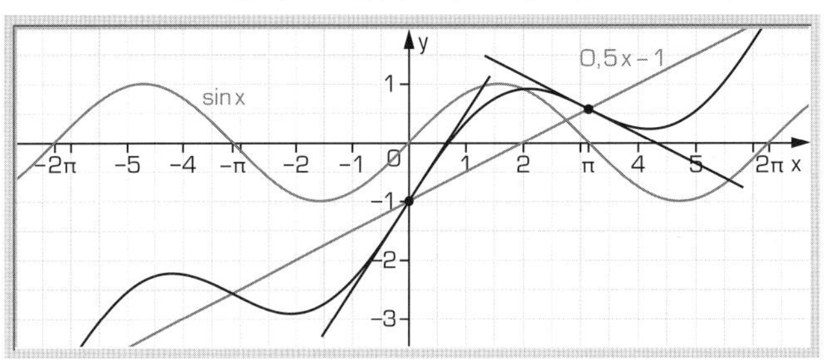

Graphisch:
$f'(0) \approx 1{,}5 \qquad f'(\pi) \approx -0{,}5$

Rechnerisch:
$f'(x) = \cos x + 0{,}5$
$f'(0) = 1{,}5; \qquad f'(\pi) = -0{,}5$

9 $\sin x = \cos x$ für $x = \frac{\pi}{4}$ $\left(\sin 45° = \cos 45° = \frac{1}{2}\sqrt{2}\right) \;\Rightarrow\; S\left(\frac{\pi}{4} \,\middle|\, \frac{1}{2}\sqrt{2}\right)$

$f'(x) = \cos x;\quad g'(x) = -\sin x;\quad f'\left(\frac{\pi}{4}\right) = \frac{1}{2}\sqrt{2};\quad g'\left(\frac{\pi}{4}\right) = -\frac{1}{2}\sqrt{2}$

Tangente an f: $\tan \alpha_1 = \frac{1}{2}\sqrt{2} \;\Rightarrow\; \alpha_1 \approx 35{,}26°$

Tangente an g: $\tan \alpha_2 = -\frac{1}{2}\sqrt{2} \;\Rightarrow\; \alpha_2 \approx 144{,}74°$ (−35,26°)

S. 129

10

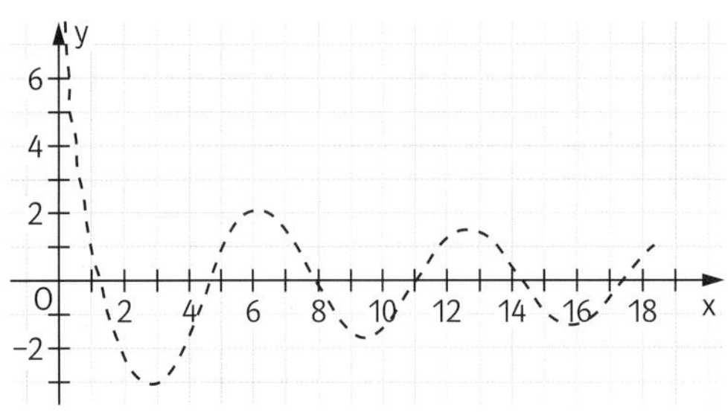

11 a) $f'(x) = \cos x;\ f'(0) = 1;\ f(0) = 0$

$t(x) = 1 \cdot x + a;\quad 0 = 0 + a \ \Rightarrow\ a = 0 \ \Rightarrow\ t(x) = x$

$n(x) = -1 \cdot x + b;\quad 0 = 0 + b \ \Rightarrow\ b = 0 \ \Rightarrow\ n(x) = -x$

b) $t(x) = \frac{1}{2}x + \frac{1}{2}\sqrt{3} - \frac{1}{6}\pi;\quad n(x) = -2x + \frac{2}{3}\pi + \frac{1}{2}\sqrt{3}$

c) $t(x) = \frac{3}{2}x - \frac{5}{2}\pi - \frac{3}{2}\sqrt{3};\quad n(x) = -\frac{2}{3}x + \frac{10}{9}\pi - \frac{3}{2}\sqrt{3}$

d) $t(x) = -\frac{1}{2}\sqrt{2}\,x + \frac{1}{8}\sqrt{2}\,\pi + \frac{1}{2}\sqrt{2};\quad n(x) = \sqrt{2}\,x - \frac{1}{4}\sqrt{2}\,\pi + \frac{1}{2}\sqrt{2}$

e) $t(x) = (1+\sqrt{2})x - \frac{1}{4}\sqrt{2}\,\pi + \sqrt{2};\quad n(x) = (1-\sqrt{2})x + \frac{1}{4}\sqrt{2}\,\pi + \sqrt{2}$

f) $t(x) = \frac{3}{2}\sqrt{2}\,x - \frac{9}{8}\sqrt{2}\,\pi - \frac{7}{2}\sqrt{2};\quad n(x) = -\frac{1}{3}\sqrt{2}\,x + \frac{1}{4}\sqrt{2}\,\pi - \frac{7}{2}\sqrt{2}$

g) $t(x) = -\frac{1}{2}\pi^2 x + \frac{1}{3}\pi^3;\quad n(x) = \frac{2}{\pi^2}x - \frac{1}{6}\pi^3 - \frac{2}{\pi}$

12

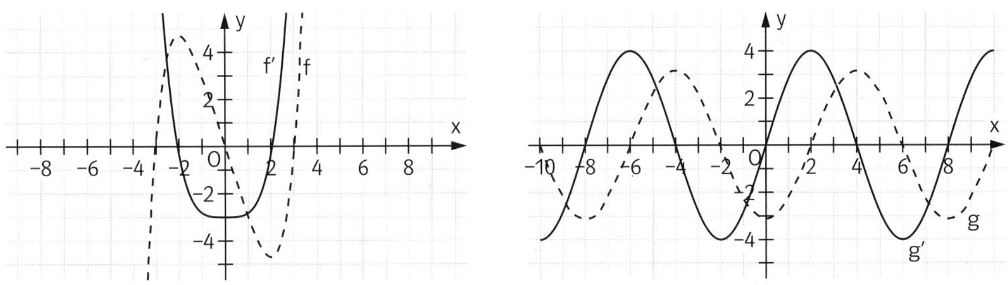

Alle weiteren möglichen Stammfunktionen sind in y-Richtung verschoben.

13 $m(x) = \frac{1-\cos x}{x}$ ist die Steigung der Sekante durch die Punkte $O(0\,|\,0)$ und $P(x\,|\,1-\cos x)$. Folglich ist $\lim\limits_{x \to 0} \frac{1-\cos x}{x}$ die Steigung der Tangente an den Graphen von f in $O(0\,|\,0)$. Da diese Tangente parallel zur x-Achse verläuft, gilt $\lim\limits_{x \to 0} \frac{1-\cos x}{x} = 0$.

14 a) $a'(x) = h(x)$; $b'(x) = k(x)$; $c'(x) = f(x)$; $m'(x) = d(x)$; $p'(x) = e(x)$;
$g'(x) = r(x)$; $t'(x) = n(x)$; $s'(x) = v(x)$; $q'(x) = w(x)$

b) Individuelle Lösungen

15 a) $f(x) = 0$ für $x = k \cdot \pi,\ k \in \mathbb{Z}$

$f'(x) = 2 \cdot \sin x \cdot \cos x;\quad f'(x) = 0$ für $x = \frac{k}{2} \cdot \pi,\ k \in \mathbb{Z}$

Monotonieverhalten von f:

f': $f' > 0$ | $-\frac{3}{2}\pi$ | $f' < 0$ | $-\pi$ | $f' > 0$ | $-\frac{1}{2}\pi$ | $f' < 0$ | 0 | $f' > 0$ | $\frac{1}{2}\pi$ | $f' < 0$ | π | $f' > 0$ | $\frac{3}{2}\pi$ | $f' < 0$

f: ↗ Max ↘ Min ↗ Max ↘ Min ↗ Max ↘ Min ↗ Max ↘

Maxima: $H_1\left(-\frac{3}{2}\pi\,|\,1\right)$, $H_2\left(-\frac{1}{2}\pi\,|\,1\right)$, $H_3\left(\frac{1}{2}\pi\,|\,1\right)$, $H_4\left(\frac{3}{2}\pi\,|\,1\right)$

Minima: $T_0(-2\pi\,|\,0)$, $T_1(-\pi\,|\,0)$, $T_2(0\,|\,0)$, $T_3(\pi\,|\,0)$, $T_4(2\pi\,|\,0)$

$f(x) = f(-x)$, also ist G_f achsensymmetrisch bezüglich der y-Achse.

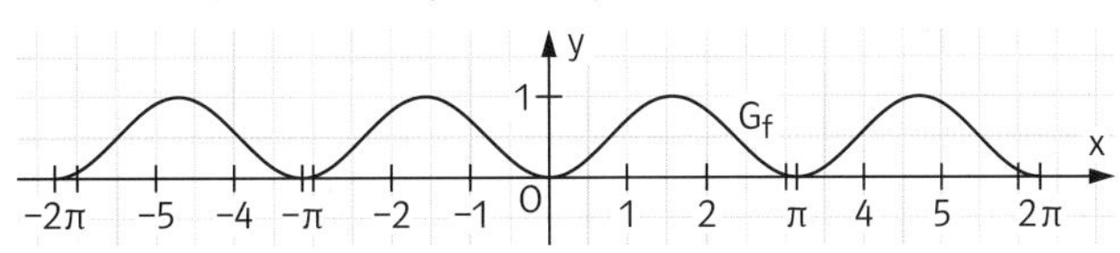

b) Keine Nullstellen, da $f(x) > 0$ für alle $x \in \mathbb{R}$.
$f'(x) = \sin x$; $f'(x) = 0$ für $x = k \cdot \pi$, $k \in \mathbb{Z}$
Monotonieverhalten:

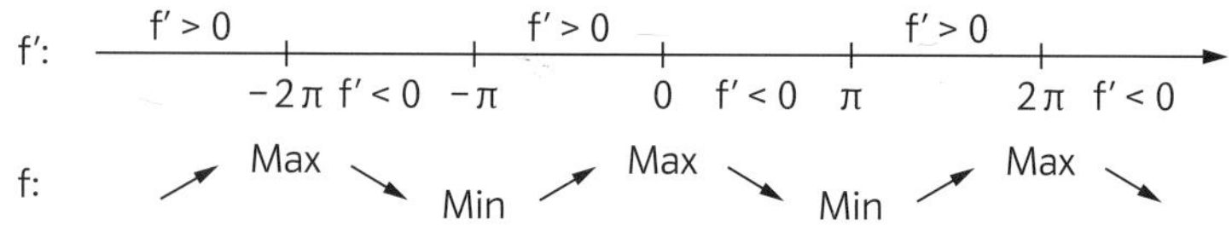

Maxima: $H_1(-2\pi \mid \pi+1)$, $H_2(0 \mid \pi+1)$, $H_3(2\pi \mid \pi+1)$
Minima: $T_1(-\pi \mid \pi-1)$, $T_2(\pi \mid \pi-1)$
$f(x) = f(-x)$, also ist G_f achsensymmetrisch bezüglich der y-Achse.

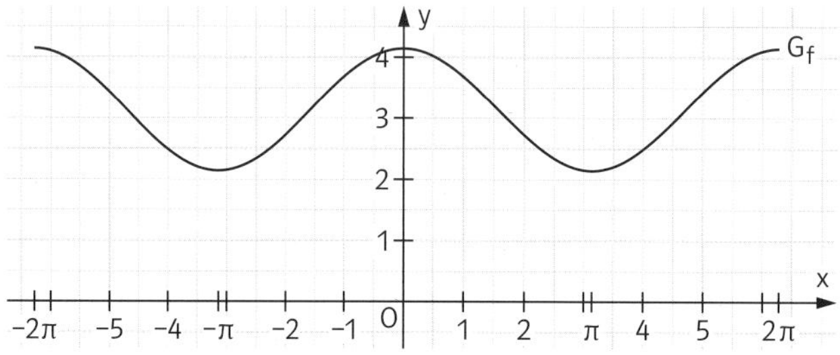

c) $f(x) = (\sin x)^2 + (\cos x)^2 = 1$ (konstante Funktion, Skizze trivial)
d) $f(x) = \frac{\sin x}{\cos x}$ (= $\tan x$), $x \neq (2k+1) \cdot \frac{\pi}{2}$, $k \in \mathbb{Z}$
$f(x) = 0$ für $x = k \cdot \pi$, $k \in \mathbb{Z}$
$f'(x) = \frac{(\cos x)^2 + (\sin x)^2}{(\cos x)^2} = \frac{1}{(\cos x)^2}$
Keine Extrema, da $f'(x) > 0$ für alle $x \in D$.
$f(-x) = -f(x)$, also ist G_f punktsymmetrisch bzgl. des Ursprungs.
Um den Graphen skizzieren zu können, ist es sinnvoll, z.B. noch das Verhalten an den Definitionslücken zu untersuchen: senkrechte Asymptoten bei $-\frac{3}{2}\pi, -\frac{\pi}{2}, \frac{\pi}{2}, \frac{3}{2}\pi$

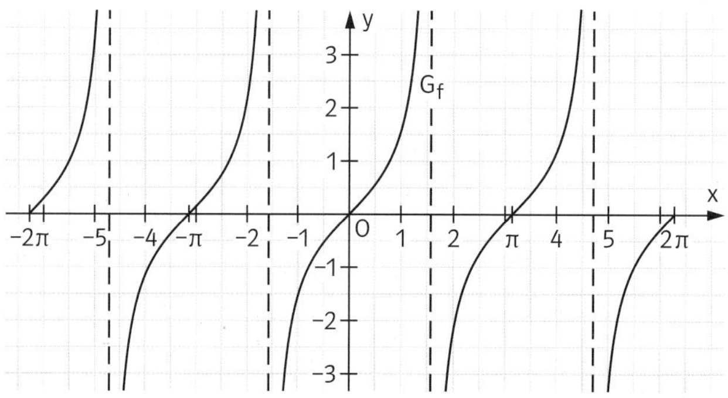

16 Es muss gelten: (1) $\sin x = \cos x + c$ und (2) $\cos x = -\sin x$ (gleiche Tangentensteigung)
Aus (2) folgt: $x_1 = -\frac{\pi}{4}$ oder $\frac{3}{4}\pi$ (aus Einheitskreis oder Graph)
x_1 eingesetzt in (1): $-\frac{1}{2}\sqrt{2} = \frac{1}{2}\sqrt{2} + c \Rightarrow c = -\sqrt{2}$
x_2 eingesetzt in (1): $\frac{1}{2}\sqrt{2} = -\frac{1}{2}\sqrt{2} + c \Rightarrow c = \sqrt{2}$

17 a) $(2^3)^{\frac{3}{2}} \cdot z^{\frac{1}{2}} \cdot (2^5)^{\frac{1}{6}} \cdot (2^2)^{-\frac{1}{2}} \cdot (2^2)^{\frac{1}{3}} \cdot z^{\frac{1}{3}} \cdot z^{\frac{1}{6}} = 2^5 \cdot z = 32z$
b) $\left(2^{\frac{1}{3}}\right)^{-5} \cdot 2^{\frac{1}{4}} \cdot x^{\frac{1}{4}} \cdot (2^7)^{\frac{1}{2}} \cdot x^{\frac{1}{2}} \cdot 2^{-\frac{1}{12}} \cdot x^{\frac{1}{4}} = 4x$

18 Mit $h_c = 5\,\text{cm} + c$, $h_c' = 2\,\text{cm} + c$, $c' = c + 2\,\text{cm}$ folgt:
$A = \frac{1}{2} h_c \cdot c = \frac{1}{2}(5\,\text{cm} + c) \cdot c = \frac{5}{2}\,\text{cm} \cdot c + \frac{1}{2}c^2$ und
$A' = \frac{1}{2} h_c' \cdot c' = \frac{1}{2}(2\,\text{cm} + c) \cdot (c + 2\,\text{cm}) = \frac{1}{2}(c^2 + 4\,\text{cm} \cdot c + 4\,\text{cm}^2) = \frac{1}{2}c^2 + 2\,\text{cm} \cdot c + 2\,\text{cm}^2$
Es soll gelten: $A = A' \Rightarrow \frac{1}{2}c^2 + 2{,}5\,\text{cm} \cdot c = \frac{1}{2}c^2 + 2\,\text{cm} \cdot c + 2\,\text{cm}^2 \Rightarrow c = 4\,\text{cm} \Rightarrow h_c = 9\,\text{cm}$

→ AB Arbeitsblatt: Graphisches Ableiten der Sinusfunktion; Kopiervorlage S. 216 f.

2 Die Umkehrfunktion

A Alternative zum Einstieg:

→ AB

Arbeitsblatt: Funktionen umkehren; Kopiervorlage S. 218 f.

Mit diesem Arbeitsblatt lassen sich der geometrische Zusammenhang von Funktionsgraph und Graph der Umkehrzuordnung sowie die Problematik der Umkehrbarkeit erarbeiten.

S. 130

1 a) Die umgekehrte Zuordnung ist eindeutig. Kennt man z. B. die ISBN-Codierung eines Buchtitels, so kann man eine Bestellung auch ohne Kenntnis von Titel oder Autor aufgeben.
b) Die umgekehrte Zuordnung ist nicht eindeutig, da es zwei Schüler mit gleicher Note geben kann.
c) Die umgekehrte Zuordnung ist nach heutigem Wissensstand eindeutig. Eine Identifizierung einer Person anhand ihres genetischen Fingerabdrucks ist möglich.

S. 132

2 G_a, G_c und G_e gehören zu einer umkehrbaren Funktion, da die Funktionen a, c und e streng monoton sind.
G_b, G_d und G_f gehören zu nicht umkehrbaren Funktionen, da es jeweils eine Parallele zur x-Achse gibt (z. B. die Parallele mit der Gleichung $y = 1{,}5$), welche den Graphen zweimal schneidet.

3 a) Da $f'(x) = 3x2+1 > 0$ für $x \in \mathbb{R}$, ist f streng monoton zunehmend und damit umkehrbar.
b) Schränkt man die Definitionsmenge auf $D_1 =]-\infty; -1[$ (oder $D_2 =]-1; +\infty[$) ein, so gilt:
Da $f'(x) = -\frac{2}{(x+1)^2} < 0$ für $x \in D_1$ (oder $x \in D_2$), ist f auf D_1 (D_2) streng monoton abnehmend und damit umkehrbar. Da für $W_1 =]-\infty; 0[$ und $W_2 =]0; +\infty[$ gilt: $W_1 \cap W_2 = \varnothing$, ist f sogar auf ganz $\mathbb{R}\setminus\{-1\}$ umkehrbar.
c) Da $f'(x) = 3x^2-1 > 0$ für $x > \sqrt{\frac{1}{3}}$, ist f streng monoton zunehmend und damit umkehrbar.
d) Da $f'(x) = \frac{-5}{(x-2)^2} < 0$ für $x > 2$, ist f streng monoton abnehmend und damit umkehrbar.
e) Da $f'(x) = 1 + \frac{2}{x^2} > 0$ für $x > 0$, ist f streng monoton zunehmend und damit umkehrbar.
f) Da $f'(x) = -\frac{1}{(1-x)^2} < 0$ für $x < 1$, ist f streng monoton abnehmend und damit umkehrbar.

4 Mögliche eingeschränkte Definitionsbereiche kann man mithilfe einer Graphenskizze finden, bzw. indem man Bereiche bestimmt, in denen die Ableitung nur positiv oder nur negativ ist.
a) f ist umkehrbar in $]1; +\infty[$, denn $f'(x) = -2x < 0$ für $x > 1$.
b) f ist nicht umkehrbar in $\mathbb{R}$, da z. B. $f(-0{,}5) = f(0{,}5) = 4{,}75$ ist. Mögliche Einschränkung: $D_f = \mathbb{R}^+$.
c) f ist nicht umkehrbar in $[0; \pi]$, da z. B. $f(0) = f(\pi) = 1$ ist. Mögliche Einschränkung: $D_f = \left[0; \frac{\pi}{4}\right[$ oder $\left]\frac{\pi}{4}; \frac{3}{4}\pi\right[$.
d) f ist umkehrbar in $\mathbb{R}$, da z. B. $f'(x) = 1{,}5x^2 + 3 > 0$ für $x \in \mathbb{R}$.
e) f ist nicht umkehrbar in $\mathbb{R}$, da z. B. $f(0) = f(2) = 3$ ist. $f'(x) = 3x^2 - 4x = x(3x-4)$; f′ ist rechts der Nullstelle $x = \frac{3}{4}$ nur positiv. Mögliche Einschränkung: $D_f = \left[\frac{4}{3}; +\infty\right[$.
f) f ist nicht umkehrbar in $\mathbb{R}$, da z. B. $f(1) = f(-1) = \frac{1}{2}$ ist. Mögliche Einschränkung: $D_f = \mathbb{R}^+$.

5 a) f ist umkehrbar, da $f'(x) > 0$ und damit f streng monoton zunehmend ist.
g hat bei der linken (rechten) Nullstelle von g′ ein Maximum (Minimum). In der Umgebung der Maximalstelle (Minimalstelle) hat g sicher zwei gleiche Funktionswerte, also ist g nicht umkehrbar.
b)

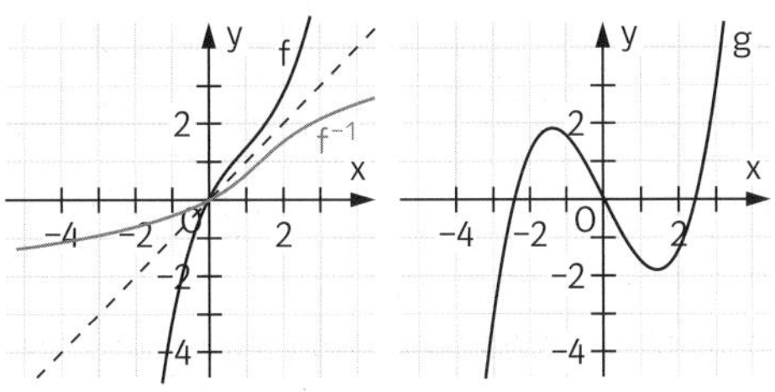

c) Die zugehörige Funktion ist in den Bereichen umkehrbar, in denen die Ableitung nur negativ (d. h. Graph unterhalb der x-Achse) bzw. nur positiv (d. h. Graph oberhalb der x-Achse) ist. Die Funktion ist dementsprechend in diesen Bereichen streng monoton abnehmend bzw. zunehmend.

6 a) $f'(x) = -2\_(x-3)2 < 0$ für $x > 3$; f ist also umkehrbar auf $]3;+\infty[$. $y = \frac{2}{x-3} \Leftrightarrow x = \frac{2}{y}+3$
Also: $f^{-1}\colon x \mapsto \frac{2}{x}+3$; $D_{f^{-1}} = W_f =]0;+\infty[$; $W_{f^{-1}} = D_f =]3;+\infty[$

b) $f'(x) = \frac{-4}{(x-2)^2} < 0$ für $x < 2$; f ist also umkehrbar auf $]-\infty;2[$.
$f^{-1}\colon x \mapsto \frac{4}{x}+2$; $D_{f^{-1}} =]-\infty;0[$; $W_{f^{-1}} =]-\infty;2[$

c) $f'(x) = \frac{6}{x^2} > 0$ für $x < 0$; f ist also umkehrbar auf $]-\infty;0[$.
Also: $f^{-1}\colon x \mapsto \frac{6}{4-x}$; $D_{f^{-1}} =]4;+\infty[$; $W_{f^{-1}} =]-\infty;0[$

d) $f'(x) = 2(x-3) > 0$ für $x > 3$; f ist also umkehrbar auf $]3;+\infty[$.
Da $f(x) = 0$ nur für $x = 3$ gilt, ist f sogar auf $[3;+\infty[$ umkehrbar.
$f^{-1}\colon x \mapsto 3+\sqrt{x}$; $D_{f^{-1}} = [0;+\infty[$; $W_{f^{-1}} = [3;+\infty[$

7 a) Alle linearen Funktionen mit $m \neq 0$ sind umkehrbar, denn $f'(x) = m$ ist dann überall positiv oder überall negativ.
b) Potenzfunktionen mit ungeradem Exponenten n sind umkehrbar auf $\mathbb{R}$, da deren Ableitungen stets positiv sind. f ist somit streng monoton zunehmend.
c) Umkehrbare ganzrationale Funktion: z.B. $f\colon x \mapsto 3x^7+\frac{1}{2}x$ mit $D_f = \mathbb{R}$
Umkehrbare gebrochen rationale Funktion: z.B. $f\colon x \mapsto \frac{3x}{x^2-4}$ mit $D_f =]2;+\infty[$.

8 Die Ableitung $f'(x) = 3ax^2+b$ muss immer positiv oder immer negativ sein. Hierfür müssen die Koeffizienten a und b gleiche Vorzeichen haben oder, wenn ein Koeffizient gleich 0 ist, muss der andere ungleich 0 sein.

9 a) Richtig. Ist $x_1 \in \mathbb{R}\setminus\{0\}$, so gilt $f(x_1) = f(-x_1)$.
b) Falsch. Gegenbeispiel: f mit $f(x) = x^3+2x^2+1$.
c) Richtig. Hat f keine Extremstellen, so ist $f'(x) \neq 0$ für alle $x \in \mathbb{R}$, d.h. $f'(x) > 0$ oder $f'(x) < 0$ für alle $x \in \mathbb{R}$. Somit ist f streng monoton, also umkehrbar.
d) Richtig. Hätte f eine Extremstelle x_1, so gäbe es Stellen x_2, x_3 in der Umgebung von x_1 mit $f(x_2) = f(x_3)$.
e) Richtig. (für die den Schüler bekannten, nur stetigen Funktionen)
Annahme: f wäre nicht monoton, d.h., es gäbe zu x_1 ein $x_2 > x_1$ und ein (o.E.) $x_3 > x_2$ mit: $f(x_2) < f(x_1)$ und $f(x_3) > f(x_1)$. Dann müsste die Funktion im Intervall $[x_2; x_3]$ irgendwo den Wert $f(x_1)$ annehmen – im Widerspruch zur Umkehrbarkeit.

10 $f(x) = mx+t$; $m \neq 0$ (Wäre $m = 0$, so wäre f konstant und somit nicht umkehrbar.)
Aus $x = my+t$ folgt $y = \frac{1}{m}x-\frac{t}{m}$, also $f^{-1}\colon x \mapsto \frac{1}{m}x-\frac{t}{m}$
Wenn $f(x) = f^{-1}(x)$ sein soll, muss gelten: $mx+t = \frac{1}{m}x-\frac{t}{m}$
und damit (1) $m = \frac{1}{m}$ und (2) $t = -\frac{t}{m}$.
Aus (1) und (2) folgt $m = 1$ und $t = 0$ oder $m = -1$ und $t \in \mathbb{R}$ beliebig.
Also $f(x) = x$; $D_f = \mathbb{R}$ oder
$f(x) = -x+t$; $D_f = \mathbb{R}$, $t \in \mathbb{R}$ beliebig
Die Graphen sind die Winkelhalbierende des I. und III. Quadranten sowie alle zu ihr senkrechten Geraden.

i Funktionen, die mit ihrer Umkehrfunktion übereinstimmen, nennt man „involutorisch".

11 Die Aussage stimmt nur für $t = 0$.
Z.B. für $f\colon x \mapsto x+1$ gilt:

x	1	2
f(x)	2	3

d.h.: $f(2) \neq 2 \cdot f(1)$

→ AB Arbeitsblatt: Funktionen umkehren; Kopiervorlage S. 218 f.

→ TB Trainingsblatt: Umkehrfunktionen; Kopiervorlage S. 220 f.

3 Verkettung von Funktionen

S. 133

1

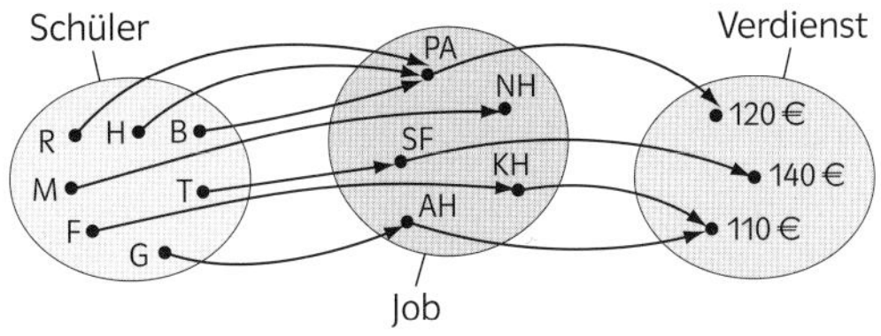

a) Gleich viel verdienen jeweils Bruno, Heinz und Rainer bzw. Florian und Gerd.
Bruno, Heinz und Rainer arbeiten als Postausträger, haben den gleichen Job, also auch den gleichen Verdienst. Florians und Gerds Ferienjob geben den gleichen Verdienst pro Woche.

b) Von Matthias kann der Verdienst nicht bestimmt werden, da für Nachhilfe kein Verdienst angegeben ist.

i Die Aufgabe bereitet die Hintereinanderausführung von Funktionen und die gegebenenfalls nötige Einschränkung der Definitionsmenge vor.

2 Die erste Spalte gibt verschiedene x-Werte vor. In der zweiten Spalte werden die Funktionswerte $f_1(x) = x^2 - 1$ und in der vierten Spalte die Kehrwerte der x-Werte berechnet. Die dritte Spalte verknüpft die beiden Funktionen aus der zweiten und der vierten Spalte, indem die Kehrwerte der Funktionswerte $f_1(x)$ gebildet werden. Die fünfte Spalte verknüpft die beiden Funktionen aus der zweiten und der vierten Spalte, indem mit den Funktionswerten $f_3(x)$ der Funktionsterm $[f_3(x)]^2 - 1$ berechnet wird.
Sobald eine nicht zulässige Rechenoperation – hier die Division durch null – durchgeführt wird, erscheint in der entsprechenden Zelle die Abkürzung #UNDEF. In der fünften Spalte erscheint #UNDEF, da bereits in der vierten Spalte #UNDEF erschien, die Funktionsvorschrift somit nicht ausgeführt werden kann.

S. 134

3 a) -2 b) 3 c) -8 d) 163 e) -56
f) 129 g) -20 h) 19 i) -56

4

	f(x)	g(x)	v(x)	u(x)
a)	**$3x^3+1$**	**$(3x+1)^3$**	x^3	$3x+1$
b)	$(x^2+1)^2$	**x^4+1**	**x^2+1**	x^2
c)	**$\sin(x^2)$**	$(\sin x)^2$	**x^2**	$\sin x$
d)	$\frac{1}{2(x^2-4)}$	**$\frac{1}{4x^2}-4$**	x^2-4	**$\frac{1}{2x}$**
e)	**$8-\sqrt{x}$**	$\sqrt{8-x}$	**$\sqrt{x}$**	$8-x$
f)	**$\frac{4}{x^2}-4$**	$\frac{2}{x^2-4}$	$\frac{2}{x}$	**x^2-4**
g)	$2\sqrt{3-0{,}5x}$	**$4(3-0{,}5\sqrt{x})$**	**$4(3-0{,}5x)$**	$\sqrt{x}$

h) Individuelle Lösungen

5 a) $f \circ g: x \mapsto x^2$ mit $D_{f \circ g} = \mathbb{R}$ $g \circ f: x \mapsto (x-1)^2+1$ mit $D_{g \circ f} = \mathbb{R}$
b) $f \circ g: x \mapsto (2x+3)^2$ mit $D_{f \circ g} = \mathbb{R}$ $g \circ f: x \mapsto 2x^2+3$ mit $D_{g \circ f} = \mathbb{R}$
c) $f \circ g: x \mapsto 1$ mit $D_{f \circ g} = \mathbb{R}$ $g \circ f: x \mapsto 1$ mit $D_{g \circ f} = \mathbb{R}$
d) $f \circ g: x \mapsto x^2-4$ mit $D_{f \circ g} = \mathbb{R}$ $g \circ f: x \mapsto \frac{1}{\left(\frac{1}{x}\right)^2-4}$ mit $D_{g \circ f} = \mathbb{R} \setminus \left\{-\frac{1}{2}; 0; \frac{1}{2}\right\}$

6 a) $v(0{,}5) = -0{,}5$; $u(-0{,}5)$ existiert nicht, da $D_u = \mathbb{R}_0^+$
b) $u \circ v: x \mapsto \sqrt{x-1}$ ist definiert für $x \geqq 1$; $D_{u \circ v} = [1; +\infty[$

7 a) $u(x) = x^3$ b) $u(x) = (2x)^3 = 8x^3$ c) $u(x) = \frac{3}{x^2}$ d) $v(x) = (x-1)^2$

S. 135

8

	f(x)	g(x)
a)	$3x+5$	$3x+7$
b)	$2+x^2$	$(2+x)^2$
c)	$1-(1-x)^4$	x^4
d)	$1+\frac{1}{(x-1)^2}$	$\frac{1}{x^2}$
e)	$\frac{1}{1-\frac{4}{x^2}}$	$2(1-x^2)$

9 a) z.B. $u(x) = x^2-4x+3$; $v(x) = \sqrt{x}$;
$D_u = \mathbb{R}$; $D_v = \mathbb{R}_0^+$; $W_f = \mathbb{R}_0^+$

b) $f(x) = \sqrt{x^2-4x+3} = \sqrt{(x-3)(x-1)}$
$D_f = \mathbb{R}\setminus]1;3[$; da $u(x) \geqq 0$ sein muss.
Nullstellen: $x_1 = 1$; $x_2 = 3$

zu b)

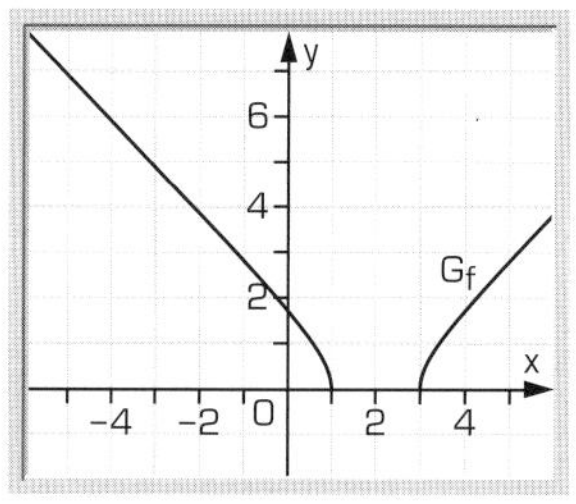

10 a) $u(v(0)) = 0$; $u(v(0,5)) = 1$; $u(v(1)) = 0$; $v(u(0)) = 1$; $v(u(0,5)) = 0$; $v(u(1)) = 1$

b)

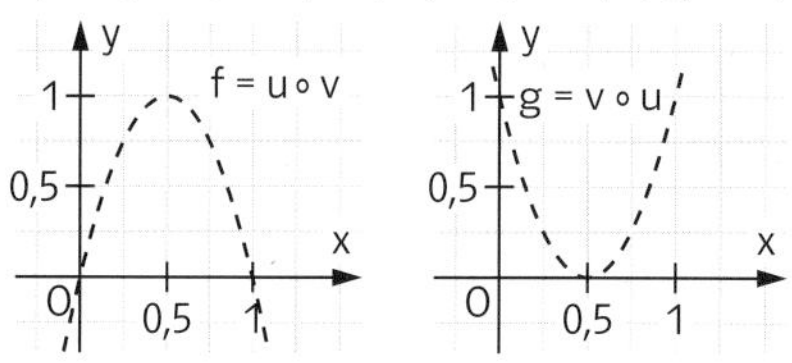

c) $u(v(x)) = -4(0{,}5-x)^2+1$; $v(u(x)) = 4(x-0{,}5)^2$ Dies sind Funktionsterme in Scheitelpunktform zu den in b) gezeichneten Parabeln.

11 mögliche Lösungen:

a) $u(x) = x^3$; $v(x) = 2-x$ b) $u(x) = 2-x$; $v(x) = x^3$
c) $u(x) = \frac{1}{x}$; $v(x) = x^2-1$ d) $u(x) = \frac{1}{x}-1$; $v(x) = x^2$
e) $u(x) = x^2$; $v(x) = \sin x$ f) $u(x) = \sin x$; $v(x) = x^2$
g) $u(x) = x^{-1}$; $v(x) = 3+4x$ h) $u(x) = \sqrt{x}$; $v(x) = 2x+x^2$
i) $u(x) = x-3$; $v(x) = 2^x$ k) $u(x) = \frac{1}{x}$; $v(x) = \sin x$
l) $u(x) = \frac{4}{x}$; $v(x) = (2x+1)^2$ oder $u(x) = \frac{4}{x^2}$; $v(x) = 2x+1$
m) $u(x) = \cos x^2$; $v(x) = 3x+6$ oder $u(x) = \cos x$; $v(x) = (3x+6)^2$
n) $u(x) = \sqrt{x}$; $v(x) = (x+2)^3$ oder $u(x) = \sqrt{x^3}$; $v(x) = x+2$
o) $u(x) = \frac{3}{x}$; $v(x) = 2(3-x^2)$ oder $u(x) = \frac{3}{2x}$; $v(x) = 3-x^2$

i Gegebenenfalls muss die Schreibweise $\sin^2$ erläutert werden: $\sin^2 x = (\sin x)^2$

12 (1) $q\circ g$: $x \mapsto -x-1$ (2) $f\circ g$: $x \mapsto (x+1)^2$ (3) $g\circ f$: $x \mapsto x^2+1$
(4) $g\circ h$: $x \mapsto \sin x+1$ (5) $f\circ h$: $x \mapsto (\sin x)^2$ (6) $q\circ f$: $x \mapsto -x^2$
(7) $g\circ p$: $x \mapsto 3^x-3$

13 a) Z.B. $v(x) = x^2+1$ b) Z.B. $v(x) = -(x^2+1)$
c) Z.B. $v(x) = -x^2$ $(v(x) = -(x-1)^2)$

14 a) $u\circ v\circ w$: $x \mapsto \frac{18}{x^2}+3$ $u\circ w\circ v$: $x \mapsto \frac{6}{x^2}+3$ $v\circ u\circ w$: $x \mapsto \left(\frac{6}{x}+3\right)^2$
$v\circ w\circ u$: $x \mapsto \frac{9}{(2x+3)^2}$ $w\circ u\circ v$: $x \mapsto \frac{3}{2x^2+3}$ $w\circ v\circ u$: $x \mapsto \frac{3}{(2x+3)^2}$

b) $f = u\circ v\circ w$ mit $u(x) = \sin x$; $v(x) = x+\pi$; $w(x) = x^2$

15 a) Mit $v(x) = m_1x + t_1$ und $u(x) = m_2x + t_2$ gilt:
$u(v(x)) = m_2(m_1x + t_1) + t_2 = m_1m_2x + t_1m_2 + t_2$, also ist $u \circ v$ eine lineare Funktion f mit $f(x) = mx + t$ mit $m = m_1m_2$ und $t = t_1m_2 + t_2$.

b) Mit $v(x) = a_1x^2$ und $u(x) = a_2x^2$ gilt:
$u(v(x)) = a_2(a_1x^2)^2 = a_2a_1^2x^4$.
Also ist die Verkettung zweier quadratischer Funktionen eine Funktion 4. Grades und damit gilt die entsprechende Aussage nicht.

16 $2 \cdot K_0 = K_0(1+p)^{12} \Rightarrow p \approx 5{,}95\,\%$

17 a) $x^{\frac{2}{5}}$ b) $x^{\frac{7}{20}}$ c) $x^{\frac{1-n^2}{n}}$ d) $x^{\frac{1-n^2}{n}}$

Verkettungen knacken; Kopiervorlage S. 224 ff.
Spiel für 2 Teams und Spielleiter (Spieldauer: beliebig)

Spielmaterial: Papier, Stift (Tafel, Kreide) für Spielleiter

Spielidee: Vom Spielleiter ausgesuchte Verkettungen sollen von 2 Teams aus innerer und äußerer Funktion zusammengesetzt werden. Dabei sind die Terme so gewählt, dass meist mehrere Zerlegungen möglich sind.
Fakultativ kann der Spielablauf um die Berechnung der Ableitungen erweitert werden – in diesem Fall ist das Spiel erst nach Lerneinheit 4 einsetzbar.

4 Ableiten von verketteten Funktionen

S. 136

1 Sebastian hat den Funktionsterm zunächst (fehlerfrei) umgeformt, sodass er die bekannten Ableitungsregeln anwenden konnte. Seine Rechnungen sind richtig; daher muss die „Regel", die Anna-Lena angewendet hat, falsch sein.

S. 137

2 a) $f'(x) = 6x(1+x^2)^2 = 6x + 12x^3 + 6x^5$
b) $f'(x) = (3x+2)^5$
c) $f'(x) = (6x^2-2)(1-x+x^3) = 6x^5 - 8x^3 + 6x^2 + 2x - 2$
d) $f'(x) = -8(8t-7)^{-2}$
e) $f'(x) = 6x - 6x(x^2-1)^2 = -6x^5 + 12x^3$
f) $f'(x) = -6x \cdot \sin x^2$
g) $f'(x) = 2 \cdot \cos 2x$
h) $f'(x) = \frac{1}{2} \cdot \cos(2x+1)$
i) $f'(x) = \frac{6}{(5-t)^3}$
k) $f'(x) = -\frac{15}{2(5x-7)^4}$
l) $f'(x) = \frac{\sin x}{(\cos x)^2}$
m) $f'(x) = -\frac{2}{t^3} - \frac{1}{t^2} \cdot \cos\frac{1}{t}$
n) $f'(x) = 8x + 4 - \frac{4}{(2x+1)^3}$

3 a) $g'(x) = 5 \cdot (-2)(x^2-1)^{\mathbf{-3}} \cdot 2x = \frac{-20x}{(x^2-1)^3}$
$h'(x) = -\sin(3x^2-4) \cdot (6x) = -\mathbf{6}x \cdot \sin(3x^2-4)$
$k'(t) = -\sin\frac{1}{t} \cdot \left(-\frac{1}{t^2}\right) = \frac{1}{t^2} \cdot \sin\frac{1}{t}$ (Ableitung nach t)
$p'(x) = \frac{\mathbf{2 \cdot (x - \sin x) \cdot (1 - \cos x)} \cdot x^2 - (x - \sin x)^2 \cdot 2x}{x^4} = \frac{2x^2(x-\sin x) \cdot (1-\cos x) - (x-\sin x)^2 \cdot 2x}{x^4}$

b) Individuelle Lösungen

4 a) $f = u \circ v$; $f(x) = \frac{7}{(\sin x)^2}$
① $u(x) = \frac{7}{x} = 7 \cdot x^{-1}$; $v(x) = (\sin x)^2$
$f'(x) = -7[(\sin x)^2]^{-2} \cdot 2 \cdot \sin x \cdot \cos x = -14 \cdot (\sin x)^{-3} \cdot \cos x$
② $u(x) = \frac{7}{x^2} = 7 \cdot x^{-2}$; $v(x) = \sin x$
$f'(x) = -14 \cdot (\sin x)^{-3} \cdot \cos x$

b) Verkettung ② erwies sich beim Ableiten als vorteilhaft.

5 a) $f'(x) = \frac{2}{25}x + \frac{2}{5}$; $f'(2) = \frac{14}{25}$ b) $f'(x) = -2(5-x)$; $f'(2) = -6$
c) $f'(x) = (-9+6x)(2-3x+x^2)^2$; $f'(2) = 0$ d) $f'(x) = 2(5-x)^{-2}$; $f'(2) = \frac{2}{9}$
e) $f'(x) = (-21+18x^2)(7x-2x^3)^{-4}$; $f'(2) = \frac{51}{16}$ f) $f'(x) = -\frac{2}{(x-3)^3}$; $f'(2) = 2$
g) $f'(x) = -2\cdot\cos(2-x)$; $f'(2) = -2$ h) $f'(x) = 12(4x-7)^2$; $f'(2) = 12$

6

	a)	b)	c)	d)	e)	f)	g)	h)
$f(x) = u(v(x))$	$\sin 2x$	$\frac{1}{8}\left(\frac{1}{2}-x^2\right)^7$	$(15x-3)^{-2}$	$\frac{1}{3}(\cos x)^2$	$\frac{10}{\sin x}$	$\frac{1}{(x-1)^2}$	$\frac{1}{\cos x}$	$\sin\frac{1}{x^2}$
$u(x)$	$\sin x$	$\frac{1}{8}x^7$	x^{-2}	$\frac{1}{3}x^2$	$\frac{10}{x}$	$\frac{1}{x}$	$\frac{1}{x}$	$\sin x$
$v(x)$	$2x$	$\frac{1}{2}-x^2$	$15x-3$	$\cos x$	$\sin x$	$(x-1)^2$	$\cos x$	$\frac{1}{x^2}$
$u'(x)$	$\cos x$	$\frac{7}{8}x^6$	$-2x^{-3}$	$\frac{2}{3}x$	$-\frac{10}{x^2}$	$-\frac{1}{x^2}$	$-\frac{1}{x^2}$	$\cos x$
$v'(x)$	2	$-2x$	15	$-\sin x$	$\cos x$	$2(x-1)$	$-\sin x$	$-\frac{2}{x^3}$
$u'(v(x))$	$\cos 2x$	$\frac{7}{8}\left(\frac{1}{2}-x^2\right)^6$	$-2(15x-3)^{-3}$	$\frac{2}{3}\cos x$	$-\frac{10}{(\sin x)^2}$	$-\frac{1}{(x-1)^4}$	$-\frac{1}{(\cos x)^2}$	$\cos\frac{1}{x^2}$
$f'(x)$	$2\cdot\cos 2x$	$-\frac{7}{4}x\left(\frac{1}{2}-x^2\right)^6$	$-30(15x-3)^{-3}$	$-\frac{2}{3}\cos x\cdot\sin x$	$-\frac{10\cos x}{(\sin x)^2}$	$-\frac{2}{(x-1)^3}$	$\frac{\sin x}{(\cos x)^2}$	$-\frac{2}{x^3}\cdot\cos\frac{1}{x^2}$

Probe mit einem CAS ist sinnvoll.

7 a) $f'(t) = 6at^2(at^3+1)$ b) $f'(x) = -\frac{b}{(a+bx)^2}$ c) $f'(t) = \frac{-6ax}{(1+x^2)^2}$
d) $f'(tx) = \frac{-2ab}{(bt+1)^3}$ e) $f'(t) = 2at\cdot\cos(at^2)$ f) $f'(x) = 2a^2x\cdot\cos(ax)^2$
g) $f'(t) = 2a\cdot\sin(ax)\cdot\cos(ax)$ h) $f'(t) = \sin(ax)^2$

8 $f'(x) = 2\cdot\sin 2x\cdot\cos 2x\cdot 2 = 4\sin 2x\cdot\cos 2x$

S. 138

9 Bei a) und b) genügen jeweils 4 Verkettungen und deren Ableitung zur Lösung.
a) $f_1(x) = u(v(x)) = \cos(x^2+1)$; $f_1'(x) = -2x\cdot\sin(x^2+1)$
$f_2(x) = v(u(x)) = (\cos x)^2+1$; $f_2'(x) = -2\cdot\cos x\cdot\sin x$
$f_3(x) = v(w(x)) = \frac{1}{x^2}+1$; $f_3'(x) = -\frac{2}{x^3}$
$f_4(x) = w(v(x)) = \frac{1}{x^2+1}$; $f_4'(x) = \frac{-2x}{(x^2+1)^2}$
$f_5(x) = w(u(x)) = \frac{1}{\cos x}$; $f_5'(x) = \frac{\sin x}{(\cos x)^2}$
$f_6(x) = u(w(x)) = \cos\left(\frac{1}{x}\right)$; $f_6'(x) = \frac{1}{x^2}\cdot\sin\frac{1}{x}$
b) $f_1(x) = u(v(w(x))) = \cos\left(\frac{1}{x^2}+1\right)$; $f_1'(x) = \frac{2}{x^3}\cdot\sin\left(\frac{1}{x^2}+1\right)$
$f_2(x) = u(w(v(x))) = \cos\left(\frac{1}{x^2+1}\right)$; $f_2'(x) = \frac{2x}{(x^2+1)^2}\cdot\sin\left(\frac{1}{x^2+1}\right)$
$f_3(x) = v(u(w(x))) = \left(\cos\frac{1}{x}\right)^2+1$; $f_3'(x) = \frac{2}{x^2}\cdot\cos\frac{1}{x}\cdot\sin\frac{1}{x}$
$f_4(x) = v(w(u(x))) = \frac{1}{(\cos x)^2}+1$; $f_4'(x) = \frac{2\cdot\sin x}{(\cos x)^3}$
$f_5(x) = w(u(v(x))) = \frac{1}{\cos(x^2+1)}$; $f_5'(x) = \frac{2x\cdot\sin(x^2+1)}{[\cos(x^2+1)]^2}$
$f_6(x) = w(v(u(x))) = \frac{1}{(\cos x)^2+1}$; $f_6'(x) = \frac{2\cdot\sin x\cdot\cos x}{((\cos x)^2+1)^2}$

c) In a) wären 6 Verkettungen möglich. In b) wären 6 Verkettungen möglich.

d) Individuelle Lösungen

10 a) $v(t) = s'(t) = \omega \cdot A \cdot \cos(\omega t)$

b) $v(0) = \omega A$ (Beim Durchgang durch die Ruhelage ist die Geschwindigkeit maximal.)

c) $a(t) = v'(t) = -\omega^2 A \cdot \sin(\omega t)$

11 a) Strahlensatz (r = Radius des Wasserspiegels): $\frac{r}{h} = \frac{R}{H} \Rightarrow r = \frac{R \cdot h}{H} = \frac{10 \cdot h}{30} = \frac{h}{3}$

Volumen des Kegels: $V = \frac{1}{3} r^2 \cdot \pi \cdot h = \frac{1}{3} \cdot \left(\frac{h}{3}\right)^2 \cdot \pi \cdot h \Rightarrow h \mapsto \frac{1}{27} \pi \cdot h^3$

b) Es gilt: $V(t) = \frac{1}{27} \pi \cdot (h(t))^3 = 20 \cdot t \Rightarrow h(t) = 3 \cdot \left(\frac{20}{\pi}\right)^{\frac{1}{3}} \cdot t^{\frac{1}{3}}$; $h'(t) = \left(\frac{20}{\pi}\right)^{\frac{1}{3}} \cdot t^{-\frac{2}{3}}$

$h(t_0) = 5 \Rightarrow t_0 = \frac{25}{108} \pi$; $h'(t_0) = \frac{36}{5\pi}$

12 a) $D_f = \mathbb{R}$; $W_f = [-1;1]$

$f(-x) = \sin\left(\frac{2\pi}{1+(-x)^2}\right) = \sin\left(\frac{2\pi}{1+x^2}\right) = f(x)$, also ist G_f achsensymmetrisch bezüglich der y-Achse.

b) $f'(x) = -\frac{4\pi x}{(1+x^2)^2} \cdot \cos\left(\frac{2\pi}{1+x^2}\right)$

$f'(x) = 0$ für $x_1 = 0$ oder $\frac{2\pi}{1+x^2} = (2k+1) \cdot \frac{\pi}{2}$ (Nullstellen des cos), also $x^2 = \frac{3-2k}{2k+1}$

Nur für $k = 0$ oder $k = 1$ ist der Bruch positiv (wie x^2).

$\Rightarrow x_2 = -\sqrt{3}$, $x_3 = -\sqrt{\frac{1}{3}}$, $x_4 = \sqrt{3}$, $x_5 = \sqrt{\frac{1}{3}}$

$f\left(-\sqrt{\frac{1}{3}}\right) = f\left(\sqrt{\frac{1}{3}}\right) = -1$, $f(-\sqrt{3}) = f(\sqrt{3}) = 1$, $f(0) = 0$

Monotonieverhalten von f:

f':	f' > 0	$-\sqrt{3}$	f' < 0	$-\sqrt{\frac{1}{3}}$	f' > 0	0	f' < 0	$\sqrt{\frac{1}{3}}$	f' > 0	$\sqrt{3}$	f' < 0
f:	↗	Max	↘	Min	↗	Max	↘	Min	↗	Max	↘

Maxima: $H_1(-\sqrt{3}\,|\,1)$, $H_2(0\,|\,0)$, $H_3(\sqrt{3}\,|\,1)$

Minima: $T_1\left(-\sqrt{\frac{1}{3}}\,\middle|\,-1\right)$, $T_2\left(\sqrt{\frac{1}{3}}\,\middle|\,-1\right)$

c) f ist streng monoton abnehmend für $x \in \left]-\sqrt{3}; -\sqrt{\frac{1}{3}}\right]$; $\left]0; \sqrt{\frac{1}{3}}\right]$; $[\sqrt{3}; +\infty[$.

f ist streng monoton zunehmend für $x \in [-\infty; -\sqrt{3}[$; $\left]-\sqrt{\frac{1}{3}}; 0\right]$; $\left]\sqrt{\frac{1}{3}}; \sqrt{3}\right]$.

d) $f\left(\frac{1}{4}\right) \approx -0{,}36$; $f(1) = 0$; $f(4) \approx 0{,}36$; $f'\left(\frac{1}{4}\right) \approx -2{,}59$; $f'(1) = \pi$; $f'(4) \approx -0{,}16$

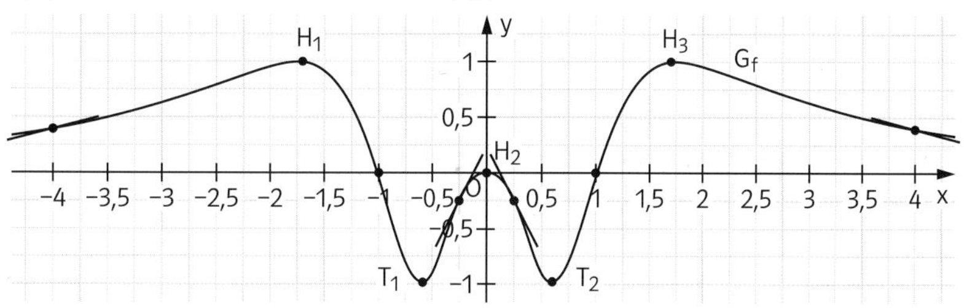

Probe mit einem Funktionsplotter ist sinnvoll.

13 a) $g_1'(x) = c \cdot f'(cx)$

b) $g_2'(x) = c \cdot f'(x)$

c) $g_3'(x) = f'(x)$

d) $g_4'(x) = f'(x+c)$

e) $g_5'(x) = f'(x^n) \cdot n \cdot x^{n-1}$

f) $g_6'(x) = n \cdot (f(x))^{n-1} \cdot f'(x)$

g) $g_7'(x) = n \cdot f'(nx+c)$

h) $g_8'(x) = n \cdot f'(nx)$

Manche Computeralgebrasysteme können nicht alle diese Berechnungen durchführen.

14 a) $D_f = \mathbb{R};\ W_f = [-3;3]$

b) $3\cdot\sin(1+2x) = 0$ für $1+2x = k\cdot\pi,\ k\in\mathbb{Z}$; also Nullstellen: $x_k = \frac{1}{2}(k\cdot\pi - 1)$

$f'(x) = 6\cdot\cos(1+2x) = 0$ falls $1+2x = (2k+1)\cdot\frac{\pi}{2},\ k\in\mathbb{Z}$; also Extremstellen: $x_k = \frac{k}{2}\pi + \frac{1}{4}\pi - \frac{1}{2}$

c) Nullstellen x_k:

k	−3	−2	−1	0	1	2	3
x_k	≈ −5,21	≈ −3,64	≈ −2,07	−0,5	≈ 1,07	≈ 2,64	≈ 4,21

Extrema:

k	−4	−3	−2	−1	0	1	2	3
x_k	≈ −6,00	≈ −4,43	≈ −2,86	≈ −1,29	≈ 0,29	≈ 1,86	≈ 3,43	≈ 5,00

Die Funktionswerte der Hochpunkte sind 3 und die der Tiefpunkte sind −3.

Monotonieverhalten von f:

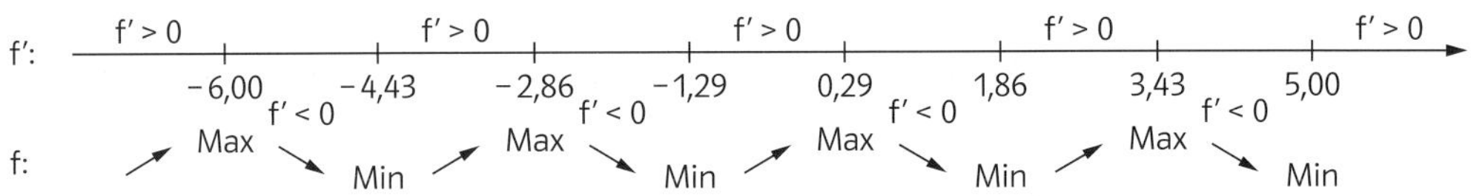

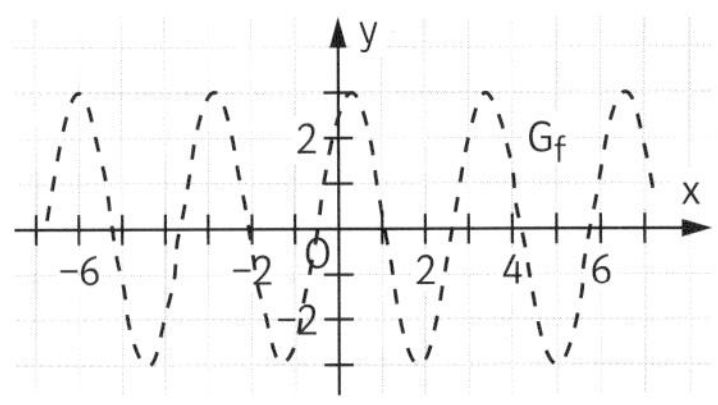

Probe mit einem Funktionsplotter ist sinnvoll.

15 Z.B. u: $x \mapsto x^3$; v: $x \mapsto 8x^4+2x$

Damit folgt: f: $x \mapsto (8x^4+2x)^3$ mit

f': $x \mapsto 3(8x^4+2x)^2\cdot(32x^3+2)$

$= 6144x^{11} + 3456x^8 + 576x^5 + 24x^2$

$f(x) = [x\cdot(8x^3+2)]^3 = 0 \Rightarrow x = 0$ oder $x \approx -0,6$

$f'(x) = 0 \Rightarrow x = 0$ oder $x \approx -0,4$ oder $x \approx -0,6$

Für die Skizze kann z.B. noch das Monotonieverhalten von f untersucht werden.

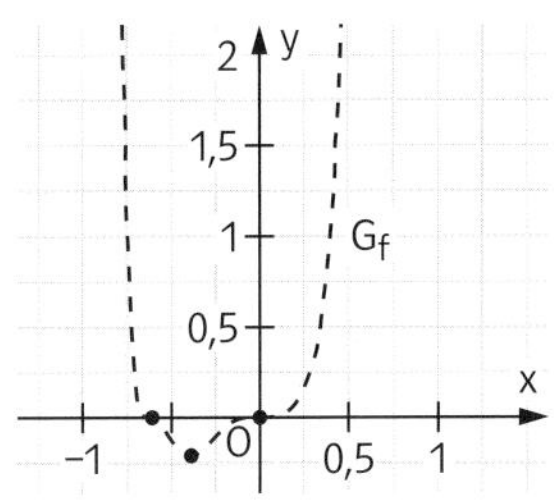

16 $\lim\limits_{x\to+\infty} f(x) = c = -1$

$\left.\begin{array}{l}(I)\ b\cdot a^{-1} - 1 = 3\\ (II)\ b\cdot a - 1 = 0\end{array}\right\} \Rightarrow a = \frac{1}{2};\ b = 2$

$\Rightarrow$ f: $x \mapsto 2\cdot\left(\frac{1}{2}\right)^x - 1$

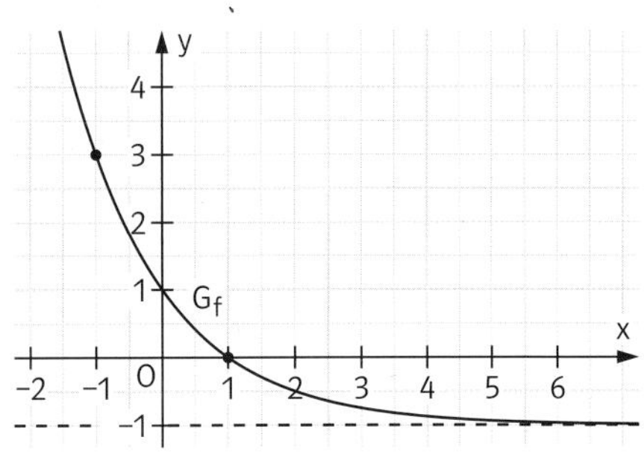

17 Z.B. 1. Möglichkeit: $A = A_{\triangle ECD} + A_{\triangle EBC}$

$= 18\,cm\cdot 15\,cm + \frac{1}{2}\cdot(32\,cm - 18\,cm)\cdot 15\,cm$

$= 375\,cm^2 = 3,75\,dm^2$

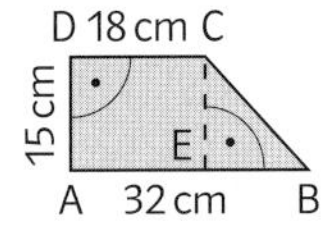

2. Möglichkeit: $A = \frac{1}{2}\cdot(a+c)\cdot h$

$= \frac{1}{2}\cdot(32\,cm + 18\,cm)\cdot 15\,cm$

$= 375\,cm^2 = 3,75\,dm^2$

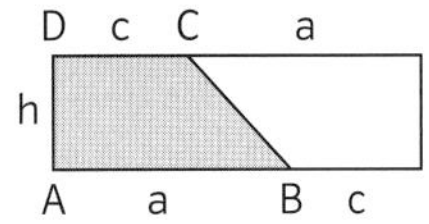

3. Möglichkeit: $A = (a^2 - c^2) : 2$

$= (1024\,cm^2 - 324\,cm^2) : 2$

$= 700\,cm^2 : 2 = 3,75\,dm^2$

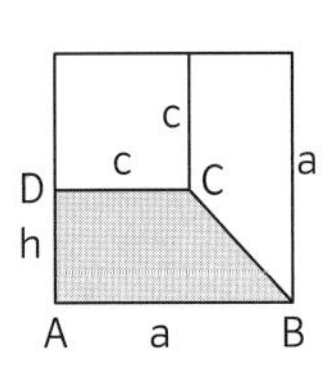

→ TB — Trainingsblatt: Verkettete Funktionen und ihre Ableitungen; Kopiervorlage S. 222 f.

→ Verkettungen knacken; Kopiervorlage S. 224 ff.
Spiel für 2 Teams und Spielleiter (Spieldauer: beliebig)

Spielmaterial: Papier, Stift (Tafel, Kreide) für Spielleiter
gegebenenfalls auch Papier, Stifte für beide Teams

Spielidee: Vom Spielleiter ausgesuchte Verkettungen sollen von 2 Teams aus innerer und äußerer Funktion zusammengesetzt werden. Dabei sind die Terme so gewählt, dass meist mehrere Zerlegungen möglich sind.
Fakultativ kann der Spielablauf um die Berechnung der Ableitungen erweitert werden.

5 Potenzfunktionen mit rationalen Exponenten und ihre Ableitung

S. 139

1 $g(x) = x^{\frac{3}{2}} = x \cdot x^{\frac{1}{2}} \Rightarrow g'(x) = x \cdot \frac{1}{2}x^{-\frac{1}{2}} + 1 \cdot x^{\frac{1}{2}} = \frac{1}{2}x^{\frac{1}{2}} + x^{\frac{1}{2}} = \frac{3}{2}x^{\frac{1}{2}}$

$h(x) = x^{\frac{5}{2}} = x^2 \cdot x^{\frac{1}{2}} \Rightarrow h'(x) = x^2 \cdot \frac{1}{2}x^{-\frac{1}{2}} + 2x \cdot x^{\frac{1}{2}} = \frac{1}{2}x^{\frac{3}{2}} + 2x^{\frac{3}{2}} = \frac{5}{2}x^{\frac{3}{2}}$

$k(x) = x^{\frac{7}{2}} = x^3 \cdot x^{\frac{1}{2}} \Rightarrow k'(x) = x^3 \cdot \frac{1}{2}x^{-\frac{1}{2}} + 3x^2 \cdot x^{\frac{1}{2}} = \frac{1}{2}x^{\frac{5}{2}} + 3x^{\frac{5}{2}} = \frac{7}{2}x^{\frac{5}{2}}$

Es fällt auf, dass wie bei ganzzahligen Exponenten beim Ableiten der alte Exponent als neuer Vorfaktor auftritt und der neue Exponent um 1 kleiner ist als der alte, d.h. für
$f(x) = x^{\frac{n}{2}}$ mit $n \in \mathbb{N} \setminus \{0\}$ gilt: $f'(x) = \frac{n}{2} \cdot x^{\frac{n}{2}-1}$.

S. 141

2 Graph (7): Potenzfunktion mit negativem Exponenten und $a = 1$, also $k \to (7)$;
Graph (6): Potenzfunktion mit negativem Exponenten und $a = 3$, also $g \to (6)$;
Graphen (1) und (2): Potenzfunktionen mit positivem Exponenten > 1; $a = 1$, wobei gilt:
je steiler für $x > 1$, desto größer der Exponent, also $s \to (1)$, $q \to (2)$;
Graphen (4) und (5): Potenzfunktionen mit positivem Exponenten < 1; $a = 1$, wobei gilt:
je steiler für $x > 1$, desto größer der Exponent, also $r = h \to (4)$, $p \to (5)$;
Graph (3): Potenzfunktion mit positivem Exponenten < 1; $a = 3$, also $f \to (3)$;
Graph (8) gehört somit zu keiner der angegebenen Funktionen.

3 a) $D_f = [-2; +\infty[$
$W_f = [0; +\infty[$
$f'(x) = \frac{1}{2\sqrt{x+2}}$

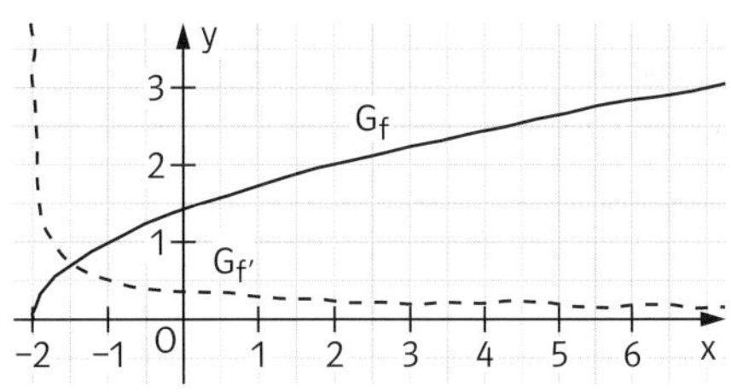

b) $D_f = \mathbb{R}_0^+$
$W_f = [-\infty; 0[$
$f'(x) = -\frac{1}{2\sqrt{x}}$

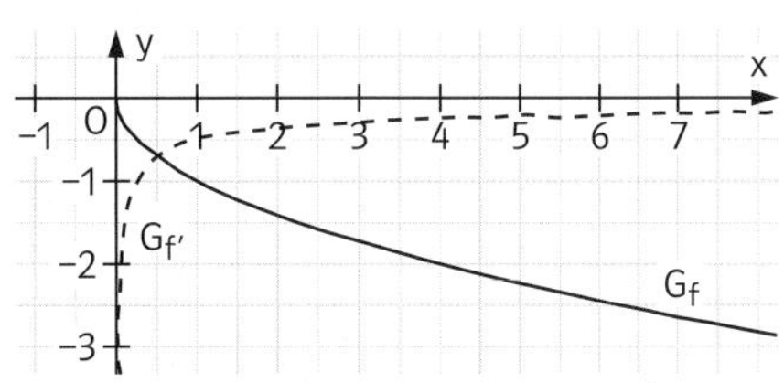

c) $D_f = [4; +\infty[$
$W_f = [0; +\infty[$
$f'(x) = \frac{1}{2\sqrt{x-4}}$

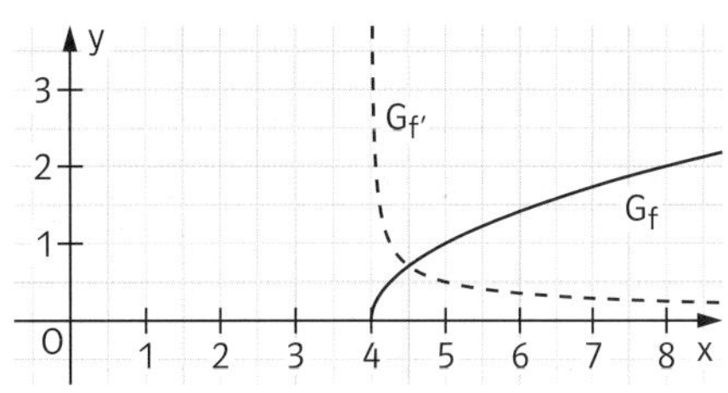

d) $D_f = [-1; +\infty[$

$W_f = [-\infty; -2[$

$f'(x) = -\frac{1}{2\sqrt{x+1}}$

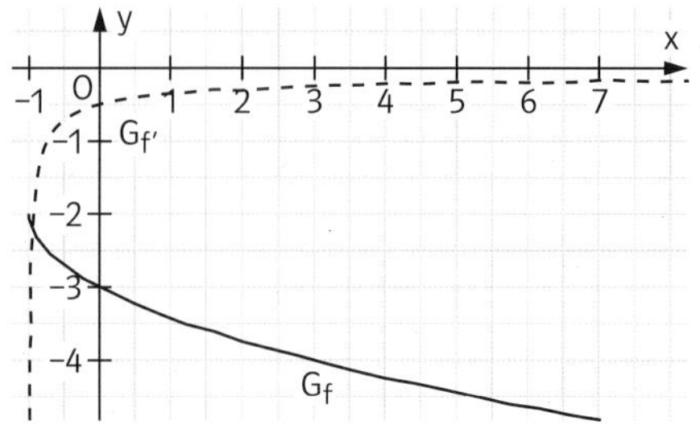

4 $f(x) = (\sin x)^{-2} \Rightarrow f'(x) = -2\cdot(\sin x)^{\mathbf{-3}}\cdot\cos x$

$g(x) = 3\cdot\sqrt[4]{x^3} = 3\cdot x^{\mathbf{\frac{3}{4}}} \Rightarrow g'(x) = 3\cdot\frac{3}{4}\cdot x^{-\frac{1}{4}} = \frac{9}{4}\frac{1}{\sqrt[4]{x}}$

$h(x) = 0{,}2\cdot\sqrt[5]{x^2} = 0{,}2\cdot x^{\frac{2}{5}} = 0{,}2\cdot x^{0{,}4} \Rightarrow h'(x) = 0{,}2\cdot 0{,}4\cdot x^{-0{,}6} = \mathbf{0{,}08}\cdot x^{-0{,}6} = \frac{0{,}08}{\sqrt[5]{x^3}}$

$p(t) = x + \sin\left(t^{\frac{1}{2}}\right) \Rightarrow p'(t) = \frac{1}{2}t^{-\frac{1}{2}}\cdot\cos\sqrt{t}$ (**kein** Summand 1, denn Konstante x fällt weg)

5

a) $f'(x) = 0{,}2\cdot x^{-0{,}8}$;	$f'(1) = 0{,}2$;	$F(x) = \frac{5}{6}x^{\frac{6}{5}}$
b) $f'(x) = \frac{4}{3}x^{\frac{1}{3}}$;	$f'(1) = \frac{4}{3}$;	$F(x) = \frac{3}{7}x^{\frac{7}{3}}$
c) $f'(x) = \frac{3}{4}x^{-\frac{1}{4}}$;	$f'(1) = \frac{3}{4}$;	$F(x) = \frac{4}{7}x^{\frac{7}{4}}$
d) $f'(x) = 1{,}4\cdot x^{-0{,}3}$;	$f'(1) = 1{,}4$;	$F(x) = \frac{20}{17}x^{\frac{17}{10}}$
e) $f'(x) = -x^{-p-1}$;	$f'(1) = -1$;	$F(x) = \frac{1}{p(1-p)}x^{1-p}$
f) $f'(x) = \frac{5}{4}x^{\frac{1}{4}}$;	$f'(1) = \frac{5}{4}$;	$F(x) = \frac{4}{9}x^{\frac{9}{4}}$
g) $f'(x) = \frac{4}{5}x^{-\frac{1}{5}}$;	$f'(1) = \frac{4}{5}$;	$F(x) = \frac{5}{9}x^{\frac{9}{5}}$
h) $f'(x) = 0{,}07\cdot\sqrt{x^5}$;	$f'(1) = 0{,}07$;	$F(x) = \frac{1}{225}x^{\frac{9}{2}}$
i) $f'(x) = -\frac{1}{3}x^{-\frac{4}{3}}$;	$f'(1) = -\frac{1}{3}$;	$F(x) = \frac{3}{2}x^{\frac{2}{3}}$
k) $f'(x) = -5x^{-\frac{8}{3}}$;	$f'(1) = -5$;	$F(x) = -\frac{9}{2}x^{-\frac{2}{3}}$
l) $f'(x) = \frac{11}{4}\cdot x^{\frac{7}{4}}$;	$f'(1) = \frac{11}{4}$;	$F(x) = \frac{4}{15}x^{\frac{15}{4}}$
m) $f'(x) = -16x^{-\frac{7}{3}}$;	$f'(1) = -16$;	$F(x) = -36x^{-\frac{1}{3}}$

S. 142

6

a) $f'(x) = -px^{-p-1}$;	$F(x) = \frac{1}{1-p}x^{1-p}$
b) $f'(x) = -\frac{2}{n}\cdot x^{-\frac{2}{n}-1}$;	$F(x) = \frac{1}{1-\frac{2}{n}}x^{1-\frac{2}{n}}$
c) $f'(t) = (-2p-1)\cdot t^{-2p-2}$;	$F(t) = -\frac{1}{2p}t^{-2p}$
d) $f'(x) = -\frac{p}{p+1}x^{-\frac{p}{p+1}-1}$;	$F(x) = (p+1)\cdot x^{\frac{1}{p+1}}$
e) $f'(x) = p\left(-\frac{p}{q}-1\right)\cdot x^{\frac{p}{q}-2}$;	$F(x) = -qx^{-\frac{p}{q}}$
f) $f'(s) = -s^{-p-q-1}$;	$F(s) = \frac{1}{(p+q)(-p-q+1)}s^{-p-q+1}$
g) $f'(x) = -(n+p)x^{-n-p-1}$;	$F(x) = \frac{1}{1-n-p}x^{1-n-p}$
h) $f'(x) = -(n+p)x^{-n-p-1}$;	$F(x) = \frac{1}{1-n-p}x^{1-n-p}$ (Funktionsterme von g) und h) sind äquivalent)

7 a) $f'(x) = \frac{2}{3}(1+2x)^{-\frac{2}{3}}$

b) $g'(x) = \frac{4}{5}\cdot(7x^2-x)^{-\frac{1}{5}}\cdot(14x-1) = (11{,}2x-0{,}8)\cdot(7x^2-x)^{-\frac{1}{5}}$

c) $f'(t) = \frac{3}{2}\cdot t^{-\frac{1}{2}}\cdot(1+\sqrt{t})^2$

d) $f'(x) = \frac{1}{4}\cdot\cos x\cdot(\sin x)^{-\frac{3}{4}}$

e) $f'(x) = 4\cdot(x^2-3\sqrt{x})\cdot\left(2x-\frac{3}{2}x^{-\frac{1}{2}}\right) = 8x^3-30x^{\frac{3}{2}}+18$

f) $f'(x) = \frac{1}{2}t^2\cdot(t^2x+2t)^{-\frac{1}{2}}$

i g) Gegebenenfalls muss die Schreibweise $\sin^2$ erläutert werden: $\sin^2 x = (\sin x)^2$

$h'(x) = \frac{3}{2}(1-\sin^2 x)^{\frac{1}{2}} \cdot (-2 \cdot \sin x \cdot \cos x) = -3 \cdot \sin x \cdot \cos x \cdot (1-\sin^2 x)^{\frac{1}{2}}$

h) $f'(t) = \frac{1}{2} \cdot (t^2 x + 2t)^{-\frac{1}{2}} \cdot (2tx + 2) = (tx+1) \cdot (t^2 x + 2t)^{-\frac{1}{2}}$

i) $k'(x) = \frac{1}{2}[2+(1-x)^2]^{-\frac{1}{2}} \cdot 2(1-x) \cdot (-1) = (x-1) \cdot [2+(1-x)^2]^{-\frac{1}{2}}$

k) $f'(s) = \frac{1}{2}[(1-s)^3+1]^{-\frac{1}{2}} \cdot 3(1-s)^2 \cdot (-1) = -\frac{3}{2}(1-s)^2 \cdot [(1-s)^3+1]^{-\frac{1}{2}}$

l) $f'(x) = 2 \cdot (1+\sqrt{3x+2}) \cdot \frac{1}{2} \cdot (3x+2)^{-\frac{1}{2}} \cdot 3 = 3 \cdot (3x+2)^{-\frac{1}{2}} \cdot (1+\sqrt{3x+2}) = \frac{3}{\sqrt{3x+2}} + 3$

m) $f'(x) = 8 \cdot \left(-\frac{3}{8}\right)(3x+1)^{-\frac{11}{8}} \cdot 3 = -9(3x+1)^{-\frac{11}{8}}$

n) $f'(x) = -2\left(3x^2 - x^{-\frac{1}{2}}\right) \cdot \left(x^3 - 2\sqrt{x}\right)^{-3}$

o) $f'(t) = \frac{1}{2} \cdot t^{-\frac{3}{2}} \cdot \sin\left(\frac{1}{\sqrt{t}}\right)$

8 1 → k: Der Graph von k ist die Normalparabel. Sie ist für $x > 0$ streng monoton steigend. $k(1) = 1$

2 → g: Der Graph von g besitzt eine Polstelle bei $x = 0$, ist streng monoton fallend und verläuft oberhalb der x-Achse; $g(1) = 1$

3 → h': $h'(x) = \frac{1}{2}x^{-\frac{1}{2}}$; der Graph von h' besitzt eine Polstelle bei $x = 0$, ist streng monoton fallend und verläuft oberhalb der x-Achse; $h'(1) = 0{,}5$

4 → k': $k'(x) = 2x$; der Graph von k' ist eine Gerade mit der Steigung 2.

5 → f: Da $f' > 0$ für alle x, ist der Graph von f streng monoton steigend. $f(1) = 0{,}5$

6 → h: Der Graph von h ist streng monoton steigend und ist die an der Winkelhalbierenden $y = x$ gespiegelte Normalparabel.

7 → g': $g'(x) = -0{,}25 \cdot x^{-1{,}25}$; der Graph von g' verläuft unterhalb der x-Achse.

8 → f': $f'(x) = 1{,}5 \cdot x^2$; der Graph von f' ist eine nach oben geöffnete Parabel, bezüglich Normalparabel um 1,5 in y-Richtung gestreckt; $f'(1) = 1{,}5$

9 a)

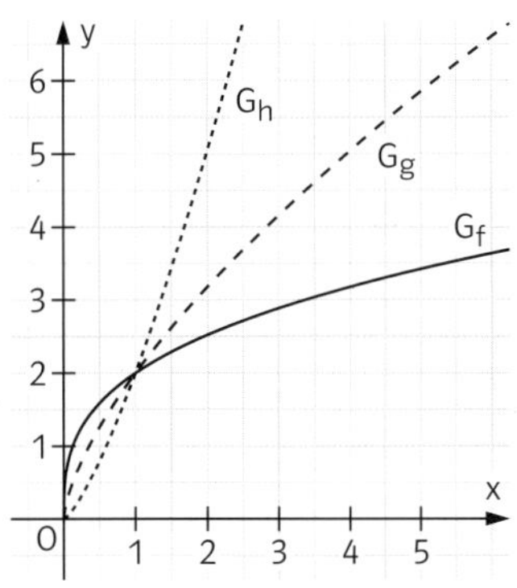

b)

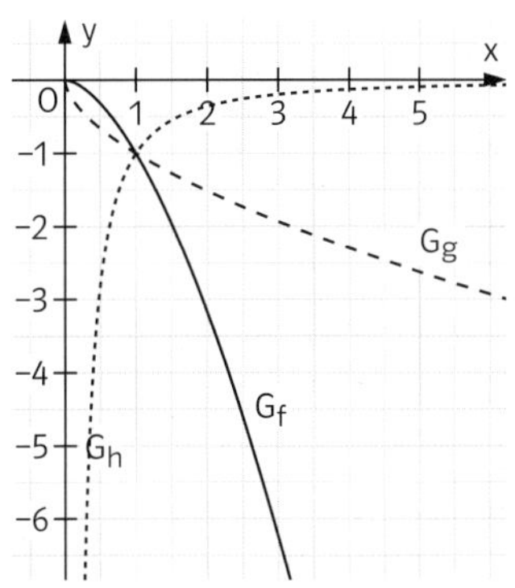

c)

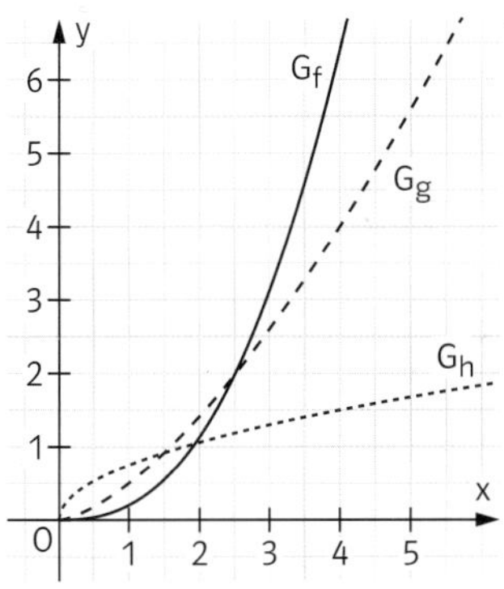

10 a)

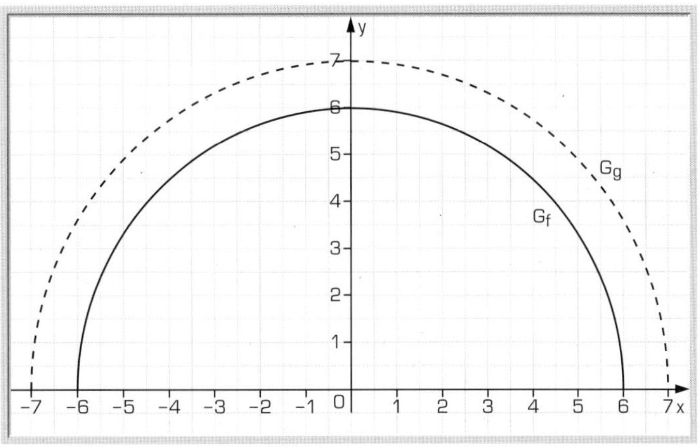

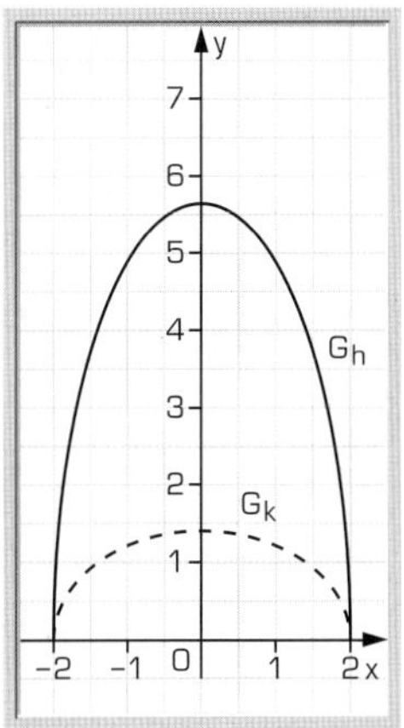

b) Der Graph G_f ist ein Halbkreis im I. und II. Quadranten mit dem Radius 6.
Der Graph G_g ist ein Halbkreis im I. und II. Quadranten mit dem Radius 7.
Der Graph G_h zeigt eine halbe Ellipse im I. und II. Quadranten (mit sogenannter großer Halbachse $a = 5{,}66$ und kleiner Halbachse $b = 2$).
Der Graph G_k zeigt eine halbe Ellipse im I. und II. Quadranten (mit sogenannter großer Halbachse $a = 2$ und kleiner Halbachse $b = 1{,}41$).

$f'(x) = -x\cdot(36-x^2)^{-\frac{1}{2}} = -\frac{x}{\sqrt{36-x^2}}$; $D_{f'} =]-6;6[$; $\lim\limits_{x\to -6} f'(x) = +\infty$; $\lim\limits_{x\to 6} f'(x) = -\infty$

$g'(x) = -x\cdot(49-x^2)^{-\frac{1}{2}} = -\frac{x}{\sqrt{49-x^2}}$; $D_{g'} =]-7;7[$; $\lim\limits_{x\to -7} g'(x) = +\infty$; $\lim\limits_{x\to 7} g'(x) = -\infty$

$h'(x) = -4x\cdot(8-2x^2)^{-\frac{1}{2}} = -\frac{4x}{\sqrt{8-2x^2}}$; $D_{h'} =]-2;2[$; $\lim\limits_{x\to -2} h'(x) = +\infty$; $\lim\limits_{x\to 2} f'(x) = -\infty$

$k'(x) = -x\cdot(8-2x^2)^{-\frac{1}{2}} = -\frac{x}{\sqrt{8-2x^2}}$; $D_{k'} =]-2;2[$; $\lim\limits_{x\to -2} k'(x) = +\infty$; $\lim\limits_{x\to 2} k'(x) = -\infty$

Alle Ableitungen weisen das gleiche Grenzverhalten auf: Die Funktionswerte der Ableitungen gehen gegen $+\infty$ bzw. $-\infty$.

i G_h (G_k) ist die Hälfte einer sogenannten Ellipse. Die sogenannte große Halbachse ist der y-Achsenabschnitt der Länge $4\sqrt{2}$ (x-Achsenabschnitt der Länge 2). Die sogenannte kleine Halbachse ist der x-Achsenabschnitt der Länge 2 (y-Achsenabschnitt der Länge $\sqrt{2}$).

c) Die Tangenten an diesen Randpunkten sind senkrecht.

11 a) $D_f = \mathbb{R}_0^+$; keine Symmetrie, da $f(-x) \neq f(x)$ und $f(-x) \neq -f(x)$.
Nullstellen: $x_1 = 0$, $x_2 = \sqrt[3]{2} \approx 1{,}26$

$f'(x) = (2x)^{-\frac{1}{2}} - 2x$;

Monotonieverhalten von f:

f': 0 — $f' > 0$ — 0,5 — $f' < 0$

f: Min ↗ Max ↘

$f(0) = 0 \Rightarrow T(0|0)$

$f(0{,}5) = 0{,}75 \Rightarrow H(0{,}5|0{,}75)$

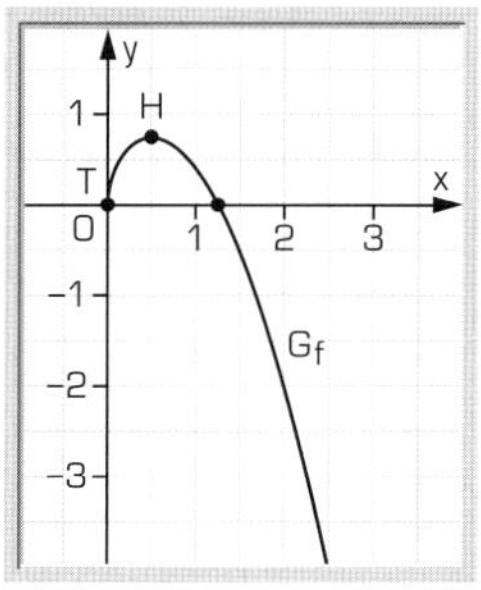

b) $D_g = [-4;4]$

$g(-x) = \frac{1}{3}(-x)\sqrt{16-(-x)^2} = -\frac{1}{3}x\sqrt{16-x^2} = -g(x)$, also ist G_g punktsymmetrisch bezüglich des Ursprungs.

Nullstellen: $x_1 = 0$, $x_2 = -4$; $x_3 = 4$

$g'(x) = \frac{1}{3}(16-x^2)^{\frac{1}{2}} + \frac{1}{3}x\cdot\frac{1}{2}(16-x^2)^{-\frac{1}{2}}\cdot(-2x)$

$= \frac{1}{3}\left[(16-x^2)^{\frac{1}{2}} - x^2(16-x^2)^{-\frac{1}{2}}\right]$

$= \frac{1}{3}\cdot\frac{16-x^2-x^2}{(16-x^2)^{\frac{1}{2}}} = \frac{2}{3}\cdot\frac{8-x^2}{\sqrt{16-x^2}}$

Monotonieverhalten von g:

g': $g' < 0$ — $-2\sqrt{2}$ — $g' > 0$ — $2\sqrt{2}$ — $g' < 0$

g: ↘ Min ↗ Max ↘

$g(-2\sqrt{2}) = -\frac{8}{3} \Rightarrow T\left(-2\sqrt{2}\,\middle|\,-\frac{8}{3}\right) \approx (-2{,}83|-2{,}67)$

$g(2\sqrt{2}) = \frac{8}{3} \Rightarrow H\left(2\sqrt{2}\,\middle|\,\frac{8}{3}\right) \approx (2{,}83|2{,}67)$

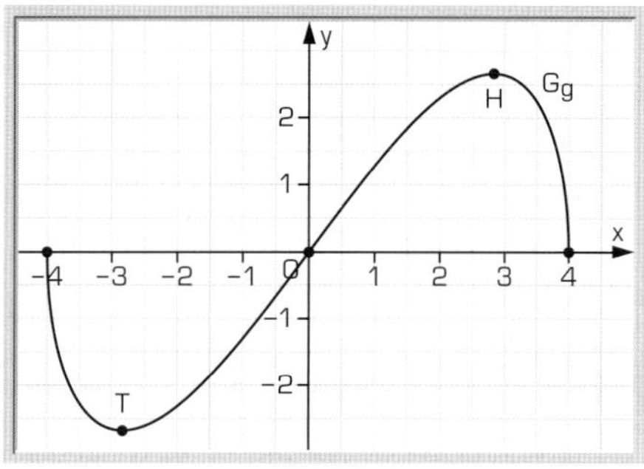

c) $D_h = \mathbb{R}$

$h(-x) = \frac{3\cdot(-x)}{\sqrt{9+(-x)^2}} = -\frac{3x}{\sqrt{9+x^2}} = -h(x)$, also ist G_h punktsymmetrisch bezüglich des Ursprungs.

Nullstellen: $x_1 = 0$

$h'(x) = \frac{3\cdot(9+x^2)^{\frac{1}{2}} - 3x\cdot\frac{1}{2}\cdot(9+x^2)^{-\frac{1}{2}}\cdot 2x}{9+x^2}$

$= \frac{3\cdot\left[(9+x^2)^{\frac{1}{2}} - x^2(9+x^2)^{-\frac{1}{2}}\right]}{9+x^2}$

$= 3\cdot\frac{9+x^2-x^2}{(9+x^2)^{\frac{3}{2}}} = \frac{27}{(9+x^2)^{\frac{3}{2}}}$

$h'(x) > 0$ für alle $x \in D_h$,

also ist G_h in D_h streng monoton steigend

$\Rightarrow$ D_h besitzt keine Extrempunkte

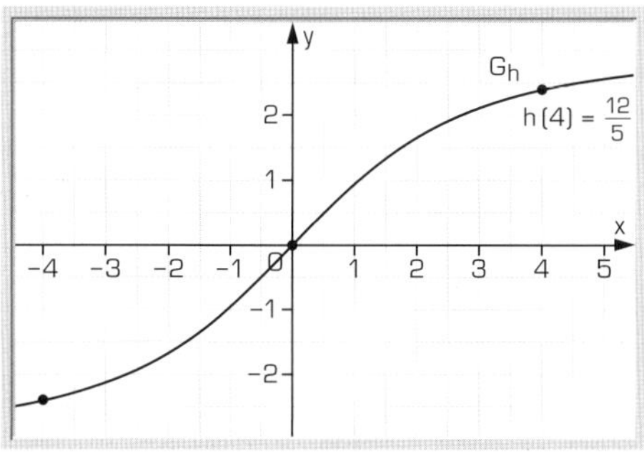

S. 143

12 a) $f(x) = x^{\frac{3}{4}}$ b) $g(x) = 4x^{-\frac{1}{3}}$ c) $h(x) = x^{\frac{2}{5}}$

d) $k(x) = 4x^{\frac{1}{4}}$ e) $p(x) = 4\cdot x^{\frac{1}{2}}$ f) $q(x) = 3\cdot x^{\frac{3}{2}}$

13 $u\circ v = (x^3-5)^{\frac{1}{2}}$; $(u\circ v)' = \frac{3}{2}x^2(x^3-5)^{-\frac{1}{2}}$

$v\circ u = x^{\frac{3}{2}} - 5$; $(v\circ u)' = \frac{3}{2}x^{\frac{1}{2}}$

$u\circ w = w\circ u = x^{-1}$; $(u\circ w)' = (w\circ u)' = -x^{-2}$

$v\circ w = x^{-6} - 5$; $(v\circ w)' = -6x^{-7}$

$w\circ v = (x^3-5)^{-2}$; $(w\circ v)' = -6x^2(x^3-5)^{-3}$

(Es genügt, nur 4 dieser Verkettungen zu betrachten.)

14 a) $f_a'(x) = \frac{a}{(1+ax^2)^{\frac{3}{2}}}$; $f_a'(x) > 0$ für $a > 0$

für alle $x \in \mathbb{R}$, also ist G_a streng monoton steigend.

$f_a(-x) = \frac{a\cdot(-x)}{\sqrt{1+a(-x)^2}} = -\frac{ax}{\sqrt{1+ax^2}} = -f_a(x)$,

also ist G_a punktsymmetrisch bezüglich des Ursprungs.

(Für die Skizze hilfreich:

$\lim\limits_{x\to+\infty} f_1(x) = 1$; $\lim\limits_{x\to-\infty} f_1(x) = -1$)

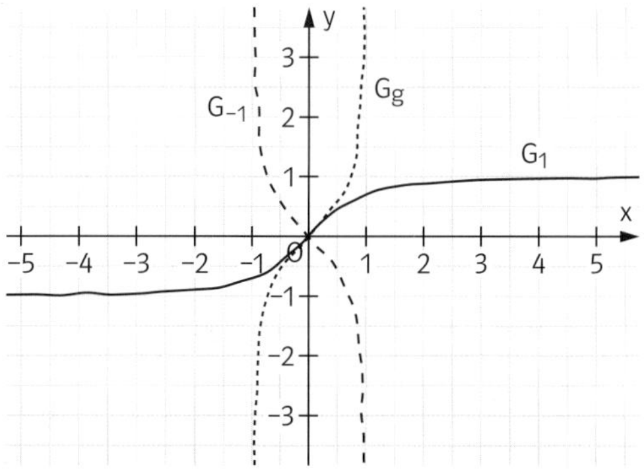

b) $f_a'(x) < 0$ für $a < 0$ für alle $x \in \left]-\sqrt{\frac{1}{a}}; \sqrt{\frac{1}{a}}\right[$,

also ist G_a dort streng monoton fallend.

Auch für $a < 0$ ist G_a punktsymmetrisch bezüglich des Ursprungs.

c) G_{-1} entsteht aus G_1 durch Drehung um 90° mit dem Zentrum $(0\,|\,0)$. G_{-1} und G_1 haben die gleiche „Form".

d) Spiegelung an der y-Achse: $g(x) = \frac{x}{\sqrt{1-x^2}}$

Spiegelt man den Graph G_1 an der Winkelhalbierenden des I. und III. Quadranten, so erhält man den Graph G_g.

e) $\lim\limits_{x\to+\infty} \frac{x}{\sqrt{1+x^2}} = 1$; $\lim\limits_{x\to-\infty} \frac{x}{\sqrt{1+x^2}} = -1$, da $\lim\limits_{x\to\pm\infty} \sqrt{1+x^2} = |x|$ und der Zähler positiv bzw. negativ wird.

15 a) $f'(x) = \frac{-x}{\sqrt{25-x^2}}$; $D_f = [-5;5]$; $D_{f'} =]-5;5[$

b) $A(3\,|\,4)$, $B(4\,|\,3)$

Tangente im Punkt A: $m = f'(3) = -\frac{3}{4}$; $4 = -\frac{3}{4}\cdot 3 + t$ $\Rightarrow$ $t = \frac{25}{4}$; also $y = -\frac{3}{4}x + \frac{25}{4}$

Normale im Punkt A: $m_n = -\frac{1}{f'(3)} = \frac{4}{3}$; $4 = \frac{4}{3}\cdot 3 + t$ $\Rightarrow$ $t = 0$; also $y = \frac{4}{3}x$

Tangente im Punkt B: $m = f'(4) = -\frac{4}{3}$; $3 = -\frac{4}{3}\cdot 4 + t$ $\Rightarrow$ $t = \frac{25}{3}$; also $y = -\frac{4}{3}x + \frac{25}{3}$

Normale im Punkt B: $m_n = -\frac{1}{f'(4)} = \frac{3}{4}$; $3 = \frac{3}{4}\cdot 4 + t$ $\Rightarrow$ $t = 0$; also $y = \frac{3}{4}x$

c)

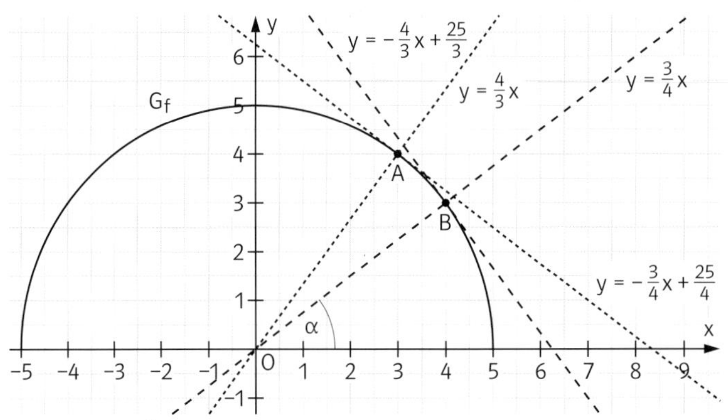

Alle Normalen gehen durch den Ursprung, welcher zugleich (Halb-) Kreismittelpunkt ist.

d) $\tan\alpha = m_n = \frac{3}{4} \Rightarrow \alpha \approx 36{,}87°$; $r = 5\,\text{cm} \Rightarrow A = \frac{\alpha}{360°} \cdot r^2 \cdot \pi \approx 8{,}04\,\text{cm}^2$

e) Vektorgleichung: $\left[\begin{pmatrix} x_1 \\ x_2 \end{pmatrix} - \begin{pmatrix} 0 \\ 0 \end{pmatrix}\right]^2 = 5^2$; d.h. $\left[\begin{pmatrix} x_1 \\ x_2 \end{pmatrix}\right]^2 = 25$; Koordinatenform: $x_1^2 + x_2^2 = 25$

16 V: Volumen in m^3; h: Kegelhöhe in m; r = Kegelradius in m; t: Zeitdauer in min nach 9.00 Uhr

a) $r : h \approx 44 : 27$

b) $V = 15 \cdot 60 \cdot 0{,}05 = 45$;

$\Rightarrow 45 = \frac{1}{3}\pi r^2 h$ (Kegelvolumen) $= \frac{1}{3}\pi \cdot \left(\frac{44}{27}\right)^2 \cdot h^3 \Rightarrow h = \sqrt[3]{\frac{3 \cdot 45}{\pi} \cdot \left(\frac{27}{44}\right)^2} \approx 2{,}529$

Der Kegel ist um 9.15 Uhr ca. 2,50 m hoch.

c) $V = \frac{1}{3}\pi \cdot \left(\frac{44}{27}\right)^2 \cdot h^3 \Rightarrow h = \sqrt[3]{\frac{2187}{1936 \cdot \pi} \cdot V}$; $V(t) = 60t \cdot 0{,}05$

$\Rightarrow h(t) = \sqrt[3]{\frac{2187}{1936 \cdot \pi} \cdot 60t \cdot 0{,}05} = \sqrt[3]{\frac{6561}{1936\pi}} \cdot \sqrt[3]{t}$

d) $h'(t)$: momentante Wachstumsgeschwindigkeit der Kegelhöhe in $\frac{m}{min}$

$h'(t)$: $\frac{1}{3} \cdot \sqrt[3]{\frac{6561}{1936\pi}} \cdot \sqrt[3]{\frac{1}{t^2}}$

$h'(1) \approx 0{,}342$; $h'(15) \approx 0{,}056$; $h'(60) \approx 0{,}022$

„Wächst" der Kegel um 9.01 Uhr noch um etwa 34 cm pro Minute, so um 9.15 Uhr nur noch um etwa 6 cm pro Minute und um 10.00 Uhr nur noch um etwa 2 cm pro Minute.

17 a) Aus $g'(x_0) = \frac{f'(x_0)}{2\sqrt{f(x_0)}} = 0$ erhält man $f'(x_0) = 0$.

Da $2\sqrt{f(x_0)} > 0$, haben $g'(x)$ und $f'(x)$ das gleiche Vorzeichen und damit das gleiche Monotonieverhalten. Also haben sie auch ihre Maximalstelle an der Stelle x_0.

b) $f(x) = 8{,}64x - 1{,}25x^4$; $f'(x) = 8{,}64 - 5x^3$

Aus $f'(x) = 0$ folgt $5x^3 = 8{,}64$; $x^3 = 1{,}728 \Rightarrow x_0 = 1{,}2$

Monotonieverhalten von f:

f': f' > 0 | 1,2 | f' < 0

f: ↗ Max ↘

Damit hat auch g(x) bei $x_0 = 1{,}2$ eine Maximalstelle.

c) Fehler im *Schülerbuch bis Auflage 1*[4]: Es muss heißen: „… auf streng monotone Funktionen übertragen …" (d.h. ohne „g").

Für streng monoton zunehmende Funktionen z gilt: $z'(x) > 0$ für alle x. Ist x_0 eine Maximalstelle von f, so gilt: $f'(x_0) = 0$ und f' hat bei x_0 den Vorzeichenwechsel +/−.

Damit folgt: $(z \circ f)'(x_0) = \underbrace{z'(f(x_0))}_{> 0} \cdot \underbrace{f'(x_0)}_{= 0} = 0$ und $(z \circ f)'$ hat bei x_0 den Vorzeichenwechsel +/−.

Die Verkettung von f mit einer streng monoton zunehmenden Funktion z erhält also die Maxima der Funktion f.

Für streng monoton abnehmende Funktionen a gilt: $a'(x) < 0$ für alle x.

Analog folgt: $(a \circ f)'$ hat bei x_0 den Vorzeichenwechsel −/+.

Die Verkettung von f mit einer streng monoton abnehmenden Funktion a macht also aus den Maxima der Funktion f Minima der verketteten Funktion $a \circ f$.

S. 144 **18** a)

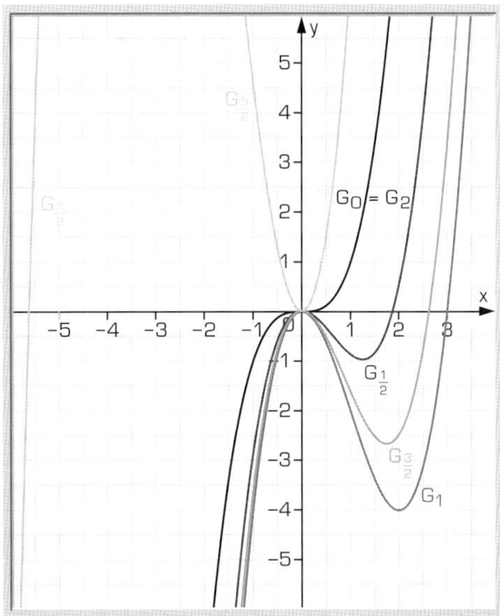

Alle Graphen verlaufen von links unten nach rechts oben.

Für $t = 0$ gibt es einen Terrassenpunkt bei $(0|0)$.

Für $t > 0$ trennt sich dieser in einen in $(0|0)$ verbleibenden Hochpunkt und einen Tiefpunkt. Er wandert zunächst nach rechts und für t-Werte ab etwa 1,2 wieder zurück.

Für $t = 2$ liegt wieder nur ein Terrassenpunkt in $(0|0)$ vor.

Für $t > 2$ wandert der Hochpunkt immer weiter nach links oben; $(0|0)$ bleibt Tiefpunkt.

b) Tiefpunkt T liegt vor, wenn $f_t'(x) = 0$ und an dieser Stelle Vorzeichenwechsel $-/+$ vorliegt.
$f_t'(x) = 0 \Rightarrow x = -\frac{2}{3}t^3 + \frac{8}{3}t$ ($x = 0$ ist uninteressant, da sicher nicht am weitesten rechts liegend)
Dieser x-Wert soll (in Abhängigkeit von t) maximal werden; daher wird $x'(t)$ betrachtet:
$x'(t) = -2t^2 + \frac{8}{3}$; $x'(t) = 0 \Rightarrow t = \frac{2}{3}\sqrt{3}$; hier hat x' Vorzeichenwechsel $+/-$, also ist $x(t)$ maximal.
Der Tiefpunkt liegt also für $t = \frac{2}{3}\sqrt{3} \approx 1{,}15$ am weitesten rechts.

c) y-Koordinate des Tiefpunkts (in Abhängigkeit von t): $y(t) = f_t\left(-\frac{2}{3}t^3 + \frac{8}{3}t\right) = \frac{4t^3(t^2-4)^3}{27}$
T liegt am tiefsten, wenn $y(t)$ minimal wird; daher wird $y'(t)$ betrachtet:
$y'(t) = \frac{4t^2 \cdot (t^2-4)^2 \cdot (3t^2-4)}{9}$; $y'(t) = 0 \Rightarrow t = \frac{2}{3}\sqrt{3}$; hier hat y' Vorzeichenwechsel $-/+$, also ist $y(t)$ minimal. Der Tiefpunkt liegt also für $t = \frac{2}{3}\sqrt{3} \approx 1{,}15$ am tiefsten.

d) Der Vergleich z.B. der Graphen G_1 und G_{-1} legt die Annahme nahe, dass die Graphen bezüglich des Ursprungs punktsymmetrisch zueinander sein könnten, d.h.: $-f_t(-x) = f_{-t}(x)$

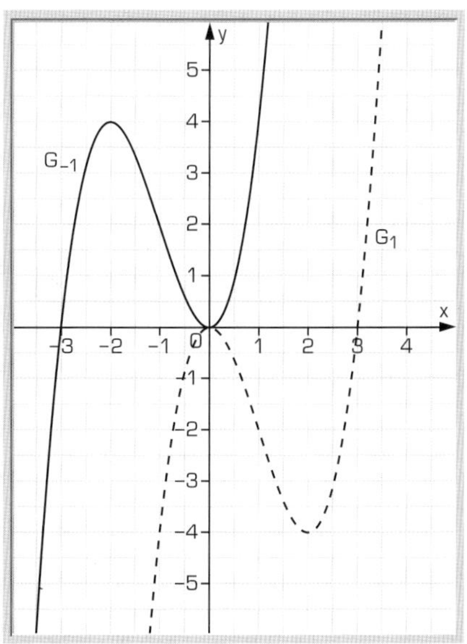

Nachweis:
$-f_t(-x) = -(-x)^3 + (4t - t^3) \cdot (-x)^2 = x^3 + (4t - t^3) \cdot x^2$
$f_{-t}(x) = x^3 - (4(-t) - (-t)^3) \cdot (-x)^2 = x^3 + (4t - t^3) \cdot x^2$
Durch die Punktspiegelung werden aus Tiefpunkten von G_t Hochpunkte von G_{-t} und umgekehrt.
Dies wird zur Beantwortung ausgenutzt:

zu a) Alle Graphen verlaufen von links unten nach rechts oben.
Für $t < 0$ gibt es zunächst (für $|t|$ klein) einen Tiefpunkt in $(0|0)$ und einen Hochpunkt, der für kleiner werdende t-Werte zuerst nach links und ab etwa $t < -1{,}2$ wieder zurück wandert.
Für $t = -2$ verschmelzen beide Extrema zum Terrassenpunkt $(0|0)$.
Für $t < -2$ wandert der Tiefpunkt immer weiter nach rechts unten; $(0|0)$ bleibt Hochpunkt.

zu b) Es gibt keinen t-Wert, für den der Tiefpunkt am weitesten rechts liegt.

zu c) Es gibt keinen t-Wert, für den der Tiefpunkt am tiefsten liegt.

19 a) $D_a = [a^2; +\infty[$; $W_a = [0; +\infty[$

b) $f_a'(x) = \frac{a}{2\sqrt{x-a^2}}$; $f_a'(x) > 0$, da $a > 0$, also ist G_a streng monoton steigend.

c) $f_a'(x) = \frac{1}{2} \Rightarrow \frac{a}{2\sqrt{x-a^2}} = \frac{1}{2} \Rightarrow x = 2a^2$; $f_a(2a^2) = a^2$, also $B_a(2a^2 | a^2)$

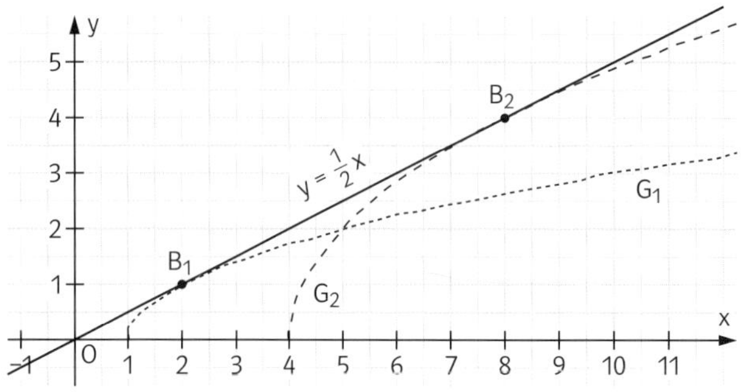

(Für die Graphenskizzen wurde D_a betrachtet.)

20 Der Punkt P, in dem der Radsportler die Straße verlässt, sei x km vom Punkt A entfernt; $x \in [0; 5]$.
Die Querfeldein-Strecke ist dann $\sqrt{(5-x)^2 + 2^2}$ km lang. Bezeichnet t die Gesamtfahrzeit in h, so gilt:

$t(x) = \frac{x}{40} + \frac{\sqrt{(5-x)^2+2^2}}{20} = \frac{1}{40}\left(x + 2\sqrt{x^2-10x+29}\right)$

$t'(x) = \frac{1}{40}\left(1 + \frac{2x-10}{\sqrt{x^2-10x+29}}\right) = 0$ für $\frac{10-2x}{\sqrt{x^2-10x+29}} = 1$

$\Rightarrow x_1 = 5 - \frac{2}{\sqrt{3}} \approx 3{,}845$ $\left(x_2 = 5 + \frac{2}{\sqrt{3}} > 5!\right)$ Damit ist die sicher zwischen 0 und 5 liegende Minimalstelle gefunden.

Der Radsportler sollte nach etwa 3,8 km die Straße verlassen.

21 a) $D_c =]0; +\infty[$; $f(x) = 0$ für $x = c^2 \Rightarrow$ einziger Punkt auf der x-Achse: $N(c^2 | 0)$

b) $\lim\limits_{x \to 0} f_c(x) = \lim\limits_{x \to 0} \left[\underbrace{\tfrac{8}{x}}_{+\infty} \underbrace{(\underbrace{\sqrt{x}}_{\to 0} - c)}_{\to -c}\right] = -\infty$

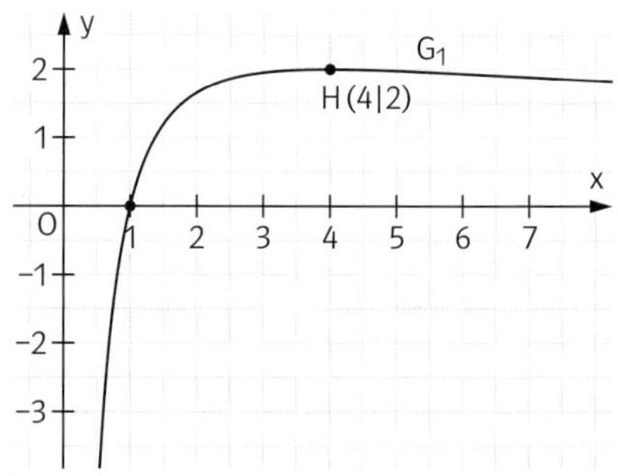

$f_c'(x) = -\frac{8}{x^2}(\sqrt{x} - c) + \frac{8}{x} \cdot \frac{1}{2} x^{-\frac{1}{2}} = -8x^{-\frac{3}{2}} + 8cx^{-2} + 4x^{-\frac{3}{2}}$

$= -4x^{-\frac{3}{2}} + 8cx^{-2}$

$f_c'(x) = 0$ für $4x^{-\frac{3}{2}} = 8cx^{-2} \Rightarrow x = 4c^2$

Monotonieverhalten von f:

f': $f' > 0$ | $4c^2$ | $f' < 0$

f: ↗ Max ↘

$f(4c^2) = \frac{2}{c} \Rightarrow H\left(4c^2 \middle| \frac{2}{c}\right)$

c) Da der Funktionswert des Maximums $\frac{2}{c}$ ist, muss gelten: $\frac{2}{c} < 1 \Rightarrow c > 2$.

d) $f_c'(4) = -\frac{1}{2} + \frac{1}{2}c$; Ansatz: $\frac{1}{4} = -\frac{1}{2} + \frac{1}{2}c \Rightarrow c = \frac{3}{2}$

22 a) $V_{Quader} = 2\,cm \cdot 5\,cm \cdot h = 10\,cm^2 \cdot h$

$V_{Prisma} = \frac{1}{2} \cdot 2\,cm \cdot 5\,cm \cdot h = 5\,cm^2 \cdot h$

$V_{Zylinder} = \left(\frac{5}{2}cm\right)^2 \cdot \pi \cdot h = \frac{25}{4}cm^2 \cdot \pi \cdot h$

$V_{Kegel} = \frac{1}{3} \cdot \left(\frac{5}{2}cm\right)^2 \cdot \pi \cdot h = \frac{25}{12}cm^2 \cdot \pi \cdot h$

$V_{Quader} : V_{Prisma} : V_{Zylinder} : V_{Kegel} = 2 : 1 : \frac{5}{4}\pi : \frac{5}{12}\pi$

b) $V_{Quader} = 3 \cdot 10^{-5}\,m^3 = 0{,}03\,dm^3 = 30\,cm^3 = 30\,000\,mm^3$

$V_{Prisma} = 1{,}5 \cdot 10^{-5}\,m^3 = 0{,}015\,dm^3 = 15\,cm^3 = 15\,000\,mm^3$

$V_{Zylinder} \approx 5{,}890 \cdot 10^{-5}\,m^3 = 0{,}05890\,dm^3 = 58{,}90\,cm^3 = 58\,900\,mm^3$

$V_{Kegel} \approx 1{,}963 \cdot 10^{-5}\,m^3 = 0{,}01963\,dm^3 = 19{,}63\,cm^3 = 19\,630\,mm^3$

23 a) $x = 3,\ y = 2$ b) $x = 8,\ y = 5$

24 $g(x) = f(x-1)+2 = 2(x-1)^2-3(x-1)-2+2$
$= 2x^2-4x+2-3x+3$
$= 2x^2-7x+5$

Thema: Ableitung der Sinus- und Kosinusfunktion – eine Beweisführung

S. 145 **1** Zunächst wird mit dem Differentialquotienten die Ableitung an einer Stelle x_0 gebildet:

$$f'(x_0) = \lim_{h\to 0} \cos\left(x_0+\frac{h}{2}\right)\cdot\frac{\sin\frac{h}{2}}{\frac{h}{2}}$$

Eine Betrachtung des Grenzwerts $\lim\limits_{h\to 0} = \frac{\sin\frac{h}{2}}{\frac{h}{2}}$ mit einem Tabellenkalkulationsprogramm lässt den Wert 1 vermuten.
Um dies näher zu begründen, wird der Flächeninhalt eines Kreissektors mit der Bogenlänge x und dem Radius $r = 1$ mit den Flächeninhalten eines dem Kreissektors einbeschriebenen Dreiecks und eines dem Kreissektor umbeschriebenen Dreiecks verglichen. Daraus ergibt sich die Ungleichung $\frac{1}{\cos x} > \frac{\sin x}{x} > \cos x$.
Aus der Grenzwertbetrachtung der oberen und unteren Schranke für $x\to 0$ folgt: $\lim\limits_{x\to 0}\frac{\sin x}{x} = 1$
Somit gilt für die Ableitung von $f(x) = \sin x$: $f'(x_0) = \cos x_0$

2 $g(x) = \cos x$

$$g'(x_0) = \lim_{h\to 0}\frac{\cos(x_0+h)-\cos(x_0)}{h} = \lim_{h\to 0}\frac{-2\cdot\sin\left(\frac{x_0+h+x_0}{2}\right)\cdot\sin\left(\frac{x_0+h-x_0}{2}\right)}{h}$$

angegebene Formel

$$= \lim_{h\to 0}\frac{\sin\left(x_0+\frac{h}{2}\right)\cdot\sin\frac{h}{2}}{-\frac{h}{2}} = \lim_{h\to 0}\sin\left(x_0+\frac{h}{2}\right)\cdot\underbrace{\left(-\frac{\sin\frac{h}{2}}{\frac{h}{2}}\right)}_{\to -1} = \lim_{h\to 0}\sin\left(x_0+\frac{h}{2}\right)\cdot(-1) = -\sin x_0$$

3 Für jedes $x\in\left]-\frac{\pi}{2};0\right[$ ist der Inhalt I_1 des Dreiecks OPB kleiner als der Inhalt I des Kreisausschnitts OPA und der Inhalt I_2 des Dreiecks OQA größer als I: $I_1 < I < I_2$

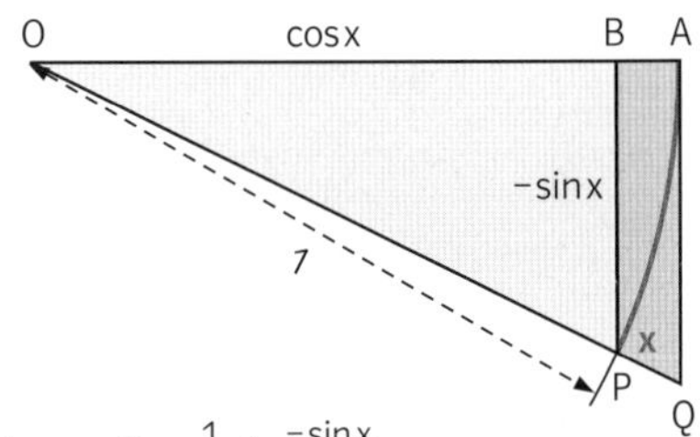

Es gilt: $I = \frac{1}{2}\cdot(-x)$ (Kreissektor mit $r = 1$, Bogenlänge x)
Da $\overline{BP} = -\sin x$ und $\overline{OB} = \cos x$ ist, gilt:
$I_1 = \frac{1}{2}\cdot\cos x\cdot(-\sin x)$
Wegen $\overline{QA}:\overline{PB} = \overline{OA}:\overline{OB}$ ist $\overline{QA} = \frac{\overline{OA}}{\overline{OB}}\cdot\overline{BP} = \frac{-\sin x}{\cos x}$ und dann $I_2 = \frac{1}{2}\cdot 1\cdot\frac{-\sin x}{\cos x}$.
Also gilt: $\frac{1}{2}\cdot(-\sin x)\cdot\cos x < -\frac{1}{2}x < \frac{1}{2}\cdot\frac{-\sin x}{\cos x}$
Wegen $-\sin x > 0$ ist dann $\cos x < \frac{x}{\sin x} < \frac{1}{\cos x}$, und der Übergang zu den Kehrwerten ergibt:
$\frac{1}{\cos x} > \frac{\sin x}{x} > \cos x$

Lesetext: Geschichte der Wahrscheinlichkeitsrechnung

S. 146 Mit den in diesem Kapitel neu kennengelernten Ableitungsfunktionen stehen nun „exotische" Funktionen zur Verfügung, anhand derer die Begriffe Differenzierbarkeit und (die nicht mehr im Lehrplan enthaltene) Stetigkeit an den Grenzen der Anschauung untersucht werden können.

VI Natürliche Exponential- und Logarithmusfunktion

1 Die natürliche Exponentialfunktion und ihre Ableitung

S. 152

1

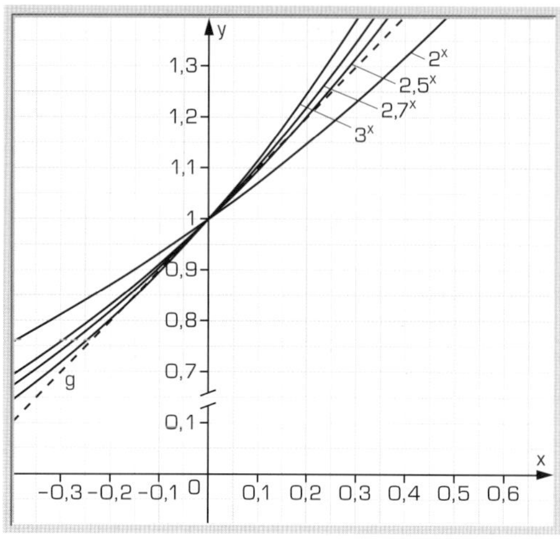

Durch Ausprobieren erkennt man, dass $2 < a < 3$, bzw. sogar $2{,}5 < a < 2{,}8$.
Für $a = 2{,}7$ hat man schon fast die Gerade als Tangente.

S. 154

2 $y = e^x$; $e^4 \approx 54{,}5982$; $e^{0{,}25} \approx 1{,}2840$; $e^{-2} \approx 0{,}1353$; $e^{\sqrt{5}} \approx 9{,}3565$;
$e^{-1{,}2} \approx 0{,}3012$; $e^e \approx 15{,}1543$; $e^{-\sqrt{23}} \approx 0{,}0083$; $e^{2{,}67} \approx 14{,}4400$

3

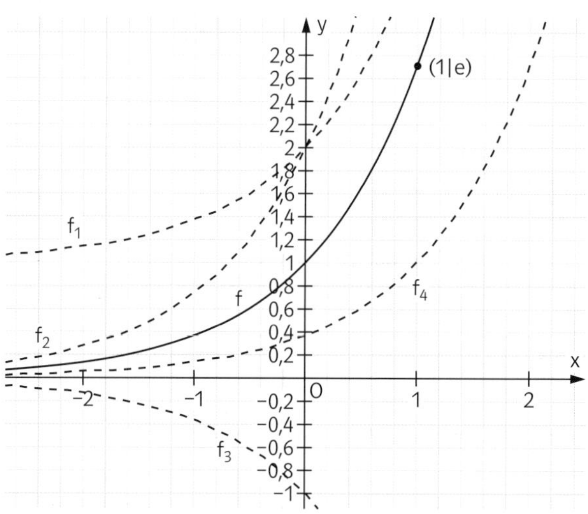

a) $f_1(x) = e^x + 1$ entsteht aus dem Graphen von $f(x) = e^x$ durch Verschiebung um 1 nach oben.

b) $f_2(x) = 2 \cdot e^x$ ist eine Streckung des Graphen von $f(x) = e^x$ mit dem Faktor 2.

c) $f_3(x) = -e^x$ ist eine Spiegelung an der x-Achse.

d) $f_4(x) = e^{x-1}$ ist eine Verschiebung um 1 nach rechts.

4 Ein DIN-A4-Blatt ist 21 cm breit und 29,7 cm hoch.

a) Gesucht ist x so, dass $e^x \approx 29{,}7$;
durch Probieren mit dem Taschenrechner: $e^{3{,}39} \approx 29{,}67$; $e^{3{,}40} \approx 29{,}96$
Der Graph passt bis $x = 3{,}39$ auf das Blatt.

b) Individuelle Schätzung; vermutlich wird das exponentielle Wachstum deutlich unterschätzt.
$e^{21} = 1\,318\,815\,734\,\text{cm} \approx 13\,000\,\text{km}$
Das Blatt müsste rund 13 000 km hoch sein.

5 a) $f'(x) = 4 \cdot e^x$; $f'(-2) = 4 \cdot e^{-2} \approx 0{,}54$
b) $f'(x) = -3 \cdot e^x$; $f'(0{,}5) = -3 \cdot e^{0{,}5} \approx -4{,}95$
c) $f'(x) = \frac{1}{2}e^x - 2ex$; $f'(1) = \frac{1}{2}e - 2e = -1{,}5e \approx -4{,}08$
d) $f'(x) = 4 \cdot e^x - 3e \cdot x^{e-1}$ $f'(0) = 4$

6 a) $f'(x) = e^x$; Ansatz für g: $y = mx + t$, wobei $m_A = f'(1)$ und $m_B = f'(-1)$

$f'(1) = e$; $e = e \cdot 1 + t \Rightarrow t = 0$; t_A: $y = ex$

$f'(-1) = \frac{1}{e}$; $\frac{1}{e} = -\frac{1}{e} + t \Rightarrow t = \frac{2}{e}$; t_B: $y = \frac{1}{e}x + \frac{2}{e}$

b) $m_N = -\frac{1}{m_A}$ bzw. $m_N = -\frac{1}{m_B}$

Steigung der Normalen in A: $m_N = -\frac{1}{e}$; Steigung der Normalen in B: $m_N = -e$

7 Parallele Tangenten haben dieselbe Steigung, also $f'(x) = g'(x)$

a) $f'(x) = e^x$; $g'(x) = 1 \Rightarrow e^x = 1$ $P(0|1)$; $Q(0|0)$

b) $f'(x) = 2e^x$; $g'(x) = -4 \Rightarrow 2e^x = -4$ keine Lösung möglich

c) $f'(x) = \sqrt{e}$; $g'(x) = e^x \Rightarrow \sqrt{e} = e^x$ $P\left(\frac{1}{2}\middle|\frac{1}{2}\sqrt{e}\right)$; $Q\left(\frac{1}{2}\middle|e^{\frac{1}{2}}-2\right)$

8 $f_c(x) = c \cdot e^x$; Schnittpunkt mit der y-Achse: $c \cdot e^0 = c$; also $(0|c)$

$f_c'(x) = c \cdot e^x$; $f_c'(0) = c = 0{,}4$; also ist $c = 0{,}4$ zu wählen.

Ergebniskontrolle mit dem Funktionsplotter ist sinnvoll.

9 a) Gleichung der Tangente im Punkt $P(a|e^a)$:

$m_P = f'(a) = e^a$; $e^a = e^a \cdot a + t \Rightarrow t = e^a \cdot (1-a) \Rightarrow y = e^a \cdot x + (1-a) \cdot e^a$

Q liegt auf der x-Achse $\Rightarrow e^a \cdot x + (1-a) \cdot e^a = 0 \Rightarrow x = a-1$

b) Die x-Koordinate des Punktes Q ist um 1 kleiner als die x-Koordinate des Punktes P.

c) $\tan\alpha = f'(a) = e^a$

$\tan\alpha = \frac{e^a}{x_P - x_Q}$ (im Dreieck PQ(a|0)) $\Big\}$ $e^a = \frac{e^a}{x_P - x_Q} \Rightarrow x_P - x_Q = 1$ oder $x_Q = x_P - 1$

d) Zu jedem Punkt $P(a|f(a))$ benutzt man als 2. Punkt $Q(a-1|0)$, der auch auf der Tangente liegt. Die Verbindungsgerade PQ ist die Tangente.

10 Tangente durch $(0|0)$: $y = mx$

Steigung im Berührpunkt $B(x|e^x)$: $m = e^x \Rightarrow e^x = e^x \cdot x \Rightarrow x = 1$; also $B(1|e)$.

Die Tangente hat die Gleichung $y = ex$.

11 a) Der Graph von f(x) wird an der y-Achse gespiegelt und um 1 nach oben verschoben.

b) Der Graph von f(x) wird um 1 nach links verschoben.

c) Der Graph von f(x) wird an der x- und der y-Achse gespiegelt.

d) Der Graph von f(x) wird an der y-Achse gespiegelt und um 1 nach rechts verschoben.

12 $f_1(x)$ gehört zu dem lilafarbenen Graphen; $f_1(0) = 0$

$f_2(x)$ gehört zu dem blauen Graphen; $f_2(0) = 1$

$f_3(x)$ gehört zu dem orangefarbenen Graphen; Spiegelung von $y = e^x$ an der y-Achse und Verschiebung um 1 nach oben.

$f_4(x)$ gehört zu dem roten Graphen; $f_4(2) = 0$; es handelt sich um eine um 2 nach rechts verschobene und mit dem Faktor 0,5 gestauchte Normalparabel (Scheitelpunktform: $f_4(x) = 0{,}5(x-2)^2$).

13 a) $f(2) = 1 \Rightarrow ce^2 + a = 1 \Rightarrow a = 1 - ce^2$

$f(x) = c \cdot e^x + 1 - ce^2$; also gibt es unendlich viele Lösungen.

Bsp.: $c = 1 \Rightarrow a = 1 - e^2 \Rightarrow f(x) = e^x + 1 - e^2$

b) $f(0) = 1 \Rightarrow c \cdot e^0 + a = 1 \Rightarrow a = 1 - c$

$f'(0) = 2 \Rightarrow c \cdot e^0 = 2 \Rightarrow c = 2$ $\Big\}$ $a = -1 \Rightarrow f(x) = 2e^x - 1$

14

a) 18°	b) ≈ 57,3°	c) −36°	d) 225°	e) ≈ 143,2°
f) ≈ −286,5°	g) 480°	h) ≈ 47°	i) ≈ −257,8°	k) −510°

2 Die natürliche Logarithmusfunktion und ihre Ableitung

S. 155

1 a)

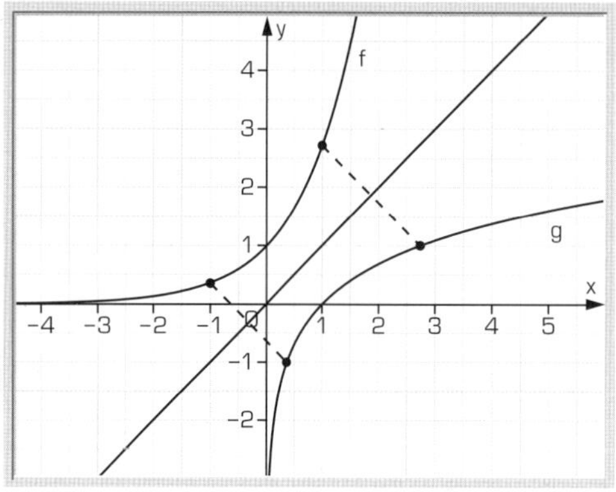

g stellt den Graph einer Funktion dar, da zu jedem $x \in \mathbb{R}^+$ genau ein y-Wert zugeordnet wird.

b) $g(x) = f^{-1}(x)$

$f(x) = e^x = e$	für $x = 1$	$\Rightarrow$	$g(e) = 1$
$e^x = e^2$	für $x = 2$	$\Rightarrow$	$g(e^2) = 2$
$e^x = e^{-1}$	für $x = -1$	$\Rightarrow$	$g(e^{-1}) = -1$
$e^x = \sqrt{e}$	für $x = \frac{1}{2}$	$\Rightarrow$	$g(\sqrt{e}) = \frac{1}{2}$

c) g ordnet jeder positiven Zahl x diejenige Zahl zu, mit der e potenziert werden muss, um x zu erhalten; also wird jeder positiven Zahl x ihr Logarithmus zugeordnet.

S. 157

2 Für die Schätzungen kann $e \approx 3$ genutzt werden:

a) Schätzung: $3^3 = 27 \Rightarrow \ln 24 \approx 3$ $\quad \ln 24 = \ln 3 \cdot 8 = \ln 3 + \ln 8 \approx 1{,}10 + 2{,}08 = 3{,}18$

b) Schätzung: $3^1 = 3 \Rightarrow \ln 2\frac{2}{3} \approx 1$ $\quad \ln \frac{8}{3} = \ln 8 - \ln 3 \approx 2{,}08 - 1{,}10 = 0{,}98$

c) Schätzung: $3^4 = 81 \Rightarrow \ln 72 \approx 4$ $\quad \ln 72 = \ln 8 + \ln 9 = \ln 8 + 2\ln 3 \approx 2{,}08 + 2{,}20 = 4{,}28$

d) Schätzung: $3^{-1} = \frac{1}{3} \Rightarrow \ln 0{,}375 \approx -1$ $\quad \ln 0{,}375 = \ln \frac{3}{8} = \ln 3 - \ln 8 \approx 1{,}10 - 2{,}08 = -0{,}98$

e) Schätzung: $3^{-1} = \frac{1}{3} \Rightarrow \ln 0{,}375 \approx -1$ $\quad \ln \frac{1}{3} = \ln 1 - \ln 3 = -\ln 3 \approx -1{,}10$

f) Schätzung: $3^1 = 3 \Rightarrow \ln 2 \approx 1$ $\quad \ln 2 = \ln (2^3)^{\frac{1}{3}} = \frac{1}{3}\ln 8 \approx \frac{1}{3} \cdot 2{,}08 \approx 0{,}693$

3 a) Taschenrechner nötig
b) $\ln(e^{-1}) = -1 \cdot \ln e = -1$
c) $\ln(e^3) = 3 \cdot \ln e = 3$
d) $\ln(\sqrt{e}) = \frac{1}{2} \cdot \ln e = \frac{1}{2}$
e) Taschenrechner nötig
f) Taschenrechner nötig
g) $[\ln(e^2)]^3 = [2 \cdot \ln e]^3 = 2^3 = 8$
h) $\ln[(e^{-2})^5] = \ln e^{-10} = -10$
i) Taschenrechner nötig

4 a) $D_f = \mathbb{R}^+;\ f'(x) = \frac{2}{x}$
b) $D_f = \mathbb{R}^+;\ f'(x) = \frac{1}{x}$
c) $D_f = \mathbb{R}^+;\ f'(x) = \frac{1}{x}$
d) $D_f = \mathbb{R}^+;\ f'(x) = \frac{3}{x}$
e) $D_f = \mathbb{R}^-;\ f'(x) = \frac{1}{x}$
f) $D_f = \mathbb{R}^+;\ f'(x) = -\frac{1}{x}$

5 Zu f gehört gelbes Kärtchen, da $f'(x) = \frac{1}{x}$.
Zu g gehört lila Kärtchen, da $g'(x) = 1 + \frac{2}{x}$.
Zu h gehört rotes Kärtchen, da $h'(x) = 2x + \frac{3}{x}$.
Zu k gehört grünes Kärtchen, da $k'(x) = -\frac{2}{x}$.
Zu u gehört hellbraunes Kärtchen, da $u'(x) = \frac{1}{2x}$.
Zu v gehört blaues Kärtchen, da $v'(x) = \frac{3}{2} \cdot \frac{1}{x}$.
Das orangefarbene Kärtchen $\frac{3}{8x}$ gehört zu keiner gegebenen Funktion.

6 $c \in \mathbb{R}$ ist jeweils beliebig wählbar.

a) $F(x) = 4 \cdot \ln x + c \quad x > 0$
$(F(x) = 4 \cdot \ln(-x) + c \quad x < 0)$

b) $F(x) = \frac{3}{4}\ln x + c \quad x > 0$
$(F(x) = \frac{3}{4}\ln(-x) + c \quad x < 0)$

c) $F(x) = x + 2\ln x + c \quad x > 0$
$(F(x) = x + 2\ln(-x) + c \quad x < 0)$

d) $F(x) = x - \frac{5}{2}\ln x + c \quad x > 0$
$(F(x) = x - \frac{5}{2}\ln(-x) + c \quad x < 0)$

7 F ist Stammfunktion von f, wenn $F' = f$.

a) $F(x) = 0{,}5x^2 - \ln|x|$; $\quad F'(x) = x - \frac{1}{x} = f(x)$

b) $x > 1$: $F(x) = \ln(x-1)$; $\quad F'(x) = \frac{1}{x-1} \cdot 1 = f(x)$

$x < 1$: $F(x) = \ln(1-x)$; $\quad F'(x) = \frac{1}{1-x} \cdot (-1) = \frac{1}{x-1} = f(x)$

8 a) $f'(0{,}5) = 2$; $f'(1) = 1$; $f'(2) = 0{,}5$; $f'(4) = 0{,}25$

b) abgelesen: $f'(1{,}75) \approx f(1{,}75)$

mit Taschenrechner: $f'(1{,}76) \approx 0{,}568$; $f(1{,}76) \approx 0{,}565$

9 Ansatz jeweils: $y = mx + t$

a) $\left.\begin{array}{l} m = f'(e^2) = \frac{1}{e^2} \\ f(e^2) = 2 \end{array}\right\} \Rightarrow 2 = \frac{1}{e^2} \cdot e^2 + t \Rightarrow t = 1 \Rightarrow$ Tangente: $y = \frac{1}{e^2}x + 1$

b) Tangentengleichung an einem beliebigen Punkt $P(p\,|\ln p) \in G_f$:

$m_p = f'(p) = \frac{1}{p} \Rightarrow \ln p = \frac{1}{p} \cdot p + t \Rightarrow t = \ln p - 1$

$\Rightarrow$ Tangente: $y = \frac{1}{p} \cdot x + \ln p - 1$

A liegt auf der Tangente: $2 = \frac{1}{p} \cdot 0 + \ln p - 1 \Rightarrow 3 = \ln p \Rightarrow p = e^3$

$\Rightarrow$ Tangente: $y = e^{-3} \cdot x + 2$

c) Tangentengleichung siehe b): $y = \frac{1}{p} \cdot x + \ln p - 1$

$B(0\,|\,n)$ liegt auf der Tangente: $n = \frac{1}{p} \cdot 0 + \ln p - 1 \Rightarrow n + 1 = \ln p \Rightarrow p = e^{n+1}$

$\Rightarrow$ Tangente: $y = e^{-(n+1)} \cdot x + n$

10

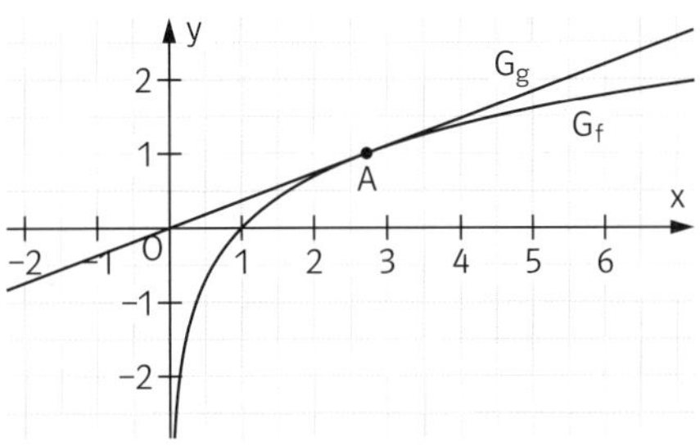

a) Vermutung: G_g ist eine Tangente an G_f mit Berührpunkt bei $x = e$

b) Es muss gelten: $\ln x = \frac{1}{e} \cdot x$

Dies ist für $x = e$ der Fall: $\ln e = \frac{1}{e} \cdot e$

$\Leftrightarrow \quad 1 = 1$

Tangente an G_f in $(e\,|\,1)$: $y = \frac{1}{e} \cdot x$

Diese Tangente hat die gleiche Steigung wie G_g.

Randspalte: Man wählt als Einheit auf den Achsen z.B. 1 dm; dann folgt aus $\ln x = 30\,\text{dm}$ für $x = e^{30}\,\text{dm} \approx 1{,}07 \cdot 10^{13}\,\text{dm} = 1{,}07 \cdot 10^{9}\,\text{km}$. Also wird die Höhe 30 dm erst in einer Entfernung erreicht, die deutlich größer ist als die Entfernung Erde – Sonne. (Fehler im *Schülerbuch bis Auflage 1*[4]: Die Entfernung Erde – Sonne beträgt etwa $1{,}5 \cdot 10^{\mathbf{8}}\,\text{km}$.)

11 a)

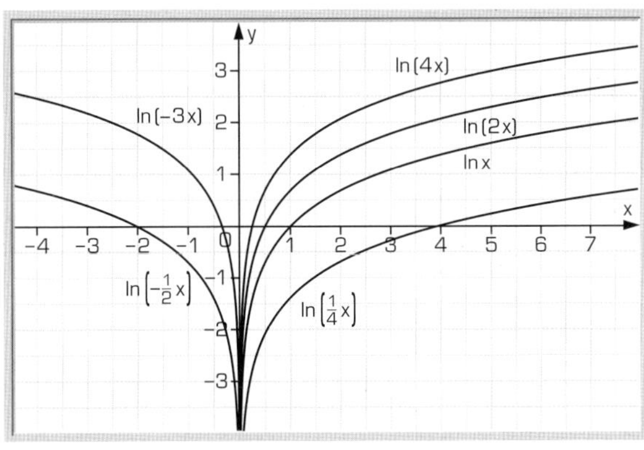

b) $P(p\,|\ln(kp))$; $m = f'(p) = \frac{1}{p}$

Ansatz: $\ln(kp) = \frac{1}{p} \cdot p + t$

$\Rightarrow t = \ln(kp) - 1$

also: $y = \frac{1}{p} \cdot x + \ln(kp) - 1$

A liegt auf Tangente:

$2 = \frac{1}{p} \cdot 0 + \ln(kp) - 1$

$\Rightarrow 3 = \ln(kp)$

$\Rightarrow e^3 = kp \Rightarrow p = \frac{e^3}{k}$

Zu jedem k gibt es einen Berührpunkt $P\left(\frac{e^3}{k}\middle|\,3\right)$. Die Tangente durch P verläuft auch durch A.

c)

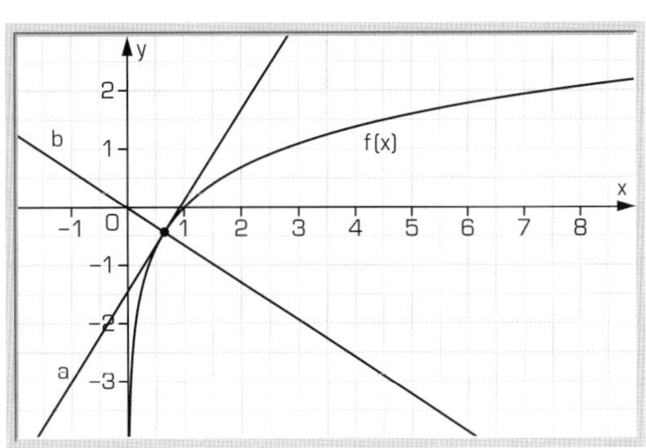

$f_1(x) = \ln x$

Steigung der Normale in $P(p\,|\ln p)$:

$m_N = -p$, denn $m \cdot m_N = -1$

Gleichung der Normale durch 0: $y = -p \cdot x$

Da P Schnittpunkt von Normale und Graph $f_1(x)$ ist, gilt: $\ln p = -p^2$

$\Rightarrow p \approx 0{,}65$; also $P(\approx 0{,}65\,|\approx -0{,}43)$.

S. 158

12 Individuelle Begründungen, z. B.:

$y = \ln(x+3)$ → violetter Graph, da Nullstelle bei $x = -2$, Verschiebung des Graphen von $\ln x$ um 3 nach links

$y = \ln x + 3$ → blauer Graph, Verschiebung des Graphen von $\ln x$ um +3 in y-Richtung

$y = \ln(3x)$ → gelber Graph, da Nullstelle bei $x = \frac{1}{3}$, Stauchung des Graphen von $\ln x$ mit Faktor $\frac{1}{3}$ in x-Richtung

$y = \frac{x+1}{x+3}$ → roter Graph, Nullstelle bei $x = -1$, waagrechte Asymptote bei $y = 1$, senkrechte Asymptote bei $x = -3$

Keine Graphen für $y = 3 \cdot \ln x$, $y = \sqrt{x+1}$, $y = \ln x + \ln 3$

13 a) $y = \ln x + 3$
b) $y = \ln(x+3)$
c) $y = 2 \cdot \ln x$
d) $y = \ln\left(\frac{1}{2}x\right)$
e) Individuelle Lösungen

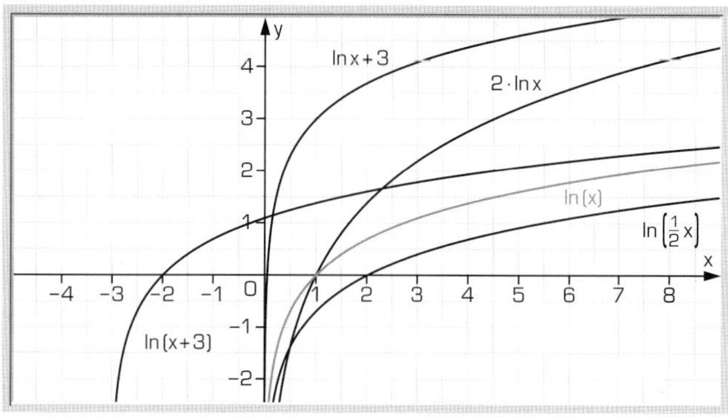

14 violett: $y = 3 + \ln x$; Verschiebung in y-Richtung um 3 nach oben
blau: $y = \ln(x+2,5)$; Verschiebung in x-Richtung um 2,5 nach links
gelb: $y = 3 \cdot \ln x$; Streckung in y-Richtung mit Faktor 3
rot: $y = \ln\left(\frac{1}{2}x\right)$; Streckung in x-Richtung mit Faktor $\frac{1}{2}$

15 Zum Verständnis der Situation empfiehlt es sich, zunächst einige Parabeln zu verschiedenen Werten von a und c zu plotten.
Für die Schnittstelle x_0 muss gelten:
$\ln x_0 = a x_0^2 + c$
Für die Steigung muss gelten:
$m_{\ln}(x_0) \cdot m_{Par.}(x_0) = -1$;
also: $\frac{1}{x_0} \cdot 2a x_0 = -1 \;\Rightarrow\; a = -\frac{1}{2}$
Also schneiden alle Parabeln mit $y = -\frac{1}{2}x^2 + c$ orthogonal.

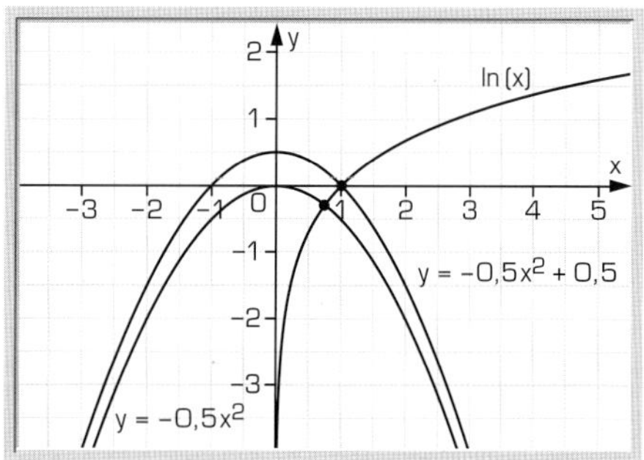

Schnittpunkt auf x-Achse: $\ln x_0 = 0 \;\Rightarrow\; x_0 = 1$; $-\frac{1}{2} \cdot 1^2 + c = 0 \;\Rightarrow\; c = \frac{1}{2}$; also für $y = -\frac{1}{2}x^2 + \frac{1}{2}$

16 a) $x = \ln x$ nicht lösbar $\Rightarrow$ keine Nullstelle
$f'(x) = 1 - \frac{1}{x}$; $1 - \frac{1}{x} = 0$ für $x = 1$
Minimum für $T(1|1)$, da $f'(x) < 0$ für $x < 1$ und $f'(x) > 0$ für $x > 1$
b) $f'(x) = -e \;\Rightarrow\; x = \frac{1}{1+e}$
$P\left(\frac{1}{1+e} \middle| \frac{1}{1+e} + \ln(1+e)\right) \approx (0,27|1,58)$
$f'(x) = e \;\Rightarrow\; x = \frac{1}{1-e} < 0$
Wegen $D_f = \mathbb{R}^+$ gibt es keinen solchen Punkt.
c) Berührpunkt: $B(x_B | x_B - \ln x_B)$
Tangente durch Ursprung mit Steigung $m = f'(x_B)$:
$y = \left(1 - \frac{1}{x_B}\right) \cdot x_B$; in B gilt also: $x_B - \ln x_B = \left(1 - \frac{1}{x_B}\right) \cdot x_B \;\Rightarrow\; \ln x_B = 1 \;\Rightarrow\; x_B = e$; also $B(e|e-1)$

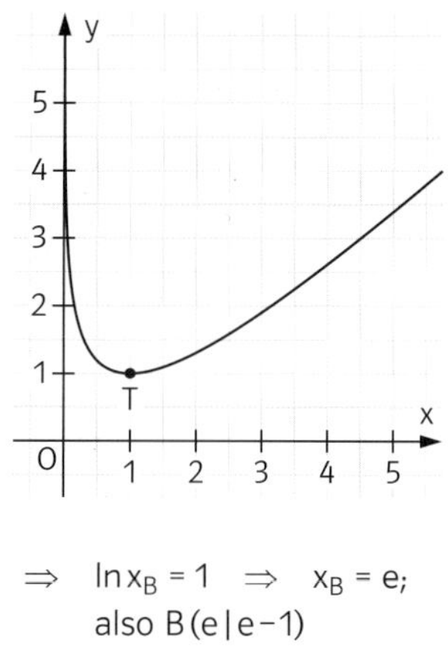

17 a) $D_f = \mathbb{R}^+$

b) $f'(x) = \frac{\frac{4}{x} \cdot x - 4 \ln x}{x^2} = \frac{4 \cdot (1 - \ln x)}{x^2}$

Extremwert für $4 \cdot (1 - \ln x) = 0 \;\Rightarrow\; \ln x = 1$, also $x = e$;

da $f'(x) > 0$ für $x < e$ und $f'(x) < 0$ für $x > e \;\Rightarrow\; H\left(e \,\middle|\, \frac{4}{e}\right)$

c) $f(x) \to -\infty$ für $x \to 0$, da $f'(x) > 0$ für $x < e$ und einzige Nullstelle bei $x = 1$

18 J = Junge; D = Note 3

	J	$\bar{J}$	
D	$\frac{1}{2} \cdot 18 = 9$	$\frac{1}{3} \cdot 12 = 4$	13
$\bar{D}$	9	8	17
	0,6 $\cdot 30 = 18$	12	**30**

a) $P(D) = \frac{13}{30} \approx 43{,}3\,\%$

b) $P(J \cap D) = \frac{9}{30} = 30\,\%$

c) $P_J(D) = \frac{1}{2} = 50\,\%$

d) $P_D(J) = \frac{9}{13} \approx 69{,}2\,\%$

3 Ableiten zusammengesetzter Funktionen

S. 159

1 a) $h_1(x) = u(x) - f(x)$; $h_2(x) = u(x) \cdot g(x)$; $h_3(x) = f(u(x))$

$h_4(x) = \frac{u(x)}{g(x)}$; $h_5(x) = u(f(x))$; $h_6(x) = g(u(x))$

b) $h_5'(x) = 2 \cdot e^{2x}$; $h_6'(x) = \frac{2x}{x^2+1}$ (Anwendung der Kettenregel)

S. 160

2 a) $f'(x) = 1 - e^x$

b) $f'(x) = 2 \cdot e^{2x}$

c) $f'(x) = \frac{3}{\frac{1}{3} \cdot x} \cdot \frac{1}{3} = \frac{3}{x}$

d) $f'(x) = 3 \cdot e^{3x+4}$

e) $f'(x) = \frac{1}{\frac{1}{2}x^2+1} \cdot x = \frac{x}{\frac{1}{2}x^2+1}$

f) $f'(x) = -2e^{-2x}$

g) $f'(x) = \frac{1}{2} \cdot e^{x^2+2} \cdot 2x = x \cdot e^{x^2+2}$

h) $f'(x) = \frac{1}{\frac{1}{x}} \cdot \frac{(-1)}{x^2} = -\frac{1}{x}$ oder $f(x) = \ln 1 - \ln x$; $f'(x) = -\frac{1}{x}$

3 a) f ist Stammfunktion von $g(x) = f'(x) = \frac{1}{x^2} \cdot 2x = \frac{2}{x}$

b) g ist Stammfunktion von $f(x) = g'(x) = 2 \cdot \ln x \cdot \frac{1}{x} = \frac{2 \ln x}{x}$

4 a) $D_f = \mathbb{R}$; $f'(x) = 2 \cdot e^x + 2x \cdot e^x = 2e^x(1+x)$

b) $D_f = \mathbb{R}^+$; $f'(x) = \ln x + x \cdot \frac{1}{x} = \ln x + 1$

c) $D_f = \mathbb{R}$; $f'(x) = 2x \cdot e^{-x} + x^2 \cdot e^{-x} \cdot (-1) = x \cdot e^{-x}(2-x)$

d) $D_f = \mathbb{R}^+$; $f'(x) = \frac{1}{\sqrt{x}} \cdot \frac{1}{2\sqrt{x}} = \frac{1}{2x}$ oder $f(x) = \frac{1}{2}\ln x \Rightarrow f'(x) = \frac{1}{2} \cdot \frac{1}{x} = \frac{1}{2x}$

e) $D_f = \mathbb{R}^+$; $f'(x) = \frac{1}{2\sqrt{x}} \cdot \ln x + \sqrt{x} \cdot \frac{1}{x} = \frac{1}{\sqrt{x}}\left(\frac{1}{2}\ln x + 1\right)$

f) $D_f = \mathbb{R}$; $f(x) = 2x \cdot e^{4x}$; $f'(x) = 2 \cdot e^{4x} + 2x \cdot e^{4x} \cdot 4 = 2e^{4x} \cdot (1+4x)$

g) $D_f = \mathbb{R} \setminus [0;1]$; $f'(x) = \frac{1}{\frac{x}{x-1}} \cdot \left(\frac{x-1-x}{(x-1)^2}\right) = \frac{(x-1) \cdot (-1)}{x(x-1)^2} = \frac{-1}{x(x-1)}$

h) $D_f = \mathbb{R} \setminus \{-1\}$; $f'(x) = \frac{e^{2x} \cdot 2 \cdot (x+1) - e^{2x}}{(x+1)^2} = \frac{e^{2x} \cdot (2(x+1)-1)}{(x+1)^2} = \frac{e^{2x} \cdot (2x+1)}{(x+1)^2}$

5 a) richtig: $f'(x) = -e^{-x} \cdot \cos x + e^{-x} \cdot (-\sin x) = e^{-x} \cdot (-\cos x - \sin x)$

Vorzeichenfehler bei der Ableitung von $\cos x$

b) richtig: $f'(x) = -e^{-x} \cdot \ln x + e^{-x} \cdot \frac{1}{x} = e^{-x}\left(-\ln x + \frac{1}{x}\right)$

Fehler bei der Ableitung von e^{-x}: Richtig ist $(e^{-x}) = -e^{-x}$

6 Summe: $s(x) = 3e^{2x}+x^2+1;\quad s'(x) = 6e^{2x}+2x$

Differenz: $d_1(x) = 3e^{2x}-x^2-1;\quad d_1'(x) = 6e^{2x}-2x;\quad d_2(x) = x^2+1-3e^{2x};\quad d_2'(x) = 2x-6e^{2x}$

Produkt: $p(x) = 3e^{2x}\cdot(x^2+1);\quad p'(x) = 6e^{2x}\cdot(x^2+1)+3e^{2x}\cdot 2x = 6e^{2x}\cdot(x^2+1+x)$

Quotient 1: $q_1(x) = \frac{3e^{2x}}{x^2+1};\quad q_1'(x) = \frac{(x^2+1)\cdot 6e^{2x}-3e^{2x}\cdot 2x}{(x^2+1)^2} = \frac{6e^{2x}(x^2+1-x)}{(x^2+1)^2}$

Quotient 2: $q_2(x) = \frac{x^2+1}{3e^{2x}};\quad q_2'(x) = \frac{3e^{2x}\cdot 2x-(x^2+1)\cdot 6e^{2x}}{9e^{4x}} = \frac{6e^{2x}\cdot(x-x^2-1)}{9e^{4x}} = \frac{2}{3}e^{-2x}\cdot(-x^2+x-1)$

Verkettung 1: $f(g(x)) = 3\cdot e^{2(x^2+1)} = 3\cdot e^{2x^2+2};\quad (f\circ g)'(x) = 3\cdot e^{2x^2+2}\cdot 4x = 12x\cdot e^{2x^2+2}$

Verkettung 2: $g(f(x)) = (3e^{2x})^2+1 = 9e^{4x}+1;\quad (g\circ f)'(x) = 36e^{4x}$

7 a) $f(x) = 2x-e^x;\quad f'(x) = 2-e^x$

b) $f(x) = \ln x-\ln(x+1);\ (x>0);\ f'(x) = \frac{1}{x^2+x}$

c) $f(x) = 3\left(\ln 2+\frac{1}{2}\ln x\right);\quad f'(x) = \frac{3}{2x}$

d) $f(x) = e^{-x}+x\cdot e^{-x} = e^{-x}(1+x);\quad f'(x) = -x\cdot e^{-x}$

Kontrolle anhand des Funktionsplotts: Jeweils Extremstellen von f mit Nullstellen von f′ vergleichen. Oder/und Steigungsverhalten von f und Vorzeichen f′.

8 $v'(x) = 0$ für $x_1 = 0$ und $x_2 = 3$,
$v'(x) > 0$ für $x < 0$ und $x > 3$;
$v'(x) < 0$ für $0 < x < 3$
Somit gilt für v(x):
v hat bei $x_1 = 0$ einen Hochpunkt und bei $x_2 = 3$ einen Tiefpunkt.
v(x) und $e^{v(x)}$ haben gleiches Monotonieverhalten (vgl. *Schülerbuch S. 159*, Bemerkung)
Also gilt für $f(x) = e^{v(x)}$:
f hat Hochpunkt bei x_1 und Tiefpunkt bei x_2.

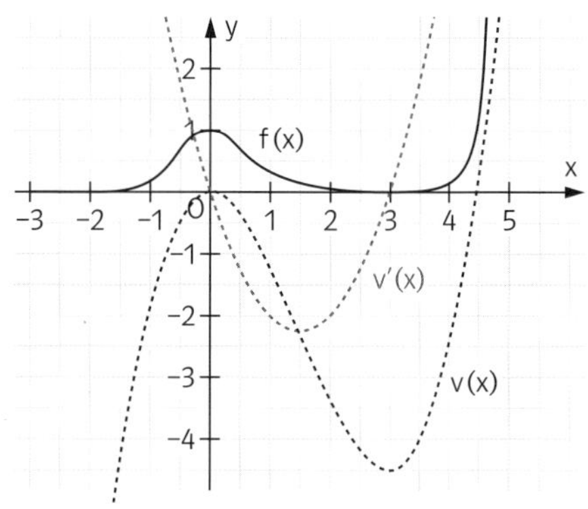

9 Eine waagrechte Tangente liegt vor, wenn $f'(x) = 0$.

a) $f'(x) = 1-e^{-x};\quad 1-e^{-x} = 0$ wenn $1 = e^{-x} \Rightarrow x = 0;\quad P(0\,|\,1)$

b) $f'(x) = e^x+xe^x = e^x\cdot(1+x);\quad e^x(1+x) = 0$ wenn $1+x = 0 \Rightarrow x = -1;\quad P\left(-1\,\middle|\,-\frac{1}{e}\right)$

c) $f'(x) = \frac{\frac{1}{x}\cdot x-\ln x}{x^2} = \frac{1-\ln x}{x^2};\quad 1-\ln x = 0$ wenn $\ln x = 1 \Rightarrow x = e;\quad P\left(e\,\middle|\,\frac{1}{e}\right)$

d) $f'(x) = e^{2x+1}+x\cdot e^{2x+1}\cdot 2 = e^{2x+1}\cdot(1+2x);\quad e^{2x+1}\cdot(1+2x) = 0$ wenn $1+2x = 0$
$\Rightarrow x = -\frac{1}{2};\quad P\left(-\frac{1}{2}\,\middle|\,-\frac{1}{2}\right)$

10 (1) $F'(x) = \frac{1}{2}\cdot\frac{1}{x^2}\cdot 2x = \frac{1}{x}$

(2) $F'(x) = \frac{1}{x^2}\cdot 2x = \frac{2}{x}$

(3) $F'(x) = \frac{1}{x}(\ln x+x)+\ln x\cdot\left(\frac{1}{x}+1\right) = \frac{\ln x}{x}+1+\frac{\ln x}{x}+\ln x = \frac{2\ln x}{x}+\ln x+1$

(4) $F'(x) = \ln x+\frac{x}{x}-1 = \ln x+1-1 = \ln x$

$\Rightarrow$ (4) F: $x \mapsto x\cdot\ln x-x$ ist Stammfunktion von f: $x \mapsto \ln x$

11 Graph der Funktion: schwarz; Graph der Ableitung: grün; Graph der Stammfunktion: blau
Grad von $f = 3$; die beiden Extremwerte (bei $x_1 \approx 0{,}25$ und $x_2 \approx 2{,}75$) sind Nullstellen der Ableitung $f'(x)$.
Nullstellen von f(x) sind die Extremwerte der Stammfunktionen F(x).
Andere Lösungsmöglichkeit: Prüfen des jeweiligen Monotonieverhaltens.

12 a) $e^x+1>0$ für alle $x \in \mathbb{R} \Rightarrow D_f = \mathbb{R}$

b) $F'(x) = \frac{1}{e^x+1} \cdot e^x = \frac{e^x}{e^x+1}$

c)

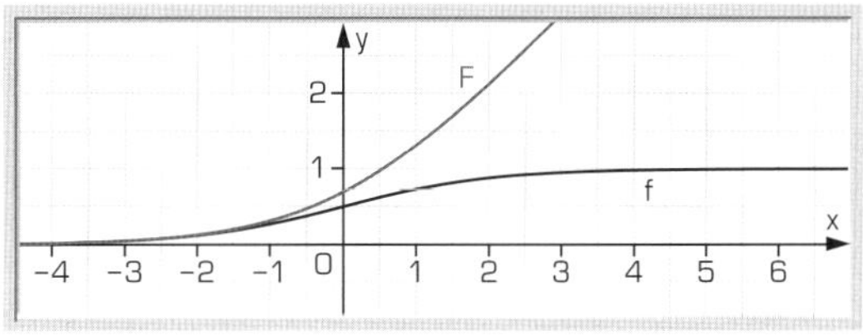

13 $f'(x) = -2x \cdot e^{-x^2+1}$

Ansatz für Tangentengleichungen: $y = mx+t$

$f(-3) = e^{-8} \Rightarrow P_1(-3\,|\,e^{-8})$; $m = f'(-3) = 6 \cdot e^{-8}$ $\Big\}$ $e^{-8} = 6 \cdot e^{-8} \cdot (-3) + t \Rightarrow t = e^{-8} + 18e^{-8} = 19e^{-8}$; $y = 6e^{-8}x + 19e^{-8}$

$f(3) = e^{-8} \Rightarrow P_2(3\,|\,e^{-8})$; $m = f'(3) = -6 \cdot e^{-8}$ $\Big\}$ $e^{-8} = -6 \cdot e^{-8} \cdot 3 + t \Rightarrow t = e^{-8} + 18e^{-8} = 19e^{-8}$; $y = -6e^{-8}x + 19e^{-8}$

Schnittpunkt: $6 \cdot e^{-8}x + 19e^{-8} = -6 \cdot e^{-8}x + 19e^{-8} \Rightarrow x = 0$; $S(0\,|\,19e^{-8})$

Alternative Lösung:

Die Funktion ist achsensymmetrisch bezüglich der y-Achse.

Es genügt, eine der Tangenten $y = mx+t$ zu bestimmen. Die andere Tangente hat dann die Gleichung $y = -mx+t$. Der Schnittpunkt der (symmetrisch zueinander liegenden) Tangenten liegt dann sicher bei $x = 0$.

14 $f(x) = g(x) \Rightarrow \frac{4}{x} = mx+2 \Rightarrow mx^2+2x-4 = 0$

1. Fall: $m \neq 0$: $x_{1/2} = \frac{-2 \pm \sqrt{4+16m}}{2m}$

Es gibt genau eine Lösung, wenn $4+16m = 0$,

also für $m = -\frac{1}{4}$.

Dann gilt für S: $x_1 = x_2 = \frac{-2 \pm 0}{2 \cdot \left(-\frac{1}{4}\right)} = 4 \Rightarrow S_1(4\,|\,1)$

2. Fall: $m = 0 \Rightarrow \frac{4}{x} = 2 \Rightarrow S_2(2\,|\,2)$

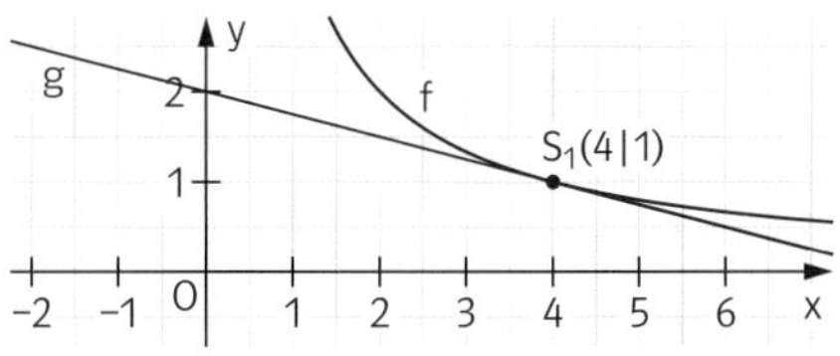

→ TB Trainingsblatt: Anwendung aller Ableitungsregeln bei verschiedenen Funktionstypen; Kopiervorlage S. 228 f.

→ Viereckdomino zum Ableiten; Kopiervorlage S. 230 f.
Einzel- oder Gruppenarbeit (Dauer: ca. 90 min bei Einzelarbeit)

Spielidee: Für alle nun bekannten Funktionsklassen müssen Funktions- und Ableitungsterme einander zugeordnet werden. Es ergibt sich ein Lösungssatz:
Das Ermitteln der Ableitung einer Funktion f nennt man Ableiten oder Differenzieren.

Spielvariante als Spiel für 2 bis 8 Personen ist möglich. Die Karten eignen sich besonders gut für eine Gruppenarbeit.

4 Exponentialfunktionen und Exponentialgleichungen

S. 161

1 Zu lösen ist die Gleichung $1{,}85\,\text{Mrd.} = 0{,}929 \cdot e^{0{,}0192 \cdot t}\,\text{Mrd.}$
Durch Probieren (z. B. für $t = 10$, $t = 20$, $t = 30$, $t = 40$) erkennt man, dass $30 < t < 40$ sein muss.
Genaueres Annähern ergibt $35 < t < 36$; genauer: $t \approx 35{,}87$; d. h. im Jahr 2031 hat sich die Zahl der Einwohner Indiens verdoppelt.
Kontrollmöglichkeiten mit Taschenrechner, am Graphen, Zuhilfenahme von Prognosen.

2 Aus der Definition von ln folgt $e^{\ln 2} = 2$.
Also: $2^x = (e^{\ln 2})^x = e^{\ln 2 \cdot x} \Rightarrow k = \ln 2$

S. 162

3 a) 4 b) $e^{-\ln 2} = \frac{1}{e^{\ln 2}} = \frac{1}{2}$ c) $\ln(e^2) = 2\ln e = 2$
d) $\ln\left(\frac{1}{e}\right) = \ln 1 - \ln e = -1$ e) $e^{3\ln 2} = (e^{\ln 2})^3 = 8$
f) $\ln\left(\frac{1}{2}e^3\right) = \ln\frac{1}{2} + \ln e^3 = \ln 1 - \ln 2 + 3 = 3 - \ln 2$ g) $\ln\left(\frac{1}{3}\sqrt{e}\right) = \ln 1 - \ln 3 + \ln e^{\frac{1}{2}} = \frac{1}{2} - \ln 3$
h) $e^{3\ln\sqrt{3}} = \left(e^{\ln\sqrt{3}}\right)^3 = \sqrt{3}^3 = 3\sqrt{3}$ i) $\ln\left(\sqrt{e^3}\right) = \ln e^{\frac{3}{2}} = \frac{3}{2}$

4 a) $\frac{\ln a^r}{\ln a^s} = \frac{r\cdot\ln a}{s\cdot\ln a} = \frac{r}{s}$
b) $a^{\frac{\ln b}{\ln a}} = e^{\ln\left(a^{\frac{\ln b}{\ln a}}\right)} = e^{\frac{\ln b}{\ln a}\cdot\ln a} = e^{\ln b} = b$
c) $a^{\frac{1}{\ln a}} = e^{\ln\left(a^{\frac{1}{\ln a}}\right)} = e^{\frac{1}{\ln a}\cdot\ln a} = e$

5 a) richtig; Anwendung der Potenzgesetze: $f(x) = e\cdot e^{2x+1} = e^{1+2x+1} = e^{2x+2}$
b) falsch; $f(x) = 2\cdot e^{x-3} = e^{\ln 2}\cdot e^{x-3} = e^{\ln 2 + x - 3}$
a) richtig; $f(x) = 2^{2x} = (e^{\ln 2})^{2x} = e^{2x\cdot\ln 2} = e^{2\ln 2\cdot x}$

6 Eine Kontrolle ist mit Taschenrechner oder Funktionsplotter möglich.
a) $e^x = \sqrt{2} \Rightarrow \ln e^x = \ln\sqrt{2} \Rightarrow x = \frac{1}{2}\ln 2$
b) $e^x = 1000 \Rightarrow \ln e^x = \ln 1000 \Rightarrow x = \ln 1000$
c) $e^{0{,}5x} = -1$ hat keine Lösung, da die Exponentialfunktion überall positiv ist.
d) $\ln\left(\frac{1}{x}\right) - \ln x = 4 \Rightarrow \ln\left(\frac{1}{x^2}\right) = 4 \Rightarrow e^{\ln\left(\frac{1}{x^2}\right)} = e^4 \Rightarrow x = \frac{1}{e^2}$
e) $2\cdot e^{x+2} = 5 \Rightarrow e^{x+2} = 2{,}5 \Rightarrow \ln e^{x+2} = \ln 2{,}5 \Rightarrow x = \ln 2{,}5 - 2$
f) $2\ln(\sqrt{x}) + \ln(x^2) = 1 \Rightarrow \ln x + 2\ln x = 1 \Rightarrow \ln x = \frac{1}{3} \Rightarrow x = e^{\frac{1}{3}}$

7 $f'(x) = 3\cdot e^{2x}\cdot 2 = 6e^{2x}$; $f'(x) = 12 \Rightarrow 6e^{2x} = 12 \Rightarrow e^{2x} = 2 \Rightarrow \ln e^{2x} = \ln 2 \Rightarrow x = \frac{\ln 2}{2}$

8 a) $2^x = 3 \Rightarrow \ln 2^x = \ln 3 \Rightarrow x = \frac{\ln 3}{\ln 2}$
b) $2^{x-1} = 3 \Rightarrow 2^x = 6 \Rightarrow \ln 2^x = \ln 6 \Rightarrow x = \frac{\ln 6}{\ln 2}$
c) $2^{1-x} = 3 \Rightarrow \frac{2}{2^x} = 3 \Rightarrow \frac{2}{3} = 2^x \Rightarrow \ln\frac{2}{3} = \ln 2^x \Rightarrow x = \frac{\ln\frac{2}{3}}{\ln 2}$
d) $2^{x-2} = -3 \Rightarrow 2^x = -12$; diese Gleichung hat keine Lösung, da die Exponentialfunktion überall positiv ist.

9 Die Gleichungen a) und b) werden so umgeformt, dass Potenzen mit der gleichen Basis e entstehen. Dann können die Exponenten verglichen werden.
a) $e^{-x} = e^{\frac{1}{2}} \Rightarrow x = -\frac{1}{2}$
b) $e^x = e^{-2} \Rightarrow x = -2$
c) $e^x\cdot(e^x - 2) = 0 \Rightarrow e^x = 2$, da ein Produkt den Wert 0 besitzt, wenn mindestens ein Faktor null ist. e^x ist aber ungleich 0.
$\Rightarrow x = \ln 2$
d) $(e^x - 1)\cdot(\ln x - 1) = 0 \Rightarrow e^x = 1$ oder $\ln x = 1$, also $x_1 = 0$ oder $x_2 = e$
e) $e^{2x} - 3\cdot e^x = e^x\cdot(e^x - 3) = 0 \Rightarrow e^x = 3 \Rightarrow x = \ln 3$
f) $\ln x\cdot(\ln x - 3) = 0 \Rightarrow \ln x = 0$ oder $\ln x = 3 \Rightarrow x_1 = 1$ oder $x_2 = e^3$
(d)–f): Begründung analog Teilaufgabe c))

10 a) $u = e^x$; $u^2 - 7u + 12 = 0$; $u_{1/2} = \frac{7\pm\sqrt{49-48}}{2}$; $u_1 = 4$; $u_2 = 3$
$e^x = 4 \Rightarrow x_1 = \ln 4$; $e^x = 3 \Rightarrow x_2 = \ln 3$
b) $u = e^x$; $u^2 - 2u + 1 = 0 \Rightarrow (u-1)^2 = 0 \Rightarrow u = 1$
$e^x = 1 \Rightarrow x = 0$
c) $(e^x)^2 - 2e^x - 15 = 0 \Rightarrow e^x = u$; $u^2 - 2u - 15 = 0$; $u_{1/2} = \frac{2\pm\sqrt{4+60}}{2}$; $u_1 = 5$; $u_2 = -3$
$e^x = 5 \Rightarrow x = \ln 5$ ($e^x = -3$ nicht lösbar)
d) $e^{2x} = u$; $u^2 - 3u - 10 = 0$; $u_{1/2} = \frac{3\pm\sqrt{9+40}}{2}$; $\Rightarrow u_1 = 5$; $u_2 = -2$
$e^{2x} = 5 \Rightarrow x = \frac{1}{2}\ln 5$ ($e^{2x} = -2$ nicht lösbar)

11 a)

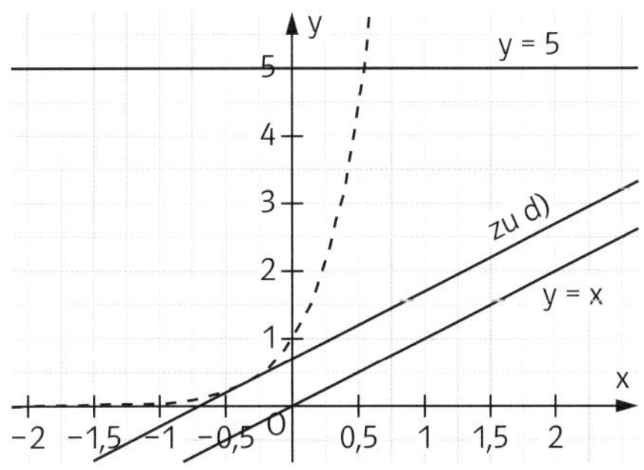

b) $e^{3x} = 4 \;\Rightarrow\; e^x = 4^{\frac{1}{3}} \;\Rightarrow\; x = \frac{1}{3}\ln 4$

c) $e^{3x} = 5 \;\Rightarrow\; e^x = 5^{\frac{1}{3}} \;\Rightarrow\; x = \frac{1}{3}\ln 5$

Schnittpunkt: $\left(\frac{1}{3}\ln 5 \,\middle|\, 5\right)$

d) $f'(x) = 3 \cdot e^{3x}$; $3 \cdot e^{3x} = 1 \;\Rightarrow\; e^{3x} = \frac{1}{3}$

$\Rightarrow\; x = \frac{1}{3} \cdot \ln\frac{1}{3} = -\frac{1}{3}\ln 3$; $f\left(-\frac{1}{3}\ln 3\right) = \frac{1}{3}$

Berührpunkt: $\left(-\frac{1}{3}\ln 3 \,\middle|\, \frac{1}{3}\right)$

Ein Funktionsplotter kann zur Veranschaulichung bzw. Kontrolle des Ergebnisses eingesetzt werden.

12 a) $f(x) = \left(e^{\ln 4}\right)^x = e^{x \cdot \ln 4}$; $f'(x) = \ln 4 \cdot e^{x \cdot \ln 4} = \ln 4 \cdot 4^x \;(\approx 1{,}3863 \cdot 4^x)$

$F(x) = \frac{1}{\ln 4} \cdot e^{x \cdot \ln 4} = \frac{1}{\ln 4} \cdot 4^x$

b) $f(x) = e^{x \cdot \ln\left(\frac{2}{3}\right)}$; $f'(x) = \ln\left(\frac{2}{3}\right) \cdot e^{x \cdot \ln\left(\frac{2}{3}\right)} = \ln\left(\frac{2}{3}\right) \cdot \left(\frac{2}{3}\right)^x \left(\approx -0{,}4055 \cdot \left(\frac{2}{3}\right)^x\right)$

$F(x) = \frac{1}{\ln\left(\frac{2}{3}\right)} \cdot e^{x \cdot \ln\left(\frac{2}{3}\right)} = \frac{1}{\ln\left(\frac{2}{3}\right)} \cdot \left(\frac{2}{3}\right)^x$

c) $f(x) = e^{(x-2) \cdot \ln 2}$; $f'(x) = \ln 2 \cdot e^{(x-2) \cdot \ln 2} = \ln 2 \cdot 2^{x-2} \;(\approx 0{,}6931 \cdot 2^{x-2})$

$F(x) = \frac{1}{\ln 2} \cdot e^{(x-2) \cdot \ln 2} = \frac{1}{\ln 2} \cdot 2^{x-2}$

d) $f(x) = \left(2^{-1}\right)^{2x-1} = 2^{1-2x} = e^{(1-2x) \cdot \ln 2}$; $f'(x) = -2 \cdot \ln 2 \cdot e^{(1-2x) \cdot \ln 2} = -2 \cdot \ln 2 \cdot 0{,}5^{2x-1}$
$\left(\approx -1{,}3863 \cdot 0{,}5^{2x-1}\right)$

$F(x) = \frac{-1}{2 \cdot \ln 2} \cdot e^{(1-2x) \cdot \ln 2} = \frac{-1}{2 \cdot \ln 2} \cdot 0{,}5^{2x-1}$

i Bei dieser Aufgabe wird deutlich, wie allgemeine Exponentialfunktionen unter Rückführung auf die natürliche Exponentialfunktion abgeleitet werden können.

13 a)

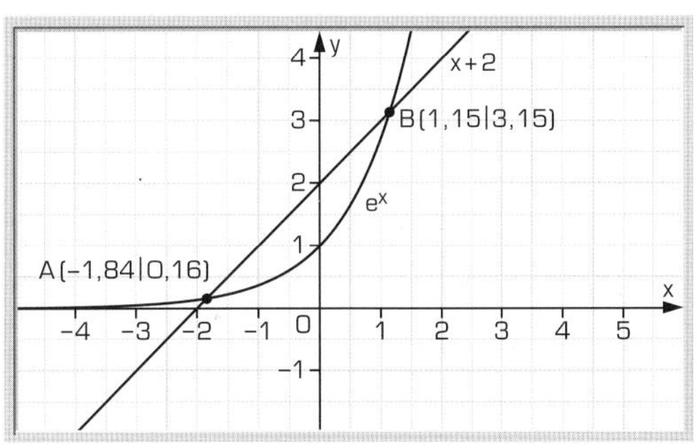

$x_1 \approx -1{,}84$; $x_2 \approx 1{,}15$
Alternativ könnte man auch die Nullstellen von $e^x - x - 2$ bestimmen.

b) – d) analoges Vorgehen

b) $x \approx 1{,}76$
c) $x_1 \approx 0{,}02$; $x_2 \approx 1{,}71$
d) $x_1 \approx 1{,}01$; $x_2 \approx 21{,}62$

14 a) $5 - 3 - (5 - 2\sqrt{15} + 3) = -6 + 2\sqrt{15}$

b) $\sqrt{\frac{(x^2 - x)(x^2 + x) \cdot (x-1)}{x+1}} = \sqrt{\frac{x^2 \cdot (x-1) \cdot (x+1) \cdot (x-1)}{x+1}} = |x \cdot (x-1)|$

c) $a + b - \left(\sqrt{a} - \sqrt{b}\right)^2 = a + b - \left(a - 2\sqrt{ab} + b\right) = 2\sqrt{ab}$

→ TB Trainingsblatt: Ableiten von Exponential- und Logarithmusfunktion; Exponentialgleichungen; Kopiervorlage S. 232 f.

5 Exponential- und Logarithmusfunktionen und ihre Graphen

S. 163

1 $\frac{f}{g} = \frac{x^{10}}{e^x}$; Vermutung: $\lim\limits_{x \to +\infty} \frac{x^{10}}{e^x} = 0$

$\frac{g}{f} = \frac{e^x}{10^x}$; Vermutung: $\lim\limits_{x \to +\infty} \frac{e^x}{10^x} = +\infty$

$f - g = x^{10} - e^x$; Vermutung: $\lim\limits_{x \to +\infty} x^{10} - e^x = -\infty$

2 $h(x) = \ln(x-0{,}5)$ gehört zum schwarzen Graphen; $f(1{,}5) = 0$; $\lim\limits_{x\to 0} f(x) = -\infty$

$k(x) = -2e^{-x^2}$ gehört zum roten Graphen; $f(0) = -2$; $f(x) < 0$ für alle $x \in D_f$

$\lim\limits_{x\to \pm\infty} f(x) = 0$

$f(x) = e^{-x}+x$ gehört zum gelben Graphen; $f(0) = 1$;

$\lim\limits_{x\to +\infty} x = +\infty$; $\lim\limits_{x\to +\infty} e^{-x} = 0$; also $\lim\limits_{x\to +\infty} f(x) = +\infty$

$\lim\limits_{x\to -\infty} x = -\infty$; $\lim\limits_{x\to -\infty} e^{-x} = +\infty$; aber e^{-x} fällt stärker als x steigt,

also $\lim\limits_{x\to -\infty} f(x) = +\infty$

$g(x) = x \cdot e^x$ gehört zum blauen Graphen; $f(0) = 0$; $\lim\limits_{x\to +\infty} f(x) = +\infty$; $\lim\limits_{x\to -\infty} f(x) = 0$

S. 165

3
a) $\lim\limits_{x\to +\infty}\left(\frac{3}{e^x}-7\right) = -7$; $\lim\limits_{x\to -\infty}\left(\frac{3}{e^x}-7\right) = +\infty$ Asymptote: $y = -7$

b) $\lim\limits_{x\to +\infty}\left(x^5 \cdot \frac{1}{e^x}\right) = 0$; $\lim\limits_{x\to -\infty}\left(x^5 \cdot \frac{1}{e^x}\right) = -\infty$ Asymptote: $y = 0$

c) $\lim\limits_{x\to +\infty}\left(8 \cdot \frac{\ln x}{x}\right) = 0$; $\lim\limits_{x\to 0}\left(8 \cdot \frac{\ln x}{x}\right) = -\infty$ Asymptoten: $y = 0$; $x = 0$

d) $\lim\limits_{x\to +\infty}(x-e^x) = -\infty$; $\lim\limits_{x\to -\infty}(x-e^x) = -\infty$ Wegen $\lim\limits_{x\to -\infty} e^x = 0$ schräge Asymptote: $y = x$

e) $\lim\limits_{x\to +\infty}(3e^x - x^7) = +\infty$; $\lim\limits_{x\to -\infty}(3e^x - x^7) = +\infty$ keine Asymptoten

f) $\lim\limits_{x\to +\infty} \frac{\ln(x^2)}{x} = 0$; $\lim\limits_{x\to -\infty} \frac{\ln(x^2)}{x} = 0$ Asymptoten: $y = 0$; $x = 0$

g) $\lim\limits_{x\to +\infty} 5x^3 \cdot \ln x = +\infty$; $\lim\limits_{x\to 0} 5x^3 \cdot \ln x = 0$ keine Asymptote

h) $\lim\limits_{x\to +\infty} \sqrt{x} \cdot e^{-x} = 0$; $\lim\limits_{x\to 0} \sqrt{x} \cdot e^{-x} = 0$ Asymptote: $y = 0$

i) $\lim\limits_{x\to +\infty} \frac{1}{x} \cdot (1+\ln x) = 0$; $\lim\limits_{x\to 0} \frac{1}{x} \cdot (1+\ln x) = -\infty$ Asymptoten: $y = 0$; $x = 0$

k) $\lim\limits_{x\to +\infty} x^2 \cdot e^x = +\infty$; $\lim\limits_{x\to -\infty} x^2 \cdot e^x = 0$ Asymptote: $y = 0$

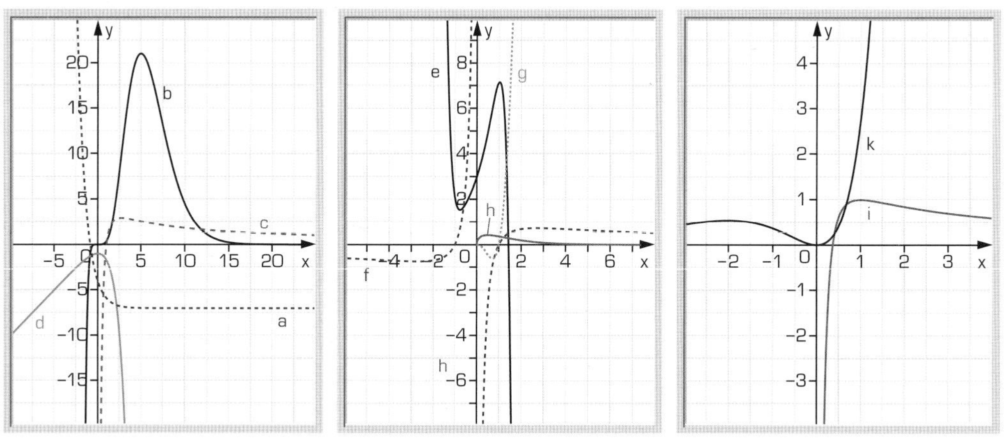

4 Vorgehensweise für alle Teilaufgaben: Man bestimmt spezielle Funktionswerte und das Verhalten für $x \to \pm\infty$.

a) $f(x) = e^{x-2}$; $f(0) = e^{-2}$; $f(2) = 1$

$\lim\limits_{x\to -\infty} e^{x-2} = 0$, also x-Achse ist Asymptote

b) $g(x) = 0{,}5e^{-x}+3$; $f(0) = 3{,}5$

$\lim\limits_{x\to +\infty}(0{,}5e^{-x}+3) = 3$; $\lim\limits_{x\to -\infty}(0{,}5e^{-x}+3) = +\infty$

c) $h(x) = 0{,}25x - e^x$; $f(0) = -1$;

$\lim\limits_{x\to +\infty}(0{,}25x - e^x) = -\infty$; $\lim\limits_{x\to -\infty}(0{,}25x - e^x) = -\infty$;

Asymptote: $y = 0{,}25x$

d) $k(x) = x + e^x$; $k(0) = 1$

$\lim\limits_{x\to +\infty}(x+e^x) = +\infty$, $\lim\limits_{x\to -\infty}(x+e^x) = -\infty$;

Asymptote: $y = x$

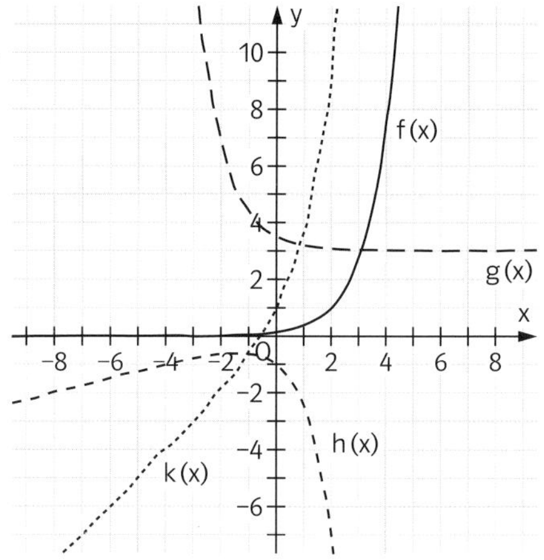

(💻) **5** a) $\lim\limits_{x\to+\infty}\frac{x}{e^x} = 0$ richtig (gemäß Satz);

$\lim\limits_{x\to 0}\frac{x}{e^x} = +\infty$ falsch; richtig: $\lim\limits_{x\to 0}\frac{x}{e^x} = 0$, da Nenner $e^x \to 1$ und Zähler $x \to 0$

b) $\lim\limits_{x\to 0}\frac{x^2+x}{e^x} = \lim\limits_{x\to 0}\left(\frac{x^2}{e^x}+\frac{x}{e^x}\right) = 0$ richtig; $\lim\limits_{x\to+\infty}\frac{x^2+x}{e^x} = 0$ richtig; (e^x wächst stärker als x und x^2)

c) $\lim\limits_{x\to 0}\sqrt{2x}\cdot\ln x = -\infty$ falsch; gem. Satz richtig: $\lim\limits_{x\to 0}\sqrt{2x}\cdot\ln x = 0$;

$\lim\limits_{x\to+\infty}\sqrt{2x}\cdot\ln x = +\infty$ richtig, da $\sqrt{2x} \to +\infty$ und $\ln x \to +\infty$ für $x \to +\infty$

d) $\lim\limits_{x\to 0}\frac{x+1}{\ln x} = 0$ richtig, da Zähler → 1 und Nenner → $-\infty$;

$\lim\limits_{x\to+\infty}\frac{x+1}{\ln x} = 0$ falsch; richtig: $\lim\limits_{x\to+\infty}\frac{x+1}{\ln x} = +\infty$ ($\ln x$ steigt langsamer als $x+1$)

e) $\lim\limits_{x \underset{<}{\to} 1}\frac{e^x}{x-1} = +\infty$ falsch; richtig: $\lim\limits_{x \underset{<}{\to} 1}\frac{e^x}{x-1} = -\infty$, da $e^x \to e$ und $x-1 \underset{<}{\to} 0$, also Quotient negativ; $\lim\limits_{x \underset{>}{\to} 1}\frac{e^x}{x-1} = +\infty$ richtig

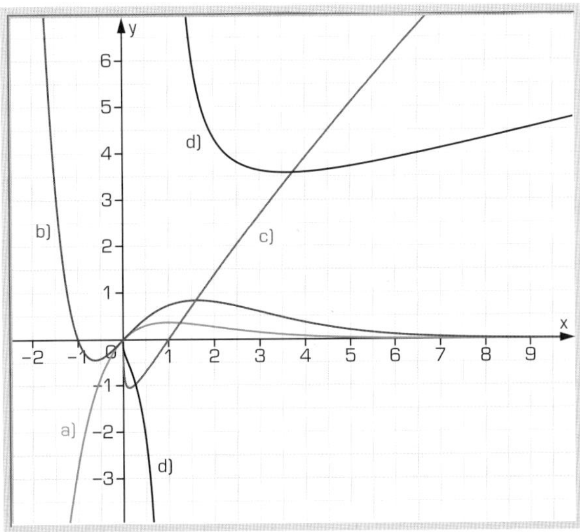

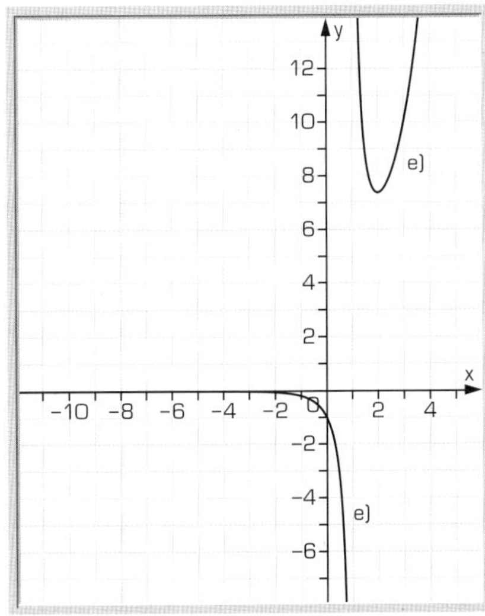

📖 👥 f) Individuelle Lösungen

S. 166

6 a) $D_f = \mathbb{R}$; $\lim\limits_{x\to+\infty}\frac{x^2-4}{e^x} = \lim\limits_{x\to+\infty}\left(\frac{x^2}{e^x}-\frac{4}{e^x}\right) = 0$; wegen $\lim\limits_{x\to+\infty}\frac{x^2}{e^x} = 0$ (Satz) und $\lim\limits_{x\to+\infty}\frac{4}{e^x} = 0$.
Asymptote: $y = 0$

b) $D_f = \mathbb{R}^+$; $\lim\limits_{x\to+\infty} x\cdot\ln\frac{1}{x} = \lim\limits_{x\to+\infty}[x\cdot(-\ln x)] = -\infty$; $\lim\limits_{x\to 0} x\cdot\ln\frac{1}{x} = 0$; keine Asymptote

c) $D_f = \mathbb{R}\setminus\{0\}$; $\lim\limits_{x\to+\infty} e^{\frac{1}{x}} = 1$; $\lim\limits_{x\to-\infty} e^{\frac{1}{x}} = 1$; Asymptote: $y = 1$

$\lim\limits_{x \underset{<}{\to} 0} e^{\frac{1}{x}} = 0$; $\lim\limits_{x \underset{>}{\to} 0} e^{\frac{1}{x}} = +\infty$; Asymptote: $x = 0$

d) $D_f = \mathbb{R}$; $\lim\limits_{x\to+\infty}(x^2+x)\cdot e^{-x} = \lim\limits_{x\to+\infty}\left(\frac{x^2}{e^x}+\frac{x}{e^x}\right) = 0$ (Satz); Asymptote: $y = 0$

7

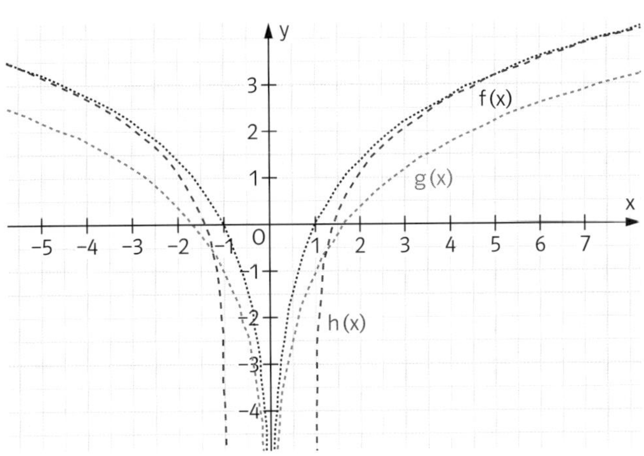

Für die Skizze:
Die y-Achse ist senkrechte Asymptote für f und g.
$D = \mathbb{R}\setminus\{0\}$ für f und g.
$x = 1$ und $x = -1$ sind senkrechte Asymptoten für h.
$D_h = \mathbb{R}\setminus[-1;1]$

Alle drei Graphen sind achsensymmetrisch bezüglich der y-Achse.
Es gilt: $\lim\limits_{x\to\pm\infty} f(x) = +\infty$ für alle drei Funktionen.

8 a) $f'(x) = 2 - e^x$; $f'(x) = 0$ für $x = \ln 2$; $f(\ln 2) = 2\ln 2 - 2 \Rightarrow E(\ln 2 \mid \approx -0{,}61)$
$f'(x) > 0$ für $-\infty < x < \ln 2$; $f'(x) < 0$ für $\ln 2 < x < +\infty \Rightarrow$ E ist Maximum.
$D_f = \mathbb{R}$ (also ohne Lücke) $\Rightarrow W_f =]-\infty; 2\ln 2 - 2] \Rightarrow$ keine Nullstelle

b) $f'(x) = 1 - 0{,}5 \cdot e^{-x}$; $f'(x) = 0$ für $x = -\ln 2$; $f(-\ln 2) = -\ln 2 + 1 \Rightarrow E(-\ln 2 \mid \approx 0{,}3)$
$f'(x) < 0$ für $-\infty < x < -\ln 2$; $f'(x) > 0$ für $-\ln 2 < x < +\infty \Rightarrow$ E ist Minimum.
$D_f = \mathbb{R} \Rightarrow W_f = [-\ln 2 + 1; +\infty[\Rightarrow$ keine Nullstelle

c) $f'(x) = e^x - e^{-x}$; $f'(x) = 0$ für $x = 0$; $f(0) = 2 \Rightarrow E(0 \mid 2)$
$f'(x) < 0$ für $-\infty < x < 0$; $f'(x) > 0$ für $0 < x < +\infty \Rightarrow$ E ist Minimum.
$D_f = \mathbb{R} \Rightarrow W_f = [2; +\infty[\Rightarrow$ keine Nullstelle

d) $f'(x) = \frac{\ln x - 1}{(\ln x)^2}$; $f'(x) = 0$ für $x = e$; $f(e) = e \Rightarrow E(e \mid e)$
$f'(x) < 0$ für $0 < x < e$; $f'(x) > 0$ für $e < x < +\infty \Rightarrow$ E ist Minimum.
$D_f = \mathbb{R}^+ \setminus \{1\}$; $f(x) < 0$ für $x \in]0;1[$; $\lim\limits_{x \underset{<}{\to} 1} f(x) = -\infty \Rightarrow W_f =]-\infty; 0[\cup [e; \infty[$
$\Rightarrow$ keine Nullstelle

9 a) Nullstelle: $x = 0$
Minimum
$(-1 \mid -5 \cdot e^{-1})$
$\lim\limits_{x \to -\infty} 5x \cdot e^x = 0$
$y = 0$ ist Asymptote.

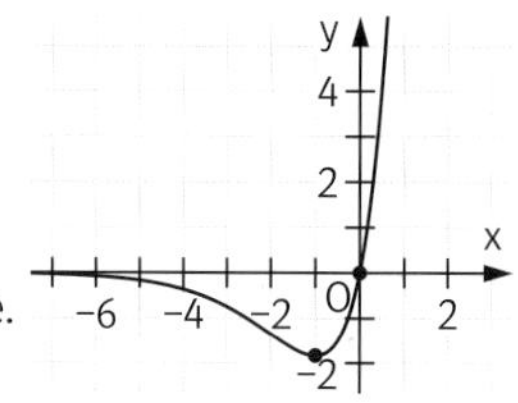

b) Nullstelle: $x = -1$
Minimum $(-2 \mid -e^{-2})$
$\lim\limits_{x \to -\infty} (x+1) \cdot e^x = 0$
$y = 0$ ist Asymptote.

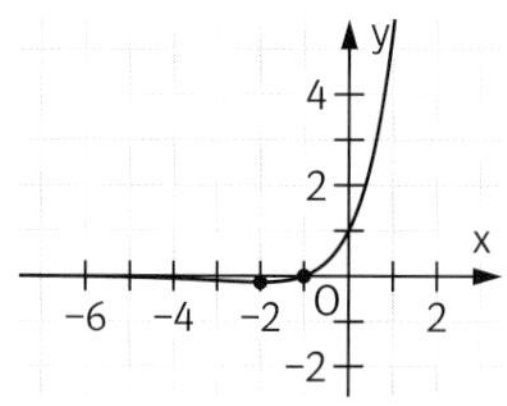

c) Nullstelle: $x = 0$
Maximum $(1 \mid 3)$
$\lim\limits_{x \to +\infty} 3x \cdot e^{-x+1} = 0$
$y = 0$ ist Asymptote.

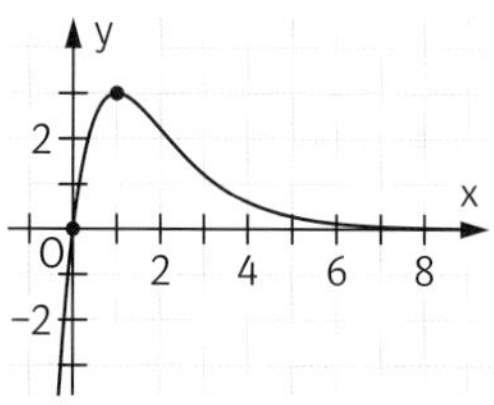

d) Nullstelle: $x = 1$
kein Extremwert,
G_f steigt monoton.
$\lim\limits_{x \to +\infty} \ln(2x - 1) = +\infty$
$\lim\limits_{x \to \frac{1}{2}} \ln(2x - 1) = -\infty$
(keine Asymptoten)

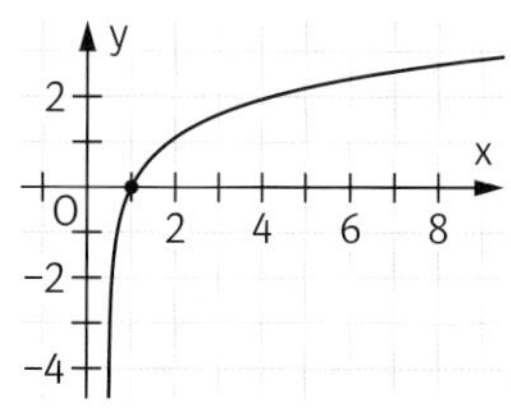

e) (doppelte) Nullstelle:
$x = 0$
Minimum $(0 \mid 0)$
Maximum $(2 \mid 8e^{-2})$
$\lim\limits_{x \to +\infty} 2x^2 \cdot e^{-x} = 0$
$y = 0$ ist Asymptote.

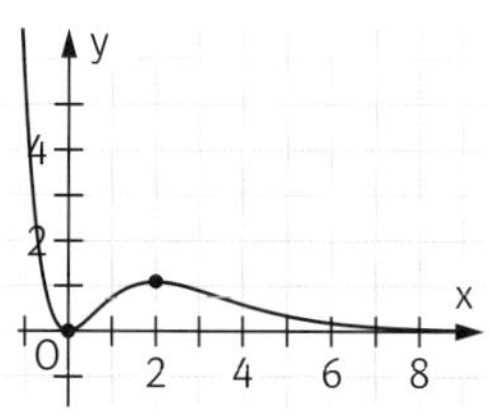

f) Nullstellen:
$x = \frac{\pi}{4}(2k+1)$ für $k \in \mathbb{Z}$
Extremstellen:
$x = \frac{\pi}{2}(k+1)$
Hochpunkte für k gerade
Tiefpunkte für k ungerade
keine Asymptoten

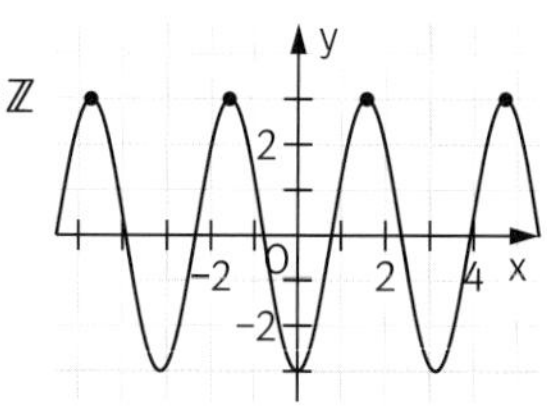

g) (doppelte) Nullstelle:
$x = 0$
Maximum $(-2 \mid -4)$
Minimum $(0 \mid 0)$
$x = -1$ ist senkrechte Asymptote.
$y = x - 1$ ist schräge Asymptote.
$\left(\frac{x^2}{x+1} = x - 1 + \frac{1}{x+1}\right)$.

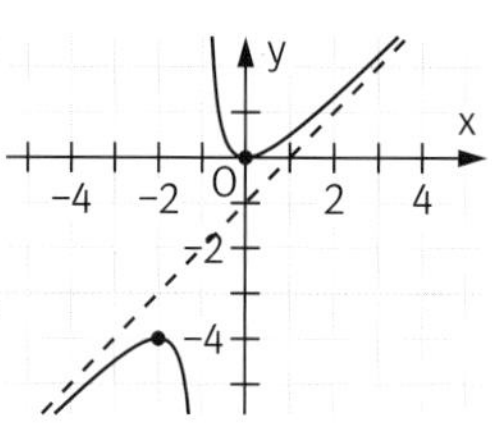

h) Nullstelle: $x = 1$
Minimum
$\left(e^{-\frac{1}{2}} \mid -2{,}5 \cdot e^{-1}\right)$
keine Asymptoten

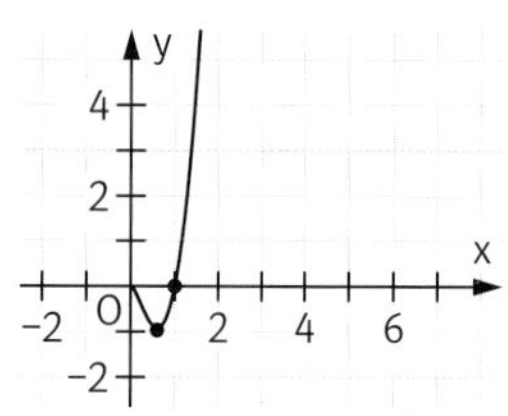

10 $G_1 = G_v$; $v(0) = -4$; G_v ist achsensymmetrisch bezüglich der y-Achse; $\lim\limits_{x \to \pm\infty} v(x) = 0$

$G_2 = G_p$; $p(0) = 1$; G_p ist achsensymmetrisch bezüglich der y-Achse; G_p ist eine Parabel.

$G_3 = G_h$; $h(0) = -1$; $h(1) = 0$; $\lim\limits_{x \to -\infty} h(x) = 0$; $\lim\limits_{x \to +\infty} h(x) = +\infty$

$G_4 = G_k$; $k(0) = -4$; keine Nullstellen; G_k ist achsensymmetrisch bezüglich der y-Achse; $\lim\limits_{x \to \pm\infty} k(x) = 0$

$G_5 = G_u$; $u(0) = 1$; G_u hat Minimum bei $(0|1)$; $\lim\limits_{x \to \pm\infty} u(x) = +\infty$

$G_6 = G_f$; $f(0) = 0$; G_f ist achsensymmetrisch bezüglich der y-Achse; $W_f = \mathbb{R}_0^+$

11 a) $f'(x) = e^{x+1}$; $F(x) = e^{x+1} + c \quad (c \in \mathbb{R})$

b) $f'(x) = 2e^{2x-0{,}5}$; $F(x) = \frac{1}{2}e^{2x-0{,}5} + c \quad (c \in \mathbb{R})$

c) $f'(x) = \ln 2 \cdot e^{(x+2)\cdot\ln 2} = 2^{x+2} \cdot \ln 2$; $F(x) = \frac{1}{\ln 2} e^{(x+2)\cdot\ln 2} + c = \frac{1}{\ln 2} \cdot 2^{x+2} + c \quad (c \in \mathbb{R})$

d) $f'(x) = \ln 0{,}4 \cdot e^{x\cdot\ln 0{,}4} = 0{,}4^x \cdot \ln 0{,}4$; $F(x) = \frac{1}{\ln 0{,}4} \cdot e^{x\cdot\ln 0{,}4} + 2x + c = \frac{1}{\ln 0{,}4} \cdot 0{,}4^x + 2x + c \quad (c \in \mathbb{R})$

12 a) f hat bei $x = 2$ eine (doppelte) Nullstelle, somit gehört der linke Graph zu G_f.

b) Der rechte Graph ist der an der y-Achse gespiegelte G_f; also $g: x \mapsto (x+2)^2 \cdot e^{-x}$

13 a) $h(x) = \sqrt{x} + \ln x$; $D_h = \mathbb{R}^+$; $\lim\limits_{x \to 0} h(x) = -\infty$; $\lim\limits_{x \to +\infty} h(x) = +\infty$

b) $h(x) = \sqrt{x} \cdot \ln x$; $D_h = \mathbb{R}^+$; $\lim\limits_{x \to 0} h(x) = 0$; $\lim\limits_{x \to +\infty} h(x) = +\infty$

c) $h(x) = \sqrt{x} - \ln x$; $D_h = \mathbb{R}^+$; $\lim\limits_{x \to 0} h(x) = +\infty$; $\lim\limits_{x \to +\infty} h(x) = +\infty$

d) $h(x) = \frac{\sqrt{x}}{\ln x}$; $D_h = \mathbb{R}^+ \setminus \{1\}$; $\lim\limits_{x \to 0} h(x) = 0$; $\lim\limits_{x \overset{<}{\to} 1} h(x) = -\infty$; $\lim\limits_{x \overset{>}{\to} 1} h(x) = +\infty$; $\lim\limits_{x \to +\infty} h(x) = \infty$

e) $h(x) = \ln(\sqrt{x})$; $D_h = \mathbb{R}^+$; $\lim\limits_{x \to 0} h(x) = -\infty$; $\lim\limits_{x \to +\infty} h(x) = +\infty$

f) $h(x) = \sqrt{\ln(x)}$; $D_h = [1; +\infty[$; $\lim\limits_{x \to +\infty} h(x) = +\infty$

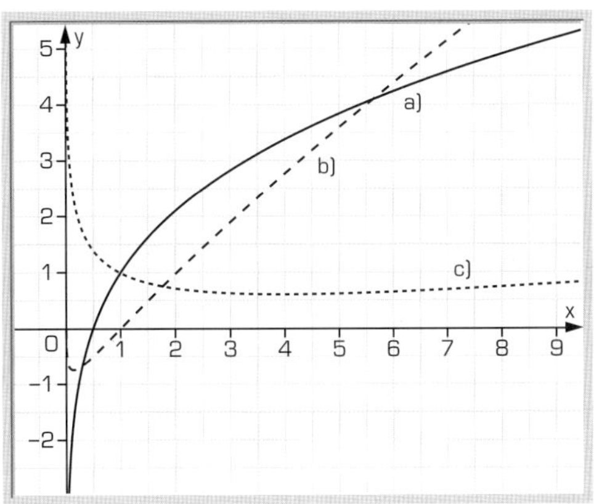

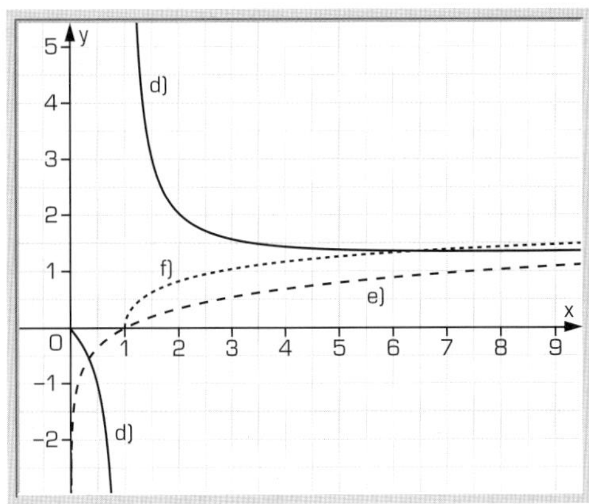

14 $f'(x) = k \cdot a \cdot e^{kx}$

(I) $f(3) = 3e \Rightarrow 3e = a \cdot e^{3k}$

(II) $f'(0) = 1 \Rightarrow 1 = a \cdot k$

$\Big\}$ $a = 3$; $k = \frac{1}{3}$

S. 167

15 doppelte Nullstelle für $x = 1$

a) $f'(x) = \frac{2}{x} \cdot \ln x$; $f'(x) = 0$ für $x = 1$; $f'(x) < 0$ für $0 < x < 1$; $f'(x) > 0$ für $1 < x < +\infty$;

$\Rightarrow$ P(1|0) ist Minimum.

b) Gleichung der Ursprungsgeraden: $y = m \cdot x$; $m = f'(x) = \frac{2}{x} \cdot \ln x$

Für den Berührpunkt auf der Ursprungsgeraden gilt: $(\ln x)^2 = \frac{2}{x} \cdot \ln x \cdot x$

$\Rightarrow$ $\ln x = 0$ oder $\ln x = 2$ $\Rightarrow$ $x = 1$ oder $x = e^2$

$\Rightarrow$ Tangenten: $y = 0$ oder $y = \frac{4}{e^2} \cdot x$

c) $F'(x) = (\ln x)^2 + x \cdot 2 \cdot \ln x \cdot \frac{1}{x} - 2 \cdot \ln x - 2x \cdot \frac{1}{x} + 2 = (\ln x)^2 + 2\ln x - 2\ln x - 2 + 2 = (\ln x)^2$

16 Individuelle Lösungen

a) z.B. $f(x) = \ln(x-2)$; $(x-3)e^x$ $\left(f(x) = \ln(x+4);\ (x+3)e^{-x}\right)$

b) z.B. $f(x) = e^{-x}+2$; e^x+2 $\left(f(x) = e^{-x}-3;\ e^x-3\right)$

c) z.B. $f(x) = \frac{e^x}{x+2}$; $\frac{x \cdot e^{-x}}{x+2}$ $\left(f(x) = \frac{\ln x}{x-3};\ \frac{\ln x}{x^2-2x-3}\right)$

d) z.B. $f(x) = e^x+e^{-x}$; $x^2(e^x+e^{-x})$

17 a) $f(x) = 0$ für $x = 2$, also Schnittpunkt mit der x-Achse $(2\,|\,0)$.
$f(0) = -2$, also Schnittpunkt mit der y-Achse $(0\,|\,-2)$.
(Lage der y-Achse und Einheiten siehe Graphik)

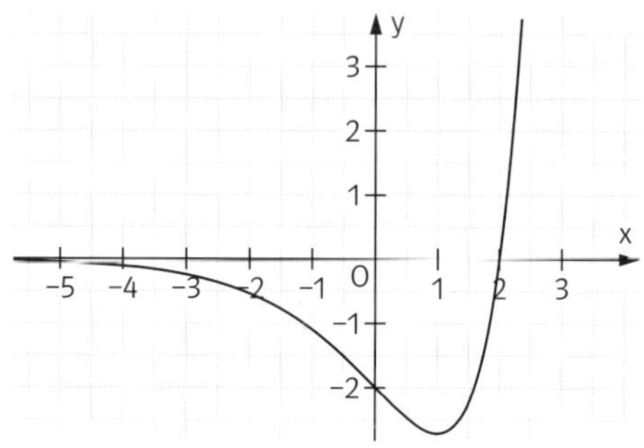

b) $f'(x) = e^x+(x-2)\cdot e^x = e^x\cdot(x-1)$;

f': f' < 0 | 1 | f' > 0
f: ↘ ↗

P(1 | −e) ist Tiefpunkt.

18 a)

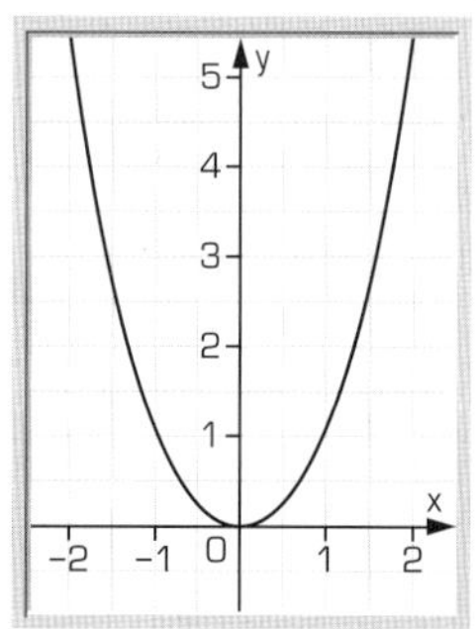

Mögliche erkennbare Merkmale:

1. Achsensymmetrie zur y-Achse: $f(-x) = e^{-x}+e^{-(-x)}-2 = f(x)$
2. Nullstelle bei $(0\,|\,0)$: $f(0) = e^0+e^0-2 = 0$
3. Tiefpunkt bei $(0\,|\,0)$: $f'(x) = e^x-e^{-x}$
   $f'(x) = 0$ wenn $e^x = e^{-x}$ bzw. $x = -x$
   somit Extremstelle oder Terrassenpunkt bei $(0\,|\,0)$

   f': f' < 0 | 0 | f' > 0
   f: ↘ ↗

   Tiefpunkt bei (0 | 0)

b) $g(x) = x^2+ax+b$; $g'(x) = 2x+a$
$g(0) = f(0) = 0 \Rightarrow b = 0$
$g'(0) = f'(0) = 0 \Rightarrow a = 0$
gesuchte Funktion: $g\colon x \mapsto x^2$

19 Flüstern: Einsetzen von $L = 20$ ergibt $2 = \lg\left(\frac{I_{20}}{I_0}\right)$, also $I_{20} = 10^2\cdot I_0$ oder $I_{20} = 100\,I_0$;
Normale Unterhaltung: Einsetzen von $L = 40$ ergibt $4 = \lg\left(\frac{I_{40}}{I_0}\right)$, also $I_{40} = 10^4\cdot I_0$ oder $I_{40} = 10\,000\,I_0$.
Damit ist $I_{40} = 100\cdot I_{20}$, d.h. die Schallintensität ist beim normalen Reden 100-mal so groß wie diejenige beim Flüstern.

20 a) $f_{a;c}(-x) = \frac{a}{2c}\left(e^{-cx}+e^{-c(-x)}\right) = \frac{a}{2c}\left(e^{-cx}+e^{cx}\right) = f_{a;c}(x)$; also Achsensymmetrie bezüglich der y-Achse

b) $f'_{a;c}(x) = \frac{a}{2}\left(e^{cx}-e^{-cx}\right)$; $f'_{a;c}(x) = 0$ für $e^{cx} = e^{-cx} \Rightarrow cx = -cx \Rightarrow x = 0$;
somit Minimum $\left(0\,\middle|\,\frac{a}{c}\right)$

c) Es muss gelten: (I) $f_c(0) = \frac{a}{c} = 5$
(II) $f_c(100) = \frac{a}{2c}\left(e^{100c}+e^{-100c}\right) = 30$

aus (I): $a = 5c$ eingesetzt in (II):

$\frac{5}{2}\left(e^{100c}+e^{-100c}\right) = 30 \Leftrightarrow e^{100c}+e^{-100c}-12 = 0$

Substitution $u = e^{100c}$:

$u+\frac{1}{u}-12 = 0 \Rightarrow u^2-12u+1 = 0$; $u_1 = 6+\sqrt{35} = 11{,}916\ldots$;
$u_2 = 6-\sqrt{35} = 0{,}083\ldots$

$u = e^{100c} \Rightarrow c = 0{,}0247\ldots$ oder $c = -0{,}0247\ldots$

Damit erhält man in beiden Fällen dieselbe Funktion:
$f(x) = 2{,}5\cdot\left(e^{0{,}0247\ldots\cdot x}+e^{-0{,}0247\ldots\cdot x}\right)$

d) $f'(x) = 0{,}0619\ldots\cdot(e^{0{,}0247\ldots\cdot x}+e^{-0{,}0247\ldots\cdot x})$
$f'(100) \approx 0{,}73298$; d.h. Gefälle von ca. 73 %. (Steigungswinkel: $\tan\varphi = 0{,}73298 \;\Rightarrow\; \varphi \approx 36{,}2°$)

e) Bedingung: $f(x) = 15$, also $2{,}5\cdot(e^{0{,}0247\ldots\cdot x}+e^{-0{,}0247\ldots\cdot x}) = 15$
Substitution: $u = e^{0{,}0247\ldots\cdot x}$: $u+u^{-1}-6 = 0 \;\Rightarrow\; u^2-6u+1 = 0$; $u_1 = 3+2\sqrt{2} = 5{,}828\ldots$
$u_2 = 3-2\sqrt{2} = 0{,}171\ldots$
$u = e^{-0{,}0247\ldots\cdot x} \;\Rightarrow\; x \approx 71{,}14$
Die Seilhöhe beträgt im Abstand von ca. 71 m, gemessen von der tiefsten Stelle, 15 m.

f) Bedingung: $f'(x) = 0{,}2$; also $0{,}0619\ldots\cdot(e^{0{,}0247\ldots\cdot x}-e^{-0{,}0247\ldots\cdot x}) = 0{,}2 \;\Rightarrow\; x \approx 50{,}7$
Ein Stuntman könnte das Seil auf einer Strecke von gut 100 m befahren.

21 a)

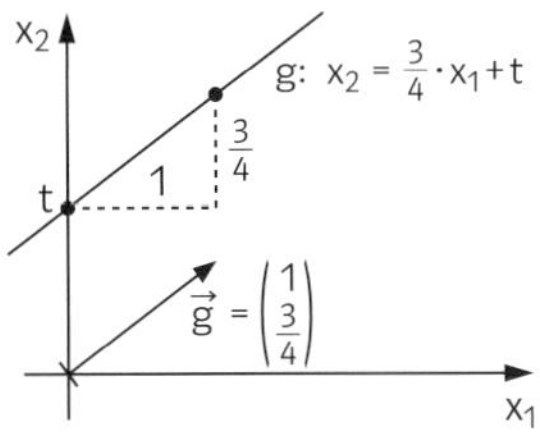

Ein Steigungsdreieck von g hat die Katheten 1 und $\frac{3}{4}$.
Die Hypotenuse dieses Steigungsdreiecks ist parallel zum eingezeichneten Repräsentanten des Vektors $\vec{g}$. Somit gibt $\vec{g}$ die Richtung von g an.

b) n: $x_2 = -\frac{1}{m}\cdot x_1+t$; $\vec{n} = \begin{pmatrix}1\\ -\frac{1}{m}\end{pmatrix}$; $\vec{n}\circ\vec{g} = \begin{pmatrix}1\\ -\frac{1}{m}\end{pmatrix}\circ\begin{pmatrix}1\\ m\end{pmatrix} = 1\cdot 1+\left(-\frac{1}{m}\right)\cdot m = 1-1 = 0$

Da das Skalarprodukt null ist, stehen die Vektoren $\vec{n}$ und $\vec{g}$ senkrecht aufeinander; somit ist auch die Gerade n senkrecht zur Geraden g.

→ TB

Trainingsblatt: Exponential- und Logarithmusfunktionen und deren Graphen;
Kopiervorlage S. 234 f.

→ AB

Arbeitsblatt: Funktionsuntersuchungen im Tandem – weitere Terme und Graphen;
Kopiervorlage S. 236
Passend zur Kopiervorlage auf S. 191 ist hier eine weitere Auswahl zu untersuchender Terme in drei Schwierigkeitsgraden gegeben. Dabei sind nun alle bekannten Funktionstypen berücksichtigt.

→

Funktionen sortieren; Kopiervorlage S. 237 ff.
Spiel für 2–6 Personen (Spieldauer: 30–60 min)

Spielvariante für 2–4 Kleingruppen, d.h. auch mit der ganzen Klasse spielbar.

Spielidee:
Funktionskarten (Funktions- und Ableitungsterm sind gegeben) müssen bezüglich bestimmter Eigenschaften sortiert werden. Von Runde zu Runde wechseln die betrachteten Eigenschaften.

Thema: Die Euler'sche Zahl e

S. 169

1 a) $K_{20} = K_0\left(1+\frac{p}{100}\right)^{20} = 2K_0 \;\Rightarrow\; 20\,000 = 10\,000\cdot\left(1+\frac{p}{100}\right)^{20}$
$\Rightarrow\; p = 100\cdot\left(\sqrt[20]{2}-1\right) \approx 3{,}5$
Der Jahreszinssatz beträgt etwa 3,5 %.

b) $K_{20} = K_0\cdot 1{,}05^{20} = 10\,000\,€\cdot 1{,}05^{20} \approx 26\,532{,}98\,€$

c) $K_{20} = K_0\cdot\left(1+\frac{1}{7200}\right)^{7200} = 10\,000\,€\cdot\left(1+\frac{1}{7200}\right)^{7200} \approx 27\,180{,}93\,€$ (1 Jahr = 360 Zinstage)

2 a) $n(t) = n(0)+1{,}75t\cdot n(0) = 1000+1750t = 1000(1+1{,}75t)$
b) $n(15) = 1000(1+1{,}75\cdot 15) = 27\,250$

3 Es muss gelten: $s_{n+1}-s_n = \frac{1}{(n+1)!} < 10^{-6}$. Dies ist ab $n = 9$ der Fall.

VII Wahrscheinlichkeitsbegriff und Unabhängigkeit

1 Axiomatische Definition von Wahrscheinlichkeit

S. 174

1 Ein Schätzwert für die Wahrscheinlichkeit von „Sau" kann nur mithilfe der relativen Häufigkeit bestimmt werden. Hierzu wirft man die Figur z. B. 200mal und bestimmt die relative Häufigkeit der Lage „Sau". Damit hat man einen möglichen Schätzwert für die Wahrscheinlichkeit bestimmt. Ausschließen kann man aber nicht, dass bei diesen 200 Versuchen ausnahmsweise besonders viele „Ausreißer" dabei waren und der Schätzwert also schlecht ist.

S. 176

2 a) $P(\{\omega_2\}) = P(\omega_2) = 1-(0{,}2+0{,}45) = 0{,}35$

b) $P(\{\ \}) = 0;$ $P(\{\omega_1\}) = 0{,}2;$ $P(\{\omega_2\}) = 0{,}35;$ $P(\{\omega_3\}) = 0{,}45;$
$P(\{\omega_1, \omega_2\}) = 0{,}55;$ $P(\{\omega_1, \omega_3\}) = 0{,}65;$ $P(\{\omega_2, \omega_3\}) = 0{,}8;$ $P(\{\omega_1, \omega_2, \omega_3\}) = 1$

3 a) $P(a) = \frac{2}{2+3+4+3} = \frac{2}{12} = \frac{1}{6};$ $P(b) = \frac{3}{12} = \frac{1}{4};$ $P(c) = \frac{4}{12} = \frac{1}{3};$ $P(d) = \frac{3}{12} = \frac{1}{4}$

b) $P(A) = P(\{a,b\}) = \frac{1}{6}+\frac{1}{4} = \frac{5}{12};$ $P(B) = P(\{b,c\}) = \frac{1}{4}+\frac{1}{3} = \frac{7}{12};$ $P(C) = P(\{c,d\}) = \frac{1}{3}+\frac{1}{4} = \frac{7}{12}$
$P(A \cap B) = P(b) = \frac{1}{4};$ $P(A \cup C) = P(\{a,b,c,d\}) = 1;$ $P(A \cup B) = P(\{a,b,c\}) = \frac{1}{6}+\frac{1}{4}+\frac{1}{3} = \frac{3}{4}$

4 a) $P(A)+P(B)+P(C)+P(D) = 1 \Rightarrow 2P(B)+P(B)+\frac{1}{2}P(B)+2P(B) = 1 \Rightarrow \frac{11}{2}P(B) = 1$
also $P(B) = \frac{2}{11}$, somit $P(A) = \frac{4}{11};$ $P(C) = \frac{1}{11};$ $P(D) = \frac{4}{11}$

b) $P(A \cup C) = \frac{4}{11}+\frac{1}{11} = \frac{5}{11};$ $P(A \cap C) = 0$ (denn A, B, C, D bilden eine Zerlegung von Ω)

5 $A \cap B = \{\ \} \Rightarrow P(A \cup B) = P(A)+P(B) \Rightarrow P(A)+P(B) \leqq 1$, da $P(A \cup B) \leqq 1$
$\Rightarrow P(B) \leqq 1-P(A) \Rightarrow P(B) \leqq P(\overline{A})$, da $P(\overline{A}) = 1-P(A)$

6 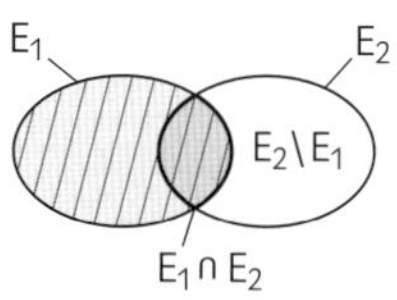

$P(E_1 \cup E_2) = P(E_1 \cup (E_2 \setminus E_1))$
$= P(E_1) + P(E_2 \setminus E_1)$ nach Kolmogorow Axiom III, denn $E_1 \cap (E_2 \setminus E_1) = \{\ \}$
$\leqq P(E_1) + P(E_2)$ denn $(E_2 \setminus E_1) \subset E_2$

7 (I) $P(E_1) + P(E_2) = 0{,}4$
(II) $P(E_2) + P(E_3) = 0{,}9$
(III) $P(E_1) + P(E_3) = 0{,}7$

(I)−(II)+(III): $2P(E_1) = 0{,}2 \Rightarrow P(E_1) = 0{,}1$
$\Rightarrow P(E_2) = 0{,}3;$ $P(E_3) = 0{,}6$

8 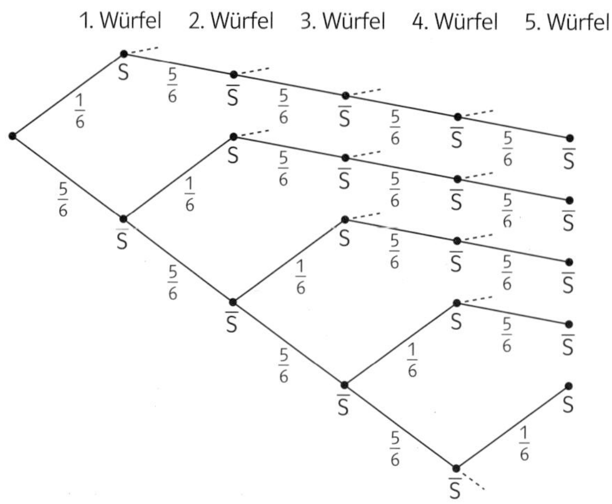

Term (3) trifft zu: $\frac{1}{6} \cdot \left(\frac{5}{6}\right)^4 \cdot 5$

9 Die Konstruktion erfolgt mithilfe des Thaleskreises.
Für $a \geqq 5\,\text{cm}$ gibt es keine Lösung.

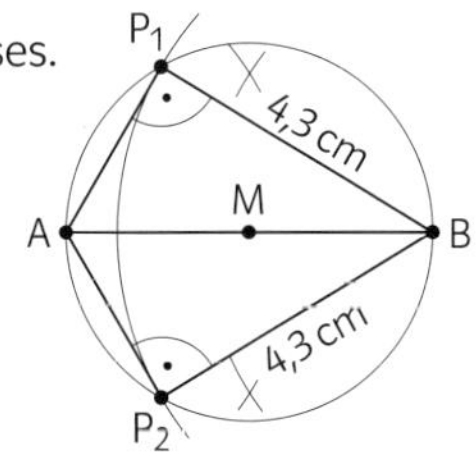

2 Zusammengesetzte Ereignisse

S. 177

1 a) „A und B“: Die Augensumme ist kleiner als sieben und eine Primzahl, also $\{2; 3; 5\}$
„A oder B“: Die Augensumme ist kleiner als sieben oder eine Primzahl, also $\{2; 3; 4; 5; 6; 7; 11\}$
b) Die Augensumme ist eine Primzahl, die nicht kleiner als sieben ist, also $\{7; 11\}$

S. 178

2

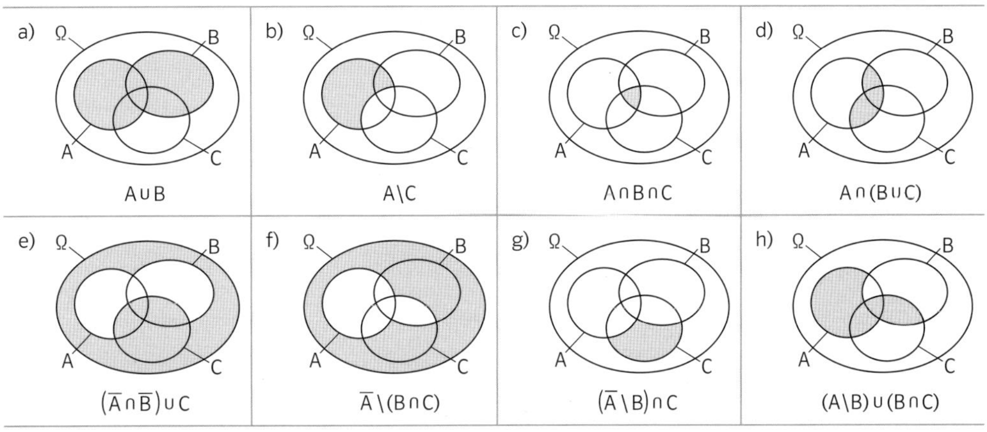

3 a) $C \cap D = \{5\}$ b) $C \cup D = \{1; 3; 4; 5; 6\}$ c) $\overline{C} \cap \overline{D} = \{2\}$ d) $(C \setminus D) \cup (D \setminus C) = \{1; 3; 4; 6\}$
e) $D \setminus C = \{4; 6\}$ f) $\overline{C} \cap \overline{D} = \{2\}$ g) $\overline{C \cap D} = \{1; 2; 3; 4; 6\}$

S. 179

4 $K = \overline{D} \cap \overline{F}$; $L = (D \cap \overline{F}) \cup (\overline{D} \cap F)$; $M = \overline{F}$; $N = L$

5 $C = \overline{A}$; $D = A \cap \overline{B}$;
Die Formulierung des Ereignisses E ist nicht eindeutig. Es könnte „mindestens eine“ Münze – dann gilt: $E = A \cup B$ – oder „genau eine“ Münze gemeint sein – dann gilt: $E = (A \cap B) \cup (\overline{A} \cap \overline{B})$.
$F = (A \cap B) \cup (\overline{A} \cap \overline{B})$; $G = \overline{A} \cup B$; $H = G$

6 $E_1 = A \cup B$; $E_2 = \overline{A \cup B}$; $E_3 = \overline{A \cap B}$; $E_4 = (A \cap \overline{B}) \cup (\overline{A} \cap B) = (A \cup B) \setminus (A \cap B)$; $E_5 = E_3$;
$E_6 = (A \cap B) \cup (\overline{A} \cap \overline{B}) = (A \cap B) \cup (\overline{A \cup B})$

7 $A = \{10, 12, 14, 16, 18, 20, 22, 24, 26, 28\}$;
$B = \{20, 22, 24, 26, 28\}$
$\overline{A} = \{11, 13, 15, 17, 19, 21, 23, 25, 27, 29\}$;
$\overline{B} = \{10, 11, 12, 13, 14, 15, 16, 17, 18, 19, 21, 23, 25, 27, 29\}$
$\overline{A \cup B} = \overline{A} = \{11, 13, 15, 17, 19, 21, 23, 25, 27, 29\}$;
$\overline{A} \cap \overline{B} = \{11, 13, 15, 17, 19, 21, 23, 25, 27, 29\} = \overline{A \cup B}$; (1)
$\overline{A \cap B} = \{10, 11, 12, 13, 14, 15, 16, 17, 18, 19, 21, 23, 25, 27, 29\}$
$\overline{A} \cup \overline{B} = \{10, 11, 12, 13, 14, 15, 16, 17, 18, 19, 21, 23, 25, 27, 29\} = \overline{A \cap B}$ (2)
(1) und (2) bestätigen die Gesetze von de Morgan.

8 a) rote Fläche: $X \cap Z \cap \overline{Y}$ blaue Fläche: $Y \setminus (X \cap Z)$
b) Individuelle Lösungen

Randspalte: Im Gerichtsurteil ist (wie häufig im Alltag) ein „entweder oder" gemeint.
Bei der mathematischen Aussage könnten auch beide Faktoren null sein.

9 $A = E_1 \cup E_2 \cup E_3$;
$B = \overline{(E_1 \cap E_2) \cup (E_1 \cap E_3) \cup (E_2 \cap E_3)}$ oder $B = (\overline{E_1} \cap \overline{E_2} \cap \overline{E_3}) \cup (E_1 \cap \overline{E_2} \cap \overline{E_3}) \cup (\overline{E_1} \cap E_2 \cap \overline{E_3}) \cup (\overline{E_1} \cap \overline{E_2} \cap E_3)$
$C_1 = (E_1 \cap E_2) \cup (E_1 \cap E_3) \cup (E_2 \cap E_3)$ (mindestens 2 Schwarzfahrer)
$C_2 = [(E_1 \cap E_2) \cup (E_1 \cap E_3) \cup (E_2 \cap E_3)] \setminus (E_1 \cap E_2 \cap E_3)$ (genau 2 Schwarzfahrer)
$D = B$

10 z. B. E_i: „Das i-te Werkstück ist brauchbar".
$A = E_1 \cap E_2 \cap E_3$; $B = \overline{E_1} \cap \overline{E_3}$; $C = \overline{E_1} \cap E_2 \cap \overline{E_3}$;
$D = (E_1 \cap E_2 \cap \overline{E_3}) \cup (E_1 \cap \overline{E_2} \cap E_3) \cup (\overline{E_1} \cap E_2 \cap E_3)$; $E = (\overline{E_1} \cap E_2 \cap \overline{E_3}) \cup (E_1 \cap \overline{E_2} \cap E_3)$

11 $f(x) = 2x - 1 + \frac{4}{x^2 - 1}$
schiefe Asymtote mit $y = 2x - 1$, da $\frac{4}{x^2-1} \to 0$ für $x \to \pm\infty$
senkrechte Asymptoten bei $x_1 = -1$; $x_2 = 1$

→ TB Trainingsblatt: Zusammengesetzte Ereignisse; Kopiervorlage S. 242 f.

→ Ereignisreiches Quartett; Kopiervorlage S. 244 f.
Spiel für 1–3 Personen (Spieldauer: 10–20 min)

Prosabeschreibung, Symbolschreibweise, grafische Veranschaulichung in Vierfeldertafel und Mengendiagramm sind einander zuzuordnen.
Dies kann in Einzel-/Gruppenarbeit oder nach herkömmlichen Quartett-Regeln geschehen.

3 Der Additionssatz

S. 180

1 a) F: Fernseher im Zimmer; C = Computer im Zimmer

	C	$\overline{C}$	
F	**43**	29	**72**
$\overline{F}$	16	31	47
	59	60	**119**

b) $\frac{31}{119} \approx 0{,}26$
26 % der Schüler und Schülerinnen haben weder einen Fernseher noch einen Computer im Zimmer.

S. 181

2 Es sind $99 - 9 = 90$ Zahlen auf dem Glücksrad.
$90 : 3 = 30$; 30 Zahlen sind durch 3 teilbar. $90 : 5 = 18$; 18 Zahlen sind durch 5 teilbar.
$90 : 15 = 6$; 6 Zahlen sind durch 3 und 5 teilbar.
P(„Gewinn") $= \frac{30}{90} + \frac{18}{90} - \frac{6}{90} = \frac{42}{90} = \frac{7}{15} \approx 47\,\%$

3 a) $h(K \cup R) = \frac{22+33+19}{86} = \frac{74}{86}$ oder $h(K \cup R) = \frac{52+55-33}{86} = \frac{74}{86}$
b) $h(K \cup \overline{R}) = \frac{33+22+12}{86} = \frac{67}{86}$ oder $h(K \cup \overline{R}) = \frac{55+34-22}{86} = \frac{67}{86}$

4 N: T-Shirt hat Nähfehler; D: T-Shirt hat Druckfehler

	D	$\overline{D}$	
N	**6**	**2**	8
$\overline{N}$	**5**	67	72
	11	69	**80**

a) $P(N \cup D) = \frac{6+2+5}{80} = \frac{13}{80} \approx 16{,}25\,\%$
b) $P(N \cap D) = \frac{6}{80} = 7{,}5\,\%$
c) $P(\overline{N} \cup \overline{D}) = 1 - P(D \cap N) = \frac{74}{80} = 92{,}5\,\%$
d) $P(\overline{N} \cap \overline{D}) = \frac{67}{80} = 83{,}75\,\%$
e) $P(D \cap \overline{N}) + P(\overline{D} \cap N) = \frac{5+2}{80} = \frac{7}{80} = 8{,}75\,\%$

5 a) Ziffernsumme kleiner 4: $(ZS<4) = \{(0,0); (0,1); (0,2); (0,3); (1,0); (1,1); (1,2); (2,0); (2,1); (3,0)\}$
2. Ziffer größer 7: $(2.Z.>7) = \{(0,8); (1,8); (2,8); \ldots; (9,8); (0,9); (1,9); (2,9); \ldots; (9,9)\}$
$P((ZS<4) \cup (2.Z.>7)) = \frac{10+20}{100} = 30\,\%$, denn $(ZS<4) \cap (2.Z.>7) = \{\ \}$.

b) 1. Ziffer größer als 2. Ziffer: $(1.Z.>2.Z.) = \{(1,0); (2,1); (2,0); (3,2); (3,1); (3,0); \ldots;$
$(9,8); (9,7); (9,6); \ldots; (9,0)\}$
$P(1.Z.>2.Z.) = \frac{1+2+3\ldots+9}{100} = \frac{45}{100}$
Alternativer Lösungsweg: Es gibt 10 Kartenpaare, bei denen beide Ziffern übereinstimmen. Von den verbleibenden 90 Kartenpaaren müssen aus Symmetriegründen bei der Hälfte (also 45) Paarungen die 1. Ziffer größer als die zweite sein.

durch 3 teilbare Ziffernsummen	0	3	6	9	12	15	18
realisiert durch folgende Kartenpaare	00	03	06	09	39	69	99
		12	15	18	48	78	
		21	24	27	57	87	
		30	33	36	66	96	
			42	45	75		
			51	54	84		
			60	63	93		
				72			
				81			
				90			

$\Rightarrow\ P(3 \text{ teilt } ZS) = \frac{34}{100}$

i Üblicherweise ist die Teilbarkeit durch eine Zahl a so definiert, dass die Teilbarkeit genau dann vorliegt, wenn sich beim Teilen der Rest 0 ergibt. In diesem Sinne ist also auch 0 durch 3 teilbar.
$P((1.Z.>2.Z.) \cap (3 \text{ teilt } ZS)) = \frac{15}{100}$; $P((1.Z.>2.Z.) \cup (3 \text{ teilt } ZS)) = \frac{45}{100} + \frac{34}{100} - \frac{15}{100} = \frac{64}{100} = 64\,\%$

6 $h(D \cup H) = \frac{65+78-43}{100\,000} = \frac{100}{100\,000} = \frac{1}{1000}$

7 $\Omega = \{11, 12, 13, 14, 21, 22, 23, 24, 31, 32, 33, 34, 41, 42, 43, 44\}$
$P(A) = \frac{8}{16} + \frac{8}{16} - \frac{4}{16} = \frac{12}{16} = \frac{3}{4} = 75\%$
$P(B) = \frac{8}{16} + \frac{4}{16} - \frac{2}{16} = \frac{10}{16} = \frac{5}{8} = 62{,}5\%$
$P(C) = \frac{3}{16} + \frac{6}{16} = \frac{9}{16} = 56{,}25\,\%$
$P(D) = \frac{10}{16} + \frac{4}{16} - \frac{2}{16} = \frac{12}{16} = \frac{3}{4} = 75\,\%$

8 a) „mindestens eines“: $P(A) + P(B) - P(A \cap B)$
„keines“: $1 - [P(A) + P(B) - P(A \cap B)]$
„höchstens eines“: $1 - P(A \cap B)$
„genau eines“: $P(A) - P(A \cap B) + P(B) - P(A \cap B)$
b) „nicht beide“ = „höchstens eines“: $1 - P(A \cap B)$
c) „entweder beide oder keines der beiden“: $P(A \cap B) + 1 - [P(A) + P(B) - P(A \cap B)]$
d) „A und nicht zugleich B“: $P(A) - P(A \cap B)$

9 Individuelle Lösungen
Die Ereignisse müssen so bestimmt sein, dass gilt: $P(A \cap B) = 0$

10 Gegenbeispiel: Wurf eines Würfels:
A: ungerade Augenzahl; B: Primzahl;
C: gerade Augenzahl
$P(A) = \frac{1}{2}$; $P(B) = \frac{1}{2}$; $P(C) = \frac{1}{2}$
$P(A \cup B \cup C) = 1$; $P(A \cap B \cap C) = \{\ \}$
$P(A \cup B \cup C) \neq P(A) + P(B) + P(C)$

alternative Lösung:
anhand symbolischer Skizze:

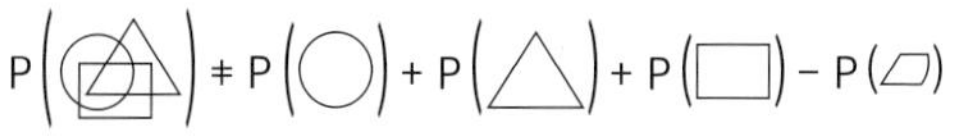

11 $\sqrt{(-4a^2)^2} + a \cdot \sqrt{16a^2 - \frac{8}{3}a + \frac{1}{9}} = 4a^2 + a \cdot \sqrt{\left(4a - \frac{1}{3}\right)^2} = 4a^2 + a \cdot \underbrace{\left|\left(4a - \frac{1}{3}\right)\right|}_{<0} = 4a^2 - 4a^2 + \frac{1}{3}a = \frac{1}{3}a$

→ TB Trainingsblatt: Additionssatz; Kopiervorlage S. 246 f.

4 Unabhängigkeit von Ereignissen

S. 182

1 a) $P_Z(K)$: Wahrscheinlichkeit, mit der er Karies hat, wenn er immer Zähne putzt.
$P_{\overline{Z}}(K)$: Wahrscheinlichkeit, mit der er Karies hat, wenn er nicht immer die Zähne putzt.
$P_Z(G)$: Wahrscheinlichkeit, dass er größer als 1,50 m ist, wenn er immer die Zähne putzt.
$P_{\overline{Z}}(G)$: Wahrscheinlichkeit, dass er größer als 1,50 m ist, wenn er seine Zähne nicht immer putzt.
b) $P_Z(K) < P_{\overline{Z}}(K)$; $P_Z(G) = P_{\overline{Z}}(G)$

S. 184

2 a) $P(A) = P(\{a\}) + P(\{d\}) = \frac{4}{16} = \frac{1}{4}$; $P(B) = P(\{c\}) + P(\{d\}) = \frac{8}{16} = \frac{1}{2}$

$\left.\begin{array}{l} P(A) \cdot P(B) = \frac{1}{4} \cdot \frac{1}{2} = \frac{1}{8} \\ P(A \cap B) = P(\{d\}) = \frac{2}{16} = \frac{1}{8} \end{array}\right\}$ da $P(A) \cdot P(B) = P(A \cap B)$, sind A und B unabhängig.

3 $A = \{14, 24, 34, 44, 54, 64\}$; $B = \{11, 22, 33, 44, 55, 66\}$; $C = \{11, 12, 13, 21, 22, 31\}$;
$A \cap B = \{44\}$; $A \cap C = \{\ \}$; $B \cap C = \{11, 22\}$
$P(A) = \frac{1}{6}$; $P(B) = \frac{1}{6}$; $P(C) = \frac{1}{6}$
$P(A \cap B) = \frac{1}{36} = P(A) \cdot P(B)$ $\Rightarrow$ A und B sind unabhängig;
$P(A \cap C) = 0 \neq P(A) \cdot P(C)$ $\Rightarrow$ A und C sind abhängig;
$P(B \cap C) = \frac{2}{36} \neq P(B) \cdot P(C)$ $\Rightarrow$ B und C sind abhängig.

4 $P(A) = 0{,}7$ $\Rightarrow$ $P(\overline{A}) = 0{,}3$; $P(B) = 0{,}4$
$P(B \cap \overline{A}) = 0{,}18$; $P(\overline{A}) \cdot P(B) = 0{,}4 \cdot 0{,}3 = 0{,}12$ $\Rightarrow$ $\overline{A}$ und B sind abhängig, somit auch A und B.

5 In der 2. Stufe des Baumdiagramms stimmen die Wahrscheinlichkeiten der nach oben führenden Äste überein. Also hängt die Wahrscheinlichkeit von B nicht vom Eintreten von A oder $\overline{A}$ ab. Somit sind A und B unabhängig.
Alternative Lösung durch Berechnung:
$P(B) = 0{,}7 \cdot 0{,}4 + 0{,}3 \cdot 0{,}4 = 0{,}28 + 0{,}12 = 0{,}4$; $P(A) = 0{,}7$
$P(A \cap B) = 0{,}7 \cdot 0{,}4 = P(A) \cdot P(B)$; somit sind A und B unabhängig.

6 a) P(„beide einwandfrei") $= 0{,}9 \cdot 0{,}95 = 0{,}855 = 85{,}5\,\%$
b) P(„beide defekt") $= 0{,}1 \cdot 0{,}05 = 0{,}005 = 0{,}5\,\%$
c) P(„mindestens ein Teil defekt") = 1 − P(„kein Teil defekt") $= 1 - 0{,}855 = 0{,}145 = 14{,}5\,\%$

S. 185

7 a) $P(A) = \frac{471 + 151}{1000} = \frac{622}{1000}$; $P(B) = \frac{471 + 148}{1000} = \frac{619}{1000}$

$\left.\begin{array}{l} P(A) \cdot P(B) = 0{,}622 \cdot 0{,}619 = 0{,}385018 \approx 38{,}5\,\% \\ P(A \cap B) = \frac{471}{1000} = 0{,}471 = 47{,}1\,\% \end{array}\right\}$ $\Rightarrow$ A und B sind abhängig.

8 $P(J) = \frac{4445}{8824} \approx 50{,}37\,\%$ $P(B) = \frac{524}{8824} \approx 5{,}94\,\%$

$\left.\begin{array}{l} P(J) \cdot P(B) = \frac{4445 \cdot 524}{8824^2} \approx 2{,}99\,\% \\ P(J \cap B) = \frac{268}{8824} \approx 3{,}04\,\% \end{array}\right\}$ $\Rightarrow$ J und B sind abhängig.
Jedoch ist der Unterschied beider Wahrscheinlichkeiten so gering, dass man in der Praxis von der Unabhängigkeit beider Ereignisse ausgehen wird.

9 Individuelle Lösungen, z. B.:
a) Wurf dreier Würfel
Unvereinbar sind: A: Augensumme ist gerade und B: Augensumme ist Primzahl.
Unabhängig sind: A: Augensumme ist gerade und B: Augensumme ist kleiner oder gleich 10.

b) Eine zufällig ausgewählte Person wird gebeten, einen Würfel zu werfen.
A: Augenzahl ist 6.
B: Person ist weiblich.
Es gilt: $P(A) = \frac{1}{6} = P_B(A)$

c) Eine zufällig ausgewählte Person wird befragt, ob sie Pferde mag.
A: Person mag Pferde.
B: Person ist weiblich.
Es gilt (oder ist dies ein Vorurteil?): $P(A) < P_B(A)$.

10 Zwei Ereignisse sind unvereinbar, wenn $A \cap B = \{\ \} \Rightarrow P(A \cap B) = 0$; $P(A) \neq 0,\ P(B) \neq 0 \Rightarrow P(A) \cdot P(B) \neq 0$ $\Rightarrow$ A und B sind abhängig.

11 A und B unabhängig, also $P(A) \cdot P(B) = P(A \cap B) \Rightarrow P(B) = \frac{P(A \cap B)}{P(A)} = \frac{0{,}06}{0{,}12} = 0{,}5$
$P(\text{„Bauteil funktionstüchtig"}) = P(\overline{A} \cap \overline{B}) = P(\overline{A}) \cdot P(\overline{B}) = 0{,}88 \cdot 0{,}5 = 0{,}44 = 44\,\%$

12 $P(A) = \frac{3}{4};\ P(B) = \frac{1}{2};\ P(A) \cdot P(B) = \frac{3}{4} \cdot \frac{1}{2} = \frac{3}{8}$; $P(A \cap B) = \frac{1}{2}$ $\Rightarrow$ A und B sind abhängig.

13 $P(Z) = \frac{1}{2};\ P(S) = \frac{1}{6};\ P(F) = \frac{1}{15}$

a) $P(Z) \cdot P(S) = \frac{1}{2} \cdot \frac{1}{6} = \frac{1}{12};\quad P(Z \cap S) = \frac{1}{6}$ $\Rightarrow$ Z und S sind abhängig;

b) $P(F) \cdot P(S) = \frac{1}{15} \cdot \frac{1}{6} = \frac{1}{90};\quad P(F \cap S) = \frac{1}{30}$ $\Rightarrow$ F und S sind abhängig;

c) $P(Z) \cdot P(F) = \frac{1}{2} \cdot \frac{1}{15} = \frac{1}{30};\quad P(Z \cap F) = \frac{1}{30}$ $\Rightarrow$ Z und F sind unabhängig.

\+ Formulieren und untersuchen Sie ähnliche Aufgabenstellungen. Entdecken Sie einen allgemeinen auf der Teilbarkeit der Kugelanzahlen beruhenden Zusammenhang?

14 a) i) Wahrscheinlichkeit, dass Ken zu spät kommt und die Lehrkraft es vermutet.
ii) Wahrscheinlichkeit, dass Lehrkraft vermutet hat, dass Ken zu spät kommt, wenn dieser zu spät kommt.
iii) Wahrscheinlichkeit, dass Ken zu spät kommt, wenn die Lehrkraft es vermutet.
iv) Wahrscheinlichkeit, dass Ken zu spät kommt, obwohl die Lehrkraft es nicht vermutet hat.

b) i) keine Aussage möglich ii) hoch iii) hoch iv) niedrig

c) Sehr schlecht, da dann K und V unabhängig sind.

15 $P(\text{„Besserung"}) = P(B) = \frac{285 + 608}{285 + 608 + 150 + 320} = \frac{893}{1363}$

$P(\text{„Medikament"}) = P(M) = \frac{285 + 150}{1363} = \frac{435}{1363}$

$P(B) \cdot P(M) = \frac{893 \cdot 435}{1363^2} = \frac{285}{1363}$; $P(B \cap M) = \frac{285}{1363}$ $\Rightarrow$ B und M sind unabhängig.

S. 186

16 a) $P(\text{„immer nein"}) = \frac{1000 - (110 + 90 + 90 + 310 + 60 + 60 + 40)}{1000} = \frac{1000 - 760}{1000} = \frac{240}{1000} = 24\,\%$

b) $P(\text{„Sportverein und Spaß in Mathe"}) = \frac{90 + 90}{1000} = \frac{180}{1000} = 18\,\%$

c) H: macht regelmäßig Hausaufgaben; M: Mathematik macht Spaß; S: ist im Sportverein

$P(H) = \frac{310 + 90 + 60 + 40}{1000} = \frac{500}{1000} = \frac{1}{2};\quad P(M) = \frac{110 + 90 + 90 + 310}{1000} = \frac{600}{1000} = \frac{3}{5};$

$P(S) = \frac{90 + 90 + 60 + 60}{1000} = \frac{300}{1000} = \frac{3}{10}$

$P(H) \cdot P(M) = \frac{1}{2} \cdot \frac{3}{5} = \frac{3}{10};\quad P(H \cap M) = \frac{310 + 90}{1000} = \frac{4}{10}$ $\Rightarrow$ H und M sind abhängig;

$P(H) \cdot P(S) = \frac{1}{2} \cdot \frac{3}{10} = \frac{3}{20};\quad P(H \cap S) = \frac{90 + 60}{1000} = \frac{150}{1000} = \frac{3}{20}$ $\Rightarrow$ H und S sind unabhängig;

$P(M) \cdot P(S) = \frac{3}{5} \cdot \frac{3}{10} = \frac{9}{50};\quad P(M \cap S) = \frac{90 + 90}{1000} = \frac{180}{1000} = \frac{9}{50}$ $\Rightarrow$ M und S sind unabhängig.

17 $A = \{31, 32, 33, 34, 35, 36\}$ $\qquad P(A) = \frac{6}{36} = \frac{1}{6}$

$B = \{11, 13, 15, 22, 24, 26, 31, 33, 35, 42, 44, 46, 51, 53, 55, 62, 64, 66\}$ $\qquad P(B) = \frac{18}{36} = \frac{1}{2}$

$C = \{14, 15, 23, 24, 32, 33, 41, 42, 46, 51, 55, 64\}$ $\qquad P(C) = \frac{12}{36} = \frac{1}{3}$

a) $P(A)\cdot P(B)\cdot P(C) = \frac{1}{6}\cdot\frac{1}{2}\cdot\frac{1}{3} = \frac{1}{36}$; $\quad P(A\cap B\cap C) = \frac{1}{36}$

b) $P(A)\cdot P(B) = \frac{1}{6}\cdot\frac{1}{2} = \frac{1}{12}$; $\quad P(A\cap B) = \frac{3}{36} = \frac{1}{12}$ $\Rightarrow$ A und B sind unabhängig;

$P(A)\cdot P(C) = \frac{1}{6}\cdot\frac{1}{3} = \frac{1}{18}$; $\quad P(A\cap C) = \frac{2}{36} = \frac{1}{18}$ $\Rightarrow$ A und C sind unabhängig;

$P(B)\cdot P(C) = \frac{1}{2}\cdot\frac{1}{3} = \frac{1}{6}$; $\quad P(B\cap C) = \frac{8}{36} = \frac{2}{9}$ $\Rightarrow$ B und C sind abhängig.

c) Würde man die Gleichung „$P(A)\cdot P(B)\cdot P(C) = P(A\cap B\cap C)$" als Definition für die Unabhängigkeit 3-er Ereignisse verwenden, so könnte man daraus nicht auf die paarweise Unabhängigkeit der einzelnen Ereignisse schließen (wie Teilaufgabe b) zeigt). Daher wäre die genannte Festlegung ungeeignet.

18

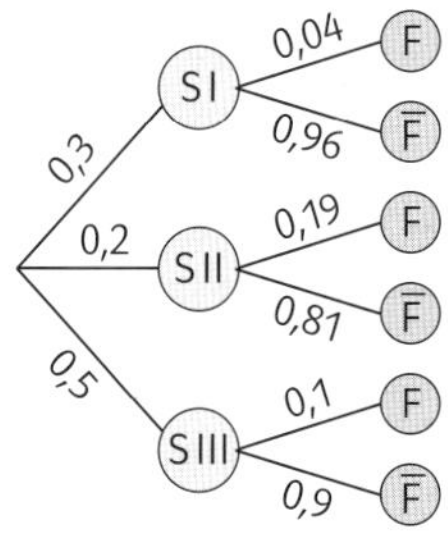

a) $P(\overline{F}) = 0{,}3\cdot 0{,}96 + 0{,}2\cdot 0{,}81 + 0{,}5\cdot 0{,}9 = 0{,}9 = 90\,\%$

b) $P_F(S\,III) = \frac{P(F\cap S\,III)}{P(F)} = \frac{P(S\,III\cap F)}{P(F)} = \frac{0{,}5\cdot 0{,}1}{0{,}1} = 0{,}5 = 50\,\%$

c) $P(\overline{F}) = 0{,}9$; $\quad P(S\,III) = 0{,}5$

$\left.\begin{array}{l} P(\overline{F})\cdot P(S\,III) = 0{,}9\cdot 0{,}5 = 0{,}45 \\ P(\overline{F}\cap S\,III) = 0{,}5\cdot 0{,}9 = 0{,}45 \end{array}\right\} \Rightarrow$ $\overline{F}$ und S III sind unabhängig.

19 a) $P(R\cap S) = P(R)\cdot P(S) = r\cdot s$

b) $P(R\cap\overline{S}) \cup P(\overline{R}\cap S) = r\cdot(1-s) + (1-r)\cdot s = r - rs + s - rs = r + s - 2\cdot r\cdot s$

c) $P(\overline{R}\cap\overline{S}) = P(\overline{R})\cdot P(\overline{S}) = (1-r)(1-s)$

d) = b) $r + s - 2\cdot r\cdot s$

e) $P_R(S) = \frac{P(R\cap S)}{P(R)} = \frac{rs}{r} = s$

20 C: Anzahl Treffer Christine; J: Anzahl Treffer Johannes

a) $P(C=2) = \left(\frac{1}{2}\right)^2 = \frac{1}{4}$; $\quad P(J=1) = 0{,}4\cdot 0{,}6 + 0{,}6\cdot 0{,}4 = 0{,}48$

$P((C=2)\cap(J=1)) = P(C=2)\cdot P(J=1) = 0{,}25\cdot 0{,}48 = 0{,}12 = 12\,\%$

b) $P(J=2) = 0{,}4^2$; $\quad P(C=1) = 0{,}5\cdot 0{,}5 + 0{,}5\cdot 0{,}5 = 2\cdot 0{,}5^2$; $\quad P(C=0) = 0{,}5^2$

$P(J=1)\cdot P(C=0) + P(J=2)\cdot P(C=1) + P(J=2)\cdot P(C=0)$

$= 0{,}48\cdot 0{,}5^2 + 0{,}4^2\cdot 2\cdot 0{,}5^2 + 0{,}4^2\cdot 0{,}5^2 = 0{,}24 = 24\,\%$

c) Wird keine Unabhängigkeit vorausgesetzt, so würden sich die Trefferwahrscheinlichkeiten (vermutlich je nach vorangegangenem Ergebnis) unterscheiden. Die Wahrscheinlichkeit der Schnittmenge zweier Ereignisse ließe sich nicht als Produkt der Wahrscheinlichkeiten der beiden Ereignisse berechnen (wie in a) und b) geschehen).

S. 187

21

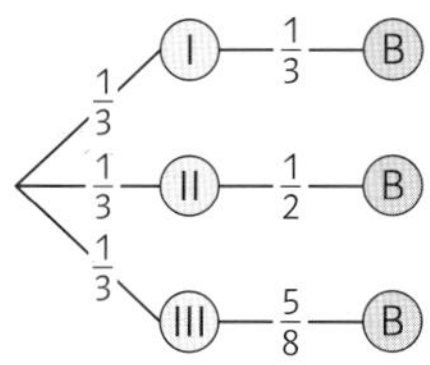

$P(B) = \frac{1}{3}\cdot\frac{1}{3} + \frac{1}{3}\cdot\frac{1}{2} + \frac{1}{3}\cdot\frac{5}{8}$
$= \frac{35}{72}$

a) $P_B(I) = \frac{P(I\cap B)}{P(B)} = \frac{\frac{1}{3}\cdot\frac{1}{3}}{\frac{35}{72}} = \frac{8}{35}$

b) mögliche Lösung:
In einer Urne sind 72 Kugeln, von denen je 24 schwarz, rot und grün sind. Auf 8 schwarzen Kugeln ist ein Kreuz, auf 12 roten und 15 grünen ebenso. Eine Kugel wird gezogen. Mit welcher Wahrscheinlichkeit ist sie schwarz, wenn sie ein Kreuz hat?

c) Wenn der Anteil „blau" bei allen Glücksrädern gleich groß ist.
Es würde auch genügen, wenn der Anteil „blau" bei Glücksrad I halb so groß ist wie die Summe der entsprechenden Anteile bei den Glücksrädern II und III.

22 a) Wegen der Unabhängigkeit gilt:
$P(S) \cdot P(\overline{R}) = P(S \cap \overline{R})$; hieraus kann P(S) berechnet werden und schließlich die gesamte Vierfeldertafel ausgefüllt werden.

	R	$\overline{R}$	
S	$\frac{2}{5}$	$\mathbf{\frac{4}{15}}$	$\frac{2}{3}$
$\overline{S}$	$\frac{1}{5}$	$\mathbf{\frac{2}{15}}$	$\frac{1}{3}$
	$\frac{9}{15}$	$\frac{6}{15}$	**1**

$P(\overline{R}) = \frac{4}{15} + \frac{2}{15} = \frac{6}{15}$;
$P(S) = \frac{4}{15} : \frac{6}{15} = \frac{2}{3}$

i Während im Allgemeinen beim Vervollständigen von Vierfeldertafeln (außer $P(\Omega) = 1$) drei Wahrscheinlichkeiten gegeben sein müssen, genügen hier zwei, da mithilfe der Unabhängigkeit eine weitere Wahrscheinlichkeit bestimmt werden kann.

b)

	R	$\overline{R}$	
S	s·r	15 %	s
$\overline{S}$	30 %	(1−s)(1−r)	1−s
	r	1−r	1

$P(S) \cdot P(\overline{R}) = 0{,}15 \Rightarrow$ (I) $s \cdot (1-r) = 0{,}15 \Rightarrow s = \frac{0{,}15}{1-r}$
$P(\overline{S}) \cdot P(R) = 0{,}3 \Rightarrow$ (II) $(1-s) \cdot r = 0{,}3$

in (II): $\left(1 - \frac{0{,}15}{1-r}\right) \cdot r = 0{,}3$

$\Rightarrow r_{1/2} = \frac{1{,}15 \pm \sqrt{1{,}3225 - 1{,}2}}{2} = \frac{1{,}15 \pm 0{,}35}{2}$

$r_1 = 0{,}75 \Rightarrow s_1 = \frac{0{,}15}{(1-0{,}75)} = 0{,}6$; $r_1 \cdot s_1 = 0{,}45$; $(1-r_1) \cdot (1-s_1) = 0{,}1$
$r_2 = 0{,}4 \Rightarrow s_2 = \frac{0{,}15}{(1-0{,}4)} = 0{,}25$; $r_2 \cdot s_2 = 0{,}1$; $(1-r_2) \cdot (1-s_2) = 0{,}45$
Es gibt also 2 Lösungen.

c) Individuelle Lösungen

23 R: Bierdeckel zeigt Rauten

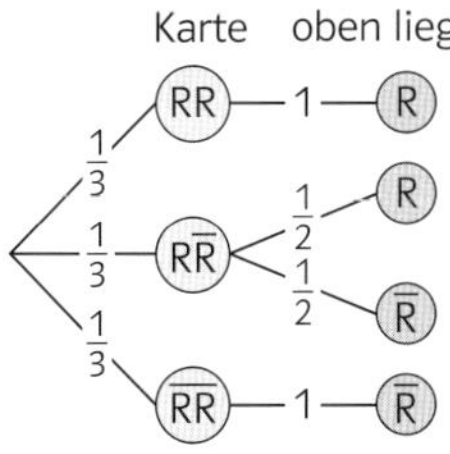

$P_R(RR) = \frac{P(R \cap RR)}{P(R)} = \frac{\frac{1}{3}}{\frac{1}{3} \cdot 1 + \frac{1}{3} \cdot \frac{1}{2}} = \frac{\frac{1}{3}}{\frac{1}{2}} = \frac{2}{3}$

24 F: Frauen; NT = naturwissenschaftlich-technologischer Zweig

	NT	$\overline{NT}$	
F			51
$\overline{F}$ = M			
	80		120

möglicher Lösungsweg:
$\overline{F} = 120 - 51 = 69$
$P(\overline{F} \cap NT) = P(\overline{F}) \cdot P(NT) = \frac{69}{120} \cdot \frac{80}{120} = \frac{23}{60}$
$\frac{23}{60}$ von 120 Schülern $= \frac{23}{60} \cdot 120 = 46$

46 Männer müssen den naturwissenschaftlich-technologischen Zweig gewählt haben.

25 Aus der Unabhängigkeit von S und M folgt:

$P(S) \cdot P(M) = P(S \cap M)$
$\frac{a+b}{a+b+c+d} \cdot \frac{a+c}{a+b+c+d} = \frac{a}{a+b+c+d}$
$\Rightarrow (a+b) \cdot (a+c) = a(a+b+c+d)$
$\Rightarrow a^2 + ac + ba + bc = a^2 + ab + ac + ad$
$\Rightarrow bc = ad$

26 a) Zwei Dreiecke sind ähnlich, wenn sie in zwei Winkeln übereinstimmen.
Im Dreieck AFC ist der Winkel CFA = 90°;
im Dreieck DBC ist der Winkel CBD = 90° (Thaleskreis über [CD])
Somit stimmen beide Dreiecke in α und einem 90°-Winkel überein.
$\Rightarrow$ Sie sind ähnlich.

b) In den beiden ähnlichen Dreiecken gilt:
$\frac{b}{\overline{CF}} = \frac{2r}{a} \Rightarrow \overline{CF} = \frac{ab}{2r}$
$A_{ABC} = \frac{1}{2} \cdot c \cdot \overline{CF} = \frac{1}{2} \cdot c \cdot \frac{ab}{2r} = \frac{abc}{4r}$

27 Skizze:

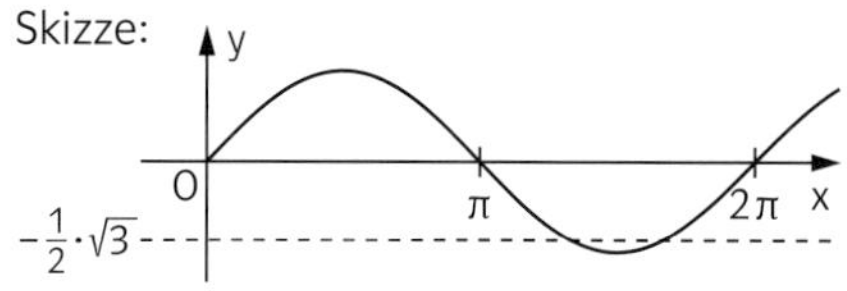

$\sin(2\varphi) = -\frac{1}{2}\cdot\sqrt{3}$; Taschenrechner liefert:

$2\varphi_1 = 240° \Rightarrow \varphi_1 = 120°$ bzw. $\varphi_1 = \frac{2}{3}\pi$;

$2\varphi_2 = 300° \Rightarrow \varphi_2 = 150°$ bzw. $\varphi_2 = \frac{5}{6}\pi$

→ TB Trainingsblatt: Unabhängigkeit von Ereignissen; Kopiervorlage S. 248 f.

→ Unabhängigkeit gewinnt; Kopiervorlage S. 250 ff.
Spiel für 2–6 Personen (Spieldauer: ca. 30 min)

Spielidee: Vorgegebene Vierfeldertafeln oder Baumdiagramme mit wenig eingetragenen Wahrscheinlichkeiten müssen so ergänzt werden, dass die Ereignisse unabhängig sind.

Lesetext: Geschichte der Wahrscheinlichkeitsrechnung

S. 188

Der Lesetext verdeutlicht am Beispiel des Wahrscheinlichkeitsbegriffs, dass auch in der Mathematik ein langer Prozess des Suchens und Probierens vorausgeht, bis eine schlüssige Theorie mit tragfähigen Begriffen formuliert werden kann.

Thema: Das Ziegenproblem

S. 190

1 Individuelle Lösungen

S. 191

2 a) Die 2. Stufe stellt in beiden Fällen keinen Zufallsprozess dar, da die Entscheidung („bleiben“ bzw. „wechseln“) jeweils feststeht und somit sicher ist.

b) Strategie „bleiben“: $P(\text{Auto gewinnen}) = \frac{1}{3}\cdot 1 = \frac{1}{3}$

Strategie „wechseln“: $P(\text{Auto gewinnen}) = \frac{1}{3}\cdot 1 + \frac{1}{3}\cdot 1 = \frac{2}{3}$

3 a) $A_1 \cap K_1 \cap M_3$: Das Auto steht hinter Tür 1 und der Kandidat wählt Türe 1 und der Moderator öffnet Türe 3.

$P(A_1 \cap K_1 \cap M_3) = \frac{1}{3}\cdot\frac{1}{3}\cdot\frac{1}{2} = \frac{1}{18}$

b) $P(A_1 \cap K_2 \cap M_3) = \frac{1}{3}\cdot\frac{1}{3}\cdot 1 = \frac{1}{9}$

c) $P_{K_1 \cap M_2}(A_1)$ gibt die bedingte Wahrscheinlichkeit an, dass das Auto hinter der Türe 1 steht, wenn der Kandidat Türe 1 gewählt hat und der Moderator Türe 2 geöffnet hat.

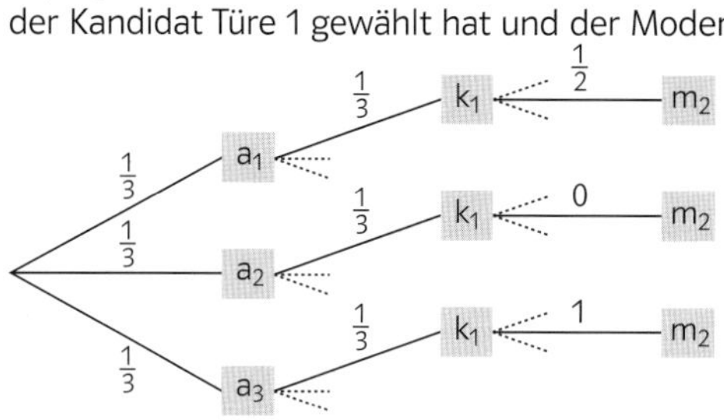

$$P_{K_1 \cap M_2}(A_1) = \frac{P(A_1 \cap K_1 \cap M_2)}{P(K_1 \cap M_2)} = \frac{\frac{1}{3}\cdot\frac{1}{3}\cdot\frac{1}{2}}{\frac{1}{3}\cdot\frac{1}{3}\cdot\frac{1}{2}+\frac{1}{3}\cdot\frac{1}{3}\cdot 0+\frac{1}{3}\cdot\frac{1}{3}\cdot 1} = \frac{\frac{1}{18}}{\frac{3}{18}} = \frac{1}{3}$$

$P_{K_1 \cap M_2}(A_3)$ gibt die bedingte Wahrscheinlichkeit an, dass das Auto hinter der Türe 3 steht, wenn der Kandidat Türe 1 gewählt hat und der Moderator Türe 2 geöffnet hat.

$$P_{K_1 \cap M_2}(A_3) = \frac{P(A_3 \cap K_1 \cap M_2)}{P(K_1 \cap M_2)} = \frac{\frac{1}{3}\cdot\frac{1}{3}\cdot 1}{\frac{3}{18}} = \frac{2}{3}$$

Folgerung: Es ist günstiger im 2. Schritt die Türe zu wechseln.

VIII Anwendungen der Differentialrechnung

1 Ganzrationale Funktionen in realen Situationen

A Alternative zum Einstieg:

→ AB Dass die Wahl des Koordinatensystems entscheidenden Einfluss auf die Einfachheit des Ansatzes für den Funktionsterm hat, können die Schüler anhand des Arbeitsblattes: Modellieren: Wahl des Koordinatensystems, Erstellen des Funktionsterms selbst entdecken.
Kopiervorlage S. 255

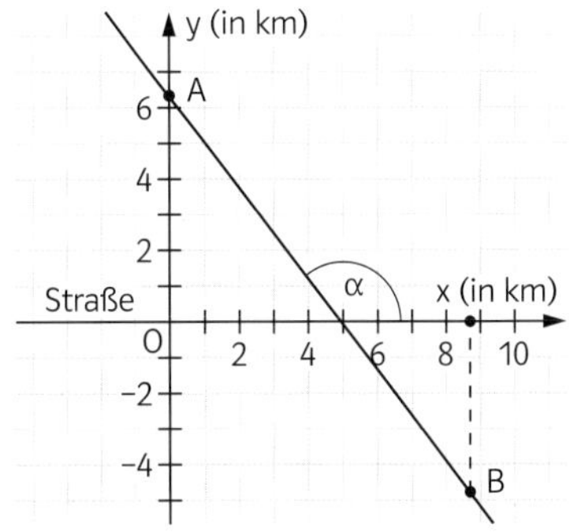

S. 196

1 a) $f(x) = -\frac{(6{,}3+4{,}8)}{8{,}7}x + 6{,}3 = -\frac{37}{29}x + 6{,}3$

b) $|\overrightarrow{AB}| = \sqrt{8{,}7^2 + (-11{,}1)^2} = \sqrt{198{,}9} \approx 14{,}1$
Die Gasleitung ist ca. 14,1 km lang.

c) $\tan\alpha = -\frac{37}{29} \;\Rightarrow\; \alpha \approx 128{,}09°$

S. 198

2 a) Koordinatensystem:
(Skizze)

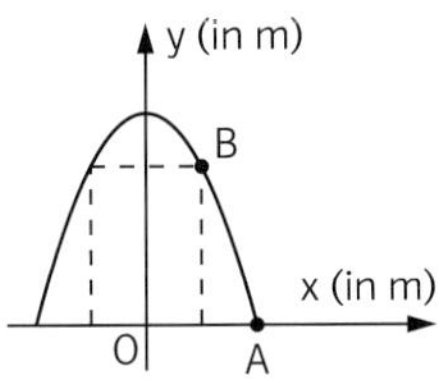

Ansatz: $f(x) = ax^2 + b$

Bedingungen: Punkt A: $f\left(\frac{5}{2}\right) = 0$

Punkt B: $f\left(\frac{2{,}5}{2}\right) = 3{,}5$

Gleichungen: (I) $\frac{25}{4}a + b = 0$

(II) $\frac{25}{16}a + b = 3{,}5$

$\Rightarrow\; a = -\frac{56}{75};\; b = \frac{14}{3}$

$f(x) = -\frac{56}{75}x^2 + \frac{14}{3}$

b) $f(0) = \frac{14}{3} \approx 4{,}67$; der Tunnel ist ca. 4,67 m hoch.

3 a) Koordinatensystem:

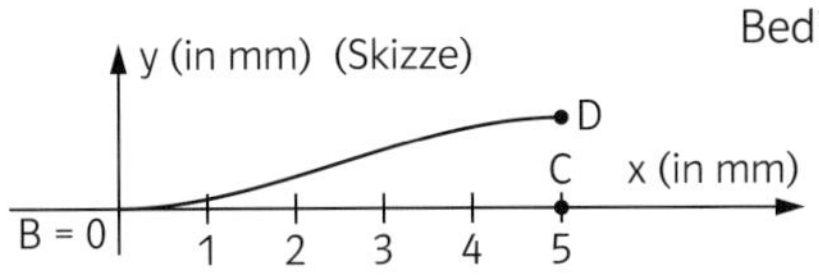

Ansatz: $f(x) = ax^3 + bx^2 + cx + d;\quad f'(x) = 3ax^2 + 2bx + c$

Bedingungen: $f(0) = 0 \;\Rightarrow\; d = 0$

$f'(0) = 0 \;\Rightarrow\; c = 0$

$f(5) = 1 \;\Rightarrow\;$ (I) $125a + 25b = 1$

$f'(5) = 0 \;\Rightarrow\;$ (II) $75a + 10b = 0$

$\Rightarrow\; a = -\frac{2}{125};\; b = \frac{3}{25}$

$f(x) = -\frac{2}{125}x^3 + \frac{3}{25}x^2 = -0{,}016x^3 + 0{,}12x^2$

b) $f(4) = \frac{112}{125} = 0{,}896 > 0{,}7$; der felsige Untergrund muss nicht abgetragen werden.

4 a) Koordinatensystem:

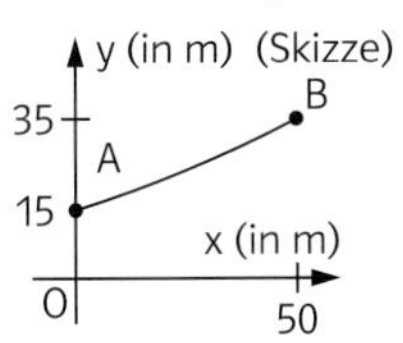

Ansatz: $f(x) = ax^2 + bx + c;\quad f'(x) = 2ax + b$

Bedingungen: $f(0) = 15 \;\Rightarrow\; c = 15$

$f(50) = 35 \;\Rightarrow\;$ (I) $2500a + 50b = 20$

$f'(50) = 0{,}5 \;\Rightarrow\;$ (II) $100a + b = 0{,}5$

$\Rightarrow\; a = 0{,}002;\; b = 0{,}3$

$f(x) = 0{,}002x^2 + 0{,}3x + 15$

b) Gleichung der Geraden durch A und B: $y = \frac{2}{5}x + 15$

$d(x) = \frac{2}{5}x + 15 - f(x) = -0{,}002x^2 + 0{,}1x$

$d'(x) = -0{,}004x + 0{,}1;\quad d'(x) = 0 \;\Leftrightarrow\; x = 25$

d': $d' > 0$ | 25 | $d' < 0$

d: ↗ Max ↘

$\Rightarrow\;$ D(25 | 23,75); $d(25) = 1{,}25$; der Durchhang in D beträgt 1,25 m.
Steigung des Tragseils: $f'(25) = 0{,}4$

c) z. B. mit dem Satz des Pythagoras: $L \approx \sqrt{25^2 + 8{,}75^2} + \sqrt{25^2 + 11{,}25^2} \approx 53{,}9$;
das Seil ist etwa 54 m lang.

5 a) Die Wurfparabel lässt sich durch den Graphen einer ganzrationalen Funktion 2. Grades beschreiben. Bedingungen für die gesuchte Funktion f mit $f(x) = ax^2+bx+c$; $f'(x) = 2ax+b$:

$f(0) = 2 \Rightarrow c = 2$

$f(20{,}4) = 0$ und $f'(20{,}4) = -\frac{\sqrt{3}}{3}$. $\left(\tan 150° = -\frac{\sqrt{3}}{3}\right)$

$$\Rightarrow \begin{cases} \text{(I)} & 416{,}16a + 20{,}4b = -2 \\ \text{(II)} & 40{,}80a + \quad b = -\frac{\sqrt{3}}{3} \end{cases}$$

$\Rightarrow a \approx -0{,}0235;\ b \approx 0{,}3813;\ c = 2$

Damit: $f(x) = -0{,}0235x^2 + 0{,}3813x + 2$

b) Um den höchsten Punkt der Flugbahn zu bestimmen, berechnet man den Scheitelpunkt der Wurfparabel: Ansatz: $f'(x) = 0 \Rightarrow x \approx 8{,}11 \Rightarrow S(8{,}11\,|\,3{,}55)$.
Die maximale Höhe beträgt etwa 3,55 m.
Um den Abwurfwinkel zu bestimmen, berechnet man die Steigung im Abwurfpunkt:
$m = f'(0) = 0{,}3813 \Rightarrow \alpha \approx 20{,}87°$; der Abwurfwinkel beträgt etwa 21°.

c) Mit einem Abwurfwinkel von ca. 21° war der Versuch nicht optimal.

6 a) Ansatz: $f(x) = ax^3+bx^2+cx+d$; $f'(x) = 3ax^2+2bx+c$

Bedingungen:
$f(0) = 0 \Rightarrow d = 0$
$f'(0) = 0 \Rightarrow c = 0$
$f(5) = -0{,}5 \Rightarrow$ (I) $125a + 25b = -0{,}5$
$f(10) = -1{,}6 \Rightarrow$ (II) $1000a + 100b = -1{,}6$

$\Rightarrow a = \frac{1}{1250};\ b = -\frac{3}{125}$

Damit: $f(x) = \frac{1}{1250}x^3 - \frac{3}{125}x^2 = 0{,}0008x^3 - 0{,}024x^2$

b) $f(7) = -0{,}9016$; die Auslenkung beträgt ca. 9 mm.

7 Koordinatensystem:

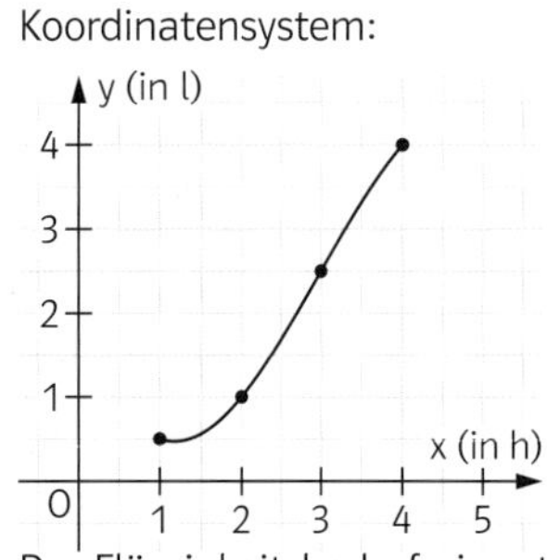

Möglicher Ansatz mit einer ganzrationalen Funktion möglichst niedrigen Grades: $f(x) = ax^3+bx^2+cx+d$

Bedingungen:
$f(1) = 0{,}5 \Rightarrow$ (I) $a + b + c + d = 0{,}5$
$f(2) = 1 \Rightarrow$ (II) $8a + 4b + 2c + d = 1$
$f(3) = 2{,}5 \Rightarrow$ (III) $27a + 9b + 3c + d = 2{,}5$
$f(4) = 4 \Rightarrow$ (IV) $64a + 16b + 4c + d = 4$

$\Rightarrow a = -\frac{1}{6};\ b = \frac{3}{2};\ c = -\frac{17}{6};\ d = 2$

Damit: $f(x) = -\frac{1}{6}x^3 + \frac{3}{2}x^2 - \frac{17}{6}x + 2$

Der Flüssigkeitsbedarf nimmt bei einer Trainingsdauer etwa zwischen 2 und 4 Stunden stärker zu als bei kürzerer oder längerer Dauer.

S. 199

8 Es sind jeweils 4 Bedingungen zu erfüllen: Funktionswert und Steigung in den beiden Anschlussstellen. Bei b) können diese Bedingungen unter Ausnutzung der Symmetrie auf 2 Bedingungen reduziert werden.

a) Koordinatensystem:

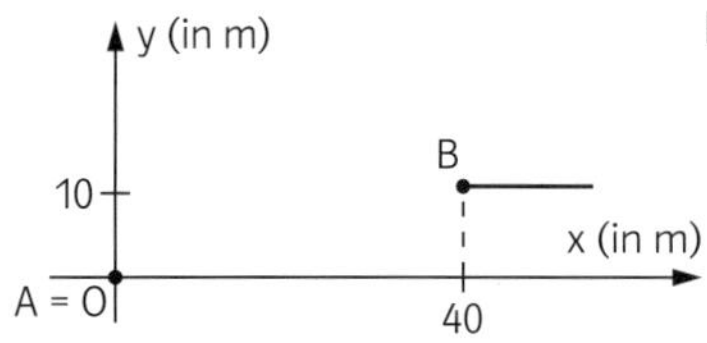

Ansatz: $f(x) = ax^3+bx^2+cx+d$; $f'(x) = 3ax^2+2bx+c$

Bedingungen:
$f(0) = 0 \Rightarrow d = 0$
$f'(0) = 0 \Rightarrow c = 0$
$f(40) = 10 \Rightarrow$ (I) $64\,000a + 1600b = 10$
$f'(40) = 0 \Rightarrow$ (II) $4800a + 80b = 0$

$\Rightarrow a = -\frac{1}{3200};\ b = \frac{3}{160}$

Damit: $f(x) = -\frac{1}{3200}x^3 + \frac{3}{160}x^2$

b) Koordinatensystem:

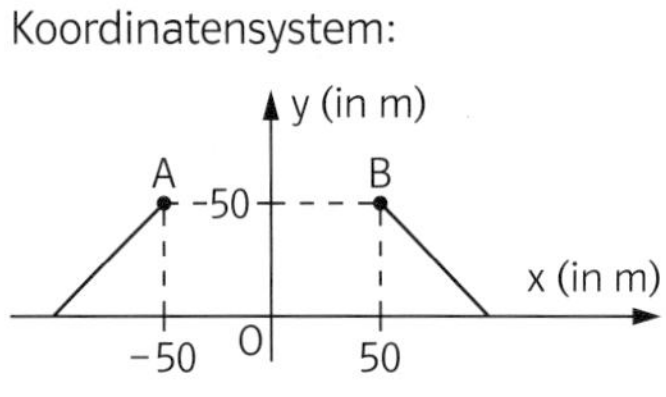

Ansatz (Symmetrie bzgl. y-Achse): $f(x) = ax^2+b$; $f'(x) = 2ax$

Bedingungen:
$f(50) = 50 \Rightarrow$ (I) $2500a + b = 50$
$f'(50) = -1 \Rightarrow$ (II) $100a = -1$

$\Rightarrow a = -\frac{1}{100};\ b = 75$

Damit: $f(x) = -\frac{1}{100}x^2 + 75$

c) Koordinatensystem:

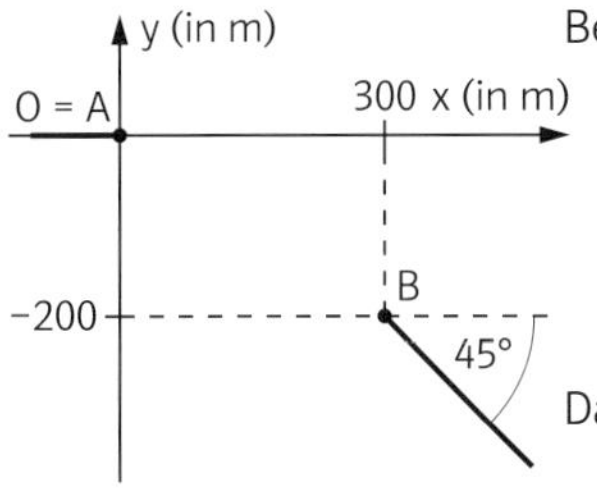

Ansatz: $f(x) = ax^3 + bx^2 + cx + d$; $f'(x) = 3ax^2 + 2bx + c$

Bedingungen:
$f(0) = 0 \Rightarrow d = 0$
$f'(0) = 0 \Rightarrow c = 0$
$f(300) = -200 \Rightarrow$ (I) $2{,}7 \cdot 10^7 \cdot a + 9{,}0 \cdot 10^4 \cdot b = -200$
$f'(300) = -1 \Rightarrow$ (II) $2{,}7 \cdot 10^5 \cdot a + 600b = -1$

$\Rightarrow a = \frac{1}{270000}$; $b = -\frac{1}{300}$; $c = d = 0$

Damit: $f(x) = \frac{1}{270000}x^3 - \frac{1}{300}x^2$ oder $f(x) = \frac{1}{270}x^3 - \frac{1}{30}x^2$
(im Maßstab 1:10)

d) Individuelle Lösungen

9 a) Koordinatensystem:

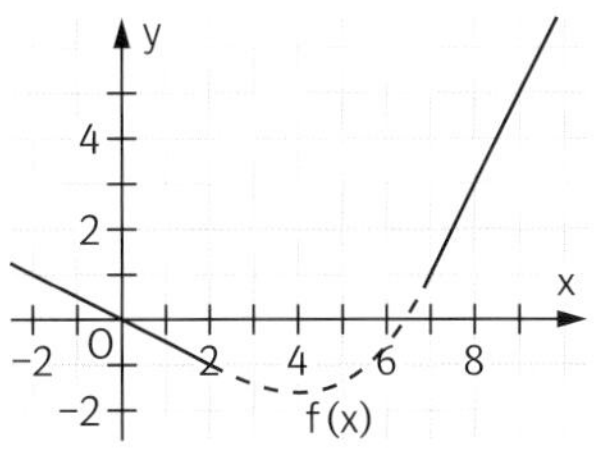

Ansatz: $f(x) = ax^3 + bx^2 + cx + d$; $f'(x) = 3ax^2 + 2bx + c$

Bedingungen:
$f(2) = -1 \Rightarrow$ (I) $8a + 4b + 2c + d = -1$
$f'(2) = -0{,}5 \Rightarrow$ (II) $12a + 4b + c = -0{,}5$
$f(7) = 1 \Rightarrow$ (III) $343a + 49b + 7c + d = 1$
$f'(7) = 2 \Rightarrow$ (IV) $147a + 14b + c = 2$

$\Rightarrow a = \frac{7}{250}$; $b = -\frac{16}{125}$; $c = -\frac{81}{250}$; $d = -\frac{8}{125}$

Damit: $f(x) = \frac{7}{250}x^3 - \frac{16}{125}x^2 - \frac{81}{250}x - \frac{8}{125}$

b) Aufgrund der vier gegebenen Bedingungen (Funktionswerte und Steigungen bei den beiden Anschlussstellen) ist dies mit einer quadratischen Funktion bei nur drei wählbaren Parametern nicht möglich.

c) Mögliche Lösung: Man bestimmt die Punkte $P_2(2\,|\,-1)$, $P_3(3\,|\,-1{,}432)$, $P_4(4\,|\,-1{,}616)$, $P_5(5\,|\,-1{,}384)$, $P_6(6\,|\,-0{,}568)$, $P_7(7\,|\,1)$ auf dem Graphen und berechnet die Längen
$\overline{P_2P_3} = \sqrt{[-1{,}432-(-1)]^2 + (3-2)^2} \approx 1{,}089$; $\overline{P_3P_4} \approx 1{,}017$; $\overline{P_4P_5} \approx 1{,}027$; $\overline{P_5P_6} \approx 1{,}291$; $\overline{P_6P_7} \approx 1{,}860$
Näherungsweise Länge des Verbindungsstücks: L = 6,3

10 a) Koordinatensystem:

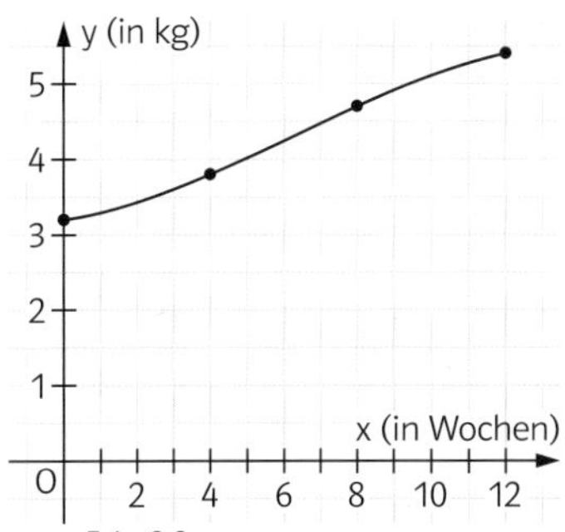

Ansatz: $f(x) = ax^3 + bx^2 + cx + d$

Bedingungen:
$f(0) = 3{,}2 \Rightarrow d = 3{,}2$
$f(4) = 3{,}8 \Rightarrow$ (I) $64a + 16b + 4c = 0{,}6$
$f(8) = 4{,}7 \Rightarrow$ (II) $512a + 64b + 8c = 1{,}5$
$f(12) = 5{,}4 \Rightarrow$ (III) $1728a + 144b + 12c = 2{,}2$

$\Rightarrow a = -\frac{6}{768}$; $b = \frac{1}{40}$; $c = \frac{17}{240}$; $d = \frac{16}{5}$

Damit: $f(x) = -\frac{1}{768}x^3 + \frac{1}{40}x^2 + \frac{17}{240}x + \frac{16}{5}$
$\approx -0{,}0013x^3 + 0{,}025x^2 + 0{,}071x + 3{,}2$

b) $m = \frac{5{,}4 - 3{,}2}{12 - 0} \approx 0{,}183$ (in kg)
Damit nimmt ein Säugling in den ersten 12 Wochen im Durchschnitt pro Woche 183 g zu.

c)

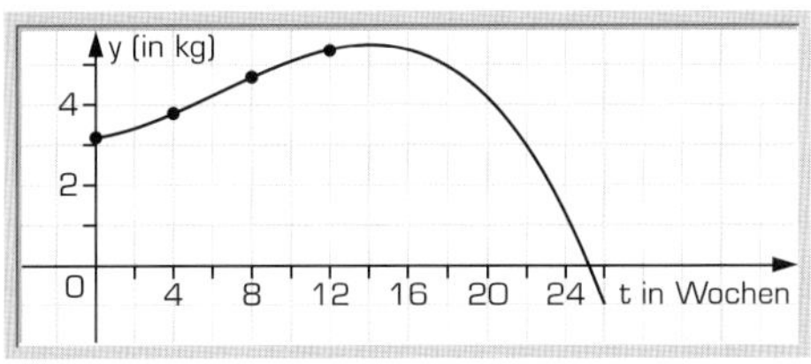

Diese Modellierung ist für t > 12 Wochen kritisch, da ab 14 Wochen eine Abnahme des Gewichts folgen würde.

d) Man bestimmt das Maximum der 1. Ableitung:
Ansatz: $f''(x) = -\frac{6}{768}x + \frac{2}{40} = 0 \Rightarrow x = 6{,}4$.
Die wöchentliche Zunahme beträgt dann etwa 231 g.

11 Koordinatensystem:

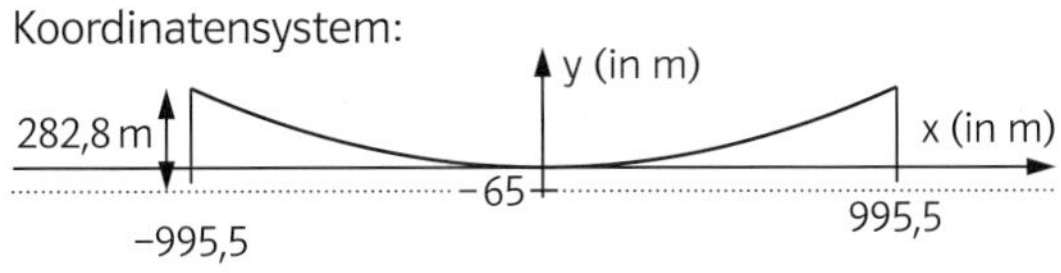

Ansatz: $f(x) = ax^2$
Bedingung: $f(995{,}5) = 282{,}8 - 65 = 217{,}8$
$\Rightarrow a \approx 2{,}2 \cdot 10^{-4}$
Damit: $f(x) = 2{,}2 \cdot 10^{-4} \cdot x^2$

12 a) $F(0) = 0$; $F(1) = 3{,}44$; $F(5) = 10$; $F(10) = 20$

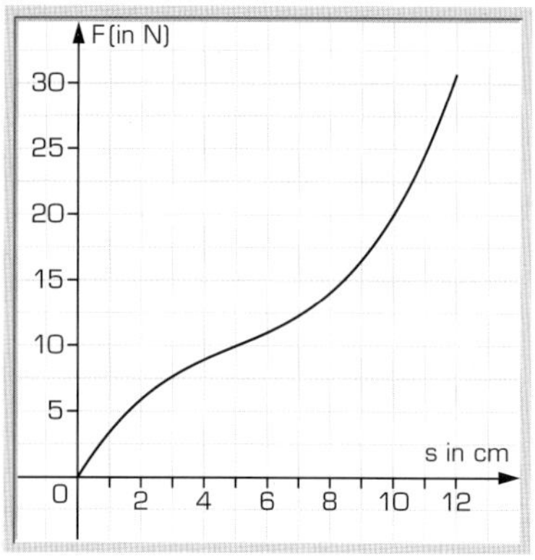

b) Für geringe Ausdehnungen gilt näherungsweise ein lineares Kraftgesetz. Danach nimmt der Kraftaufwand etwas ab. Bei großen Auslenkungen wird es aber immer schwerer, das Gummiband zu dehnen.
Bei einem Luftballon ist der Kraftaufwand zu Beginn ebenfalls groß, da der hohe Anfangswiderstand überwunden werden muss. Danach gelingt das Aufblasen leichter. (Dies gilt in der Regel nur fürs erste Aufblasen: Der Luftballon „leiert aus".)

S. 200

13 a) Ansatz: $f(x) = ax^2 + bx + c$; $f'(x) = 2ax + b$

Bedingungen: $f(0) = 9000 \Rightarrow c = 9000$

$f'(0) = 1 \Rightarrow b = 1$

$f(5000) = 9000 \Rightarrow a = -0{,}0002$

Damit: $f(x) = -0{,}0002x^2 + x + 9000$

b) $v = 800\frac{km}{h} = \frac{800}{3{,}6}\frac{m}{s} \approx 222{,}2\frac{m}{s}$. Also Dauer der Schwerelosigkeit: $\Delta t = \frac{\Delta s}{v} \approx \frac{5000}{222{,}2}s \approx 22{,}5\,s$

14 a) Ansatz: $f(t) = at^3 + bt^2 + ct + d$; $f'(t) = 3at^2 + 2bt + c$

Bedingungen: $f(0) = 19 \Rightarrow d = 19$

$f(6) = 17{,}8 \Rightarrow$ (I) $216a + 36b + 6c = -1{,}2$

$f'(6) = 0 \Rightarrow$ (II) $108a + 12b + c = 0$

$f'(17) = 0 \Rightarrow$ (III) $867a + 34b + c = 0$

$\Rightarrow a = -\frac{1}{675}$; $b = \frac{23}{450}$; $c = -\frac{34}{75}$; $d = 19$

Damit: $f(t) = -\frac{1}{675}t^3 + \frac{23}{450}t^2 - \frac{34}{75}t + 19$

b) $f'(22) = -\frac{3}{675}\cdot 22^2 + \frac{46}{450}\cdot 22 - \frac{34}{75} \approx -0{,}356$; die Temperatur fällt um 22 Uhr um ca. 0,36 °C pro Stunde.

15 Diese Aufgabe sollte mit einem Tabellenkalkulationsprogramm oder CAS bearbeitet werden.

a) $m = \frac{88-1{,}5}{6-0} \approx 14{,}4$. Damit nimmt ein Ferkel im Durchschnitt ca. 14,4 kg pro Monat zu.

b) Die Messdaten werden z. B. mithilfe eines Tabellenkalkulationsprogramms in ein Koordinatensystem eingetragen. Das Einfügen einer Regressionskurve (Trendlinie) für eine ganzrationale Funktion 4. Grades liefert den Funktionsterm
$f(x) = -0{,}0511x^4 - 0{,}2058x^3 + 4{,}5852x^2 + 5{,}5364x + 1{,}0108$.

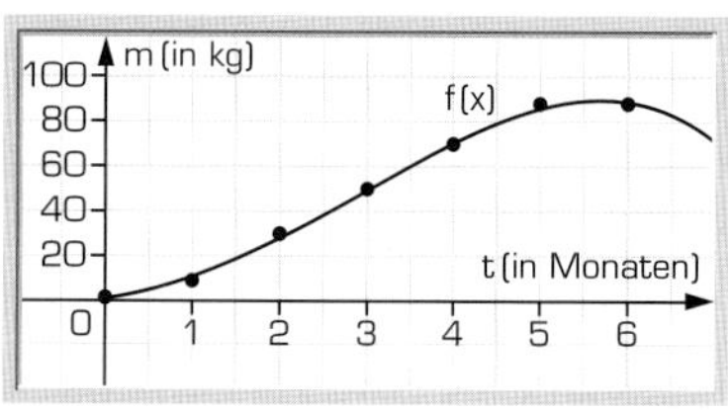

c) Mithilfe der Ableitung der in b) gefundenen Funktion ergibt sich die maximale momentane Änderungsrate nach etwa 90 Tagen. Zu diesem Zeitpunkt ist die Gewichtszunahme maximal.

d) Man geht wie in b) vor. Ergebnis:
$g(x) = -0{,}8194x^3 + 6{,}8571x^2 + 2{,}9504x + 1{,}2738$.

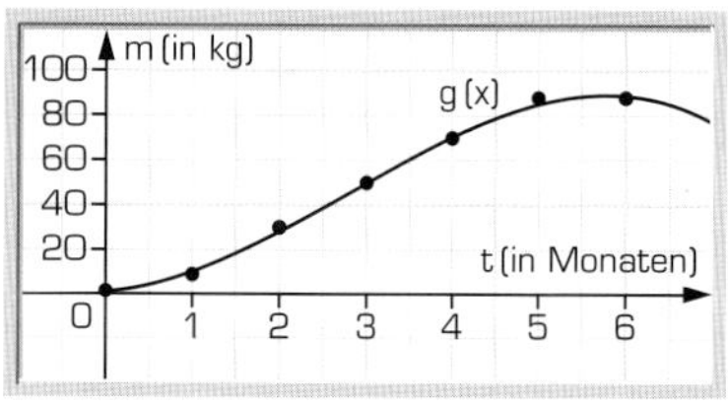

e) Die Funktionen aus b) und d) sind im betrachteten Intervall $[0;6]$ gleich gut brauchbar.

16 a)

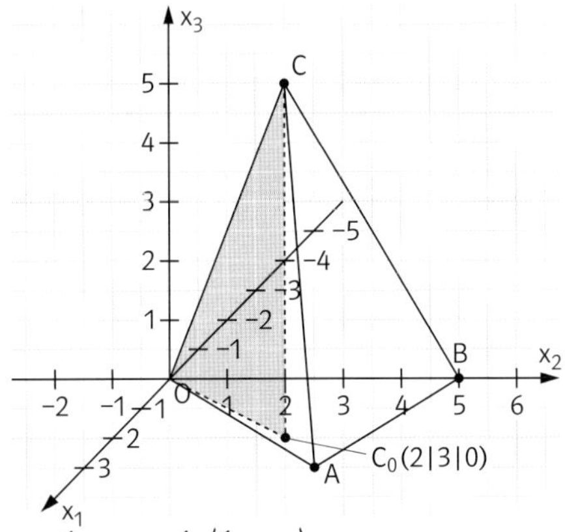

$V = \frac{1}{3}\cdot G\cdot h = \frac{1}{3}\cdot\left(\frac{1}{2}\cdot 5\cdot 3\right)\cdot 6 = 15$

b) Der Eckpunkt $C_0(2|3|0)$ des eingezeichneten Hilfsdreiecks liegt in der Ebene OAB. Somit ist der Schnittwinkel zwischen den Vektoren

$\overrightarrow{OC} = \begin{pmatrix}2\\3\\6\end{pmatrix}$ und $\overrightarrow{OC_0} = \begin{pmatrix}2\\3\\0\end{pmatrix}$ zu bestimmen:

$\varphi \approx 59{,}0°$.

17

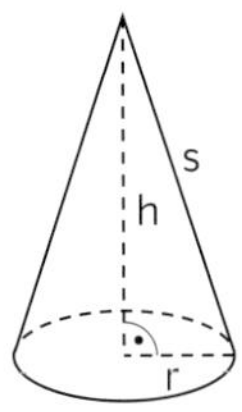

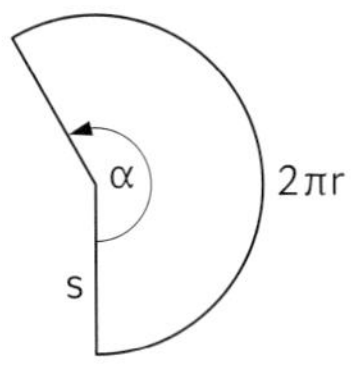

$\frac{G}{M} = \frac{r^2\pi}{r\cdot\pi\sqrt{h^2+r^2}} = \frac{9}{41} \Rightarrow r = 9;\ s = 41$

$\frac{\alpha}{360°} = \frac{2\pi r}{2\pi s} \Rightarrow \alpha \approx 79{,}02°$

$V = \frac{1}{3}G\cdot h \approx 3392{,}92\,cm^3$

→ AB Arbeitsblatt: Modellieren: Wahl des Koordinatensystems, Erstellen des Funktionsterms; Kopiervorlage S. 255 f.

2 Extremwertprobleme

S. 201

1 Anschauliche Begründung:
Lässt man x von sehr kleinen Werten (sehr schmale Rechtecke) aus wachsen, so nimmt der Flächeninhalt der Rechtecke bis zu $x = \frac{a}{2}$ (Quadrat) zu und dann aus Symmetriegründen wieder ab.

Skizze:

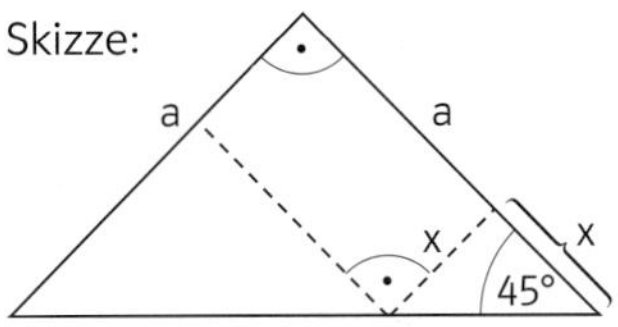

Rechnerische Begründung:
Also: $A(x) = x\cdot(a-x) = -x^2+ax$; Ansatz: $A'(x) = -2x+a = 0$
A wird maximal für $x = \frac{a}{2}$.
Das größtmögliche Rechteck ist ein Quadrat mit der Seitenlänge $\frac{a}{2}$.

S. 202

2 $S(x) = f(x)+g(x)$; $S'(x) = 3x-2$; Summe wird minimal für $x = \frac{2}{3}$; lokales und globales Minimum: $\frac{10}{3}$.
$D(x) = f(x)-g(x)$; $D'(x) = -x+2$; Differenz wird maximal für $x = 2$;
lokales und globales Maximum: 2.

3 Flächeninhalt:
$A(u) = 2u\cdot(-u^2+9) = -2u^3+18u$;
$A'(u) = -6u^2+18$
$A'(u) = 0 \Leftrightarrow u = \sqrt{3}$ (wegen $0 \leqq u \leqq 3$)

A': $A' > 0$ | $\sqrt{3}$ | $A' < 0$

A: ↗ Max ↘

Bei $u = \sqrt{3}$ liegt ein lokales Maximum ($A_{max} = 12\sqrt{3}$) vor, das wegen $A(0) = A(3) = 0$ auch ein globales Maximum ist.

Umfang:
$U(u) = 2(2u-u^2+9) = -2u^2+4u+18$;
$U'(u) = -4u+4$
$U'(u) = 0 \Leftrightarrow u = 1$

U': $U' > 0$ | 1 | $U' < 0$

U: ↗ Max ↘

Bei $u = 1$ liegt ein lokales Maximum ($U_{max} = 20$) vor, das wegen $U(0) = 18$ und $U(3) = 12$ auch ein globales Maximum ist.

4 Skizze:

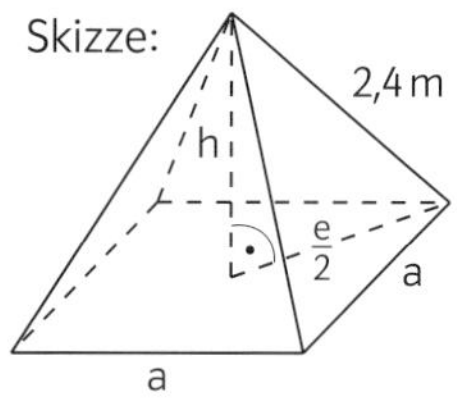

$V(x) = \frac{1}{3} \cdot G \cdot h = \frac{1}{3} \cdot a^2 \cdot h$

Höhe h: $\frac{e}{2} = \frac{1}{2}\sqrt{a^2 + a^2} = \frac{\sqrt{2}}{2}a$

$h = \sqrt{(2{,}4)^2 - \left(\frac{e}{2}\right)^2} = \sqrt{5{,}76 - 0{,}5a^2}$

$\Rightarrow \quad V(a) = \frac{1}{3}a^2 \cdot \sqrt{5{,}76 - 0{,}5a^2}$

$V'(a) = \frac{2}{3}a \cdot \sqrt{5{,}76 - 0{,}5a^2} + \frac{1}{3}a^2 \cdot \frac{-a}{2\sqrt{5{,}76 - 0{,}5a^2}}$

$= \frac{2}{3}a \cdot \sqrt{5{,}76 - 0{,}5a^2} - \frac{1}{6}a^3 \cdot \frac{1}{\sqrt{5{,}76 - 0{,}5a^2}}$

$V'(a) = 0 \quad \Leftrightarrow \quad a = 1{,}6\sqrt{3} \approx 2{,}77$ ($a = 0$; $a = -2{,}77$ lösen das Problem nicht.)

V': $V' > 0$ | $1{,}6\sqrt{3}$ | $V' < 0$

V: ↗ Max ↘

V wird maximal für $a = 1{,}6\sqrt{3}$ (in m). $V_{max} = 2{,}048\sqrt{3}\,\text{m}^3 \approx 3{,}547\,\text{m}^3$

Das Zelt hat für eine Länge der Quadratseite von etwa 2,77m den größten Rauminhalt.

Die Höhe des Zeltes beträgt dabei $0{,}8\sqrt{3}\,\text{m} \approx 1{,}39\,\text{m}$.

Ein Erwachsener kann nicht darin stehen.

5 $A(x) = 2x \cdot [f(x) - g(x)] = -1{,}5x^3 + 12x$; $A'(x) = -4{,}5x^2 + 12 = 0$ liefert $x = +/(-)\,\frac{2}{3}\sqrt{6}$.

Die Eckpunkte sind dann

$\left(\frac{2}{3}\sqrt{6}\,\middle|\,\frac{10}{3}\right)$; $\left(-\frac{2}{3}\sqrt{6}\,\middle|\,\frac{10}{3}\right)$; $\left(-\frac{2}{3}\sqrt{6}\,\middle|\,-\frac{2}{3}\right)$; $\left(\frac{2}{3}\sqrt{6}\,\middle|\,-\frac{2}{3}\right)$.

Wegen $A_{max} = \frac{16}{3}\sqrt{6} > A(0) = A(2\sqrt{2}) = 0$ ist das Maximum global.

$U(x) = 2 \cdot \{2x + [f(x) - g(x)]\} = 4x + 2[f(x) - g(x)]$

$= -1{,}5x^2 + 4x + 12$ wird extremal für $x = \frac{4}{3}$.

Die Eckpunkte sind dann

$\left(\frac{4}{3}\,\middle|\,\frac{32}{9}\right)$; $\left(-\frac{4}{3}\,\middle|\,\frac{32}{9}\right)$; $\left(-\frac{4}{3}\,\middle|\,-\frac{10}{9}\right)$; $\left(\frac{4}{3}\,\middle|\,-\frac{10}{9}\right)$.

Wegen $U\left(\frac{4}{3}\right) = \frac{44}{3} > U(0) = 12$ bzw. $U\left(\frac{4}{3}\right) > U(2\sqrt{2}) = 8\sqrt{2}$ ist das Extremum ein globales Maximum.

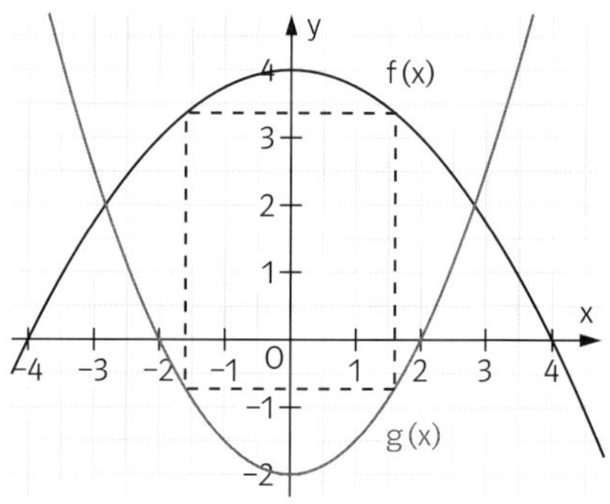

6 a) Wenn R auf S oder auf Q liegt, ergibt sich ein Trapez mit dem Flächeninhalt 16,875. Wenn der Punkt R auf G_f von S nach Q wandert, nimmt der Flächeninhalt des Fünfecks zunächst bis zu einem größtmöglichen Wert zu und danach wieder ab.

b) $A(u) = \frac{f(0) + f(u)}{2} \cdot u + \frac{f(u) + f(5)}{2} \cdot (5 - u)$

$= -\frac{1}{8}u^3 + \frac{25}{8}u + \frac{135}{8}$

$= -0{,}125u^3 + 3{,}125u + 16{,}875$

Rechnerische Lösung:

A(u) wird maximal für $u = \frac{5}{3}\sqrt{3}$.

$A_{max} = \frac{125}{36}\sqrt{3} + \frac{135}{8} \approx 22{,}89$;

$A(0) = \frac{135}{8}$; $A(5) = \frac{135}{8} < A_{max}$

(globales Maximum)

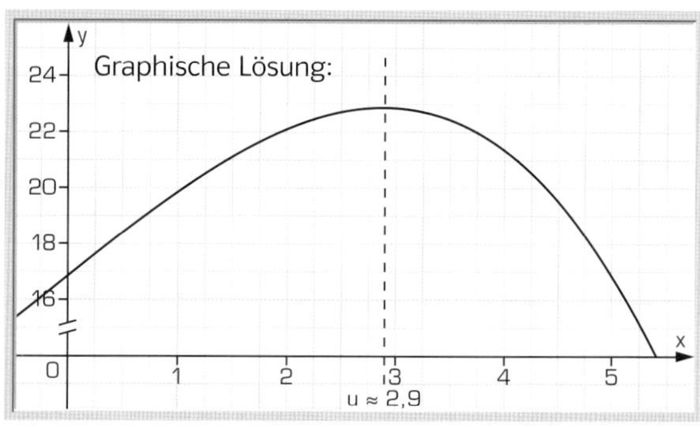

S. 203

7 a) $x + y = 12$; $f(x) = x \cdot (12 - x)$; f wird maximal für $x = y = 6$.

($f(x) = x^2 + (12 - x)^2$; f wird minimal für $x = y = 6$.)

b) $x \cdot y = 8$; $f(x) = x + \frac{8}{x}$; f wird minimal für $x = y = 2\sqrt{2}$.

8 a)

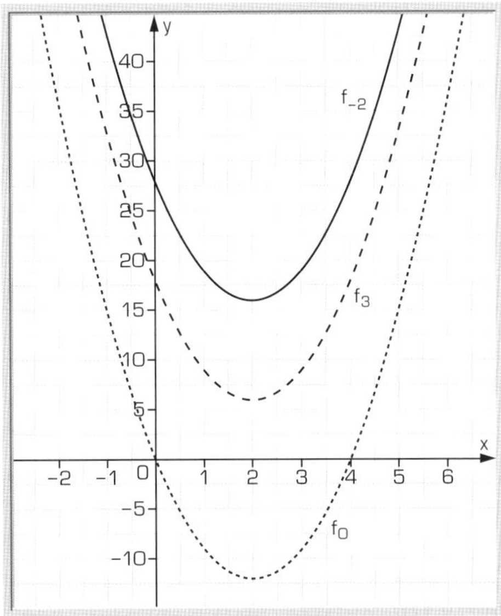

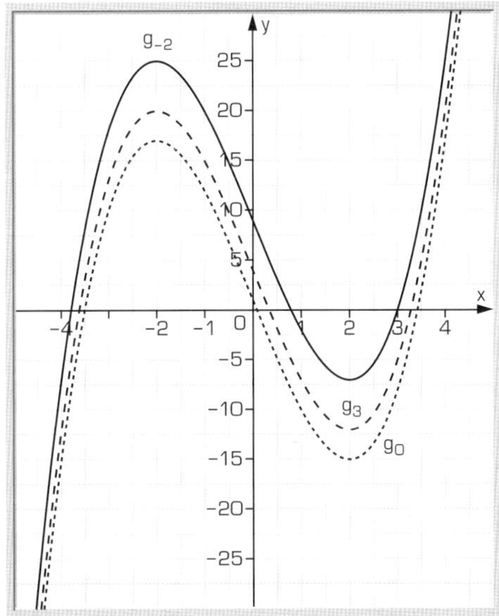

b) $f_t'(x) = 6x - 12$; $f_t'(x) = 0 \Rightarrow x_0 = 2$

f_t': $f_t' < 0$ | 2 | $f_t' > 0$

f_t: ↘ Min ↗

f_t hat bei $x_0 = 2$ ein lokales Minimum.

$g_t'(x) = 3x^2 - 12$; $g_t'(x) = 0 \Rightarrow x_0 = 2$ (bzw. $x_0 = -2$)

g_t': $g_t' < 0$ | 2 | $g_t' > 0$

g_t: ↘ Min ↗

g_t hat bei $x_0 = 2$ ein lokales Minimum.

c) für f_t: $T(2\,|\,4t^2-6t-12)$; $y_T(t) = 4t^2-6t-12$; $y_T'(t) = 0$ liefert $t = \frac{3}{4}$.
analog für g_t: $T(2\,|\,-16+(t-1)^2)$; $t = 1$

9 Z.B. „Welches Rechteck mit dem Umfang 30 cm hat die kürzeste Diagonale?"
$d(x) = \sqrt{x^2+(15-x)^2}$; $[d(x)]^2$ wird minimal für $x = 7{,}5$ (in cm)
oder z.B. „Welches Rechteck mit dem Flächeninhalt $56{,}25\,cm^2$ hat den kleinsten Umfang?"

10 Das Volumen $V = l \cdot b \cdot h \approx 19{,}5\,cm^3$ soll beibehalten werden.
Materialverbrauch bei $V = 19{,}5\,cm^3$ und $l = 5{,}2\,cm$:
$A = 4hl + 3bl + 2bh = 20{,}8h + 15{,}6b + 2bh$
$19{,}5 = 5{,}2 \cdot b \cdot h \iff h = \frac{3{,}75}{b}$
Damit folgt:
$A(b) = \frac{78}{b} + 15{,}6b + 7{,}5$ wird minimal für $b = \sqrt{5} \approx 2{,}24$ (in cm) und $h = \frac{3}{4}\sqrt{5} \approx 1{,}68$ (in cm).
Optimale Maße: $l = 5{,}2\,cm$, $b \approx 2{,}24\,cm$, $h \approx 1{,}68\,cm$; die übliche Form hat also nicht den günstigsten Verbrauch an Material.

Skizze:

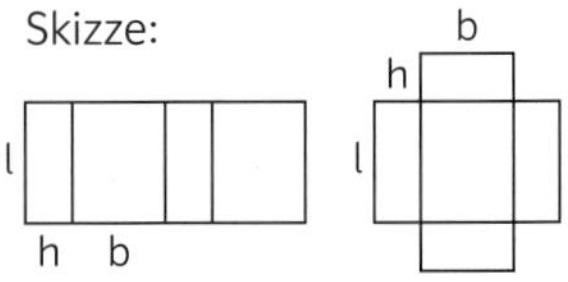

11 Skizze:

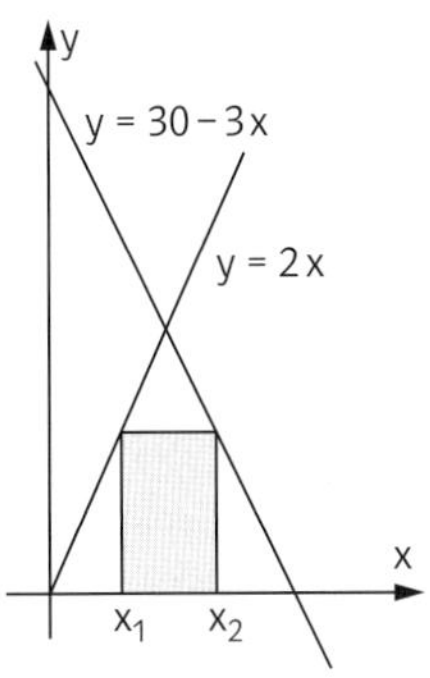

Sei $f(x) = 30 - 3x$ und $g(x) = 2x$
Nebenbedingung: $g(x_1) = f(x_2)$
$\Rightarrow\ 2x_1 = 30 - 3x_2$
$\Rightarrow\ x_1 = 15 - 1{,}5x_2$
$A(x_2) = (x_2 - x_1) \cdot f(x_2) = (2{,}5x_2 - 15) \cdot (30 - 3x_2) = -7{,}5x_2^2 + 120x_2 - 450$
Der Flächeninhalt des Rechtecks ist maximal für $x_2 = 8$ und $x_1 = 3$.
Die Koordinaten der Eckpunkte sind $A(3\,|\,0)$, $B(8\,|\,0)$, $C(8\,|\,6)$, $D(3\,|\,6)$.

12 a) Fall (I): $A(x) = x\cdot(50-x)$ maximal für $x = 25\,m$, $A_{max} = 625\,m^2$
Fall (II): $A(x) = x\cdot(100-2x)$ maximal für $x = 25\,m$, $A_{max} = 1250\,m^2$
Fall (III): $A(x) = x\cdot(100-x)$ maximal für $x = 50\,m$, $A_{max} = 2500\,m^2$

b) Umwandlung des Funktionsterms in die Scheitelpunktform liefert:
Fall (I): $S(25\,|\,625)$
Fall (II): $S(25\,|\,1250)$
Fall (III): $S(50\,|\,2500)$

13 a) Skizze:

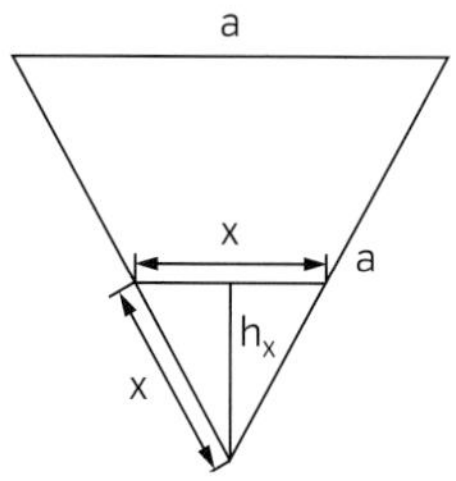

b) Plotter liefert:

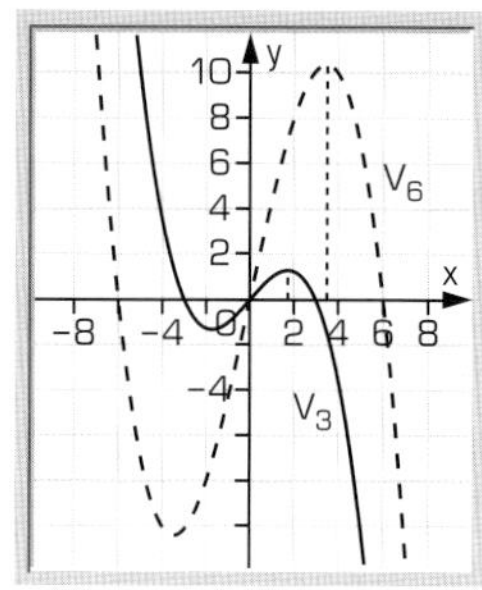

$h_x = \frac{x}{2}\sqrt{3}$; $G_{Pyramide} = A_{Trapez} = \frac{a^2}{4}\sqrt{3} - \frac{x^2}{4}\sqrt{3}$

$\Rightarrow V_a(x) = \frac{1}{3}\left(\frac{a^2}{4}\sqrt{3} - \frac{x^2}{4}\sqrt{3}\right)\cdot\frac{x}{2}\sqrt{3} = \frac{1}{8}x(a^2-x^2)$

$a = 3$: $x_{max} \approx 1{,}7$; $a = 6$: $x_{max} \approx 3{,}5$

c) $V(x)$ wird maximal für $x = \frac{a}{3}\sqrt{3}$. $V_{max} = \frac{1}{8}\cdot\frac{a}{3}\sqrt{3}\left(a^2 - \frac{a^2}{3}\right) = \frac{a^3}{36}\sqrt{3}$

$a = 3$: $x_{max} = \sqrt{3} \approx 1{,}73$; $a = 6$: $x_{max} = 2\sqrt{3} \approx 3{,}46$

d) Eine Faltung längs einer Symmetrieachse des Dreiecks ABC ergibt $V = \frac{a^3}{48}\sqrt{3}$ (linke Figur).
Eine Faltung längs einer Achse, die eine Seite im Verhältnis 2:1 teilt, ergibt $V = \frac{a^3}{54}\sqrt{3}$ (rechte Figur).
Beide Volumina sind kleiner als das in c), was nahelegt, dass sich kein größeres Volumen erzielen lässt.

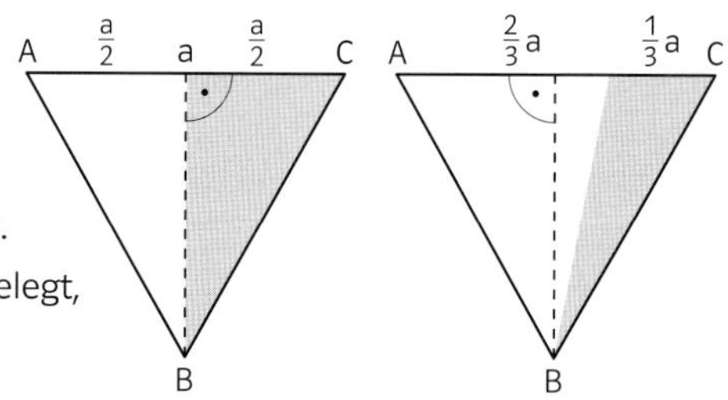

14 a) $f'(x) = \frac{4x-3}{2\sqrt{2x^2-3x+8}}$

b) $g'(x) = \frac{\cos 5x\cdot 5(5x+1) - \sin 5x\cdot 5}{(5x+1)^2} = \frac{25x\cdot\cos 5x + 5\cdot\cos 5x - 5\cdot\sin 5x}{(5x+1)^2}$

c) $h'(x) = -\sin\frac{1}{x}\cdot\left(-\frac{1}{x^2}\right) = \frac{1}{x^2}\cdot\sin\frac{1}{x}$

d) $p'(x) = \frac{\frac{1}{2\sqrt{x}}\cdot\sin(-x) - \sqrt{x}\cdot\cos(-x)\cdot(-1)}{\sin^2(-x)} = \frac{-\frac{1}{2\sqrt{x}}\cdot\sin x + \sqrt{x}\cdot\cos x}{\sin^2 x} = \frac{\sqrt{x}\cdot\cos x}{\sin^2 x} - \frac{1}{2\sqrt{x}\sin x}$

15 $f(x) = \frac{1}{3}(x^2-3x+11{,}25) = \frac{1}{3}(x^2-3x+1{,}5^2-1{,}5^2+11{,}25) = \frac{1}{3}(x-1{,}5)^2+3$
Scheitel der nach oben geöffneten Parabel: $S(1{,}5\,|\,3)$
f hat für $x = 1{,}5$ das Minimum 3.

→ TB

Trainingsblatt: Extremwertprobleme;
Kopiervorlage S. 257 f.

→

Extremwertprobleme-Quintett; Kopiervorlage S. 259 ff.
Spiel für 2 bis 4 Personen (Spieldauer: 45–90 min)

Spielbeschreibung:
Beim Zuordnen der Quintette müssen die einzelnen Schritte zur Lösung von Extremwertproblemen nachvollzogen werden.

3 Komplexere Extremwertprobleme

S. 204

1 a) $A = \frac{1}{2} \cdot a \cdot \sqrt{25 - a^2}$ b) $A = \frac{1}{2} \cdot 5 \cdot \sqrt{q \cdot (5 - q)}$ c) $A = \frac{1}{2} \cdot 5^2 \sin\alpha \cdot \cos\alpha = 12{,}5 \cdot \sin\alpha \cdot \cos\alpha$
Jede dieser Funktionen eignet sich, da jeweils nur von einer Variablen abhängig. c) ist besonders einfach zu handhaben (Produktregel beim Ableiten).

S. 205

2 a) Skizze:

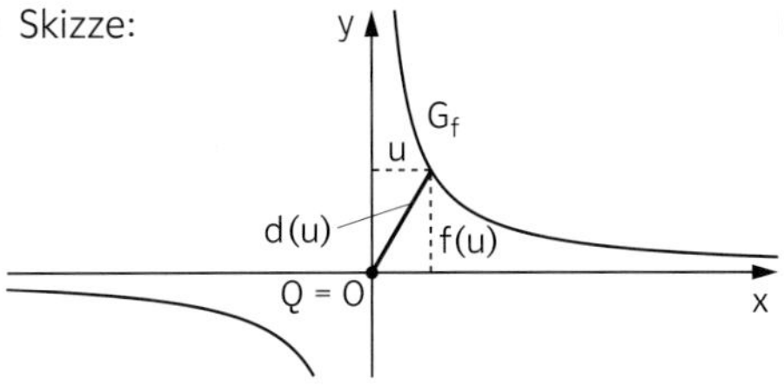

$d(u) = \sqrt{u^2 + \frac{1}{u^2}}$
Die Ersatzfunktion E:
$E(u) = u^2 + \frac{1}{u^2}$ wird minimal für $u = \pm 1$.
Nächstgelegene Punkte: (1 | 1), (−1 | −1)
Kleinster Abstand: $\sqrt{2}$

b) Skizze:

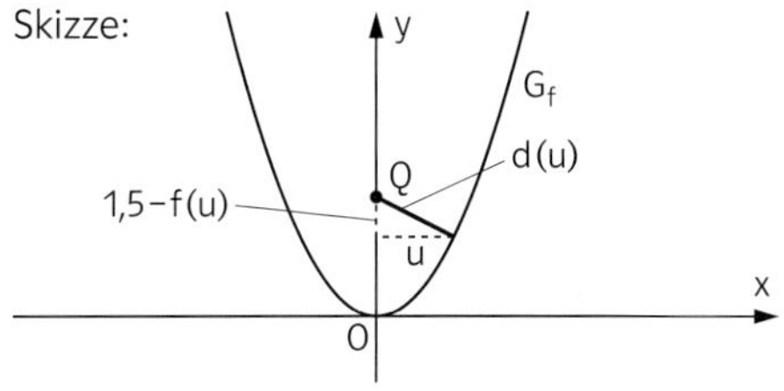

$d(u) = \sqrt{u^2 + (1{,}5 - u^2)^2}$
Die Ersatzfunktion E:
$E(u) = u^2 + (1{,}5 - u^2)^2$ wird minimal für $u = \pm 1$.
Nächstgelegene Punkte: (−1 | 1), (1 | 1)
Kleinster Abstand: $\sqrt{1{,}25}$

c) Skizze:

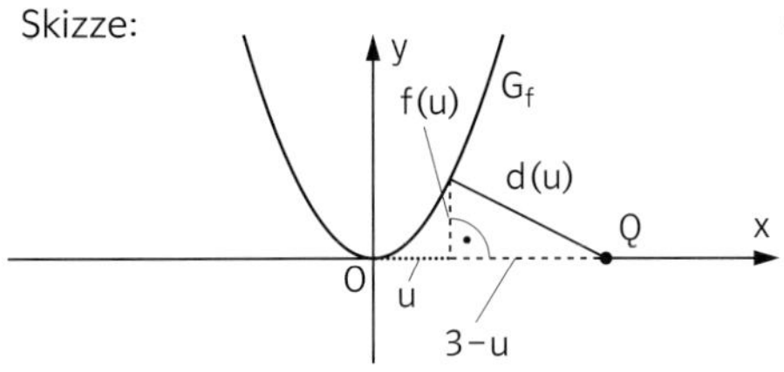

$d(u) = \sqrt{(3 - u)^2 + (u^2)^2}$
Die Ersatzfunktion E:
$E(u) = (3 - u)^2 + u^4$ wird minimal für $u = 1$.
Nächstgelegener Punkt: (1 | 1)
Kleinster Abstand: $\sqrt{5}$

d) Skizze:

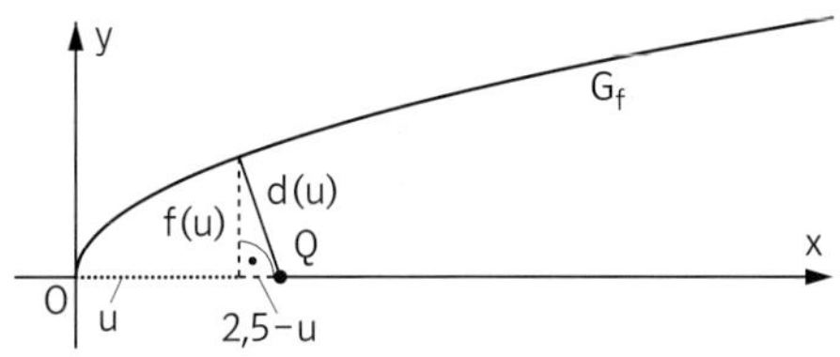

$d(u) = \sqrt{(\sqrt{u})^2 + (2{,}5 - u)^2}$
Die Ersatzfunktion E:
$E(u) = u + (2{,}5 - u)^2$ wird minimal für $u = 2$.
Nächstgelegener Punkt: $(2 \mid \sqrt{2})$
Kleinster Abstand: 1,5

3 Skizze:

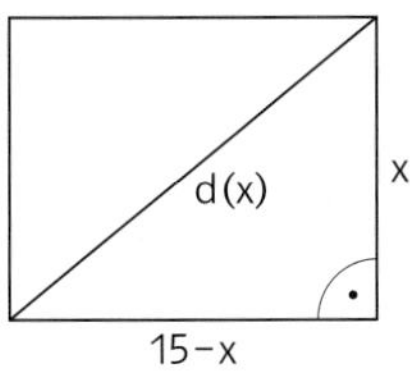

$d(x) = \sqrt{x^2 + (15 - x)^2}$
Die Ersatzfunktion f: $x \mapsto x^2 + (15 - x)^2$ wird minimal für $x = 7{,}5$;
kürzeste Diagonale: $7{,}5\sqrt{2}$
Allgemein muss das Rechteck ein Quadrat sein; $x = \frac{a}{4}$;
kürzeste Diagonale: $\frac{a}{4}\sqrt{2}$

4

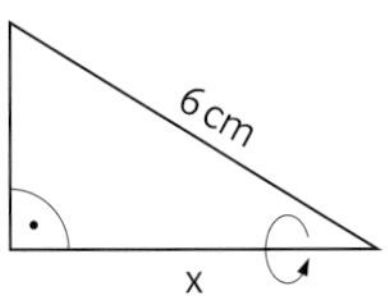

$V(x) = \frac{1}{3}\pi\left(\sqrt{36 - x^2}\right)^2 \cdot x = \frac{1}{3}\pi(36 - x^2) \cdot x$ wird maximal für $x = 2\sqrt{3}$ (in cm).
$V_{max} = 16\sqrt{3}\,\pi$ (in cm³)

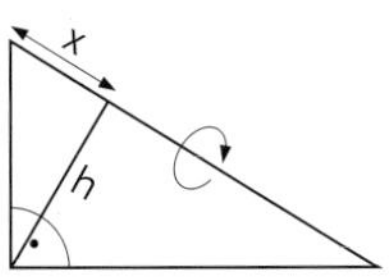

$V(x) = \frac{1}{3}\pi h^2 \cdot x + \frac{1}{3}\pi h^2 \cdot (6 - x) = 2\pi h^2 = 2\pi x(6 - x)$ wird maximal für $x = 3$ (in cm).
$V_{max} = 18\pi$ (in cm³)

S. 206

5 a) Ist r (in cm) der Radius und h (in cm) die Höhe, so gilt für die Oberfläche O (in cm³):

$O = 2\pi r \cdot h + 2 \cdot \pi r^2$.

Aus der Nebenbedingung $V = \pi r^2 h = 1000$ erhält man $h = \frac{1000}{\pi r^2}$.

$O(r) = \frac{2000}{r} + 2\pi r^2$ mit $r > 0$

Aus der Nebenbedingung $V = \pi r^2 h = 1000$ erhält man $r = \sqrt{\frac{1000}{\pi h}}$.

$O(h) = 20\sqrt{10\pi h} + \frac{2000}{h}$ mit $h > 0$

b)

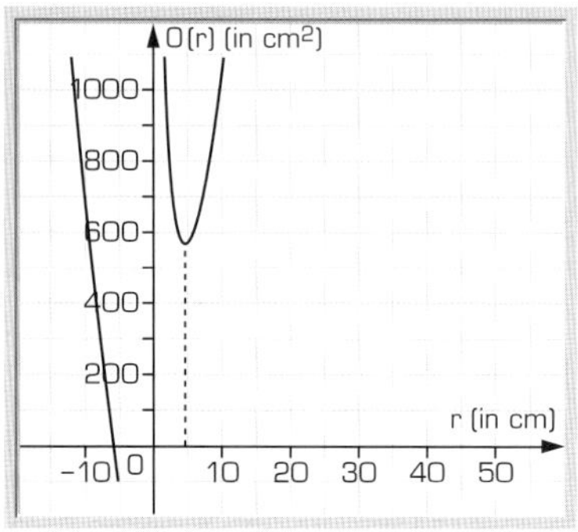

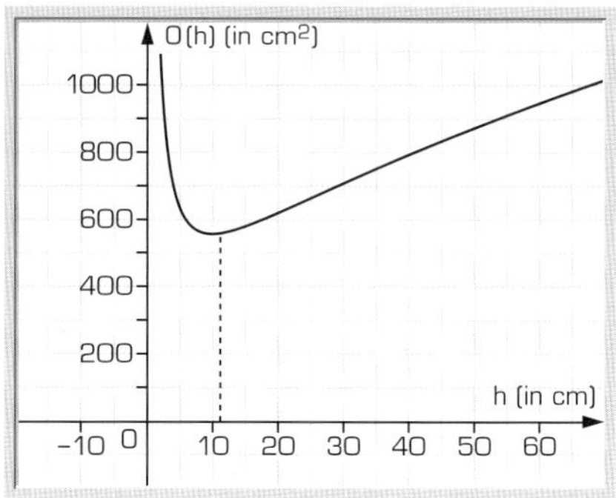

O hat ein globales Minimum bei etwa $r = 5$ bzw. $h = 11$ (in cm).

Das Minimum hat etwa den Wert 560 cm².

c) $O'(r) = -\frac{2000}{r^2} + 4\pi r$; $O'(r) = 0$ liefert $r = \sqrt[3]{\frac{500}{\pi}} \approx 5{,}42$ (in cm).

$O'(h) = 10 \cdot \sqrt{\frac{10\pi}{h}} = \frac{2000}{h^2}$; $O'(h) = 0$ liefert $h = 2 \cdot \sqrt[3]{\frac{500}{\pi}} \approx 10{,}84$ $(= 2r)$.

(Die minimale Oberfläche beträgt dann $O \approx 553{,}58$ cm².)

6 Skizze:

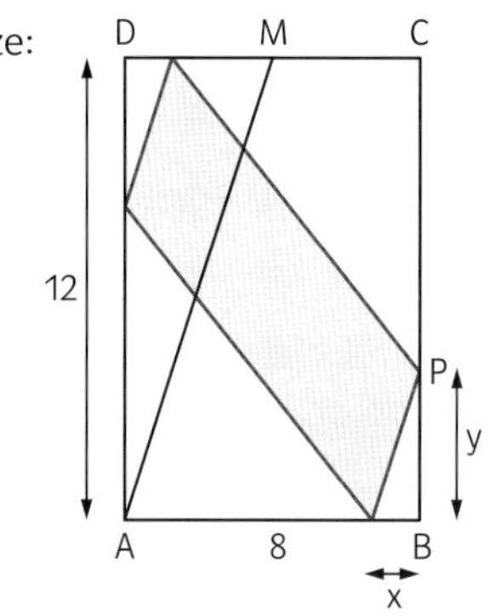

$A = 8 \cdot 12 - 2 \cdot \frac{1}{2}xy - 2 \cdot \frac{1}{2}(8-x)(12-y) = -2xy + 8y + 12x$

Strahlensatz: $\frac{x}{y} = \frac{4}{12} \Leftrightarrow y = 3x$

$A(x) = -6x^2 + 36x$ wird maximal für $x = 3$ (in cm)

$\Rightarrow \overline{BP} = 9$ (in cm)

$(A_{max} = 54$ (in cm²))

7 Skizze:

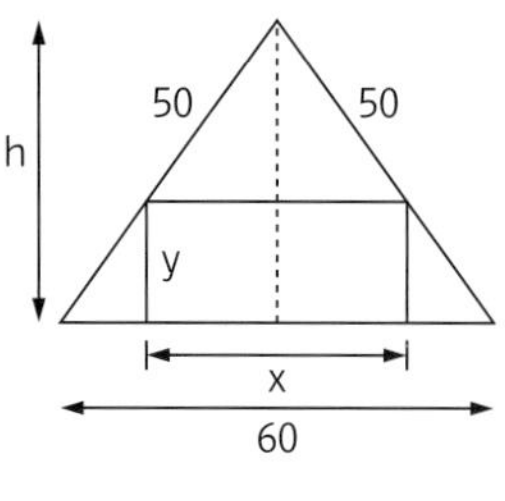

$A = x \cdot y$

Strahlensatz: $\frac{\frac{x}{2}}{30} = \frac{h-y}{h}$; $h = \sqrt{50^2 - 30^2} = 40 \Rightarrow y = 40 - \frac{2}{3}x$

$A(x) = -\frac{2}{3}x^2 + 40x$ wird maximal für $x = 30$ (in cm)

$A_{max} = 600$ (in cm²)

$A_\Delta = \frac{1}{2} \cdot 60 \cdot 40 = 1200$ (in cm²)

Abfall: $\frac{A_\Delta - A_{max}}{A_\Delta} = 50\,\%$

8 a) $N = 2\pi r + h$; r (in cm) ist der Radius und h (in cm) die Höhe

$V = \pi r^2 \cdot h = 2000 \Leftrightarrow h = \frac{2000}{\pi r^2}$

$N(r) = 2\pi r + \frac{2000}{\pi r^2}$ wird minimal für $r = 10 \cdot \sqrt[3]{\frac{2}{\pi^2}} \approx 5{,}87$ (in cm) und $h = 20 \cdot \sqrt[3]{\frac{\pi}{4}} \approx 18{,}45$ (in cm).

$N_{min} = 20\left(\sqrt[3]{2\pi} + \sqrt[3]{\frac{2\pi}{2}}\right) = 30\sqrt[3]{2\pi} \approx 55{,}36$ (in cm)

b) $O = \pi r^2 + 2\pi r \cdot h$

$V = \pi r^2 \cdot h = 2000 \Leftrightarrow h = \frac{2000}{\pi r^2}$

$O(r) = \pi r^2 + \frac{4000}{r}$ wird minimal für $r = 10 \cdot \sqrt[3]{\frac{2}{\pi}} \approx 8{,}60$ (in cm) und $h = 10 \cdot \sqrt[3]{\frac{2}{\pi}} \approx 8{,}60$ (in cm).

$O_{min} = 100 \cdot \sqrt[3]{4\pi} + 200 \cdot \sqrt[3]{4\pi} = 300 \cdot \sqrt[3]{4\pi} = 697{,}47$ (in cm²)

9 Skizze:

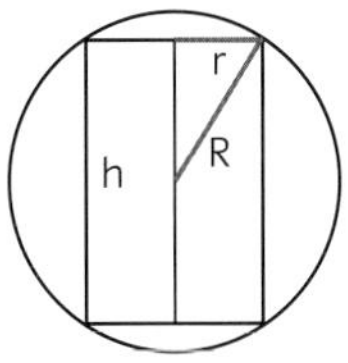

$V = \pi r^2 \cdot h$

$\frac{h}{2} = \sqrt{R^2 - r^2} \quad \Leftrightarrow \quad h = 2\sqrt{R^2 - r^2}$

$\Rightarrow \quad V(r) = 2\pi r^2 \sqrt{R^2 - r^2}$

$E(r) = [V(r)]^2 = 4\pi^2(R^2 r^4 - r^6)$ wird maximal für $r = \frac{1}{3}\sqrt{6}\,R$. Dann gilt: $h = \frac{2}{3}\sqrt{3}\,R$

$V_{max} = \frac{4}{9}\sqrt{3}\,\pi R^3$; $V_{Kugel} = \frac{4}{3}\pi R^3$; $\frac{V_{max}}{V_{Kugel}} = \frac{\sqrt{3}}{3} \approx 57{,}74\,\%$

10 a) Skizzen:

Fall A:

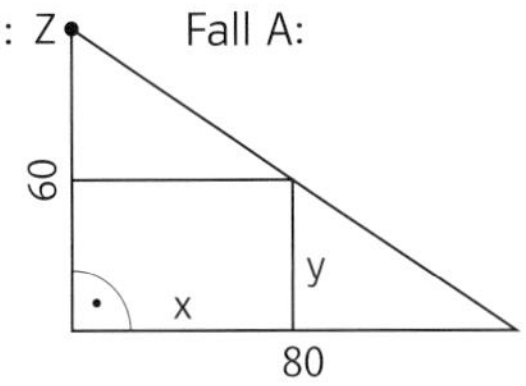

Fall B:

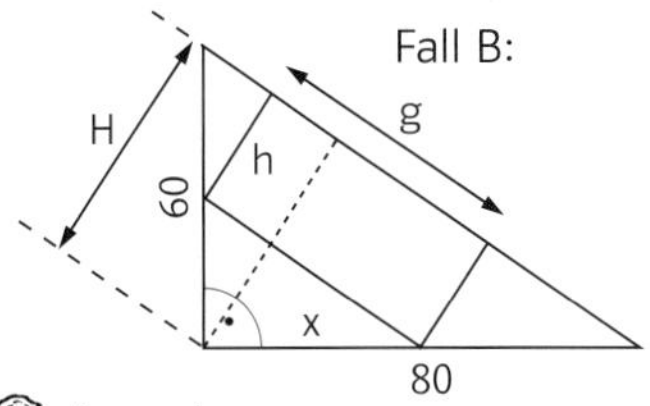

$A = x \cdot y$

Strahlensatz: $\frac{60-y}{60} = \frac{x}{80}$

$\Leftrightarrow \quad y = 60 - \frac{60}{80}x = 60 - \frac{3}{4}x$

$A(x) = 60x - \frac{3}{4}x^2$ wird maximal

für $x = \frac{80}{2} = 40$ (in m)

$y = \frac{60}{2} = 30$; $A_{max} = \frac{1}{4}80 \cdot 60 = 1200$ (in m²)

$A = g \cdot h$

Strahlensatz: $\frac{g}{\sqrt{80^2 + 60^2}} = \frac{x}{80} \quad \Leftrightarrow \quad g = \frac{5}{4}x$

Strahlensatz: $\frac{80-x}{80} = \frac{h}{H} \quad \Leftrightarrow \quad h = \frac{H}{80}(80-x)$,

wobei $H = \frac{60 \cdot 80}{100} = 48$

$A(x) = \frac{5}{4}x \cdot \frac{3}{5}(80-x) = 60x - \frac{3}{4}x^2$

$A_{max} = 1200$ für $x_{max} = 40$ (analog Fall A)

i Rechnet man allgemein mit a und b anstatt 60 cm und 80 cm, so ergibt sich ebenfalls in A und B der gleiche maximale Flächeninhalt. Dies lässt sich geometrisch auch so einsehen:

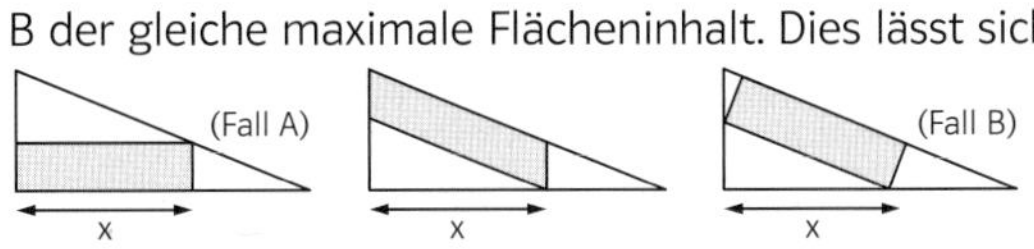

Die in der Bildfolge gezeigten Parallelogramme haben gleichen Flächeninhalt (gleiche Grundlinie und Höhe).

Dem im Fall A maximal großen Rechteck entspricht also ein flächeninhaltsgleiches Rechteck im Fall B, welches daher auch maximalen Flächeninhalt im Fall B besitzen muss.

b) Das Problem von a) muss nur für das kleine Dreieck $P_1P_2P_3$ gelöst werden.

$\frac{d}{3} = \frac{100}{60} \quad \Leftrightarrow \quad d = 5$ (in m)

$\frac{e}{3} = \frac{100}{80} \quad \Leftrightarrow \quad e = \frac{15}{4}$ (in m)

Das kleinere Dreieck hat die Kathetenlängen

$80 - 3 - 5 = 72$ (in m) und $60 - 3 - \frac{15}{4} = 53{,}25$ (in m).

analog a) erhält man:

$x_{max} = 36\,m$ von P_1 aus gemessen, für (A) und (B).

$A_{max} = \frac{1}{4} \cdot 72 \cdot 53{,}25\,m^2 = 958{,}5\,m^2$.

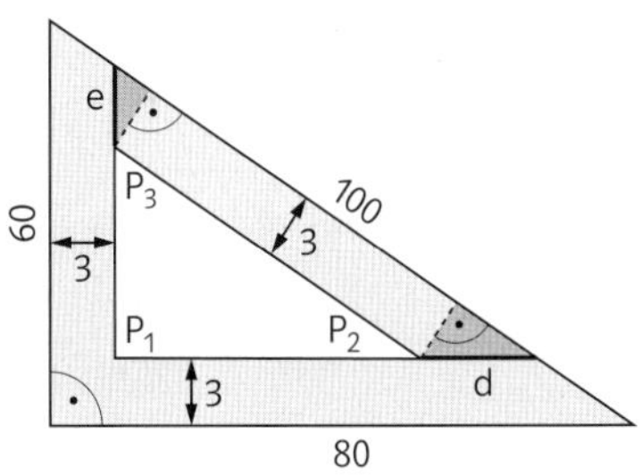

11 a) Skizze:

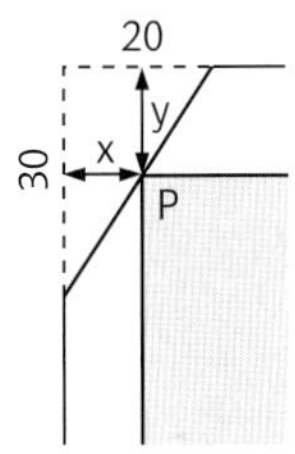

Strahlensatz: $\frac{20}{30} = \frac{20-x}{y} \quad \Leftrightarrow \quad y = 30 - \frac{3}{2}x$

$A = (80-x) \cdot (60-y)$

$A(x) = (80-x) \cdot \left(30 + \frac{3}{2}x\right) = -\frac{3}{2}x^2 + 90x + 2400$ wird maximal für $x = 30$.

Da aber $0 \leqq x \leqq 20$ und $A'(x) = -3x + 90 > 0$ für $x \in [0; 20]$, also A hier monoton wächst, ist A für $x = 20$ maximal. $A_{max} = 3600\,cm^2$

Alternative Lösung: Ohne Differentialrechnung muss der Scheitelpunkt S der zu A gehörenden Parabel bestimmt werden.

Scheitelpunktform: $A(x) = -\frac{3}{2}(x-30)^2 + 3750$; $S(30\,|\,3750)$. Links des Scheitelpunkts steigt der Graph, also ist A am Rand von $[0; 20]$, d.h. bei $x = 20$ maximal.

b) Skizze:

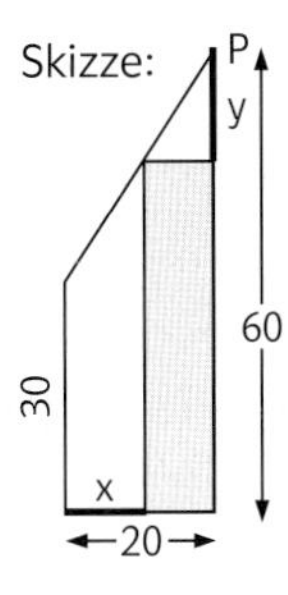

x in cm	0	2	4	6	8	10	12	14	16	18
A in cm²	600	594	576	546	504	450	384	306	216	114

Vermutung:

$A_{max} = 600\,cm^2$

$A(x) = (20-x) \cdot (60-y) = (20-x)\left(30 + \frac{3}{2}x\right) = -\frac{3}{2}x^2 + 600$ wird maximal für $x = 0$.

$A_{max} = 600\,cm^2$

12 x: Stückpreissenkung in €

$E(x) = (5000 + 300x) \cdot (25 - x)$ wird maximal für $x = 4\frac{1}{6}$.

Maximale Einnahmen bei einer Stückpreissenkung von $4\frac{1}{6}$€ ≈ 4,17€;
d.h. neuer Stückpreis ≈ 20,83€

($E_{max} = 130\,208\frac{1}{3}$€ ≈ 130 208,33€)

S. 207

13 a) $A = \frac{1}{2}(a+b) \cdot h = \frac{1}{2}(b+b+2x) \cdot h = (b+x) \cdot h$; $x = b \cdot \cos\alpha$; $h = b \cdot \sin\alpha$

$\Rightarrow \quad A(\alpha) = (b + b \cdot \cos\alpha) \cdot b \cdot \sin\alpha$
$= b^2 \cdot (1 + \cos\alpha) \cdot \sin\alpha \qquad 0 \leqq \alpha \leqq 90°$

b) $V(\alpha) = b^2 \cdot l(1 + \cos\alpha) \cdot \sin\alpha$

Tabellenkalkulation ($l = 1$ cm; $b = 15$):

α in °	…	58	59	60	61	62	…
V(α) in cm³	…	291,93	292,19	292,28	292,19	291,93	…

Das größte Volumen liegt bei $\alpha \approx 60°$ vor.

Exakter Wert:

$V'(\alpha) = b^2 l(-\sin^2\alpha + \cos\alpha + \cos^2\alpha) = b^2 l(-1 + \cos\alpha + 2 \cdot \cos^2\alpha)$ (denn $\sin^2\alpha = 1 - \cos^2\alpha$)

Aus $V'(\alpha) = 0$ erhält man mit der Substitution $u = \cos\alpha$:

$-1 + u + 2u^2 = 0$ mit den Lösungen $u_1 = \frac{1}{2}$ (und $u_2 = -1$), damit maximalen Inhalt für $u\ (= \cos\alpha) = \frac{1}{2}$, also $\alpha = 60°$.

(Es ergibt sich: $V_{max} = 168{,}75\sqrt{3} \cdot l$ (in cm³))

c) $h = \sqrt{b^2 - x^2}$; $x = \sqrt{b^2 - h^2}$

$A(h) = \left(b + \sqrt{b^2 - h^2}\right) \cdot h$

$A(x) = (b + x)\sqrt{b^2 - x^2}$

V wird maximal, wenn A(h) bzw. A(x) einen maximalen Wert annehmen.

Z.B. $A'(x) = \sqrt{b^2 - x^2} - \frac{x(b+x)}{\sqrt{b^2 - x^2}}$

$A'(x) = 0 \quad \Leftrightarrow \quad -2x^2 - bx + b^2 = 0$ mit der Lösung $x_1 = \frac{1}{2}b$
(Lösung $x_2 = -b$ entfällt, da sonst Nullstelle im Nenner)

A wird maximal für $x = 7{,}5$ (in cm).

(Es ergibt sich wie bei b): $V_{max} = 168{,}75\sqrt{3} \cdot l$ (in cm³))

i Die Wahl von α als Variable führt zu einfacher handhabbaren Termen.

14 a) Skizze:

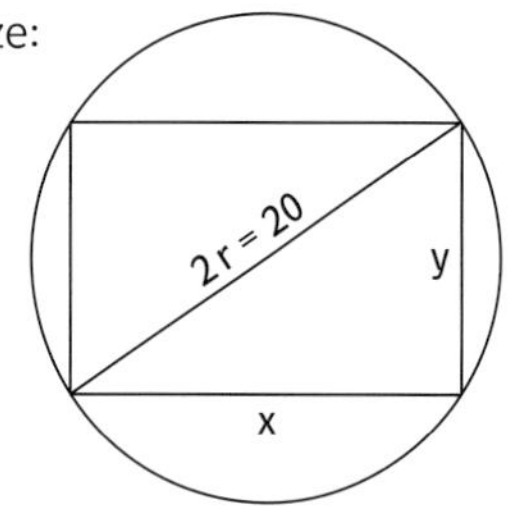

$U = 2x + 2y$

$x^2 + y^2 = 400 \quad \Leftrightarrow \quad y = \sqrt{400 - x^2}$

$U(x) = 2x + 2\sqrt{400 - x^2}$; $\quad 0 < x < 20$;

U wird maximal für $x = 10\sqrt{2} \approx 14{,}14$

$\Rightarrow \quad y = 10\sqrt{2} \approx 14{,}14$; es gilt dann: $x = y$

Der Umfang wird für ein Quadrat mit einer Seitenlänge von etwa 14,1 cm am größten.

b) $A_{Kreis} = \pi r^2 = 100\pi$; $A_{Rechteck} = x^2 = 200$; $\frac{A_{Rechteck}}{A_{Kreis}} = \frac{2}{\pi} \approx 63{,}66\,\%$

Es landen also etwa 36,34 % der Scheibe im Recycling.

15 Skizzen:

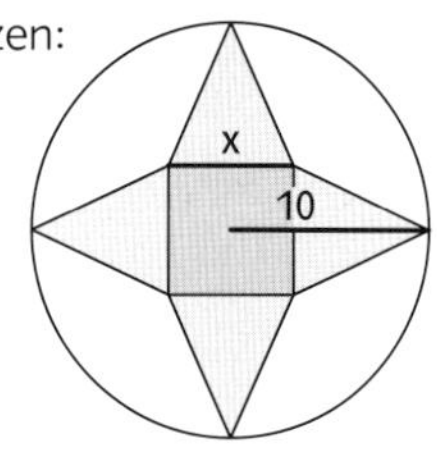

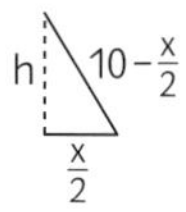

$V = \frac{1}{3}x^2 \cdot h$; $h^2 = \left(10 - \frac{x}{2}\right)^2 - \left(\frac{x}{2}\right)^2 = 100 - 10x$

$V(x) = \frac{1}{3}x^2\sqrt{100 - 10x}$; Untersuchung mithilfe der Ersatzfunktion E.

$E(x) = [V(x)]^2$ wird maximal für $x = 8$ (in cm).

$V_{max} = \frac{128}{3}\sqrt{5}\,\text{cm}^3 \approx 95{,}41\,\text{cm}^3$

Es gilt dann: $O = (8\,\text{cm})^2 + 4 \cdot \frac{8\,\text{cm} \cdot 6\,\text{cm}}{2} = 160\,\text{cm}^2$

16 a)

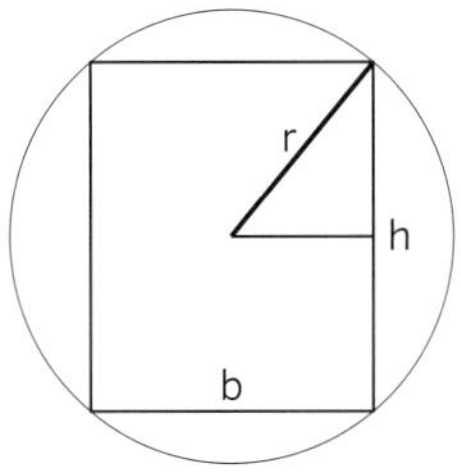

$T = K \cdot b \cdot h^2$

$\left(\frac{h}{2}\right)^2 = r^2 - \left(\frac{b}{2}\right)^2 \quad \Leftrightarrow \quad h^2 = 4r^2 - b^2$

$T(b) = K \cdot b \cdot (4r^2 - b^2)$ wird maximal für $b = \frac{2}{3}\sqrt{3}\,r$.

Es gilt dann: $h = \frac{2}{3}\sqrt{6}\,r$

b)

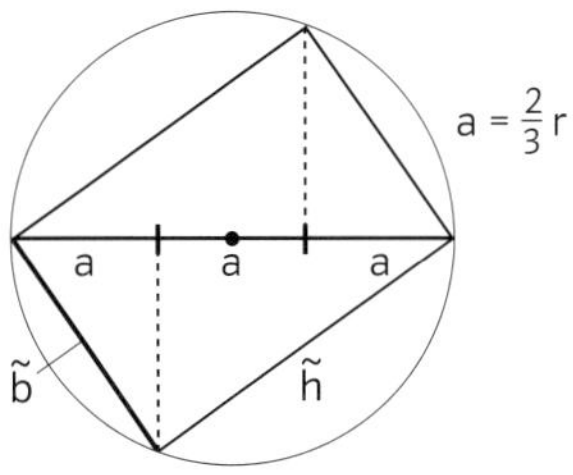

Kathetensatz: $\tilde{b}^2 = \frac{2}{3}r \cdot 2r = \frac{4}{3}r^2$

$\Rightarrow \quad \tilde{b} = \frac{2}{3}\sqrt{3}\,r = b$ aus Teilaufgabe a) (analog für $\tilde{h}$)

Die Zimmermannsregel gibt die exakte Lösung an.

17 $A = (4x + 0{,}5) \cdot (h + x + 2)$; $V = x_2 \cdot (h - 2) \quad \Leftrightarrow \quad h = \frac{V}{x^2} + 2$

Mit $V = 1000$ (in cm^3) folgt

$A(x) = \frac{4000}{x} + 16{,}5x + 4x^2 + \frac{500}{x^2} + 2$; $A'(x) = -\frac{4000}{x^2} + 16{,}5 + 8x - \frac{1000}{x^3}$.

Die Nullstelle der ersten Ableitung lässt sich entweder anhand des geplotteten Graphen ablesen ($x \approx 7{,}39$) oder mit CAS ($x \approx 7{,}3935$) bestimmen.

A wird minimal bei $x \approx 7{,}39$ (in cm) und $h \approx 20{,}29$ (in cm). Die reale Milchtüte ($x \approx 7{,}1$ cm und $h \approx 19{,}7$ cm) ist recht gut optimiert.

18 $K_n = 1{,}04^n \cdot K_0$

$\frac{K_n}{K_0} = 3 \quad \Leftrightarrow \quad 1{,}04^n = 3 \quad \Leftrightarrow \quad n = \frac{\ln 3}{\ln 1{,}04} \approx 28{,}01$

Es dauert 28 Jahre, bis sich das Kapital verdreifacht hat.

4 Funktionen mit Parametern

S. 208

1 a)

Jahre	Kapital in €	Zinsen (3 %) in €	Endbetrag in €
1	1000,00	30,00	1030,00
2	1030,00	30,90	1060,90
3	1060,90	31,83	1092,73
4	1092,73	32,78	1125,51
5	1125,51	33,77	1159,27
6	1159,27	34,78	1194,05

b) In der Formel bedeutet $\frac{p}{100}$ der Zinssatz und x die Anzahl der Verzinsungsjahre, also ergeben sich für $p = 3$ die Werte $K_3(1) = 1000 \cdot 1{,}03 = 1030$; $K_3(2) = 1000 \cdot 1{,}03^2 = 1060{,}90$; …; $K_3(6) = 1000 \cdot 1{,}03^6 \approx 1194{,}05$.

Die Formel liefert, abhängig vom Zinssatz $\frac{p}{100}$, für jeden Zeitraum x (in Jahren) das aus 1000 € entstandene Kapital.

2 a) $f_t(x) = \left(x \cdot -\frac{2}{t} \cdot x + 2\right)$ Für die (von t abhängigen) Nullstellen bei $x = 1; 2; \ldots; 5$ muss gelten: $-\frac{2}{t} \cdot x + 2 = 0$. Damit folgt: gelb: $t = 1$; orange: $t = 2$; rot: $t = 3$; violett: $t = 4$; blau: $t = 5$

b) $x_S = \frac{t}{2}$

S. 209

3 a)

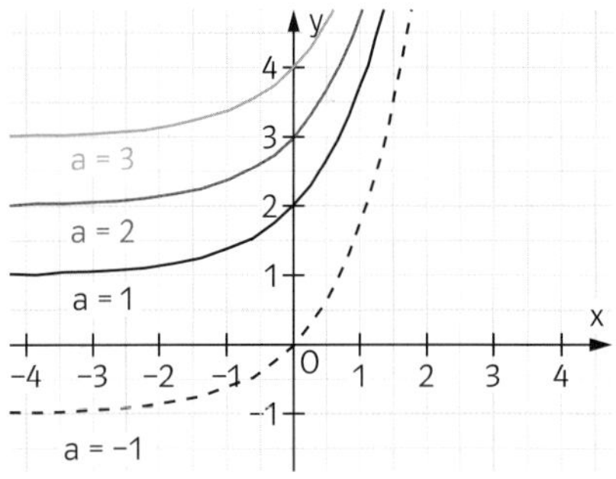

Die Graphen haben die Form einer natürlichen Exponentialfunktion, verschoben um $a > 0$ $(a < 0)$ in positiver (negativer) y-Richtung.
Je größer a ist, desto weiter nach „oben" ist der Graph verschoben.

b)

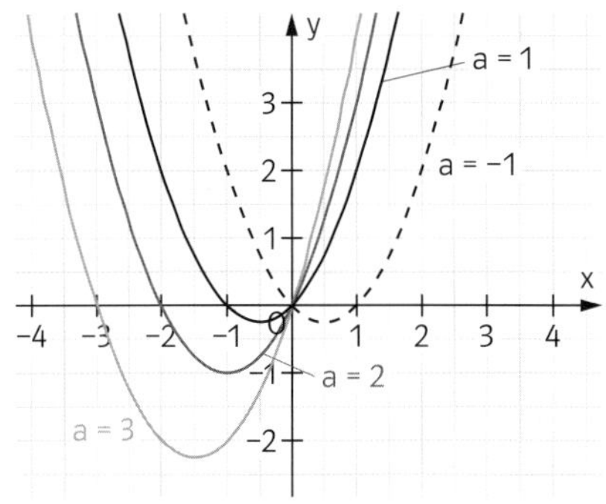

Die Graphen haben die Form einer Normalparabel; gemeinsam ist der Punkt (0 | 0). Eine weitere Nullstelle ist $-a$.
Für $a > 0$ $(a < 0)$ liegt der Scheitel links (rechts) vom Ursprung.
Je größer a ist, desto weiter links liegt der Scheitel.

c)

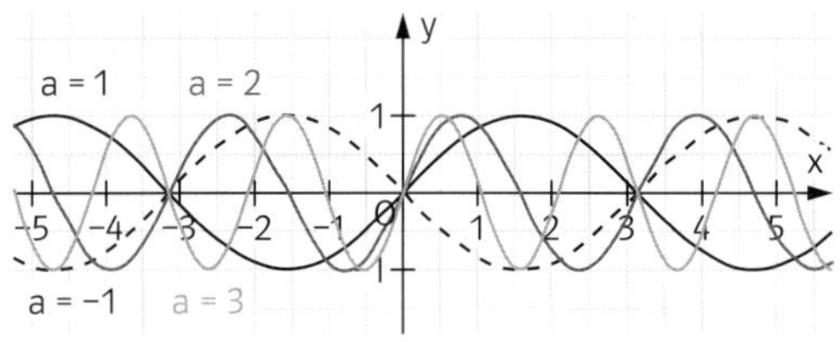

Die Graphen sind Sinuskurven mit gleicher Amplitude 1.
Je größer $|a|$ ist, desto kürzer ist die Periode $\frac{2\pi}{|a|}$.

d)

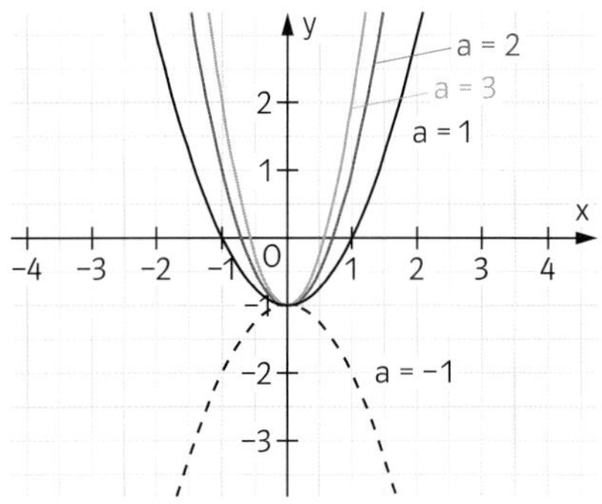

Die Graphen sind Parabeln mit dem Scheitel (0 | −1).
Für $a > 0$ $(a < 0)$ ist die Parabel nach oben (unten) geöffnet.
Je größer $|a|$ ist, desto enger ist die Parabel.

4 a) $f_a(x) = \frac{1}{x} + a$; also Parameter $a = -1$; $a = 2$; $a = -3$.
b) $f_a(x) = \frac{1}{a} \cdot e^{x-a}$; also Parameter $a = 1$; $a = 2$; $a = \frac{1}{2}$.

5 a) gelb: $t = -\frac{3}{2}$; orange: $t = -3$; rot: $t = 2$; violett: $t = \frac{1}{2}$
b) $f_a(x) = \frac{1}{3}x^2(x-a)$, also Nullstellen bei $x_1 = 0$ und $x_2 = a$;
gelb: $a = 3{,}5$; orange: $a = 2$; rot: $a = -2$; violett: $a = -3$

S. 210

6 Alle Terme haben eine Struktur, welche die Anwendung der binomischen Formel erlaubt:
$y = x^2 - 2ax + a^2 = (x-a)^2$
Parameterwerte: (1) $a = 1$; (2) $a = 2$; (3) $a = -1$; (4) $a = \frac{1}{3}$; (5) $a = \sqrt{2}$; (6) $a = -3$

7 Mögliche Lösungen:

a)

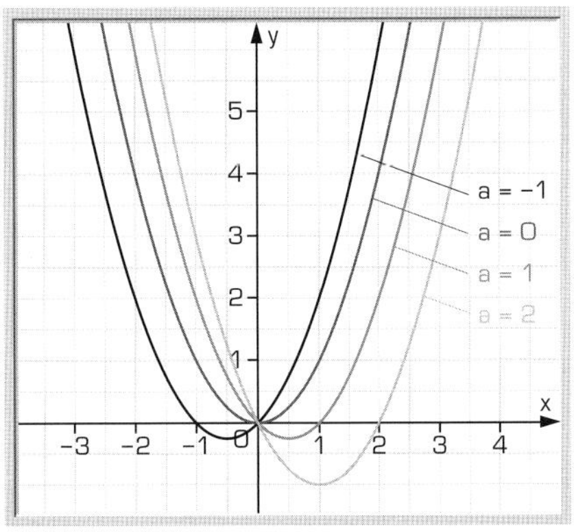

b)

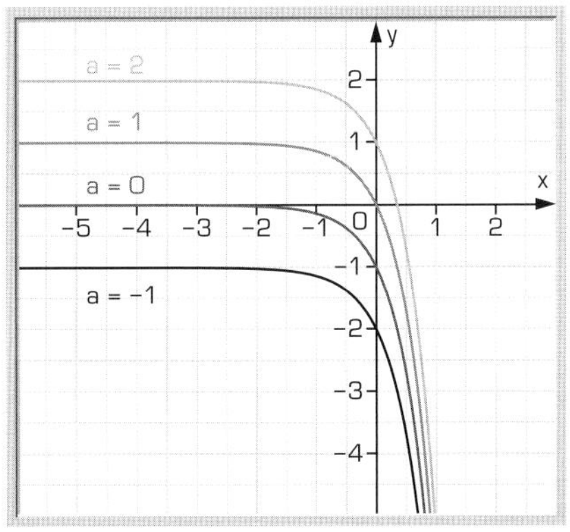

c)

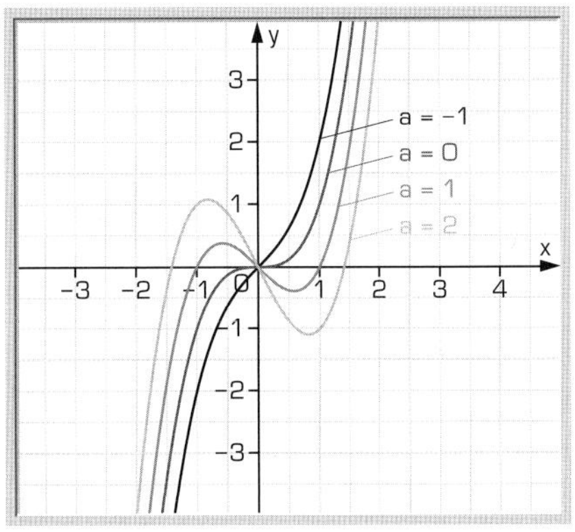

d)

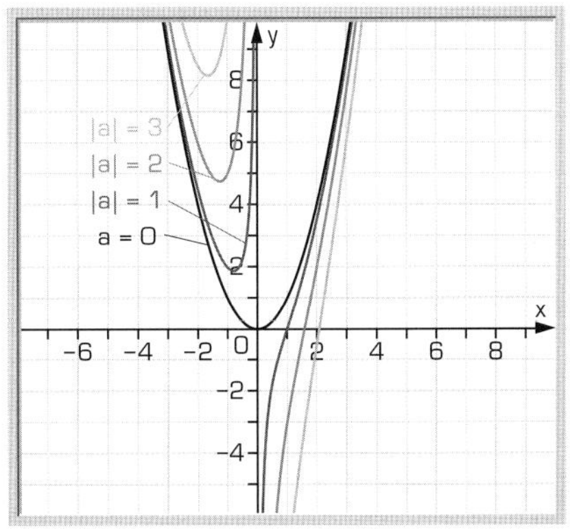

e)

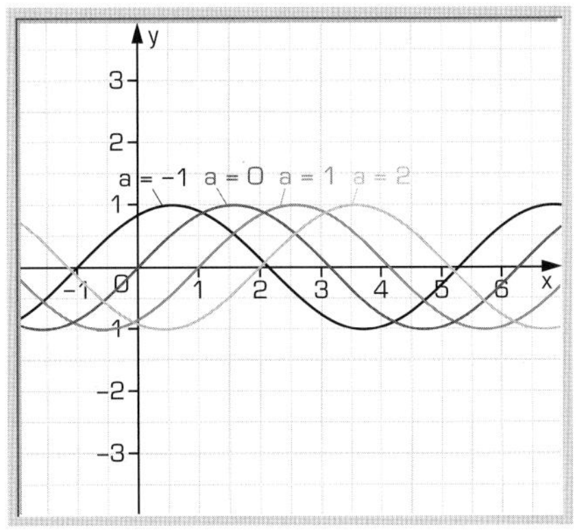

f)

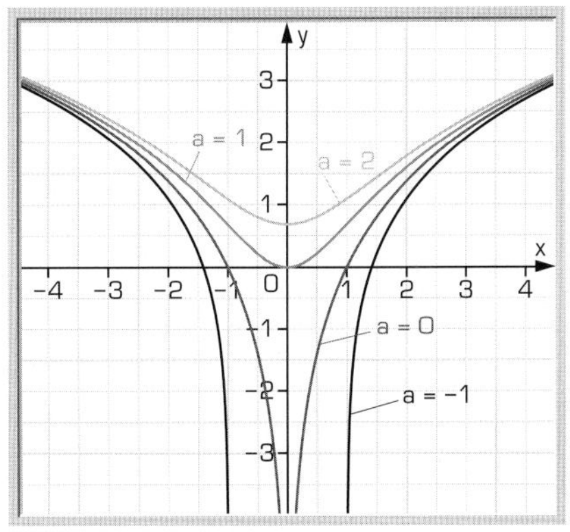

8 a) Der Personenanzahl x ist das Speichervolumen $1{,}5 \cdot t \cdot x$ in Litern zugeordnet, wobei t Liter eine Kollektorfläche f(t) benötigen. Dem Wasserbedarf wird wiederum die Kollektorfläche zugeordnet: Aus $200\,l \mapsto 3\,m^2$ und $500\,l \mapsto 7\,m^2$ erhält man die lineare Funktion $f(t) = \frac{1}{75}t + \frac{1}{3}$.

Damit gilt für die für x Personen benötigte Kollektorfläche: $f_t(x) = \frac{1}{75}\left(\frac{3}{2}tx\right) + \frac{1}{3} = \frac{t}{50}x + \frac{1}{3}$

b) $f_{50}(4) = 4\frac{1}{3}$ (in m^2)

c) Individuelle Lösungen

9 a)

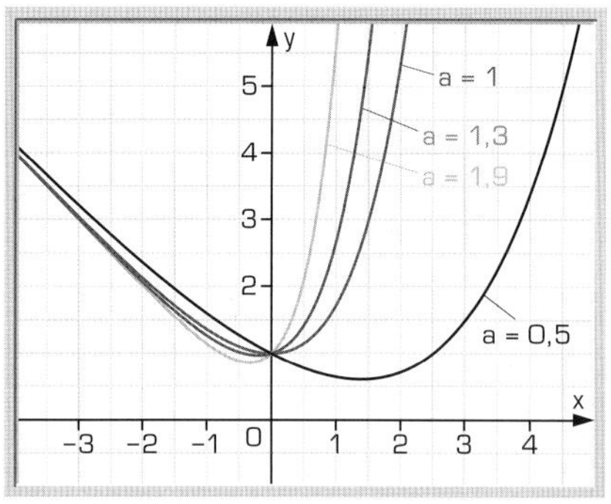

Alle Graphen haben den Punkt (0 | 1) gemeinsam.

b) Für $x \to -\infty$ gilt $f_a(x) + x = e^{a \cdot x} \to 0$; damit ist $y = -x$ gemeinsame Asymptote für $x \to -\infty$.

c) Extremstellen:
$f_a'(x) = a \cdot e^{ax} - 1$
$f_a'(x) = 0 \quad \Leftrightarrow \quad x_0 = -\frac{\ln a}{a}$
In x_0 liegt ein Tiefpunkt vor: $T_a\left(-\frac{\ln a}{a} \middle| \frac{1+\ln a}{a}\right)$
Für $a = 1$ gilt: $T(0 | 1)$

10 a)

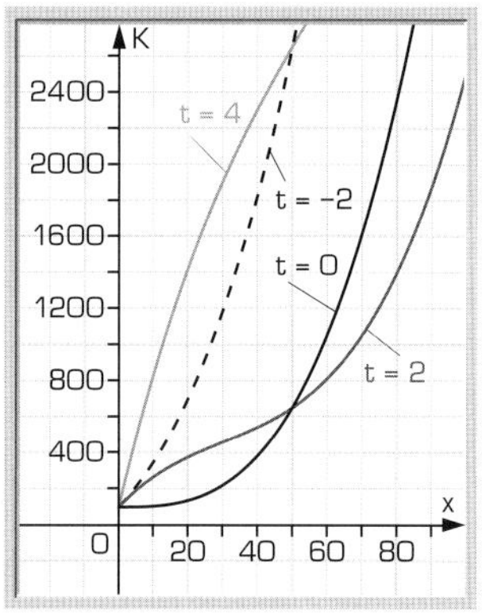

Je größer $|t|$ ist, desto steiler ist der Graph bei kleinen x-Werten. Die Gesamtkosten K_t sind in diesem Fall bei einer geringen Anzahl an Produktionseinheiten relativ hoch.

b) Umsatz: $U_t(x) = 6 \cdot (t + 10) \cdot x = 6tx + 60x$
Gewinn: $G_t(x) = U_t(x) - K_t(x)$
t = −2: $G_{-2}(x) = -0{,}0044x^3 - 0{,}4x^2 + 28x - 100$ wird maximal für $x_1 \approx 24{,}83$ mit $G_{-2,max} \approx 281{,}27$ (in €). Da $G_{-2}(0) = -100$ und $G_{-2}(100) = -5700$ ist, wird für x_1 auch das globale Maximum des Gewinns erzielt.
t = 0: $G_0(x) = -0{,}0044x^3 + 60x - 100$ wird maximal für $x_1 \approx 67{,}42$ mit $G_{0,max} \approx 2596{,}80$ (in €). Da $G_0(0) = -100$ und $G_0(100) = 1500$ ist, wird für x_1 auch das globale Maximum des Gewinns erzielt.

c)

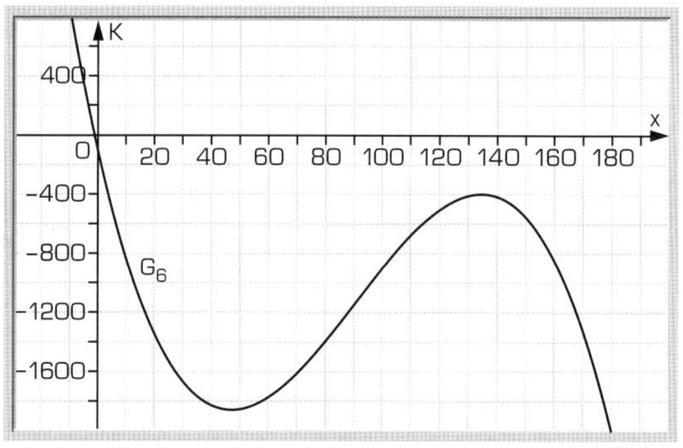

$G_6(x) = -0{,}0044x^3 + 1{,}2x^2 - 84x - 100$
Da $G_6(x) < 0$ für $0 \leqq x \leqq 100$, kann kein Gewinn erzielt werden.

11 a) Z.B. $P_1(1 | 4)$ in f_1 eingesetzt: (I) $4 = \frac{a-2}{b}$
$P_2(1 | 0)$ in f_3 eingesetzt: (II) $0 = \frac{a-6}{b}$
Aus (II) folgt $a = 6$. In (I) eingesetzt ergibt sich damit $b = 1$. Also: $f_t \mapsto \frac{6x-2t}{x^2}$

b) $D_{max} = \mathbb{R} \setminus \{0\}$
$f_t(-x) \neq f_t(x)$; $f_t(-x) \neq -f_t(x)$; die Graphen der Schar besitzen also keine Symmetrieeigenschaft.

c) $f_t(x) = \frac{6 - \overbrace{\frac{2t}{x}}^{\to 0}}{\underbrace{x}_{\to +\infty}} \underset{x \to +\infty}{\longrightarrow} 0$; $\quad f_t(x) = \frac{6 - \overbrace{\frac{2t}{x}}^{\to +\infty}}{\underbrace{x}_{\to 0}} \underset{x \to 0}{\longrightarrow} -\infty$

d) $f_t'(x) = \frac{-6x + 4t}{x^3}$; $f_t'(x) = 0 \quad \Leftrightarrow \quad x_0 = \frac{2}{3}t$; da $f_t'(x) > 0$ für $x < x_0$ und $f_t'(x) < 0$ für $x > x_0$ folgt: In x_0 liegt ein Hochpunkt vor: $H_t\left(\frac{2}{3}t \middle| \frac{9}{2t}\right)$; Vermutung: Die Hochpunkte H_t bilden eine Kurve mit der Gleichung $y = \frac{3}{x}$.
Mit $x = \frac{2}{3}t$ folgt: $y = \frac{3}{x} = \frac{9}{2t}$, also liegen alle Hochpunkte tatsächlich auf dieser Kurve.

S. 211

12 a) Fehler im *Schülerbuch* bis *Auflage* 1^4: Es muss heißen … Nullstellen von $\mathbf{f_{-1}}$ …

$f_{-1}(x) = x + e^x$; $f'_{-1}(x) = 1 + e^x$. Die Nullstelle liegt zwischen 0 und −1, da $f_{-1}(-1) \approx -0{,}6321 < 0$ und $f_{-1}(0) = 1 > 0$ ist.

Aus $x_{n+1} = x_n - \frac{f_{-1}(x_n)}{f'_{-1}(x_n)}$ ergibt sich $x_{n+1} = x_n - \frac{x_n + e^{x_n}}{1 + e^{x_n}}$.

Mit dem Anfangswert $x_0 = -0{,}5$ erhält man der Reihe nach $x_1 \approx -0{,}566311$; $x_2 \approx -0{,}567143$; $x_3 \approx -0{,}567143$.

b) Extremstellen;

$f_k'(x) = 1 - ke^x$; $f_k'(x) = 0 \iff x_0 = -\ln k$; $k > 0$

Bei x_0 liegt für $k > 0$ ein Hochpunkt vor: $H_k(-\ln k \mid -\ln k - 1)$

Mit $x = -\ln k$ und $y = -\ln k - 1$ folgt: $y = x - 1$, also liegen die Hochpunkte auf der Geraden mit der Gleichung $y = x - 1$.

c) Ansatz für Tangente: $y = mx + t$

$(0 \mid 0)$ liegt auf der Tangente $\Rightarrow$ $t = 0$; also $y = mx$

Tangentensteigung im Punkt $P(a \mid f_k(a)) = P(a \mid a - ke^a)$: $m = f_k'(a) = 1 - ke^a$

$\Rightarrow$ $a - ke^a = y = ma = (1 - ke^a)a$ $\Rightarrow$ $a = 1$

Damit ist die Gleichung der Tangente $y = (1 - ke) \cdot x$. Der gesuchte Punkt ist $P(1 \mid 1 - ke)$.

13 a)

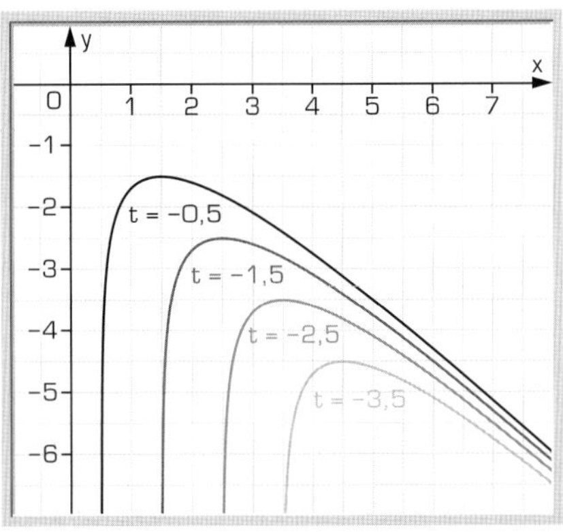

$D_{f_t} = \{x \mid x > -t\}$

Asymptoten: Für $x \to -t$ gilt $f_t(x) \to -\infty$;

damit ist $x = -t$ senkrechte Asymptote.

Extremstellen:

$f_t'(x) = \frac{1}{x+t} - 1$

$f_t'(x) = 0 \iff x_0 = 1 - t$

Bei x_0 liegt ein globales Maximum vor.

Je größer t ist, desto weiter oben und weiter links liegt der Hochpunkt des Graphen G_{f_t}.

$y = -t$ ist senkrechte Asymptote.

b)

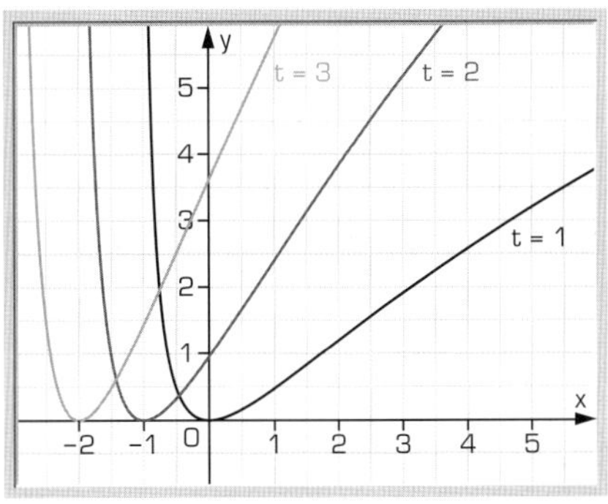

$D_{f_t} = \{x \mid x > -t\}$

Asymptoten: Für $x \to -t$ gilt $f_t(x) \to +\infty$;

damit ist $x = -t$ senkrechte Asymptote.

Extremstellen:

$f_t'(x) = \frac{2t \cdot \ln(x+t)}{x+t}$

$f_t'(x) = 0 \iff x_0 = 1 - t$

Bei x_0 liegt ein globales Minimum vor.

Je größer t ist, desto weiter links liegt der Tiefpunkt (und somit auch die Nullstelle) des Graphen G_{f_t}.

c)

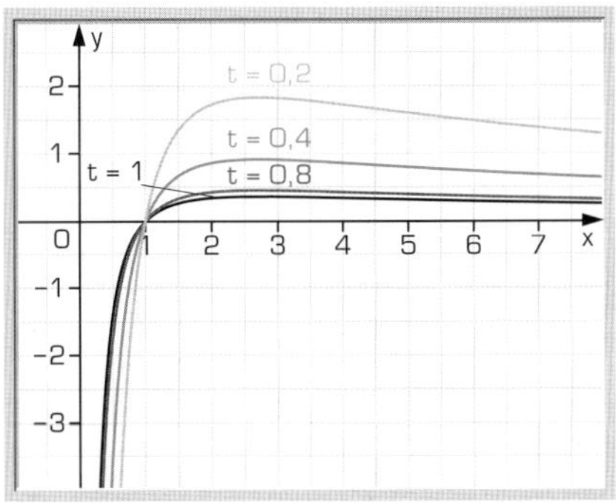

$D_{f_t} = \{x \mid x > 0\}$

Asymptoten: Für $x \to 0$ gilt $f_t(x) \to -\infty$;

damit ist $x = 0$ senkrechte Asymptote.

Für $x \to +\infty$ gilt $f_t(x) \to 0$;

damit ist $y = 0$ waagrechte Asymptote.

Extremstellen:

$f_t'(x) = \frac{1 - \ln(x)}{tx^2}$

$f_t'(x) = 0 \iff x_0 = e$

Bei $x_0 = e$ liegt ein globales Maximum vor.

Je größer t ist, desto weiter unten liegt der Hochpunkt des Graphen G_{f_t}.

14 a) Je größer a ist, umso größer sind die Amplituden der Schwingungen. Je größer das (positive) k ist, umso rascher nehmen die Amplituden ab. (Bei negativem k nehmen die Amplituden zu.) Je größer b ist, umso kürzer ist die Zeitdauer für eine volle Schwingung.

b) Der Parameter a bestimmt den Schnittpunkt des Graphen der Funktion f_t mit der y-Achse. Im vorliegenden Fall ist $a = 5$, da der Graph von f_t durch $P(0\,|\,5)$ verläuft. Da er auch durch $Q(8\,|\,1)$ verläuft, ist $5 \cdot e^{-k \cdot 8} = 1$, also $k = \frac{\ln 5}{8} \approx 0{,}2$.
Da im Intervall $[0; 2\pi]$ zwei volle Schwingungen erfolgen, ist $b = 2$.
Damit: $s(t) = 5 \cdot e^{-0{,}2 \cdot t} \cdot \sin(2 \cdot t)$.

15 a) Generelle Zunahme: Treibhauseffekt.
Jahreszeitliche Schwankungen: in Pflanzen gebundenes CO_2 im Sommer, verstärkte Heizung im Winter (Nordhalbkugel).

b) Die Amplitude ist $a \approx 2{,}5$. Die Periode ist $p = 1$.
Damit ergibt sich aus $p = \frac{2\pi}{b}$ (vgl. 10. Jahrgangsstufe: allgemeine Sinusfunktion) $b = 2\pi$.
Der Scheitel der zugrundeliegenden Parabel liegt etwa bei $(0\,|\,316)$. Daraus folgt $k_0 \approx 316$.
Einsetzen der beiden Graphenpunkte $P_1(5\,|\,320)$ und $P_2(40\,|\,377)$ liefert $k_1 \approx 0{,}7$ und $k_2 \approx 0{,}02$.
Also: $k_0 \approx 316$; $k_1 \approx 0{,}7$; $k_2 \approx 0{,}02$; $a \approx 2{,}5$; $b = 2\pi$
Kontrolle mit einem Funktionsplotter ist sinnvoll.

16 a) Schwimmgeschwindigkeit relativ zum Land $\left(\text{in } \frac{m}{s}\right)$: $v - 2$
Schwimmzeit (in s): $t = \frac{100}{v-2}$
Energie (in Abhängigkeit von v in J): $E(v) = 100\,c \cdot \frac{v^k}{v-2}$

$$E'(v) = 100\,c \cdot v^{k-1} \cdot \frac{(k-1)v - 2k}{(v-2)^2}$$

Minimaler Energieaufwand bei $v_{min} = \frac{2k}{k-1}$ $\left(\text{in } \frac{m}{s}\right)$.

b) $v_{min}(k) = \frac{2k}{k-1}$; $v'_{min}(k) = \frac{-2}{(k-1)^2} < 0$ für $k > 1$, also auch für $k > 2$.
v_{min} ist also streng monoton abnehmend; d.h. je größer k ist, desto kleiner ist die energiesparendste Geschwindigkeit.

17 a) $P(A \cap B) = \frac{7+3}{100} = \frac{1}{10}$; $P((A \cup B) \setminus C) = \frac{5+7+28}{100} = \frac{4}{10}$; $P(\overline{B}) = \frac{5+5+20+20}{100} = \frac{5}{10}$; $P_{A \cup B}(C) = \frac{\frac{5+3+12}{100}}{\frac{60}{100}} = \frac{1}{3}$

b) $P(A) = \frac{20}{100} = \frac{2}{10}$; $P(C) = \frac{40}{100} = \frac{4}{10}$; $P(A \cap C) = \frac{8}{100}$;
$P(A) \cdot P(C) = P(A \cap C)$, also sind die Ereignisse A und C stochastisch unabhängig.

18 a)

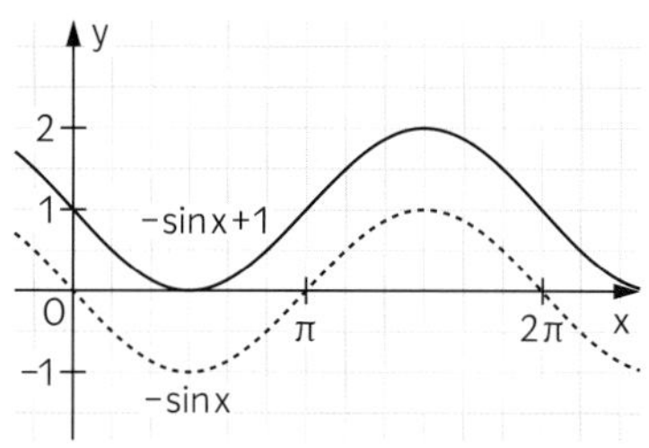

b)

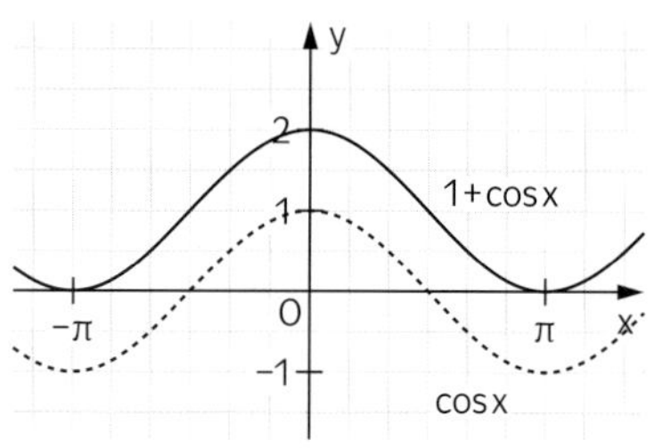

→ AB Arbeitsblatt: Funktionenscharen; Kopiervorlage S. 262 f.

→ AB Arbeitsblatt: Ortskurven; Kopiervorlage S. 264 f.

Dieses Arbeitsblatt ergänzt die Inhalte der Lerneinheit, indem der Begriff Ortskurve eingeführt wird.

5 Funktionsbestimmungen

S. 212

1 a) Um die Gleichung einer Parabel der Form $y = ax^2 + bx + c$ aufzustellen, sind drei verschiedene Bedingungen nötig. Hier z. B.
die beiden Nullstellen und der Maximalwert
oder Maximalstelle, Maximalwert und eine Nullstelle
oder ein Punkt des Graphen (z. B. $(-1 \mid -3)$) und die Maximalstelle etc.
Sollten Bedingungen zu einer gleichen Bestimmungsgleichung führen, müssen ggf. weitere/andere Bedingungen formuliert werden (vgl. Aufgabe 2b)).

b) Es könnte geprüft werden, ob zum Term die Asymptoten $x = 1$ (Polstellen, also Nullstellen des Nenners untersuchen) und $y = x$ (Polynomdivision ausführen) passen und z. B. der Graphenpunkt $(2 \mid 3)$ auch auf G_f liegt (Einsetzen von 2 in den Funktionsterm).

S. 213

2 a) Polstelle bei $x = 1 \Rightarrow c = -1$
$P \in G_f \Rightarrow \frac{a \cdot 4}{2-1} = -2 \Rightarrow a = -\frac{1}{2}$
Damit gilt: $f(x) = \frac{-\frac{1}{2}x^2}{x-1}$

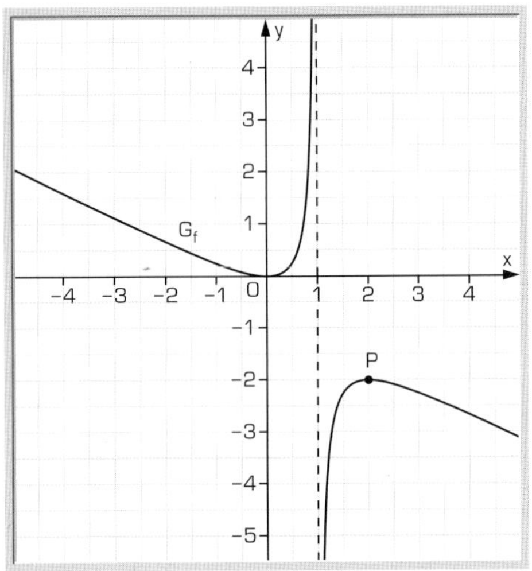

b) Bei P liegt ein lokales Maximum vor.
Diese Eigenschaft liefert mit $f'(2) = 0$: $1 + c = 0$.
Dies ist die gleiche Bedingung wie die Polstelle, liefert also keine weitere Bedingung.

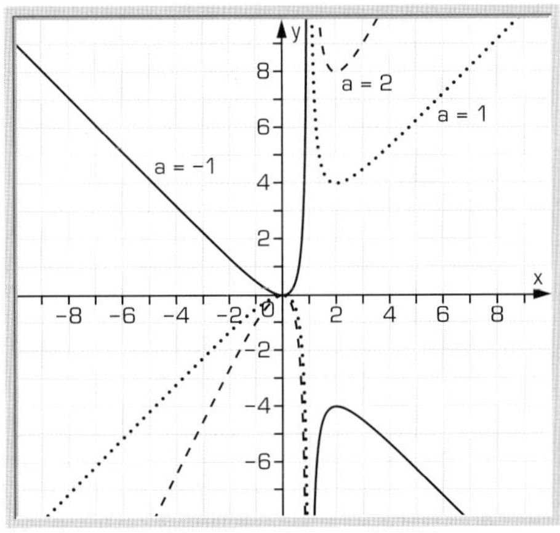

Das lokale Maximum (Minimum) liegt unabhängig von a jeweils bei $x = 2$.

3 Es gilt: $f'(x) = a \cdot \sqrt{b - x^2} - \frac{ax^2}{\sqrt{b - x^2}}$

$\left.\begin{array}{l} f'(0) = \frac{4}{3} \Rightarrow a\sqrt{b} = \frac{4}{3} \\ f(4) = 0 \Rightarrow 4a\sqrt{b - 16} = 0 \end{array}\right\} \Rightarrow a = \frac{1}{3};\ b = 16;$ damit gilt: $f(x) = \frac{x}{3}\sqrt{16 - x^2}$

S. 214

4 a) Es ist
$a = \frac{1+3}{2} - 2$ und $b = \frac{3-1}{2} = 1$.
Damit gilt: $h(t) = 2 + \cos\left(\frac{\pi}{6} \cdot t\right)$
Die Periode ist $\frac{2\pi}{\frac{\pi}{6}} = 12$.

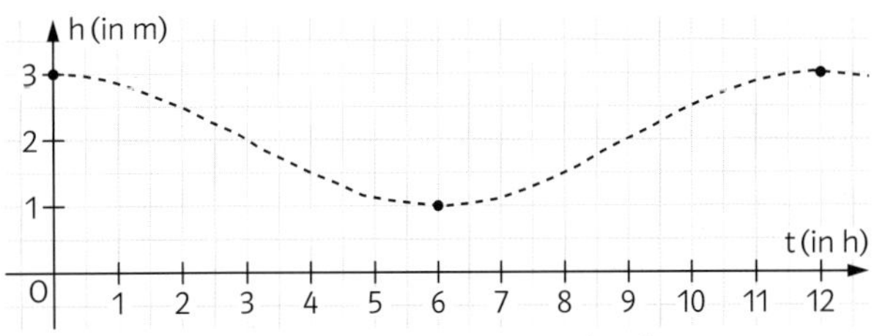

b) Gesucht ist das maximal große Intervall, in dem gilt: $h(t) \leqq 1{,}5$; also $2 + \cos\left(\frac{\pi}{6} \cdot t\right) \leqq 1{,}5$
bzw. $\cos\left(\frac{\pi}{6} \cdot t\right) \leqq -0{,}5$.
$\cos x = -0{,}5$ für $x_1 = \frac{2}{3}\pi$ und $x_2 = \frac{4}{3}\pi \Rightarrow t_1 = 4$ und $t_2 = 8$
Damit liegt der Wasserspiegel 4 Stunden unter 1,5 m.
Das Wasser steigt maximal dann, wenn die Steigung $h'(t) = -\sin\left(\frac{\pi}{6} \cdot t\right) \cdot \frac{\pi}{6}$ maximal ist, also am Maximum der 1. Ableitung bei $t_3 = 9$. Es ist dort $h'(9) = \frac{\pi}{6} \approx 0{,}524$ $\left(\text{in } \frac{m}{h}\right)$.
Damit steigt das Wasser maximal etwa 0,873 Zentimeter pro Minute.

5 Ansatz: $f(x) = ax^3 + bx^2 + c;\ f'(x) = 3ax^2 + 2bx$

$f(0) = 0 \Rightarrow c = 0$

$\left.\begin{array}{lll} A(2|1) \in G_f & \Rightarrow & 8a + 4b = 1 \\ f'(2) = 0 & \Rightarrow & 12a + 4b = 0 \end{array}\right\} \Rightarrow a = -\frac{1}{4};\ b = \frac{3}{4};$ damit gilt: $f(x) = -\frac{1}{4}x^3 + \frac{3}{4}x^2$

6 Es gilt: $f'(x) = \frac{n \cdot b \cdot x^{n-1}}{a + b \cdot x^n}$

Achsensymmetrie bzgl. der y-Achse $\Rightarrow$ n ist gerade.

$f(0) = 0 \Rightarrow a = 1$

$f'(1) = \frac{n \cdot b}{1 + b} = \frac{2}{3} \Rightarrow b = 0{,}5$ und $n = 2$ (kleinstmöglich)

Damit gilt: $f(x) = \ln(1 + 0{,}5x^2)$

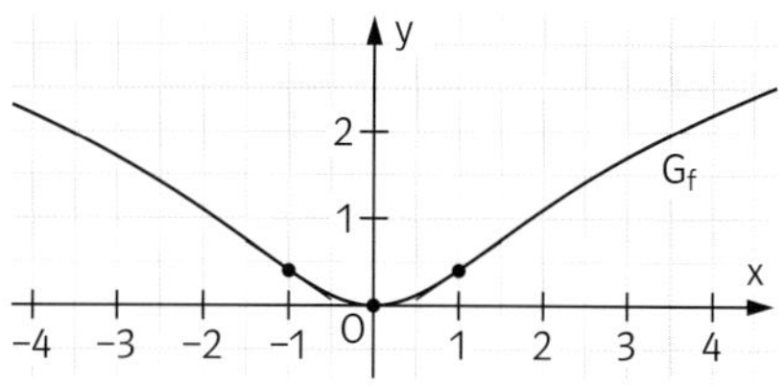

7 a) $\left.\begin{array}{lll} f(0{,}5) = 0 & \Rightarrow & b = -2a \\ f(1) = -2 & \Rightarrow & a + b = -2 \end{array}\right\} \Rightarrow a = 2;\ b = -4;$ damit gilt: $f(x) = \frac{2 - 4x}{x^2}$

Alternative Lösung:

Es könnte auch $f'(x) = \frac{2axbx}{x^3}$ berechnet und z.B. $f'(1) = 0$ und $f'(-1) = 6$ ausgenutzt werden.

b) $c = 0{,}5$: $a = 1;\ b = -2$

$c = 2$: $a = 4;\ b = -8$

Wegen $a = 2c$ und $b = -2a$ hat der Funktionsterm stets die Form

$f(x) = \frac{2c - 4c \cdot x}{cx^2} = \frac{c(2 - 4x)}{cx^2} = \frac{2 - 4x}{x^2}$ $(c \neq 0)$, d.h. c kann beliebig gewählt werden und es ergibt sich stets der gleiche Graph.

8 a) Es gilt: $f'(x) = a \cdot (b - \ln x - 1)$

Nullstelle: $x_0 = e^b$; Schnittwinkel 135° bedeutet $f'(e^b) = -1 \Rightarrow a = 1$ Diese Bedingung ist unabhängig von b.

Als Funktionenschar mit dem Parameter a bzw. b betrachtet bedeutet dies: Die Scharkurven haben die gleiche Nullstelle bei $x = e^b$ (bei festem b) bzw. den gleichen Schnittwinkel mit der x-Achse (bei festem a).

b) Das lokale Maximum liegt bei $x_1 = e^{b-1}$.

9 a) $c = 0$ bedeutet, dass zu Versuchsbeginn $t = 0$ die Konzentration 0 ist, also keine „Restkonzentration" vom vorherigen Experiment vorliegt (o.ä.).

b)

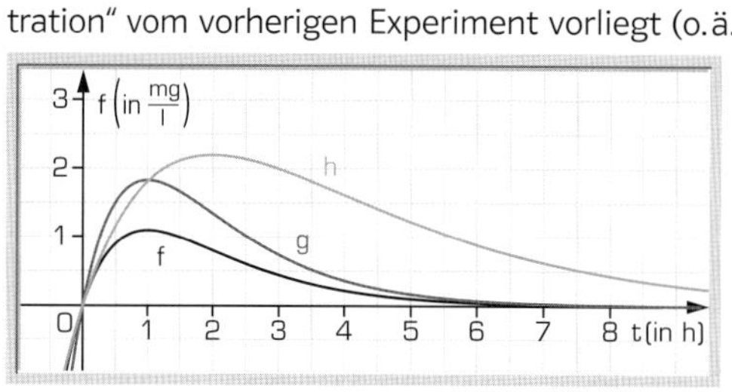

$f(t)$: $a = 3;\ b = 1$

$g(t)$: $a = 5;\ b = 1$

$h(t)$: $a = 3;\ b = 0{,}5$

Je größer der positive Parameter a ist, desto weiter oben liegt der Hochpunkt des Graphen, desto größer ist also die höchste Konzentration des Medikaments.

Je größer der positive Parameter b ist, desto steiler steigt der Graph (die Konzentration) zu einem niedrigeren Hochpunkt an.

Der Parameter c gibt an, wie der Graph in positive y-Richtung verschoben wird, also die Anfangskonzentration und das asymptotische Verhalten für $t \to +\infty$.

c) Es gilt: $f(t) = a \cdot t \cdot e^{-b \cdot t}$

(Zeichnung z.B. mithilfe Wertetabelle oder Plotter)

$f'(t) = a \cdot e^{-b \cdot t}(1 - b \cdot t)$

$f'(5) = 0 \Rightarrow a \cdot e^{-5 \cdot b}(1 - 5 \cdot b) = 0$

$\Rightarrow b = \frac{1}{5}$

$f(5) = 15 \Rightarrow 5 \cdot a \cdot e^{-5 \cdot \frac{1}{5}} = 15$

$\Rightarrow a = 3e$

Damit gilt: $f(t) = 3t \cdot e^{1 - \frac{1}{5}t}$

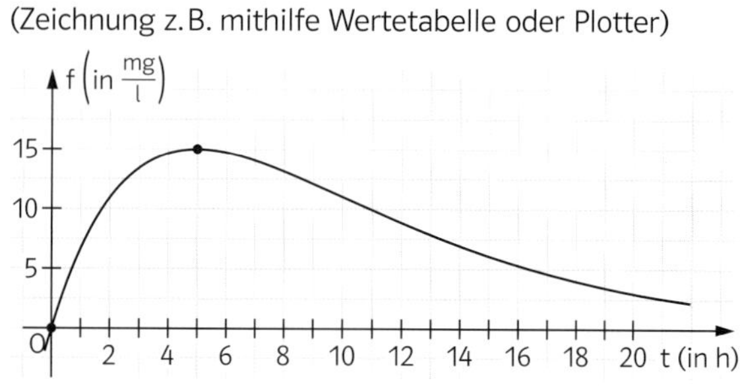

10 Es gilt: $f(x) = ax^2 + c$; $f'(x) = 2ax$

$\left.\begin{array}{lll} f(0) = 4 & \Rightarrow & c = 4 \\ f'(-4) = 2 & \Rightarrow & a = -\frac{1}{4} \end{array}\right\}$ Damit gilt: $f(x) = -\frac{1}{4}x^2 + 4$

11 a) Es gilt: $f'(t) = a \cdot \frac{\pi}{12} \cdot \cos\left(\frac{\pi}{12} \cdot t + b\right)$

Es ist $a = \frac{30-16}{2} = 7$ und $c = \frac{30+16}{2} = 23$

$f(14) = 30 \;\Rightarrow\; \sin\left(\frac{\pi}{12} \cdot 14 + b\right) = 1$, d.h. $\frac{\pi}{12} \cdot 14 + b = \frac{\pi}{2}$

Damit ist $b = -\frac{8}{12}\pi$ und es gilt:

$f(t) = 7 \cdot \sin\left(\frac{1}{12} \cdot \pi \cdot t - \frac{8}{12}\pi\right) + 23$

b) Man bestimmt das Maximum der 1. Ableitung. Die cos-Funktion ist maximal für $\left(\frac{\pi}{12} \cdot t - \frac{8}{12}\pi\right) = 0$.
Die Temperaturzunahme war also um 8.00 Uhr am größten.

12 Seien $\vec{a} = \begin{pmatrix} a_1 \\ a_2 \\ a_3 \end{pmatrix}$ und $\vec{a'} = c \cdot \begin{pmatrix} a_1 \\ a_2 \\ a_3 \end{pmatrix}$; $c \in \mathbb{R}$

$|\vec{a'}| = \sqrt{(ca_1)^2 + (ca_2)^2 + (ca_3)^2} = \sqrt{c^2(a_1^2 + a_2^2 + a_3^2)} = c \cdot \sqrt{a_1^2 + a_2^2 + a_3^2} = c \cdot |\vec{a}|$

→ TB Trainingsblatt: Funktionsbestimmungen;
Kopiervorlage S. 266 f.

6 Funktionsanpassungen

Für viele Aufgaben dieser Lerneinheit gilt: Je nach Benutzung der verschiedenen gegebenen Messwerte erhält man etwas abweichende Parameterwerte bei den Lösungen. In diesem Sinne sind diese Aufgaben offen. Exemplarisch sind meist jeweils 2 Lösungen angegeben.

S. 215

1 Da die Messwerte sich für wachsendes x offenbar asymptotisch dem Wert 6 nähern, ist eine Funktion mit waagrechter Asymptote (ungleich $y = 0$) zur Beschreibung angemessen (also Zählergrad = Nennergrad): $h(x) = \frac{ax}{x+b}$

S. 216

2 a) Lineare Funktion
b) Exponentialfunktion oder gebrochen rationale Funktion
c) Gebrochen rationale Funktion

3 Wählt man zur Bestimmung z. B. die Wertepaare (0 | 3) und (4 | 0,8) oder (0,5 | 2,4) und (6 | 0,6), so ergibt sich $f\colon x \mapsto \frac{4{,}36}{x+1{,}45}$ bzw. $x \mapsto \frac{4{,}4}{x+1{,}33}$.

S. 217

4 a) Für die Zeichnung und die Rechnung entspricht $t = 0$ dem Jahr 1930. Das Wertepaar (0 | 33) betrachtet man als „Ausreißer" und wählt mit dem Ansatz $w(t) = a \cdot e^{kt}$ zur Bestimmung z. B. die Wertepaare (10 | 69,8) und (50 | 174,2) bzw. (20 | 88,6) und (50 | 174,2):

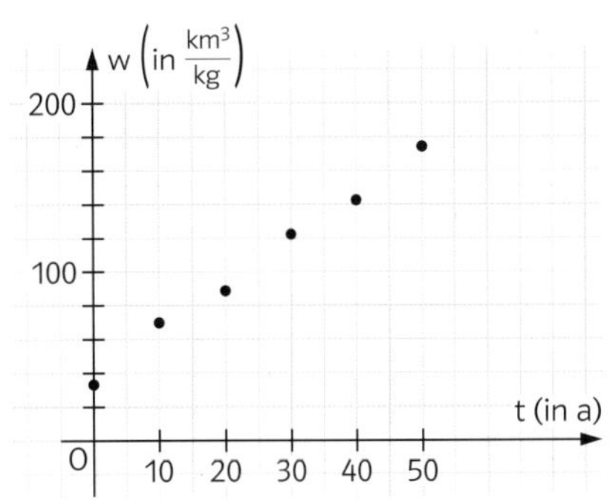

$w\colon t \mapsto 55{,}53 \cdot e^{0{,}0223 \cdot t}$ bzw.
$t \mapsto 56{,}45 \cdot e^{0{,}0225 \cdot t}$

Unter Verwendung der Funktion $w(t) = 56{,}45 \cdot e^{0{,}0225 \cdot t}$ ergibt sich für die Teilaufgaben b) und c):

b) $T_V = \frac{\ln 2}{0{,}0225} \approx 30{,}8$ (Jahre)

c) $w(65) \approx 244{,}26$ (km³)
In Wirklichkeit liegt der Wasserverbrauch nur bei 200,5 km³; d. h. der Verbrauch steigt nicht mehr weiter exponentiell.

5

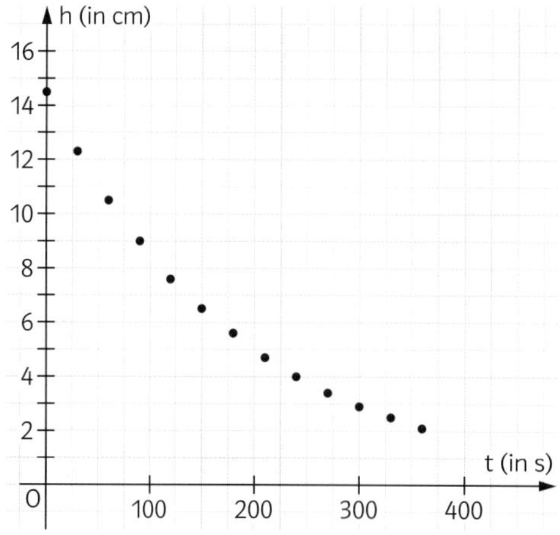

Wählt man zur Bestimmung z. B. das Wertepaar (30 | 12,3) und (330 | 2,5), so ergibt sich mit dem Ansatz der Form $f(x) = \frac{a}{x+b}$ der Funktionsterm $h(t) = \frac{941{,}33}{t+46{,}53}$.
Kontrolle:
$h(90) \approx 6{,}89 < 9{,}0$; $h(180) \approx 4{,}16 < 5{,}6$.
Aufgrund der hohen Abweichungen ist der angegebene Ansatz nicht geeignet.
Ansatz: $h(t) = a \cdot e^{-k \cdot t}$
Wählt man zur Bestimmung z. B. die Wertepaare (0 | 14,5) und (330 | 2,5) bzw. (0 | 14,5) und (300 | 2,9), so ergibt sich
$h\colon t \mapsto 14{,}5 \cdot e^{-0{,}0059 \cdot t}$ bzw.
$t \mapsto 14{,}5 \cdot e^{-0{,}0054 \cdot t}$.
Kontrolle zeigt: Hierbei sind die Abweichungen von den Tabellenwerten geringer. Die Exponentialfunktion ist daher besser geeignet.

6 a)

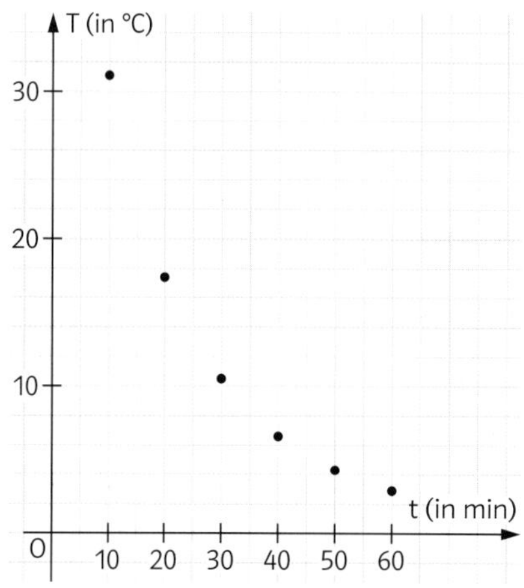

Vermutung (aufgrund Skizze): $T(t) = a \cdot e^{-k \cdot t}$
Wählt man zur Bestimmung z. B. die Wertepaare (10 | 31,1) und (50 | 4,3) bzw. (10 | 31,1) und (60 | 2,9), so ergibt sich
$T\colon t \mapsto 51{,}0 \cdot e^{-0{,}049 \cdot t}$ bzw. $t \mapsto 50{,}0 \cdot e^{-0{,}047 \cdot t}$.

b) Der Tee war beim Eingießen etwa 51,0 °C (bzw. 50,0 °C) heiß.

7

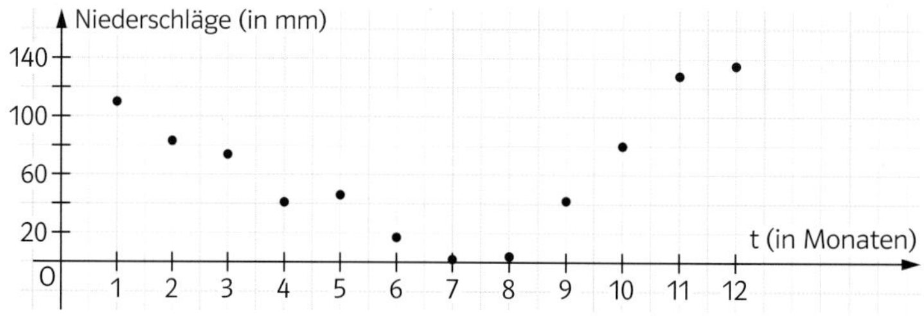

Mögliche Überlegung:
Parameter a: Die Amplitude der Sinusfunktion ergibt sich aus der halben Differenz von Maximal- und Minimalwert von f, also $a = 60$.
Parameter c: Aus dem Minimum von f bei $t \approx 7$, also $\sin\left[\frac{\pi}{6} \cdot (7+c)\right] = -1$, ergibt sich $c = 2$.
Parameter d: $f(7) = 0 \Rightarrow d = 60$
Die Parameterwerte lassen sich durch Einsatz eines geeigneten Computerprogramms verbessern.
Z. B. mit Geogebra erhält man: $f(t) = 73{,}19 \cdot \sin(0{,}41t + 2{,}14) + 82{,}89$

8 a) Für die Zeichnung und die Rechnung entspricht $t = 0$ dem Jahr 1936.

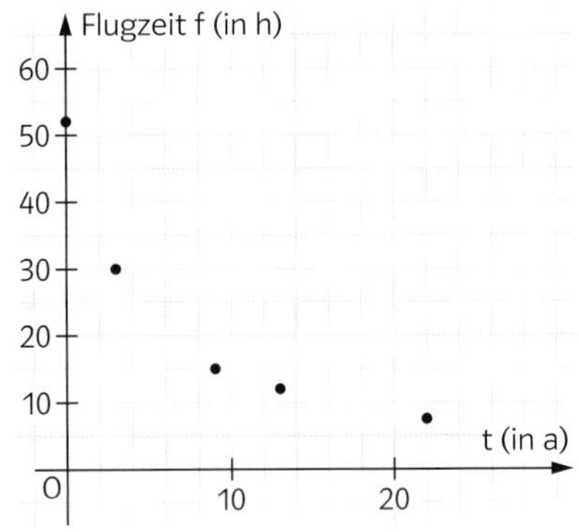

Ansatz: $f(t) = \frac{a}{t+b}$

Wählt man zur Bestimmung z.B. die Wertepaare (0 | 52) und (13 | 12) (bzw. (3 | 30) und (22 | 7,5)), so ergibt sich

$f\colon t \mapsto \frac{202{,}8}{t+3{,}9}$ $\left(\text{bzw. } t \mapsto \frac{190}{t+3{,}3}\right)$.

b) $f(34) \approx 5{,}35$ (h); $f(41) \approx 4{,}52$ (h)
(bzw. $f(34) \approx 5{,}09$ (h); $f(41) \approx 4{,}29$ (h))
Der tatsächliche Wert von 1970 wird durch die Modellfunktion(en) gut beschrieben. Die Flugzeit der Concorde liegt jedoch (ca. 25 %) unter dem mit der Modellfunktion errechneten Wert(en).

9 Für die Zeichnung und die Rechnung entspricht $t = 0$ dem Jahr 1900.

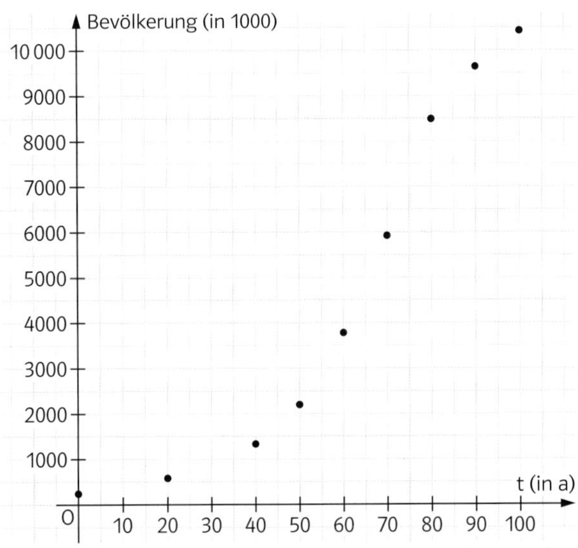

Ansatz: $f(t) = a \cdot e^{k \cdot t}$

Wählt man zur Bestimmung z.B. die Wertepaare (0 | 240) und (50 | 2200) (bzw. (0 | 240) und (60 | 3780)),
so ergibt sich $f\colon t \mapsto 240 \cdot e^{0{,}0443 \cdot t}$
(bzw. $t \mapsto 240 \cdot e^{0{,}0459 \cdot t}$)
(t in Jahren ab 1900; f(t) in 1000).

Zeitraum 1900 – 1980:
Wählt man zur Bestimmung z.B. die Wertepaare (0 | 240) und (70 | 5820) (bzw. (0 | 240) und (80 | 8490)),
so ergibt sich $s\colon t \mapsto 240 \cdot e^{0{,}0458 \cdot t}$
(bzw. $t \mapsto 240 \cdot e^{0{,}0446 \cdot t}$)
(t in Jahren ab 1900; g(t) in 1000).
$f(100) \approx 20\,144$ (bzw. $f(100) \approx 23\,639$)
$g(100) \approx 23\,403$ (bzw. $g(100) \approx 20\,757$)

Beide Funktionsanpassungen liefern für das Jahr 2000 keine gute Näherung. Also ist die Annahme, es läge exponentielles Wachstum vor, nicht sinnvoll für Zeiten nach 1980.
Auch eine Funktionsanpassung für beide Zeiträume z.B. mithilfe eines Tabellenkalkulationsprogramms (exponentielle Regressionskurve/Trendlinie) liefert ein ähnliches Ergebnis:
Zeitraum 1900 – 1960: $f(t) = 233{,}82 \cdot e^{0{,}0453t}$
Zeitraum 1900 – 1980: $f(t) = 233{,}84 \cdot e^{0{,}0454t}$
Beide Funktionen sind für 2000 ungeeignet.

10 a) Für die folgende Rechnung entspricht $t = 0$ dem Jahr 1907.
Ansatz: $f(t) = a \cdot e^{k \cdot t}$
Wählt man zur Bestimmung z.B. das Wertepaar (0 | 15) und (32 | 1427), so ergibt sich
$f(t) = 15 \cdot e^{0{,}1424 \cdot t}$ (t in Jahren ab 1907; f(t) in 1000).
Mittlere jährliche Zunahme: $\frac{1427-15}{32} = 44{,}125$ (in Tausend)

b) Eine Funktionsanpassung mit einer linearen Funktion erscheint angemessen.
Z.B. mit einem Tabellenkalkulationsprogramm (lineare Regression/Trendlinie) erhält man:
$h(t) = 938{,}025 \cdot t + 4803$ (t in Jahren ab 1960; h(t) in 1000).
Erwarteter Bestand im Jahr 2020: $h(60) = 61\,084{,}5$ (in 1000).

11 $f_a'(x) = 2a(x-2) = 2ax - 4a$

Skizze der Graphen der Ableitung für $a = -1; 1; 2$:

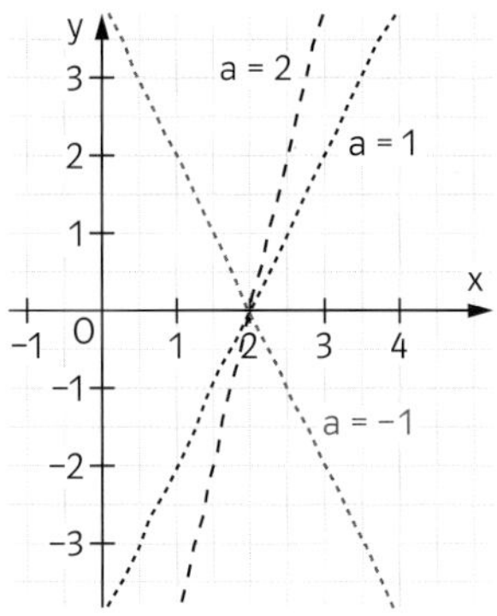

$x = 2$ ist für alle a eine einfache Nullstelle von f_a' mit Vorzeichenwechsel.
Also hat f_a bei $x = 2$ ein Extremum. Damit das Extremum ein Maximum ist, muss der Vorzeichenwechsel von + nach − erfolgen. Die Skizzen der Ableitungsfunktionen zeigen, dass dies für $a < 0$ der Fall ist.

→ TB Trainingsblatt: Wahl des Funktionstyps bei Funktionsanpassungen; Kopiervorlage S. 268 f.

Thema: „Licht läuft optimal"

S. 219

1

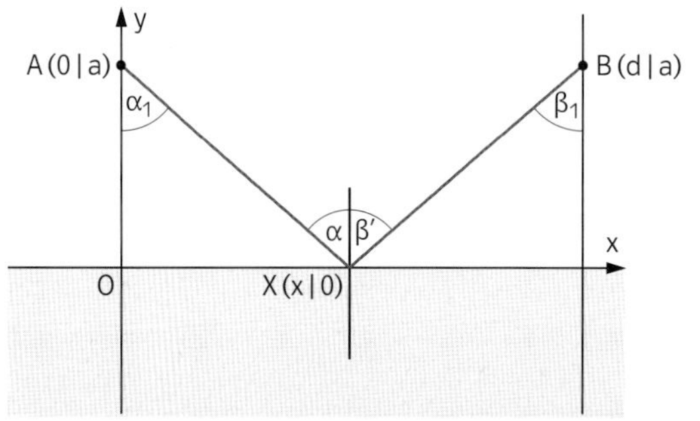

Gesamtlaufzeit:

$$T(x) = \frac{\overline{AX}}{c} + \frac{\overline{XB}}{c} = \frac{\sqrt{a^2+x^2}}{c} + \frac{\sqrt{(d-x)^2+a^2}}{c}$$

Berechnung der kürzesten Laufzeit:

$$T'(x) = \frac{2x}{c \cdot 2\sqrt{a^2+x^2}} + \frac{-2(d-x)}{c \cdot 2\sqrt{(d-x)^2+a^2}}$$

Aus $T'(x) = 0$ erhält man: $\frac{x}{c \cdot \overline{AX}} - \frac{d-x}{c \cdot \overline{XB}} = 0$.

Mit $\sin\alpha_1 = \frac{x}{\overline{AX}}$ und $\sin\beta_1 = \frac{d-x}{\overline{XB}}$ folgt:

$$\frac{\sin\alpha_1}{c} - \frac{\sin\beta_1}{c} = 0.$$

Da α und α_1 sowie β' und β_1 jeweils Wechselwinkel an Parallelen sind, also $\alpha = \alpha_1$ und $\beta' = \beta_1$, erhält man $\sin\alpha = \sin\beta'$ und damit das Reflexionsgesetz $\alpha = \beta'$.

Verzeichnis der Kopiervorlagen

Verzeichnis der Kopiervorlagen

Polstellen oder behebbare Definitionslücken

1. Formen Sie den Funktionsterm geeignet um und geben Sie dann alle behebbaren Definitionslücken sowie alle Polstellen mit und ohne Vorzeichenwechsel an.

a) $f(x) = \frac{3x + 15}{x^2 + x - 20} = \frac{3 \cdot (\square + \square)}{(x + 5) \cdot (\square - \square)}$

Behebbare Definitionslücke(n): $\square$
Polstelle(n) mit Vorzeichenwechsel: $\square$
ohne Vorzeichenwechsel: $\square$

b) $g(x) = \frac{3x^2 - 6x}{4x^3 - 16x} = \frac{\square \cdot (\square - \square)}{\square \cdot (\square - \square)} = \frac{\square \cdot (\square - \square)}{\square \cdot (\square + \square) \cdot (\square - \square)}$

Behebbare Definitionslücke(n): $\square$
Polstelle(n) mit Vorzeichenwechsel: $\square$
ohne Vorzeichenwechsel: $\square$

c) $h(x) = \frac{x^2 - 2x - 3}{(x + 4)(x - 3)^3} = \frac{(\square - \square) \cdot (\square + \square)}{(x + 4)(x - 3)^3}$

Behebbare Definitionslücke(n): $\square$
Polstelle(n) mit Vorzeichenwechsel: $\square$
ohne Vorzeichenwechsel: $\square$

d) $i(x) = \frac{x^4 - 1}{5x^4 - 5x^2} = \frac{(x^2 + \square) \cdot (\square - \square)}{\square \cdot (x^2 - \square)} = \frac{(\square + \square) \cdot (\square + \square) \cdot (\square - \square)}{\square \cdot (\square + \square) \cdot (\square - \square)}$

Behebbare Definitionslücke(n): $\square$
Polstelle(n) mit Vorzeichenwechsel: $\square$
ohne Vorzeichenwechsel: $\square$

e) $k(x) = \frac{x - 7}{x^4 + 14x^3 + 49x^2} = \frac{x - 7}{\square \cdot (\square + \square + \square)} = \frac{x - 7}{\square \cdot (\square + \square) \cdot (\square + \square)}$

Behebbare Definitionslücke(n): $\square$
Polstelle(n) mit Vorzeichenwechsel: $\square$
ohne Vorzeichenwechsel: $\square$

f) $l(x) = \frac{x^2 + 5x - 36}{(x + 9)^2 (x - 4)} = \frac{(\square - \square) \cdot (\square + \square)}{(x + 9)^2 (x - 4)}$

Behebbare Definitionslücke(n): $\square$
Polstelle(n) mit Vorzeichenwechsel: $\square$
ohne Vorzeichenwechsel: $\square$

2. Welche positive ganze Zahl (≠ 0) kann in das Kästchen eingetragen werden, sodass die Funktion eine behebbare Definitionslücke hat? Formen Sie zunächst geeignet um.

a) $f(x) = \frac{3x + 12}{(x - 7) \cdot (x + \square)} = \frac{3(x + 4)}{(x - 7) \cdot (x + \square)}$

b) $g(x) = \frac{4x - \square}{x^2 - 4x - 5} =$

c) $h(x) = \frac{x^2 - 6x + 9}{\square x - 15} =$

d) $k(x) = \frac{\square x - 63}{x^2 - 8x - 9} =$

e) $u(x) = \frac{x^2 - 5x - 14}{x^2 - \square x} =$

f) $v(x) = \frac{8x + \square}{6x^2 + 24x - 30} =$

© Als Kopiervorlage für den Unterricht freigegeben. Ernst Klett Verlag GmbH, Stuttgart 2013.

Polstellen oder behebbare Definitionslücken

Lösung

1. Formen Sie den Funktionsterm geeignet um und geben Sie dann alle behebbaren Definitionslücken sowie alle Polstellen mit und ohne Vorzeichenwechsel an.

a) $f(x) = \frac{3x+15}{x^2+x-20} = \frac{3\cdot(x+5)}{(x+5)\cdot(x-4)}$

Behebbare Definitionslücke(n): $x=-5$
Polstelle(n) mit Vorzeichenwechsel: $x=4$
ohne Vorzeichenwechsel: –

b) $g(x) = \frac{3x^2-6x}{4x^3-16x} = \frac{3x\cdot(x-2)}{4x\cdot(x^2-4)} = \frac{3x\cdot(x-2)}{4x\cdot(x+2)\cdot(x-2)}$

Behebbare Definitionslücke(n): $x=0;\,2$
Polstelle(n) mit Vorzeichenwechsel: $x=-2$
ohne Vorzeichenwechsel: –

c) $h(x) = \frac{x^2-2x-3}{(x+4)(x-3)^3} = \frac{(x-3)\cdot(x+1)}{(x+4)(x-3)^3}$

Behebbare Definitionslücke(n): –
Polstelle(n) mit Vorzeichenwechsel: $x=-4$
ohne Vorzeichenwechsel: $x=3$

d) $i(x) = \frac{x^4-1}{5x^4-5x^2} = \frac{(x^2+1)\cdot(x^2-1)}{5x^2\cdot(x^2-1)} = \frac{(x^2+1)\cdot(x+1)\cdot(x-1)}{5x^2\cdot(x+1)\cdot(x-1)}$

Behebbare Definitionslücke(n): $x=-1;\,1$
Polstelle(n) mit Vorzeichenwechsel: –
ohne Vorzeichenwechsel: $x=0$

e) $k(x) = \frac{x-7}{x^4+14x^3+49x^2} = \frac{x-7}{x^2\cdot(x^2+14x+49)} = \frac{x-7}{x^2\cdot(x+7)\cdot(x+7)}$

Behebbare Definitionslücke(n): –
Polstelle(n) mit Vorzeichenwechsel: –
ohne Vorzeichenwechsel: $x=-7;\,0$

f) $l(x) = \frac{x^2+5x-36}{(x+9)^2(x-4)} = \frac{(x-4)\cdot(x+9)}{(x+9)^2(x-4)}$

Behebbare Definitionslücke(n): $x=4$
Polstelle(n) mit Vorzeichenwechsel: $x=-9$
ohne Vorzeichenwechsel: –

2. Welche positive ganze Zahl (≠ 0) kann in das Kästchen eingetragen werden, sodass die Funktion eine behebbare Definitionslücke hat? Formen Sie zunächst geeignet um.

a) $f(x) = \frac{3x+12}{(x-7)\cdot(x+\boxed{4})} = \frac{3(x+4)}{(x-7)\cdot(x+\boxed{4})}$

b) $g(x) = \frac{4x-\boxed{20}}{x^2-4x-5} = \frac{4x-\boxed{20}}{(x-5)\cdot(x+1)} = \frac{4(x-5)}{(x-5)\cdot(x+1)}$

c) $h(x) = \frac{x^2-6x+9}{\boxed{5}x-15} = \frac{(x-3)^2}{\boxed{5}x-15} = \frac{(x-3)^2}{5\cdot(x-3)}$

d) $k(x) = \frac{\boxed{7}x-63}{x^2-8x-9} = \frac{\boxed{7}x-63}{(x+1)\cdot(x-9)} = \frac{7(x-9)}{(x+1)\cdot(x-9)}$

e) $u(x) = \frac{x^2-5x-14}{x^2-\boxed{7}x} = \frac{(x+2)(x-7)}{x\cdot(x-\boxed{7})}$

f) $v(x) = \frac{8x+\boxed{40}}{6x^2+24x-30} = \frac{8x+\boxed{40}}{6(x^2+4x-5)} = \frac{8x+\boxed{40}}{6(x+5)(x-1)} = \frac{8(x+5)}{6(x+5)(x-1)}$

© Als Kopiervorlage für den Unterricht freigegeben. Ernst Klett Verlag GmbH, Stuttgart 2013.

Verhalten im Unendlichen bei gebrochen rationalen Funktionen

Mit diesem Lernzirkel können Sie untersuchen, wie sich gebrochen rationale Funktionen im Unendlichen verhalten.
An den ersten beiden Stationen erarbeiten Sie jeweils ein anderes Teilthema. An der dritten Station können Sie die zuvor erarbeiteten Kenntnisse und Fertigkeiten trainieren. Diese Seite dient als Laufzettel und hilft Ihnen bei der Organisation Ihrer Arbeit.

In der unten stehenden Tabelle sind alle Stationen aufgeführt.
Für jede Station ist in der Spalte Voraussetzung gegebenenfalls vermerkt, welche der anderen Stationen vorher bearbeitet werden sollte(n). Angegeben sind auch Richtwerte für die Bearbeitungsdauer der einzelnen Blätter.

In der Tabelle können Sie festhalten, welche Stationen Sie bearbeitet haben, und anschließend (gegebenenfalls nach einer Korrektur) auch eine Selbsteinschätzung vornehmen.

Viel Erfolg!

Station	Voraus-setzung	Anmerkungen	ca. Dauer	bearbeitet	Selbsteinschätzung ☺ 😐 ☹
1. Arbeitsblatt $z \leqq n$		→ Kopiervorlage S. 164	20 min	☐	☐☐☐☐☐
2. Arbeitsblatt $z \geqq n+1$	1.	→ Kopiervorlage S. 166	20 min	☐	☐☐☐☐☐
3. Trainingsblatt	1. 2.	→ Kopiervorlage S. 168	20 min	☐	☐☐☐☐☐

© Als Kopiervorlage für den Unterricht freigegeben. Ernst Klett Verlag GmbH, Stuttgart 2013.

Verhalten im Unendlichen bei gebrochen rationalen Funktionen ($z \leqq n$)

1. Gegeben ist die Funktion f: $x \mapsto \frac{-10x}{x^2 + 7x - 14}$. Füllen Sie mithilfe eines Taschenrechners die Wertetabellen aus.

x	10	100	1000	10 000
f(x)				

x	−10	−100	−1000	−10 000
f(x)				

Die berechneten Funktionswerte lassen vermuten, dass für die Funktion f gilt: $\lim\limits_{x \to \pm\infty} f(x) =$ ___

Diese Vermutung können Sie durch algebraische Umformungen bestätigen, indem Sie beim Funktionsterm von f sowohl im Zählerpolynom als auch im Nennerpolynom die höchste im gesamten Bruch vorkommende Potenz von x ausklammern und anschließend kürzen:

$$f(x) = \frac{-10x}{x^2 + 7x - 14} = \frac{x^2 \cdot (\quad)}{x^2 \cdot (\quad)} = \frac{\quad}{\quad}$$

Es folgt: Für $x \to \pm\infty$ strebt der Zähler gegen ___ und der Nenner gegen ___, also gilt: $\lim\limits_{x \to \pm\infty} f(x) =$ ___

2. Gegeben ist die Funktion g: $x \mapsto \frac{5x^2}{-2x^2 + 10x + 25}$. Füllen Sie mithilfe eines Taschenrechners die Wertetabellen aus.

x	10	100	1000	10 000
g(x)				

x	−10	−100	−1000	−10 000
g(x)				

Die berechneten Funktionswerte lassen vermuten, dass für die Funktion g gilt: $\lim\limits_{x \to \pm\infty} g(x) =$ ___

Auch diese Vermutung können Sie durch algebraische Umformungen bestätigen, indem Sie beim Funktionsterm von g sowohl im Zählerpolynom als auch im Nennerpolynom die höchste im gesamten Bruch vorkommende Potenz von x ausklammern und anschließend kürzen:

$$g(x) = \frac{5x^2}{-2x^2 + 10x + 25} = \frac{x^{\square} \cdot (\quad)}{x^{\square} \cdot (\quad)} = \frac{\quad}{\quad}$$

Es folgt: Für $x \to \pm\infty$ strebt der Zähler gegen ___ und der Nenner gegen ___, also gilt: $\lim\limits_{x \to \pm\infty} g(x) = \frac{\quad}{\quad} =$ ___

3. Das in den Aufgaben 1 und 2 entdeckte Verhalten der Funktionen f und g im Unendlichen bedeutet offensichtlich, dass sich die Graphen von f und g für $x \to \pm\infty$ jeweils einer Geraden annähern. Diese Gerade ist eine ___ Asymptote.
Zeichnen Sie mit farbigen Strichlinien jeweils die Asymptote für $x \to \pm\infty$ in die abgebildeten Graphen von f und g ein.

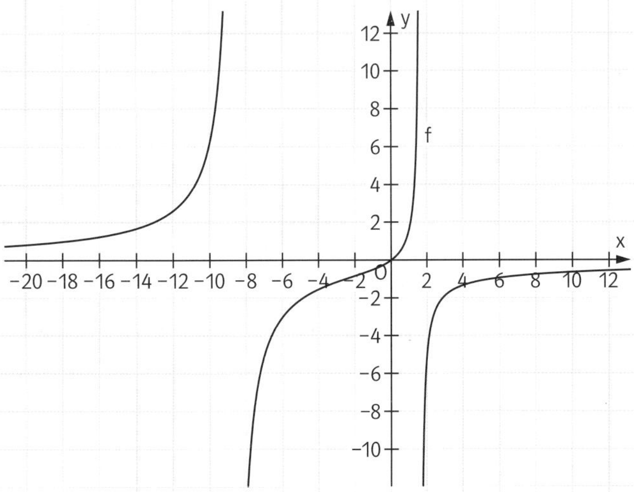

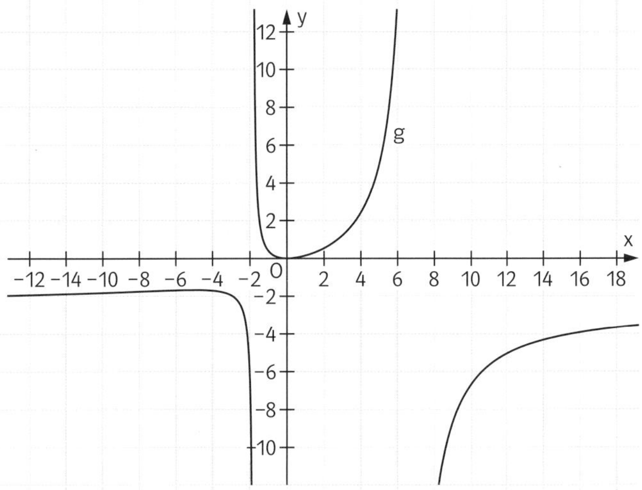

4. Bei der Bestimmung von $\lim\limits_{x \to \pm\infty} f(x)$ und $\lim\limits_{x \to \pm\infty} g(x)$ in den Aufgaben 1 und 2 kam es allein auf das Kürzen der höchsten im gesamten Bruch vorkommenden Potenz von x an. Dies bedeutet, dass letztlich nur der Zählergrad z und der Nennergrad n einer gebrochen rationalen Funktion über deren Verhalten im Unendlichen entscheiden:
Für den Graphen einer gebrochen rationalen Funktion h: $x \mapsto \frac{p(x)}{q(x)}$ mit z als Grad von p und n als Grad von q gilt:

(i) Der Graph von h hat die x-Achse als Asymptote, wenn gilt: z ___ n

(ii) Der Graph von h hat eine waagrechte Asymptote, die nicht die x-Achse ist, wenn gilt: z ___ n

© Als Kopiervorlage für den Unterricht freigegeben. Ernst Klett Verlag GmbH, Stuttgart 2013.

Verhalten im Unendlichen bei gebrochen rationalen Funktionen (z ≦ n) Lösung

1. Gegeben ist die Funktion f: $x \mapsto \frac{-10x}{x^2 + 7x - 14}$. Füllen Sie mithilfe eines Taschenrechners die Wertetabellen aus.

x	10	100	1000	10 000
f(x)	−0,641	−0,094	−0,010	−0,001

x	−10	−100	−1000	−10 000
f(x)	6,250	0,108	0,010	0,001

Die berechneten Funktionswerte lassen vermuten, dass für die Funktion f gilt: $\lim\limits_{x \to \pm\infty} f(x) = 0$

Diese Vermutung können Sie durch algebraische Umformungen bestätigen, indem Sie beim Funktionsterm von f sowohl im Zählerpolynom als auch im Nennerpolynom die höchste im gesamten Bruch vorkommende Potenz von x ausklammern und anschließend kürzen:

$$f(x) = \frac{-10x}{x^2 + 7x - 14} = \frac{x^2 \cdot \left(\frac{-10}{x}\right)}{x^2 \cdot \left(1 + \frac{7}{x} - \frac{14}{x^2}\right)} = \frac{\frac{-10}{x}}{1 + \frac{7}{x} - \frac{14}{x^2}}$$

Es folgt: Für $x \to \pm\infty$ strebt der Zähler gegen 0 und der Nenner gegen 1, also gilt: $\lim\limits_{x \to \pm\infty} f(x) = 0$

2. Gegeben ist die Funktion g: $x \mapsto \frac{5x^2}{-2x^2 + 10x + 25}$. Füllen Sie mithilfe eines Taschenrechners die Wertetabellen aus.

x	10	100	1000	10 000
g(x)	−6,667	−2,635	−2,513	−2,501

x	−10	−100	−1000	−10 000
g(x)	−1,818	−2,384	−2,488	−2,499

Die berechneten Funktionswerte lassen vermuten, dass für die Funktion g gilt: $\lim\limits_{x \to \pm\infty} g(x) = -2{,}5$

Auch diese Vermutung können Sie durch algebraische Umformungen bestätigen, indem Sie beim Funktionsterm von g sowohl im Zählerpolynom als auch im Nennerpolynom die höchste im gesamten Bruch vorkommende Potenz von x ausklammern und anschließend kürzen:

$$g(x) = \frac{5x^2}{-2x^2 + 10x + 25} = \frac{x^2 \cdot (5)}{x^2 \cdot \left(-2 + \frac{10}{x} + \frac{25}{x^2}\right)} = \frac{5}{-2 + \frac{10}{x} + \frac{25}{x^2}}$$

Es folgt: Für $x \to \pm\infty$ strebt der Zähler gegen 5 und der Nenner gegen −2, also gilt: $\lim\limits_{x \to \pm\infty} g(x) = \frac{5}{-2} = -2{,}5$

3. Das in den Aufgaben 1 und 2 entdeckte Verhalten der Funktionen f und g im Unendlichen bedeutet offensichtlich, dass sich die Graphen von f und g für $x \to \pm\infty$ jeweils einer Geraden annähern. Diese Gerade ist eine waagrechte Asymptote.
Zeichnen Sie mit farbigen Strichlinien jeweils die Asymptote für $x \to \pm\infty$ in die abgebildeten Graphen von f und g ein.

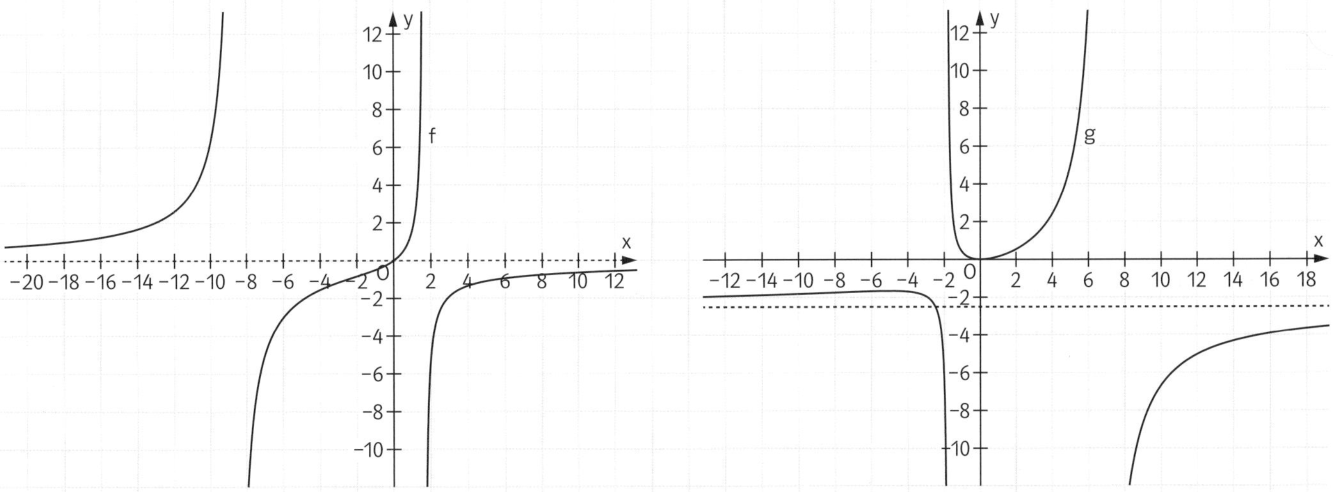

4. Bei der Bestimmung von $\lim\limits_{x \to \pm\infty} f(x)$ und $\lim\limits_{x \to \pm\infty} g(x)$ in den Aufgaben 1 und 2 kam es allein auf das Kürzen der höchsten im gesamten Bruch vorkommenden Potenz von x an. Dies bedeutet, dass letztlich nur der Zählergrad z und der Nennergrad n einer gebrochen rationalen Funktion über deren Verhalten im Unendlichen entscheiden:

Für den Graphen einer gebrochen rationalen Funktion h: $x \mapsto \frac{p(x)}{q(x)}$ mit z als Grad von p und n als Grad von q gilt:

(i) Der Graph von h hat die x-Achse als Asymptote, wenn gilt: $z < n$

(ii) Der Graph von h hat eine waagrechte Asymptote, die nicht die x-Achse ist, wenn gilt: $z = n$

© Als Kopiervorlage für den Unterricht freigegeben. Ernst Klett Verlag GmbH, Stuttgart 2013.

Verhalten im Unendlichen bei gebrochen rationalen Funktionen ($z \geqq n+1$)

1. Gegeben ist die Funktion u: $x \mapsto \frac{x^2 - 4{,}5x + 6}{2x - 5}$. Füllen Sie mithilfe eines Taschenrechners die Wertetabellen aus.

x	10	100	1000	10 000
u(x)				

x	−10	−100	−1000	−10 000
u(x)				

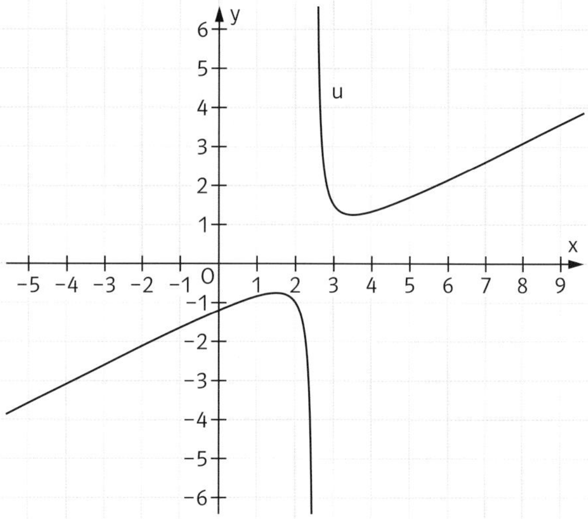

Die berechneten Funktionswerte lassen erkennen, dass sie für $x \to +\infty$ oder für $x \to -\infty$ nicht gegen einen Grenzwert streben. Eine waagrechte Asymptote scheidet somit für den Graphen von u offensichtlich aus. Lässt man den Graphen von u aber von einem Funktionsplotter zeichnen (siehe nebenstehende Abbildung), so scheint sich der Graph von u für $x \to \pm\infty$ an eine Gerade anzunähern. Führt man mit dem Funktionsterm u(x) die folgende Polynomdivision durch, so erlaubt das Ergebnis, den Funktionsterm der Geraden zu finden, der sich der Graph von u für $x \to \pm\infty$ nähert:

$(x^2 - 4{,}5x + 6) : (2x - 5) = 0{,}5x - 1 + \frac{1}{2x-5}$
$\underline{-(x^2 - 2{,}5x)}$
$\quad -2x + 6$
$\quad \underline{-(-2x + 5)}$
$\qquad 1$

Der Bruchterm $\frac{1}{2x-5}$ im Ergebnis der Polynomdivision strebt für $x \to \pm\infty$ gegen _____ . Deshalb unterscheiden sich für $x \to \pm\infty$ die Funktionswerte von u beliebig wenig von den entsprechenden Werten des Terms _____ der im Ergebnis der Polynomdivision **vor** dem Bruchterm steht. Fasst man diesen Term als Funktionsterm auf, dann erkennt man, dass es sich hier um eine lineare Funktion handelt, deren Graph eine Gerade mit der Steigung _____ und dem y-Achsenabschnitt _____ ist. Der Graph von u nähert sich für $x \to \pm\infty$ dieser Geraden an. Die Gerade wird **schräge Asymptote** genannt. Zeichnen Sie diese schräge Asymptote gestrichelt in die obige Abbildung des Graphen von u ein.

2. Gegeben ist die Funktion v: $x \mapsto \frac{x^3 - 0{,}5x^2 - 2x + 3}{2x - 1}$.
Wenn man sehr große positive x-Werte sowie sehr große negative x-Werte in v(x) einsetzt, erkennt man, dass v(x) weder für $x \to +\infty$ noch für $x \to -\infty$ gegen einen Grenzwert strebt. Der Graph von v (siehe rechts) nähert sich für $x \to \pm\infty$ offensichtlich auch nicht an eine Gerade an. Dies wird durch eine Polynomdivision bestätigt:

$(x^3 - 0{,}5x^2 - 2x + 3) : (2x - 1) = 0{,}5x^2 - 1 + \frac{2}{2x-1}$
$\underline{-(x^3 - 0{,}5x^2)}$
$\qquad -2x + 3$
$\qquad \underline{-(-2x + 1)}$
$\qquad\quad 2$

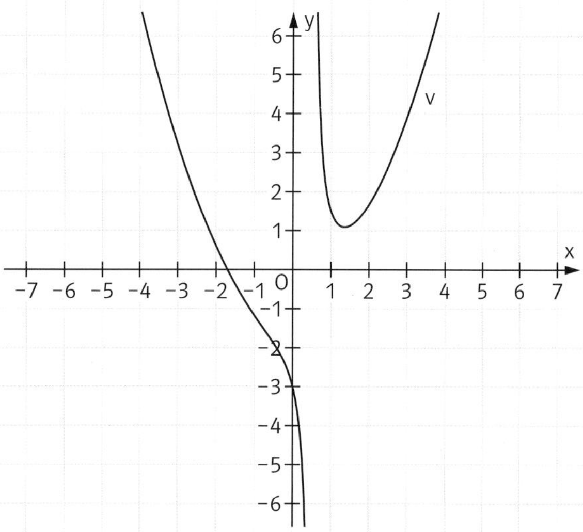

Der vor dem gegen null strebenden Bruchterm $\frac{2}{2x-1}$ stehende Term $(0{,}5x^2 - 1)$ ist kein Funktionsterm einer _____ Funktion.

3. Bei der Bestimmung möglicher Asymptoten war vor allem das Ergebnis der Polynomdivision aufschlussreich. Bei der Polynomdivision wird im ersten Schritt die höchste im Zählerpolynom vorkommende Potenz von x durch die höchste im Nennerpolynom vorkommende Potenz von x dividiert. Letztlich entscheiden also nur der Zählergrad z und der Nennergrad n einer gebrochen rationalen Funktion über die Existenz waagrechter oder schräger Asymptoten:
Für den Graphen einer gebrochen rationalen Funktion w: $x \mapsto \frac{p(x)}{q(x)}$ mit z als Grad von p und n als Grad von q gilt:

(i) Der Graph von w hat eine schräge Asymptote, wenn gilt: $z =$ _____
(ii) Der Graph von w hat keine schräge (und auch keine waagrechte) Asymptote, wenn gilt: z _____

© Als Kopiervorlage für den Unterricht freigegeben. Ernst Klett Verlag GmbH, Stuttgart 2013.

Verhalten im Unendlichen bei gebrochen rationalen Funktionen ($z \geqq n+1$) Lösung

1. Gegeben ist die Funktion u: $x \mapsto \frac{x^2 - 4{,}5x + 6}{2x - 5}$. Füllen Sie mithilfe eines Taschenrechners die Wertetabellen aus.

x	10	100	1000	10 000
u(x)	4,067	49,005	499,001	4999,000

x	−10	−100	−1000	−10 000
u(x)	−6,040	−51,005	−501,000	−5001,000

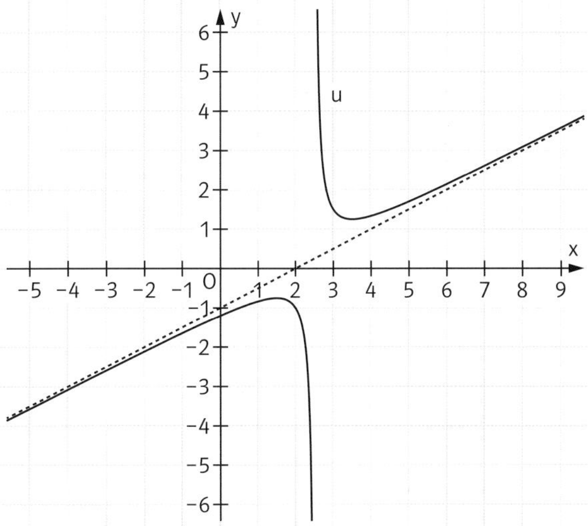

Die berechneten Funktionswerte lassen erkennen, dass sie für $x \to +\infty$ oder für $x \to -\infty$ nicht gegen einen Grenzwert streben. Eine waagrechte Asymptote scheidet somit für den Graphen von u offensichtlich aus. Lässt man den Graphen von u aber von einem Funktionsplotter zeichnen (siehe nebenstehende Abbildung), so scheint sich der Graph von u für $x \to \pm\infty$ an eine Gerade anzunähern. Führt man mit dem Funktionsterm u(x) die folgende Polynomdivision durch, so erlaubt das Ergebnis, den Funktionsterm der Geraden zu finden, der sich der Graph von u für $x \to \pm\infty$ nähert:

$$(x^2 - 4{,}5x + 6) : (2x - 5) = 0{,}5x - 1 + \frac{1}{2x-5}$$
$$-(x^2 - 2{,}5x)$$
$$-2x + 6$$
$$-(-2x + 5)$$
$$1$$

Der Bruchterm $\frac{1}{2x-5}$ im Ergebnis der Polynomdivision strebt für $x \to \pm\infty$ gegen null. Deshalb unterscheiden sich für $x \to \pm\infty$ die Funktionswerte von u beliebig wenig von den entsprechenden Werten des Terms $0{,}5x - 1$ der im Ergebnis der Polynomdivision **vor** dem Bruchterm steht. Fasst man diesen Term als Funktionsterm auf, dann erkennt man, dass es sich hier um eine lineare Funktion handelt, deren Graph eine Gerade mit der Steigung 0,5 und dem y-Achsenabschnitt −1 ist. Der Graph von u nähert sich für $x \to \pm\infty$ dieser Geraden an. Die Gerade wird **schräge Asymptote** genannt. Zeichnen Sie diese schräge Asymptote gestrichelt in die obige Abbildung des Graphen von u ein.

2. Gegeben ist die Funktion v: $x \mapsto \frac{x^3 - 0{,}5x^2 - 2x + 3}{2x - 1}$.

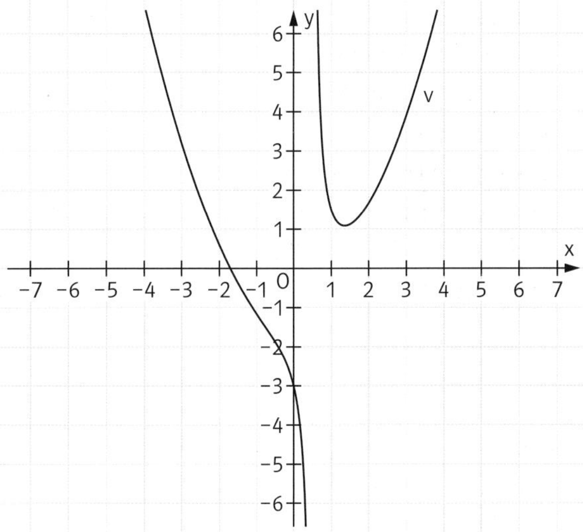

Wenn man sehr große positive x-Werte sowie sehr große negative x-Werte in v(x) einsetzt, erkennt man, dass v(x) weder für $x \to +\infty$ noch für $x \to -\infty$ gegen einen Grenzwert strebt. Der Graph von v (siehe rechts) nähert sich für $x \to \pm\infty$ offensichtlich auch nicht an eine Gerade an. Dies wird durch eine Polynomdivision bestätigt:

$$(x^3 - 0{,}5x^2 - 2x + 3) : (2x - 1) = 0{,}5x^2 - 1 + \frac{2}{2x-1}$$
$$-(x^3 - 0{,}5x^2)$$
$$-2x + 3$$
$$-(-2x + 1)$$
$$2$$

Der vor dem gegen null strebenden Bruchterm $\frac{2}{2x-1}$ stehende Term $(0{,}5x^2 - 1)$ ist kein Funktionsterm einer linearen Funktion.

3. Bei der Bestimmung möglicher Asymptoten war vor allem das Ergebnis der Polynomdivision aufschlussreich. Bei der Polynomdivision wird im ersten Schritt die höchste im Zählerpolynom vorkommende Potenz von x durch die höchste im Nennerpolynom vorkommende Potenz von x dividiert. Letztlich entscheiden also nur der Zählergrad z und der Nennergrad n einer gebrochen rationalen Funktion über die Existenz waagrechter oder schräger Asymptoten:
Für den Graphen einer gebrochen rationalen Funktion w: $x \mapsto \frac{p(x)}{q(x)}$ mit z als Grad von p und n als Grad von q gilt:

(i) Der Graph von w hat eine schräge Asymptote, wenn gilt: $z = n + 1$

(ii) Der Graph von w hat keine schräge (und auch keine waagrechte) Asymptote, wenn gilt: $z > n + 1$

© Als Kopiervorlage für den Unterricht freigegeben. Ernst Klett Verlag GmbH, Stuttgart 2013.

Verhalten im Unendlichen bei gebrochen rationalen Funktionen

1. Entscheiden Sie anhand des Funktionsterms, ob der Graph der Funktion für $x \to \pm\infty$

(A) die x-Achse als waagrechte Asymptote hat, (B) eine waagrechte Asymptote hat, die nicht die x-Achse ist,

(C) eine schräge Asymptote hat, (D) keine waagrechte oder schräge Asymptote hat.

Ergänzen Sie den entsprechenden Buchstaben A, B, C oder D hinter der jeweiligen Funktion.

$f: x \mapsto \frac{3x}{x^2+1} - 2x + 3$ ☐	$g: x \mapsto \frac{7}{2-0{,}5x}$ ☐	$h: x \mapsto 3 - \frac{6}{(x-5)^2}$ ☐	$i: x \mapsto \frac{-x^3-x^2+9}{4-0{,}5x^3}$ ☐
$k: x \mapsto \frac{-100}{x^2}$ ☐	$l: x \mapsto \frac{5}{0{,}2x-9} + 3x^2 - 5x$ ☐	$m: x \mapsto \frac{3x^2-5x+4}{12x-5}$ ☐	$n: x \mapsto \frac{-x^3+2}{8x+7}$ ☐

2. Vervollständigen Sie die Tabelle.

Funktion (z: Zählergrad; n: Nennergrad)	Polynomdivision* bzw. geeignetes Ausklammern und Kürzen	Funktionsgleichung der Asymptote
$f: x \mapsto \frac{x^2-1}{x+2}$ z = ☐ ; n = ☐	$(x^2 \quad - 1) : (x+2) = \square + \frac{\square}{\square}$	☐
$g: x \mapsto \frac{-3x^2+7x}{x^2-3}$ z = ☐ ; n = ☐	$\frac{-3x^2+7x}{x^2-3} = \frac{\square \cdot (\square)}{\square \cdot (\square)} = \frac{\square}{\square}$	☐
$h: x \mapsto \frac{0{,}5x^3-0{,}5x^2+x-2{,}5}{3-x^2}$ z = ☐ ; n = ☐	$\square : \square = \square + \frac{\square}{\square}$	☐
$i: x \mapsto \frac{7x-2}{x^2-x}$ z = ☐ ; n = ☐	$\frac{7x-2}{x^2-x} = \frac{\square \cdot (\square)}{\square \cdot (\square)} = \frac{\square}{\square}$	☐

* Die Polynomdivision ist eine Ergänzung zu den Inhalten des Lehrplans.

3. Ordnen Sie den abgebildeten Funktionsgraphen die folgenden Aussagen zu. Dabei steht z für den Grad des Zählerpolynoms und n für den Grad des Nennerpolynoms.

A: Es gibt keine schräge oder waagrechte Asymptote.
B: $z = n$
C: Die Gleichung der Asymptote lautet $y = 2x - 1$.
D: $z > n+1$
E: Die Gleichung der Asymptote lautet $y = -2$.
F: Die x-Achse ist Asymptote.
G: $z < n$
H: $z = n+1$

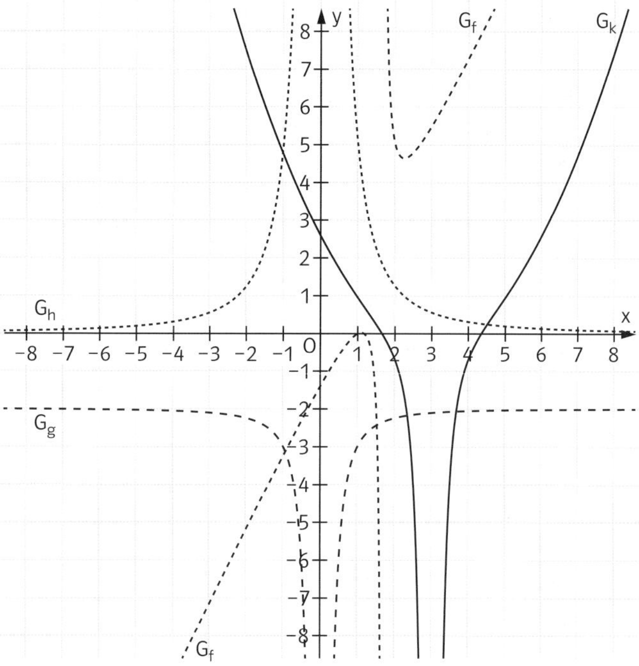

Zu Graph G_f gehören die Aussagen ☐ ;
zu Graph G_g gehören die Aussagen ☐ ;
zu Graph G_h gehören die Aussagen ☐ ;
zu Graph G_k gehören die Aussagen ☐ .

© Als Kopiervorlage für den Unterricht freigegeben. Ernst Klett Verlag GmbH, Stuttgart 2013.

Verhalten im Unendlichen bei gebrochen rationalen Funktionen

Lösung

1. Entscheiden Sie anhand des Funktionsterms, ob der Graph der Funktion für $x \to \pm\infty$
(A) die x-Achse als waagrechte Asymptote hat,
(B) eine waagrechte Asymptote hat, die nicht die x-Achse ist,
(C) eine schräge Asymptote hat,
(D) keine waagrechte oder schräge Asymptote hat.
Ergänzen Sie den entsprechenden Buchstaben A, B, C oder D hinter der jeweiligen Funktion.

$f: x \mapsto \frac{3x}{x^2+1} - 2x + 3$ C	$g: x \mapsto \frac{7}{2-0{,}5x}$ A	$h: x \mapsto 3 - \frac{6}{(x-5)^2}$ B	$i: x \mapsto \frac{-x^3-x^2+9}{4-0{,}5x^3}$ B
$k: x \mapsto \frac{-100}{x^2}$ A	$l: x \mapsto \frac{5}{0{,}2x-9} + 3x^2 - 5x$ D	$m: x \mapsto \frac{3x^2-5x+4}{12x-5}$ C	$n: x \mapsto \frac{-x^3+2}{8x+7}$ D

2. Vervollständigen Sie die Tabelle.

Funktion (z: Zählergrad; n: Nennergrad)	Polynomdivision* bzw. geeignetes Ausklammern und Kürzen * Die Polynomdivision ist eine Ergänzung zu den Inhalten des Lehrplans.	Funktionsgleichung der Asymptote
$f: x \mapsto \frac{x^2-1}{x+2}$ z = 2 ; n = 1	$(x^2 \quad - 1) : (x+2) = x - 2 + \frac{3}{x+2}$ $-(x^2+2x)$ $-2x-1$ $-(-2x-4)$ 3	$y = x - 2$
$g: x \mapsto \frac{-3x^2+7x}{x^2-3}$ z = 2 ; n = 2	$\frac{-3x^2+7x}{x^2-3} = \frac{x^2 \cdot \left(-3+\frac{7}{x}\right)}{x^2 \cdot \left(1-\frac{3}{x^2}\right)} = \frac{-3+\frac{7}{x}}{1-\frac{3}{x^2}}$	$y = -3$
$h: x \mapsto \frac{0{,}5x^3-0{,}5x^2+x-2{,}5}{3-x^2}$ z = 3 ; n = 2	$(0{,}5x^3-0{,}5x^2+ \quad x-2{,}5) : (-x^2+3) = -0{,}5x+0{,}5 + \frac{2{,}5x-4}{3-x^2}$ $-(0{,}5x^3 \quad -1{,}5x)$ $-0{,}5x^2+2{,}5x$ $-(-0{,}5x^2 \quad +1{,}5)$ $2{,}5x-4$	$y = -0{,}5x + 0{,}5$
$i: x \mapsto \frac{7x-2}{x^2-x}$ z = 1 ; n = 2	$\frac{7x-2}{x^2-x} = \frac{x^2 \cdot \left(\frac{7}{x}-\frac{2}{x^2}\right)}{x^2 \cdot \left(1-\frac{1}{x}\right)} = \frac{\frac{7}{x}-\frac{2}{x^2}}{1-\frac{1}{x}}$	$y = 0$

3. Ordnen Sie den abgebildeten Funktionsgraphen die folgenden Aussagen zu. Dabei steht z für den Grad des Zählerpolynoms und n für den Grad des Nennerpolynoms.

A: Es gibt keine schräge oder waagrechte Asymptote.
B: $z = n$
C: Die Gleichung der Asymptote lautet $y = 2x - 1$.
D: $z > n+1$
E: Die Gleichung der Asymptote lautet $y = -2$.
F: Die x-Achse ist Asymptote.
G: $z < n$
H: $z = n+1$

Zu Graph G_f gehören die Aussagen C und H ;
zu Graph G_g gehören die Aussagen B und E ;
zu Graph G_h gehören die Aussagen F und G ;
zu Graph G_k gehören die Aussagen A und D .

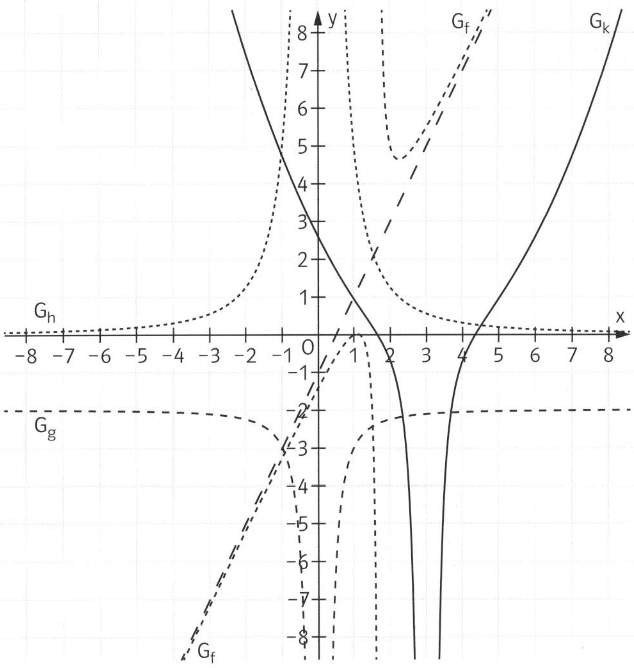

© Als Kopiervorlage für den Unterricht freigegeben. Ernst Klett Verlag GmbH, Stuttgart 2013.

Trio mio zu gebrochen rationalen Funktionen – Spielregel

Spiel für 2 bis 4 Personen

Spielmaterial: 27 Spielkarten, 1 Würfel, evtl. Sanduhr

Spielvorbereitung:
Die 27 Karten werden gemischt und anschließend als verdeckter Stapel abgelegt. Dann wird durch Würfeln ein Spielleiter ermittelt (der zwar selbst Mitspieler ist, als Spielleiter aber keinerlei Spielvorteil hat).

Spielziel:
Jeder Mitspieler versucht, möglichst viele Spielkartentrios einzusammeln.

Spielregel:
Die Karten enthalten entweder Funktionsterme oder Graphen gebrochen rationaler Funktionen. Der Spielleiter deckt 5 Spielkarten aus dem verdeckten Stapel auf und legt sie nebeneinander auf den Tisch. Alle Spieler versuchen nun, unter den 5 aufgedeckten Karten ein Karten-Trio zu finden, das heißt 3 Karten, die in **mindestens einer** der folgenden Eigenschaften übereinstimmen:

(1) Anzahl der Nullstellen (möglich: keine, eine oder zwei Nullstellen)
(2) Anzahl der Polstellen (möglich: keine, eine oder zwei Polstellen)
(3) Verhalten für $x \rightarrow \pm\infty$ (möglich: keine Asymptote, schräge Asymptote, oder waagrechte Asymptote)

Glaubt ein Spieler, ein solches Trio gefunden zu haben, ruft er „Trio mio". Er nimmt die entsprechenden 3 Karten heraus und muss den Mitspielern erläutern, in welcher Eigenschaft diese 3 Karten übereinstimmen.

- Ist die Erläuterung richtig, darf er die 3 Karten einsammeln. Der Spielleiter ersetzt sodann diese 3 eingesammelten Karten für die nächste Runde durch 3 neue Karten aus dem verdeckten Stapel.
- Falls der Spieler keine richtige Erläuterung geben kann, setzt dieser Spieler in der nächsten Runde aus und der Spielleiter mischt alle 5 aufgedeckten Karten zusammen mit dem verdeckten Stapel gut durch und deckt anschließend 5 neue Karten für die nächste Runde auf.

Sollte nach einer vereinbarten Zeit (etwa 3 Minuten oder eine Sanduhrlänge) noch kein Spieler „Trio mio" gerufen haben, nummeriert der Spielleiter zunächst die 5 aufgedeckten Karten laut und deutlich von 1 bis 5 der Reihe nach durch. Dann würfelt er einmal. Die Spielkarte mit der gewürfelten Augenzahl (1 bis 5) wird vom Spielleiter unter den verdeckten Stapel gelegt und durch eine neue Karte aus dem Stapel ersetzt, um die nächste Runde zu beginnen. Sollte eine „6" gewürfelt werden, nimmt der Spielleiter alle 5 aufgedeckten Karten zum Stapel hinzu und mischt gut durch. Schließlich deckt er für die nächste Runde 5 neue Karten auf.

Spielende:
Sobald man nicht mehr zu 5 offen liegenden Karten ergänzen kann, also nicht mehr genügend Karten im Stapel sind, endet das Spiel. Es endet auch, wenn die Spieler gemeinsam feststellen, dass aus den letzten Karten im Spiel kein Trio mehr gebildet werden kann.
Gewonnen hat der Spieler, der zu diesem Zeitpunkt die meisten Karten eingesammelt hat.

© Als Kopiervorlage für den Unterricht freigegeben. Ernst Klett Verlag GmbH, Stuttgart 2013.

Trio mio zu gebrochen rationalen Funktionen – Spielkarten (1)

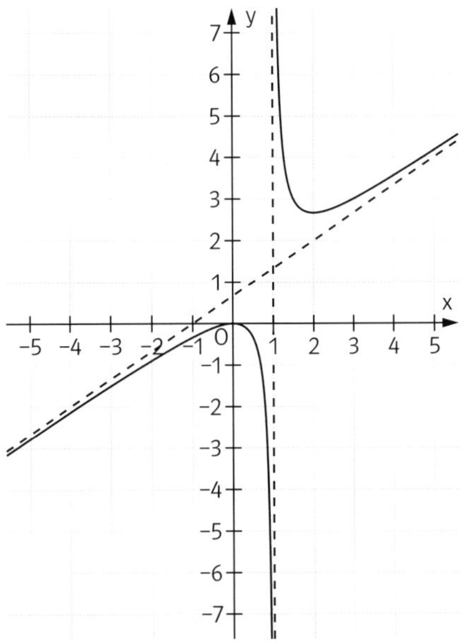

$f\colon x \mapsto \dfrac{x^2-6x+9}{4x^2+8}$

$f\colon x \mapsto \dfrac{x^2-6x+9}{4x^2+8}$

$f\colon x \mapsto \dfrac{4+2x^2}{(x+1)(0{,}5-x)}$

$f\colon x \mapsto \dfrac{4+2x^2}{(x+1)(0{,}5-x)}$

$f\colon x \mapsto \dfrac{x^4+4}{2+x^2}$

$f\colon x \mapsto \dfrac{x^4+4}{2+x^2}$

$f\colon x \mapsto \dfrac{(x-1)^4}{6x-2x^2}$

$f\colon x \mapsto \dfrac{(x-1)^4}{6x-2x^2}$

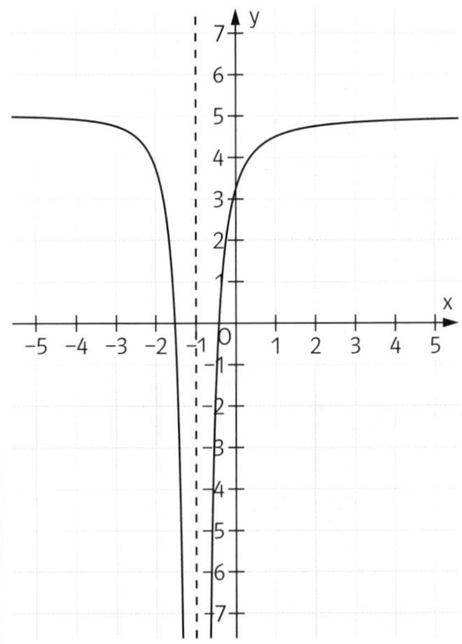

$f\colon x \mapsto \dfrac{x^3-27}{x-x^2}$

$f\colon x \mapsto \dfrac{x^3-27}{x-x^2}$

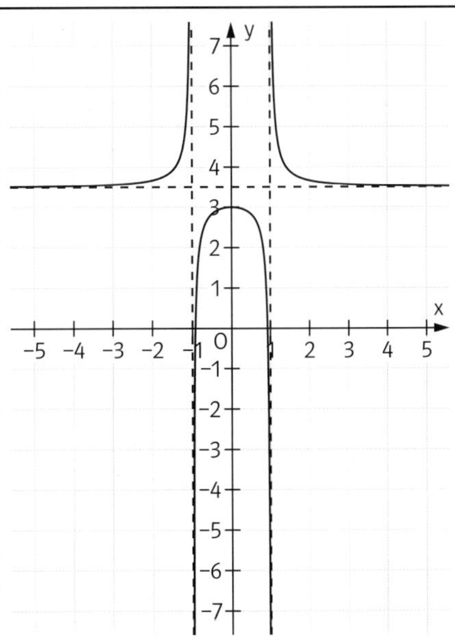

$f\colon x \mapsto \dfrac{x(2-x)}{1+x}$

$f\colon x \mapsto \dfrac{x(2-x)}{1+x}$

© Als Kopiervorlage für den Unterricht freigegeben. Ernst Klett Verlag GmbH, Stuttgart 2013.

Trio mio zu gebrochen rationalen Funktionen – Spielkarten (2)

$$f\colon x \mapsto \frac{x}{x^3-2}$$

$$f\colon x \mapsto \frac{x}{x^3-2}$$

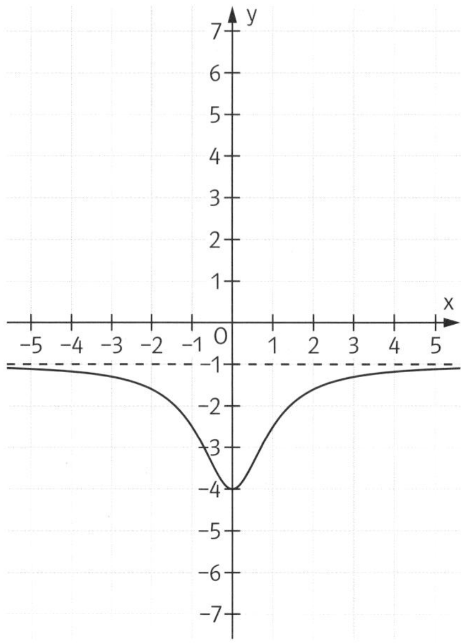

$$f\colon x \mapsto \frac{6x^3}{7x^2+3}$$

$$f\colon x \mapsto \frac{6x^3}{7x^2+3}$$

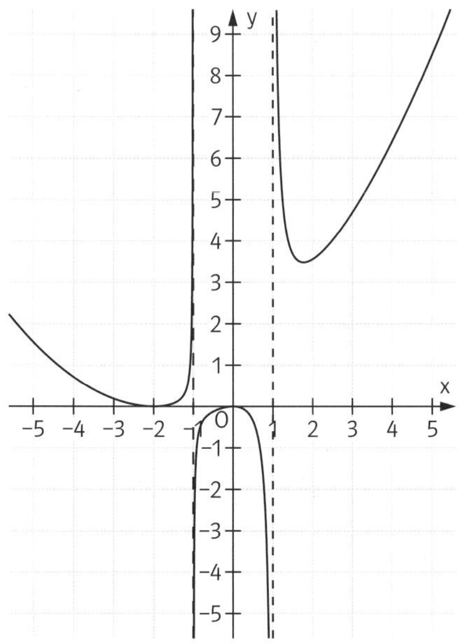

$$f\colon x \mapsto \frac{8}{21-7x}$$

$$f\colon x \mapsto \frac{8}{21-7x}$$

$$f\colon x \mapsto \frac{(x-5)(x^2+14x+49)}{x^2-4}$$

$$f\colon x \mapsto \frac{(x-5)(x^2+14x+49)}{x^2-4}$$

$$f\colon x \mapsto \frac{4x^2+28x}{7+x^2}$$

$$f\colon x \mapsto \frac{4x^2+28x}{7+x^2}$$

$$f\colon x \mapsto \frac{1+x^4}{2x^2-x}$$

$$f\colon x \mapsto \frac{1+x^4}{2x^2-x}$$

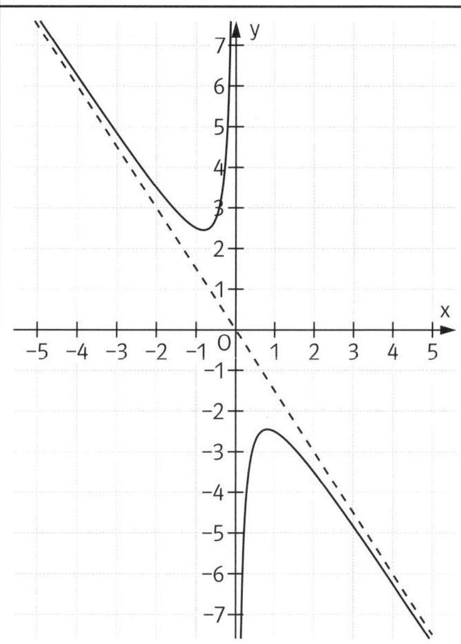

© Als Kopiervorlage für den Unterricht freigegeben. Ernst Klett Verlag GmbH, Stuttgart 2013.

Trio mio zu gebrochen rationalen Funktionen – Spielkarten (3)

$f\colon x \mapsto \dfrac{(3-x^2)(3+x^2)}{9+x^2}$

$f\colon x \mapsto \dfrac{(3-x^2)(3+x^2)}{9+x^2}$

$f\colon x \mapsto \dfrac{x^3-7}{5x+20}$

$f\colon x \mapsto \dfrac{x^3-7}{5x+20}$

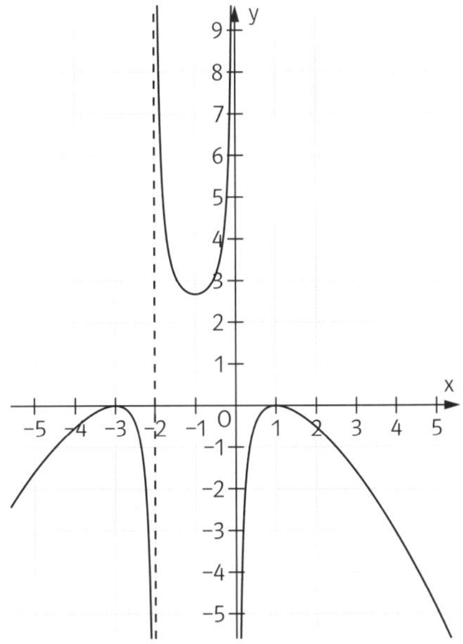

$f\colon x \mapsto \dfrac{3x^2-3x^3}{x+2}$

$f\colon x \mapsto \dfrac{3x^2-3x^3}{x+2}$

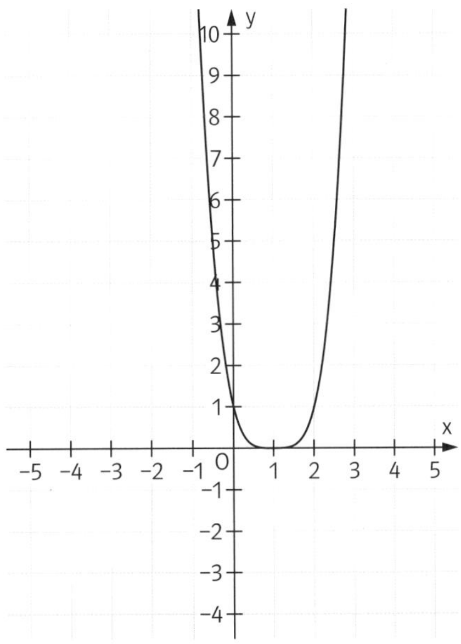

$f\colon x \mapsto \dfrac{2x^2+8}{x}$

$f\colon x \mapsto \dfrac{2x^2+8}{x}$

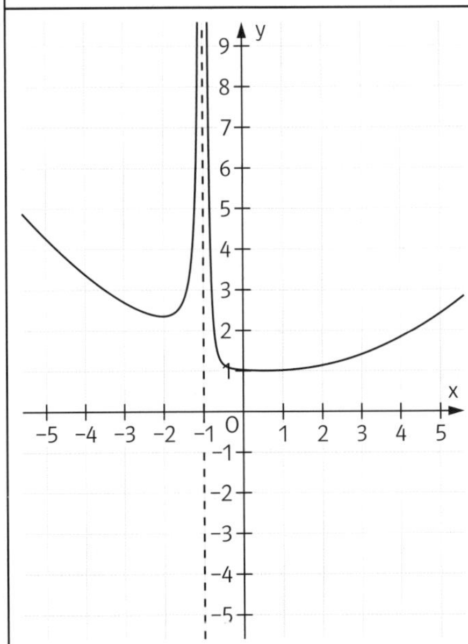

$f\colon x \mapsto \dfrac{-6x+12x^2}{x^2+18x+81}$

$f\colon x \mapsto \dfrac{-6x+12x^2}{x^2+18x+81}$

$f\colon x \mapsto \dfrac{1}{8-x^2}$

$f\colon x \mapsto \dfrac{1}{8-x^2}$

© Als Kopiervorlage für den Unterricht freigegeben. Ernst Klett Verlag GmbH, Stuttgart 2013.

Der Grenzwert des Differenzenquotienten

1. Markieren Sie die Punkte A(0,4 | f(0,4)) und B(2,8 | f(2,8)) im unten stehenden Graphen der Funktion f: $x \mapsto 0{,}1x^3$.
Zeichnen Sie die Sekanten PA und PB in gelber Farbe ein.
Berechnen Sie schließlich die Steigungen dieser beiden Sekanten mithilfe des Differenzenquotienten.

$$m_{PB} = \frac{f(\quad) - f(\quad)}{\quad - \quad} = \frac{\quad}{\quad} = \quad$$

$$m_{PA} = \frac{f(\quad) - f(\quad)}{\quad - \quad} = \frac{\quad}{\quad} = \quad$$

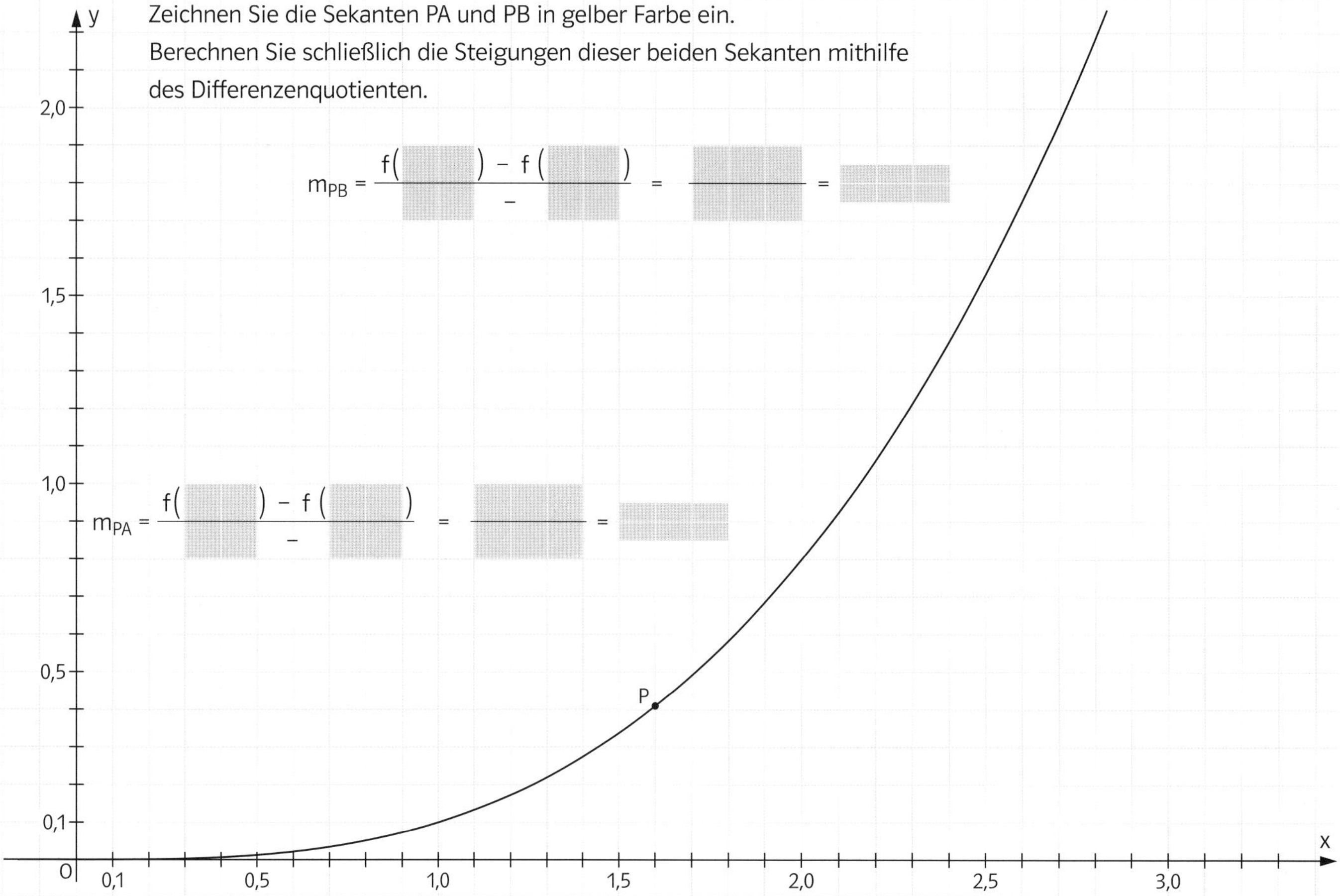

2. Im Folgenden soll nun der Punkt A auf dem Graphen näher an P heranrücken: Markieren Sie im obigen Bild die auf dem Graphen von f liegenden Punkte mit den x-Koordinaten x = 1,0 und x = 1,4. Zeichnen Sie die Sekante durch P und (1,0 | f(1 ,0)) orange und die Sekante durch P und (1,4 | f(1,4)) rot ein.
Analog soll der Punkt B zum Punkt P wandern: Zeichnen Sie hierzu die Sekante durch P und den Graphenpunkt (2,2 | f(2,2)) orange und die Sekante durch P und den Graphenpunkt (1,8 | f(1 ,8)) rot ein. Welche Entwicklung beobachten Sie rein anschaulich bei den Sekantensteigungen?

3. Berechnen Sie nun die Sekantensteigungen der in Aufgabe 2 eingezeichneten Sekanten und tragen Sie diese Werte in die entsprechende Tabelle ein. Vervollständigen Sie anschließend beide Tabellen.

x-Koordinate des Graphenpunktes	Steigung der Sekante: $\frac{f(1{,}6) - f(x)}{1{,}6 - x}$
0,4	
1,0	
1,4	
1,5	
1,59	
1,599	

x-Koordinate des Graphenpunktes	Steigung der Sekante: $\frac{f(x) - f(1{,}6)}{x - 1{,}6}$
2,8	
2,2	
1,8	
1,7	
1,61	
1,601	

4. Die Tabellen aus Aufgabe 3 legen für die Steigung des Graphen im Punkt P(1,6 | f(1,6)) den (Grenz-)Wert ______ nahe. Wenn man diesen Wert ebenfalls als Steigung einer Geraden durch P auffasst, so handelt es sich nicht mehr um eine Sekante durch P, sondern um eine ______ an den Graphen von f im Punkt P. Zeichnen Sie diese oben mit ein.

© Als Kopiervorlage für den Unterricht freigegeben. Ernst Klett Verlag GmbH, Stuttgart 2013.

Der Grenzwert des Differenzenquotienten

Lösung

1. Markieren Sie die Punkte A(0,4 | f(0,4)) und B(2,8 | f(2,8)) im unten stehenden Graphen der Funktion f: $x \mapsto 0{,}1x^3$.
Zeichnen Sie die Sekanten PA und PB in gelber Farbe ein.
Berechnen Sie schließlich die Steigungen dieser beiden Sekanten mithilfe des Differenzenquotienten.

$$m_{PB} = \frac{f(2{,}8) - f(1{,}6)}{2{,}8 - 1{,}6} = \frac{1{,}7856}{1{,}2} = 1{,}488$$

$$m_{PA} = \frac{f(1{,}6) - f(0{,}4)}{1{,}6 - 0{,}4} = \frac{0{,}4032}{1{,}2} = 0{,}336$$

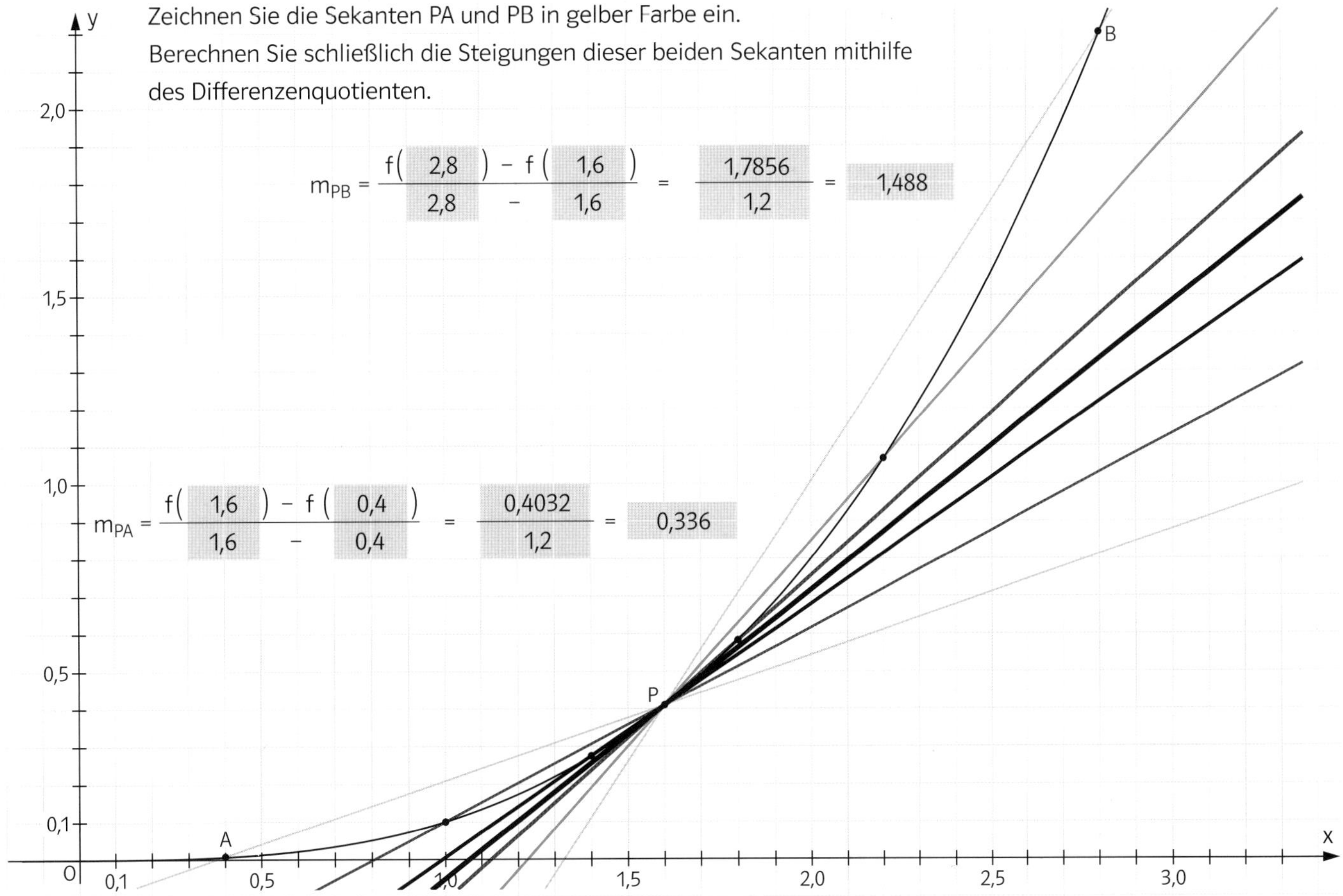

2. Im Folgenden soll nun der Punkt A auf dem Graphen näher an P heranrücken: Markieren Sie im obigen Bild die auf dem Graphen von f liegenden Punkte mit den x-Koordinaten x = 1,0 und x = 1,4. Zeichnen Sie die Sekante durch P und (1,0 | f(1,0)) orange und die Sekante durch P und (1,4 | f(1,4)) rot ein.
Analog soll der Punkt B zum Punkt P wandern: Zeichnen Sie hierzu die Sekante durch P und den Graphenpunkt (2,2 | f(2,2)) orange und die Sekante durch P und den Graphenpunkt (1,8 | f(1,8)) rot ein. Welche Entwicklung beobachten Sie rein anschaulich bei den Sekantensteigungen?

Die Steigungen gleichen sich an. Die Sekanten nähern sich derselben Gerade.

3. Berechnen Sie nun die Sekantensteigungen der in Aufgabe 2 eingezeichneten Sekanten und tragen Sie diese Werte in die entsprechende Tabelle ein. Vervollständigen Sie anschließend beide Tabellen.

x-Koordinate des Graphenpunktes	Steigung der Sekante: $\frac{f(1{,}6) - f(x)}{1{,}6 - x}$
0,4	0,336
1,0	0,516
1,4	0,676
1,5	0,721
1,59	0,763 21
1,599	0,767 520 1

x-Koordinate des Graphenpunktes	Steigung der Sekante: $\frac{f(x) - f(1{,}6)}{x - 1{,}6}$
2,8	1,488
2,2	1,092
1,8	0,868
1,7	0,817
1,61	0,772 81
1,601	0,768 480 1

4. Die Tabellen aus Aufgabe 3 legen für die Steigung des Graphen im Punkt P(1,6 | f(1,6)) den (Grenz-)Wert 0,768 nahe. Wenn man diesen Wert ebenfalls als Steigung einer Geraden durch P auffasst, so handelt es sich nicht mehr um eine Sekante durch P, sondern um eine Tangente an den Graphen von f im Punkt P. Zeichnen Sie diese oben mit ein.

© Als Kopiervorlage für den Unterricht freigegeben. Ernst Klett Verlag GmbH, Stuttgart 2013.

Dominoschlange zu Graphen von Funktionen und ihren Ableitungen

Schneiden Sie die Dominosteine entlang der fett gedruckten Linien aus. Auf den weiß unterlegten Feldern sind die Graphen der Ausgangsfunktionen f, auf den grau unterlegten Feldern die Graphen der zugehörigen Ableitungen f′ abgebildet.
Legen Sie die Teile passend aneinander.

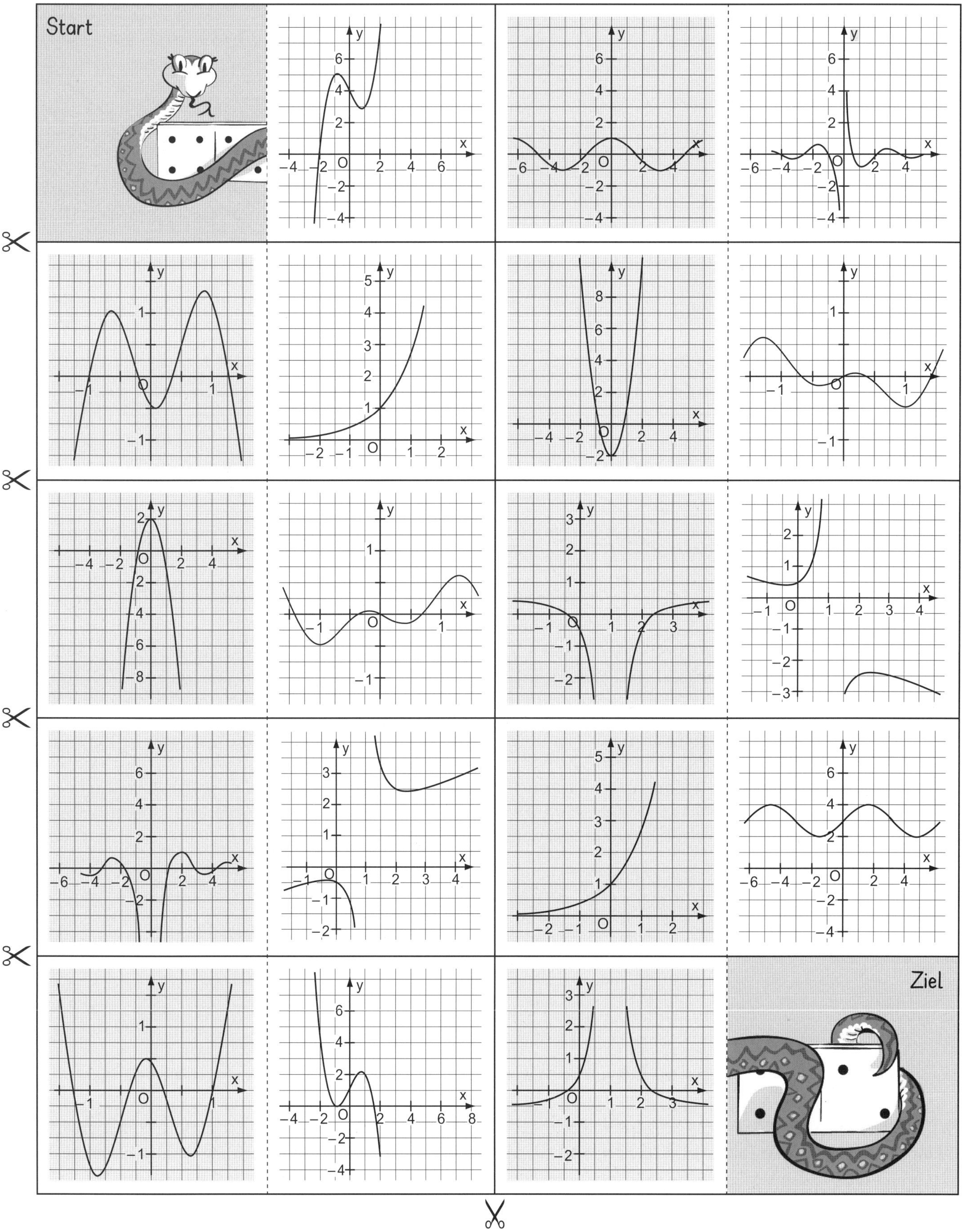

© Als Kopiervorlage für den Unterricht freigegeben. Ernst Klett Verlag GmbH, Stuttgart 2013.

Ableitungsregeln: Summen- und Faktorregel

1. Bestimmen Sie die Ableitung.

a) $f(x) = 6x^4 - \frac{3}{4}x^3 + 5x - 2$

$f'(x) =$

b) $g(x) = \frac{3}{4}x^8 + 0{,}5x^4 - 3{,}5x^{-2}$

$g'(x) =$

c) $f(t) = \frac{2}{t} - \frac{3}{t^2} + \frac{4}{5t^3}$

$f'(t) =$

d) $g(t) = \frac{1}{5} \cdot \frac{3}{t^5} - t^{-4} + t - 2{,}8$

$g'(t) =$

e) $f(x) = \frac{2}{x^2} \cdot \left(4x^3 - \frac{3}{4}x^2 + \frac{1}{2x}\right)$

$f'(x) =$

f) $g(x) = \frac{x^2}{a} + \frac{5b}{2x^2}$

$g'(x) =$

2. Berechnen Sie die Ableitung. Formen Sie dazu zunächst den Funktionsterm geeignet um.

a) $f(x) = \frac{9 - 4x}{x^3} =$ $\qquad f'(x) =$

b) $f(x) = \frac{3x^3 + 2x^2 - 5}{x^2} =$ $\qquad f'(x) =$

c) $f(x) = \frac{6x^3 - 12x^2}{x - 2} =$ $\qquad f'(x) =$

d) $f(x) = \frac{-4x + 10}{2} + \frac{x^2 - 4}{x + 2} =$ $\qquad f'(x) =$

3. Überprüfen Sie durch Ableiten, ob die Funktion F eine Stammfunktion der Funktion f ist.

a) $F\colon x \mapsto \frac{5a}{x^4} + a$ und $f\colon x \mapsto -20ax^{-5}$ $\qquad F'(x) =$

b) $F\colon x \mapsto xb^3 - b^2$ und $f\colon x \mapsto 3xb^2 - 2b$ $\qquad F'(x) =$

c) $F\colon x \mapsto \frac{m}{x} - 6m$ und $f\colon x \mapsto -mx^{-2} - 6$ $\qquad F'(x) =$

d) $F\colon t \mapsto xt^2 + tx^{-2}$ und $f\colon t \mapsto 2xt + \frac{1}{x^2}$ $\qquad F'(t) =$

e) $F\colon z \mapsto \frac{z}{4} - z^{-1} \cdot x$ und $f\colon z \mapsto \frac{1}{4} - \frac{1}{z}$ $\qquad F'(z) =$

4. Berechnen Sie $f'(0)$. Steigt oder fällt der Graph von f an der Stelle $x = 0$?

a) $f(x) = 7x^4 - 3x^3 + 2x$; $\quad f'(x) =$; $\quad f'(0) =$; $\quad$ bei $x = 0$ $\qquad$ der Graph.

b) $f(x) = -\frac{1}{2}x + 7$; $\quad f'(x) =$; $\quad f'(0) =$; $\quad$ bei $x = 0$ $\qquad$ der Graph.

5. Wahr oder falsch? Kreuzen Sie an. Begründen Sie oder geben Sie ein Gegenbeispiel an.

a) Wenn die Funktionsterme zweier Funktionen nicht äquivalent sind, können auch die Terme ihrer Ableitungen nicht äquivalent sein.

☐ wahr ☐ falsch Begründung/Gegenbeispiel:

b) Wenn der Graph einer Funktion eine Gerade ist, so ist auch der Graph der Ableitung eine Gerade.

☐ wahr ☐ falsch Begründung/Gegenbeispiel:

© Als Kopiervorlage für den Unterricht freigegeben. Ernst Klett Verlag GmbH, Stuttgart 2013.

Ableitungsregeln: Summen- und Faktorregel

Lösung

1. Bestimmen Sie die Ableitung.

a) $f(x) = 6x^4 - \frac{3}{4}x^3 + 5x - 2$

$f'(x) = 24x^3 - \frac{9}{4}x^2 + 5$

b) $g(x) = \frac{3}{4}x^8 + 0{,}5x^4 - 3{,}5x^{-2}$

$g'(x) = 6x^7 + 2x^3 + 7x^{-3}$

c) $f(t) = \frac{2}{t} - \frac{3}{t^2} + \frac{4}{5t^3}$

$f'(t) = -2t^{-2} + 6t^{-3} - \frac{12}{5}t^{-4}$

d) $g(t) = \frac{1}{5} \cdot \frac{3}{t^5} - t^{-4} + t - 2{,}8$

$g'(t) = -3t^{-6} + 4t^{-5} + 1$

e) $f(x) = \frac{2}{x^2} \cdot \left(4x^3 - \frac{3}{4}x^2 + \frac{1}{2x}\right)$

$f'(x) = \left[8x - \frac{3}{2} + x^{-3}\right]' = 8 - 3x^{-4}$

f) $g(x) = \frac{x^2}{a} + \frac{5b}{2x^2}$

$g'(x) = \left[\frac{1}{a}x^2 + \frac{5b}{2}x^{-2}\right]' = \frac{2}{a}x - 5bx^{-3}$

2. Berechnen Sie die Ableitung. Formen Sie dazu zunächst den Funktionsterm geeignet um.

a) $f(x) = \frac{9 - 4x}{x^3} = 9x^{-3} - 4x^{-2}$ $\quad f'(x) = -27x^{-4} + 8x^{-3}$

b) $f(x) = \frac{3x^3 + 2x^2 - 5}{x^2} = 3x + 2 - 5x^{-2}$ $\quad f'(x) = 3 + 10x^{-3}$

c) $f(x) = \frac{6x^3 - 12x^2}{x - 2} = \frac{6x^2 \cdot (x-2)}{(x-2)} = 6x^2$ $\quad f'(x) = 12x$

d) $f(x) = \frac{-4x + 10}{2} + \frac{x^2 - 4}{x + 2} = -2x + 5 + x - 2$ $\quad f'(x) = -1$

3. Überprüfen Sie durch Ableiten, ob die Funktion F eine Stammfunktion der Funktion f ist.

a) $F\colon x \mapsto \frac{5a}{x^4} + a$ und $f\colon x \mapsto -20ax^{-5}$ $\quad F'(x) = -20ax^{-5} \quad = f(x)$

b) $F\colon x \mapsto xb^3 - b^2$ und $f\colon x \mapsto 3xb^2 - 2b$ $\quad F'(x) = b^3 \quad \neq f(x)$

c) $F\colon x \mapsto \frac{m}{x} - 6m$ und $f\colon x \mapsto -mx^{-2} - 6$ $\quad F'(x) = -mx^{-2} \quad \neq f(x)$

d) $F\colon t \mapsto xt^2 + tx^{-2}$ und $f\colon t \mapsto 2xt + \frac{1}{x^2}$ $\quad F'(t) = 2xt + x^{-2} \quad = f(t)$

e) $F\colon z \mapsto \frac{z}{4} - z^{-1} \cdot x$ und $f\colon z \mapsto \frac{1}{4} - \frac{1}{z}$ $\quad F'(z) = \frac{1}{4} + x \cdot z^{-2} \quad \neq f(z)$

4. Berechnen Sie $f'(0)$. Steigt oder fällt der Graph von f an der Stelle $x = 0$?

a) $f(x) = 7x^4 - 3x^3 + 2x$; $\quad f'(x) = 28x^3 - 9x^2 + 2$; $\quad f'(0) = 2$; $\quad$ bei $x = 0$ steigt der Graph.

b) $f(x) = -\frac{1}{2}x + 7$; $\quad f'(x) = -\frac{1}{2}$; $\quad f'(0) = -\frac{1}{2}$; $\quad$ bei $x = 0$ fällt der Graph.

5. Wahr oder falsch? Kreuzen Sie an. Begründen Sie oder geben Sie ein Gegenbeispiel an.

a) Wenn die Funktionsterme zweier Funktionen nicht äquivalent sind, können auch die Terme ihrer Ableitungen nicht äquivalent sein.

☐ wahr ☒ falsch Begründung/Gegenbeispiel: $f(x) = 2x$; $g(x) = 2x - 3$; $f'(x) = g'(x) = 2$

b) Wenn der Graph einer Funktion eine Gerade ist, so ist auch der Graph der Ableitung eine Gerade.

☒ wahr ☐ falsch Begründung/Gegenbeispiel: $f(x) = mx + t \Rightarrow f'(x) = m$; Graph ist eine waagrechte Gerade.

© Als Kopiervorlage für den Unterricht freigegeben. Ernst Klett Verlag GmbH, Stuttgart 2013.

Ableitungsregeln: Produkt- und Quotientenregel

1. Berechnen Sie die Ableitung mit der Produkt- oder der Quotientenregel. Vereinfachen Sie danach so weit wie möglich.

a) $f(x) = (-0{,}5x^3 + 2x) \cdot (4 - x)$

$f'(x) =$

$=$

$=$

b) $f(x) = \dfrac{x^2 - 2x + 2}{4x - 3}$

$f'(x) =$

$=$

$=$

c) $f(x) =$

$f'(x) =$

$=$

$=$

d) $f(x) =$

$f'(x) =$

$=$

2. Berechnen Sie die Ableitung sowohl mithilfe der Produkt- als auch der Quotientenregel. Formen Sie dazu bei jeweils einer der beiden Regeln zunächst den Funktionsterm geeignet um. Zeigen Sie, dass beide Rechenwege zu äquivalenten Ableitungen führen.

a) $f(x) = 5x^{-4} \cdot (-3x^2 + 4)$

mithilfe der Produktregel:

$f'(x) =$

$=$

$=$

mithilfe der Quotientenregel:

$f(x) =$

$f'(x) =$

$=$

$=$

b) $g(x) = \dfrac{x - \frac{2}{x}}{3x}$

mithilfe der Quotientenregel:

$g'(x) =$

$=$

$=$

mithilfe der Produktregel:

$g(x) =$

$g'(x) =$

$=$

$=$

3. Überprüfen Sie durch Ableiten, ob die Funktion F eine Stammfunktion der Funktion f ist.

a) $F(x) = (a + 1) \cdot x^3$ und $f(x) = 3ax^2 + 3x^2$ $F'(x) =$

b) $F(x) = \dfrac{tx - 2}{t - x}$ und $f(x) = \dfrac{2 - x^2}{(t - x)^2}$ $F'(x) =$

c) $F(x) = xb^3\left(\frac{1}{2}b^2 - 1\right)$ und $f(x) = 1{,}5xb^4 - 3xb^2$ $F'(x) =$

d) $F(a) = x^2(4a^2 - a)$ und $f(a) = -x^2 + 8ax^2$ $F'(a) -$

© Als Kopiervorlage für den Unterricht freigegeben. Ernst Klett Verlag GmbH, Stuttgart 2013.

Ableitungsregeln: Produkt- und Quotientenregel

Lösung

1. Berechnen Sie die Ableitung mit der Produkt- oder der Quotientenregel. Vereinfachen Sie danach so weit wie möglich.

a) $f(x) = (-0{,}5x^3 + 2x) \cdot (4 - x)$

$f'(x) = (-1{,}5x^2 + 2)(4 - x) + (-0{,}5x^3 + 2x)(-1)$

$= -6x^2 + 1{,}5x^3 + 8 - 2x + 0{,}5x^3 - 2x$

$= 2x^3 - 6x^2 - 4x + 8$

b) $f(x) = \frac{x^2 - 2x + 2}{4x - 3}$

$f'(x) = \frac{(2x - 2)(4x - 3) - (x^2 - 2x + 2) \cdot 4}{(4x - 3)^2}$

$= \frac{8x^2 - 6x - 8x + 6 - 4x^2 + 8x - 8}{(4x - 3)^2}$

$= \frac{4x^2 - 6x - 2}{(4x - 3)^2}$

c) $f(x) = 3x^{-3} \cdot (-2x^2 + x - 1)$

$f'(x) = -9x^{-4}(-2x^2 + x - 1) + 3x^{-3}(-4x + 1)$

$= 18x^{-2} - 9x^{-3} + 9x^{-4} - 12x^{-2} + 3x^{-3}$

$= 6x^{-2} - 6x^{-3} + 9x^{-4}$

d) $f(x) = \frac{3}{2 + x^2}$

$f'(x) = \frac{0 \cdot (2 + x^2) - 3 \cdot (2x)}{(2 + x^2)^2}$

$= \frac{-6x}{(2 + x^2)^2}$

2. Berechnen Sie die Ableitung sowohl mithilfe der Produkt- als auch der Quotientenregel. Formen Sie dazu bei jeweils einer der beiden Regeln zunächst den Funktionsterm geeignet um. Zeigen Sie, dass beide Rechenwege zu äquivalenten Ableitungen führen.

a) $f(x) = 5x^{-4} \cdot (-3x^2 + 4)$

mithilfe der Produktregel:

$f'(x) = -20x^{-5}(-3x^2 + 4) + 5x^{-4}(-6x)$

$= 60x^{-3} - 80x^{-5} - 30x^{-3}$

$= 30x^{-3} - 80x^{-5}$

mithilfe der Quotientenregel:

$f(x) = \frac{-15x^2 + 20}{x^4}$

$f'(x) = \frac{-30x \cdot x^4 - (-15x^2 + 20) \cdot 4x^3}{x^8}$

$= \frac{-30x^5 + 60x^5 - 80x^3}{x^8}$

$= 30x^{-3} - 80x^{-5}$

b) $g(x) = \frac{x - \frac{2}{x}}{3x}$

mithilfe der Quotientenregel:

$g'(x) = \frac{(1 + 2x^{-2}) \cdot 3x - (x - 2x^{-1}) \cdot 3}{9x^2}$

$= \frac{3x + 6x^{-1} - 3x + 6x^{-1}}{9x^2}$

$= \frac{4}{3} \cdot x^{-3}$

mithilfe der Produktregel:

$g(x) = \frac{1}{3}x^{-1} \cdot (x - 2x^{-1})$

$g'(x) = -\frac{1}{3}x^{-2} \cdot (x - 2x^{-1}) + \frac{1}{3}x^{-1} \cdot (1 + 2x^{-2})$

$= -\frac{1}{3}x^{-1} + \frac{2}{3}x^{-3} + \frac{1}{3}x^{-1} + \frac{2}{3}x^{-3}$

$= \frac{4}{3}x^{-3}$

3. Überprüfen Sie durch Ableiten, ob die Funktion F eine Stammfunktion der Funktion f ist.

a) $F(x) = (a + 1) \cdot x^3$ und $f(x) = 3ax^2 + 3x^2$ — $F'(x) = 3 \cdot (a + 1) \cdot x^2 = 3ax^2 + 3x^2 \quad = f(x)$

b) $F(x) = \frac{tx - 2}{t - x}$ und $f(x) = \frac{2 - x^2}{(t - x)^2}$ — $F'(x) = \frac{t \cdot (t - x) - (tx - 2) \cdot (-1)}{(t - x)^2} = \frac{t^2 - x}{(t - x)^2} \quad \neq f(x)$

c) $F(x) = xb^3\left(\frac{1}{2}b^2 - 1\right)$ und $f(x) = 1{,}5xb^4 - 3xb^2$ — $F'(x) = b^3 \cdot \left(\frac{1}{2}b^2 - 1\right) = \frac{1}{2}b^5 - b^3 \quad \neq f(x)$

d) $F(a) = x^2(4a^2 - a)$ und $f(a) = -x^2 + 8ax^2$ — $F'(a) = x^2 \cdot (8a - 1) = -x^2 + 8ax^2 \quad = f(a)$

© Als Kopiervorlage für den Unterricht freigegeben. Ernst Klett Verlag GmbH, Stuttgart 2013.

Gleichungen von Tangenten und Normalen

1. Ermitteln Sie, falls möglich, die Gleichungen der Tangente und der Normale an den Graphen der Funktion f im Punkt P.

a) $f\colon x \mapsto x^3 + 3x^2 - 2$ und $P(1|2)$

Ableitung von f: $f'(x) =$ ___

Steigung der Tangente: $m = f'($ ___ $) =$ ___

P einsetzen: $2 =$ ___ $\cdot$ ___ $+ t$

$\Rightarrow t =$ ___ $=$ ___

Tangentengleichung: $y =$ ___

Steigung der Normale: $m_n \cdot m_t = -1$

$\Rightarrow m_n =$ ___

P einsetzen: $2 =$ ___ $\cdot$ ___ $+ t_n$

$\Rightarrow t_n =$ ___ $=$ ___

Normalengleichung: $y =$ ___

b) $f\colon x \mapsto \frac{1}{4}x^2 - \frac{2}{x^2}$ und $P(2|0{,}5)$

Ableitung von f: $f'(x) =$ ___

Steigung der Tangente: $m =$ ___ $=$ ___

P einsetzen: ___ $=$ ___ $\cdot$ ___ $+ t$

$\Rightarrow t =$ ___ $=$ ___

Tangentengleichung: $y =$ ___

Steigung der Normale: $m_n = -1 :$ ___ $=$ ___

P einsetzen: ___ $=$ ___ $\cdot$ ___ $+ t_n$

$\Rightarrow t_n =$ ___ $=$ ___

Normalengleichung: $y =$ ___

c) $f\colon x \mapsto \frac{2x}{x-2}$ und $P(1|-2)$

d) $f\colon x \mapsto \frac{1}{3}x^3 + \frac{1}{2}x^2$ und $P\left(-1\middle|\frac{1}{6}\right)$

2. Berechnen Sie den Schnittpunkt bzw. die Schnittpunkte der Graphen G_f und G_g. Stellen Sie anschließend die Gleichung(en) der Tangente(n) an den Graphen G_f im Schnittpunkt bzw. in den Schnittpunkten auf. Wie kann man das Ergebnis in Teilaufgabe b) geometrisch deuten?

a) $f\colon x \mapsto x^2 - 5x + 8$ und $g\colon x \mapsto x + 8$

Berechnung der Schnittpunkte P und Q:

Tangente p im Punkt P:

Tangente q im Punkt Q:

b) $f\colon x \mapsto 2x^2 - 4x + 1$ und $g\colon x \mapsto 8x - 17$

Deutung des Ergebnisses:

© Als Kopiervorlage für den Unterricht freigegeben. Ernst Klett Verlag GmbH, Stuttgart 2013.

Gleichungen von Tangenten und Normalen

Lösung

1. Ermitteln Sie, falls möglich, die Gleichungen der Tangente und der Normale an den Graphen der Funktion f im Punkt P.

a) f: $x \mapsto x^3 + 3x^2 - 2$ und $P(1|2)$

Ableitung von f: $f'(x) = 3x^2 + 6x$

Steigung der Tangente: $m = f'(1) = 9$

P einsetzen: $2 = 9 \cdot 1 + t$

$\Rightarrow t = 2 - 9 = -7$

Tangentengleichung: $y = 9x - 7$

Steigung der Normale: $m_n \cdot m_t = -1$

$\Rightarrow m_n = -\frac{1}{9}$

P einsetzen: $2 = -\frac{1}{9} \cdot 1 + t_n$

$\Rightarrow t_n = 2 + \frac{1}{9} = \frac{19}{9}$

Normalengleichung: $y = -\frac{1}{9}x + \frac{19}{9}$

b) f: $x \mapsto \frac{1}{4}x^2 - \frac{2}{x^2}$ und $P(2|0{,}5)$

Ableitung von f: $f'(x) = \frac{1}{2}x + \frac{4}{x^3}$

Steigung der Tangente: $m = f'(2) = 1{,}5$

P einsetzen: $0{,}5 = 1{,}5 \cdot 2 + t$

$\Rightarrow t = 0{,}5 - 3 = -2{,}5$

Tangentengleichung: $y = 1{,}5x - 2{,}5$

Steigung der Normale: $m_n = -1 : 1{,}5 = -\frac{2}{3}$

P einsetzen: $0{,}5 = -\frac{2}{3} \cdot 2 + t_n$

$\Rightarrow t_n = 0{,}5 + \frac{4}{3} = \frac{11}{6}$

Normalengleichung: $y = -\frac{2}{3}x + \frac{11}{6}$

c) f: $x \mapsto \frac{2x}{x-2}$ und $P(1|-2)$

Ableitung von f: $f'(x) = \frac{-4}{(x-2)^2}$

Steigung der Tangente: $m = f'(1) = -4$

P einsetzen: $-2 = -4 \cdot 1 + t \Rightarrow t = -2 + 4 = 2$

Tangentengleichung: $y = -4x + 2$

Steigung der Normale: $m_n = -1 : (-4) = \frac{1}{4}$

P einsetzen: $-2 = \frac{1}{4} \cdot 1 + t_n \Rightarrow t_n = -2 - \frac{1}{4} = -\frac{9}{4}$

Normalengleichung: $y = \frac{1}{4}x - \frac{9}{4}$

d) f: $x \mapsto \frac{1}{3}x^3 + \frac{1}{2}x^2$ und $P\left(-1\middle|\frac{1}{6}\right)$

Ableitung von f: $f'(x) = x^2 + x$

Steigung der Tangente: $m = f'(-1) = 0$

P einsetzen: $\frac{1}{6} = 0 + t \Rightarrow t = \frac{1}{6}$

Tangentengleichung: $y = \frac{1}{6}$

Da die Tangentensteigung 0 ist, ist die Tangente parallel zur x-Achse. Das bedeutet, dass die Normale orthogonal zur x-Achse steht. Da die Normale außerdem durch den Punkt $P\left(-1\middle|\frac{1}{6}\right)$ geht, lautet die Normalengleichung in diesem Fall: $x = -1$.
(Beachten Sie, dass diese Normalengleichung keine Funktionsgleichung ist, da dem x-Wert -1 unendlich viele y-Werte zugeordnet sind.)

2. Berechnen Sie den Schnittpunkt bzw. die Schnittpunkte der Graphen G_f und G_g. Stellen Sie anschließend die Gleichung(en) der Tangente(n) an den Graphen G_f im Schnittpunkt bzw. in den Schnittpunkten auf.
Wie kann man das Ergebnis in Teilaufgabe b) geometrisch deuten?

a) f: $x \mapsto x^2 - 5x + 8$ und g: $x \mapsto x + 8$

Berechnung der Schnittpunkte P und Q:

$x^2 - 5x + 8 = x + 8$

$x^2 - 6x = 0$

$x(x-6) = 0$

$x_1 = 0;\ x_2 = 6$

$g(0) = 8 \Rightarrow$ Schnittpunkt $P(0|8)$

$g(6) = 14 \Rightarrow$ Schnittpunkt $Q(6|14)$

Tangente p im Punkt P:

Ableitung von f: $f'(x) = 2x - 5$

Steigung der Tangente: $m = f'(0) = -5$

P einsetzen: $8 = -5 \cdot 0 + t \Rightarrow t = 8$

Tangentengleichung: $y = -5x + 8$

Tangente q im Punkt Q:

Steigung der Tangente: $m = f'(6) = 7$

P einsetzen: $14 = 7 \cdot 6 + t \Rightarrow t = 14 - 42 = -28$

Tangentengleichung: $y = 7x - 28$

b) f: $x \mapsto 2x^2 - 4x + 1$ und g: $x \mapsto 8x - 17$

$2x^2 - 4x + 1 = 8x - 17$

$2x^2 - 12x + 18 = 0$

$x^2 - 6x + 9 = 0$

$(x-3)^2 = 0$

$x = 3 \Rightarrow$ Schnittpunkt $P(3|7)$

Tangente im Punkt P:

Ableitung von f: $f'(x) = 4x - 4$

Steigung der Tangente: $m = f'(3) = 8$

P einsetzen: $7 = 8 \cdot 3 + t \Rightarrow t = 7 - 24 = -17$

Tangentengleichung: $y = 8x - 17$

Deutung des Ergebnisses:
Die Gleichung der Tangente im Schnittpunkt P stimmt mit der Gleichung der Geraden g überein. G_f und g berühren sich in ihrem einzigen (!) Schnittpunkt, das heißt, die Gerade g ist selbst bereits eine Tangente an den Graphen von f.

© Als Kopiervorlage für den Unterricht freigegeben. Ernst Klett Verlag GmbH, Stuttgart 2013.

Der Tangentensurfer

Schneiden Sie den unten abgebildeten Tangentensurfer aus und bearbeiten Sie damit die folgenden Aufgaben:

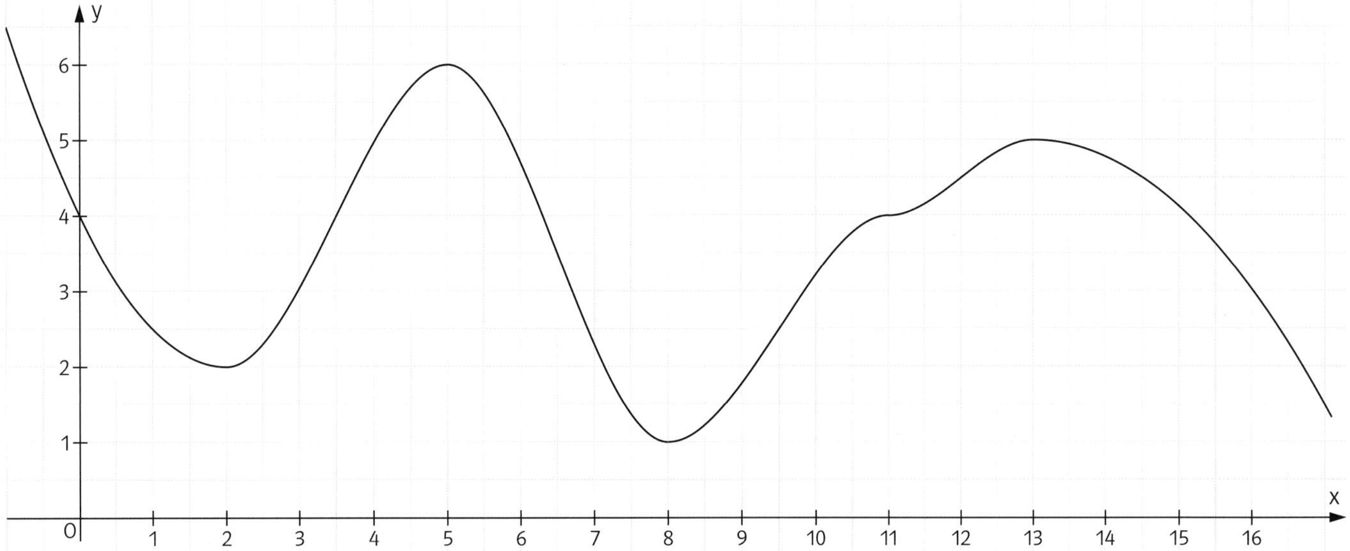

1. Durch den Graphen einer Funktion f ist das abgebildete Wellenprofil gegeben. Fahren Sie mit dem Tangentensurfer von links nach rechts tangential das Wellenprofil entlang. Zeichnen Sie an einigen Punkten des Graphen die tangentielle Lage des Surfbretts am Wellenprofil ein.
Skizzieren Sie nun ins folgende Koordinatensystem den Graphen der Ableitung von f.

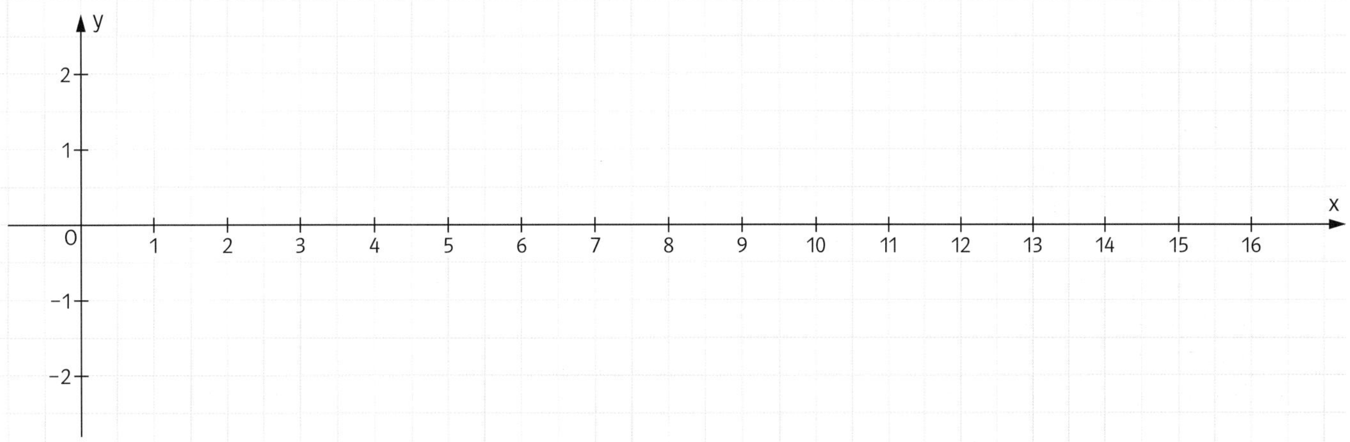

3. a) In welchen Bereichen des Wellenprofils fährt der Tangentensurfer nach oben bzw. nach unten?

b) Wie hängt dies mit der Ableitung von f zusammen?

4. a) Wie verläuft das Surfbrett an den höchsten bzw. tiefsten Punkten des Wellenprofils?
b) Welchen Wert hat die Ableitung f′ an diesen Stellen?

5. Kann man aus der Tatsache $f'(x_0) = 0$ schließen, dass der Tangentensurfer an der Stelle x_0 einen höchsten oder tiefsten Punkt des Wellenprofils erreicht hat? Begründen Sie.

Tangentensurfer zum Ausschneiden:

© Als Kopiervorlage für den Unterricht freigegeben. Ernst Klett Verlag GmbH, Stuttgart 2013.

Der Tangentensurfer

Schneiden Sie den unten abgebildeten Tangentensurfer aus und bearbeiten Sie damit die folgenden Aufgaben:

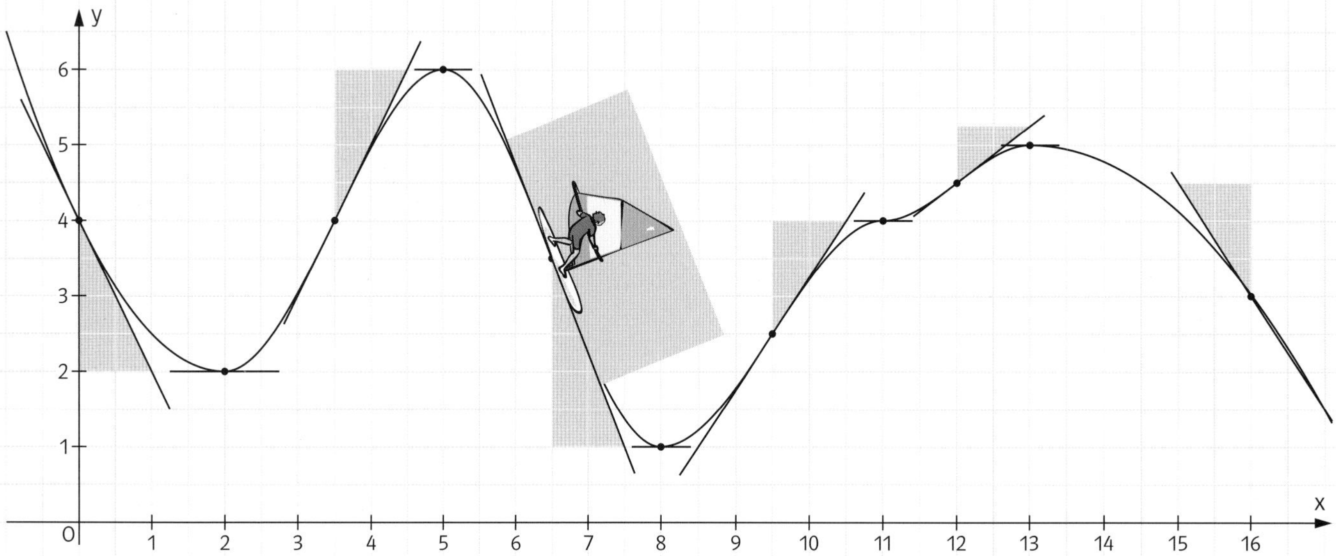

1. Durch den Graphen einer Funktion f ist das abgebildete Wellenprofil gegeben. Fahren Sie mit dem Tangentensurfer von links nach rechts tangential das Wellenprofil entlang. Zeichnen Sie an einigen Punkten des Graphen die tangentielle Lage des Surfbretts am Wellenprofil ein.
Skizzieren Sie nun ins folgende Koordinatensystem den Graphen der Ableitung von f.

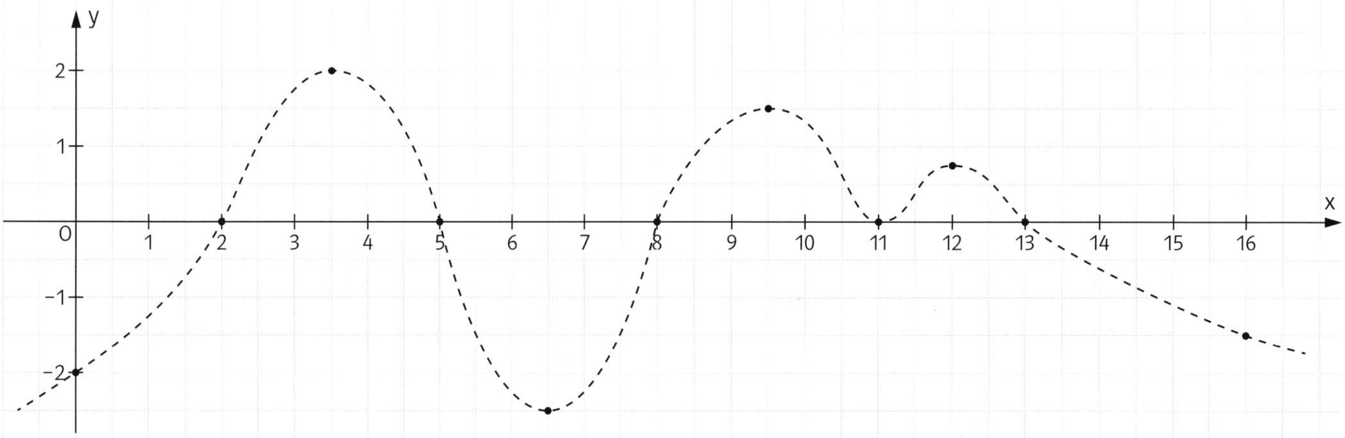

3. a) In welchen Bereichen des Wellenprofils fährt der Tangentensurfer nach oben bzw. nach unten?
nach oben für $x \in \,]2;5[\, \cup \,]8;11[\, \cup \,]11;13\,[$; nach unten für $x \in \,]-1;2[\, \cup \,]5;8[\, \cup \,]13;17[$

b) Wie hängt dies mit der Ableitung von f zusammen? In den Bereichen, in denen der Tangentensurfer nach oben fährt, ist die Ableitung positiv, wo er nach unten fährt, ist die Ableitung negativ.

4. a) Wie verläuft das Surfbrett an den höchsten bzw. tiefsten Punkten des Wellenprofils? waagrecht

b) Welchen Wert hat die Ableitung f′ an diesen Stellen? Die Ableitung hat den Wert null.

5. Kann man aus der Tatsache $f'(x_0) = 0$ schließen, dass der Tangentensurfer an der Stelle x_0 einen höchsten oder tiefsten Punkt des Wellenprofils erreicht hat? Begründen Sie.
Nein, denn z. B. an der Stelle $x = 11$ ist die Ableitung null, es liegt aber kein höchster oder tiefster Punkt des Wellenprofils vor.

Tangentensurfer zum Ausschneiden:

© Als Kopiervorlage für den Unterricht freigegeben. Ernst Klett Verlag GmbH, Stuttgart 2013.

Monotonieverhalten und Extremstellen

1. Ordnen Sie den Graphen der Funktionen g_1, g_2, g_3, g_4, g_5 und g_6 jeweils den Graphen der zugehörigen Ableitungsfunktion f_1, f_2, f_3, f_4, f_5 oder f_6 zu.

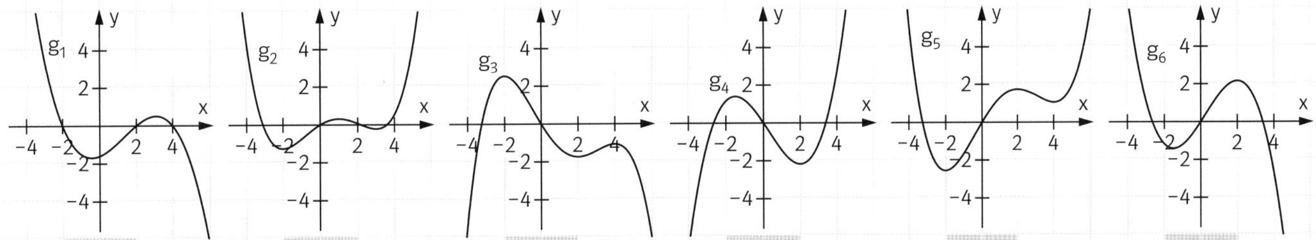

$g_1' =$ ____ $g_2' =$ ____ $g_3' =$ ____ $g_4' =$ ____ $g_5' =$ ____ $g_6' = f_5$

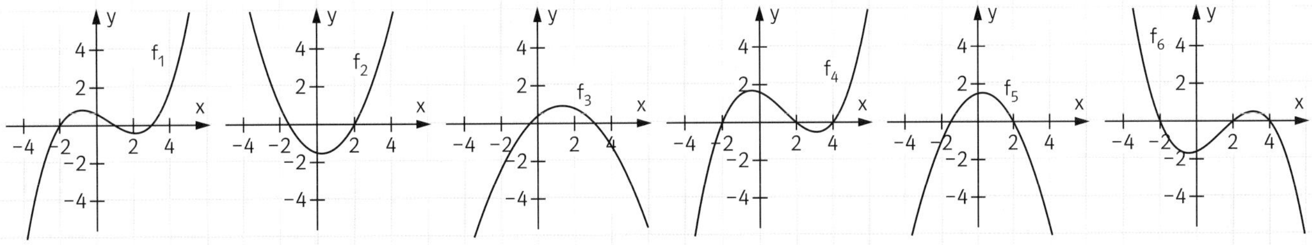

2. Bestimmen Sie die Monotoniebereiche und die lokale(n) Extremstelle(n) der Funktion f.

a) $f\colon x \mapsto \frac{1}{3}x^3 - \frac{1}{2}x^2 - 2x - 1$

$f'(x) =$ ____

Nullstellen von f': $x_1 =$ ____ und $x_2 =$ ____

Für $x <$ ____ gilt: $f'(x)$ ____ 0,

für ____ $< x <$ ____ gilt: $f'(x)$ ____ 0,

für $x >$ ____ gilt: $f'(x)$ ____ 0.

Monotonieverhalten von f:

f':

f:

lokales Maximum bei $x_1 =$ ____

lokales Minimum bei $x_2 =$ ____

b) $f\colon x \mapsto x^6 - 1{,}8x^5 - 2$

Nullstellen von f':

Monotonieverhalten von f:

f':

f:

c) $f\colon x \mapsto \frac{4}{x^2 + 4x + 5}$ $(D_f = \mathbb{R})$

f':

f:

d) $f\colon x \mapsto x^2 + \frac{2}{x}$ $(D_f = \mathbb{R} \setminus \{0\})$ (Definitionslücke beachten!)

f':

f:

© Als Kopiervorlage für den Unterricht freigegeben. Ernst Klett Verlag GmbH, Stuttgart 2013.

Monotonieverhalten und Extremstellen

1. Ordnen Sie den Graphen der Funktionen g_1, g_2, g_3, g_4, g_5 und g_6 jeweils den Graphen der zugehörigen Ableitungsfunktion f_1, f_2, f_3, f_4, f_5 oder f_6 zu.

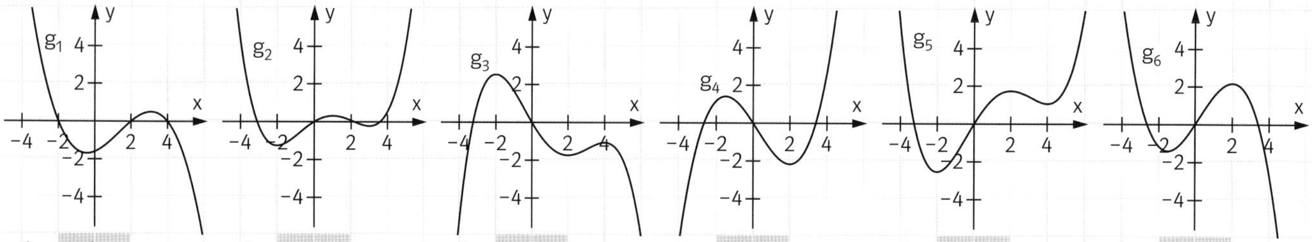

$g_1' =$ f_3 $g_2' =$ f_1 $g_3' =$ f_6 $g_4' =$ f_2 $g_5' =$ f_4 $g_6' =$ f_5

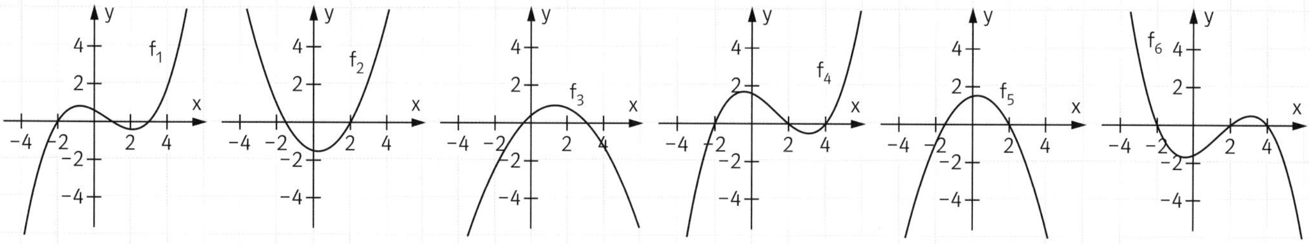

2. Bestimmen Sie die Monotoniebereiche und die lokale(n) Extremstelle(n) der Funktion f.

a) $f: x \mapsto \frac{1}{3}x^3 - \frac{1}{2}x^2 - 2x - 1$

$f'(x) = x^2 - x - 2 = (x-2)(x+1)$

Nullstellen von f': $x_1 = -1$ und $x_2 = 2$

Für $x < -1$ gilt: $f'(x) > 0$,

für $-1 < x < 2$ gilt: $f'(x) < 0$,

für $x > 2$ gilt: $f'(x) > 0$.

Monotonieverhalten von f:

f': $f' > 0$ | -1 | $f' < 0$ | 2 | $f' > 0$

f: ↗ ↘ ↗

lokales Maximum bei $x_1 = -1$

lokales Minimum bei $x_2 = 2$

b) $f: x \mapsto x^6 - 1{,}8x^5 - 2$

$f'(x) = 6x^5 - 9x^4 = 3x^4(2x-3)$

Nullstellen von f': $x_1 = 0$ und $x_2 = 1{,}5$

Für $x < 0$ gilt: $f'(x) < 0$,

für $0 < x < 1{,}5$ gilt: $f'(x) < 0$,

für $x > 1{,}5$ gilt: $f'(x) > 0$.

Monotonieverhalten von f:

f': $f' < 0$ | 0 | $f' < 0$ | $1{,}5$ | $f' > 0$

f: ↘ ↘ ↗

Terrassenpunkt bei $x_1 = 0$

lokales Minimum bei $x_2 = 1{,}5$

c) $f: x \mapsto \frac{4}{x^2 + 4x + 5}$ $(D_f = \mathbb{R})$

$$f'(x) = \frac{0 \cdot (x^2 + 4x + 5) - 4 \cdot (2x + 4)}{(x^2 + 4x + 5)^2}$$

$$= \frac{-8x - 16}{(x^2 + 4x + 5)^2}$$

Nullstelle von f': $x = -2$

Für $x < -2$ gilt: $f'(x) > 0$,

für $x > -2$ gilt: $f'(x) < 0$.

Monotonieverhalten von f:

f': $f' > 0$ | -2 | $f' < 0$

f: ↗ ↘

lokales Maximum bei $x = -2$

d) $f: x \mapsto x^2 + \frac{2}{x}$ $(D_f = \mathbb{R} \setminus \{0\})$ (Definitionslücke beachten!)

$f'(x) = 2x - 2x^{-2}$

Nullstelle von f': $2x = 2x^{-2} \Rightarrow x = x^{-2}$

$\Rightarrow x^3 = 1 \Rightarrow x = 1$

Für $x < 0$ gilt: $f'(x) < 0$,

für $0 < x < 1$ gilt: $f'(x) < 0$,

für $x > 1$ gilt: $f'(x) > 0$.

Monotonieverhalten von f:

f': $f' < 0$ | 0 | $f' < 0$ | 1 | $f' > 0$

f: ↘ ↘ ↗

lokales Minimum bei $x = 1$

© Als Kopiervorlage für den Unterricht freigegeben. Ernst Klett Verlag GmbH, Stuttgart 2013.

Abfahrtsrennen – monoton bergab

Spiel für beliebig viele Einzelkämpfer
Die beiden Blätter können auch als Trainingsblatt eingesetzt werden.

Spielmaterial:
Pro Spieler eine Kopie dieses Arbeitsblattes und des Blattes zur Funktionsuntersuchung, Taschenrechner

Spielziel:
Jeder Spieler versucht, als Abfahrtsläufer so schnell wie möglich den Berg herunterzufahren. Hierzu müssen aufgrund ihres Monotonieverhaltens geeignete Abfahrtsrouten (Funktionsgraphen) ausgewählt werden.

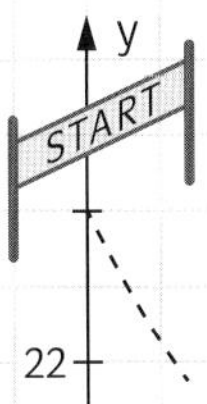

Spielregel:
Der Abfahrtsläufer fährt immer auf Funktionsgraphen. Dabei wählt er stets den Graphen, der ihn möglichst weit nach unten bis zum nächsten Tiefpunkt führt.
Angegeben sind auf dem Blatt zur Funktionsuntersuchung jeweils 2 Funktionsterme f(x) und g(x) zur Auswahl und deren Ableitungen in faktorisierter Form, sodass Sie das Monotonieverhalten schnell untersuchen können.
Füllen Sie jeweils das Schema fürs Monotonieverhalten aus, entscheiden Sie sich für die geeignetere Funktion, berechnen Sie deren Funktionswert beim Tiefpunkt mit dem Taschenrechner und skizzieren Sie den Graphen bis dorthin.
Dann wählen Sie zwischen den nächsten beiden Funktionen f und g.

An welcher der eingezeichneten Hütten kommt der Abfahrtsläufer vorbei? Hütte ___

Weil der Abfahrtsläufer an der Hütte seine Fahrtrichtung wechselt, befährt er ab jetzt – von rechts nach links – Graphenstücke, die (von links nach rechts) steigen.

© Als Kopiervorlage für den Unterricht freigegeben. Ernst Klett Verlag GmbH, Stuttgart 2013.

Abfahrtsrennen – Funktionsuntersuchung

1. Abschnitt:

$f(x) = \frac{1}{2}x^2 - 2x + 23$

$f'(x) = x - 2$

f': ⟶

f:

$g(x) = \frac{1}{2}x^2 - \frac{3}{2}x + 23$

$g'(x) = x - \frac{3}{2}$

g': ⟶

g:

Entscheidung für: ☐ f ☐ g

Koordinaten des Tiefpunkts: (|)

2. Abschnitt:

$f(x) = -\frac{1}{3}x^3 + 4x^2 - 12x + \frac{95}{3}$

$f'(x) = -(x-2)\cdot(x-6)$

f': ⟶

f:

$g(x) = \frac{1}{9}\left(\frac{4}{3}x^3 - 14x^2 + 40x + \frac{463}{3}\right)$

$g'(x) = \frac{1}{9}(4x-8)\cdot(x-5)$

g': ⟶

g:

Entscheidung für: ☐ f ☐ g

Koordinaten des Tiefpunkts: (|)

3. Abschnitt:

$f(x) = \frac{1}{2}x^3 - 9x^2 + \frac{105}{2}x - 81$

$f'(x) = \frac{3}{2}\cdot(x-5)\cdot(x-7)$

f': ⟶

f:

$g(x) = \frac{2}{9}x^3 - \frac{13}{3}x^2 + \frac{80}{3}x - \frac{304}{9}$

$g'(x) = \frac{1}{3}(x-8)\cdot(2x-10)$

g': ⟶

g:

Entscheidung für: ☐ f ☐ g

Koordinaten des Tiefpunkts: (|)

4. Abschnitt:

$f(x) = \frac{1}{16}x^3 - \frac{15}{8}x^2 + 18x - 40$

$f'(x) = \frac{3}{16}(x-8)\cdot(x-12)$

f': ⟶

f:

$g(x) = \frac{1}{3}x^3 - 9x^2 + 80x - \frac{656}{3}$

$g'(x) = (x-8)\cdot(x-10)$

g': ⟶

g:

Entscheidung für: ☐ f ☐ g

Koordinaten des Tiefpunkts: (|)

5. Abschnitt:

$f(x) = -\frac{1}{6}x^3 + 7x^2 - 96x + 446$

$f'(x) = \frac{1}{2}(12-x)\cdot(x-16)$

f': ⟶

f:

$g(x) = \frac{1}{16}x^3 - \frac{21}{8}x^2 + 36x - 148$

$g'(x) = \frac{1}{16}(x-16)\cdot(3x-36)$

g': ⟶

g:

Entscheidung für: ☐ f ☐ g

Koordinaten des Tiefpunkts: (|)

6. Abschnitt:

$f(x) = -\frac{1}{2}x^3 + \frac{45}{2}x^2 - 336x + 1676$

$f'(x) = -\frac{3}{2}(14-x)\cdot(16-x)$

f': ⟶

f:

$g(x) = -2x^3 + 93x^2 - 1440x + 7436$

$g'(x) = -6(15-x)\cdot(16-x)$

g': ⟶

g:

Entscheidung für: ☐ f ☐ g

Koordinaten des Tiefpunkts: (|)

7. Abschnitt:

$f(x) = -\frac{1}{24}x^3 + \frac{11}{8}x^2 - 14x + \frac{305}{6}$

$f'(x) = -\frac{1}{8}(x-8)\cdot(x-14)$

f': ⟶

f:

$g(x) = -\frac{15}{4096}(x-10)^5 + \frac{25}{256}(x-10)^3 + 7{,}5$

$g'(x) = -\frac{75}{4096}(x-6)\cdot(x-10)^2\cdot(x-14)$

g': ⟶

g:

Entscheidung für: ☐ f ☐ g

Koordinaten des Tiefpunkts: (|)

8. Abschnitt:

$f(x) = \frac{2}{27}x^3 - x^2 + 4x + 1$

$f'(x) = \frac{2}{9}(x-3)\cdot(x-6)$

f': ⟶

f:

$g(x) = -\frac{1}{2}x^3 + \frac{15}{2}x^2 - 36x + 59$

$g'(x) = \frac{1}{2}(4-x)\cdot(3x-18)$

g': ⟶

g:

Entscheidung für: ☐ f ☐ g

Koordinaten des Tiefpunkts: (|)

9. Abschnitt:

$f(x) = -\frac{1}{16}x^3 + \frac{3}{8}x^2 + 1$

$f'(x) = -\frac{1}{16}\cdot 3x\cdot(x-4)$

f': ⟶

f:

$g(x) = -\frac{3}{32}x^3 + \frac{9}{16}x^2$

$g'(x) = \frac{1}{32}\cdot 9x\cdot(4-x)$

g': ⟶

g:

Entscheidung für: ☐ f ☐ g

Koordinaten des Tiefpunkts: (|)

© Als Kopiervorlage für den Unterricht freigegeben. Ernst Klett Verlag GmbH, Stuttgart 2013.

Abfahrtsrennen – monoton bergab

Lösung

Spiel für beliebig viele Einzelkämpfer
Die beiden Blätter können auch als Trainingsblatt eingesetzt werden.

Spielmaterial:
Pro Spieler eine Kopie dieses Arbeitsblattes und des Blattes zur Funktionsuntersuchung, Taschenrechner

Spielziel:
Jeder Spieler versucht, als Abfahrtsläufer so schnell wie möglich den Berg herunterzufahren. Hierzu müssen aufgrund ihres Monotonieverhaltens geeignete Abfahrtsrouten (Funktionsgraphen) ausgewählt werden.

Spielregel:
Der Abfahrtsläufer fährt immer auf Funktionsgraphen. Dabei wählt er stets den Graphen, der ihn möglichst weit nach unten bis zum nächsten Tiefpunkt führt.
Angegeben sind auf dem Blatt zur Funktionsuntersuchung jeweils 2 Funktionsterme f(x) und g(x) zur Auswahl und deren Ableitungen in faktorisierter Form, sodass Sie das Monotonieverhalten schnell untersuchen können.
Füllen Sie jeweils das Schema fürs Monotonieverhalten aus, entscheiden Sie sich für die geeignetere Funktion, berechnen Sie deren Funktionswert beim Tiefpunkt mit dem Taschenrechner und skizzieren Sie den Graphen bis dorthin.
Dann wählen Sie zwischen den nächsten beiden Funktionen f und g.

An welcher der eingezeichneten Hütten kommt der Abfahrtsläufer vorbei? Hütte B

Weil der Abfahrtsläufer an der Hütte seine Fahrtrichtung wechselt, befährt er ab jetzt – von rechts nach links – Graphenstücke, die (von links nach rechts) steigen.

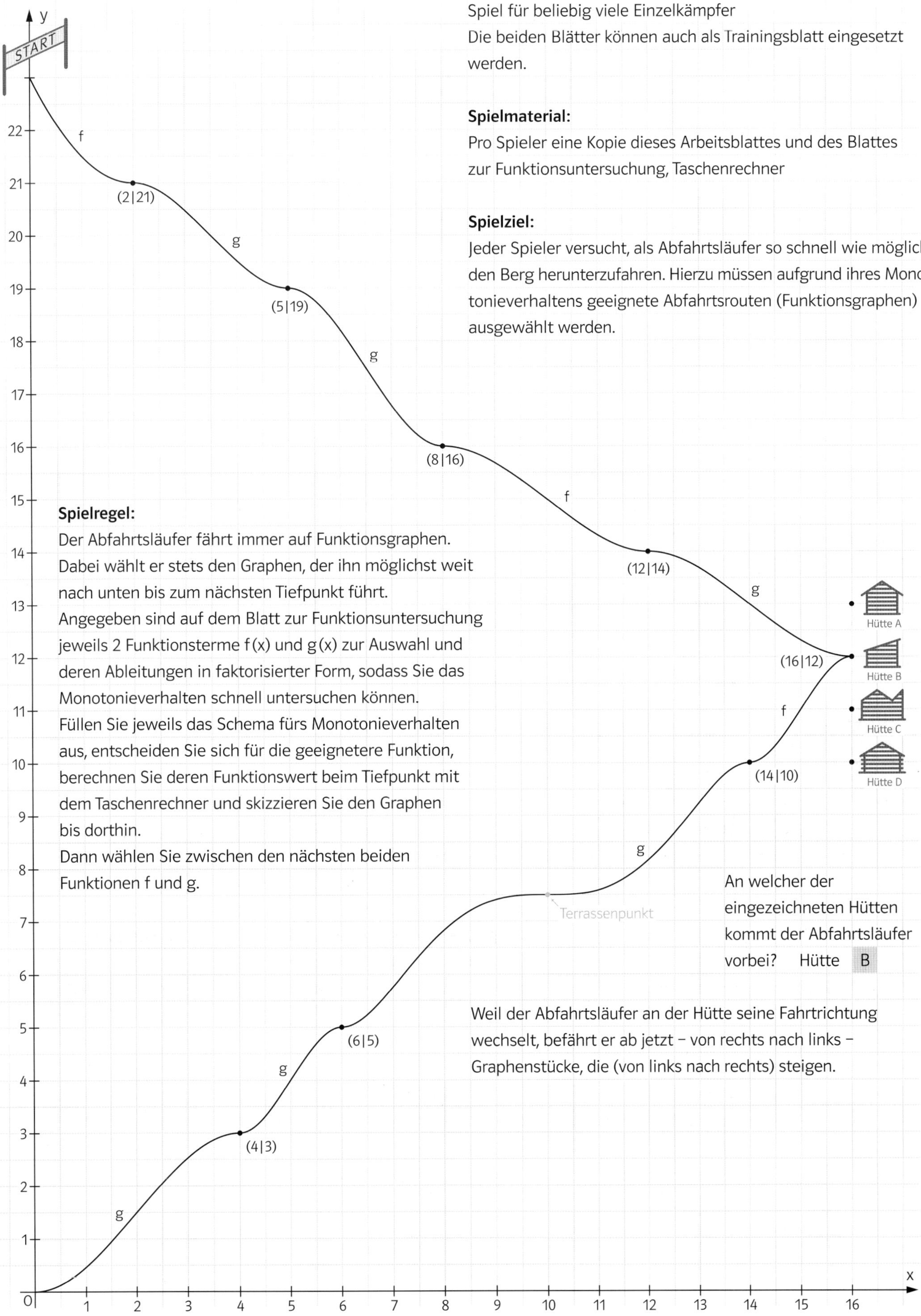

© Als Kopiervorlage für den Unterricht freigegeben. Ernst Klett Verlag GmbH, Stuttgart 2013.

Abfahrtsrennen – Funktionsuntersuchung

Lösung

1. Abschnitt:

$f(x) = \frac{1}{2}x^2 - 2x + 23$

$f'(x) = x - 2$

		2	
f':	< 0		> 0
f:	↘		↗

$g(x) = \frac{1}{2}x^2 - \frac{3}{2}x + 23$

$g'(x) = x - \frac{3}{2}$

		1,5	
g':	< 0		> 0
g:	↘		↗

Entscheidung für: ☒ f ☐ g

Koordinaten des Tiefpunkts: (2 | 21)

2. Abschnitt:

$f(x) = -\frac{1}{3}x^3 + 4x^2 - 12x + \frac{95}{3}$

$f'(x) = -(x-2)\cdot(x-6)$

		2		6	
f':	< 0		> 0		< 0
f:	↘		↗		↘

$g(x) = \frac{1}{9}\left(\frac{4}{3}x^3 - 14x^2 + 40x + \frac{463}{3}\right)$

$g'(x) = \frac{1}{9}(4x-8)\cdot(x-5)$

		2		5	
g':	> 0		< 0		> 0
g:	↗		↘		↗

Entscheidung für: ☐ f ☒ g

Koordinaten des Tiefpunkts: (5 | 19)

3. Abschnitt:

$f(x) = \frac{1}{2}x^3 - 9x^2 + \frac{105}{2}x - 81$

$f'(x) = \frac{3}{2}\cdot(x-5)\cdot(x-7)$

		5		7	
f':	> 0		< 0		> 0
f:	↗		↘		↗

$g(x) = \frac{2}{9}x^3 - \frac{13}{3}x^2 + \frac{80}{3}x - \frac{304}{9}$

$g'(x) = \frac{1}{3}(x-8)\cdot(2x-10)$

		5		8	
g':	> 0		< 0		> 0
g:	↗		↘		↗

Entscheidung für: ☐ f ☒ g

Koordinaten des Tiefpunkts: (8 | 16)

4. Abschnitt:

$f(x) = \frac{1}{16}x^3 - \frac{15}{8}x^2 + 18x - 40$

$f'(x) = \frac{3}{16}(x-8)\cdot(x-12)$

		8		12	
f':	> 0		< 0		> 0
f:	↗		↘		↗

$g(x) = \frac{1}{3}x^3 - 9x^2 + 80x - \frac{656}{3}$

$g'(x) = (x-8)\cdot(x-10)$

		8		10	
g':	> 0		< 0		> 0
g:	↗		↘		↗

Entscheidung für: ☒ f ☐ g

Koordinaten des Tiefpunkts: (12 | 14)

5. Abschnitt:

$f(x) = -\frac{1}{6}x^3 + 7x^2 - 96x + 446$

$f'(x) = \frac{1}{2}(12-x)\cdot(x-16)$

		12		16	
f':	< 0		> 0		< 0
f:	↘		↗		↘

$g(x) = \frac{1}{16}x^3 - \frac{21}{8}x^2 + 36x - 148$

$g'(x) = \frac{1}{16}(x-16)\cdot(3x-36)$

		12		16	
g':	> 0		< 0		> 0
g:	↗		↘		↗

Entscheidung für: ☐ f ☒ g

Koordinaten des Tiefpunkts: (16 | 12)

6. Abschnitt:

$f(x) = -\frac{1}{2}x^3 + \frac{45}{2}x^2 - 336x + 1676$

$f'(x) = -\frac{3}{2}(14-x)\cdot(16-x)$

		14		16	
f':	< 0		> 0		< 0
f:	↘		↗		↘

$g(x) = -2x^3 + 93x^2 - 1440x + 7436$

$g'(x) = -6(15-x)\cdot(16-x)$

		15		16	
g':	< 0		> 0		< 0
g:	↘		↗		↘

Entscheidung für: ☒ f ☐ g

Koordinaten des Tiefpunkts: (14 | 10)

7. Abschnitt:

$f(x) = -\frac{1}{24}x^3 + \frac{11}{8}x^2 - 14x + \frac{305}{6}$

$f'(x) = -\frac{1}{8}(x-8)\cdot(x-14)$

		8		14	
f':	< 0		> 0		< 0
f:	↘		↗		↘

$g(x) = -\frac{15}{4096}(x-10)^5 + \frac{25}{256}(x-10)^3 + 7{,}5$

$g'(x) = -\frac{75}{4096}(x-6)\cdot(x-10)^2\cdot(x-14)$

		6		10		14	
g':	< 0		> 0		> 0		< 0
g:	↘		↗		↗		↘

Entscheidung für: ☐ f ☒ g

Koordinaten des Tiefpunkts: (6 | 5)

8. Abschnitt:

$f(x) = \frac{2}{27}x^3 - x^2 + 4x + 1$

$f'(x) = \frac{2}{9}(x-3)\cdot(x-6)$

		3		6	
f':	> 0		< 0		> 0
f:	↗		↘		↗

$g(x) = -\frac{1}{2}x^3 + \frac{15}{2}x^2 - 36x + 59$

$g'(x) = \frac{1}{2}(4-x)\cdot(3x-18)$

		4		6	
g':	< 0		> 0		< 0
g:	↘		↗		↘

Entscheidung für: ☐ f ☒ g

Koordinaten des Tiefpunkts: (4 | 3)

9. Abschnitt:

$f(x) = -\frac{1}{16}x^3 + \frac{3}{8}x^2 + 1$

$f'(x) = -\frac{1}{16}\cdot 3x\cdot(x-4)$

		0		4	
f':	< 0		> 0		< 0
f:	↘		↗		↘

$g(x) = -\frac{3}{32}x^3 + \frac{9}{16}x^2$

$g'(x) = \frac{1}{32}\cdot 9x\cdot(4-x)$

		0		4	
g':	< 0		> 0		< 0
g:	↘		↗		↘

Entscheidung für: ☐ f ☒ g ($f(0) > g(0)$)

Koordinaten des Tiefpunkts: (0 | 0)

© Als Kopiervorlage für den Unterricht freigegeben. Ernst Klett Verlag GmbH, Stuttgart 2013.

Funktionsuntersuchungen im Tandem

Vorbereitung: In die Vorlage zwei gewünschte Funktionen eintragen (z. B. $f: x \mapsto x^4 - 4x^2 + 4$ und $g: x \mapsto \frac{1}{9}x^3 - 3x$).
Weitere Funktionsterme zur Auswahl (in Klassenstärke) befinden sich auf der folgenden Seite.

Ablauf: Die Klasse wird in Zweiergruppen eingeteilt. Jede Spielerin bzw. jeder Spieler erhält eine der beiden Aufgabenkarten und bearbeitet die erste Aufgabe. Rechnungen werden dabei ins Heft notiert, Ergebnisse auf der Karte eingetragen. Dann werden die Karten getauscht, und jeder Spieler bearbeitet die zweite Aufgabe auf der anderen Karte. Die Karten werden erneut getauscht usw.

Aufgabenkarte A

Untersuchung der Funktion f:

1. Untersuchen Sie die Funktion auf Symmetrie.
2. Untersuchen Sie die Funktion auf Definitionslücken und ggf. das Verhalten an Polstellen.
3. Bestimmen Sie die Nullstellen der Funktion sowie den Schnittpunkt des Graphen mit der y-Achse.
4. Geben Sie f′ an:
5. Untersuchen Sie das Verhalten der Funktion für $x \to \pm\infty$.
6. Untersuchen Sie die Funktion auf ihr Monotonieverhalten und bestimmen Sie die Extrem- und Terrassenpunkte des Funktionsgraphen.
   f′: ⟶
   f:

Skizzieren Sie anhand der gefundenen Ergebnisse den Funktionsgraphen:

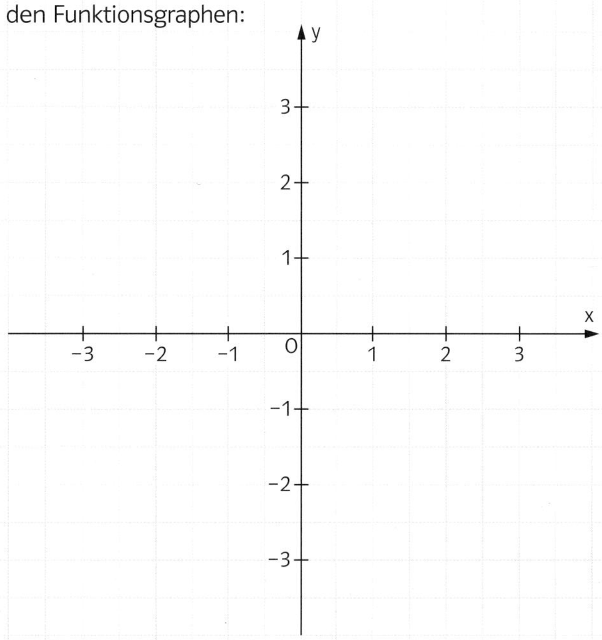

Kontrollieren Sie ggf. mit einem Funktionsplotter.

Aufgabenkarte B

Untersuchung der Funktion g:

1. Untersuchen Sie die Funktion auf Symmetrie.
2. Untersuchen Sie die Funktion auf Definitionslücken und ggf. das Verhalten an Polstellen.
3. Bestimmen Sie die Nullstellen der Funktion sowie den Schnittpunkt des Graphen mit der y-Achse.
4. Geben Sie g′ an:
5. Untersuchen Sie das Verhalten der Funktion für $x \to \pm\infty$.
6. Untersuchen Sie die Funktion auf ihr Monotonieverhalten und bestimmen Sie die Extrem- und Terrassenpunkte des Funktionsgraphen.
   g′: ⟶
   g:

Skizzieren Sie anhand der gefundenen Ergebnisse den Funktionsgraphen:

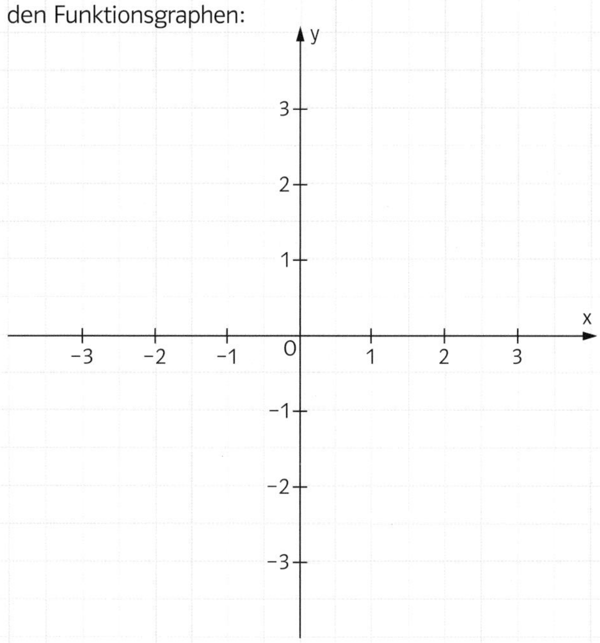

Kontrollieren Sie ggf. mit einem Funktionsplotter.

© Als Kopiervorlage für den Unterricht freigegeben. Ernst Klett Verlag GmbH, Stuttgart 2013.

Funktionsuntersuchungen im Tandem – rationale Terme und Graphen (Lösungskontrolle)

Funktionsterme Schwierigkeitsgrad 1:

1A	$3x^2 - x^3$	1B	$-\frac{1}{6}x^3 + 2x$	1C	$\frac{x}{x^2 - 1}$	1D	$x - \frac{4}{x}$	1E	$\frac{x^2 + 1}{2x}$
1F	$\frac{1}{16}x^3 - \frac{3}{8}x^2 + 2$	1G	$x^3 - 3x^2 + 4$	1H	$-x^4 + 2x^3$	1I	$x^4 - 4x^2$	1K	$\frac{1}{8}(x + 3)^2 (x - 3)$

Funktionsterme Schwierigkeitsgrad 2:

2A	$\frac{1}{2} - \frac{1}{x - 1}$	2B	$0{,}25x^4 + 0{,}75x^3$	2C	$\frac{1}{24}x^4 + \frac{1}{6}x$	2D	$-\frac{1}{4}x^3 + \frac{3}{4}x^2 - 1$	2E	$x^3 - 6x^2 + 12x - 8$
2F	$\frac{1 - x^2}{1 + x^2}$	2G	$\frac{x}{(x - 2{,}5)(x + 2{,}5)}$	2H	$0{,}5x + 0{,}5x^{-1}$	2I	$0{,}5(x^2 - 1)^2$	2K	$2{,}5 + \frac{5}{x^2 - 1}$

Funktionsterme Schwierigkeitsgrad 3:

3A	$x - 0{,}5x^{-2}$	3B	$\frac{0{,}5x^2 - 2}{x^2 - 1}$	3C	$\frac{x^2 + 2x + 1}{x^2 + 1}$	3D	$1 - \frac{3}{x} + \frac{2}{x^2}$	3E	$\frac{8x}{(2x - 1)^2}$
3F	$\frac{3x - 3}{x^2 - 2x + 2}$	3G	$\frac{x^2 - 2x + 1}{x(x - 2)}$	3H	$6x^4 - 16x^3 + 12x^2$	3I	$\frac{1}{4}(1 + x^2)(4 - x^2)$	3K	$0{,}5(x^3 + 1)^2$

Graphen zur Lösungkontrolle

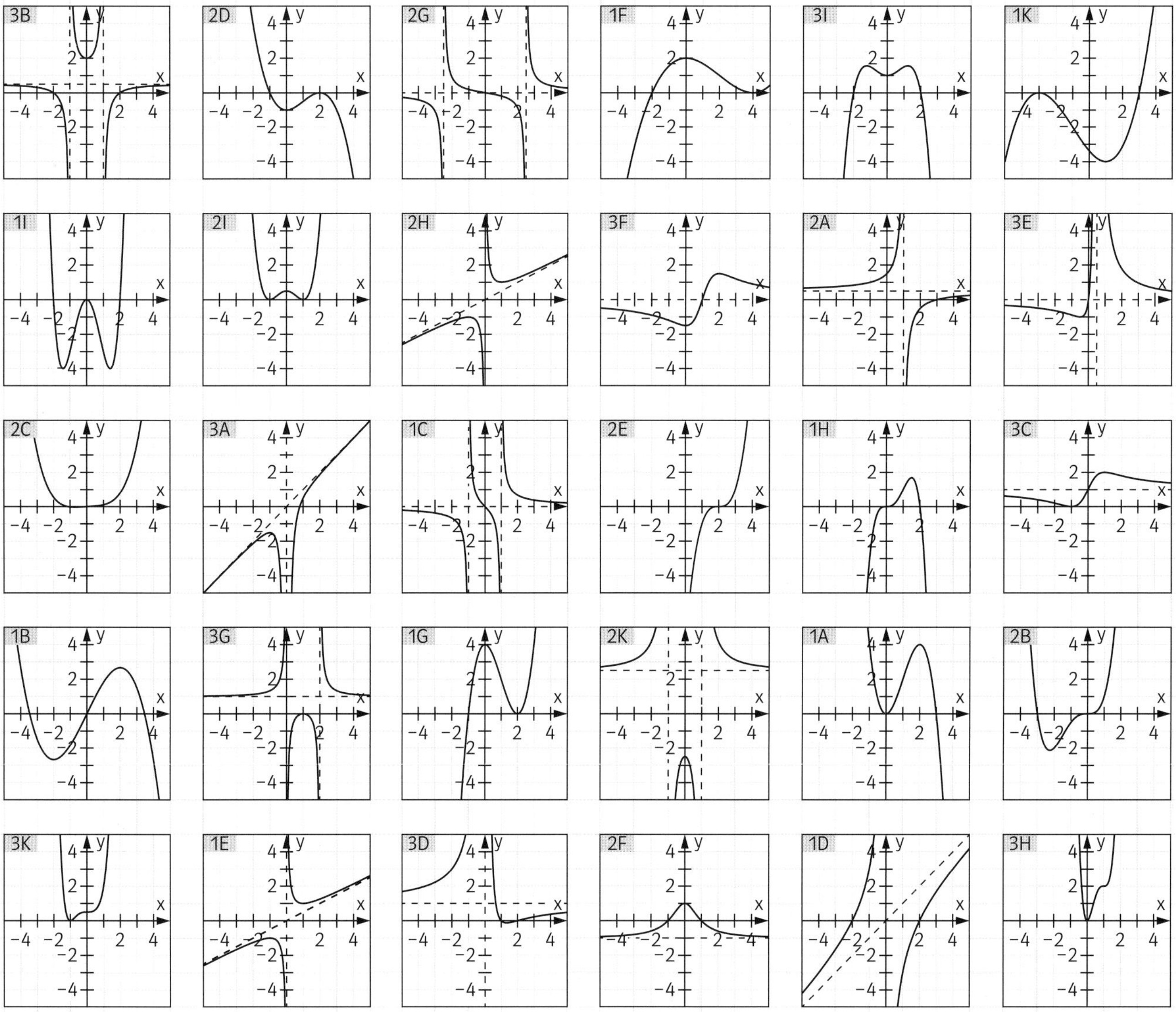

© Als Kopiervorlage für den Unterricht freigegeben. Ernst Klett Verlag GmbH, Stuttgart 2013.

Funktionsuntersuchungs-Quintett (-Quartett/-Trio) – Teil 1

Spiel für 2 bis 4 Personen

Spielmaterial: 40 Spielkarten (von 5 Kartenkategorien je 8 Karten)

Spielvorbereitung: Die Karten werden gemischt und die Spieler erhalten 6 Karten auf die Hand, der beginnende Spieler jedoch nur 5 Karten. Der Rest der Karten wird verdeckt als Stapel in die Mitte gelegt.

Spielziel: Jeder Spieler versucht, möglichst viele Quintette (oder Quartette/Trios; vgl. Spielvariante) zu sammeln. Hierzu müssen Eigenschaften von Funktionen, Ableitungen und deren Graphen betrachtet werden.

Spielregel: Der Spieler, der an der Reihe ist, wählt aus den (verdeckt gehaltenen) Karten des rechten Nachbarn eine Karte, die er zu sich nehmen darf. Hat er nun mindestens 3 zur selben Funktion gehörende Karten auf der Hand, darf er diese vor sich ablegen. Außerdem kann er an schon vor sich ausliegende Karten weitere passende Karten anlegen, bis die Quintette vollständig sind.
Alle anderen Spieler prüfen, ob die Karten korrekt abgelegt wurden. Ist auch nur eine der Karten falsch, so müssen alle soeben abgelegten Karten wieder auf die Hand genommen werden.
Nun darf der Spieler noch so viele Karten vom Stapel nachziehen, wie er abgelegt hat.
Dann ist der linke Nachbar an der Reihe.
Beachten Sie: Es ist nicht nötig, dass Sie selbst die Funktionsterme ableiten. Eine Zuordnung der Ableitungsterme ist über die Eigenschaften der Ableitungsgraphen möglich.

Spielende: Sobald ein Spieler nicht mehr genügend Karten vom Stapel nachziehen kann, endet das Spiel. Es gewinnt der Spieler, welcher die meisten Quintette ablegen konnte.

Spielvariante: Es könnten auch Karten einer oder zweier Kategorien aus dem Spiel entfernt werden, sodass z. B. (wie im Schulbuch Seite 79 Aufgabe 16) nur die Karten mit den Funktionstermen, den Ableitungsgraphen und den Beschreibungen einiger Eigenschaften einander zugeordnet werden.

Beschreibung einiger Eigenschaften Die Funktion hat nur eine Polstelle und im Unendlichen eine waagrechte Asymptote.	Beschreibung einiger Eigenschaften Die Funktion hat eine waagrechte Tangente für $x = 0$ und ist achsensymmetrisch bzgl. der y-Achse.	Beschreibung einiger Eigenschaften Die Funktion hat zwei Extrema und ist punktsymmetrisch bzgl. des Ursprungs.	Beschreibung einiger Eigenschaften Die Funktion hat ein Extremum für $x_0 = 1$ und eine Polstelle mit Vorzeichenwechsel.
Beschreibung einiger Eigenschaften Die Funktion besitzt keine Polstelle und ist weder achsensymmetrisch bzgl. der y-Achse noch punktsymmetrisch.	Beschreibung einiger Eigenschaften Die Funktion hat bei $x_0 = 1$ einen Terrassenpunkt und besitzt keine Asymptoten.	Beschreibung einiger Eigenschaften Die Funktion besitzt keine Polstelle und hat die schräge Asymptote $y = -x$.	Beschreibung einiger Eigenschaften Die Funktion hat keine waagrechte oder schräge Asymptote und ist achsensymmetrisch bzgl. der y-Achse.

© Als Kopiervorlage für den Unterricht freigegeben. Ernst Klett Verlag GmbH, Stuttgart 2013.

Funktionsuntersuchungs-Quintett (-Quartett/-Trio) – Teil 2

Funktionsterm $\frac{(1-x)^2}{(x-2)^2}$	Funktionsterm $\frac{x^2-4}{x^2+4}$	Funktionsterm $\frac{x^3}{x^2-4}$	Funktionsterm $\frac{(1-x)^2}{x-2}$
Funktionsterm $\frac{(x-2)^3 \cdot (x+1)^2}{x-2}$	Funktionsterm $x^5 - \frac{10}{3}x^3 + 5x$	Funktionsterm $\frac{-x^3}{x^2+1}$	Funktionsterm $\frac{x^4-1}{4x^2}$
Ableitungsterm $\frac{-2(x-1)}{(x-2)^3}$	Ableitungsterm $\frac{16x}{(x^2+4)^2}$	Ableitungsterm $\frac{x^2(x^2-12)}{(x^2-4)^2}$	Ableitungsterm $\frac{(x-3)(x-1)}{(x-2)^2}$
Ableitungsterm $\frac{4(x+1)\left(x-\frac{1}{2}\right)(x-2)^2}{x-2}$	Ableitungsterm $5(x-1)^2(x+1)^2$	Ableitungsterm $\frac{-x^2(x^2+3)}{(x^2+1)^2}$	Ableitungsterm $\frac{\frac{1}{2}x^4+\frac{1}{2}}{x^3}$

© Als Kopiervorlage für den Unterricht freigegeben. Ernst Klett Verlag GmbH, Stuttgart 2013.

Funktionsuntersuchungs-Quintett (-Quartett/-Trio) – Teil 3

Funktionsgraph

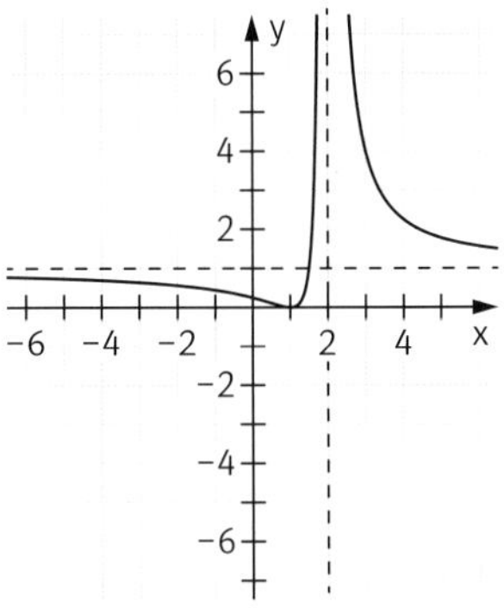

Funktionsgraph

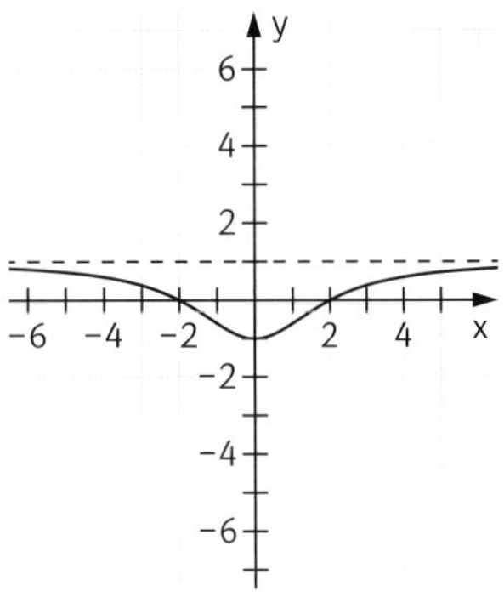

Funktionsgraph

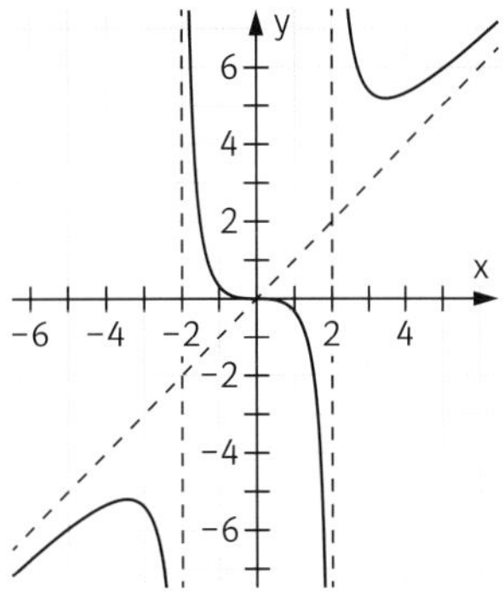

Funktionsgraph

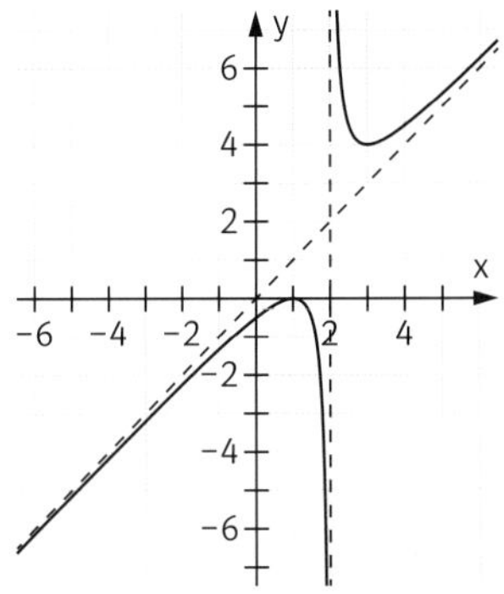

Funktionsgraph

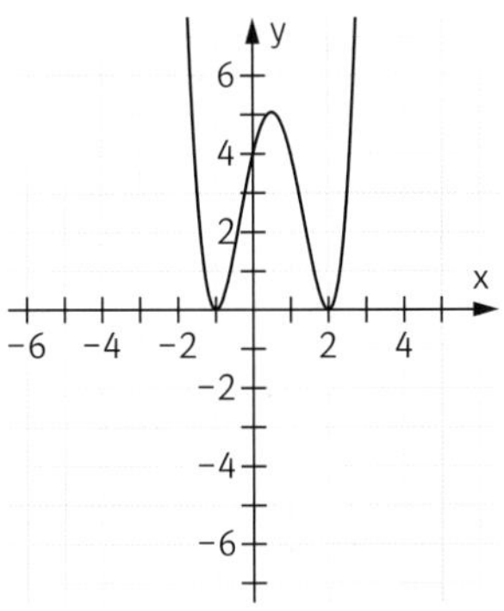

Funktionsgraph

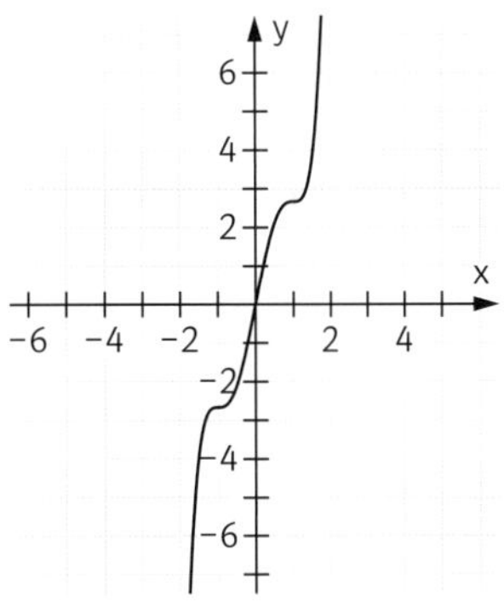

Funktionsgraph

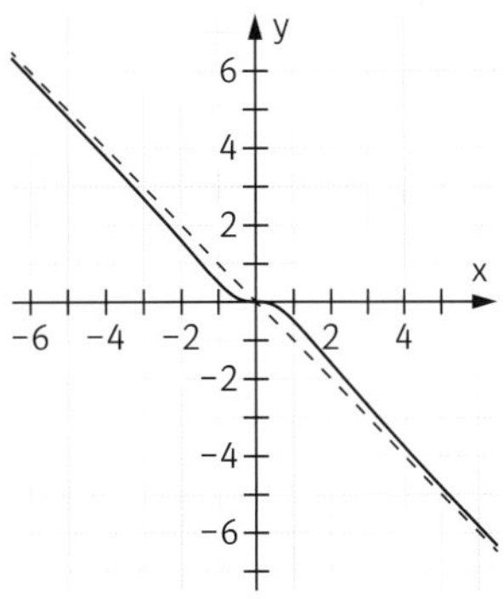

Funktionsgraph

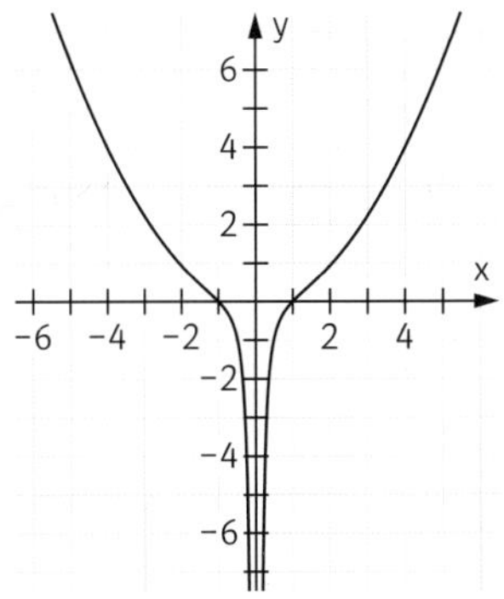

Ableitungsgraph

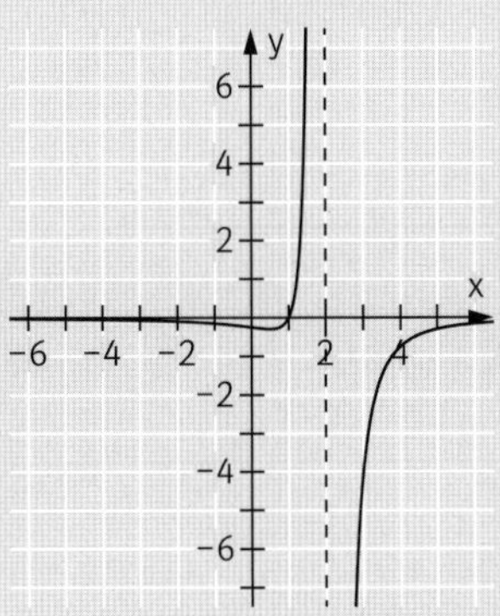

Ableitungsgraph

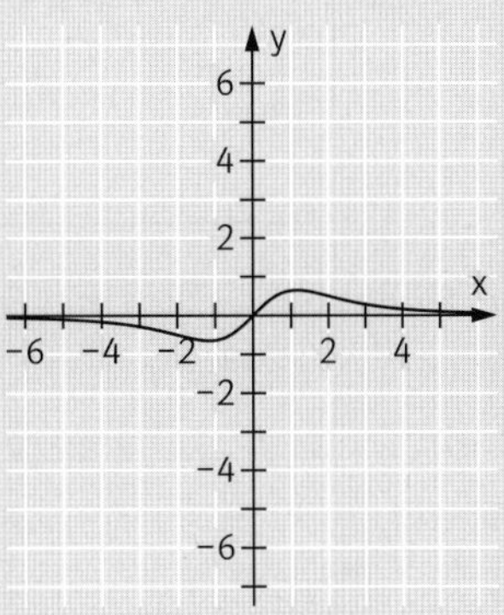

Ableitungsgraph

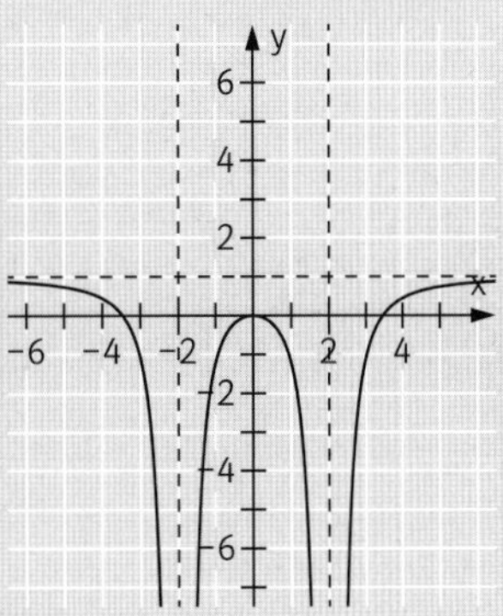

Ableitungsgraph

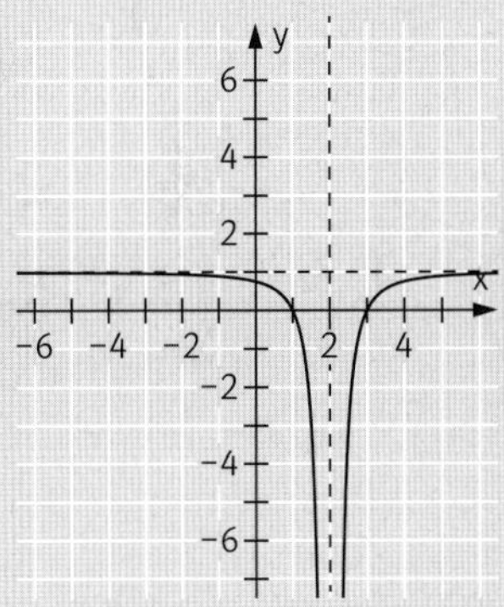

Ableitungsgraph

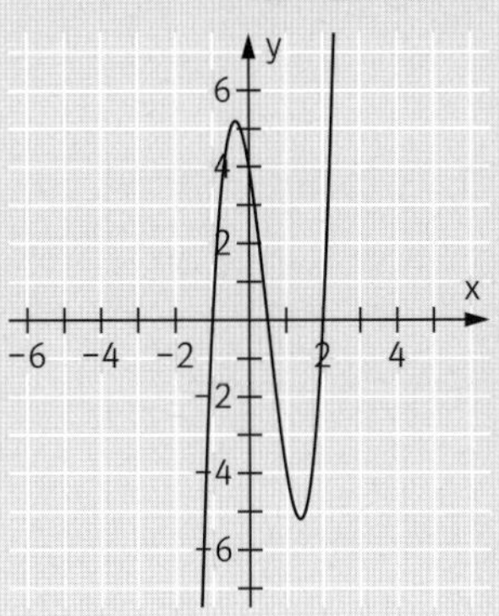

Ableitungsgraph

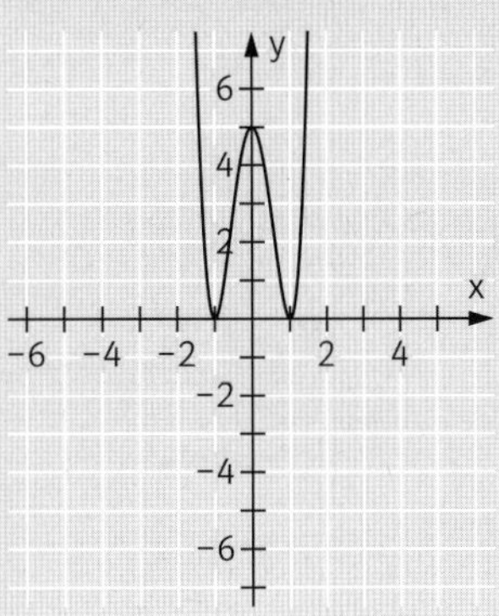

Ableitungsgraph

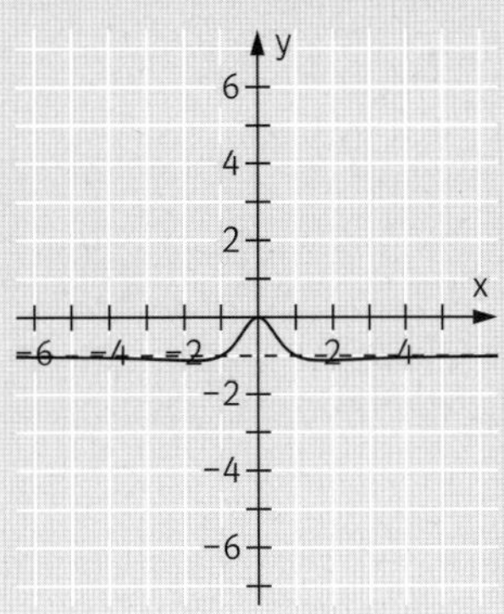

Ableitungsgraph

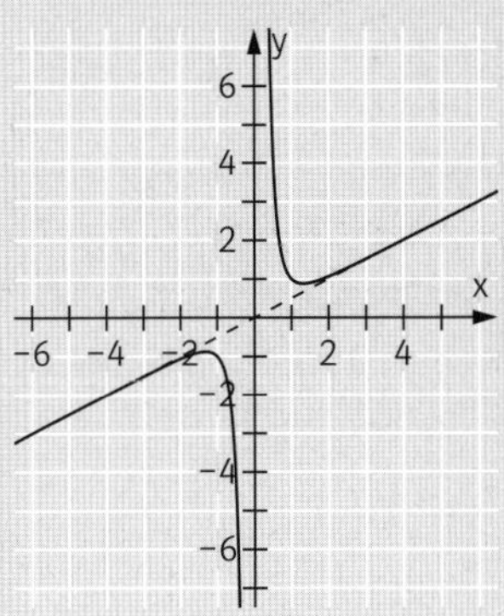

© Als Kopiervorlage für den Unterricht freigegeben. Ernst Klett Verlag GmbH, Stuttgart 2013.

Newton-Verfahren

Auf diesem Arbeitsblatt können Sie mehrere Schritte des Newton-Verfahrens graphisch durchführen. Dabei erfahren Sie, wie sich mit diesem Verfahren schrittweise bessere Näherungswerte für die Nullstelle der betrachteten Funktion bestimmen lassen. Für die Funktion

$f: x \mapsto 0{,}09042\,x^5 + 0{,}01808\,x^4 - 4{,}1739\,x^3 + 16{,}133\,x^2 - 20{,}675\,x + 6{,}89$

ist nebenstehend der Graph abgebildet. Ein direktes Berechnen der abgebildeten Nullstelle ist nicht möglich. Bestimmen Sie zunächst die Ableitung von f:

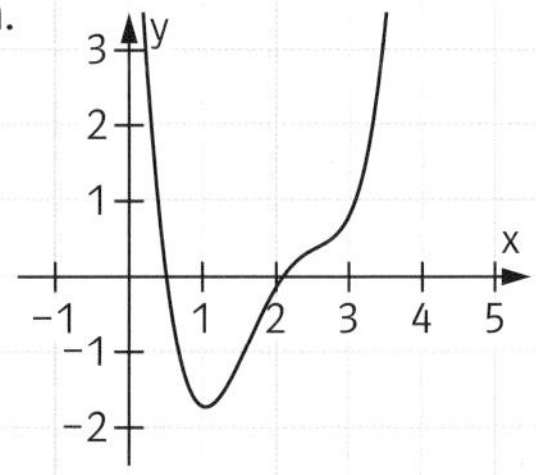

$f'(x) =$ ___

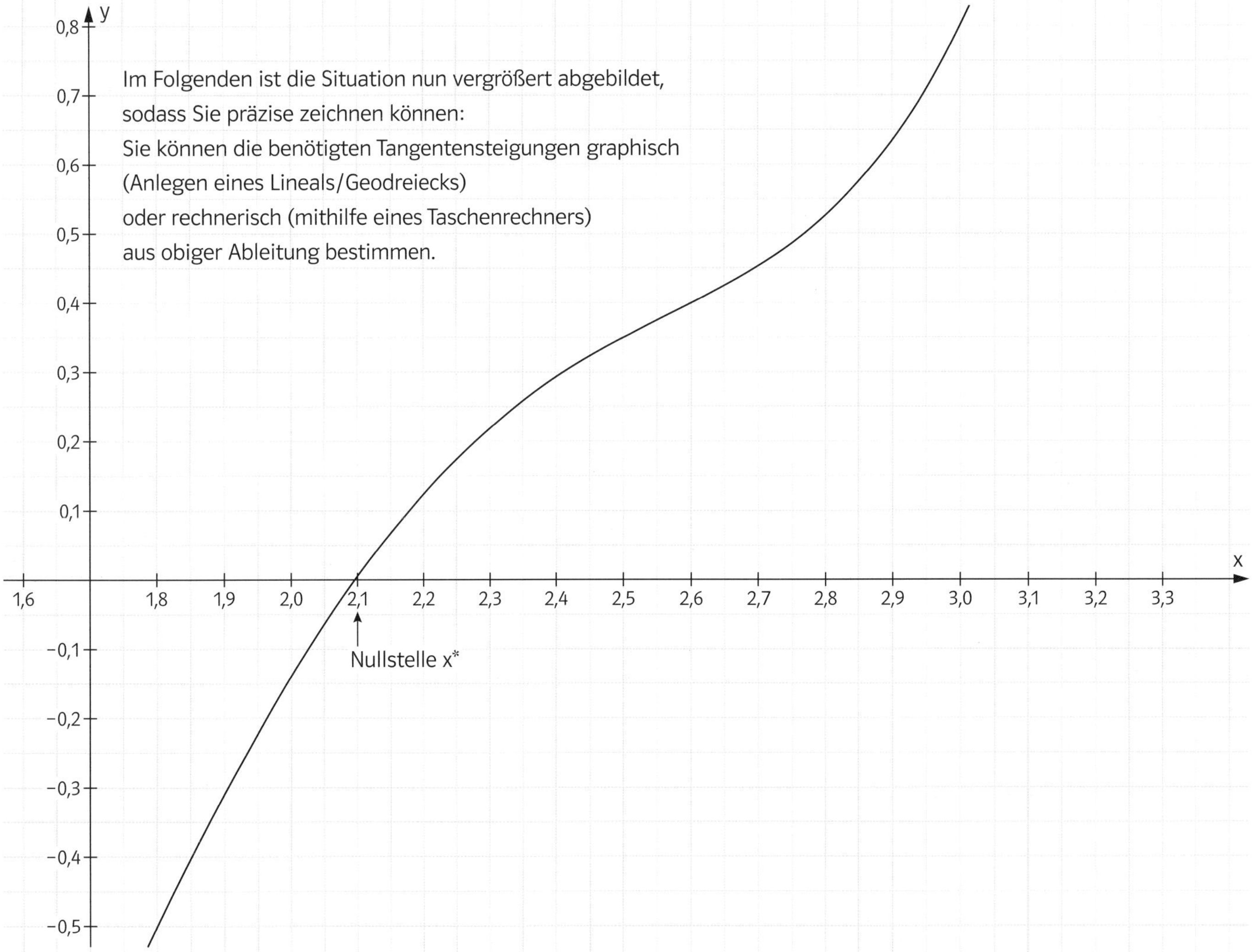

Im Folgenden ist die Situation nun vergrößert abgebildet, sodass Sie präzise zeichnen können: Sie können die benötigten Tangentensteigungen graphisch (Anlegen eines Lineals/Geodreiecks) oder rechnerisch (mithilfe eines Taschenrechners) aus obiger Ableitung bestimmen.

Wählen Sie als Startwert $x_0 = 3$.

1. Iterationsschritt: $x_0 = 3$

Markieren Sie $P_0(3\,|\,f(3))$. Bestimmen Sie die Graphensteigung: $f'(3) \approx$ ___. Zeichnen Sie die Tangente mit dieser Steigung in $P_0(3\,|\,f(3))$ an den Graphen. Die Tangente schneidet die x-Achse bei $x_1 \approx$ ___.

2. Iterationsschritt: $x_1 \approx$ ___

Markieren Sie $P_1(x_1\,|\,f(x_1))$. Bestimmen Sie die Graphensteigung: $f'(x_1) \approx$ ___. Zeichnen Sie die Tangente mit dieser Steigung in $P_1(x_1\,|\,f(x_1))$ an den Graphen. Die Tangente schneidet die x-Achse bei $x_2 \approx$ ___.

3. Iterationsschritt: $x_2 \approx$ ___

Markieren Sie $P_2(x_2\,|\,f(x_2))$. Bestimmen Sie die Graphensteigung: $f'(x_2) \approx$ ___. Zeichnen Sie die Tangente mit dieser Steigung in $P_2(x_2\,|\,f(x_2))$ an den Graphen. Die Tangente schneidet die x-Achse bei $x_3 \approx$ ___.

Mit $x_3 \approx$ ___ ist bereits ein sehr guter Näherungswert für die Nullstelle bestimmt, der augenscheinlich nur noch um etwa ___ von der tatsächlichen Nullstelle x* abweicht.

© Als Kopiervorlage für den Unterricht freigegeben. Ernst Klett Verlag GmbH, Stuttgart 2013.

Newton-Verfahren

Lösung

Auf diesem Arbeitsblatt können Sie mehrere Schritte des Newton-Verfahrens graphisch durchführen. Dabei erfahren Sie, wie sich mit diesem Verfahren schrittweise bessere Näherungswerte für die Nullstelle der betrachteten Funktion bestimmen lassen. Für die Funktion
$f: x \mapsto 0{,}09042x^5 + 0{,}01808x^4 - 4{,}1739x^3 + 16{,}133x^2 - 20{,}675x + 6{,}89$
ist nebenstehend der Graph abgebildet. Ein direktes Berechnen der abgebildeten Nullstelle ist nicht möglich. Bestimmen Sie zunächst die Ableitung von f:
$f'(x) =$ $0{,}4521x^4 + 0{,}07232x^3 - 12{,}5217x^2 + 32{,}266x - 20{,}675$

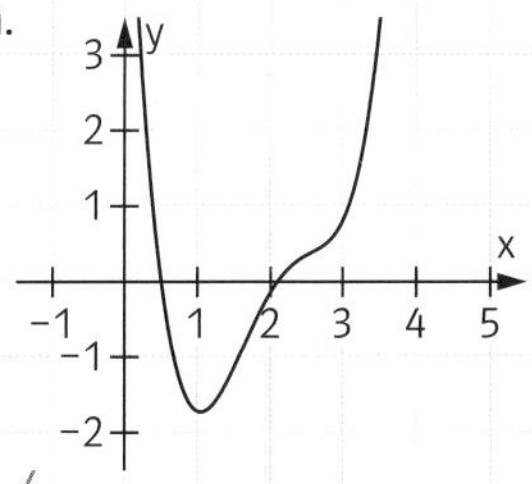

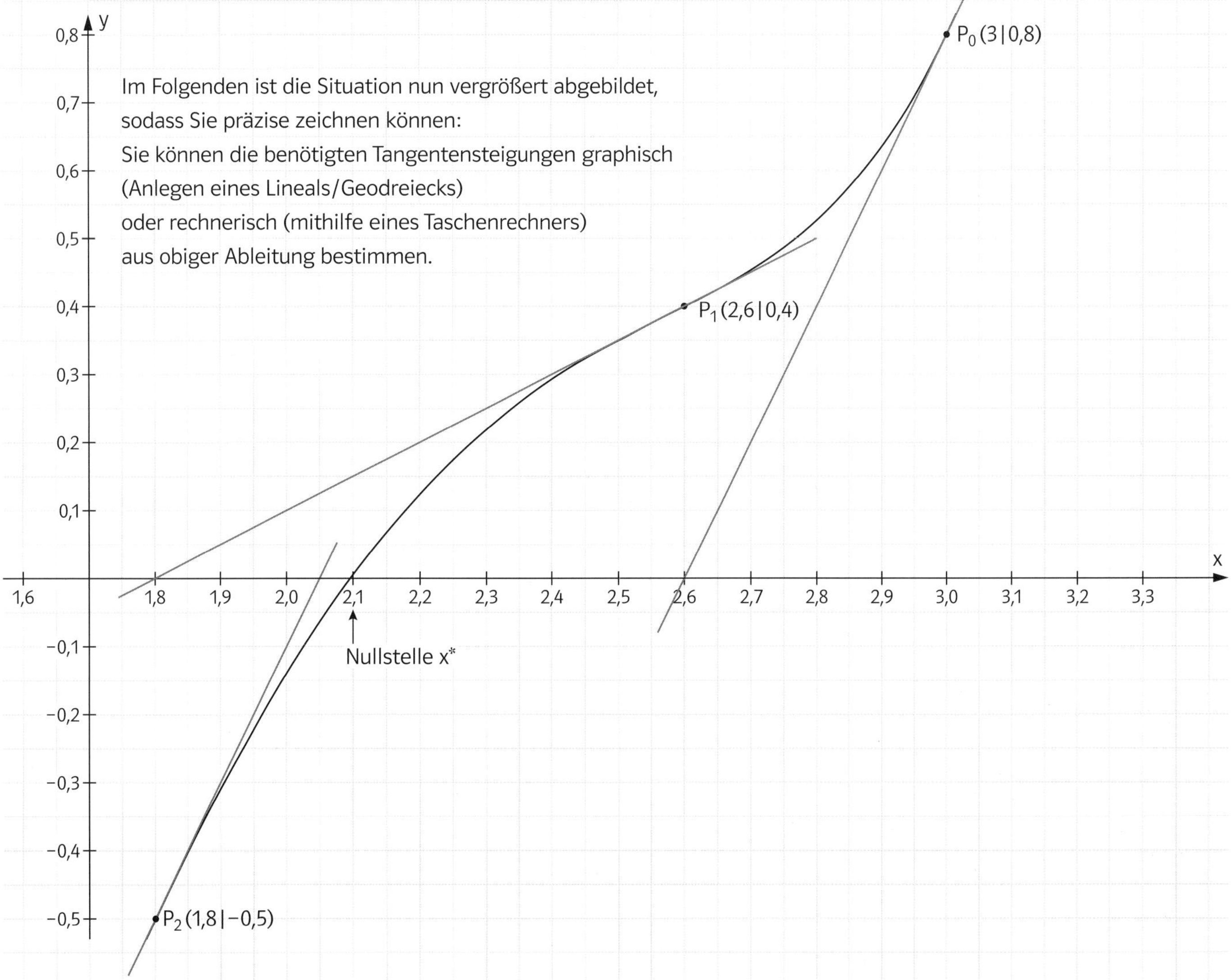

Wählen Sie als Startwert $x_0 = 3$.

1. Iterationsschritt: $x_0 = 3$

Markieren Sie $P_0(3\,|\,f(3))$. Bestimmen Sie die Graphensteigung: $f'(3) \approx$ 2 . Zeichnen Sie die Tangente mit dieser Steigung in $P_0(3\,|\,f(3))$ an den Graphen. Die Tangente schneidet die x-Achse bei $x_1 \approx$ 2,6 .

2. Iterationsschritt: $x_1 \approx$ 2,6

Markieren Sie $P_1(x_1\,|\,f(x_1))$. Bestimmen Sie die Graphensteigung: $f'(x_1) \approx$ 0,5 . Zeichnen Sie die Tangente mit dieser Steigung in $P_1(x_1\,|\,f(x_1))$ an den Graphen. Die Tangente schneidet die x-Achse bei $x_2 \approx$ 1,8 .

3. Iterationsschritt: $x_2 \approx$ 1,8

Markieren Sie $P_2(x_2\,|\,f(x_2))$. Bestimmen Sie die Graphensteigung: $f'(x_2) \approx$ 2 . Zeichnen Sie die Tangente mit dieser Steigung in $P_2(x_2\,|\,f(x_2))$ an den Graphen. Die Tangente schneidet die x-Achse bei $x_3 \approx$ 2,05 .

Mit $x_3 \approx$ 2,05 ist bereits ein sehr guter Näherungswert für die Nullstelle bestimmt, der augenscheinlich nur noch um etwa 0,05 von der tatsächlichen Nullstelle x* abweicht.

© Als Kopiervorlage für den Unterricht freigegeben. Ernst Klett Verlag GmbH, Stuttgart 2013.

Problematische Fälle beim Newton-Verfahren

Damit sich die beim Newton-Verfahren gewonnenen Näherungswerte der tatsächlichen Nullstelle x^* annähern, müssen die Funktion im Bereich dieser Nullstelle „gutartig" und der Startwert x_0 geeignet gewählt sein. Mit diesem Arbeitsblatt können Sie die im Schulbuch auf Seite 82 gezeigten kritischen Situationen nachvollziehen.

Führen Sie für jeden der drei folgenden Fälle einige wenige Schritte des Newton-Verfahrens graphisch durch:

1. Zeichnen Sie hierzu bei jedem Iterationsschritt für den bisherigen Näherungswert x_n im Punkt $P_n(x_n \mid f(x_n))$ die Tangente nach Augenmaß (mithilfe eines Lineals oder eines Geodreiecks) an den Graphen.
2. Der Schnittpunkt dieser Tangente mit der x-Achse ist der neue Näherungswert x_{n+1} für die Nullstelle.

Beschreiben Sie, warum bei dieser Funktion und bei dieser Wahl des Startwertes x_0 das Verfahren keine Näherungswerte liefert, die sich der tatsächlich gesuchten Nullstelle x^* nähern.

$f: x \mapsto \frac{x^3 + 3x^2 - 3}{2x + 3}$
Startwert $x_0 = -1$

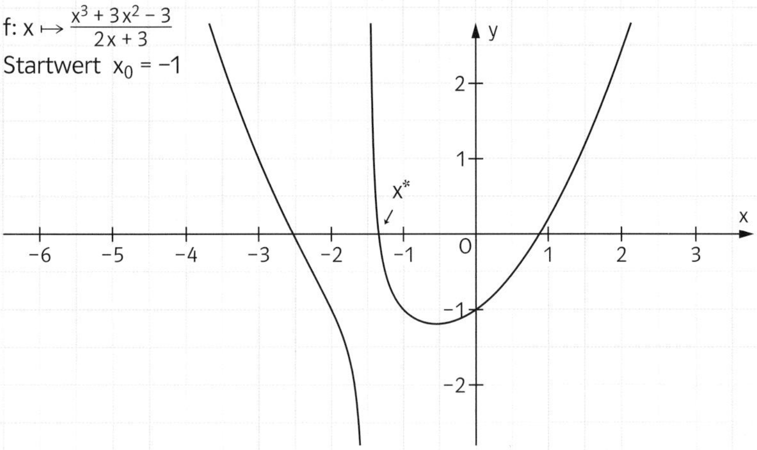

Beschreibung der Problematik:

geeigneterer Startwert:

$f: x \mapsto \frac{1}{2}x^5 - \frac{1}{2}x^3 + x^2 - \frac{1}{4}$
Startwert $x_0 = 0{,}1$

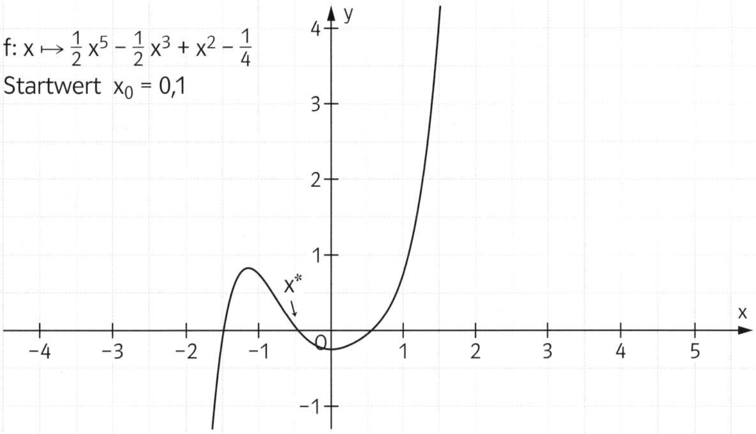

Beschreibung der Problematik:

geeigneterer Startwert:

$f: x \mapsto \frac{x^3 + 2x + 1}{(x+1)^4}$
Startwert: $x_0 = 0$

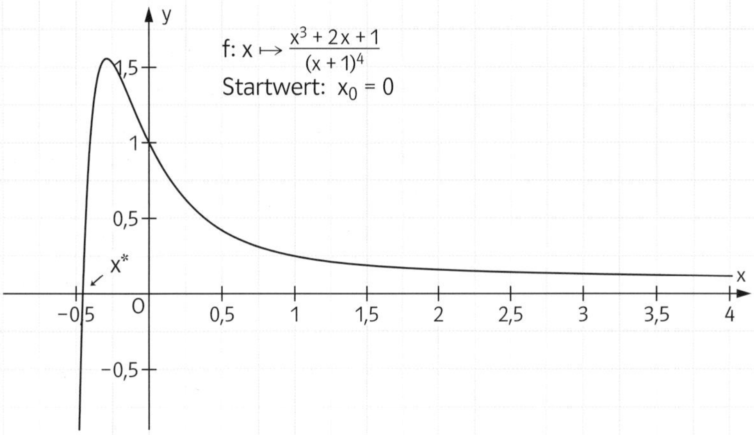

Beschreibung der Problematik:

geeigneterer Startwert:

In allen drei Fällen kann man durch Wahl eines näher an der tatsächlichen Nullstelle x^* liegenden Startwerts x_0 bewirken, dass das Verfahren kein solch kritisches Verhalten aufweist. Geben Sie jeweils einen geeigneteren Startwert an und führen Sie mit diesem neuen Startwert einen Schritt des Verfahrens graphisch (in anderer Farbe) durch.

© Als Kopiervorlage für den Unterricht freigegeben. Ernst Klett Verlag GmbH, Stuttgart 2013.

Problematische Fälle beim Newton-Verfahren

Lösung

Damit sich die beim Newton-Verfahren gewonnenen Näherungswerte der tatsächlichen Nullstelle x^* annähern, müssen die Funktion im Bereich dieser Nullstelle „gutartig" und der Startwert x_0 geeignet gewählt sein. Mit diesem Arbeitsblatt können Sie die im Schulbuch auf Seite 82 gezeigten kritischen Situationen nachvollziehen.

Führen Sie für jeden der drei folgenden Fälle einige wenige Schritte des Newton-Verfahrens graphisch durch:

1. Zeichnen Sie hierzu bei jedem Iterationsschritt für den bisherigen Näherungswert x_n im Punkt $P_n(x_n \mid f(x_n))$ die Tangente nach Augenmaß (mithilfe eines Lineals oder eines Geodreiecks) an den Graphen.
2. Der Schnittpunkt dieser Tangente mit der x-Achse ist der neue Näherungswert x_{n+1} für die Nullstelle.

Beschreiben Sie, warum bei dieser Funktion und bei dieser Wahl des Startwertes x_0 das Verfahren keine Näherungswerte liefert, die sich der tatsächlich gesuchten Nullstelle x^* nähern.

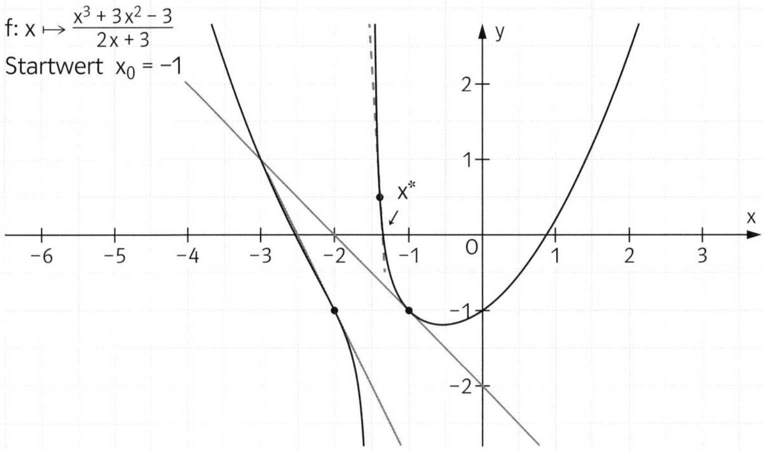

Beschreibung der Problematik:
Bereits beim 1. Iterationsschritt liegt der Schnittpunkt der Tangente (die sehr flach verläuft) mit der x-Achse jenseits der Definitionslücke. Die folgenden Näherungswerte nähern sich dann der anderen Nullstelle etwa bei $x = -2{,}5$.

geeigneterer Startwert: $-1{,}4$

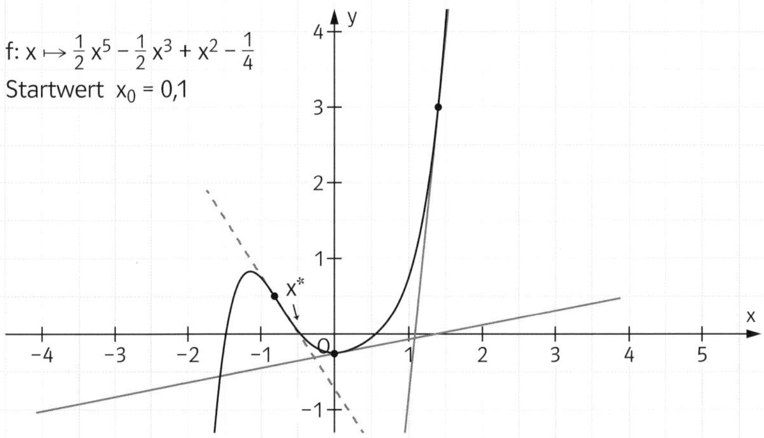

Beschreibung der Problematik:
Der Startwert x_0 und die gesuchte Nullstelle x^* liegen auf verschiedenen Seiten der bei 0 liegenden Extremstelle. Daher neigt sich die erste Tangente zur falschen Seite und die Näherungswerte nähern sich der anderen Nullstelle etwa bei $x = 0{,}5$.

geeigneterer Startwert: $-0{,}8$

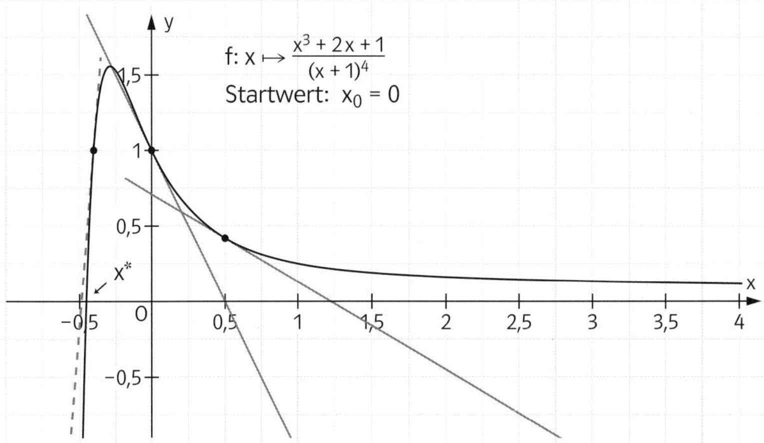

Beschreibung der Problematik:
Der Startwert x_0 und die gesuchte Nullstelle x^* liegen auf verschiedenen Seiten der Extremstelle. Die erste Tangente neigt sich zur falschen Seite und die Näherungswerte wandern immer weiter ins Unendliche, da auch die Funktion hier keine Nullstelle mehr besitzt (nur die Asymptote $y = 0$).

geeigneterer Startwert: $-0{,}4$

In allen drei Fällen kann man durch Wahl eines näher an der tatsächlichen Nullstelle x^* liegenden Startwerts x_0 bewirken, dass das Verfahren kein solch kritisches Verhalten aufweist. Geben Sie jeweils einen geeigneteren Startwert an und führen Sie mit diesem neuen Startwert einen Schritt des Verfahrens graphisch (in anderer Farbe) durch.

© Als Kopiervorlage für den Unterricht freigegeben. Ernst Klett Verlag GmbH, Stuttgart 2013.

3D-Koordinatensystem – Teil 1

Bauanleitung:

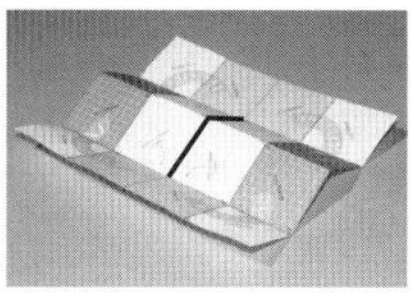

falten und markierte Linie einschneiden

falten und 3 markierte Linie einschneiden

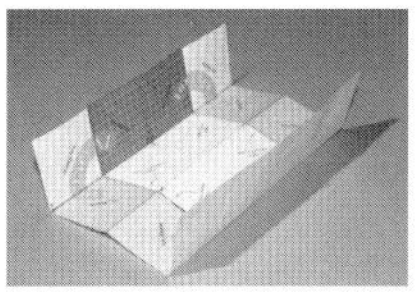

in der Mitte flachlegen, Seiten nach oben klappen

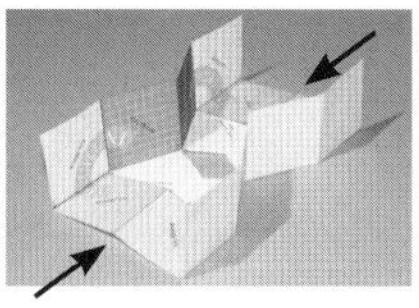

zusammenschieben; darauf achten, dass Klebelaschen sich wie bezeichnet darunter schieben

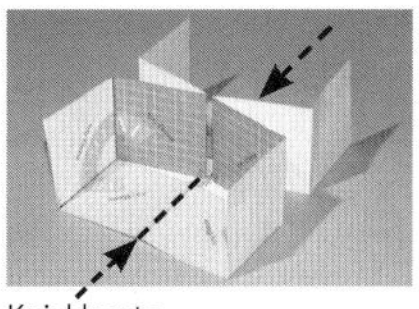

über Knickkante nach unten zusammenfalten

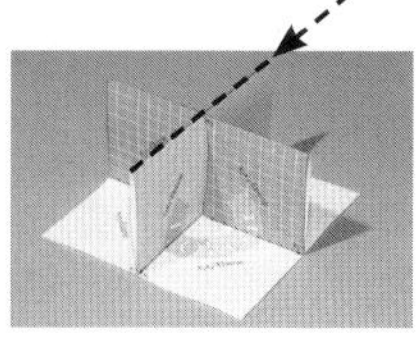

nach Wunsch verkleben

Beide Teile (I.–IV. Oktant und V.–VIII. Oktant) so miteinander verkleben, dass der V. unter dem I. Quadranten zu liegen kommt.
Kleben mit fixogum oder wenigen Klebefilmstreifen ermöglicht es, das Koordinatensystem nach Belieben zu demontieren.
Das gefaltete Koordinatensystem ist jedoch auch ohne Verkleben schon recht stabil.

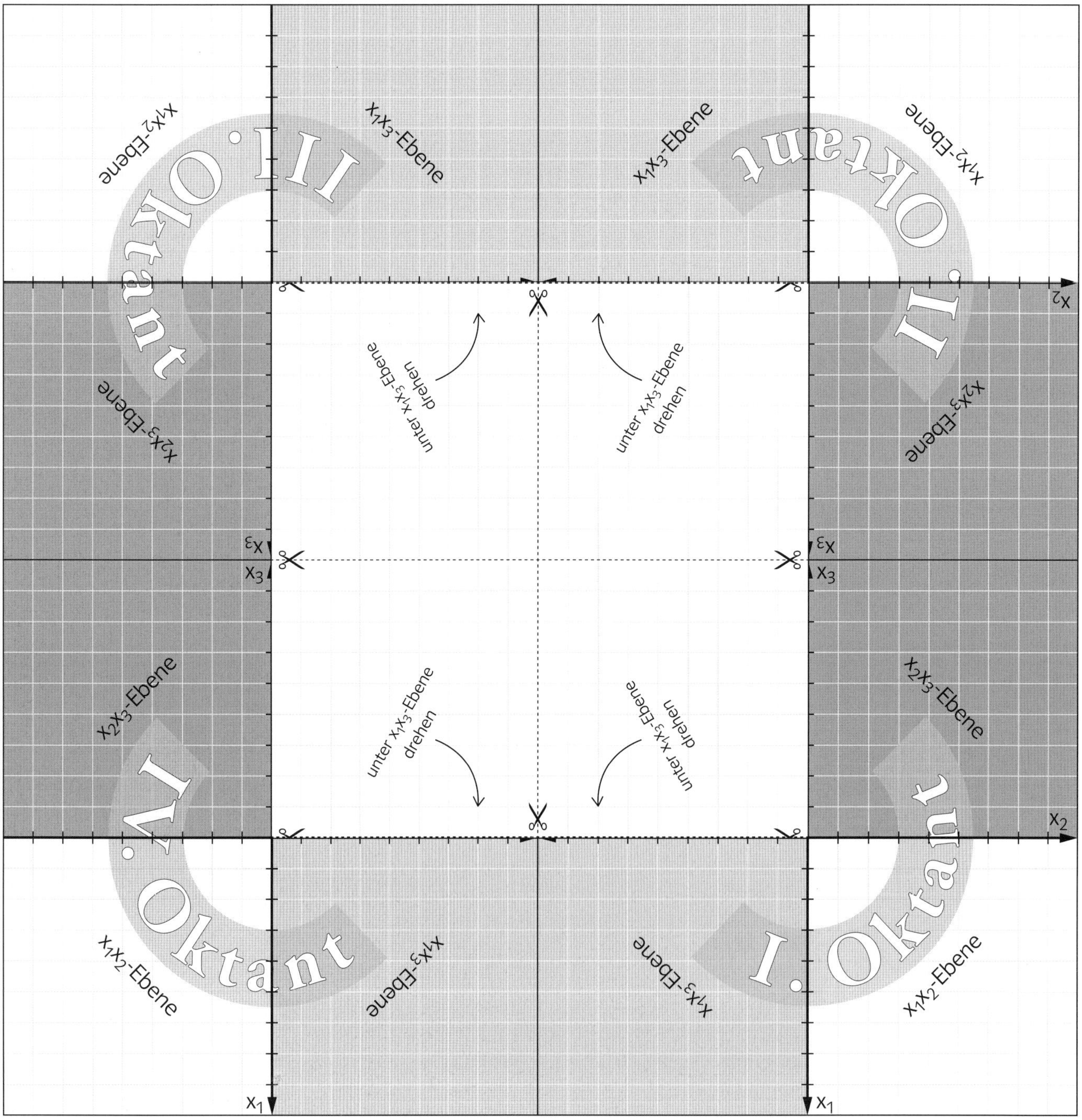

© Als Kopiervorlage für den Unterricht freigegeben. Ernst Klett Verlag GmbH, Stuttgart 2013.

3D-Koordinatensystem – Teil 2

Tipp: mit Zahnstochern können Geraden,
mit Karteikarten können Ebenen gut veranschaulicht werden.

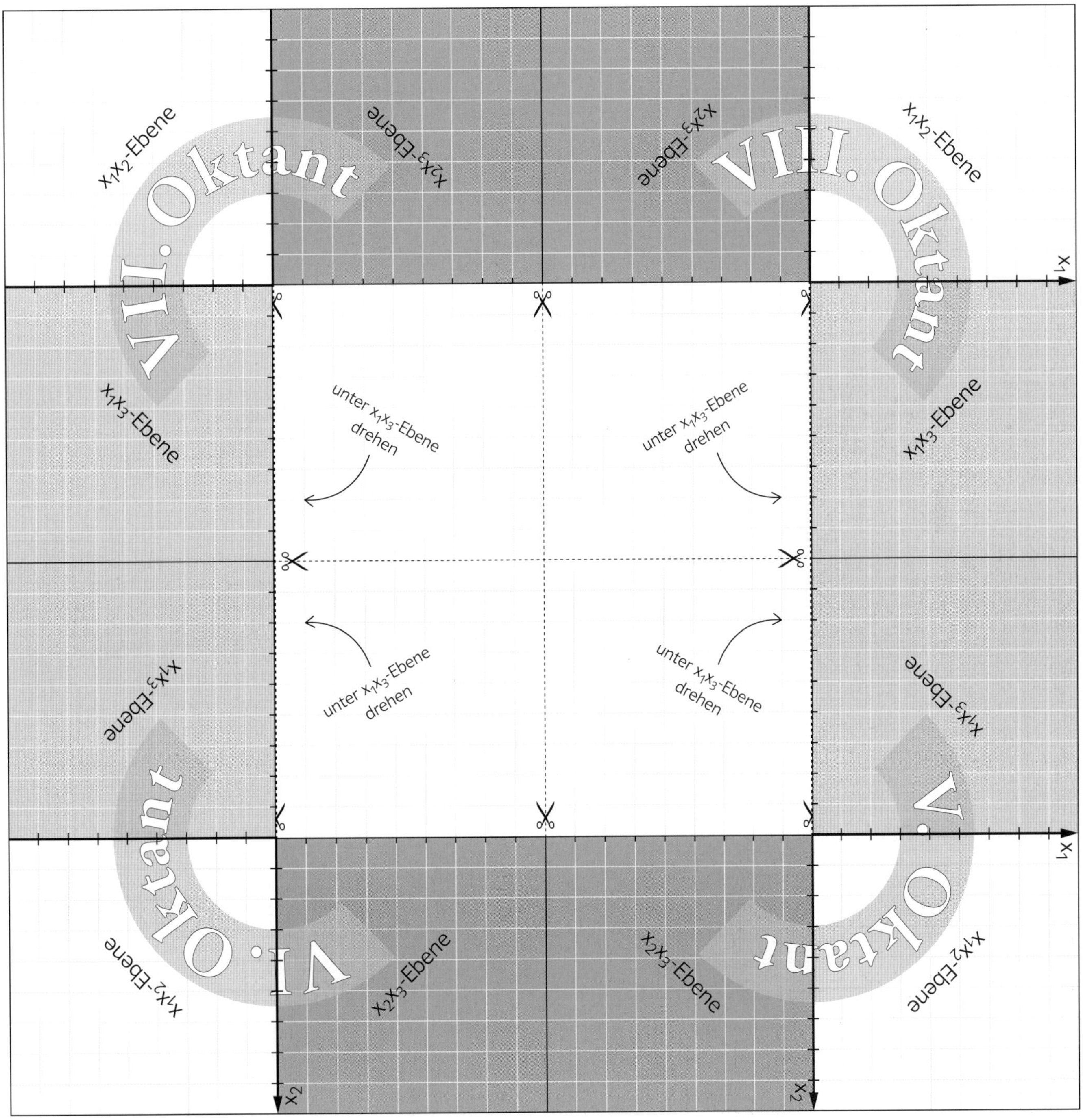

© Als Kopiervorlage für den Unterricht freigegeben. Ernst Klett Verlag GmbH, Stuttgart 2013.

Das dreidimensionale Koordinatensystem

1. Tragen Sie die Punkte A(4 | 5 | 3), B(2 | 5 | −1), C(0 | −1 | 3), D(−2 | 4 | 1) und E(1 | 2 | 0) in das Koordinatensystem ein.

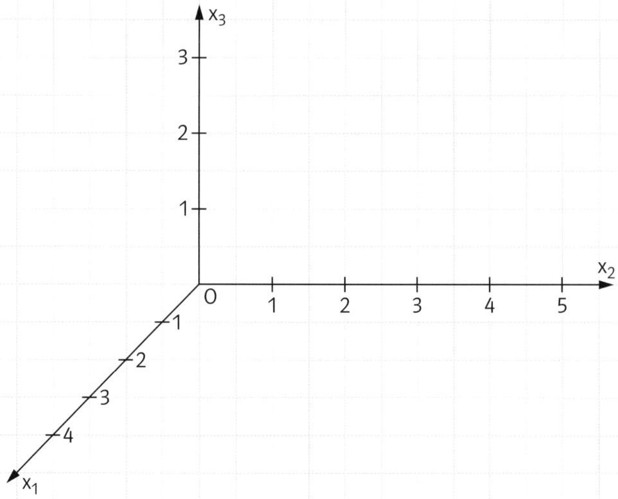

2. In der Abbildung befinden sich
- die Punkte P und Q in der x_1x_2-Ebene,
- die Punkte R und S in der x_1x_3-Ebene,
- die Punkte T und U in der x_2x_3-Ebene.

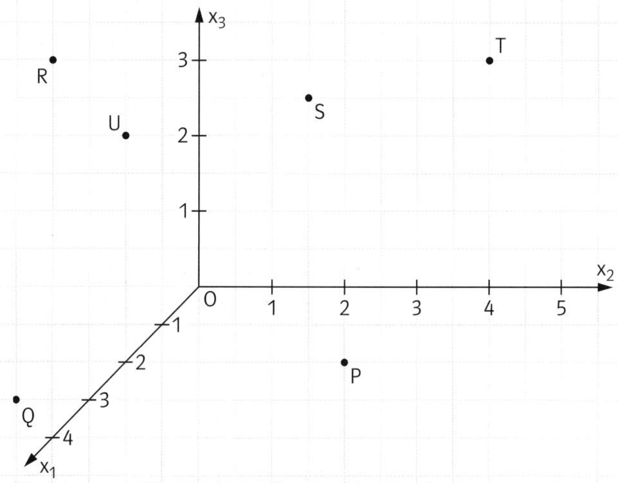

Bestimmen Sie die Koordinaten der Punkte.

P(2 | | 0) und Q(| |)
R(| |) und S(| |)
T(| |) und U(| |)

3. Die Punkte A(0 | 3 | 0), B(2 | 0 | −3) und C(4 | −2 | 0) werden an einer Koordinatenebene gespiegelt. Bestimmen Sie die Koordinaten der Bildpunkte.

a) Spiegelung an der x_1x_2-Ebene A′(| |), B′(| |), C′(| |)

b) Spiegelung an der x_2x_3-Ebene A′(| |), B′(| |), C′(| |)

c) Spiegelung an der x_1x_3-Ebene A′(| |), B′(| |), C′(| |)

4. Bei einem Quader ABCDEFGH liegen die Kanten parallel zu den Koordinatenachsen. Die Eckpunkte A(5 | 1 | 0), C(1 | 6 | 0) und H(1 | 1 | 3) sind bekannt.

a) Zeichnen Sie den Quader in das Koordinatensystem ein.

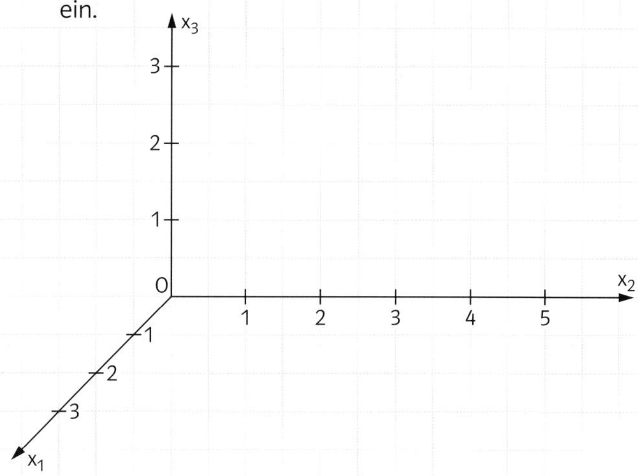

b) Bestimmen Sie die Koordinaten der fehlenden Eckpunkte: B(| |), D(| |), E(| |), F(| |), und G(| |)

c) Geben Sie die Koordinaten der Diagonalenschnittpunkte folgender Seitenflächen des Quaders an: S_{ABFE}(| |), S_{EFGH}(| |) und S_{BCGF}(| |)

d) Geben Sie die Koordinaten des Mittelpunkts des Quaders an: M(| |)

e) Bestimmen Sie das Volumen des Quaders: V =

5. Zeichnen Sie nebenstehende Körper so ins Koordinatensystem, dass die benannten Eckpunkte folgende Koordinaten haben: A(3 | −2 | −1), B(3 | −2 | 0), C(0 | −2 | 0), D(2 | 4 | 0), E(2 | 4 | −1), F(1 | 4 | −1)

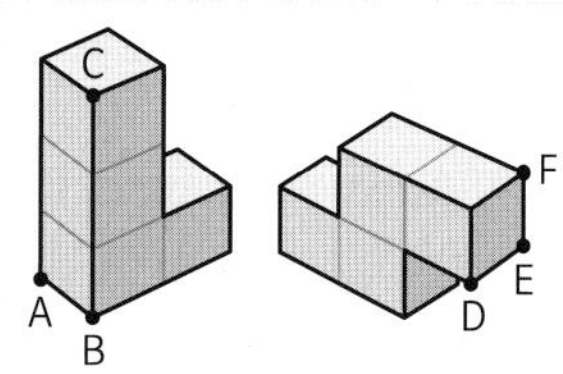

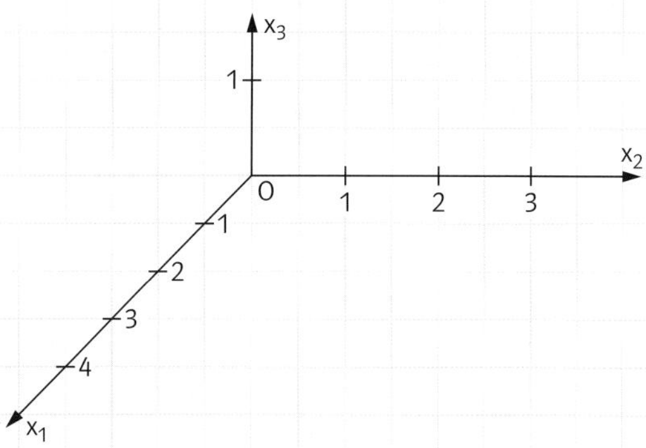

© Als Kopiervorlage für den Unterricht freigegeben. Ernst Klett Verlag GmbH, Stuttgart 2013.

Das dreidimensionale Koordinatensystem

Lösung

1. Tragen Sie die Punkte A(4|5|3), B(2|5|−1), C(0|−1|3), D(−2|4|1) und E(1|2|0) in das Koordinatensystem ein.

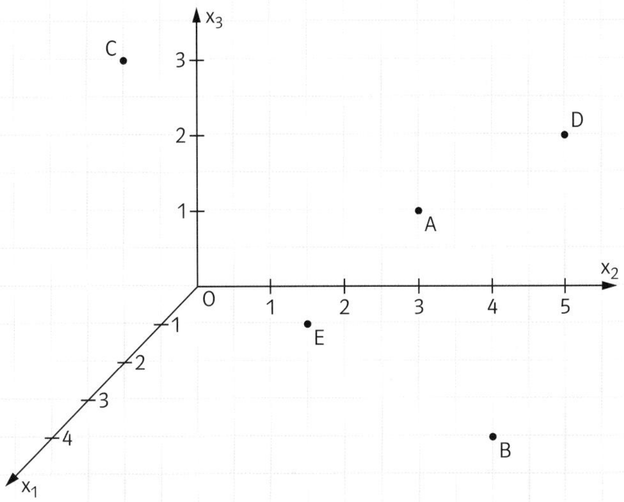

2. In der Abbildung befinden sich
- die Punkte P und Q in der x_1x_2-Ebene,
- die Punkte R und S in der x_1x_3-Ebene,
- die Punkte T und U in der x_2x_3-Ebene.

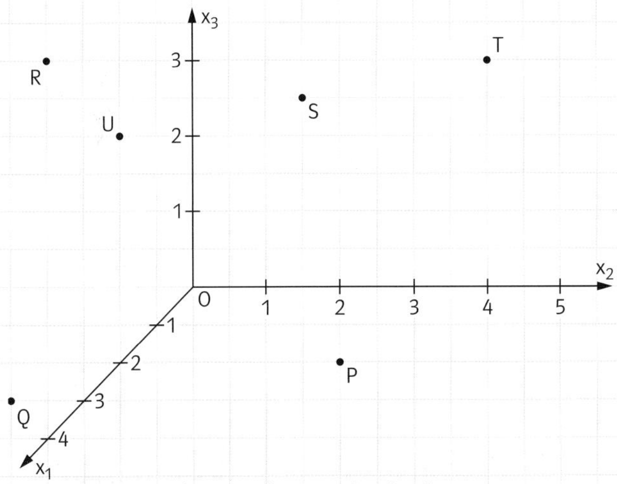

Bestimmen Sie die Koordinaten der Punkte.

P(2 | 3 | 0) und Q(3 | −1 | 0)
R(4 | 0 | 5) und S(−3 | 0 | 1)
T(0 | 4 | 3) und U(0 | −1 | 2)

3. Die Punkte A(0|3|0), B(2|0|−3) und C(4|−2|0) werden an einer Koordinatenebene gespiegelt. Bestimmen Sie die Koordinaten der Bildpunkte.

a) Spiegelung an der x_1x_2-Ebene A′(0 | 3 | 0), B′(2 | 0 | 3), C′(4 | −2 | 0)

b) Spiegelung an der x_2x_3-Ebene A′(0 | 3 | 0), B′(−2 | 0 | −3), C′(−4 | −2 | 0)

c) Spiegelung an der x_1x_3-Ebene A′(0 | −3 | 0), B′(2 | 0 | −3), C′(4 | 2 | 0)

4. Bei einem Quader ABCDEFGH liegen die Kanten parallel zu den Koordinatenachsen. Die Eckpunkte A(5|1|0), C(1|6|0) und H(1|1|3) sind bekannt.

a) Zeichnen Sie den Quader in das Koordinatensystem ein.

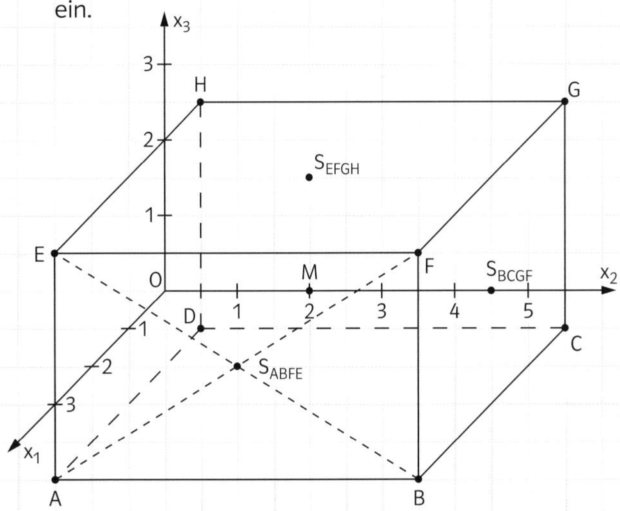

b) Bestimmen Sie die Koordinaten der fehlenden Eckpunkte: B(5 | 6 | 0), D(1 | 1 | 0), E(5 | 1 | 3), F(5 | 6 | 3), und G(1 | 6 | 3)

c) Geben Sie die Koordinaten der Diagonalenschnittpunkte folgender Seitenflächen des Quaders an: S_{ABFE}(5 | 3,5 | 1,5), S_{EFGH}(3 | 3,5 | 3) und S_{BCGF}(3 | 6 | 1,5)

d) Geben Sie die Koordinaten des Mittelpunkts des Quaders an: M(3 | 3,5 | 1,5)

e) Bestimmen Sie das Volumen des Quaders: V = 4 · 5 · 3 = 60

5. Zeichnen Sie nebenstehende Körper so ins Koordinatensystem, dass die benannten Eckpunkte folgende Koordinaten haben: A(3|−2|−1), B(3|−2|0), C(0|−2|0), D(2|4|0), E(2|4|−1), F(1|4|−1)

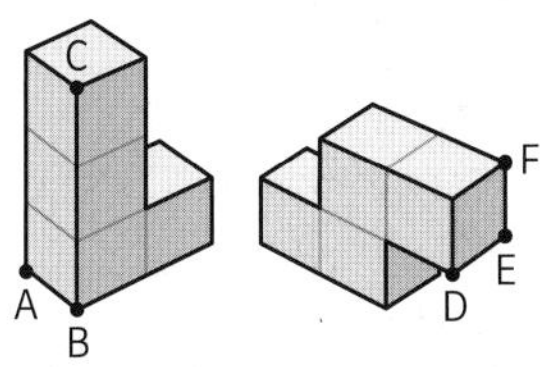

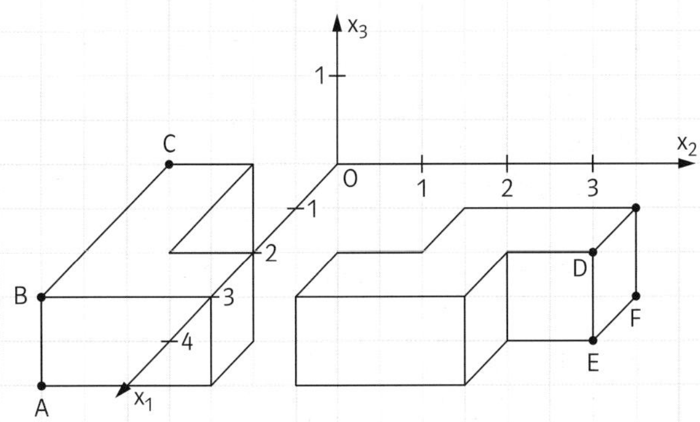

© Als Kopiervorlage für den Unterricht freigegeben. Ernst Klett Verlag GmbH, Stuttgart 2013.

Raumschiffe versenken

Spiel für 2 Personen; jeder benötigt eine Kopie dieser Vorlage.

Spielvorbereitung:
Jeder Spieler setzt in seinem eigenen Raum neun Raumschiffe. Es dürfen nur 0, 1, 2, 3 und 4 als Koordinatenwerte verwendet werden. Der Spieler notiert die Koordinaten und zeichnet die Raumschiffe ins Koordinatensystem ein. Weil im Koordinatensystem z. B. die Raumschiffe [(4 | 1 | 1), (4 | 2 | 1), (4 | 3 | 1)] und [(2 | 0 | 0), (2 | 1 | 0), (2 | 2 | 0)] nicht unterschieden werden können, müssen alle markierten Koordinatenpunkte noch in die nebenstehende Schichtenansicht übertragen werden.
Dann wird das Blatt wie bezeichnet geknickt und die beiden Spieler setzen sich gegenüber.

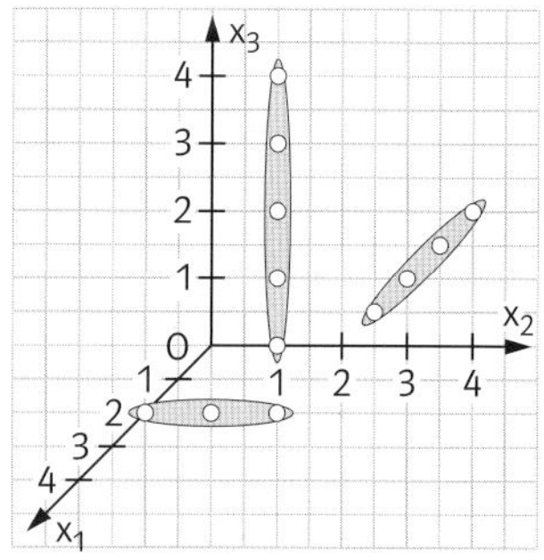

Knickkante – nach außen knicken

Eigene Raumschiffe:

[(| |), (| |), (| |), (| |), (| |)]
[(| |), (| |), (| |), (| |), (| |)]
[(| |), (| |), (| |), (| |)]
[(| |), (| |), (| |), (| |)]
[(| |), (| |), (| |), (| |)]
[(| |), (| |), (| |)] [(| |), (| |), (| |)]
[(| |), (| |), (| |)] [(| |), (| |), (| |)]

Eigener Raum:

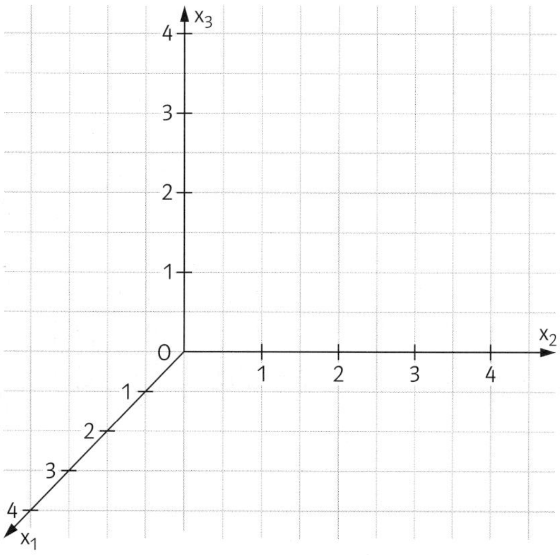

Schichtenansicht:

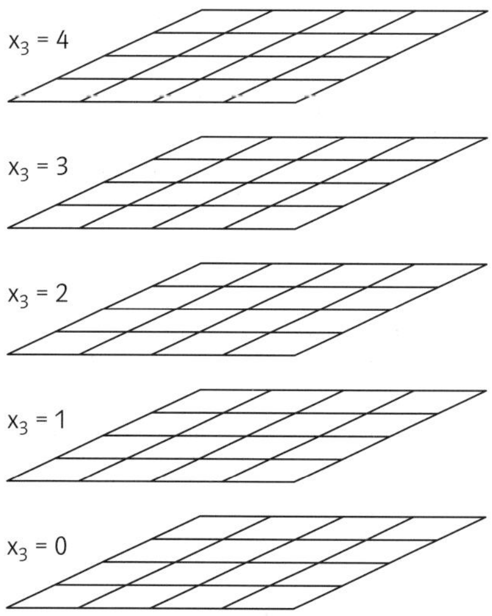

Spielregel:
Ein Spieler beginnt.
Er nennt dem Gegner die Koordinaten eines Punktes und markiert ihn im gegnerischen Raum und der Schichtenansicht mit einem Kreis.
Findet sich dort ein gegnerisches Raumschiff, so ruft der Gegner „Treffer", andernfalls „Leerer Raum".
Ein Treffer wird durch ein Kreuz markiert.

Knickkante – nach innen knicken

Gegnerischer Raum:

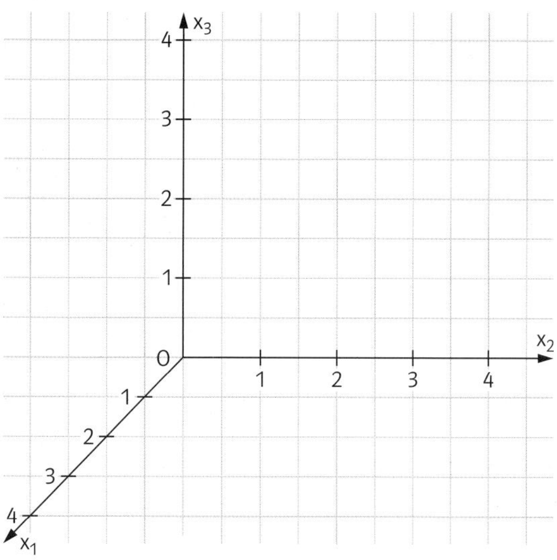

Schichtenansicht:

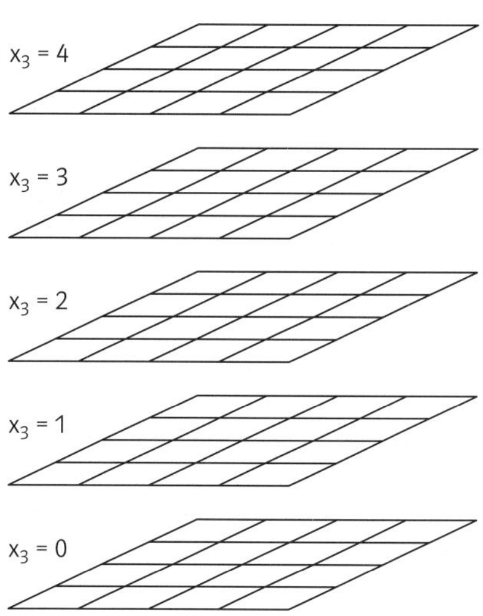

Hat der Spieler einen Treffer erzielt, darf er nochmals raten, andernfalls ist der Gegner an der Reihe.
Sind alle Punkte eines Raumschiffes getroffen worden, so ist dieses „versenkt". Es wird umrahmt.

Spielende:
Es gewinnt derjenige Spieler, welcher zuerst alle gegnerischen Raumschiffe versenkt hat.

© Als Kopiervorlage für den Unterricht freigegeben. Ernst Klett Verlag GmbH, Stuttgart 2013.

Ping-Pong zu Vektoren

Das Blatt zur Tischtennisplatte falten.

Spielregel: Der Spieler mit dem Aufschlag beginnt. Lösen Sie die Gleichungen und spielen Sie sich die Lösungen durch Zurufen, z. B. „Pferd ist zwei, minus vier, null", zu. Durch Blick ins Netz kann der Gegner entscheiden, ob der zugerufene Vektor richtig sein kann. Er übernimmt das Spiel mit der Gleichung, in die er die zugerufene Lösung einsetzen kann.

AUFSCHLAG

$$\frac{1}{2}\begin{pmatrix}-4\\0\\2\end{pmatrix}-\text{♞}+\begin{pmatrix}5\\2\\-2\end{pmatrix}=\begin{pmatrix}0\\3\\1\end{pmatrix}$$

$$3\cdot\text{♥}-\begin{pmatrix}-8\\1{,}5\\5{,}5\end{pmatrix}=\begin{pmatrix}-6\\0\\6\end{pmatrix}+2\cdot\text{❄}$$

$$\begin{pmatrix}3\\-1\\6{,}5\end{pmatrix}=2\cdot\left[\text{☺}-\begin{pmatrix}0\\-3\\-4\end{pmatrix}\right]+\text{✿}$$

$$\frac{1}{2}\cdot\text{⚅}-\begin{pmatrix}5\\-3\\4\end{pmatrix}=2\cdot\text{♛}-1{,}5\cdot\text{⚅}$$

$$\begin{pmatrix}9\\-6{,}5\\0{,}5\end{pmatrix}-\text{🐘}=0{,}5\cdot\text{☎}-\frac{1}{2}\cdot\text{🐘}$$

$$\begin{pmatrix}0{,}5\\-2\\-3\end{pmatrix}+\frac{1}{4}\cdot\text{♜}-\frac{1}{2}\cdot\text{🔑}=\begin{pmatrix}1\\0{,}5\\1\end{pmatrix}$$

$$\begin{pmatrix}3\\1\\2\end{pmatrix}\quad\begin{pmatrix}3\\-1\\-2\end{pmatrix}\quad\begin{pmatrix}-7\\4{,}5\\5{,}5\end{pmatrix}\quad\begin{pmatrix}-4\\0{,}5\\2{,}5\end{pmatrix}\quad\begin{pmatrix}4\\4\\6\end{pmatrix}\quad\begin{pmatrix}1\\-0{,}5\\-3{,}5\end{pmatrix}\quad\begin{pmatrix}3\\-2\\-1{,}5\end{pmatrix}\quad\begin{pmatrix}4\\2\\2{,}5\end{pmatrix}\quad\begin{pmatrix}7\\-4{,}5\\-5{,}5\end{pmatrix}\quad\begin{pmatrix}2\\2\\3\end{pmatrix}$$

$$\begin{pmatrix}1\\0\\-2\end{pmatrix}\quad\begin{pmatrix}0\\-2{,}5\\0\end{pmatrix}\quad\begin{pmatrix}0\\-2\\0\end{pmatrix}\quad\begin{pmatrix}3\\-1\\-2\end{pmatrix}\quad\begin{pmatrix}2\\0\\-4\end{pmatrix}\quad\begin{pmatrix}8\\8\\12\end{pmatrix}\quad\begin{pmatrix}-2\\-2\\-4\end{pmatrix}\quad\begin{pmatrix}11\\-8{,}5\\6{,}5\end{pmatrix}\quad\begin{pmatrix}3{,}5\\-2\\-1{,}5\end{pmatrix}\quad\begin{pmatrix}-11\\-8{,}5\\-6{,}5\end{pmatrix}$$

$$-3\cdot\text{❄}=\begin{pmatrix}-1\\-1\\-1\end{pmatrix}-2\cdot\text{♛}$$

$$2\cdot(4\cdot\text{✿}-\text{🐘})-\begin{pmatrix}2\\1\\-25\end{pmatrix}=\begin{pmatrix}0\\0\\0\end{pmatrix}$$

$$3\cdot\text{♞}+2\cdot\text{♥}=\begin{pmatrix}1\\-2\\-1\end{pmatrix}$$

$$4\cdot\text{⚅}-2\cdot\text{☎}=\begin{pmatrix}0\\1\\5\end{pmatrix}$$

$$\text{☛}-\frac{1}{2}\cdot\text{♜}=\text{♜}-2\cdot\text{☛}$$

$$3\cdot\text{🔑}-\begin{pmatrix}9\\2\\-6\end{pmatrix}=2\cdot\text{☺}$$

Spielauswertung: Für jede richtige Lösung erhält man einen Punkt. Bei falscher Lösung bekommt der Gegner einen Punkt und der Spieler muss erneut versuchen, die Gleichung zu lösen. Gewonnen hat der Spieler, der nach dem Lösen aller Gleichungen den höchsten Punktestand erzielt hat.

© Als Kopiervorlage für den Unterricht freigegeben. Ernst Klett Verlag GmbH, Stuttgart 2013.

Betrag von Vektoren, Länge von Strecken

1. Berechnen Sie die Länge der eingezeichneten Vektoren.

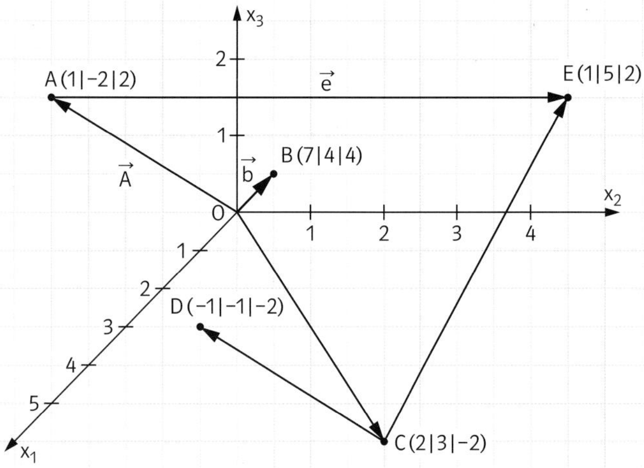

$|\vec{A}| = |\overrightarrow{OA}| = \sqrt{1^2 + (\quad)^2 + (\quad)^2} = \sqrt{\quad} =$

$|\vec{b}| = |\quad| = \sqrt{\quad} =$

$\quad =$

$\overrightarrow{CD} = \begin{pmatrix} -1 - 2 \\ \\ \end{pmatrix} = \begin{pmatrix} -3 \\ \\ \end{pmatrix} \Rightarrow |\overrightarrow{CD}| = \sqrt{\quad} =$

$\quad =$

$\quad =$

2. Berechnen Sie die Länge der Strecke [AB].

a) A(3|1|2), B(1|2|4); $\overrightarrow{AB} = \begin{pmatrix} 1 - 3 \\ \quad - \quad \\ \quad - \quad \end{pmatrix} = \begin{pmatrix} -2 \\ \\ \end{pmatrix}$

$|\overrightarrow{AB}| = \sqrt{(-2)^2 + (\quad)^2 + (\quad)^2} = \sqrt{\quad} =$

b) A(−2|0|5), B(2|−3|5); $\overrightarrow{AB} = \begin{pmatrix} \\ \\ \end{pmatrix} = \begin{pmatrix} \\ \\ \end{pmatrix}$

c) A(7|1|−1), B(3|3|3); $\overrightarrow{AB} = \begin{pmatrix} \\ \\ \end{pmatrix} = \begin{pmatrix} \\ \\ \end{pmatrix}$

3. Berechnen Sie den zum Vektor $\vec{u}$ gehörenden Einheitsvektor $\vec{u_0}$.

$\vec{u} = \begin{pmatrix} 2 \\ -2 \\ 1 \end{pmatrix}; \quad |\vec{u}| =$

$\Rightarrow \vec{u_0} = \frac{1}{|\vec{u}|} \cdot \vec{u} =$

4. Die Strecke [PQ] hat die Länge l. Berechnen Sie die fehlenden Koordinaten der Punkte P und Q.

a) P(2|1|−1), Q(x|0|1), $l = \sqrt{5}$

$|\overrightarrow{PQ}|^2 = l^2 = 5$

$\Rightarrow \quad (x - 2)^2 + (0 - \quad)^2 + (\quad - \quad)^2 = 5$

$\Rightarrow$

Lösung: $x =$

b) P(x|2|5), Q(x|x|2), l = 5

Lösungen: $x_1 =$ und $x_2 =$

5. Die drei Punkte A(1|2|3), B(3|2|1) und C(9|3|7) liegen in einer Ebene.

a) Bestimmen Sie den Punkt D so, dass das Viereck ABCD ein Parallelogramm ist.

Skizze:

$\overrightarrow{BC} = \begin{pmatrix} \\ \\ \end{pmatrix} = \begin{pmatrix} \\ \\ \end{pmatrix}$

$\overrightarrow{OD} = \overrightarrow{OA} + \quad =$,

also D(| |)

b) Berechnen Sie in dem Viereck ABCD die Längen der Diagonalen $\overline{AC}$ und $\overline{BD}$.

$\overrightarrow{AC} =$; $|\overrightarrow{AC}| =$

$\overrightarrow{BD} =$; $|\overrightarrow{BD}| =$

c) Was schließen Sie aus dem Ergebnis bei b)?

© Als Kopiervorlage für den Unterricht freigegeben. Ernst Klett Verlag GmbH, Stuttgart 2013.

Betrag von Vektoren, Länge von Strecken

1. Berechnen Sie die Länge der eingezeichneten Vektoren.

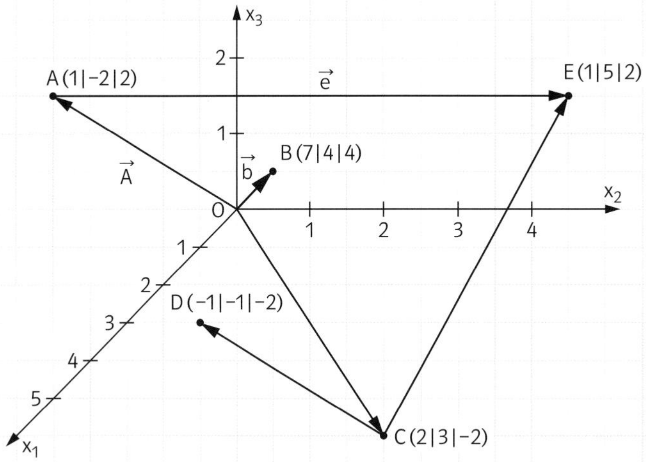

$|\vec{A}| = |\overrightarrow{OA}| = \sqrt{1^2 + (-2)^2 + (2)^2} = \sqrt{9} = 3$

$|\vec{b}| = |\overrightarrow{OB}| = \sqrt{7^2 + 4^2 + 4^2} = \sqrt{81} = 9$

$|\vec{C}| = |\overrightarrow{OC}| = \sqrt{2^2 + 3^2 + (-2)^2} = \sqrt{17} \approx 4{,}1$

$\overrightarrow{CD} = \begin{pmatrix} -1-2 \\ -1-3 \\ -2-(-2) \end{pmatrix} = \begin{pmatrix} -3 \\ -4 \\ 0 \end{pmatrix} \Rightarrow |\overrightarrow{CD}| = \sqrt{25} = 5$

$\vec{e} = \begin{pmatrix} 1-1 \\ 5-(-2) \\ 2-2 \end{pmatrix} = \begin{pmatrix} 0 \\ 7 \\ 0 \end{pmatrix} \Rightarrow |\vec{e}| = 7$

$\overrightarrow{CE} = \begin{pmatrix} 1-2 \\ 5-3 \\ 2-(-2) \end{pmatrix} = \begin{pmatrix} -1 \\ 2 \\ 4 \end{pmatrix} \Rightarrow |\overrightarrow{CE}| = \sqrt{21} \approx 4{,}6$

2. Berechnen Sie die Länge der Strecke [AB].

a) A(3|1|2), B(1|2|4); $\overrightarrow{AB} = \begin{pmatrix} 1-3 \\ 2-1 \\ 4-2 \end{pmatrix} = \begin{pmatrix} -2 \\ 1 \\ 2 \end{pmatrix}$

$|\overrightarrow{AB}| = \sqrt{(-2)^2 + (1)^2 + (2)^2} = \sqrt{9} = 3$

b) A(−2|0|5), B(2|−3|5); $\overrightarrow{AB} = \begin{pmatrix} 2-(-2) \\ -3-0 \\ 5-5 \end{pmatrix} = \begin{pmatrix} 4 \\ -3 \\ 0 \end{pmatrix}$

$|\overrightarrow{AB}| = \sqrt{4^2 + (-3)^2 + 0^2} = \sqrt{25} = 5$

c) A(7|1|−1), B(3|3|3); $\overrightarrow{AB} = \begin{pmatrix} 3-7 \\ 3-1 \\ 3-(-1) \end{pmatrix} = \begin{pmatrix} -4 \\ 2 \\ 4 \end{pmatrix}$

$|\overrightarrow{AB}| = \sqrt{(-4)^2 + 2^2 + 4^2} = \sqrt{36} = 6$

3. Berechnen Sie den zum Vektor $\vec{u}$ gehörenden Einheitsvektor $\vec{u_0}$.

$\vec{u} = \begin{pmatrix} 2 \\ -2 \\ 1 \end{pmatrix}$; $|\vec{u}| = \sqrt{2^2 + (-2)^2 + 1^2} = \sqrt{9} = 3$

$\Rightarrow \vec{u_0} = \frac{1}{|\vec{u}|} \cdot \vec{u} = \frac{1}{3} \cdot \begin{pmatrix} 2 \\ -2 \\ 1 \end{pmatrix} = \begin{pmatrix} \frac{2}{3} \\ -\frac{2}{3} \\ \frac{1}{3} \end{pmatrix}$

4. Die Strecke [PQ] hat die Länge l. Berechnen Sie die fehlenden Koordinaten der Punkte P und Q.

a) P(2|1|−1), Q(x|0|1), $l = \sqrt{5}$

$|\overrightarrow{PQ}|^2 = l^2 = 5$

$\Rightarrow (x-2)^2 + (0 - 1)^2 + (1 - (-1))^2 = 5$

$\Rightarrow (x-2)^2 + 1 + 4 = 5$

$\Rightarrow (x-2)^2 = 0$

Lösung: $x = 2$

b) P(x|2|5), Q(x|x|2), $l = 5$

$|\overrightarrow{PQ}|^2 = l^2 = 25$

$\Rightarrow (x-x)^2 + (x-2)^2 + (2-5)^2 = 25$

$\Rightarrow 0 + x^2 - 4x + 4 + 9 = 25$

$\Rightarrow x^2 - 4x - 12 = 0$

$\Rightarrow x_{1/2} = \frac{4 \pm \sqrt{16 + 48}}{2} = \frac{4 \pm 8}{2}$

Lösungen: $x_1 = 6$ und $x_2 = -2$

5. Die drei Punkte A(1|2|3), B(3|2|1) und C(9|3|7) liegen in einer Ebene.

a) Bestimmen Sie den Punkt D so, dass das Viereck ABCD ein Parallelogramm ist.

Skizze:

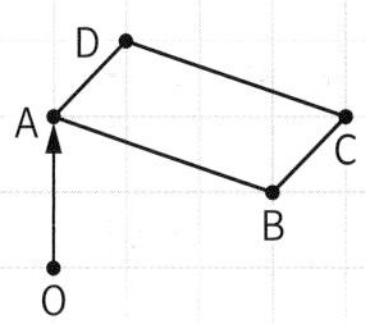

$\overrightarrow{BC} = \begin{pmatrix} 9-3 \\ 3-2 \\ 7-1 \end{pmatrix} = \begin{pmatrix} 6 \\ 1 \\ 6 \end{pmatrix}$

$\overrightarrow{OD} = \overrightarrow{OA} + \overrightarrow{BC} = \begin{pmatrix} 1 \\ 2 \\ 3 \end{pmatrix} + \begin{pmatrix} 6 \\ 1 \\ 6 \end{pmatrix} = \begin{pmatrix} 7 \\ 3 \\ 9 \end{pmatrix}$,

also D(7 | 3 | 9)

b) Berechnen Sie in dem Viereck ABCD die Längen der Diagonalen $\overline{AC}$ und $\overline{BD}$.

$\overrightarrow{AC} = \begin{pmatrix} 9-1 \\ 3-2 \\ 7-3 \end{pmatrix} = \begin{pmatrix} 8 \\ 1 \\ 4 \end{pmatrix}$; $|\overrightarrow{AC}| = \sqrt{8^2 + 1^2 + 4^2} = 9$

$\overrightarrow{BD} = \begin{pmatrix} 7-3 \\ 3-2 \\ 9-1 \end{pmatrix} = \begin{pmatrix} 4 \\ 1 \\ 8 \end{pmatrix}$; $|\overrightarrow{BD}| = \sqrt{4^2 + 1^2 + 8^2} = 9$

c) Was schließen Sie aus dem Ergebnis bei b)?

Das Viereck ist sogar ein Quadrat.

© Als Kopiervorlage für den Unterricht freigegeben. Ernst Klett Verlag GmbH, Stuttgart 2013.

Skalarprodukt, Größe von Winkeln

1. Berechnen Sie $\vec{a} \circ \vec{b}$. Ist das Skalarprodukt kleiner, gleich oder größer null? Ist der Winkel φ zwischen $\vec{a}$ und $\vec{b}$ ein spitzer, ein rechter oder ein stumpfer?

a) $\vec{a} = \begin{pmatrix} 4 \\ -3 \end{pmatrix}$ und $\vec{b} = \begin{pmatrix} 0{,}6 \\ 0{,}8 \end{pmatrix}$; $\vec{a} \circ \vec{b} =$ ____ = ____ ____ 0 ⇒ φ ist ein ____ Winkel.

b) $\vec{a} = \begin{pmatrix} -2 \\ 1 \end{pmatrix}$ und $\vec{b} = \begin{pmatrix} -5 \\ -7 \end{pmatrix}$; $\vec{a} \circ \vec{b} =$ ____ = ____ ____ 0 ⇒ φ ist ein ____ Winkel.

c) $\vec{a} = \begin{pmatrix} -3 \\ 1 \\ 0{,}5 \end{pmatrix}$ und $\vec{b} = \begin{pmatrix} 2 \\ -2 \\ -1 \end{pmatrix}$; $\vec{a} \circ \vec{b} =$ ____ = ____ ____ 0 ⇒ φ ist ein ____ Winkel.

2. Die Punkte A (2 | 1 | 0), B (4 | 0 | 2) und C (4 | 3 | −1) bilden ein Dreieck.

a) Berechnen Sie die Größe des Winkels β = ∢ ABC.

$\cos\beta = \frac{\_\_ \circ \_\_}{|\_\_| \cdot |\_\_|} = \frac{(\_\_) \circ (\_\_)}{\_\_ \cdot \_\_} = \frac{\_\_}{\_\_} = \frac{\_\_}{\_\_}$

ggf. Taschenrechner ↓

⇒ β = ____

b) Zeigen Sie, dass das Dreieck ABC gleichschenklig ist und bei A einen rechten Winkel hat.

$\overrightarrow{AB} = (\_\_)$; $\overrightarrow{AC} = (\_\_)$; $|\overrightarrow{AB}| =$ ____ = ____;

$|\overrightarrow{AC}| =$ ____ = ____;

$\overrightarrow{AB} \circ \overrightarrow{AC} = (\_\_) \circ (\_\_) =$ ____ = ____; also gilt: $\overrightarrow{AB} \perp \overrightarrow{AC}$

3. a) Untersuchen Sie mithilfe des Skalarprodukts, ob die beiden Raumdiagonalen [BH] und [CE] orthogonal sind.

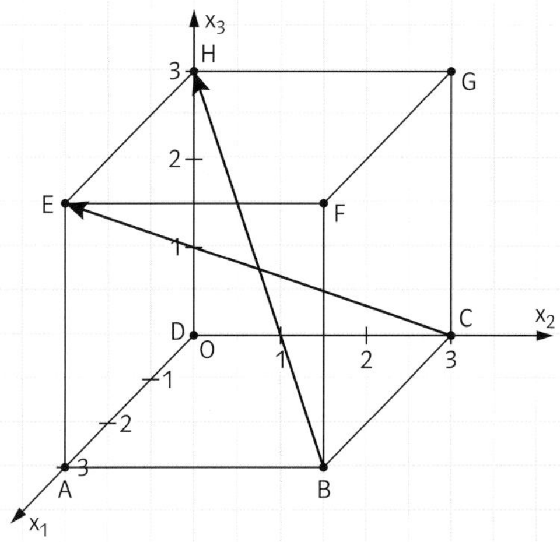

$\overrightarrow{BH} \circ \overrightarrow{CE} = (\_\_) \circ (\_\_) =$ ____

= ____;

also gilt: [BH] ____ [CE]

b) Zeigen Sie, dass die Raumdiagonale [BH] mit der Kante [AB] den Winkel φ ≈ 54,7° einschließt.

$\cos\varphi = \frac{\_\_ \circ \_\_}{|\_\_| \cdot |\_\_|} = \frac{(\_\_) \circ (\_\_)}{\_\_ \cdot \_\_} = \frac{\_\_}{\_\_} = \frac{\_\_}{\_\_}$

ggf. Taschenrechner ↓

⇒ φ ≈ ____

© Als Kopiervorlage für den Unterricht freigegeben. Ernst Klett Verlag GmbH, Stuttgart 2013.

Skalarprodukt, Größe von Winkeln

Lösung

1. Berechnen Sie $\vec{a} \circ \vec{b}$. Ist das Skalarprodukt kleiner, gleich oder größer null? Ist der Winkel φ zwischen $\vec{a}$ und $\vec{b}$ ein spitzer, ein rechter oder ein stumpfer?

a) $\vec{a} = \begin{pmatrix} 4 \\ -3 \end{pmatrix}$ und $\vec{b} = \begin{pmatrix} 0{,}6 \\ 0{,}8 \end{pmatrix}$; $\vec{a} \circ \vec{b} = 4 \cdot 0{,}6 + (-3) \cdot 0{,}8 = 0 = 0 \Rightarrow$ φ ist ein **rechter** Winkel.

b) $\vec{a} = \begin{pmatrix} -2 \\ 1 \end{pmatrix}$ und $\vec{b} = \begin{pmatrix} -5 \\ -7 \end{pmatrix}$; $\vec{a} \circ \vec{b} = (-2) \cdot (-5) + 1 \cdot (-7) = 3 > 0 \Rightarrow$ φ ist ein **spitzer** Winkel.

c) $\vec{a} = \begin{pmatrix} -3 \\ 1 \\ 0{,}5 \end{pmatrix}$ und $\vec{b} = \begin{pmatrix} 2 \\ -2 \\ -1 \end{pmatrix}$; $\vec{a} \circ \vec{b} = (-3) \cdot 2 + 1 \cdot (-2) + 0{,}5 \cdot (-1) = -8{,}5 < 0 \Rightarrow$ φ ist ein **stumpfer** Winkel.

2. Die Punkte A(2 | 1 | 0), B(4 | 0 | 2) und C(4 | 3 | −1) bilden ein Dreieck.

a) Berechnen Sie die Größe des Winkels β = ∢ ABC.

$$\cos\beta = \frac{\overrightarrow{BA} \circ \overrightarrow{BC}}{|\overrightarrow{BA}| \cdot |\overrightarrow{BC}|} = \frac{\begin{pmatrix} -2 \\ 1 \\ -2 \end{pmatrix} \circ \begin{pmatrix} 0 \\ 3 \\ -3 \end{pmatrix}}{3 \cdot \sqrt{18}} = \frac{(-2) \cdot 0 + 1 \cdot 3 + (-2) \cdot (-3)}{9 \cdot \sqrt{2}} = \frac{9}{9 \cdot \sqrt{2}}$$

ggf. Taschenrechner ↓

$\Rightarrow \beta = 45°$

b) Zeigen Sie, dass das Dreieck ABC gleichschenklig ist und bei A einen rechten Winkel hat.

$\overrightarrow{AB} = \begin{pmatrix} 2 \\ -1 \\ 2 \end{pmatrix}$; $\overrightarrow{AC} = \begin{pmatrix} 2 \\ 2 \\ -1 \end{pmatrix}$; $|\overrightarrow{AB}| = \sqrt{2^2 + (-1)^2 + 2^2} = 3$;

$|\overrightarrow{AC}| = \sqrt{2^2 + 2^2 + (-1)^2} = 3$;

also ist das Dreieck gleichschenklig.

$\overrightarrow{AB} \circ \overrightarrow{AC} = \begin{pmatrix} 2 \\ -1 \\ 2 \end{pmatrix} \circ \begin{pmatrix} 2 \\ 2 \\ -1 \end{pmatrix} = 2 \cdot 2 + (-1) \cdot 2 + 2 \cdot (-1) = 0$; also gilt: $\overrightarrow{AB} \perp \overrightarrow{AC}$

3. a) Untersuchen Sie mithilfe des Skalarprodukts, ob die beiden Raumdiagonalen [BH] und [CE] orthogonal sind.

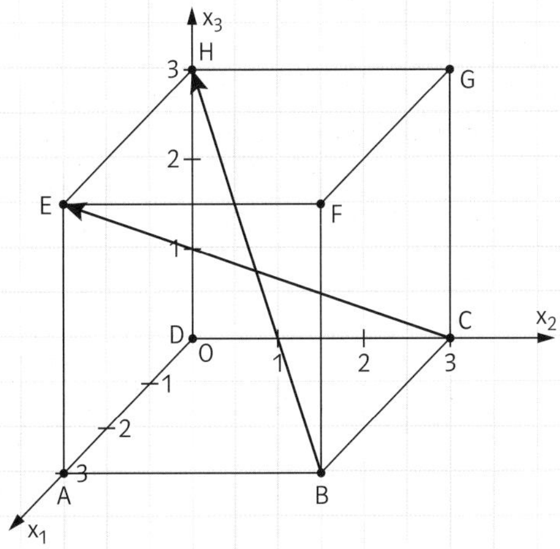

$\overrightarrow{BH} \circ \overrightarrow{CE} = \begin{pmatrix} -3 \\ -3 \\ 3 \end{pmatrix} \circ \begin{pmatrix} 3 \\ -3 \\ 3 \end{pmatrix} = -9 + 9 + 9$

$= 9 \neq 0$;

also gilt: [BH] $\not\perp$ [CE]

b) Zeigen Sie, dass die Raumdiagonale [BH] mit der Kante [AB] den Winkel φ ≈ 54,7° einschließt.

$$\cos\varphi = \frac{\overrightarrow{BH} \circ \overrightarrow{BA}}{|\overrightarrow{BH}| \cdot |\overrightarrow{BA}|} = \frac{\begin{pmatrix} -3 \\ -3 \\ 3 \end{pmatrix} \circ \begin{pmatrix} 0 \\ -3 \\ 0 \end{pmatrix}}{\sqrt{27} \cdot 3} = \frac{0 + 9 + 0}{9 \cdot \sqrt{3}} = \frac{1}{\sqrt{3}}$$

ggf. Taschenrechner ↓

$\Rightarrow \varphi \approx 54{,}7°$

© Als Kopiervorlage für den Unterricht freigegeben. Ernst Klett Verlag GmbH, Stuttgart 2013.

Vektorprodukt

1. Bestimmen Sie das Vektorprodukt mithilfe der Merkregel.

a) $\begin{pmatrix}3\\-2\\1\end{pmatrix} \times \begin{pmatrix}0\\4\\-2\end{pmatrix} = \begin{pmatrix}\square\\\square\\\square\end{pmatrix} = \begin{pmatrix}\square\\\square\\\square\end{pmatrix}$

b) $\begin{pmatrix}1\\1\\3\end{pmatrix} \times \begin{pmatrix}4\\-2\\-1\end{pmatrix} = \begin{pmatrix}\square\\\square\\\square\end{pmatrix} = \begin{pmatrix}\square\\\square\\\square\end{pmatrix}$

c) $\begin{pmatrix}5\\-1\\-2\end{pmatrix} \times \begin{pmatrix}-1\\0{,}2\\0{,}4\end{pmatrix} = \begin{pmatrix}\square\\\square\\\square\end{pmatrix} = \begin{pmatrix}\square\\\square\\\square\end{pmatrix}$

Hätte man dieses Ergebnis auch anders einsehen können?

d) $\begin{pmatrix}0\\-2\\0\end{pmatrix} \times \begin{pmatrix}4\\0\\0\end{pmatrix} = \begin{pmatrix}\square\\\square\\\square\end{pmatrix} = \begin{pmatrix}\square\\\square\\\square\end{pmatrix}$

2. a) Berechnen Sie die Maßzahl des Flächeninhalts des Parallelogramms ABCD für A(6 | −2 | 1), B(−1 | 0 | 3) und D(0 | 0 | 0).

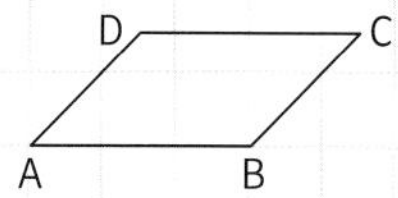

$\overrightarrow{AB} \times \overrightarrow{AD} = \begin{pmatrix}\square\\\square\\\square\end{pmatrix} \times \begin{pmatrix}\square\\\square\\\square\end{pmatrix} = \begin{pmatrix}\square\\\square\\\square\end{pmatrix} = \begin{pmatrix}\square\\\square\\\square\end{pmatrix}$

$A = \left|\overrightarrow{AB} \times \overrightarrow{AD}\right| = \sqrt{\square + \square + \square} = \sqrt{\square} \approx \square$

b) Zeigen Sie, dass die Maßzahl des Flächeninhalts des Dreiecks ABC für A(2 | 1 | −3), B(6 | 1 | 0) und C(10 | −1 | 3) gleich 5 ist.

$\overrightarrow{AB} = \begin{pmatrix}\square\\\square\\\square\end{pmatrix}$; $\overrightarrow{AC} = \begin{pmatrix}\square\\\square\\\square\end{pmatrix}$; $\overrightarrow{AB} \times \overrightarrow{AC} = \begin{pmatrix}\square\\\square\\\square\end{pmatrix} = \begin{pmatrix}\square\\\square\\\square\end{pmatrix}$

$A = \square \cdot \left|\overrightarrow{AB} \times \overrightarrow{AC}\right| = \square \cdot \sqrt{\square + \square + \square} = \square \cdot \sqrt{\square} = 5$

3. a) Berechnen Sie die Maßzahl des Volumens des von $\vec{a} = \begin{pmatrix}2\\3\\5\end{pmatrix}$, $\vec{b} = \begin{pmatrix}2\\-1\\7\end{pmatrix}$ und $\vec{c} = \begin{pmatrix}3\\9\\2\end{pmatrix}$ aufgespannten Spats.

$V_{Spat} = \left|(\vec{a} \times \square) \circ \square\right| = \left|\left(\begin{pmatrix}\square\\\square\\\square\end{pmatrix} \times \begin{pmatrix}\square\\\square\\\square\end{pmatrix}\right) \circ \begin{pmatrix}\square\\\square\\\square\end{pmatrix}\right| = \left|\begin{pmatrix}\square\\\square\\\square\end{pmatrix} \circ \begin{pmatrix}\square\\\square\\\square\end{pmatrix}\right| = \square$

b) Eine dreiseitige Pyramide hat die Ecken A(2 | −3 | −5), B(3 | 0 | −1) und C(4 | 2 | −4) sowie die Spitze S(0 | 0 | 2). Berechnen Sie die Maßzahl des Volumens der Pyramide.

$V_{Pyramide} = \square \cdot \left|(\overrightarrow{AB} \times \square) \circ \square\right| = \square \cdot \left|\left(\begin{pmatrix}\square\\\square\\\square\end{pmatrix} \times \begin{pmatrix}\square\\\square\\\square\end{pmatrix}\right) \circ \begin{pmatrix}\square\\\square\\\square\end{pmatrix}\right|$

$= \square \cdot \left|\begin{pmatrix}\square\\\square\\\square\end{pmatrix} \circ \begin{pmatrix}\square\\\square\\\square\end{pmatrix}\right| = \square \cdot \left|\square\right| = \square$

© Als Kopiervorlage für den Unterricht freigegeben. Ernst Klett Verlag GmbH, Stuttgart 2013.

Vektorprodukt

Lösung

1. Bestimmen Sie das Vektorprodukt mithilfe der Merkregel.

a) $$\begin{pmatrix}3\\-2\\1\end{pmatrix} \times \begin{pmatrix}0\\4\\-2\end{pmatrix} = \begin{pmatrix}-2\cdot(-2)-1\cdot 4\\1\cdot 0-3\cdot(-2)\\3\cdot 4-(-2)\cdot 0\end{pmatrix} = \begin{pmatrix}0\\6\\12\end{pmatrix}$$

(Merkregel: $3,\ -2$ und $0,\ 4$ darunter wiederholt)

b) $$\begin{pmatrix}1\\1\\3\end{pmatrix} \times \begin{pmatrix}4\\-2\\-1\end{pmatrix} = \begin{pmatrix}1\cdot(-1)-3\cdot(-2)\\3\cdot 4-1\cdot(-1)\\1\cdot(-2)-1\cdot 4\end{pmatrix} = \begin{pmatrix}5\\13\\-6\end{pmatrix}$$

(Merkregel: $1,\ 1$ und $4,\ -2$ darunter wiederholt)

c) $$\begin{pmatrix}5\\-1\\-2\end{pmatrix} \times \begin{pmatrix}-1\\0{,}2\\0{,}4\end{pmatrix} = \begin{pmatrix}-1\cdot 0{,}4-(-2)\cdot 0{,}2\\-2\cdot(-1)-5\cdot 0{,}4\\5\cdot 0{,}2-(-1)\cdot(-1)\end{pmatrix} = \begin{pmatrix}0\\0\\0\end{pmatrix}$$

(Merkregel: $5,\ -1$ und $-1,\ 0{,}2$ darunter wiederholt)

Hätte man dieses Ergebnis auch anders einsehen können?

$\vec{a} \parallel \vec{b} \Rightarrow \vec{a} \times \vec{b} = \vec{o}$

d) $$\begin{pmatrix}0\\-2\\0\end{pmatrix} \times \begin{pmatrix}4\\0\\0\end{pmatrix} = \begin{pmatrix}-2\cdot 0-0\cdot 0\\0\cdot 4-0\cdot 0\\0\cdot 0-(-2)\cdot 4\end{pmatrix} = \begin{pmatrix}0\\0\\8\end{pmatrix}$$

(Merkregel: $0,\ -2$ und $4,\ 0$ darunter wiederholt)

2. a) Berechnen Sie die Maßzahl des Flächeninhalts des Parallelogramms ABCD für $A(6\,|-2\,|\,1)$, $B(-1\,|\,0\,|\,3)$ und $D(0\,|\,0\,|\,0)$.

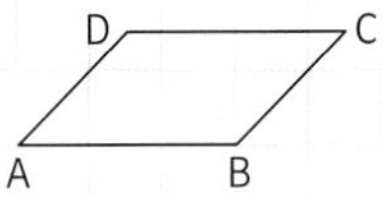

$$\overrightarrow{AB} \times \overrightarrow{AD} = \begin{pmatrix}-7\\2\\2\end{pmatrix} \times \begin{pmatrix}-6\\2\\-1\end{pmatrix} = \begin{pmatrix}2\cdot(-1)-2\cdot 2\\2\cdot(-6)-(-7)\cdot(-1)\\-7\cdot 2-2\cdot(-6)\end{pmatrix} = \begin{pmatrix}-6\\-19\\-2\end{pmatrix}$$

$$A = \left|\overrightarrow{AB} \times \overrightarrow{AD}\right| = \sqrt{(-6)^2+(-19)^2+(-2)^2} = \sqrt{401} \approx 20{,}0$$

b) Zeigen Sie, dass die Maßzahl des Flächeninhalts des Dreiecks ABC für $A(2\,|\,1\,|-3)$, $B(6\,|\,1\,|\,0)$ und $C(10\,|-1\,|\,3)$ gleich 5 ist.

$$\overrightarrow{AB} = \begin{pmatrix}4\\0\\3\end{pmatrix};\quad \overrightarrow{AC} = \begin{pmatrix}8\\-2\\6\end{pmatrix};\quad \overrightarrow{AB} \times \overrightarrow{AC} = \begin{pmatrix}0\cdot(-6)-3\cdot(-2)\\3\cdot 8-4\cdot 6\\4\cdot(-2)-0\cdot 8\end{pmatrix} = \begin{pmatrix}6\\0\\-8\end{pmatrix}$$

$$A = \frac{1}{2}\cdot\left|\overrightarrow{AB} \times \overrightarrow{AC}\right| = \frac{1}{2}\cdot\sqrt{6^2+0^2+(-8)^2} = \frac{1}{2}\cdot\sqrt{100} = 5$$

3. a) Berechnen Sie die Maßzahl des Volumens des von $\vec{a} = \begin{pmatrix}2\\3\\5\end{pmatrix}$, $\vec{b} = \begin{pmatrix}2\\-1\\7\end{pmatrix}$ und $\vec{c} = \begin{pmatrix}3\\9\\2\end{pmatrix}$ aufgespannten Spats.

$$V_{Spat} = \left|(\vec{a} \times \vec{b}) \circ \vec{c}\right| = \left|\left(\begin{pmatrix}2\\3\\5\end{pmatrix} \times \begin{pmatrix}2\\-1\\7\end{pmatrix}\right) \circ \begin{pmatrix}3\\9\\2\end{pmatrix}\right| = \left|\begin{pmatrix}26\\-4\\-8\end{pmatrix} \circ \begin{pmatrix}3\\9\\2\end{pmatrix}\right| = 26$$

b) Eine dreiseitige Pyramide hat die Ecken $A(2\,|-3\,|-5)$, $B(3\,|\,0\,|-1)$ und $C(4\,|\,2\,|-4)$ sowie die Spitze $S(0\,|\,0\,|\,2)$. Berechnen Sie die Maßzahl des Volumens der Pyramide.

$$V_{Pyramide} = \frac{1}{6}\cdot\left|(\overrightarrow{AB} \times \overrightarrow{AC}) \circ \overrightarrow{AS}\right| = \frac{1}{6}\cdot\left|\left(\begin{pmatrix}1\\3\\4\end{pmatrix} \times \begin{pmatrix}2\\5\\1\end{pmatrix}\right) \circ \begin{pmatrix}-2\\3\\7\end{pmatrix}\right|$$

$$= \frac{1}{6}\cdot\left|\begin{pmatrix}-17\\7\\-1\end{pmatrix} \circ \begin{pmatrix}-2\\3\\7\end{pmatrix}\right| = \frac{1}{6}\cdot|48| = 8$$

© Als Kopiervorlage für den Unterricht freigegeben. Ernst Klett Verlag GmbH, Stuttgart 2013.

Rumkugeln – Spielanleitung

Spiel für 2 bis 4 Personen

Spielmaterial: 8 Startkarten und 32 Kugelkarten (18 weitere Karten für Jahrgangsstufe 12);
für jeden Spieler ein 3D-Koordinatensystem (Bastelvorlage S. 200) und 1 Spielfigur (oder Münze, Büroklammer, Radiergummi etc.) sowie Stift und Papier für Notizen.

Spielvorbereitung: Jeder Spieler muss ggf. noch sein 3D-Koordinatensystem basteln.
Die Startkarten werden gemischt. Jeder Spieler zieht eine davon und stellt seine Spielfigur und die Startkarte in denjenigen Quadranten, welcher den auf seiner Startkarte angegebenen Kugelmittelpunkt enthält.
Die übrigen Startkarten werden beiseite gelegt.
Die Kugelkarten werden gemischt. 3 Karten werden aufgedeckt in die Mitte gelegt, der Rest verdeckt als Stapel abgelegt.

Spielziel: Jeder Spieler versucht, für jeden Oktanten in seinem 3D-Koordinatensystem mindestens eine Kugel(-karte) zu finden, deren Kugelmittelpunkt in dem Oktanten liegt.

Spielanleitung: Der Spieler mit der niedrigsten Startkartennummer beginnt. Er wählt nun eine der offen liegenden Kugelkarten, die es ihm ermöglicht, mit seiner Spielfigur in einen benachbarten Oktanten zu wechseln. (Benachbart sind Oktanten, wenn sie von nur einer der Koordinatenebenen voneinander getrennt sind. Also z. B. sind zu Oktant IV die Oktanten I, III und VIII benachbart.)

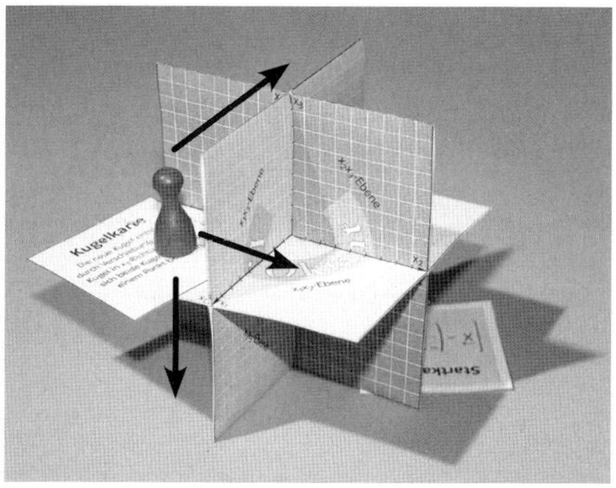

Er notiert die Koordinaten des Mittelpunktes und den Radius der Kugel, die auf der Kugelkarte beschrieben wird. Hierbei ist zu beachten, dass nur ganzzahlige Koordinaten und Radien auftreten sollen. Seine Mitspieler kontrollieren die Werte.
Er legt diese Kugelkarte – entsprechend der Mittelpunktkoordinaten – in den richtigen Oktanten seines 3D-Koordinatensystems ab. Seine Spielfigur wechselt in diesen neuen Oktanten. Eine neue Kugelkarte wird vom Stapel aufgedeckt.
Falls der Spieler unter den 3 aufliegenden Kugelkarten keine finden konnte, um in einen benachbarten Oktanten zu wechseln, legt er eine beliebige dieser 3 Karten beiseite und ersetzt diese durch eine neu vom Stapel gezogene. Er darf aber seine Spielfigur nicht mehr versetzen, auch wenn diese neue Kugelkarte dies ermöglichte.
Dann ist der nächste Spieler an der Reihe.
Im Laufe des Spiels besucht so jeder Spieler möglichst jeden Oktanten und legt dort eine Kugelkarte ab.
Die Oktanten dürfen auch mehrfach besucht werden.

Spielende: Das Spiel endet, wenn der erste Spieler in jeden Oktanten mindestens eine Kugelkarte legen konnte oder nur noch 2 Kugelkarten aufgedeckt in der Mitte liegen (d. h. der Stapel leer ist). In diesem Fall gewinnt derjenige Spieler, der die meisten Oktanten besucht hat.

© Als Kopiervorlage für den Unterricht freigegeben. Ernst Klett Verlag GmbH, Stuttgart 2013.

Rumkugeln – Spielkarten Teil 1

Startkarte 1 $\left[\vec{x} - \begin{pmatrix}1\\3\\1\end{pmatrix}\right]^2 = 4$	**Startkarte 2** $\left[\vec{x} - \begin{pmatrix}-2\\1\\2\end{pmatrix}\right]^2 = 9$	**Startkarte 3** $\left[\vec{x} - \begin{pmatrix}-1\\-3\\2\end{pmatrix}\right]^2 = 4$	**Startkarte 4** $\left[\vec{x} - \begin{pmatrix}2\\-3\\2\end{pmatrix}\right]^2 = 16$
Startkarte 5 $\left[\vec{x} - \begin{pmatrix}2\\1\\-2\end{pmatrix}\right]^2 = 9$	**Startkarte 6** $\left[\vec{x} - \begin{pmatrix}-3\\2\\-3\end{pmatrix}\right]^2 = 16$	**Startkarte 7** $\left[\vec{x} - \begin{pmatrix}-2\\-3\\-4\end{pmatrix}\right]^2 = 25$	**Startkarte 8** $\left[\vec{x} - \begin{pmatrix}3\\-2\\-3\end{pmatrix}\right]^2 = 9$
Kugelkarte Die Kugel schneide die x_2x_3-Ebene in einem Kreis mit dem Radius 3 und der Kugelmittelpunkt habe den Abstand 4 von dieser Ebene.	**Kugelkarte** Spiegeln Sie Ihre Kugel an der x_1x_2-Ebene.	**Kugelkarte** Verschieben Sie Ihre Kugel in der x_3-Richtung um −4.	**Kugelkarte** Der Vektor $\begin{pmatrix}4\\2\\3\end{pmatrix}$ verbinde den bisherigen Kugelmittelpunkt mit dem neuen. Der Radius bleibe gleich.
Kugelkarte Der neue Kugelmittelpunkt habe die x_3-Koordinate 3 und die Kugel schneide die x_1x_2-Ebene in einem Kreis mit dem Radius 4.	**Kugelkarte** Die neue Kugel habe den doppelten Radius und berühre die bisherige Kugel in genau einem Punkt.	**Kugelkarte** Die neue Kugel entsteht durch Verschiebung der alten Kugel in x_3-Richtung, so dass sich beide Kugeln in genau einem Punkt berühren.	**Kugelkarte** Die neue Kugel entsteht durch Spiegelung der alten Kugel an der x_2x_3-Ebene.
Kugelkarte Verschieben Sie Ihre Kugel parallel zur x_1x_2-Ebene, so dass sie die beiden anderen Koordinatenebenen berührt.	**Kugelkarte** Die neue Kugel hat den Radius 4 und berührt alle Koordinatenebenen.	**Kugelkarte** Die neue Kugel schneide die x_2x_3-Ebene in einem Kreis mit dem Radius 3. Ihr Kugelmittelpunkt habe die x_1-Koordinate 4.	**Kugelkarte** Die neue Kugel entstehe aus der alten durch Drehung des Mittelpunktes um die x_1-Achse des Koordinatensystems um 90° gegen den Uhrzeigersinn.

© Als Kopiervorlage für den Unterricht freigegeben. Ernst Klett Verlag GmbH, Stuttgart 2013.

Rumkugeln – Spielkarten Teil 2

Kugelkarte
Die neue Kugel entstehe aus der alten durch Drehung des Mittelpunktes um die x_2-Achse des Koordinatensystems um 90° im Uhrzeigersinn.

Kugelkarte
Die Kugel hat den Mittelpunkt M(1 | −2 | 2) und geht durch den Ursprung des Koordinatensystems.

Kugelkarte
Die Kugel schneide die x_1x_2-Ebene in einem Kreis mit dem Radius 4 und der Kugelmittelpunkt sei 3 LE von dieser Ebene entfernt.

Kugelkarte
Die Punkte O(0 | 0 | 0) und A(−4 | 2 | 4) begrenzen einen Durchmesser der Kugel.

Kugelkarte
Die neue Kugel entstehe aus der alten durch Drehung des Mittelpunktes um die x_3-Achse des Koordinatensystems um 90° gegen den Uhrzeigersinn.

Kugelkarte
Die Kugel mit der Mittelpunktskoordinate $x_1 = -5$ berührt alle Koordinatenebenen.

Kugelkarte
Der Vektor $\begin{pmatrix} 4 \\ -2 \\ 3 \end{pmatrix}$ verschiebt den neuen Kugelmittelpunkt in den Mittelpunkt der bisherigen Kugel. Beide Kugeln haben den gleichen Radius.

Kugelkarte
Die neue Kugel entsteht durch Spiegelung der bisherigen Kugel am Ursprung des Koordinatensystems.

Kugelkarte
Die neue Kugel entsteht durch Spiegelung der bisherigen Kugel an der x_1-Achse des Koordinatensystems.

Kugelkarte
Spiegeln Sie Ihre bisherige Kugel an der x_2x_3-Ebene.

Kugelkarte
Die Kugel schneide die x_1x_3-Ebene in einem Kreis mit dem Radius 8 und der Kugelmittelpunkt habe den Abstand 6 von dieser Ebene.

Kugelkarte
Die Kugel ist die kleinste Kugel, welche die Kugeln

$K_1: \left[\vec{x} - \begin{pmatrix} 1 \\ 2 \\ 5 \end{pmatrix}\right]^2 = 4$ und

$K_2: \left[\vec{x} - \begin{pmatrix} 1 \\ 13 \\ 5 \end{pmatrix}\right]^2 = 9$ in genau einem Punkt berührt.

Kugelkarte
Die Kugel ist die kleinste Kugel, welche die Kugeln

$K_1: \left[\vec{x} - \begin{pmatrix} -2 \\ 3 \\ 5 \end{pmatrix}\right]^2 = 4$ und

$K_2: \left[\vec{x} - \begin{pmatrix} 13 \\ 3 \\ 5 \end{pmatrix}\right]^2 = 9$ in genau einem Punkt berührt.

Kugelkarte
Die Kugel ist die kleinste Kugel, welche die Kugel

$K: \left[\vec{x} - \begin{pmatrix} -2 \\ 10 \\ 3 \end{pmatrix}\right]^2 = 4$

und die x_1x_3-Ebene in genau einem Punkt berührt.

Kugelkarte
Die neue Kugel mit dem Radius 5 berührt die Kugel

$K: \left[\vec{x} - \begin{pmatrix} 2 \\ -3 \\ 5 \end{pmatrix}\right]^2 = 9$

im Punkt B(2 | −3 | 2).

Kugelkarte
Die neue Kugel entsteht durch Verschiebung der alten Kugel in x_2-Richtung, so dass sich beide Kugeln in genau einem Punkt berühren.

Kugelkarte
Die neue Kugel hat den doppelten Radius der alten Kugel und soll sie in genau einem Punkt berühren. Der Mittelpunkt der neuen entsteht durch Verschiebung des alten Mittelpunktes parallel zur x_3-Achse.

Kugelkarte
Die neue Kugel hat den doppelten Radius der alten Kugel und soll sie in genau einem Punkt berühren. Der Mittelpunkt der neuen entsteht duch Verschiebung des alten Mittelpunktes parallel zu einer der Koordinatenachsen.

Kugelkarte
Ein Durchmesser der Kugel hat die Endpunkte A(−1 | 1 | 1) und B(3 | 3 | 5).

Kugelkarte
Die Kugel hat das Volumen 36π und den Mittelpunkt M(−3 | 4 | −5).

© Als Kopiervorlage für den Unterricht freigegeben. Ernst Klett Verlag GmbH, Stuttgart 2013.

Rumkugeln – Spielkarten Teil 3 – Karten für Jahrgangsstufe 12

Kugelkarte

Die Kugel hat den Radius $r = 64\frac{1}{3}$. Mittelpunkt ist der Schnittpunkt der Ebene $E: x_3 = -5$ mit der Geraden $g: \vec{X} = \begin{pmatrix}3\\5\\0\end{pmatrix} + \lambda \cdot \begin{pmatrix}0\\0\\1\end{pmatrix}$.

Kugelkarte

Die Kugel berührt die Ebene $E: x_1 = -1$ im Punkt $B(-1|5|6)$ und hat den Radius $r = 4$.

Kugelkarte

Die Kugel hat die Oberfläche 36π. Mittelpunkt ist der Schnittpunkt der Ebene $E: x_1 = -1$ mit der Geraden $g: \vec{X} = \begin{pmatrix}-2\\3\\-4\end{pmatrix} + \lambda \cdot \begin{pmatrix}1\\1\\1\end{pmatrix}$.

Kugelkarte

Die Kugel hat den Radius $r = 5$ und berühre die Ebene $E: x_2 = -3$ im Schnittpunkt der Ebene E mit der Geraden $g: \vec{X} = \begin{pmatrix}-2\\3\\4\end{pmatrix} + \lambda \cdot \begin{pmatrix}1\\2\\1\end{pmatrix}$.

Kugelkarte

Der Mittelpunkt der Kugel liegt in der Ebene mit der Gleichung $x_2 = -5$. Die Kugel berührt die x_1x_3-Ebene.

Kugelkarte

Der Mittelpunkt der Kugel liegt in der Ebene mit der Gleichung $x_1 = 4$. Die Kugel berührt die x_2x_3-Ebene.

Kugelkarte

Die Kugel berührt die Ebenen $E_1: x_2 = 2$ und $E_2: x_2 = 6$. Der Mittelpunkt liegt auf der Geraden $g: \vec{X} = \begin{pmatrix}3\\0\\4\end{pmatrix} + \lambda \cdot \begin{pmatrix}0\\1\\0\end{pmatrix}$.

Kugelkarte

Die Kugel schneide die Ebene $E: x_2 = 2$ in einem Kreis mit dem Radius 3 und der Kugelmittelpunkt habe den Abstand 4 von dieser Ebene.

Kugelkarte

Die Kugel hat den Radius 3 und berührt die Ebene $E: x_1 + 2x_2 + 2x_3 = 0$ im Ursprung des Koordinatensystems.

Kugelkarte

Die Schnittpunkte der Geraden $g: \vec{X} = \begin{pmatrix}-2\\3\\0\end{pmatrix} + \lambda \cdot \begin{pmatrix}0\\0\\1\end{pmatrix}$ mit den Ebenen $E_1: x_3 = -2$ und $E_2: x_3 = 8$ sind Endpunkte eines Durchmessers der Kugel.

Kugelkarte

Die Kugel berührt die Ebenen $E_1: x_3 = -1$ und $E_2: x_3 = 5$. Der Mittelpunkt liegt auf der Geraden $g: \vec{X} = \begin{pmatrix}3\\-4\\0\end{pmatrix} + \lambda \cdot \begin{pmatrix}0\\0\\1\end{pmatrix}$.

Kugelkarte

Die Kugel hat die Oberfläche 100π. Mittelpunkt ist der Schnittpunkt der Ebene $E: x_3 = -3$ mit der Geraden $g: \vec{X} = \begin{pmatrix}-2\\3\\-4\end{pmatrix} + \lambda \cdot \begin{pmatrix}1\\1\\1\end{pmatrix}$.

Kugelkarte

Die Kugel hat den Radius 3 und geht durch den Ursprung des Koordinatensystems. Ihr Mittelpunkt liegt auf der Geraden $g: \vec{X} = \lambda \cdot \begin{pmatrix}-2\\1\\-2\end{pmatrix}$.

Kugelkarte

Die Endpunkte A und B eines Durchmessers der Kugel liegen auf der Geraden $g: \vec{X} = \begin{pmatrix}-2\\3\\3\end{pmatrix} + \lambda \cdot \begin{pmatrix}2\\-2\\1\end{pmatrix}$.

Es gilt $\lambda_A = 1$ und $\lambda_B = 3$.

Kugelkarte

Spiegeln Sie Ihre bisherige Kugel an der Ebene $x_3 = 1$.

Kugelkarte

Spiegeln Sie Ihre bisherige Kugel an der Ebene $x_2 = -1$.

Kugelkarte

Die Kugel hat den Mittelpunkt $M(3|-3|3)$ und berührt die Ebene $E: 2x_1 - x_2 - 2x_3 - 9 = 0$ in genau einem Punkt.

Kugelkarte

Die Kugel ist die kleinste Kugel, welche die Kugel $K: \left[\vec{X} - \begin{pmatrix}2\\-3\\5\end{pmatrix}\right]^2 = 9$ und die Ebene $E: x_2 = 8$ in genau einem Punkt berührt.

Rumkugeln (ca. 45 Stück)

100 g Vollmilch-	und
50 g Bitterschokolade	zerbröckeln, im Wasserbad schmelzen.
125 g Butter	und
125g Puderzucker	schaumig rühren; die geschmolzene Schokolade esslöffelweise,
2 cl Rum	und
3 EL Kakaopulver	hineinrühren; ca. 20 min kühl stellen. Mit einem Teelöffel Häufchen abstechen und mit kakaobestäubten Händen zu Kugeln mit 2 cm ∅ formen; in Pralinenmanschette legen.

© Als Kopiervorlage für den Unterricht freigegeben. Ernst Klett Verlag GmbH, Stuttgart 2013.

Graphisches Ableiten der Sinusfunktion

1. Zeichnen Sie nach Augenmaß mit dem Lineal/Geodreieck Tangenten an den abgebildeten Graphen der Sinusfunktion an den Stellen $x = -1; -0{,}5; 0; 0{,}5; 1; \ldots; 6; 6{,}5$. Für $x = 0{,}5$ ist dies schon exemplarisch eingezeichnet.

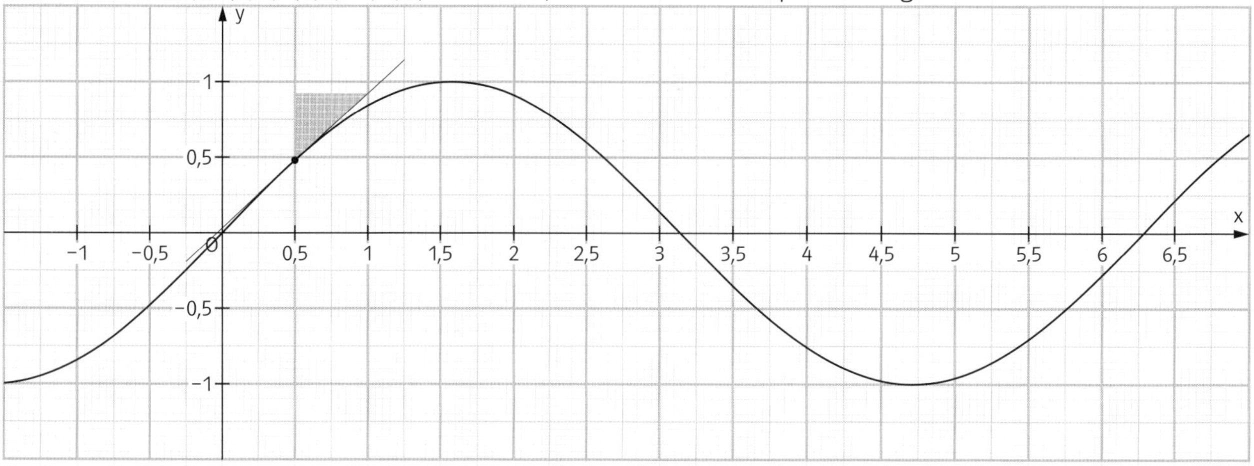

Zeichnen Sie für diese Tangenten Steigungsdreiecke ein (zweckmäßigerweise 10 mm breit und dort, wo ausreichend Platz ist). Lesen Sie an der Höhe dieser Dreiecke (durch Abzählen der Millimeter-Kästchen) die Steigung der Tangenten ab und vervollständigen Sie folgende Tabelle:

Stelle x	−1	−0,5	0	0,5	1	1,5	2	2,5	3	3,5	4	4,5	5	5,5	6	6,5
Steigung				≈ 0,9												

2. Die Ableitungswerte einer Funktion gleichen den Steigungswerten der Tangente an den Graphen an diesen Stellen. Benutzen Sie also obige Tabelle mit den Steigungswerten als Wertetabelle für die Ableitungsfunktion sin′ und skizzieren Sie deren Graphen ins folgende Koordinatensystem. Beachten Sie die Skalierung der Achsen.

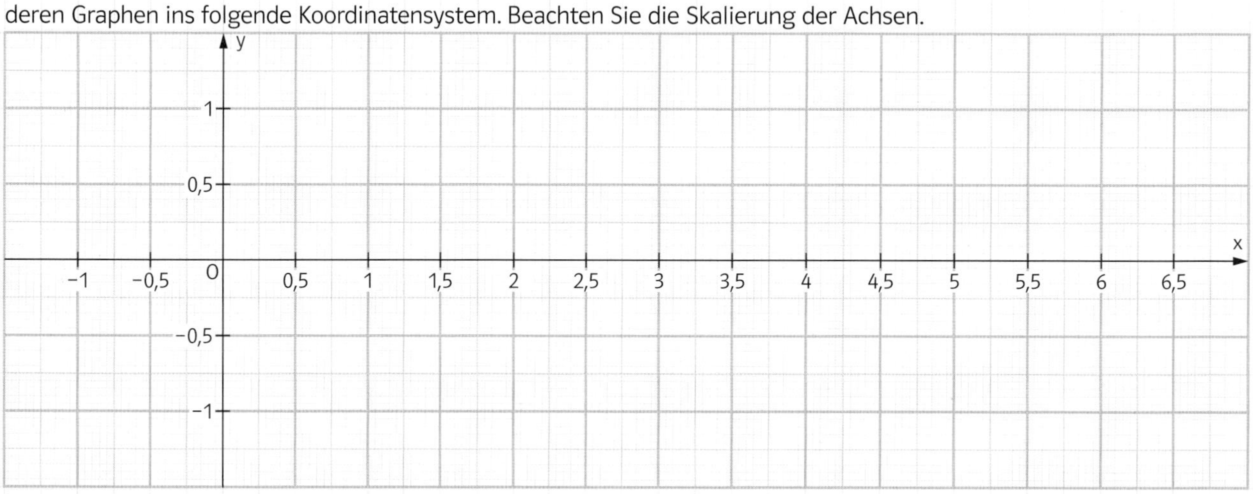

Damit ist der ungefähre Verlauf des Graphen der Ableitung von $\sin x$ bekannt.
Wie lautet vermutlich der Funktionsterm dieser Ableitung?

3. Der Graph der Kosinusfunktion gleicht in der Gestalt dem Graphen der Sinusfunktion, ist aber ihm gegenüber um nach links verschoben. Daraus lässt sich zweierlei folgern:

Trifft die Vermutung aus Aufgabe 2 zu, erhält man also den Graphen der Ableitung der Sinusfunktion, indem man den Graphen der Sinusfunktion um verschiebt.

Die Graphensteigung der Kosinusfunktion an der Stelle x_0 gleicht also der Graphensteigung der Sinusfunktion an der Stelle .

Somit erhält man den Graphen der Ableitung der Kosinusfunktion, indem man den Graphen der Kosinusfunktion um bzw. den Graphen der Sinusfunktion um verschiebt.
Wie lautet vermutlich der Funktionsterm dieser Ableitung?

© Als Kopiervorlage für den Unterricht freigegeben. Ernst Klett Verlag GmbH, Stuttgart 2013.

Graphisches Ableiten der Sinusfunktion

Lösung

1. Zeichnen Sie nach Augenmaß mit dem Lineal/Geodreieck Tangenten an den abgebildeten Graphen der Sinusfunktion an den Stellen $x = -1; -0{,}5; 0; 0{,}5; 1; \ldots; 6; 6{,}5$. Für $x = 0{,}5$ ist dies schon exemplarisch eingezeichnet.

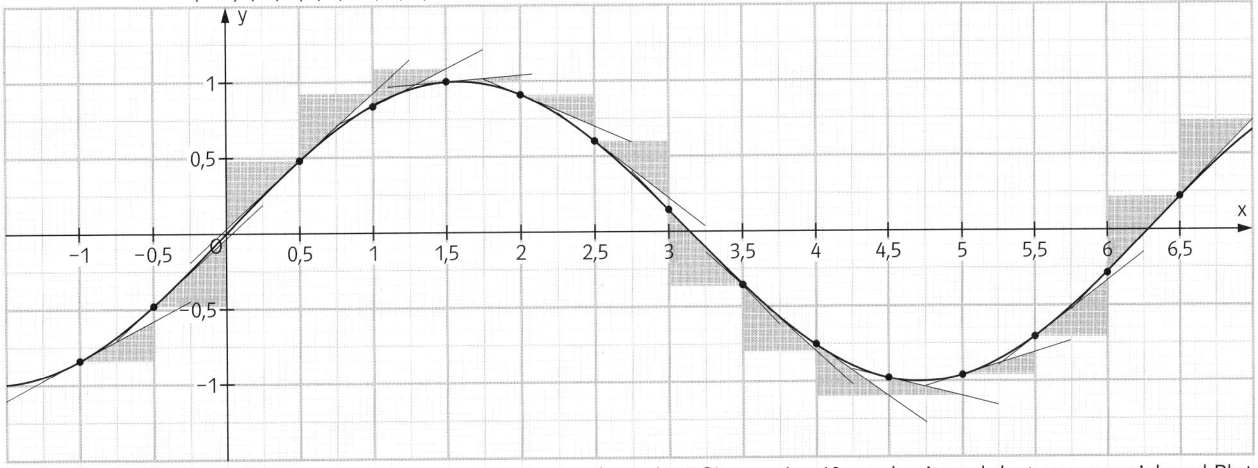

Zeichnen Sie für diese Tangenten Steigungsdreiecke ein (zweckmäßigerweise 10 mm breit und dort, wo ausreichend Platz ist). Lesen Sie an der Höhe dieser Dreiecke (durch Abzählen der Millimeter-Kästchen) die Steigung der Tangenten ab und vervollständigen Sie folgende Tabelle:

Stelle x	−1	−0,5	0	0,5	1	1,5	2	2,5	3	3,5	4	4,5	5	5,5	6	6,5
Steigung	≈ 0,5	≈ 0,9	≈ 1	≈ 0,9	≈ 0,5	≈ 0,1	≈ −0,4	≈ −0,8	≈ −1	≈ −0,9	≈ −0,7	≈ −0,2	≈ 0,3	≈ 0,7	≈ 1	≈ 1

2. Die Ableitungswerte einer Funktion gleichen den Steigungswerten der Tangente an den Graphen an diesen Stellen. Benutzen Sie also obige Tabelle mit den Steigungswerten als Wertetabelle für die Ableitungsfunktion sin′ und skizzieren Sie deren Graphen ins folgende Koordinatensystem. Beachten Sie die Skalierung der Achsen.

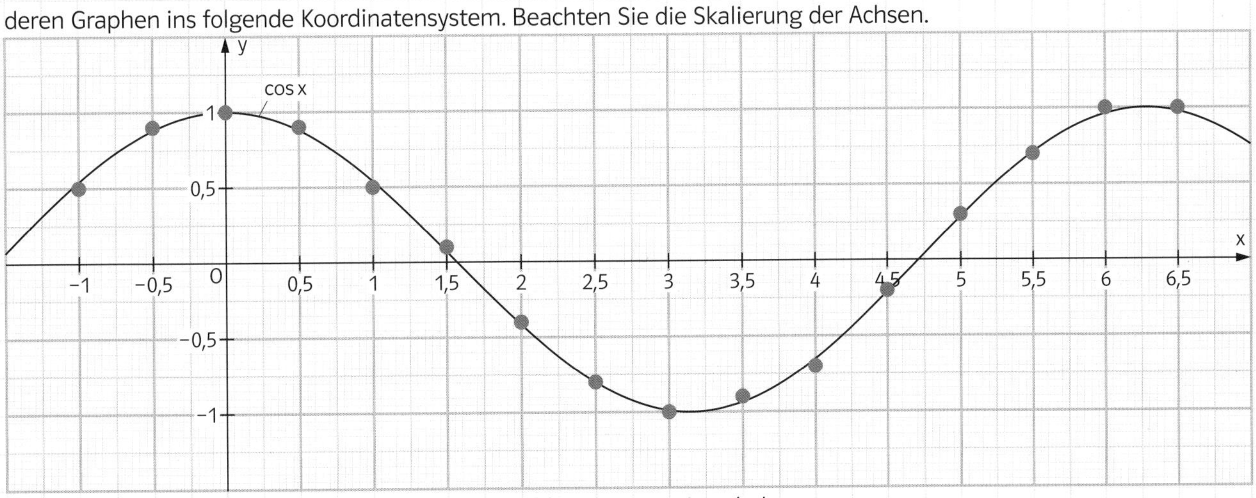

Damit ist der ungefähre Verlauf des Graphen der Ableitung von sin x bekannt.

Wie lautet vermutlich der Funktionsterm dieser Ableitung? cos x

3. Der Graph der Kosinusfunktion gleicht in der Gestalt dem Graphen der Sinusfunktion, ist aber ihm gegenüber um $\frac{\pi}{2}$ nach links verschoben. Daraus lässt sich zweierlei folgern:

Trifft die Vermutung aus Aufgabe 2 zu, erhält man also den Graphen der Ableitung der Sinusfunktion, indem man den Graphen der Sinusfunktion um $\frac{\pi}{2}$ nach links verschiebt.

Die Graphensteigung der Kosinusfunktion an der Stelle x_0 gleicht also der Graphensteigung der Sinusfunktion an der Stelle $x_0 + \frac{\pi}{2}$.

Somit erhält man den Graphen der Ableitung der Kosinusfunktion, indem man den Graphen der Kosinusfunktion um $\frac{\pi}{2}$ nach links bzw. den Graphen der Sinusfunktion um π nach links verschiebt.

Wie lautet vermutlich der Funktionsterm dieser Ableitung? −sin x

© Als Kopiervorlage für den Unterricht freigegeben. Ernst Klett Verlag GmbH, Stuttgart 2013.

Funktionen umkehren

Dieses Arbeitsblatt sollte zu zweit bearbeitet werden. Die Partner sitzen gemäß der Beschriftung über Eck am Arbeitsblatt.

1. Partner A diktiert die Koordinaten der markierten Graphenpunkte, also z.B. „x ist 3, y ist 2“.
Partner B nennt nun die beiden miteinander vertauschten Werte „**y** ist 3, **x** ist 2“ und trägt den entsprechenden Punkt ins Koordinatensystem ein. Die so gewonnenen Koordinaten werden zu einem Graphen verbunden.
Was fällt Ihnen hierbei auf?

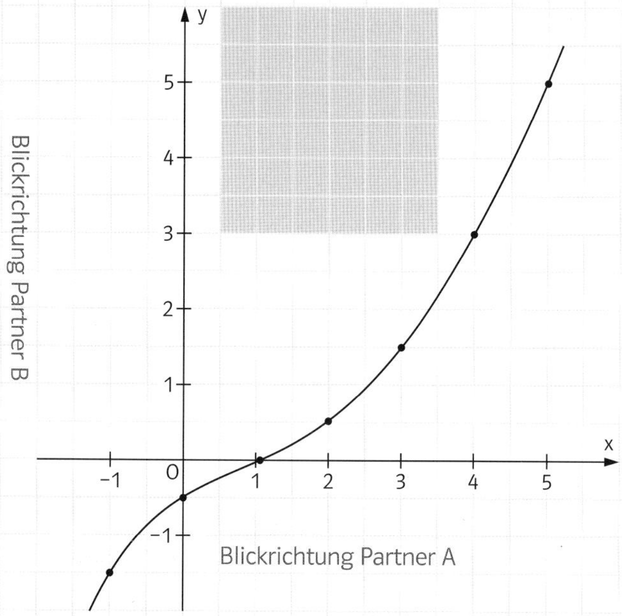

2. Partner A skizziert nun einen beliebigen Funktionsgraphen ins folgende Koordinatensystem und diktiert wiederum Koordinaten mehrerer Graphenpunkte, sodass Partner B mithilfe der vertauschten Koordinaten analog einen „umgekehrten“ Graphen skizzieren kann.

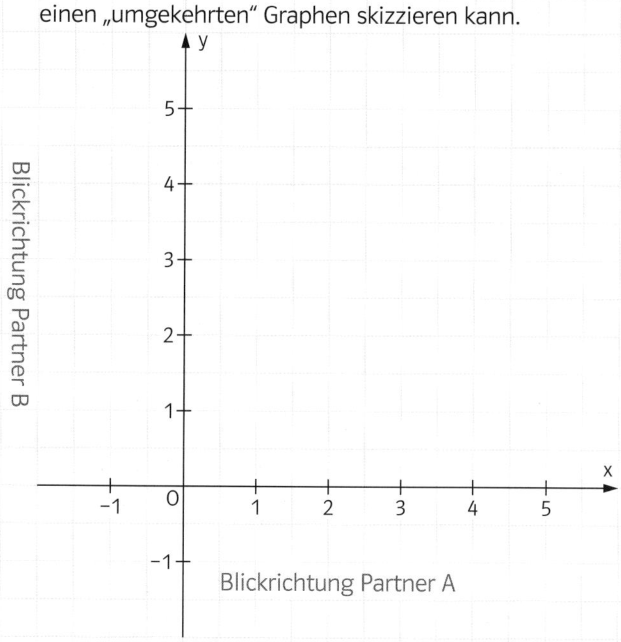

Wiederholen Sie dieses Vorgehen noch mit ein oder zwei weiteren Funktionen im Heft.

3. Gehen Sie analog beim folgenden gegebenen Funktionsgraphen vor.

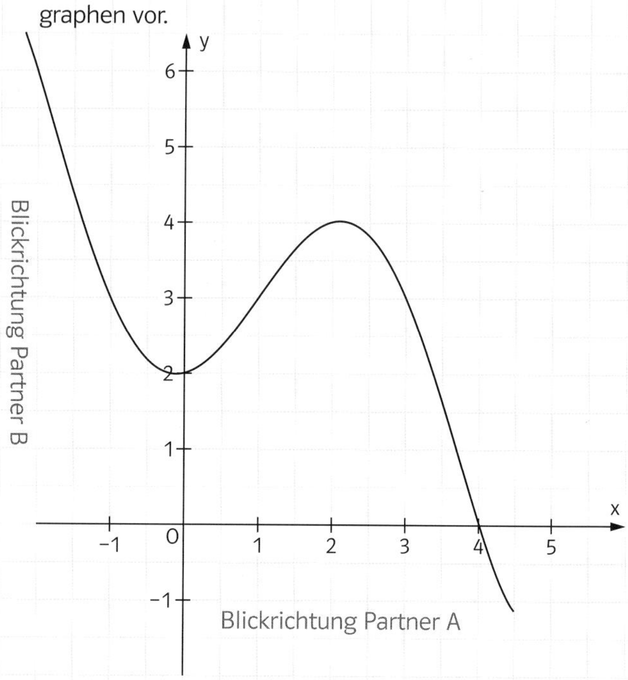

Ist der von Partner B gezeichnete „umgekehrte“ Graph der Graph einer Funktion? Begründen Sie.

4. Markieren Sie am neu gezeichneten Graphen von Aufgabe 3 einen Bereich, in dem dieser Graph eine Funktion beschreibt.
Überlegen Sie gemeinsam, woran man am vorgegebenen Graphen erkennen kann, ob er (oder ein Teil von ihm) so umgekehrt werden kann, dass er (bzw. ein entsprechender Teil) Graph einer Funktion ist.

5. Wenn der Graph der sogenannten **umgekehrten Zuordnung** der Graph einer Funktion ist, so nennt man die Funktion (in diesem Bereich) **umkehrbar**.
Untersuchen Sie gemeinsam, ob die in Aufgabe 2 von Partner A gewählten Funktionen umkehrbar sind. Markieren Sie ggf. Bereiche, in denen diese Funktionen umkehrbar sind.

© Als Kopiervorlage für den Unterricht freigegeben. Ernst Klett Verlag GmbH, Stuttgart 2013.

Funktionen umkehren

Lösung

Dieses Arbeitsblatt sollte zu zweit bearbeitet werden. Die Partner sitzen gemäß der Beschriftung über Eck am Arbeitsblatt.

1. Partner A diktiert die Koordinaten der markierten Graphenpunkte, also z. B. „x ist 3, y ist 2“. Partner B nennt nun die beiden miteinander vertauschten Werte „**y** ist 3, **x** ist 2“ und trägt den entsprechenden Punkt ins Koordinatensystem ein. Die so gewonnenen Koordinaten werden zu einem Graphen verbunden. Was fällt Ihnen hierbei auf?

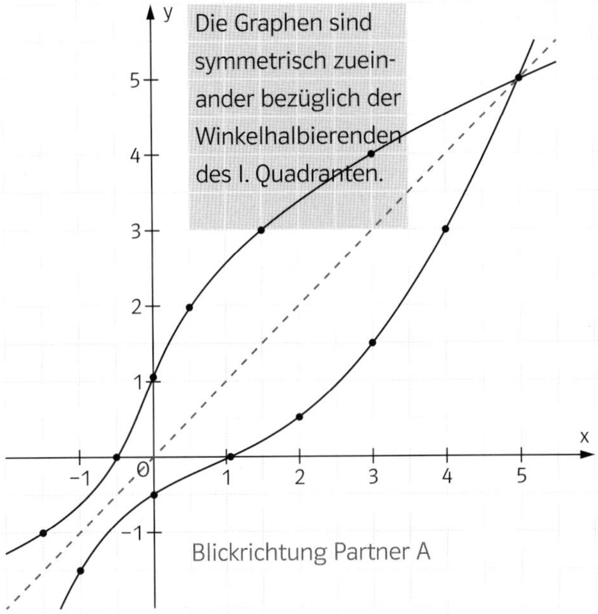

Die Graphen sind symmetrisch zueinander bezüglich der Winkelhalbierenden des I. Quadranten.

2. Partner A skizziert nun einen beliebigen Funktionsgraphen ins folgende Koordinatensystem und diktiert wiederum Koordinaten mehrerer Graphenpunkte, sodass Partner B mithilfe der vertauschten Koordinaten analog einen „umgekehrten“ Graphen skizzieren kann.

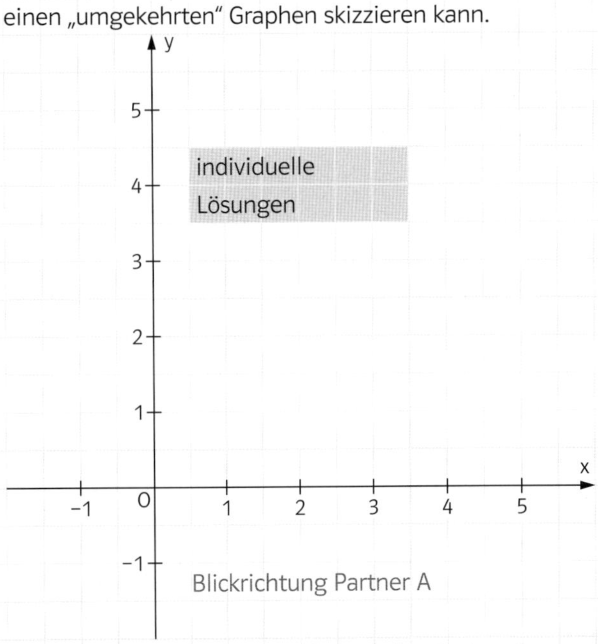

individuelle Lösungen

Wiederholen Sie dieses Vorgehen noch mit ein oder zwei weiteren Funktionen im Heft.

3. Gehen Sie analog beim folgenden gegebenen Funktionsgraphen vor.

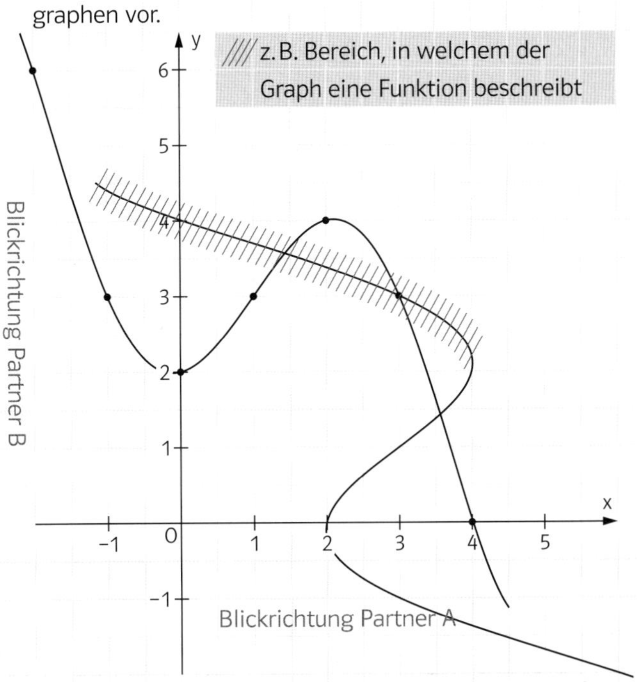

//// z. B. Bereich, in welchem der Graph eine Funktion beschreibt

Ist der von Partner B gezeichnete „umgekehrte“ Graph der Graph einer Funktion? Begründen Sie.

Nein, da z. B. dem x-Wert 3 mehrere y-Werte zugeordnet werden.

4. Markieren Sie am neu gezeichneten Graphen von Aufgabe 3 einen Bereich, in dem dieser Graph eine Funktion beschreibt.
Überlegen Sie gemeinsam, woran man am vorgegebenen Graphen erkennen kann, ob er (oder ein Teil von ihm) so umgekehrt werden kann, dass er (bzw. ein entsprechender Teil) Graph einer Funktion ist.

Der vorgegebene Graph darf in dem Bereich, in dem er umkehrbar sein soll, nur monoton steigen oder nur monoton fallen.

5. Wenn der Graph der sogenannten **umgekehrten Zuordnung** der Graph einer Funktion ist, so nennt man die Funktion (in diesem Bereich) **umkehrbar**.
Untersuchen Sie gemeinsam, ob die in Aufgabe 2 von Partner A gewählten Funktionen umkehrbar sind. Markieren Sie ggf. Bereiche, in denen diese Funktionen umkehrbar sind. individuelle Lösungen

© Als Kopiervorlage für den Unterricht freigegeben. Ernst Klett Verlag GmbH, Stuttgart 2013.

Umkehrfunktionen

1. Bestimmen Sie mithilfe des abgebildeten Graphen von f bzw. f′ alle Bereiche, in denen die Funktion f umkehrbar ist.

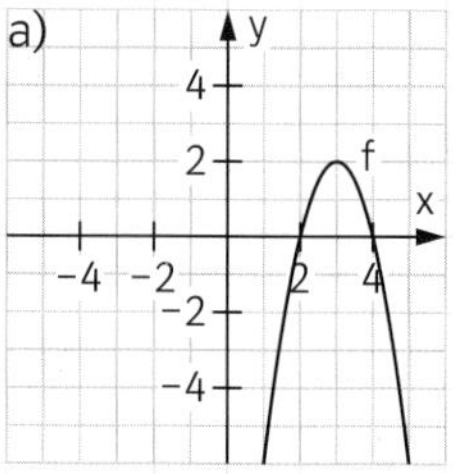

Bereiche:

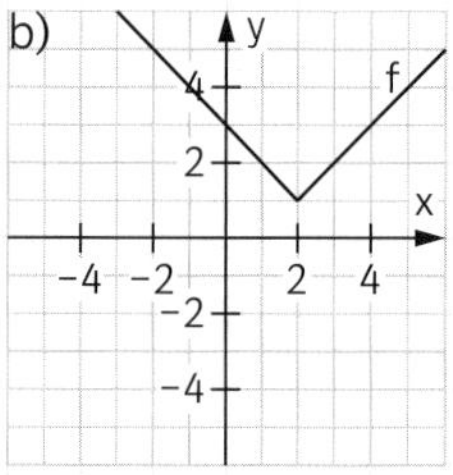

Bereiche:

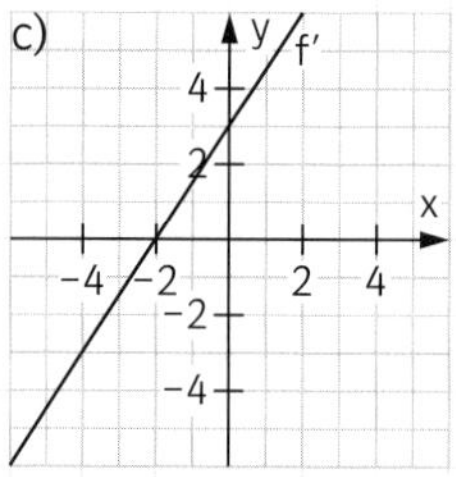

Bereiche:

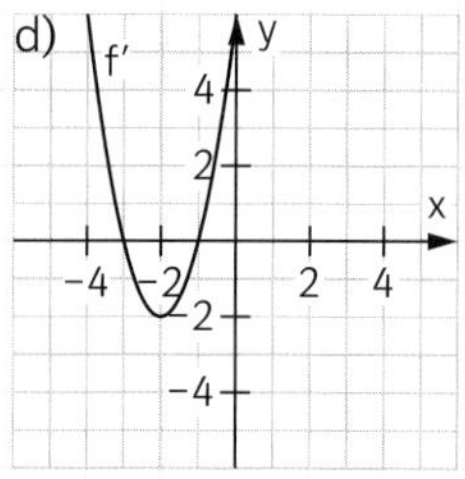

Bereiche:

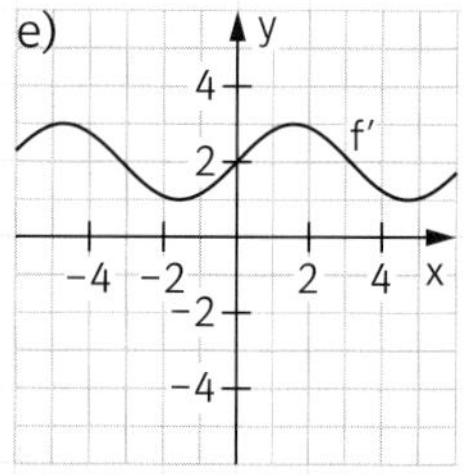

Bereiche:

2. Bestimmen Sie den Funktionsterm der Umkehrfunktion f^{-1}. Geben Sie $D_{f^{-1}}$ und $W_{f^{-1}}$ an.

a) f: $x \mapsto (x+2)^2 - 1;\ x \geqq -2$

1. Auflösen der Funktionsgleichung von f nach x:

$y = (x+2)^2 - 1$

$\Rightarrow\ y + 1 = (\ \ \ + \ \ \ )^2$

$\Rightarrow\ \sqrt{\ \ \ } = \ \ \ + \ \ \ $

$\Rightarrow\ \ \ \ = x$

2. Vertauschen von x und y, wobei y nun für den Funktionswert von f^{-1} steht:

$y = f^{-1}(x) =$

3. $D_{f^{-1}} = W_f =$

$W_{f^{-1}} = D_f =$

b) f: $x \mapsto \frac{3}{x} - 4;\ x > 0$

1. Auflösen der Funktionsgleichung von f nach x:

2. Vertauschen von x und y, wobei y nun für den Funktionswert von f^{-1} steht:

$y = f^{-1}(x) =$

3. $D_{f^{-1}} = W_f =$

$W_{f^{-1}} = D_f =$

c) f: $x \mapsto \frac{5}{3-x};\ x < 3$

1. Auflösen der Funktionsgleichung von f nach x:

2. Vertauschen von x und y, wobei y nun für den Funktionswert von f^{-1} steht:

$y = f^{-1}(x) =$

3. $D_{f^{-1}} = W_f =$

$W_{f^{-1}} = D_f =$

d) f: $x \mapsto (x-5)(x+5);\ x \leqq 0$

1. Auflösen der Funktionsgleichung von f nach x:

2. Vertauschen von x und y, wobei y nun für den Funktionswert von f^{-1} steht:

$y = f^{-1}(x) =$

3. $D_{f^{-1}} = W_f =$

$W_{f^{-1}} = D_f =$

e) f: $x \mapsto 2(x+4)^2;\ x \leqq -4$

1. Auflösen der Funktionsgleichung von f nach x:

2. Vertauschen von x und y, wobei y nun für den Funktionswert von f^{-1} steht:

$y = f^{-1}(x) =$

3. $D_{f^{-1}} = W_f =$

$W_{f^{-1}} = D_f =$

f) f: $x \mapsto \frac{1}{(x-1)^2};\ x > 1$

1. Auflösen der Funktionsgleichung von f nach x:

2. Vertauschen von x und y, wobei y nun für den Funktionswert von f^{-1} steht:

$y = f^{-1}(x) =$

3. $D_{f^{-1}} = W_f =$

$W_{f^{-1}} = D_f =$

© Als Kopiervorlage für den Unterricht freigegeben. Ernst Klett Verlag GmbH, Stuttgart 2013.

Umkehrfunktionen

1. Bestimmen Sie mithilfe des abgebildeten Graphen von f bzw. f' alle Bereiche, in denen die Funktion f umkehrbar ist.

a) 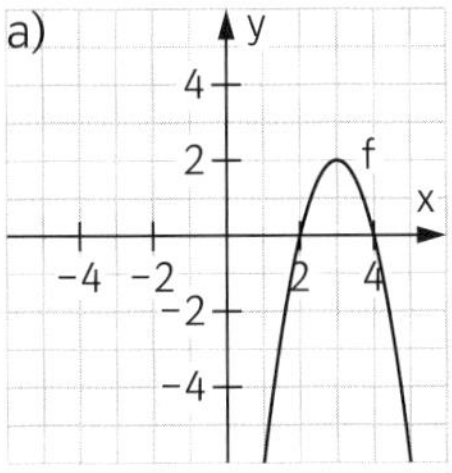

Bereiche: $]-\infty;3[$ und $]3;+\infty[$

b) 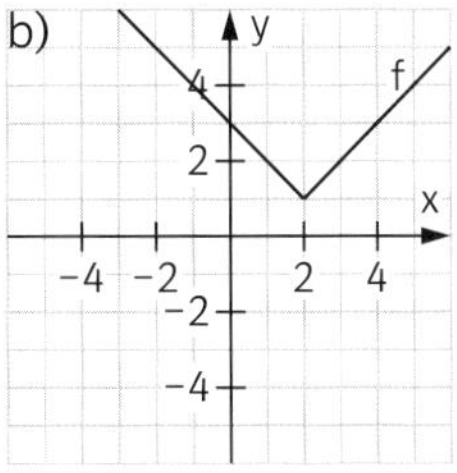

Bereiche: $]-\infty;2[$ und $]2;+\infty[$

c) 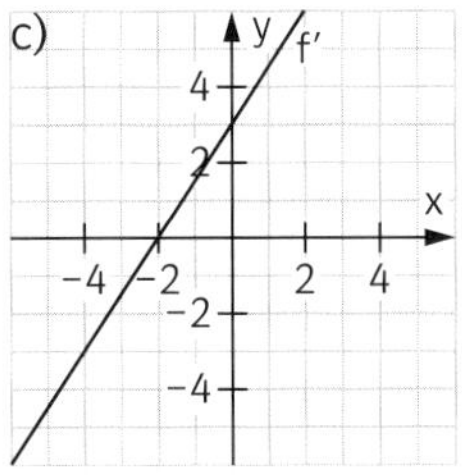

Bereiche: $]-\infty;-2[$ und $]-2;+\infty[$

d) 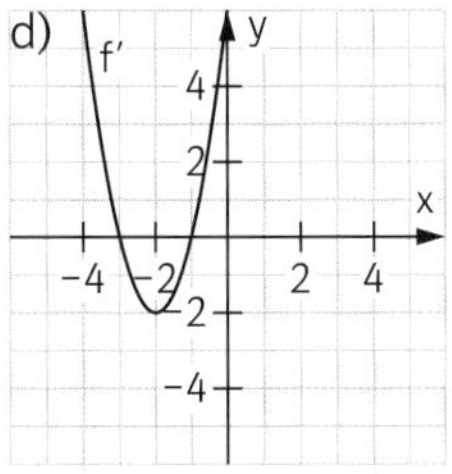

Bereiche: $]-\infty;-3[$, $]-3;-1[$ und $]-1;+\infty[$

e) 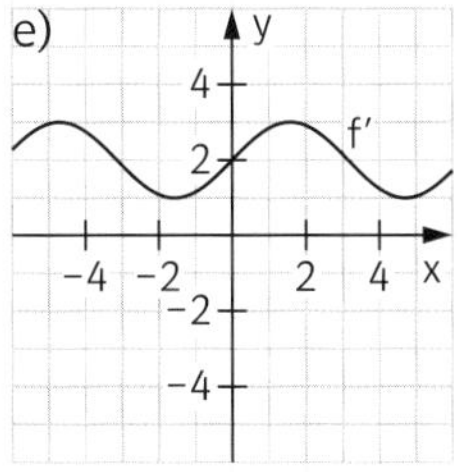

Bereiche: in ganz $\mathbb{R}$

2. Bestimmen Sie den Funktionsterm der Umkehrfunktion f^{-1}. Geben Sie $D_{f^{-1}}$ und $W_{f^{-1}}$ an.

a) f: $x \mapsto (x+2)^2 - 1;\ x \geqq -2$

1. Auflösen der Funktionsgleichung von f nach x:

$$\begin{aligned} & y = (x+2)^2 - 1 && \mid +1 \\ \Rightarrow\ & y+1 = (x+2)^2 && \mid \sqrt{\ } \\ \Rightarrow\ & \sqrt{y+1} = x + 2 && \mid -2 \\ \Rightarrow\ & \sqrt{y+1} - 2 = x \end{aligned}$$

2. Vertauschen von x und y, wobei y nun für den Funktionswert von f^{-1} steht:

$y = f^{-1}(x) = \sqrt{y+1} - 2$

3. $D_{f^{-1}} = W_f = [-1;+\infty[$

$W_{f^{-1}} = D_f = [-2;+\infty[$

b) f: $x \mapsto \frac{3}{x} - 4;\ x > 0$

1. Auflösen der Funktionsgleichung von f nach x:

$$\begin{aligned} & y = \frac{3}{x} - 4 && \mid +4 \\ \Rightarrow\ & y+4 = \frac{3}{x} && \mid \cdot x \\ \Rightarrow\ & x(y+4) = 3 && \mid :(y+4) \\ \Rightarrow\ & x = \frac{3}{y+4} \end{aligned}$$

2. Vertauschen von x und y, wobei y nun für den Funktionswert von f^{-1} steht:

$y = f^{-1}(x) = \frac{3}{x-4}$

3. $D_{f^{-1}} = W_f =]-4;+\infty[$

$W_{f^{-1}} = D_f =]0;+\infty[$

c) f: $x \mapsto \frac{5}{3-x};\ x < 3$

1. Auflösen der Funktionsgleichung von f nach x:

$$\begin{aligned} & y = \frac{5}{3-x} && \mid \cdot(3-x) : y \\ \Rightarrow\ & 3-x = \frac{5}{y} && \mid -3 \\ \Rightarrow\ & -x = \frac{5}{y} - 3 && \mid \cdot(-1) \\ \Rightarrow\ & x = 3 - \frac{5}{y} \end{aligned}$$

2. Vertauschen von x und y, wobei y nun für den Funktionswert von f^{-1} steht:

$y = f^{-1}(x) = 3 - \frac{5}{x}$

3. $D_{f^{-1}} = W_f =]0;+\infty[$

$W_{f^{-1}} = D_f =]-\infty;3[$

d) f: $x \mapsto (x-5)(x+5);\ x \leqq 0$

1. Auflösen der Funktionsgleichung von f nach x:

$$\begin{aligned} & y = x^2 - 25 && \mid +25 \\ \Rightarrow\ & y + 25 = x^2 && \mid \sqrt{\ } \\ \Rightarrow\ & \pm\sqrt{y+25} = x \end{aligned}$$

Nach Voraussetzung $x \leqq 0$; also $x = -\sqrt{y+25}$

2. Vertauschen von x und y, wobei y nun für den Funktionswert von f^{-1} steht:

$y = f^{-1}(x) = -\sqrt{x+25}$

3. $D_{f^{-1}} = W_f = [-25;+\infty[$

$W_{f^{-1}} = D_f =]+\infty;0]$

e) f: $x \mapsto 2(x+4)^2;\ x \leqq -4$

1. Auflösen der Funktionsgleichung von f nach x:

$$\begin{aligned} & y = 2(x+4)^2 && \mid :2 \\ \Rightarrow\ & \tfrac{1}{2}y = (x+4)^2 && \mid \sqrt{\ } \\ \Rightarrow\ & -\sqrt{\tfrac{1}{2}y} = x + 4 && \mid -4 \\ \Rightarrow\ & -\sqrt{\tfrac{1}{2}y} - 4 = x \end{aligned}$$

2. Vertauschen von x und y, wobei y nun für den Funktionswert von f^{-1} steht:

$y = f^{-1}(x) = -\sqrt{\tfrac{1}{2}x} - 4$

3. $D_{f^{-1}} = W_f = [0;+\infty[$

$W_{f^{-1}} = D_f =]-\infty;-4]$

f) f: $x \mapsto \frac{1}{(x-1)^2};\ x > 1$

1. Auflösen der Funktionsgleichung von f nach x:

$$\begin{aligned} & y = \frac{1}{(x-1)^2} && \mid \sqrt{\ } \\ \Rightarrow\ & \sqrt{y} = \frac{1}{x-1} && \mid \cdot(x-1) : \sqrt{y} \\ \Rightarrow\ & x-1 = \frac{1}{\sqrt{y}} && \mid +1 \\ \Rightarrow\ & x = \frac{1}{\sqrt{y}} + 1 \end{aligned}$$

2. Vertauschen von x und y, wobei y nun für den Funktionswert von f^{-1} steht:

$y = f^{-1}(x) = \frac{1}{\sqrt{x}} + 1$

3. $D_{f^{-1}} = W_f =]0;+\infty[$

$W_{f^{-1}} = D_f =]1;+\infty[$

© Als Kopiervorlage für den Unterricht freigegeben. Ernst Klett Verlag GmbH, Stuttgart 2013.

Verkettete Funktionen und ihre Ableitungen

1. Vervollständigen Sie die folgende Tabelle:

	u(x)	v(x)	u∘v(x)	v∘u(x)
a)	$\frac{1}{x}$		$\frac{1}{4x-5}$	
b)	$\sin(4-x)$			$4(\sin(4-x))^3$
c)		$3x$	$6x-1$	
d)	$\frac{1}{x^2+1}$	$\sqrt{x-2}$		
e)		$2x^2-1$		$2\cos^2(2x)-1$
f)	$\sin x$		$\sin(x^2-2x)$	
g)		$\frac{5}{x}$		$5\sqrt{25-x^2}$

2. Geben Sie f∘g und g∘f an. $f(x) = 6x$; $g(x) = -5x$; $(f \circ g)(x) =$; $(g \circ f)(x) =$

Lässt sich aus diesem Beispiel ein allgemeines Gesetz über die Verkettung zweier Funktionen ableiten?

3. Geben Sie die Funktionen f∘g und g∘f an und vereinfachen Sie die Terme so weit wie möglich. Wie lässt sich das Ergebnis interpretieren?

$f(x) = \frac{3}{2-x}$; $g(x) = 2 - \frac{3}{x}$; $(f \circ g)(x) =$ $=$; $(g \circ f)(x) =$ $=$

Deutung:

4. Vervollständigen Sie die Tabelle. Es gelte stets $f = u \circ v$.

	a)	b)	c)	d)	e)	f)	g)	h)
f(x)	$\cos(4x)$		$\frac{2}{3}(\sin x)^3$		$\cos(\pi - 2x)$		$\frac{2a}{b+x^4}$	$t^2 \cdot \sin(ax^2)$
u(x)		$\frac{4}{x}$		x^{-4}		bx^4-5	$\frac{2a}{x}$	
u′(x)								
v(x)		$3-2x$	$\sin x$	$5-x$		x^3		ax^2
v′(x)								
u′(v(x))								
f′(x)								

5. Bestimmen Sie für $f(x) = \frac{1}{\frac{1}{3}x^3 - 16x}$ die beiden x-Werte, für die gilt: $f'(x) = 0$.

$f'(x) =$; $f'(x) = 0 \Rightarrow$ $= 0 \Rightarrow x_1 =$; $x_2 =$

© Als Kopiervorlage für den Unterricht freigegeben. Ernst Klett Verlag GmbH, Stuttgart 2013.

Verkettete Funktionen und ihre Ableitungen

1. Vervollständigen Sie die folgende Tabelle:

	u(x)	v(x)	u∘v(x)	v∘u(x)
a)	$\frac{1}{x}$	$4x-5$	$\frac{1}{4x-5}$	$\frac{4}{x}-5$
b)	$\sin(4-x)$	$4x^3$	$\sin(4-4x^3)$	$4(\sin(4-x))^3$
c)	$2x-1$	$3x$	$6x-1$	$6x-3$
d)	$\frac{1}{x^2+1}$	$\sqrt{x-2}$	$\frac{1}{x-1}$	$\sqrt{\frac{1}{x^2+1}-2}$
e)	$\cos(2x)$	$2x^2-1$	$\cos(4x^2-2)$	$2\cos^2(2x)-1$
f)	$\sin x$	x^2-2x	$\sin(x^2-2x)$	$\sin^2 x-2\sin x$
g)	$\frac{1}{\sqrt{25-x^2}}$	$\frac{5}{x}$	$\frac{1}{\sqrt{25-\frac{25}{x^2}}}$	$5\sqrt{25-x^2}$

2. Geben Sie f∘g und g∘f an. $f(x)=6x$; $g(x)=-5x$; $(f\circ g)(x) = 6(-5x) = -30x$; $(g\circ f)(x) = -5(6x) = -30x$

Lässt sich aus diesem Beispiel ein allgemeines Gesetz über die Verkettung zweier Funktionen ableiten?

Nein, die Verkettung zweier Funktionen ist im Allgemeinen nicht kommutativ.

3. Geben Sie die Funktionen f∘g und g∘f an und vereinfachen Sie die Terme so weit wie möglich. Wie lässt sich das Ergebnis interpretieren?

$f(x)=\frac{3}{2-x}$; $g(x)=2-\frac{3}{x}$; $(f\circ g)(x) = \frac{3}{2-\left(2-\frac{3}{x}\right)} = x$; $(g\circ f)(x) = 2-\frac{3}{\frac{3}{2-x}} = x$

Deutung: f und g sind Umkehrfunktionen.

4. Vervollständigen Sie die Tabelle. Es gelte stets $f = u\circ v$.

	a)	b)	c)	d)	e)	f)	g)	h)
f(x)	$\cos(4x)$	$\frac{4}{3-2}$	$\frac{2}{3}(\sin x)^3$	$(5-x)^{-4}$	$\cos(\pi-2x)$	$bx^{12}-5$	$\frac{2a}{b+x^4}$	$t^2\cdot\sin(ax^2)$
u(x)	$\cos x$	$\frac{4}{x}$	$\frac{2}{3}x^3$	x^{-4}	$\cos x$	bx^4-5	$\frac{2a}{x}$	$t^2\sin x$
u′(x)	$-\sin x$	$-\frac{4}{x^2}$	$2x^2$	$-4x^{-5}$	$-\sin x$	$4bx^3$	$-\frac{2a}{x^2}$	$t^2\cos x$
v(x)	$4x$	$3-2x$	$\sin x$	$5-x$	$\pi-2x$	x^3	$b+x^4$	ax^2
v′(x)	4	-2	$\cos x$	-1	-2	$3x^2$	$4x^3$	$2ax$
u′(v(x))	$-\sin(4x)$	$-\frac{4}{(3-2x)^2}$	$2\sin^2 x$	$-4(5-x)^{-5}$	$-\sin(\pi-2x)$	$4bx^9$	$-\frac{2a}{(b+x^4)^2}$	$t^2\cos(ax^2)$
f′(x)	$-4\sin(4x)$	$\frac{8}{(3-2x)^2}$	$2\sin^2 x\cos x$	$4(5-x)^{-5}$	$2\sin(\pi-2x)$	$12bx^{11}$	$-\frac{8ax^3}{(b+x^4)^2}$	$2at^2x\cos(ax^2)$

5. Bestimmen Sie für $f(x)=\frac{1}{\frac{1}{3}x^3-16x}$ die beiden x-Werte, für die gilt: $f'(x)=0$.

$f'(x) = \frac{-(x^2-16)}{\left(\frac{1}{3}x^3-16x\right)^2}$; $f'(x)=0 \Rightarrow x^2-16 = 0 \Rightarrow x_1 = 4$; $x_2 = -4$

© Als Kopiervorlage für den Unterricht freigegeben. Ernst Klett Verlag GmbH, Stuttgart 2013.

Verkettungen knacken – Spielanleitung

Ein schnelles Spiel für 2 Teams (Kleingruppen oder gesamte Klasse) und Spielleiter

Spielmaterial:

42 Äußere-Funktion-Karten (ohne e^x und $\ln x$: 30 Äußere-Funktion-Karten),
42 Innere-Funktion-Karten (ohne e^x und $\ln x$: 36 Innere-Funktion-Karten),
Papier, Stift für jedes Team
für den Spielleiter: Kopie des Spielleiter-Bogens,
Stift, Papier (oder Kreide, Tafel)

Spielziel:

Vorgegebene verkettete Funktionen sollen in äußere und innere Funktion zerlegt werden. Für richtig gewählte Funktionen gibt es Punkte.
Variante: Zusätzlich können noch die Ableitungen berechnet und gewertet werden. Dann sind auch die hellgrau hinterlegten Passagen der Spielanleitung zu beachten.

Spielregel:

Zunächst wird ein Spielleiter bestimmt. Er erhält den Spielleiter-Bogen.
Die Mitspieler werden in 2 Gruppen (Team A und Team B) aufgeteilt. Der Spielleiter notiert die Namen der Teammitglieder auf seinem Bogen. Die Karten werden gemischt. Jedes der beiden Teams erhält die Hälfte der Äußere-Funktion-Karten und die Hälfte der Innere-Funktion-Karten, die sie möglichst übersichtlich vor sich auflegen.
Der Spielleiter wählt eine beliebige der verketteten Funktionen aus seiner Liste und notiert den Funktionsterm für beide Teams gut sichtbar.
Das Team, welches zuerst eine geeignete äußere Funktion bei seinen Karten findet, legt diese heraus.
Nun hat das andere Team 10 Sekunden Zeit, die der Spielleiter laut herunterzählt, um die dazu passende Innere-Funktion-Karte daraufzulegen. Gelingt das nicht, so darf dies das erste Team versuchen.
Konnte auf diese Weise für die verkettete Funktion eine äußere und eine innere Funktion gefunden werden, benennt jedes Team einen Mitspieler, welcher die Ableitung berechnet. Dabei darf ein Teammitglied erst dann ein weiteres Mal rechnen, wenn alle anderen Teammitglieder bereits genauso oft gerechnet haben. Der Spielleiter hält auf seinem Bogen für jedes Team fest, welches Teammitglied rechnet. Nun verbucht der Spielleiter für jede richtig gelegte Karte
ebenso für eine korrekt bestimmte Ableitung (hier haben also beide Mannschaften eine Chance)
einen Punkt für das entsprechende Team.
Konnte die verkettete Funktion nicht aus äußerer und innerer Funktion zusammengesetzt werden, erhält kein Team einen Punkt. Für jede falsch gelegte Karte
und ebenso jede fehlerhafte Ableitung
erhält das entsprechende Team einen Minuspunkt.
Die herausgelegten Karten sind nun aus dem Spiel.
Dann beginnt der Spielleiter mit einer neuen verketteten Funktion die nächste Runde.

Spielende:

Das Spiel endet, wenn ein Team zu Beginn einer Runde keine Äußere-Funktion-Karte mehr besitzt (oder zu vorgegebener Zeit). Das Team mit den meisten Punkten gewinnt.

© Als Kopiervorlage für den Unterricht freigegeben. Ernst Klett Verlag GmbH, Stuttgart 2013.

Verkettungen knacken – Spielleiterbogen

Ablauf einer Spielrunde für Spielleiter:

1. Term aus Verkettete-Funktionen-Liste wählen und für beide Teams gut sichtbar notieren.
2. Nachdem ein Team eine geeignete Äußere-Funktion-Karte herausgelegt hat, 10 Sekunden herunterzählen, in welchen das andere Team eine passende Innere-Funktion-Karte dazulegen darf. Gelingt das nicht, erhält nochmal das erste Team diese Chance.
3. Notieren, welche Spieler der beiden Teams nun die Ableitung berechnen.
4. Punkte verteilen: Jede richtig gelegte Karte und jede richtig berechnete Ableitung erbringt einen Punkt.
   Jede falsch gelegte Karte und jede fehlerhafte Ableitung wird mit einem Minuspunkt bewertet.

Team A						
Name	hat gerechnet:					

Team B						
Name	hat gerechnet:					

Verkettete Funktionen-Liste					
		Punkte für			
		Team A		Team B	
Funktionsterm	Ableitung	+	–	+	–
$x^4 - 2x^2 + 1$	$4x^3 - 4x$				
$4x^6 - 12x^3 + 9$	$24x^5 - 36x^2$				
$\frac{1}{4x^2 - 12x + 9}$	$\frac{-4}{(2x-3)^3}$				
$\frac{1}{2x^2 - 8}$	$\frac{-x}{(x^2-4)^2}$				
$((x+3)\cdot(x-3))^{-2}$	$\frac{-4x}{(x^2-9)^3}$				
$\left(\frac{1}{x^3} - 1\right)^2$	$-6\left(\frac{1}{x^7} - \frac{1}{x^4}\right)$				
$\sqrt[3]{x^4 + 8x^2 + 16}$	$\frac{4}{3}x \cdot \frac{1}{\sqrt[3]{x^2+4}}$				
$\frac{1}{\sqrt{x^2-9}}$	$-x\cdot(x^2-9)^{-\frac{3}{2}}$				
$\sin((x+3)\cdot(x-3))$	$2x\cdot\cos(x^2-9)$				
$\sin\left((2x-3)^2\right)$	$(8x-12)\cdot\cos\left((2x-3)^2\right)$				
$\frac{1}{\sin\frac{1}{x}}$	$\frac{\cos\frac{1}{x}}{x^2\cdot\left(\sin\frac{1}{x}\right)^2}$				
$2\cdot\sin(x^2) + 1$	$4x\cdot\cos(x^2)$				
$(\sin x + 4)^{\frac{2}{3}}$	$\frac{2}{3}\cos x(\sin x + 4)^{-\frac{1}{3}}$				
$\frac{1}{\cos(2x-3)}$	$\frac{2\cdot\sin(2x-3)}{(\cos(2x-3))^2}$				
$\cos\sqrt{x^2+4}$	$-\sin\sqrt{x^2+4}\cdot\frac{x}{\sqrt{x^2+4}}$				
$\cos\sqrt{2x+1}$	$-\sin\sqrt{2x+1}\cdot\frac{1}{\sqrt{2x+1}}$				
$\cos\left((x^2-2)^2\right)$	$\sin\left((x^2-2)^2\right)\cdot(-4x^3+8x)$				
$\sqrt{\cos(2x+1)}$	$\frac{-1}{\sqrt{\cos(2x+1)}}\cdot\sin(2x+1)$				
$\sqrt{\sin(2x+1)}$	$\frac{1}{\sqrt{\sin(2x+1)}}\cdot\cos(2x+1)$				
$\sin^2(2x+1)$	$4\cdot\sin(2x+1)\cdot\cos(2x+1)$				
$\cos^2(x^2-2)$	$-4x\cdot\sin(x^2-2)\cdot\cos(x^2-2)$				
$1 - \sin^2 x$	$-2\cos x\cdot\sin x$				
$\left(\frac{1}{\cos x}\right)^2 + \frac{2}{\cos x} + 1$	$2\left(\frac{1}{\cos x} + 1\right)\cdot\frac{\sin x}{\cos^2 x}$				
$\frac{1}{\cos^2(x^2-2)}$	$4x\cdot\frac{\sin(x^2-2)}{(\cos(x^2-2))^3}$				
$e^{2(x^2-2)}$	$4x\cdot e^{2x^2-4}$				
$e^{4x^2-12x+9}$	$(8x-12)\cdot e^{((2x-3)^2)}$				
$e^{(-x^2)}$	$-2x\cdot e^{(-x^2)}$				
$\ln\sqrt{x^2+4}$	$\frac{x}{x^2+4}$				
$e^{\cos(2x-3)}$	$-2\sin(2x-3)\cdot e^{\cos(2x-3)}$				
$(e^x-1)^2$	$2e^x\cdot(e^x-1)$				
$\frac{1}{\ln(x^2)}$	$\frac{-2}{x\cdot(\ln(x^2))^2}$				
$\sqrt{e^{\sin x}}$	$\frac{1}{2}\cdot\sqrt{e^{\sin x}}\cdot\cos x$				
$\sqrt{\ln(\cos x)}$	$-\frac{1}{2}\cdot\frac{1}{\sqrt{\ln(\cos x)}}\cdot\tan x$				
$e^{6x} - 2e^{3x} + 1$	$6\cdot(e^{6x} - e^{3x})$				

© Als Kopiervorlage für den Unterricht freigegeben. Ernst Klett Verlag GmbH, Stuttgart 2013.

Verkettungen knacken – Äußere-Funktion-Karten

$\left(x-1\right)^2$	$\left(2\cdot x-3\right)^2$	$\frac{1}{x}$
$\frac{1}{x^2}$	$\frac{1}{2\cdot x}$	x^{-2}
x^2	$\left(\frac{1}{x}-1\right)^2$	$\left(x^3-1\right)^2$
$x^{\frac{1}{3}}$	$x^{\frac{2}{3}}$	$\sqrt[3]{\left(x+4\right)^2}$
$\sqrt{x}$	$\frac{1}{\sqrt{x}}$	$\sin x$
$\sin\left(x^2\right)$	$\frac{1}{\sin x}$	$2\cdot x+1$
$2\sin x+1$	$\cos x$	$\cos\sqrt{x}$
$\cos\left(x^2\right)$	$\sqrt{\cos x}$	$\sqrt{\sin x}$
$\sin^2 x$	$\cos^2 x$	$1-x$

© Als Kopiervorlage für den Unterricht freigegeben. Ernst Klett Verlag GmbH, Stuttgart 2013.

Verkettungen knacken – Äußere- und Innere-Funktion-Karten

$1-\boxed{x}^{2}$	$\left(\boxed{x}+1\right)^{2}$	$\left(\frac{1}{\boxed{x}}+1\right)^{2}$
$e^{\boxed{x}}$	$e^{2\cdot\boxed{x}}$	$\left(e^{\boxed{x}}\right)^{2}$
$e^{\left(\boxed{x}^{2}\right)}$	$e^{-\boxed{x}}$	$\ln \boxed{x}$
$\ln\sqrt{\boxed{x}}$	$\frac{1}{2}\ln \boxed{x}$	$e^{\cos \boxed{x}}$
$\frac{1}{\ln \boxed{x}}$	$\sqrt{e^{\boxed{x}}}$	$\sqrt{\ln \boxed{x}}$

x^2	x^3	$4x^2-12x+9$	$2x-3$	$(2x-3)^2$	x^2-4
x^2-9	$(x^2-9)^{-1}$	$\frac{1}{x^2-9}$	$\frac{1}{x}$	$\frac{1}{x^3}$	x^2+4
x^4+8x^2+16	$(x^2+4)^2$	$\sqrt{x^2-9}$	$\sin\frac{1}{x}$	$\sin(x^2)$	$\sin x$
$\sin x+4$	$\sqrt[3]{\sin x+4}$	$(\sin x+4)^2$	$\cos(2x-3)$	$\sqrt{x^2+4}$	$2x+1$
$\sqrt{2x+1}$	x^2-2	$(x^2-2)^2$	$\cos(2x+1)$	$\sin(2x+1)$	$\cos(x^2-2)$
$\cos x$	$\sin^2 x$	$\frac{1}{\cos x}$	$\frac{1}{\cos x}+1$	$2(x^2-2)$	$-x^2$
e^x	$\ln x$	$2\ln x$	$e^{\sin x}$	$\ln(\cos x)$	e^{3x}

© Als Kopiervorlage für den Unterricht freigegeben. Ernst Klett Verlag GmbH, Stuttgart 2013.

Anwendung aller Ableitungsregeln bei verschiedenen Funktionstypen

1. Bestimmen Sie f'(x) und vereinfachen Sie gegebenenfalls. Mitunter ist es hilfreich, den Term f(x) vorher umzuformen.

a) $f(x) = \frac{2}{x^3} - \sin x$ b) $f(x) = \sqrt[4]{x^3} + 7x^4 - \frac{3}{4}x^2$ c) $f(x) = 5^x = e^{x\ln 5}$ d) $f(x) = e^x \cdot \cos x$

e) $f(x) = \frac{x^2}{\ln x}$ f) $f(x) = 4e^{3x^2}$ g) $f(x) = \cos\sqrt{x} = \cos x^{\frac{1}{2}}$ h) $f(x) = \ln\frac{x^3}{4 + 2t^2}$

2. Beim Ableiten haben sich Fehler eingeschlichen. Korrigieren Sie geeignet.

a) $f(x) = \sin\frac{x^3}{4}$
$f'(x) = 12x^2 \cdot \cos\frac{x^3}{4}$

b) $f(x) = x \cdot \sin x$
$f'(x) = \cos x + x \cdot \cos x$

c) $f(x) = \frac{x^2}{e^x}$
$f'(x) = \frac{2xe^x}{e^{2x}}$

d) $f(x) = \ln(2x^3 - 4)$
$f'(x) = \frac{6x^2}{\ln(2x^3 - 4)}$

e) $f(x) = (a^4 - x)^{-3}$
$f'(x) = -3(a^4 - x)^{-4} \cdot (4a^3 - 1)$

f) $f(x) = \cos(-x)$
$f'(x) = -\sin(-x)$

3. Überprüfen Sie, ob F eine Stammfunktion von f ist.

a) $f: t \mapsto 2\sqrt[3]{1-t}$; $F: t \mapsto \frac{3}{2}(1-t)^{\frac{4}{3}} - 1$

b) $f: t \mapsto -0{,}5e^{4-\frac{t}{2}} - \frac{1}{t^2}$; $F: t \mapsto e^{4-\frac{t}{2}} + \frac{1}{t}$

c) $f: a \mapsto \frac{3}{4}a^5 + 2\sin a + \cos a$; $F: a \mapsto \frac{a^6}{8} + \sin^2 a$

d) $f: a \mapsto \frac{1 - \ln(x-a)}{(\ln(x-a))^2}$; $F: a \mapsto \frac{x-a}{\ln(x-a)}$

4. a) Leiten Sie die Funktion $f: x \mapsto \frac{e^x + e^{-x}}{2}$ ab. Leiten Sie danach auch die Ableitungsfunktion f' ab. Was stellen Sie fest?

$f'(x) =$; $(f')'(x) =$

Feststellung:

b) An welches ähnliche Verhalten trigonometrischer Funktionen erinnert Sie diese Beobachtung?

© Als Kopiervorlage für den Unterricht freigegeben. Ernst Klett Verlag GmbH, Stuttgart 2013.

Anwendung aller Ableitungsregeln bei verschiedenen Funktionstypen

Lösung

1. Bestimmen Sie f′(x) und vereinfachen Sie gegebenenfalls. Mitunter ist es hilfreich, den Term f(x) vorher umzuformen.

a) $f(x) = \frac{2}{x^3} - \sin x$
$= 2x^{-3} - \sin x$
$f'(x) = -6x^{-4} - \cos x$

b) $f(x) = \sqrt[4]{x^3} + 7x^4 - \frac{3}{4}x^2$
$= x^{\frac{3}{4}} + 7x^4 - \frac{3}{4}x^2$
$f'(x) = \frac{3}{4}x^{-\frac{1}{4}} + 28x^3 - \frac{3}{2}x$

c) $f(x) = 5^x = e^{x\ln 5}$
$f'(x) = e^{x\ln 5}\cdot\ln 5$
$= 5^x\cdot\ln 5$

d) $f(x) = e^x\cdot\cos x$
$f'(x) = e^x\cdot\cos x + e^x\cdot(-\sin x)$
$= e^x\cdot(\cos x - \sin x)$

e) $f(x) = \frac{x^2}{\ln x}$
$f'(x) = \frac{2x\cdot\ln x - x^2\cdot\frac{1}{x}}{(\ln x)^2}$
$= \frac{2x\cdot\ln x - x}{(\ln x)^2}$

f) $f(x) = 4e^{3x^2}$
$f'(x) = 4e^{3x^2}\cdot 6x$
$= 24xe^{3x^2}$

g) $f(x) = \cos\sqrt{x} = \cos x^{\frac{1}{2}}$
$f'(x) = -\sin x^{\frac{1}{2}}\cdot\frac{1}{2}x^{-\frac{1}{2}}$
$= -\frac{1}{2}x^{-\frac{1}{2}}\cdot\sin x^{\frac{1}{2}}$

h) $f(x) = \ln\frac{x^3}{4 + 2t^2}$
$= 3\ln x - \ln(4 + 2t^2)$
$f'(x) = \frac{3}{x}$

2. Beim Ableiten haben sich Fehler eingeschlichen. Korrigieren Sie geeignet.

a) $f(x) = \sin\frac{x^3}{4}$
$f'(x) = \cancel{12}x^2\cdot\cos\frac{x^3}{4}$ [Korrektur: $\frac{3}{4}$]

b) $f(x) = x\cdot\sin x$
$f'(x) = \cancel{\cos x} + x\cdot\cos x$ [Korrektur: $\sin x$]

c) $f(x) = \frac{x^2}{e^x}$
$f'(x) = \frac{2xe^x - x^2e^x}{e^{2x}}$

d) $f(x) = \ln(2x^3 - 4)$
$f'(x) = \frac{6x^2}{\cancel{\ln}(2x^3 - 4)}$

e) $f(x) = (a^4 - x)^{-3}$
$f'(x) = -3(a^4 - x)^{-4}\cdot\cancel{(4a^3 - 1)}$ [Korrektur: (-1)]
$(= 3(a^4 - x)^{-4})$

f) $f(x) = \cos(-x)$
$f'(x) = -\sin(-x)\cdot(-1)$
$= \sin(-x)\ (= -\sin x)$

3. Überprüfen Sie, ob F eine Stammfunktion von f ist.

a) $f: t \mapsto 2\sqrt[3]{1 - t}$; $F: t \mapsto \frac{3}{2}(1 - t)^{\frac{4}{3}} - 1$
$F'(t) = \frac{3}{2}\cdot\frac{4}{3}(1 - t)^{\frac{1}{3}}\cdot(-1) = -2(1 - t)^{\frac{1}{3}} \Rightarrow F'(t) \neq f(t)$

b) $f: t \mapsto -0{,}5e^{4-\frac{t}{2}} - \frac{1}{t^2}$; $F: t \mapsto e^{4-\frac{t}{2}} + \frac{1}{t}$
$F'(t) = e^{4-\frac{t}{2}}\cdot\left(-\frac{1}{2}\right) + \left(-\frac{1}{t^2}\right) = -\frac{1}{2}e^{4-\frac{t}{2}} - \frac{1}{t^2} \Rightarrow F'(t) = f(t)$

c) $f: a \mapsto \frac{3}{4}a^5 + 2\sin a + \cos a$; $F: a \mapsto \frac{a^6}{8} + \sin^2 a$
$F'(a) = \frac{6}{8}a^5 + 2\cdot\sin a\cdot\cos a \Rightarrow F'(a) \neq f(a)$

d) $f: a \mapsto \frac{1 - \ln(x-a)}{(\ln(x-a))^2}$; $F: a \mapsto \frac{x - a}{\ln(x-a)}$
$F'(a) = \frac{(-1)\cdot\ln(x-a) - (x-a)\cdot\frac{1}{x-a}\cdot(-1)}{(\ln(x-a))^2} = \frac{1 - \ln(x-a)}{(\ln(x-a))^2} \Rightarrow F'(a) = f(a)$

4. a) Leiten Sie die Funktion $f: x \mapsto \frac{e^x + e^{-x}}{2}$ ab. Leiten Sie danach auch die Ableitungsfunktion f′ ab. Was stellen Sie fest?

$f'(x) = \frac{e^x + e^{-x}\cdot(-1)}{2} = \frac{e^x - e^{-x}}{2}$; $(f')'(x) = \frac{e^x - e^{-x}\cdot(-1)}{2} = \frac{e^x + e^{-x}}{2}$

Feststellung: Leitet man die Ableitung ab, so erhält man wieder den Term von f(x).

b) An welches ähnliche Verhalten trigonometrischer Funktionen erinnert Sie diese Beobachtung?

Leitet man die Sinusfunktion viermal hintereinander ab, so erhält man wieder die Sinusfunktion: $((((\sin x)')')')' = \sin x$

© Als Kopiervorlage für den Unterricht freigegeben. Ernst Klett Verlag GmbH, Stuttgart 2013.

Vierecksdomino zum Ableiten – Teil 1

Schneiden Sie die „Dominosteine" entlang der gestrichelten Linien aus und legen Sie die Quadrate richtig zusammen. Bei aneinanderstoßenden Kärtchenkanten sollen jeweils ein Funktionsterm und dessen Ableitungsterm zu liegen kommen. Die Endfigur ist ein Rechteck. Wie lautet der Lösungssatz?

FF	$f'(x) = (2x+x^2)e^x$	$f'(x) = 6e^{3x+3}$		
ER	$f(x) = \frac{e^x}{x}$	$f'(x) = 6e^{6x+3}$	$f(x) = x^3e^x$	$f'(x) = \sin(-x)$
IO	$f'(x) = \frac{2}{(x+1)^2}$		$f(x) = \frac{1}{2-2x}$	$f(x) = \frac{e^x}{x}$
SE		$f(x) = e^{6x+3}$	$f(x) = \frac{1}{4}x^{-2} + \frac{2}{7}x^{\frac{7}{4}}$	$f'(x) = \frac{2}{x} - 1$
EN	$f(x) = 81x^{\frac{1}{3}}$	$f'(x) = \sin x$		$f'(x) = \frac{2}{x} - x$
NE	$f'(x) = -(2x)^{-\frac{1}{2}} + \frac{1}{2}x$	$f(x) = \frac{1}{3}x^5 - 4x^4 + 5x^{-1}$	$f(x) = 13{,}5x^{\frac{2}{3}}$	$f(x) = \frac{6}{\sqrt[3]{x^4}}$
DA		$f(x) = 2\ln x - x$	$f(x) = \frac{1}{3}x^5 - 4x^4 + \frac{5}{3}x^{-3}$	
TU	$f'(x) = 2 - \frac{1}{x}$	$f(x) = 9x^{\frac{3}{4}}$	$f'(x) = \frac{3}{2} \cdot x^{\frac{1}{2}}$	$f(x) = -\cos^2 x$
DE	$f'(x) = \frac{5}{3}x^4 - 16x^3 - 5x^{-4}$	$f(x) = -4^x$	$f'(x) = 2x - \frac{1}{x}$	
AB	$f'(x) = 2 \cdot (2-2x)^{-2}$		$f'(x) = -2 \cdot (2-2x)^{-1}$	$f(x) = -\sin^2 x$
OD	$f'(x) = -(2x)^{-\frac{1}{2}} + x$	$f(x) = \cos(-x)$	$f'(x) = 1{,}5 \cdot x^{-\frac{1}{2}}$	$f'(x) = x^{-\frac{2}{3}}$
IT		$f(x) = \ln[(2-x)^2]$	$f(x) = 4^{-x}$	$f(x) = 2 \cdot (2-x)^{-1}$
NE	$f'(x) = 9x^{-\frac{1}{3}}$	$f'(x) = 2 \cdot 4^x$	$f'(x) = -\cos^2 x + \sin^2 x$	$f'(x) = 3 \cdot e^{6+3x}$
TE		$f'(x) = 24e^{3x}$	$f(x) = 2x - \ln(2x)$	$f'(x) = -2 \cdot \frac{1}{2-x}$
BL	$f(x) = 2x^2 + 4$	$f(x) = \sin x \cdot \cos x$	$f(x) = \frac{1}{8}x^{-4} - 8x^{-\frac{1}{4}}$	$f(x) = 4e^{6x}$
EI	$f(x) = x^2 - \ln x$	$f(x) = -27x^{-\frac{1}{3}}$	$f(x) = 9\sqrt{x^3}$	

© Als Kopiervorlage für den Unterricht freigegeben. Ernst Klett Verlag GmbH, Stuttgart 2013.

Vierecksdomino zum Ableiten – Teil 2

NN
- oben: $f(x) = \frac{1-\frac{1}{2}x}{x+1}$
- links: $f(x) = \frac{4^x}{\ln 2}$
- rechts: $f(x) = x \cdot \ln\frac{1}{x}$
- unten: $f'(x) = -\frac{2x}{e^{(x^2)}}$

EI
- oben: $f'(x) = \frac{-\ln 4}{4^x}$
- links: $f(x) = \cos^2 x - \sin^2 x$
- rechts: $f'(x) = 2 \cdot \sin x \cdot \cos x$
- unten: $f'(x) = (2x - x^2)e^{-x}$

KT
- oben: $f(x) = x \cdot \sqrt{x}$
- links: $f(x) = \sqrt{x} + x^{\frac{1}{4}}$
- rechts: $f'(x) = e^x \cdot \left(\frac{1}{x} - \frac{1}{x^2}\right)$
- unten: $f'(x) = \frac{1}{2}x^{-\frac{1}{2}} + \frac{1}{4}x^{-\frac{5}{4}}$

EN
- oben: $f'(x) = \frac{2{,}5}{(x+1)^2}$
- links: $f'(x) = \frac{3}{2} \cdot (x+1)^{-2}$

NF
- oben: $f'(x) = 13{,}5x^{\frac{1}{2}}$
- rechts: $f(x) = e^{6+3x}$
- unten: $f(x) = \frac{1}{2}x^2 \cdot \ln(2x)$

ZI
- oben: $f(x) = 3\sqrt{x}$
- links: $f(x) = -\cos x$
- rechts: $f(x) = \frac{1}{x} \cdot \ln x$

NG
- oben: $f'(x) = -2x^{-5} + \frac{1}{2}x^{-\frac{5}{4}}$
- links: $f'(x) = \frac{27}{4\sqrt[4]{x}}$
- unten: $f(x) = \frac{x-1}{x+1}$

TM
- oben: $f'(x) = e^{3x} \cdot (1+3x)$
- links: $f(x) = \ln\frac{1}{x} - 1$
- rechts: $f(x) = \frac{1}{4}x^{-2} + \frac{8}{7}x^{\frac{7}{4}}$
- unten: $f(x) = 0{,}5x^2 - \sqrt{2x}$

RM
- links: $f'(x) = 6e^{6x+3}$
- rechts: $f'(x) = \frac{2}{(2-x)^2}$
- unten: $f'(x) = 4^x \cdot \ln 4$

EN
- oben: $f(x) = (e^{-x})^x$
- links: $f(x) = e^x \cdot (x+1)$
- rechts: $f(x) = \sqrt[3]{27x}$
- unten: $f'(x) = \frac{27}{\sqrt[3]{x^2}}$

DI
- oben: $f(x) = \ln(2-2x)$
- links: $f(x) = e^{6x} + 3x$
- unten: $f(x) = \frac{\frac{3}{2}x - 1}{x+1}$

UN
- oben: $f(x) = x^2 \cdot e^{-x}$
- links: $f(x) = x^2 \cdot \ln x$
- rechts: $f'(x) = \frac{1}{2}x^{-\frac{1}{2}} + \frac{1}{4}x^{-\frac{3}{4}}$
- unten: $f(x) = x \cdot e^{3x}$

RF
- oben: $f'(x) = -\frac{1}{2}x^{-5} + 2x^{-\frac{5}{4}}$
- links: $f'(x) = \frac{5}{3}x^4 - 16x^3 - 5x^{-2}$
- rechts: $f'(x) = 2x\ln x + x$
- unten: $f'(x) = \frac{-1{,}5}{(x+1)^2}$

RA
- oben: $f'(x) = -\frac{1}{2}x^{-3} + \frac{1}{2}x^{\frac{3}{4}}$
- links: $f'(x) = 4^x \cdot \ln\left(\frac{1}{4}\right)$
- rechts: $f'(x) = 24e^{6x}$
- unten: $f(x) = -(2x)^{\frac{1}{2}} + \frac{1}{4}x^2$

LN
- links: $f(x) = 8e^{3x}$
- unten: $f(x) = \frac{1}{2}x^{-4} - 2x^{-\frac{1}{4}}$

ER
- oben: $f'(x) = 2\ln x + 2$
- links: $f(x) = 2e^{3x} + 3x$
- rechts: $f(x) = -\frac{1}{2}x^2 + \ln(x^2)$

LE
- oben: $f'(x) = x \cdot \left(\ln(2x) + \frac{1}{2}\right)$
- rechts: $f'(x) = -\frac{1}{4} \cdot \left(2x^{-\frac{3}{2}} + x^{-\frac{5}{4}}\right)$
- unten: $f(x) = x^2 \cdot e^x$

AN
- oben: $f(x) = x^{\frac{1}{2}} - \frac{1}{\sqrt[4]{x}}$
- links: $f(x) = -\frac{1}{2}x^{-3} + 2x^{\frac{3}{4}}$
- rechts: $f'(x) = -2 \cdot \sin x \cdot \cos x$
- unten: $f'(x) = \frac{1-x}{e^x}$

ER
- oben: $f'(x) = (3x^2 + x^3) \cdot e^x$
- links: $f'(x) = x^{-2} \cdot (1 - \ln x)$
- rechts: $f(x) = \frac{x+1}{x^{-\frac{1}{2}}}$

IT
- oben: $f(x) = \sin(-x) \cdot \cos(-x)$
- links: $f(x) = x^{-\frac{1}{2}} + x^{-\frac{1}{4}}$
- rechts: $f'(x) = e^x(x+2)$
- unten: $f(x) = x \cdot \ln(x^2)$

© Als Kopiervorlage für den Unterricht freigegeben. Ernst Klett Verlag GmbH, Stuttgart 2013.

Ableiten von Exponential- und Logarithmusfunktion; Exponentialgleichungen

1. Die Terme in den Kästchen werden abgeleitet und die Ableitungen nebeneinander liegender Kästchen nach unten hin addiert. Die Summe ist der neue abzuleitende Funktionsterm.

$e^x + 2$	$\ln(2x - 1)$	$2x^2 - 4x + 3$	$x^2 - e^x$

$x + e^x$		$\ln\sqrt{x}$	$x \cdot \ln x$
$e^x + 5e^{-x}$			

2. Bestimmen Sie jeweils die maximal mögliche Definitionsmenge D sowie die Ableitung. Vereinfachen Sie diese so weit wie möglich.

	Funktionsterm	D	f′(x)
a)	$f(x) = x \cdot e^x$		
b)	$f(x) = \ln(x^2)$		
c)	$f(x) = \frac{x+2}{e^x}$		
d)	$f(x) = \ln(x^2 - 4)$		

3. Lösen Sie die Gleichungen:

a) $e^{x-2} = 25 \quad | \ln$

$\Rightarrow \quad x - 2 =$

$\Rightarrow \quad x =$

b) $2 + e^{(x^2)} = 5$

$\Rightarrow \quad =$

$\Rightarrow$

$\Rightarrow \quad x =$

c) $e^x (x^2 - 9) = 0$

$\Rightarrow$

$\Rightarrow$

$\Rightarrow$

d) $\ln(x^2 - 3) = 0$

e) $\ln\sqrt{x} + \ln(x^4) = 1$

f) $(e^x - 2)(\ln x - 4) = 0$

4. Sind beim Umformen der Funktionsterme Fehler unterlaufen? Überprüfen und verbessern Sie.

a) $f(x) = e^2 \cdot e^{x-2} = e^{2x-4}$

b) $f(x) = 4^x = e^{\ln 4^x} = e^{x \ln 4}$

c) $f(x) = 2\ln x^2 + 3\ln x = 5\ln x^3$

d) $f(x) = \ln e^{2x} = 2x = e^{\ln 2x}$

© Als Kopiervorlage für den Unterricht freigegeben. Ernst Klett Verlag GmbH, Stuttgart 2013.

Ableiten von Exponential- und Logarithmusfunktion; Exponentialgleichungen Lösung

1. Die Terme in den Kästchen werden abgeleitet und die Ableitungen nebeneinander liegender Kästchen nach unten hin addiert. Die Summe ist der neue abzuleitende Funktionsterm.

Linke Pyramide (Term → Ableitung):

$e^x + 2$ → e^x	$\ln(2x-1)$ → $\frac{2}{2x-1}$	$2x^2 - 4x + 3$ → $4x - 4$	$x^2 - e^x$ → $2x - e^x$
$e^x + \frac{2}{2x-1}$ → $e^x - \frac{4}{(2x-1)^2}$	$\frac{2}{2x-1} + 4x - 4$ → $-\frac{4}{(2x-1)^2} + 4$	$6x - e^x - 4$ → $6 - e^x$	
$e^x - \frac{8}{(2x-1)^2} + 4$ → $e^x + \frac{32}{(2x-1)^3}$	$-\frac{4}{(2x-1)^2} + 10 - e^x$ → $\frac{16}{(2x-1)^3} - e^x$		
$\frac{48}{(2x-1)^3}$ → $-\frac{288}{(2x-1)^4}$			

Rechte Pyramide (Term → Ableitung):

$x + e^x$ → $1 + e^x$	$-5e^{-x} - x + c$ → $5e^{-x} - 1$	$\ln\sqrt{x}$ → $\frac{1}{2x}$	$x \cdot \ln x$ → $\ln x + 1$
$e^x + 5e^{-x}$ → $e^x - 5e^{-x}$	$5e^{-x} + \frac{1}{2x} - 1$ → $-5e^{-x} - \frac{1}{2x^2}$	$\frac{1}{2x} + \ln x + 1$ → $-\frac{1}{2x^2} + \frac{1}{x}$	
$e^x - 10e^{-x} - \frac{1}{2x^2}$ → $e^x + 10e^{-x} + \frac{1}{x^3}$	$-5e^{-x} - \frac{1}{x^2} + \frac{1}{x}$ → $5e^{-x} + \frac{2}{x^3} - \frac{1}{x^2}$		
$e^x + 15e^{-x} + \frac{3}{x^3} - \frac{1}{x^2}$ → $e^x - 15e^{-x} + \frac{9}{x^4} - \frac{2}{x^3}$			

2. Bestimmen Sie jeweils die maximal mögliche Definitionsmenge D sowie die Ableitung. Vereinfachen Sie diese so weit wie möglich.

	Funktionsterm	D	f′(x)
a)	$f(x) = x \cdot e^x$	$\mathbb{R}$	$1 \cdot e^x + x \cdot e^x = e^x + x \cdot e^x \quad (= (1 + x) \cdot e^x)$
b)	$f(x) = \ln(x^2)$	$\mathbb{R} \setminus \{0\}$	$\frac{1}{x^2} \cdot 2x = \frac{2}{x}$
c)	$f(x) = \frac{x+2}{e^x}$	$\mathbb{R}$	$\frac{1 \cdot e^x - (x+2) \cdot e^x}{(e^x)^2} = \frac{e^x \cdot [1 - (x+2)]}{(e^x)^2} = \frac{-1-x}{e^x}$
d)	$f(x) = \ln(x^2 - 4)$	$]-2;2[$	$\frac{1}{x^2-4} \cdot 2x = \frac{2x}{x^2-4}$

3. Lösen Sie die Gleichungen:

a)
$e^{x-2} = 25 \quad | \ln$
$\Rightarrow x - 2 = \ln 25 \quad | +2$
$\Rightarrow x = \ln 25 + 2$

b)
$2 + e^{(x^2)} = 5 \quad | -2$
$\Rightarrow e^{(x^2)} = 3 \quad | \ln$
$\Rightarrow x^2 = \ln 3 \quad | \sqrt{\ }$
$\Rightarrow x = \pm\sqrt{\ln 3}$

c)
$e^x (x^2 - 9) = 0$
$\Rightarrow x^2 - 9 = 0$ da $e^x > 0$
$\Rightarrow x^2 = 9$
$\Rightarrow x = \pm 3$

d)
$\ln(x^2 - 3) = 0 \quad | e^x$
$\Rightarrow x^2 - 3 = e^0 = 1$
$\Rightarrow x^2 = 4$
$\Rightarrow x = \pm 2$

e)
$\ln\sqrt{x} + \ln(x^4) = 1$
$\Rightarrow \frac{1}{2}\ln x + 4\ln x = 1$
$\Rightarrow \frac{9}{2}\ln x = 1 \quad | \cdot\frac{2}{9}$
$\Rightarrow \ln x = \frac{2}{9} \quad | e^x$
$\Rightarrow x = e^{\frac{2}{9}}$

f)
$(e^x - 2)(\ln x - 4) = 0$
$\Rightarrow e^x - 2 = 0$ oder $\ln x - 4 = 0$
$\Rightarrow e^x = 2$ oder $\ln x = 4$
$\Rightarrow x = \ln 2$ oder $x = e^4$

4. Sind beim Umformen der Funktionsterme Fehler unterlaufen? Überprüfen und verbessern Sie.

a) $f(x) = e^2 \cdot e^{x-2} = \cancel{e^{2x-4}}$ ↯
$= e^{(2+x-2)} = e^x$

b) $f(x) = 4^x = e^{\ln 4^x} = e^{x \ln 4}$ ✔

c) $f(x) = 2\ln x^2 + 3\ln x = \cancel{5\ln x^3}$ ↯
$= 2 \cdot 2\ln x + 3\ln x = 7\ln x$

d) $f(x) = \ln e^{2x} = 2x = e^{\ln 2x}$ ✔

© Als Kopiervorlage für den Unterricht freigegeben. Ernst Klett Verlag GmbH, Stuttgart 2013.

Trainingsblatt

Exponential- und Logarithmusfunktionen und deren Graphen

1. Beschreiben Sie in Worten, wie der Graph der Funktion f aus dem der Funktion $x \mapsto e^x$ bzw. $x \mapsto \ln x$ hervorgeht.

a) f: $x \mapsto e^{-x} + 1$

b) f: $x \mapsto \frac{1}{2} e^{x-1}$

c) f: $x \mapsto \ln(x+4)$

d) f: $x \mapsto \ln\sqrt{x}$

2. Die abgebildeten Graphen zeigen jeweils die Graphen einer Funktion f, einer zugehörigen Stammfunktion F und der Ableitungsfunktion f'. Beschriften Sie die Graphen richtig mit f, f' und F.

a)

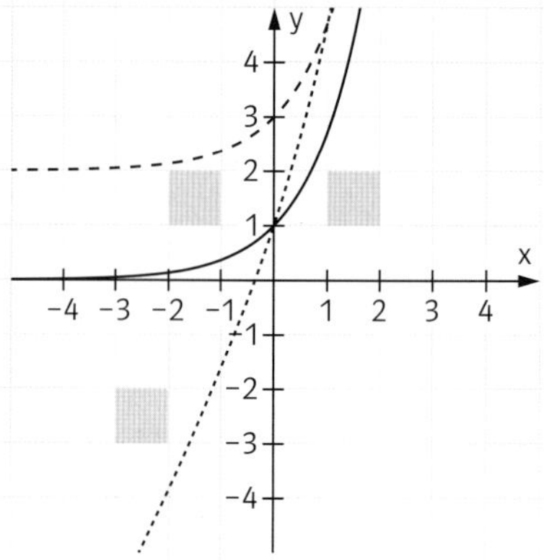

b)

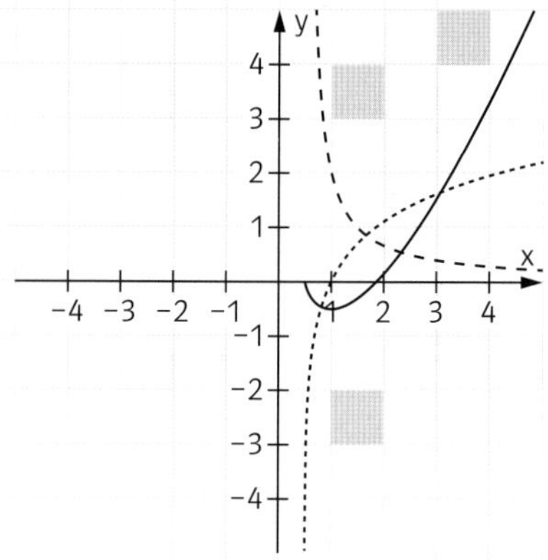

3.

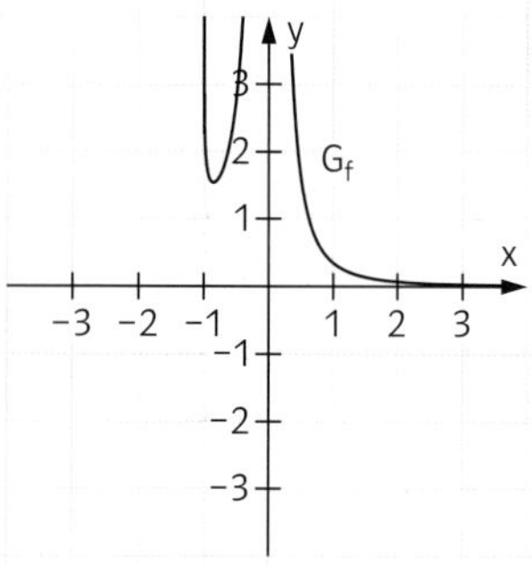

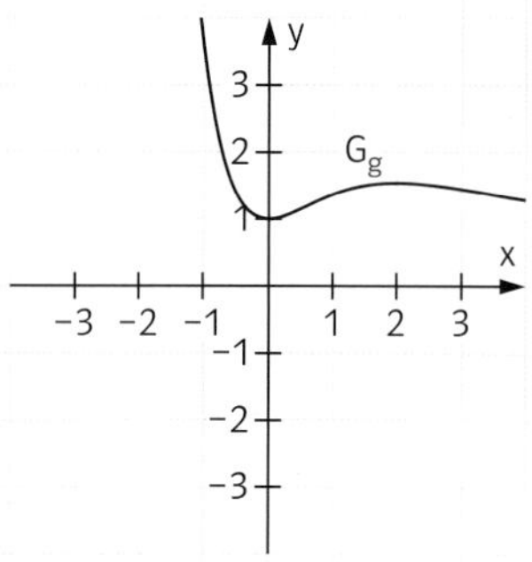

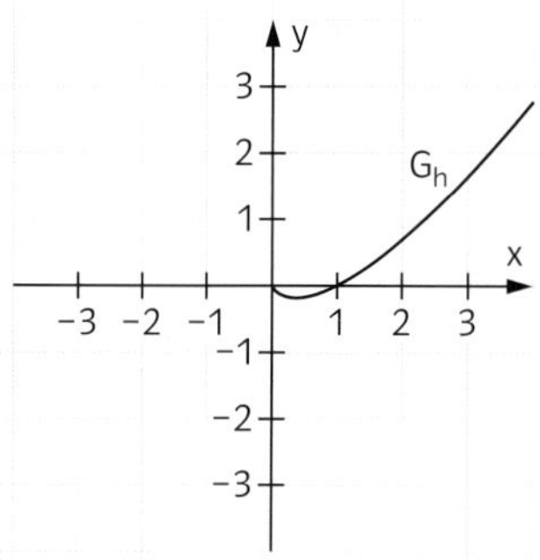

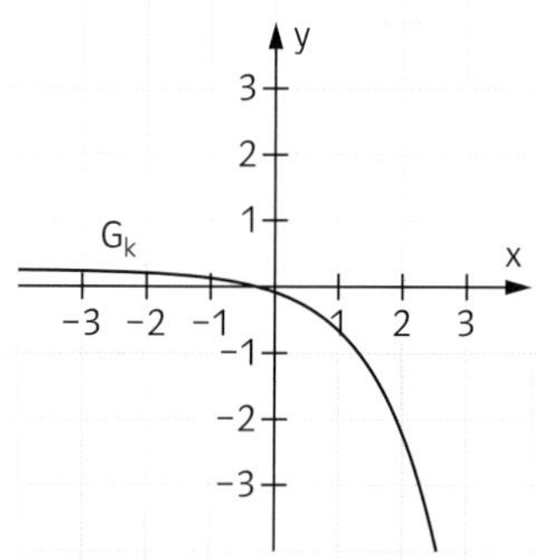

Beschriften Sie die folgenden Funktionsvorschriften mit den Funktionsbuchstaben, die zu den oben abgebildeten Graphen passen. Geben Sie stichpunktartig zwei Kriterien für Ihre Auswahl an. Argumentieren Sie, wenn möglich, mit dem Grenzverhalten.

___ : $x \mapsto \frac{1}{4} - \frac{1}{3} e^x$ ___ : $x \mapsto \frac{\ln(x+1)}{2x^3}$ ___ : $x \mapsto \frac{x^2}{e^x} + 1$ ___ : $x \mapsto 0{,}5x \ln x$

Kriterien:

4. Geben Sie die maximal mögliche Definitionsmenge D, Nullstelle(n) sowie senkrechte und waagrechte Asymptoten an. Begründen Sie geeignet mit dem Verhalten für $x \to \infty$.

	Funktionsterm	D	Nullstelle(n)	Senkrechte Asymptote	Waagrechte Asymptote – Begründung
a)	$f(x) = (x-1) \cdot e^x$				
b)	$f(x) = \ln(x-2)$				
c)	$f(x) = \frac{x^4+1}{2e^x}$				
d)	$f(x) = \frac{(\ln x)^2}{x} - 2$				

© Als Kopiervorlage für den Unterricht freigegeben. Ernst Klett Verlag GmbH, Stuttgart 2013.

Exponential- und Logarithmusfunktionen und deren Graphen

Lösung

1. Beschreiben Sie in Worten, wie der Graph der Funktion f aus dem der Funktion $x \mapsto e^x$ bzw. $x \mapsto \ln x$ hervorgeht.

a) f: $x \mapsto e^{-x} + 1$ — Spiegelung an der x-Achse; Verschiebung um 1 nach oben

b) f: $x \mapsto \frac{1}{2}e^{x-1}$ — Verschiebung um 1 nach rechts; Streckung mit Faktor $\frac{1}{2}$ in y-Richtung

c) f: $x \mapsto \ln(x+4)$ — Verschiebung um 4 nach links

d) f: $x \mapsto \ln\sqrt{x}$ — $= \frac{1}{2}\ln x$; Streckung mit Faktor $\frac{1}{2}$ in y-Richtung

2. Die abgebildeten Graphen zeigen jeweils die Graphen einer Funktion f, einer zugehörigen Stammfunktion F und der Ableitungsfunktion f′. Beschriften Sie die Graphen richtig mit f, f′ und F.

a)

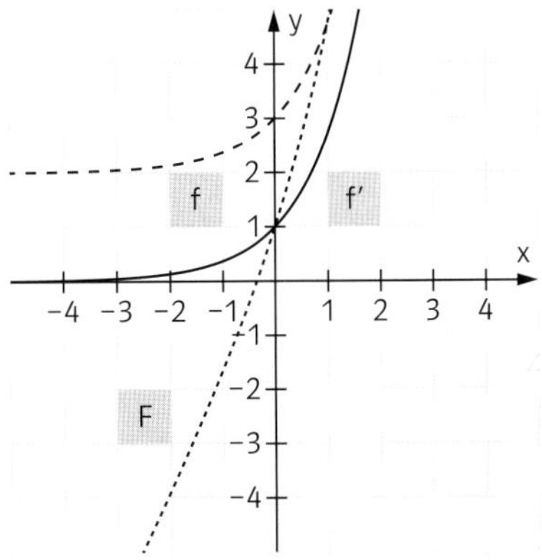

b)

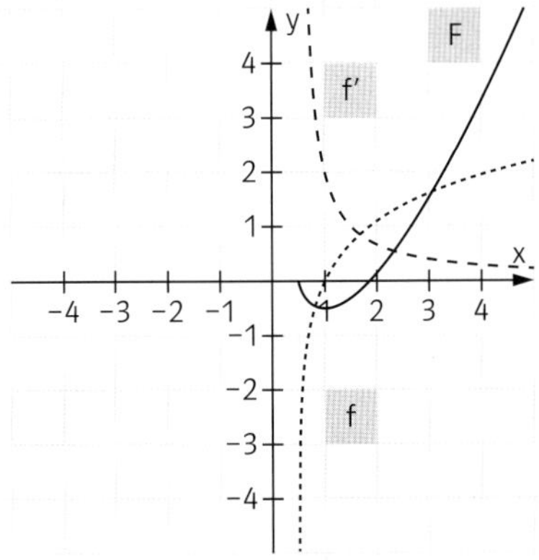

3.

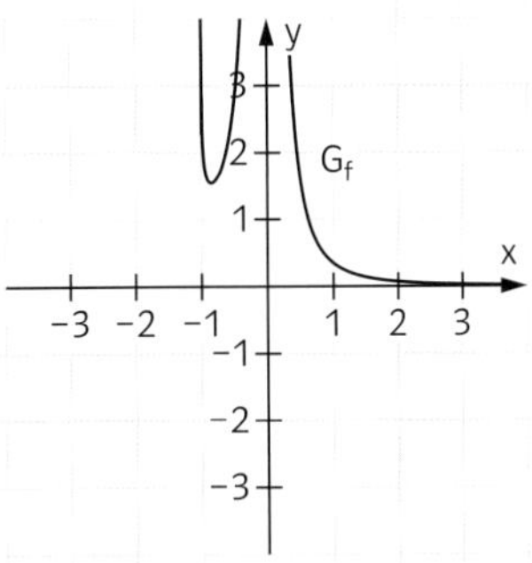

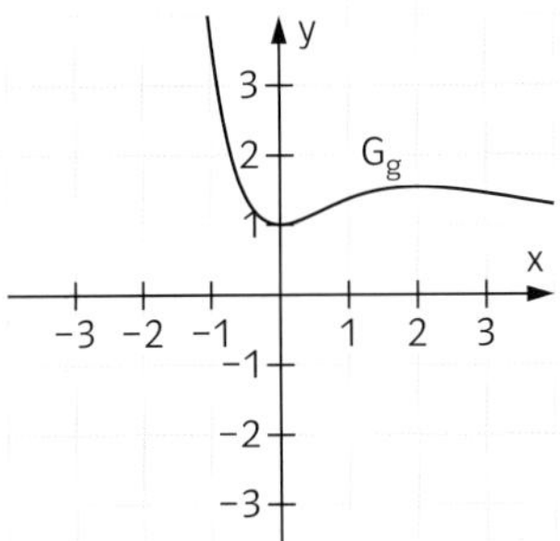

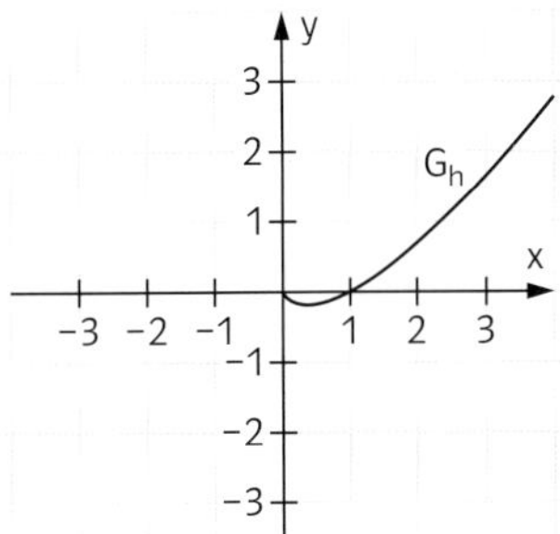

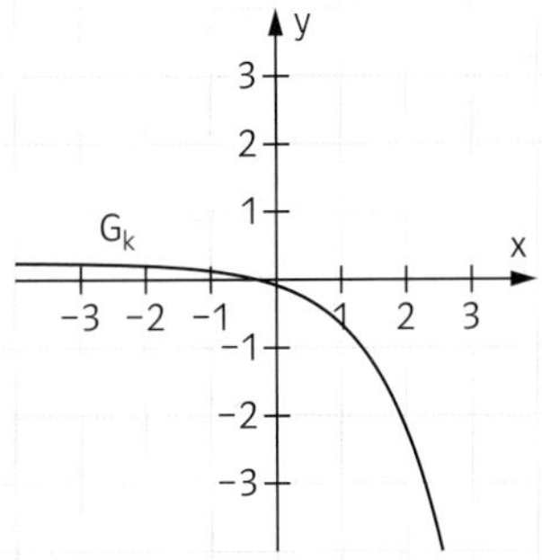

Beschriften Sie die folgenden Funktionsvorschriften mit den Funktionsbuchstaben, die zu den oben abgebildeten Graphen passen. Geben Sie stichpunktartig zwei Kriterien für Ihre Auswahl an. Argumentieren Sie, wenn möglich, mit dem Grenzverhalten.

k : $x \mapsto \frac{1}{4} - \frac{1}{3}e^x$ | f : $x \mapsto \frac{\ln(x+1)}{2x^3}$ | g : $x \mapsto \frac{x^2}{e^x} + 1$ | h : $x \mapsto 0{,}5x\ln x$

Kriterien:

k	f	g	h
$\lim\limits_{x\to+\infty}\left(-\frac{1}{3}e^x\right) = -\infty$	$\lim\limits_{x\to+\infty}\frac{\ln(x+1)}{2x^3} = 0$	$\lim\limits_{x\to+\infty}\frac{x^2}{e^x} = 0$ ⇒ waagr. Asymptote $y = 1$	$\lim\limits_{x\to 0}(0{,}5x\ln x) = 0$
$\lim\limits_{x\to-\infty}\left(-\frac{1}{3}e^x\right) = 0$ ⇒ waagr. Asymptote $y = \frac{1}{4}$	$x = 0$ ist Polstelle mit Vorzeichenwechsel	$g(0) = 1$	$h(1) = 0$

4. Geben Sie die maximal mögliche Definitionsmenge D, Nullstelle(n) sowie senkrechte und waagrechte Asymptoten an. Begründen Sie geeignet mit dem Verhalten für $x \to \infty$.

	Funktionsterm	D	Nullstelle(n)	Senkrechte Asymptoten	Waagrechte Asymptote – Begründung
a)	$f(x) = (x-1)\cdot e^x$	$\mathbb{R}$	1	–	$y = 0$, denn $\lim\limits_{x\to-\infty} x\cdot e^x = 0$; $\lim\limits_{x\to-\infty} -e^x = 0$
b)	$f(x) = \ln(x-2)$	$]2;+\infty[$	3	$x = 2$	keine A., denn $\lim\limits_{x\to+\infty} \ln x = +\infty$
c)	$f(x) = \frac{x^4+1}{2e^x} + 2$	$\mathbb{R}$	–	–	$y = 2$, denn $\lim\limits_{x\to+\infty} \frac{x^4+1}{e^x} = 0$
d)	$f(x) = \frac{(\ln x)^2}{x}$	$\mathbb{R}^+$	1	$x = 0$	$y = -2$, denn $\lim\limits_{x\to+\infty} \frac{\ln x}{\frac{1}{x^2}} = 0$

© Als Kopiervorlage für den Unterricht freigegeben. Ernst Klett Verlag GmbH, Stuttgart 2013.

Funktionsuntersuchungen im Tandem – weitere Terme und Graphen (Lösungskontrolle)

Funktionsterme Schwierigkeitsgrad 1:

1A	$\frac{1}{2} - \sin x$	1B	$1{,}5 \cdot \sqrt{4x - x^2}$	1C	$(\sin x)^2$	1D	$2 \cdot \sin\left(2x + \frac{\pi}{2}\right)$	1E	$(1 - e^x)^2$
1F	$(\ln x)^2$	1G	$4 \sin x \cdot \cos x$	1H	$\ln(1 + x^2)$	1I	$e \cdot \frac{\ln x}{x}$	1K	$\frac{e^x - e^{-x}}{e^x + e^{-x}}$

Funktionsterme Schwierigkeitsgrad 2:

2A	$\frac{1}{2} x \cdot \sqrt{4 + x}$	2B	$4x \cdot e^{-\frac{1}{2}x^2}$	2C	$2 \cdot (x-1) \cdot e^{\frac{1}{2}x}$	2D	$\left(e^{\frac{1}{2}x} - 1{,}5\right)^3$	2E	$\ln(e^2 - x^2)$
2F	$-1 + (\ln x)^2$	2G	$\sin x + \cos x$	2H	$(\cos x)^2 - (\sin x)^2$	2I	$\sqrt{1 - (\ln x)^2}$	2K	$e^{\sin x} - 1$

Funktionsterme Schwierigkeitsgrad 3:

3A	$0{,}5x \cdot \sqrt{9 - x^2}$	3B	$\frac{1}{6}(x + 4)\sqrt{16 - x^2}$	3C	$-1 + e^{-\frac{1}{2}x^2 + x}$	3D	$-2 + \frac{1}{2}\left(e^{\frac{1}{2}x} + e^{-\frac{1}{2}x}\right)$	3E	$\ln(1 + 9x^2 - x^4)$
3F	$\ln \frac{x^2 + 1}{2x}$	3G	$2 \cdot \ln\left(2 + \frac{2x}{1 + x^2}\right)$	3H	$(\ln\lvert x\rvert)^2$	3I	$\frac{1 - (\ln x)^2}{1 + (\ln x)^2}$	3K	$x \cdot \sin(2x)$

Graphen zur Lösungkontrolle

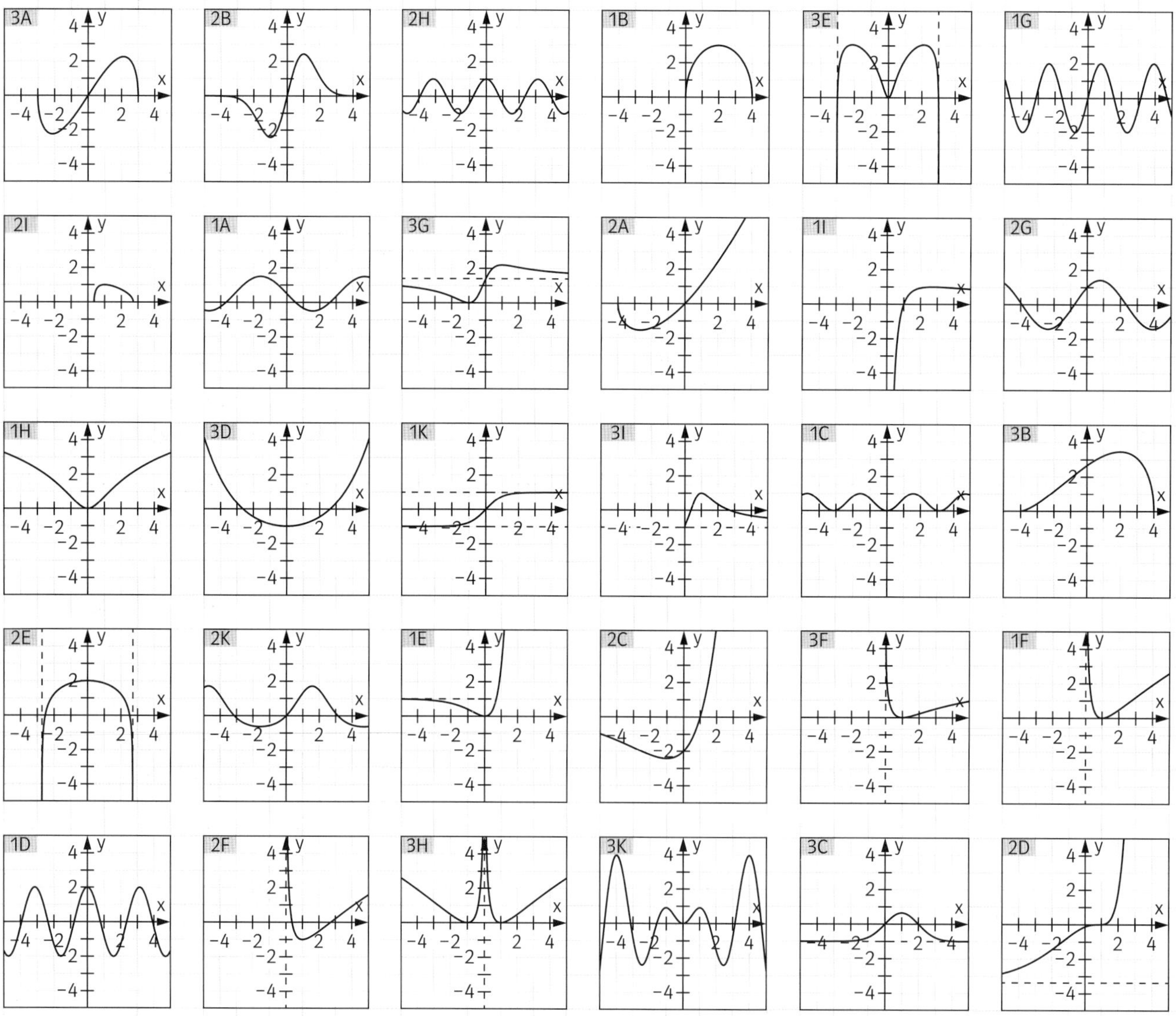

© Als Kopiervorlage für den Unterricht freigegeben. Ernst Klett Verlag GmbH, Stuttgart 2013.

Funktionen sortieren – Spielanleitung und Eigenschaftskärtchen

Spiel für 2 bis 6 Personen (Variante: 2 bis 4 Kleingruppen , d.h. auch mit der ganzen Klasse spielbar)

Spielmaterial:
Kopie des Spielfeldes, vergrößert auf 141%
36 Funktionskarten (Kopiervorlagen kopieren, falten, zusammenkleben und evtl. folieren, zerschneiden), auf deren Rückseite zur Lösungskontrolle der Graph dargestellt ist.
16 Eigenschaftskärtchen
Papier und Stift für Notizen; Uhr mit Sekundenzeiger oder Sanduhr (ca. 3 min)

Spielvorbereitung:
Alle Funktionskarten werden gemischt und an alle Spieler verteilt, sodass alle die gleiche Anzahl Karten erhalten. Jeder Spieler soll höchstens 8 Karten erhalten; gegebenenfalls übrige Karten werden beiseite gelegt. Die Spieler legen ihre Funktionskarten sichtbar vor sich ab.
Die Eigenschaftskärtchen werden gemischt und als verdeckter Stapel abgelegt.

Spielziel:
Die Spieler versuchen, möglichst schnell alle ihre Funktionskarten abzulegen. Dabei müssen bestimmte Eigenschaften der Funktionen berücksichtigt werden.

Spielregel:
Zu Beginn einer Runde werden die obersten drei Eigenschaftskärtchen auf das Spielfeld zur Definition der drei abgebildeten Mengen gelegt.
Die Sanduhr wird umgedreht bzw. die vereinbarte Zeitdauer (z. B. 3 min) gestartet.
Nun prüfen alle Spieler gleichzeitig, ob sie Karten besitzen, welche in die Mengen bzw. Schnittmengen des Spielfeldes passen. Jeder Spieler darf bis zu zwei Karten ablegen.
Nach Ablauf der Zeit prüfen die Spieler gemeinsam anhand der Funktionskartenrückseiten, ob die Karten richtig gelegt wurden. Falsch platzierte Karten müssen zurückgenommen werden.
Dann werden die richtig liegenden Funktionskarten aus dem Spiel genommen.
Die drei Eigenschaftskärtchen werden vom Spielfeld genommen und einzeln zufällig zwischen die Karten des Eigenschaftskärtchenstapels geschoben.
Dann beginnt eine neue Runde.

Spielende:
Das Spiel endet, sobald der erste Spieler keine Funktionskarten mehr besitzt. Dieser Spieler gewinnt.

Eigenschaftskärtchen:

Der Funktionsgraph besitzt genau eine senkrechte Asymptote.	Die Funktion besitzt eine Definitionslücke bei −1.	Der Funktionsgraph besitzt genau eine waagrechte Asymptote.	Für $x \to +\infty$ gehen die Funktionswerte gegen 3.
Der Funktionsgraph ist symmetrisch bezüglich der y-Achse.	Der Funktionsgraph ist punktsymmetrisch bezüglich des Ursprungs.	Die Funktion hat genau zwei Nullstellen.	Die Funktion hat bei 2 eine Nullstelle.
Die Funktion besitzt genau zwei lokale Maxima.	Der Funktionsgraph hat bei $x = 1$ einen Hochpunkt.	Die Funktion besitzt genau ein Minimum.	Der Funktionsgraph hat bei $x = 1$ einen Tiefpunkt.
Der Funktionsgraph hat genau einen Terrassenpunkt.	Die Funktion ist umkehrbar auf $\mathbb{R}$.	Die Funktion ist umkehrbar auf $[1; +\infty[$.	Der Funktionsgraph ist streng monoton steigend auf $]-\infty; -1[$.

© Als Kopiervorlage für den Unterricht freigegeben. Ernst Klett Verlag GmbH, Stuttgart 2013.

Funktionen sortieren – Spielfeld

Spielfeld auf DIN A3 vergrößert (141%) kopieren.

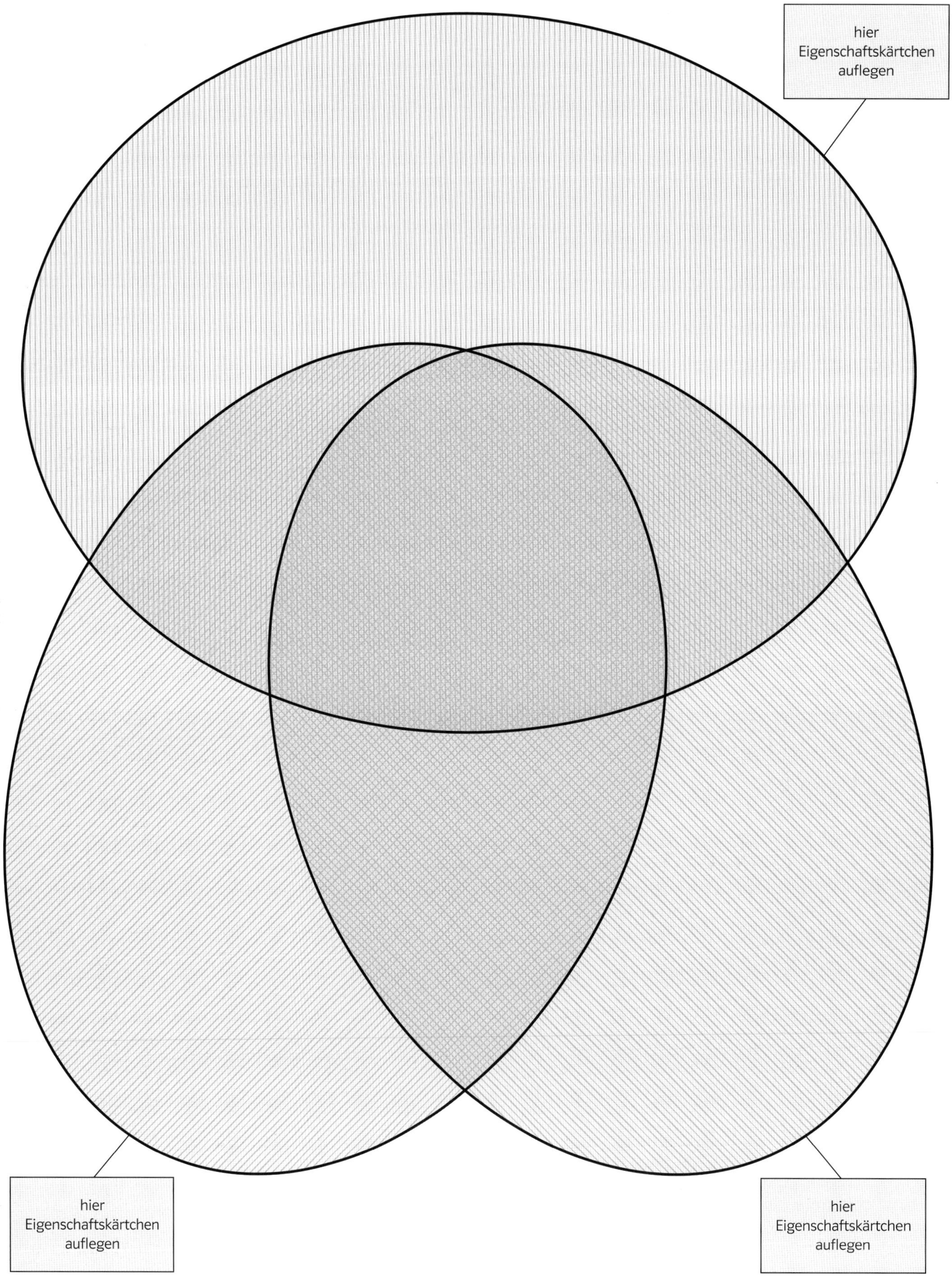

© Als Kopiervorlage für den Unterricht freigegeben. Ernst Klett Verlag GmbH, Stuttgart 2013.

Funktionen sortieren – Funktionenkarten 1

Term: $x^3 - 2$ Ableitung: $3x^2$	Term: $x^5 - 4x^3$ Ableitung: $5x^4 - 12x^2$	Term: $-x^2 \cdot (x-2)^2$ Ableitung: $-4x \cdot (x-1)(x-2)$	Term: $-(x-1)^2 \cdot (x-3)^2 - 1$ Ableitung: $-4(x-1)(x-2)(x-3)$
Term: $(x+1)^3 + 3$ Ableitung: $3(x+1)^2$	Term: $-(x-1)^2 + 3$ Ableitung: $2 - 2x$	Term: $\frac{x^5}{5} - \frac{10}{3}x^3 + 9x$ Ableitung: $(x-3)(x-1)(x+1)(x+3)$	Term: $-\frac{x^4}{4} + x^3 - 4x$ Ableitung: $-(x+1) \cdot (x-2)^2$
Term: $(x-\sqrt{3}) \cdot x \cdot (x+\sqrt{3})$ Ableitung: $3(x-1) \cdot (x+1)$	Term: $\frac{x-2}{x-1}$ Ableitung: $\frac{1}{(x-1)^2}$	Term: $\frac{(x+1)(x+2)}{x+1}$ Ableitung: $\frac{x+1}{x+1}$	Term: $\frac{3(x-1)(x+2)}{(x-2)(x+3)}$ Ableitung: $\frac{-24\left(x+\frac{1}{2}\right)}{(x-2)^2(x+3)^2}$

hier falten und ↓ zusammenkleben

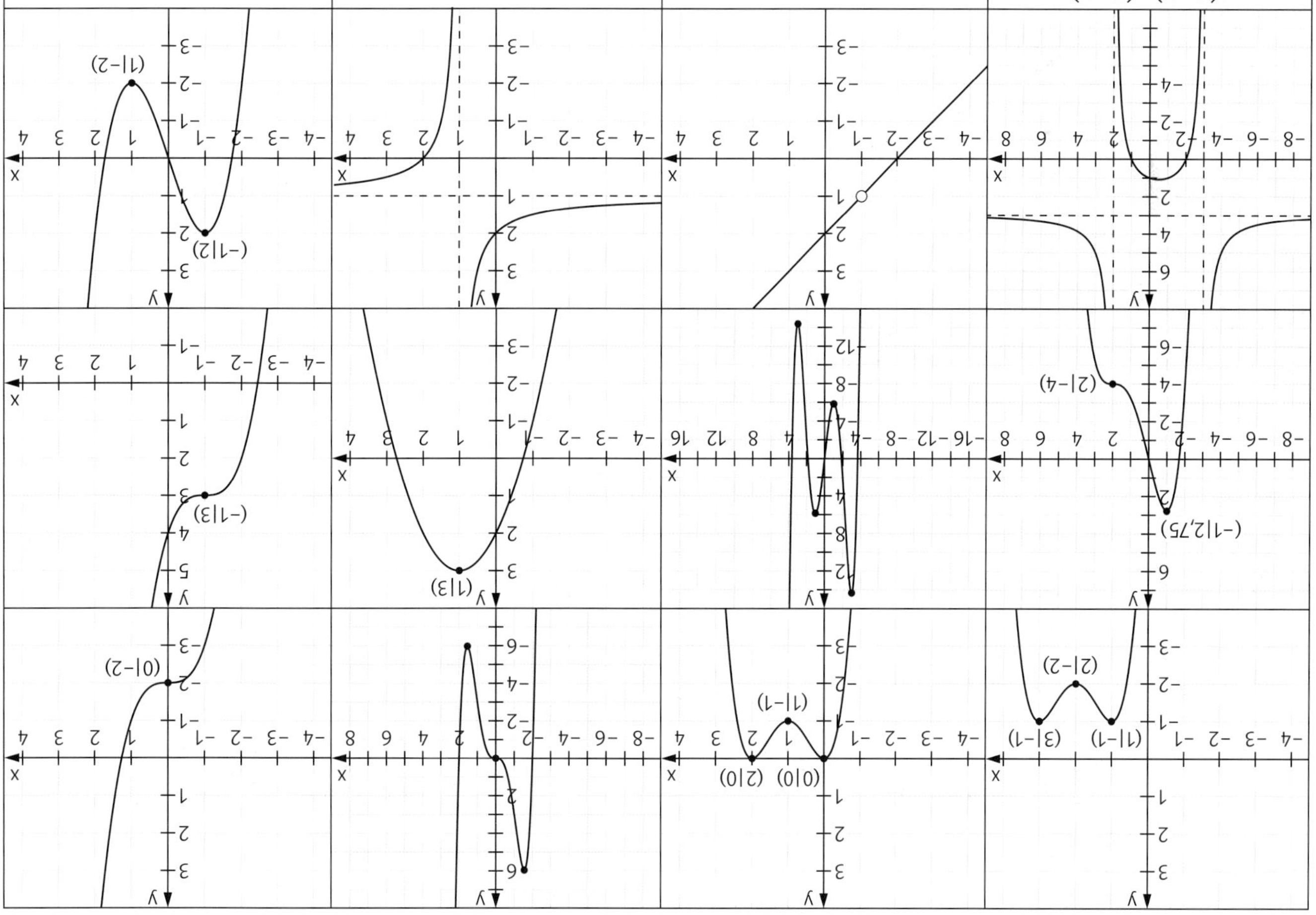

© Als Kopiervorlage für den Unterricht freigegeben. Ernst Klett Verlag GmbH, Stuttgart 2013.

Funktionen sortieren – Funktionenkarten 2

Term: $\frac{12x^2}{(2x-1)(2x+1)}$ Ableitung: $\frac{-24x}{(2x-1)^2(2x+1)^2}$	Term: $\frac{x^3}{x^2+2x+1}$ Ableitung: $\frac{x^2(x+3)}{(x+1)(x^2+2x+1)}$	Term: $\frac{x^5}{\frac{1}{3}(x+2)^5}$ Ableitung: $\frac{30x^4}{(x+2)^6}$	Term: $\frac{-1}{x(x-2)}$ Ableitung: $\frac{2(x-1)}{x^2(x-2)^2}$
Term: $\frac{(x+1)(x-1)^2}{x+1}-1$ Ableitung: $\frac{2(x+1)(x-1)}{(x+1)}$	Term: $\frac{-(x-3)^2(x+3)^2}{(x^2+3)^2}$ Ableitung: $\frac{-48x(x-3)(x+3)}{(x^2+3)^3}$	Term: $\sin\left(x-\frac{\pi}{2}\right)$ Ableitung: $\cos x$	Term: $e^x \cdot \sin(x-2)$ Ableitung: $e^x \cdot [\cos(x-2)+\sin(x-2)]$
Term: $\sin\left(\frac{\pi}{2}x\right)$ Ableitung: $\frac{\pi}{2}\cos\left(\frac{\pi}{2}x\right)$	Term: $0{,}25x^2+\cos x+1$ Ableitung: $\sin x - 0{,}5x$	Term: $\frac{1}{\sin(\pi x)}$ Ableitung: $\frac{-\pi\cos(\pi x)}{(\sin(\pi x))^2}$	Term: $\frac{10\sin x}{x}$ Ableitung: $\frac{10\cdot(x\cdot\cos x-\sin x)}{x^2}$

hier falten und ↓ zusammenkleben

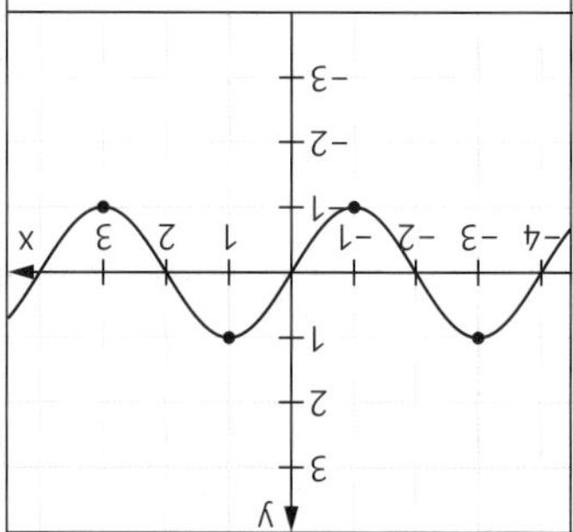
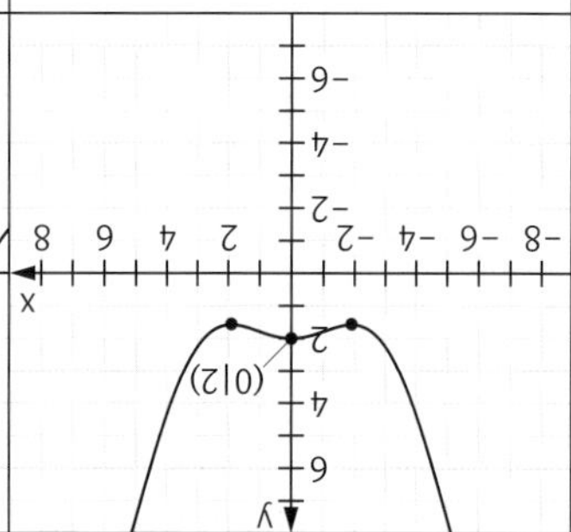
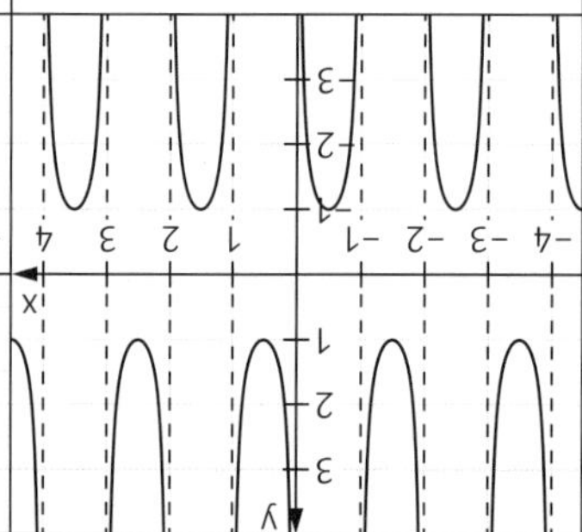
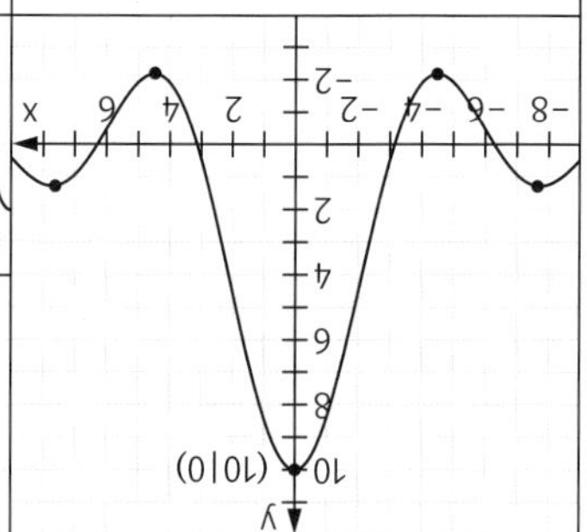
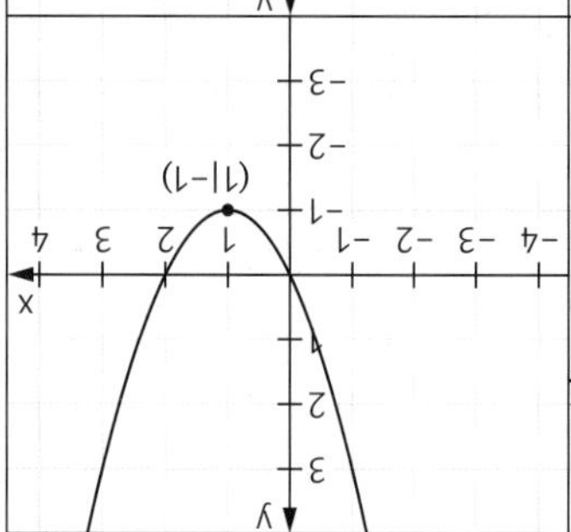
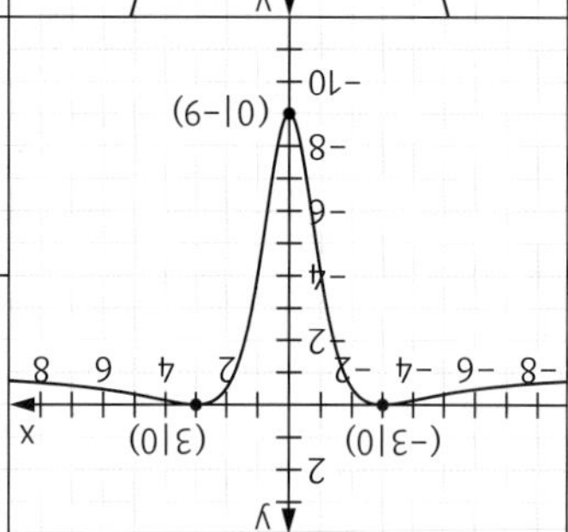
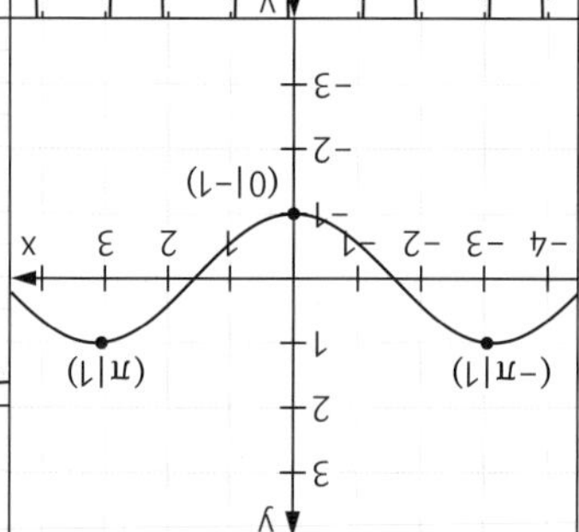
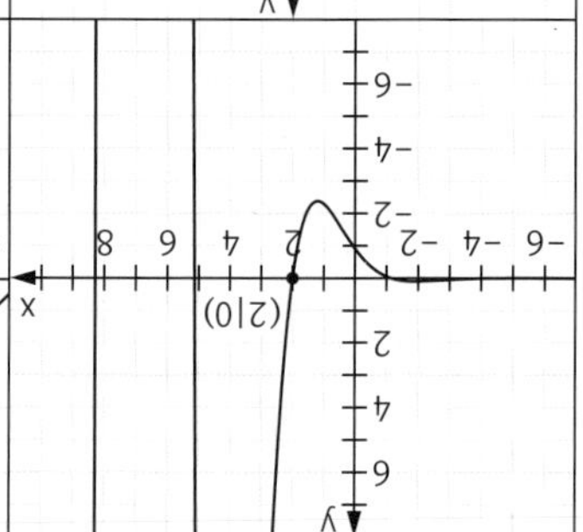
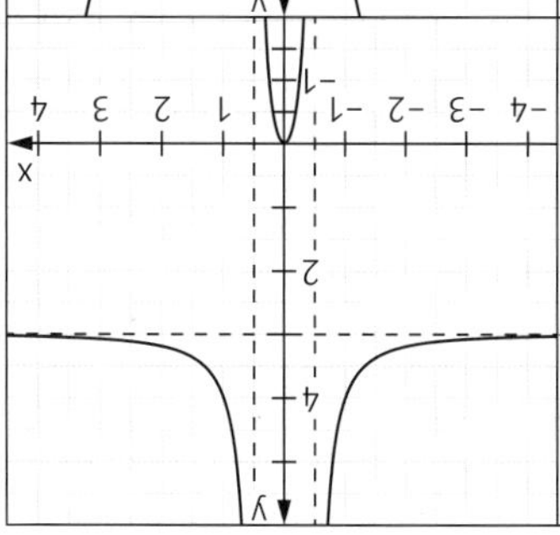
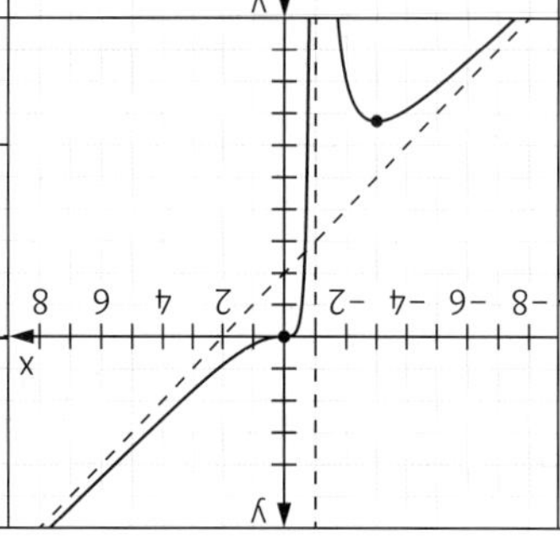
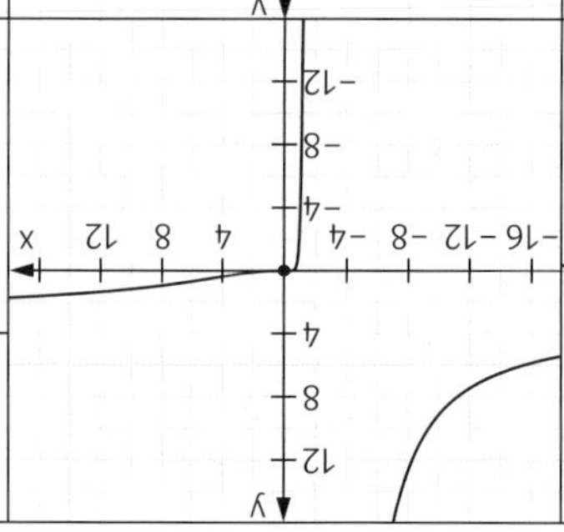
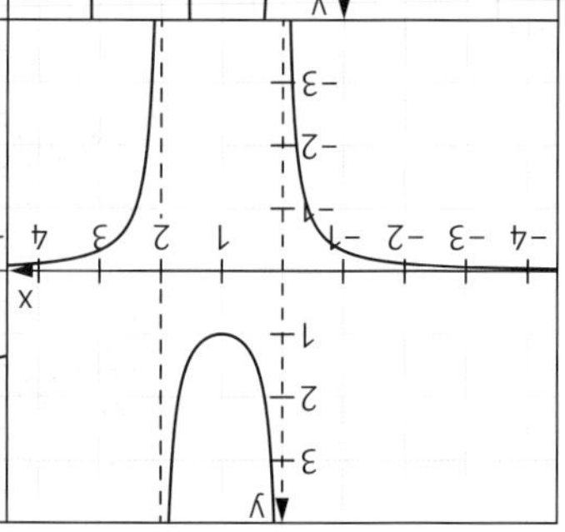

© Als Kopiervorlage für den Unterricht freigegeben. Ernst Klett Verlag GmbH, Stuttgart 2013.

Funktionen sortieren – Funktionenkarten 3

Term: $3\cos(e^{-x})$ Ableitung: $3\cdot e^{-x}\cdot\sin(e^{-x})$	Term: $\cos(\pi x)+3$ Ableitung: $-\pi\cdot\sin(\pi x)$	Term: $x-\frac{1}{2}\sin x$ Ableitung: $1-\frac{1}{2}\cos x$	Term: $-e^{x}+3$ Ableitung: $-e^{x}$
Term: $-\ln(-x)$ Ableitung: $-\frac{1}{x}$	Term: $(\ln(x+1))^2$ Ableitung: $\frac{2\cdot\ln(x+1)}{x+1}$	Term: $\frac{(x-1)^2}{e^x}$ Ableitung: $\frac{-(x-1)(x-3)}{e^x}$	Term: $\ln(x^2)-x^2$ Ableitung: $\frac{2}{x}-2x$
Term: $e^{\cos x}$ Ableitung: $-\sin x\cdot e^{\cos x}$	Term: $e^{(-x^3)}$ Ableitung: $-3x^2\cdot e^{(-x^3)}$	Term: $e^x+\frac{3x+3}{x+1}$ Ableitung: $e^x+\frac{x+1}{x+1}$	Term: $-(\ln x)^2$ Ableitung: $-\frac{2\ln x}{x}$

hier falten und ↓ zusammenkleben

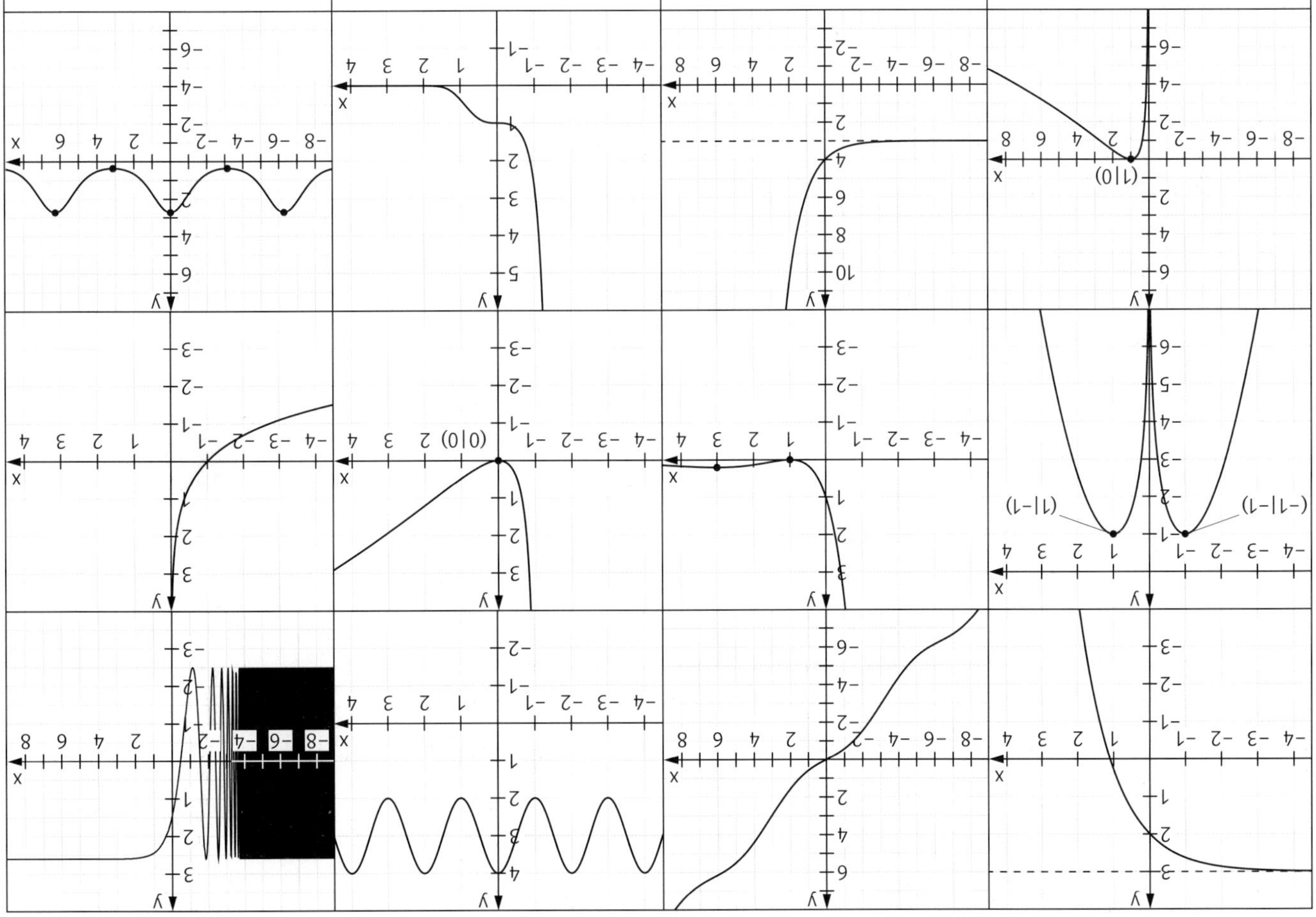

© Als Kopiervorlage für den Unterricht freigegeben. Ernst Klett Verlag GmbH, Stuttgart 2013.

Zusammengesetzte Ereignisse

1. Die Mengendiagramme zeigen die Ereignisse A, B und C. Drücken Sie die zur schraffierten Fläche gehörenden Ereignisse durch A, B und C aus. Manchmal sind mehrere Lösungen sinnvoll.

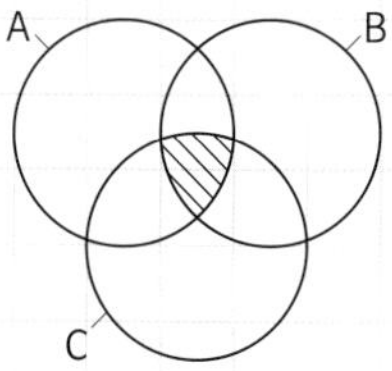

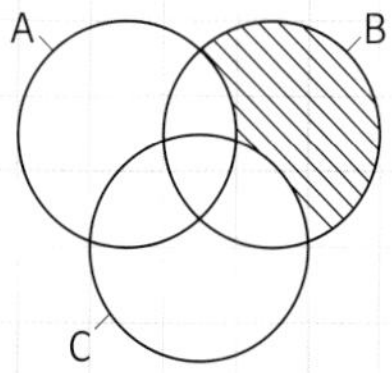

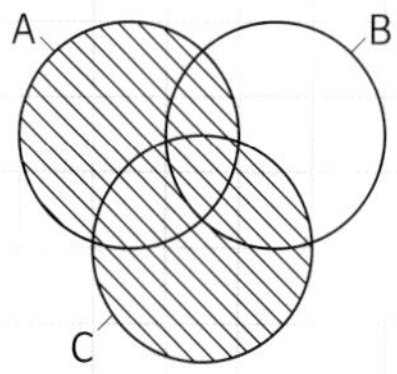

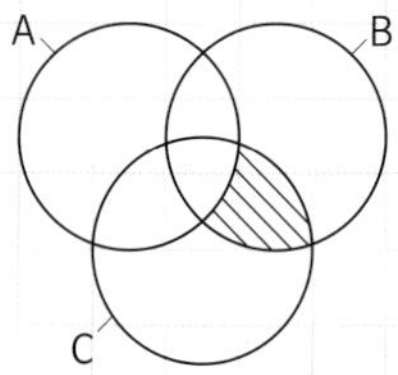

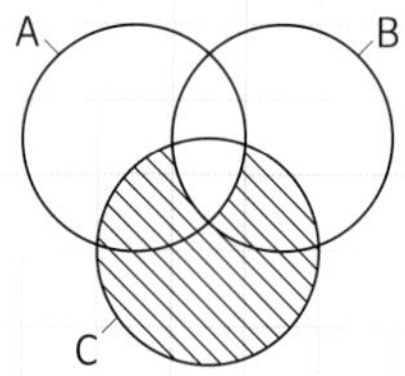

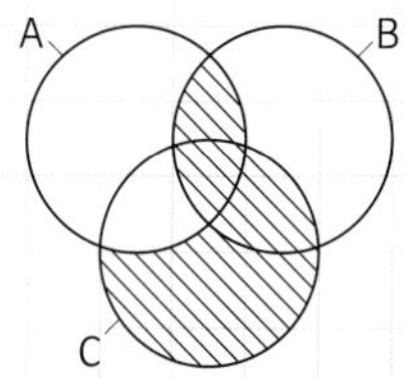

2. Bei einer Qualitätskontrolle werden Hemden am Ende des Produktionsprozesses stichprobenartig darauf untersucht, ob ihre Größe und ihre Kragenweite mit den Angaben auf den eingenähten Etiketten übereinstimmen.
Dabei seien folgende Ereignisse definiert: G: Hemd hat die richtige Größe, K: Hemd hat die richtige Kragenweite.
Ein Hemd wird zufällig ausgewählt und kontrolliert. Drücken Sie folgende Ereignisse durch G und K aus.

a) Das Hemd hat entweder nicht die richtige Größe oder nicht die richtige Kragenweite.
b) Das Hemd ist einwandfrei.
c) Das Hemd hat höchstens einen der beiden möglichen Mängel.
d) Das Hemd hat zwar die richtige Kragenweite, nicht aber die richtige Größe.

3. Eine Urne enthält 9 Kugeln, auf denen jeweils eine der Zahlen 11, 22, 33, 44, 55, 66, 77, 88, 99 aufgedruckt ist.
Es seien folgende Ereignisse definiert:
X: Die Zahl auf der Kugel ist durch 2 teilbar. Y: Die Zahl auf der Kugel ist durch 3 teilbar.
Eine Kugel wird zufällig gezogen. Geben Sie das zusammengesetzte Ereignis in aufzählender Schreibweise an und beschreiben Sie es anschließend mit Worten.

a) $X \cap Y = \{ \quad \}$ Beschreibung:
b) $Y \setminus X = \{ \quad \}$ Beschreibung:
c) $X \cup Y = \{ \quad \}$ Beschreibung:
d) $X \cap \overline{Y} = \{ \quad \}$ Beschreibung:
e) $\overline{X \cup Y} = \{ \quad \}$ Beschreibung:
f) $\overline{X} \cup \overline{Y} = \{ \quad \}$ Beschreibung:
g) $(\overline{X} \cap Y) \cup (X \cap \overline{Y}) = \{ \quad \}$ Beschreibung:

4. Eine Schachtel enthält kleine Zettel, auf denen jeder Großbuchstabe des Alphabets genau einmal aufgedruckt ist.
Es seien folgende Ereignisse definiert: A: Der gezogene Buchstabe kommt im Wort „AUGSBURG“ vor, B: Der gezogene Buchstabe kommt im Wort „REGENSBURG“ vor und C: Der gezogene Buchstabe kommt im Wort „PASSAU“ vor.
Ein Zettel wird zufällig aus der Schachtel gezogen.

a) Geben Sie das Ereignis D „Der gezogene Buchstabe kommt in den Wörtern AUGSBURG und REGENSBURG, nicht aber im Wort PASSAU vor“ in aufzählender Schreibweise an.
$D = \{ \quad \}$

b) $E = \{P\}$ ist ein zum Zufallsexperiment gehörendes Ereignis. Drücken Sie E durch A, B, C aus und beschreiben Sie E in Worten.

© Als Kopiervorlage für den Unterricht freigegeben. Ernst Klett Verlag GmbH, Stuttgart 2013.

Zusammengesetzte Ereignisse

1. Die Mengendiagramme zeigen die Ereignisse A, B und C. Drücken Sie die zur schraffierten Fläche gehörenden Ereignisse durch A, B und C aus. Manchmal sind mehrere Lösungen sinnvoll.

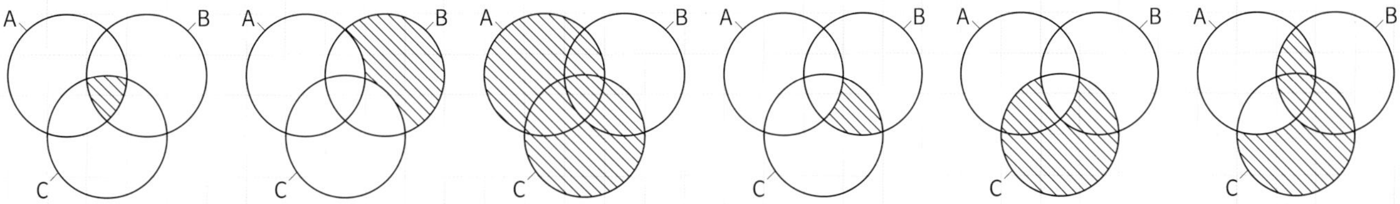

$A \cap B \cap C$	$B \setminus (A \cup C)$ oder $B \cap (\overline{A} \cap \overline{C})$	$(A \setminus B) \cup (C \setminus B)$ oder $(A \cup B \cup C) \setminus B$	$(B \cap C) \setminus A$ oder $(B \cap C) \cap \overline{A}$	$C \setminus (A \cap B \cap C)$ oder $C \cap (\overline{A \cap B \cap C})$	$(C \setminus A) \cup (A \cap B)$

2. Bei einer Qualitätskontrolle werden Hemden am Ende des Produktionsprozesses stichprobenartig darauf untersucht, ob ihre Größe und ihre Kragenweite mit den Angaben auf den eingenähten Etiketten übereinstimmen.
Dabei seien folgende Ereignisse definiert: G: Hemd hat die richtige Größe, K: Hemd hat die richtige Kragenweite.
Ein Hemd wird zufällig ausgewählt und kontrolliert. Drücken Sie folgende Ereignisse durch G und K aus.

a) Das Hemd hat entweder nicht die richtige Größe oder nicht die richtige Kragenweite. $(\overline{G} \cap K) \cup (G \cap \overline{K})$
b) Das Hemd ist einwandfrei. $G \cap K$
c) Das Hemd hat höchstens einen der beiden möglichen Mängel. $\overline{\overline{G} \cap \overline{K}}$ oder $G \cup K$
d) Das Hemd hat zwar die richtige Kragenweite, nicht aber die richtige Größe. $K \cap \overline{G}$ oder $K \setminus G$

3. Eine Urne enthält 9 Kugeln, auf denen jeweils eine der Zahlen 11, 22, 33, 44, 55, 66, 77, 88, 99 aufgedruckt ist.
Es seien folgende Ereignisse definiert:
X: Die Zahl auf der Kugel ist durch 2 teilbar. Y: Die Zahl auf der Kugel ist durch 3 teilbar.
Eine Kugel wird zufällig gezogen. Geben Sie das zusammengesetzte Ereignis in aufzählender Schreibweise an und beschreiben Sie es anschließend mit Worten.

a) $X \cap Y = \{ 66 \}$ Beschreibung: Die Zahl ist durch 2 und durch 3 teilbar.
b) $Y \setminus X = \{ 33, 99 \}$ Beschreibung: Die Zahl ist durch 3, nicht aber durch 2 teilbar.
c) $X \cup Y = \{ 22, 33, 44, 66, 88, 99 \}$ Beschreibung: Die Zahl ist mindestens durch eine der beiden Zahlen 2 und 3 teilbar.
d) $X \cap \overline{Y} = \{ 22, 44, 88 \}$ Beschreibung: Die Zahl ist durch 2, nicht aber durch 3 teilbar.
e) $\overline{X \cup Y} = \{ 11, 55, 77 \}$ Beschreibung: Die Zahl ist weder durch 2 noch durch 3 teilbar.
f) $\overline{X} \cup \overline{Y} = \{ 11, 22, 33, 44, 55, 77, 88, 99 \}$ Beschreibung: Die Zahl ist höchstens durch eine der beiden Zahlen 2 und 3 teilbar.
g) $(\overline{X} \cap Y) \cup (X \cap \overline{Y}) = \{ 22, 33, 44, 88, 99 \}$ Beschreibung: Die Zahl ist genau durch eine der beiden Zahlen 2 und 3 teilbar.

4. Eine Schachtel enthält kleine Zettel, auf denen jeder Großbuchstabe des Alphabets genau einmal aufgedruckt ist.
Es seien folgende Ereignisse definiert: A: Der gezogene Buchstabe kommt im Wort „AUGSBURG" vor, B: Der gezogene Buchstabe kommt im Wort „REGENSBURG" vor und C: Der gezogene Buchstabe kommt im Wort „PASSAU" vor.
Ein Zettel wird zufällig aus der Schachtel gezogen.

a) Geben Sie das Ereignis D „Der gezogene Buchstabe kommt in den Wörtern AUGSBURG und REGENSBURG, nicht aber im Wort PASSAU vor" in aufzählender Schreibweise an.
$D = \{ G, B, R \}$
b) E = {P} ist ein zum Zufallsexperiment gehörendes Ereignis. Drücken Sie E durch A, B, C aus und beschreiben Sie E in Worten.
$E = C \setminus A$ oder $E = C \setminus (A \cup B)$
Der gezogene Buchstabe kommt im Wort PASSAU, nicht aber im Wort AUGSBURG (bzw. nicht in einem der Wörter AUGSBURG und REGENSBURG) vor.

© Als Kopiervorlage für den Unterricht freigegeben. Ernst Klett Verlag GmbH, Stuttgart 2013.

Ereignisreiches Quartett – Teil 1

Gegenereignis zu A; Nicht das Ereignis A	$\overline{A}$	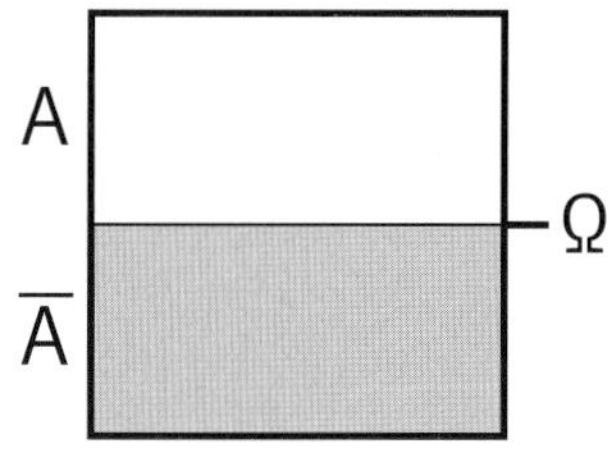	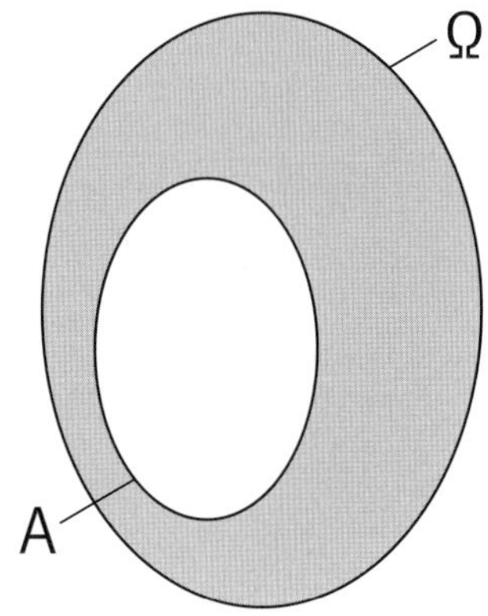
Ereignis A und Ereignis B; Beide Ereignisse; Sowohl A als auch B	$A \cap B$	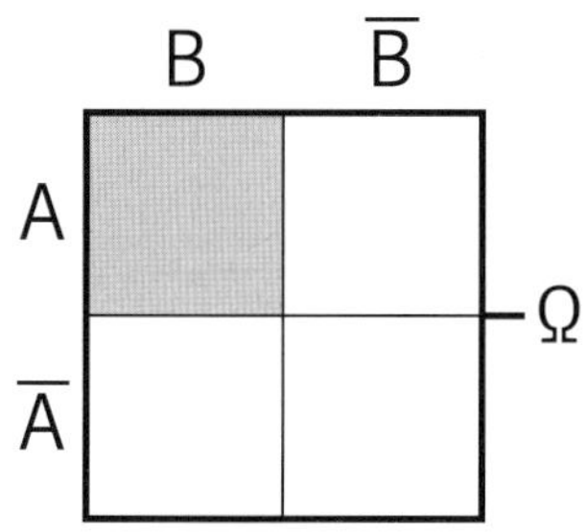	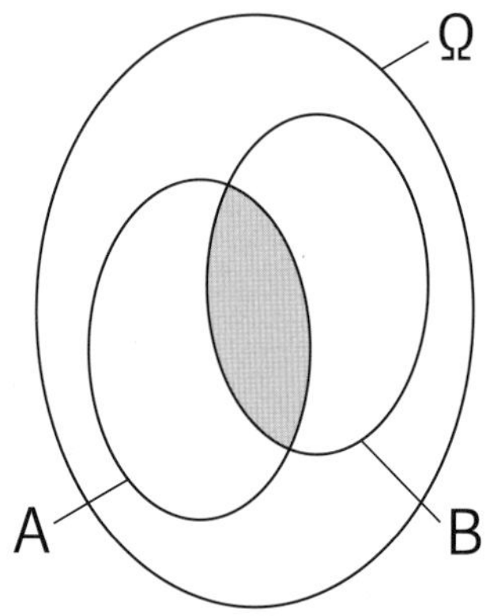
Ereignis A oder Ereignis B; Mindestens eines der beiden Ereignisse	$A \cup B$	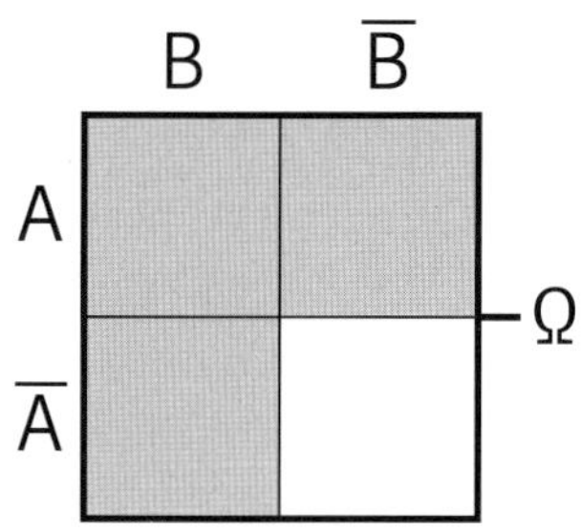	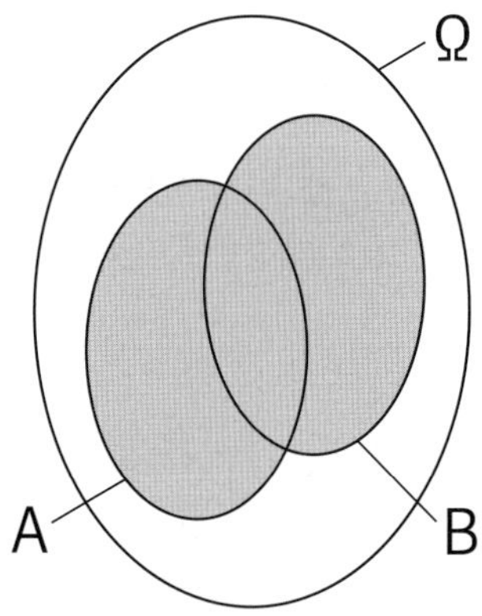
Ereignis A und nicht Ereignis B; Ereignis A ohne Ereignis B	$A \cap \overline{B} = A \setminus B$	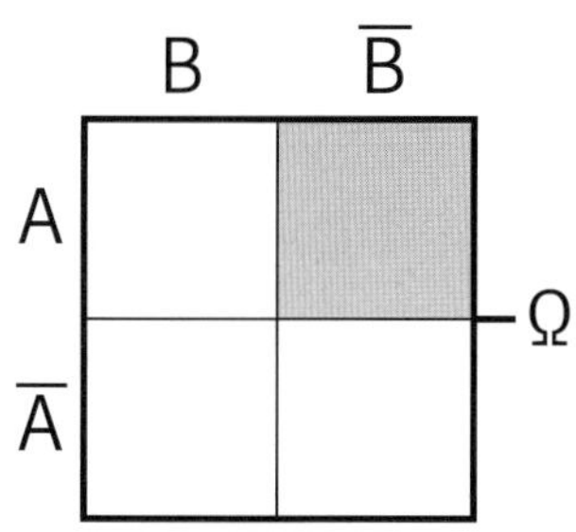	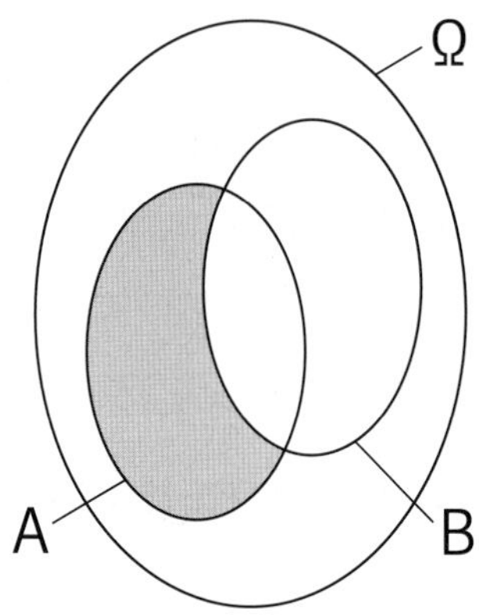

© Als Kopiervorlage für den Unterricht freigegeben. Ernst Klett Verlag GmbH, Stuttgart 2013.

Ereignisreiches Quartett – Teil 2

Weder Ereignis A noch Ereignis B; Keines der beiden Ereignisse	$\overline{A} \cap \overline{B} = \overline{A \cup B}$	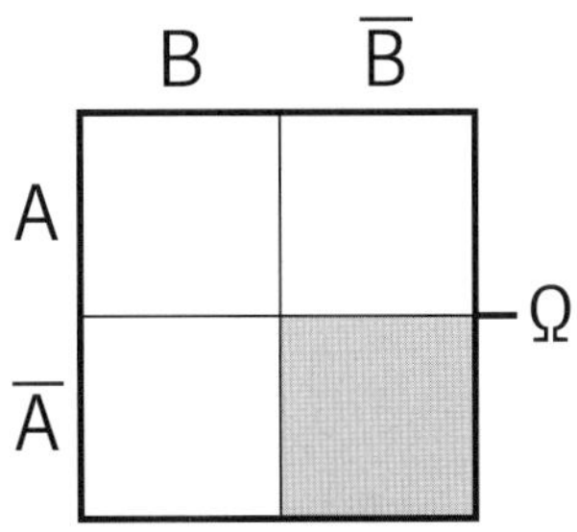	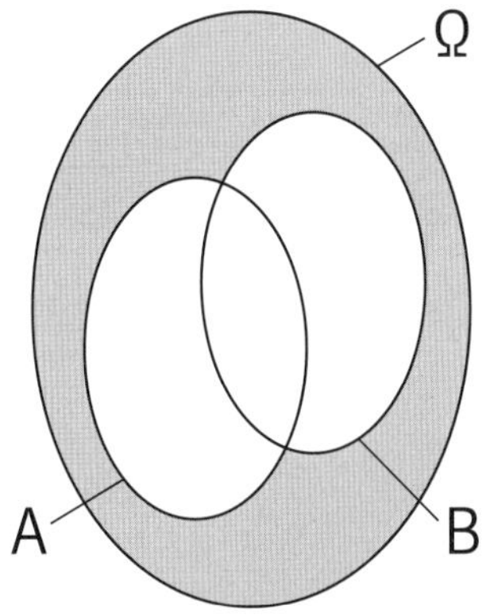
Nicht beide Ereignisse zugleich; Höchstens eines der beiden Ereignisse	$\overline{A \cap B} = \overline{A} \cup \overline{B}$	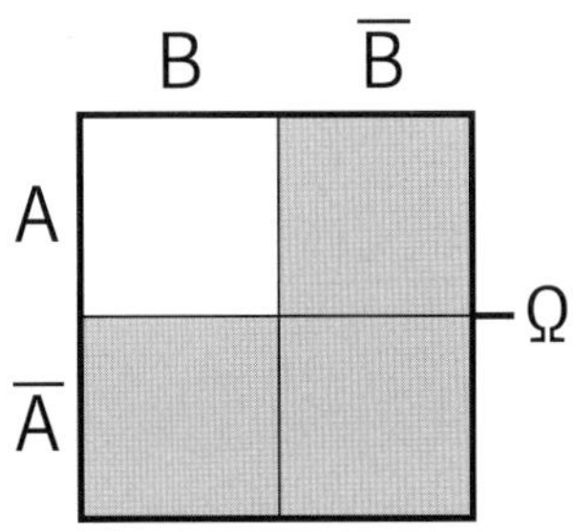	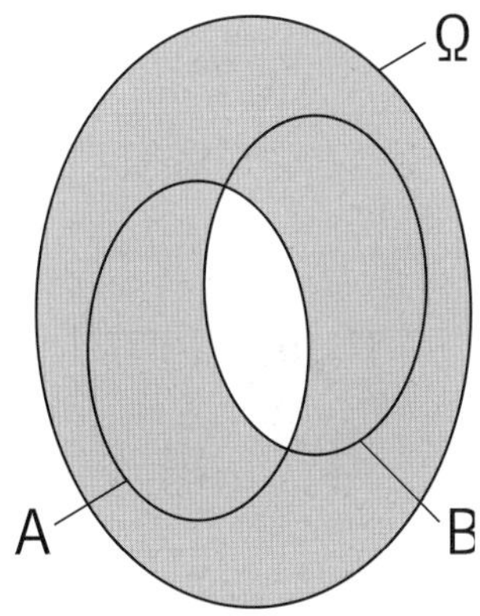
Entweder Ereignis A oder Ereignis B; Genau eines der beiden Ereignisse	$(\overline{A} \cap B) \cup (A \cap \overline{B})$	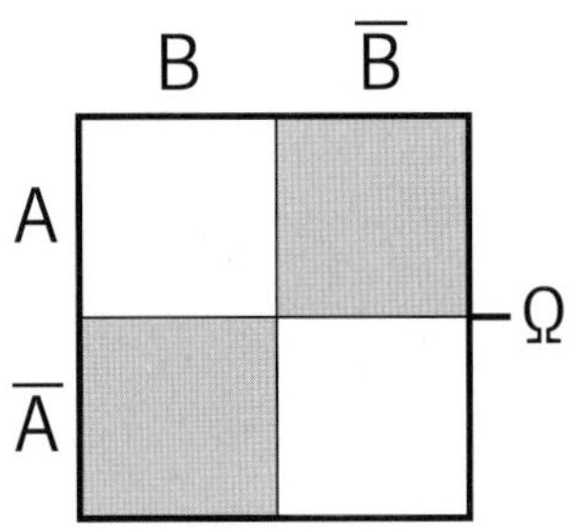	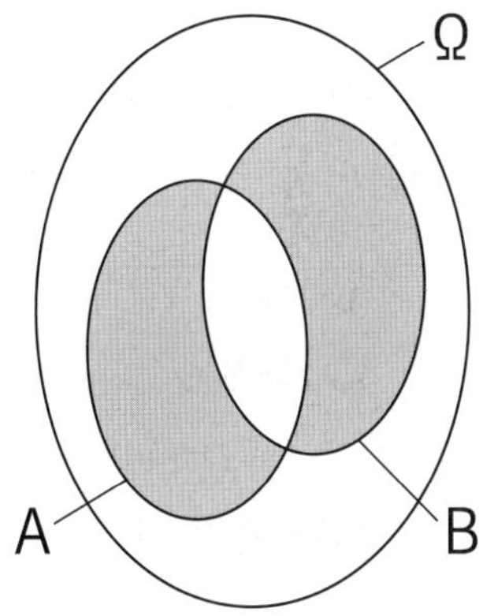
Nicht Ereignis A, aber Ereignis B; Ereignis B ohne Ereignis A	$\overline{A} \cap B = B \setminus A$	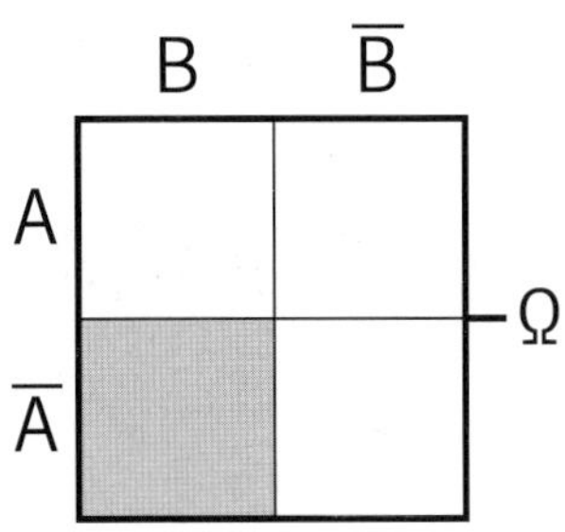	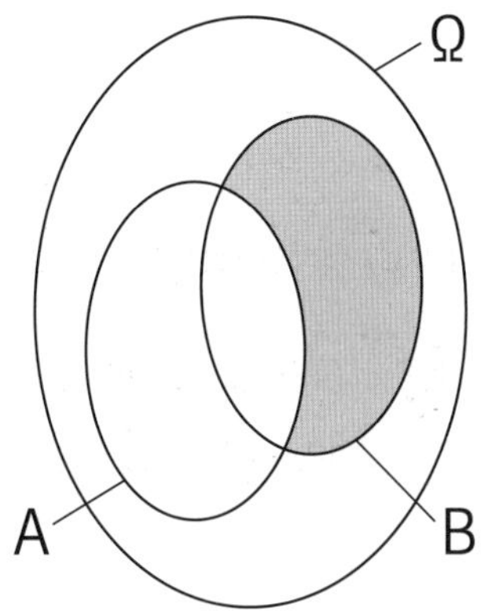

© Als Kopiervorlage für den Unterricht freigegeben. Ernst Klett Verlag GmbH, Stuttgart 2013.

Additionssatz

1. Bei einem Glücksspiel wird ein Würfel zweimal nacheinander geworfen. Die beiden Augenzahlen werden in der Reihenfolge der Würfe notiert. Man verliert genau dann, wenn das aus den beiden Augenzahlen gebildete Produkt durch 4 oder durch 6 teilbar ist, ansonsten gewinnt man. Wie hoch ist die Wahrscheinlichkeit, ein Spiel zu verlieren?
A: Das Produkt der beiden Augenzahlen ist durch 4 teilbar; B: Das Produkt der beiden Augenzahlen ist durch 6 teilbar;

A = {(;), };

B = {(;), };

$A \cap B$ = {(;), }; $|\Omega|$ =

$P(A \cup B) = P(\quad) + P(\quad) - P(\quad) =$

2. Nach gutem Mischen der verdeckten Karten eines Schafkopfspiels (32 Karten) werden nacheinander zwei Karten aufgedeckt. Die beiden Kartenwerte (also z. B. „Schellen-Neun" oder „Eichel-König") werden in der Reihenfolge des Aufdeckens notiert. Wie hoch ist die Wahrscheinlichkeit, dass keine der beiden Karten ein Trumpf (nämlich Ober, Unter oder Herz) ist oder beide Karten einstellige Zahlen (7; 8; 9) zeigen?

3. In einer Mathematikarbeit zur Geometrie können in einer Aufgabe Konstruktionsfehler (K) oder Rechenfehler (R) gemacht werden. Von den 28 Schülern einer Klasse haben 11 Schüler Rechenfehler und 16 Schüler Konstruktionsfehler gemacht. 7 Schüler haben sowohl Rechenfehler als auch Konstruktionsfehler gemacht. Mit welcher Wahrscheinlichkeit hat ein zufälllig ausgewählter Schüler der Klasse in dieser Mathematikarbeit

a) mindestens einen der beiden Fehler gemacht?

b) keinen der beiden Fehler gemacht?

c) höchstens einen der beiden Fehler gemacht?

4. Im Theater „Vorhang" gibt es 10 Sitzreihen mit jeweils 20 Plätzen. Jeder Sitzplatz ist mit einem eindeutigen Code versehen, der aus einem der Buchstaben von A bis J im Alphabet und einer Zahl von 1 bis 20 besteht (z. B. F-14). Dabei steht der Buchstabe für die jeweilige Sitzreihe und die Zahl für die jeweilige Position des Sitzplatzes innerhalb der Sitzreihe. Anlässlich seines 100-jährigen Jubiläums am 5.10.12 verschenkte das Theater an diesem Tag alle Tickets, deren Codes einen Buchstaben des Theaternamens oder eine der drei Zahlen ihres Jubiläumsdatums enthielten.

a) Definieren Sie die Ereignisse A und B aus der nebenstehenden Vierfeldertafel in Worten und vervollständigen Sie anschließend die Tafel.
A:
B:

	A	$\overline{A}$	
B			30
$\overline{B}$			
		140	200

b) Mit welcher Wahrscheinlichkeit ist ein an diesem Tag zufällig ausgewähltes Ticket eines der verschenkten Tickets?

© Als Kopiervorlage für den Unterricht freigegeben. Ernst Klett Verlag GmbH, Stuttgart 2013.

Additionssatz

1. Bei einem Glücksspiel wird ein Würfel zweimal nacheinander geworfen. Die beiden Augenzahlen werden in der Reihenfolge der Würfe notiert. Man verliert genau dann, wenn das aus den beiden Augenzahlen gebildete Produkt durch 4 oder durch 6 teilbar ist, ansonsten gewinnt man. Wie hoch ist die Wahrscheinlichkeit, ein Spiel zu verlieren?

A: Das Produkt der beiden Augenzahlen ist durch 4 teilbar; B: Das Produkt der beiden Augenzahlen ist durch 6 teilbar;

A = {(1 ; 4), (4;1), (2;2), (2;4), (4;2), (2;6), (6;2), (3;4), (4;3), (4;4), (4;5), (5;4), (4;6), (6;4), (6;6) };

B = {(1 ; 6), (6;1), (2;3), (3;2), (2;6), (6;2), (3;4), (4;3), (3;6), (6;3), (4;6), (6;4), (5;6), (6;5), (6;6) };

A ∩ B = {(2 ; 6), (6;2), (3;4), (4;3), (4;6), (6;4), (6;6) }; |Ω| = 6·6 = 36

$P(A \cup B) = P(A) + P(B) - P(A \cap B) = \frac{15}{36} + \frac{15}{36} - \frac{7}{36} = \frac{23}{36}$

Alternative Lösung: A ∪ B = {(1;4), (4;1), (2;2), (1;6), (6;1), (2;3), (3;2), (2;4), (4;2), (2;6), (6;2), (3;4), (4;3), (4;4), (3;6), (6;3), (4;5), (5;4), (4;6), (6;4), (5;6), (6;5), (6;6)}; $P(A \cup B) = \frac{23}{36}$

2. Nach gutem Mischen der verdeckten Karten eines Schafkopfspiels (32 Karten) werden nacheinander zwei Karten aufgedeckt. Die beiden Kartenwerte (also z.B. „Schellen-Neun" oder „Eichel-König") werden in der Reihenfolge des Aufdeckens notiert. Wie hoch ist die Wahrscheinlichkeit, dass keine der beiden Karten ein Trumpf (nämlich Ober, Unter oder Herz) ist oder beide Karten einstellige Zahlen (7; 8; 9) zeigen?

A: Keine der beiden Karten ist ein Trumpf; B: Beide Karten zeigen einstellige Zahlen;

$|\Omega| = 32 \cdot 31$; $|A| = 18 \cdot 17$; $|B| = 12 \cdot 11$; $|A \cap B| = 9 \cdot 8$;

$P(A \cup B) = P(A) + P(B) - P(A \cap B) = \frac{18 \cdot 17}{32 \cdot 31} + \frac{12 \cdot 11}{32 \cdot 31} - \frac{9 \cdot 8}{32 \cdot 31} \approx 0{,}37$

3. In einer Mathematikarbeit zur Geometrie können in einer Aufgabe Konstruktionsfehler (K) oder Rechenfehler (R) gemacht werden. Von den 28 Schülern einer Klasse haben 11 Schüler Rechenfehler und 16 Schüler Konstruktionsfehler gemacht. 7 Schüler haben sowohl Rechenfehler als auch Konstruktionsfehler gemacht. Mit welcher Wahrscheinlichkeit hat ein zufällig ausgewählter Schüler der Klasse in dieser Mathematikarbeit

a) mindestens einen der beiden Fehler gemacht? $P(K \cup R) = P(K) + P(R) - P(K \cap R) = \frac{16}{28} + \frac{11}{28} - \frac{7}{28} \approx 0{,}71$

b) keinen der beiden Fehler gemacht? $P(\overline{K} \cap \overline{R}) = P(\overline{K \cup R}) = 1 - P(K \cup R) \approx 0{,}29$

c) höchstens einen der beiden Fehler gemacht? $P(\overline{K \cap R}) = 1 - P(K \cap R) = 1 - \frac{7}{28} = 0{,}75$

4. Im Theater „Vorhang" gibt es 10 Sitzreihen mit jeweils 20 Plätzen. Jeder Sitzplatz ist mit einem eindeutigen Code versehen, der aus einem der Buchstaben von A bis J im Alphabet und einer Zahl von 1 bis 20 besteht (z.B. F-14). Dabei steht der Buchstabe für die jeweilige Sitzreihe und die Zahl für die jeweilige Position des Sitzplatzes innerhalb der Sitzreihe. Anlässlich seines 100-jährigen Jubiläums am 5.10.12 verschenkte das Theater an diesem Tag alle Tickets, deren Codes einen Buchstaben des Theaternamens oder eine der drei Zahlen ihres Jubiläumsdatums enthielten.

a) Definieren Sie die Ereignisse A und B aus der nebenstehenden Vierfeldertafel in Worten und vervollständigen Sie anschließend die Tafel.

A: Ticketcode enthält einen Buchstaben des Theaternamens

B: Ticketcode enthält eine der drei Zahlen des Jubiläumsdatums

	A	$\overline{A}$	
B	9	21	30
$\overline{B}$	51	119	170
	60	140	200

b) Mit welcher Wahrscheinlichkeit ist ein an diesem Tag zufällig ausgewähltes Ticket eines der verschenkten Tickets?

$|\Omega| = 200$; $|A| = 60$; $|B| = 30$; $|A \cap B| = 9$;

$P(A \cup B) = P(A) + P(B) - P(A \cap B) = \frac{60}{200} + \frac{30}{200} - \frac{9}{200} = 0{,}405 = 40{,}5\,\%$

© Als Kopiervorlage für den Unterricht freigegeben. Ernst Klett Verlag GmbH, Stuttgart 2013.

Unabhängigkeit von Ereignissen

1. Eine Laplace-Münze (Z = Zahl; W = Wappen) wird dreimal geworfen. Die Ergebnisse werden in der Reihenfolge ihres Auftretens notiert, also z. B. (W; Z; Z) oder (Z; W; Z).

a) Geben Sie Ω und die angegebenen Ereignisse in aufzählender Schreibweise an.

Ω = {(; ;), (… }

A: Es fällt höchstens einmal Wappen; B: Im ersten Wurf fällt Zahl; C: Im dritten Wurf fällt Wappen.

A = {(; ;), (… }; B = {(; ;), (… };

C = {(; ;), (… };

A ∩ B = { … }; A ∩ C = { … }; B ∩ C = { … }.

b) Welche zwei der Ereignisse A, B und C sind voneinander unabhängig?

P(A) = … ; P(B) = … ; P(C) = … ; P(A ∩ B) = … ; P(A ∩ C) = … ; P(B ∩ C) = …

P(A) · P(B) = … ; P(A) · P(C) = … ; P(B) · P(C) = … ;

Damit gilt: Voneinander unabhängig sind die Ereignisse … .

2. a) Für eine zufällig ausgewählte Familie mit zwei Kindern betrachtet man die Ereignisse A: „Die Familie hat höchstens einen Knaben" und B: „Die Familie hat Kinder beiden Geschlechts". Zeigen Sie unter der Voraussetzung der Gleichwahrscheinlichkeit von Knabengeburten (K) und Mädchengeburten (M), dass die beiden Ereignisse A und B voneinander abhängig sind.

b) Zeigen Sie, dass die Ereignisse A und B unabhängig voneinander sind, wenn man Familien mit drei Kindern betrachtet.

3. a) Von den unabhängigen Ereignissen A und B sind zwei Einträge im Baumdiagramm bekannt. Vervollständigen Sie zuerst das Baumdiagramm. Tragen Sie anschließend alle fehlenden Einträge in die Vierfeldertafel ein.

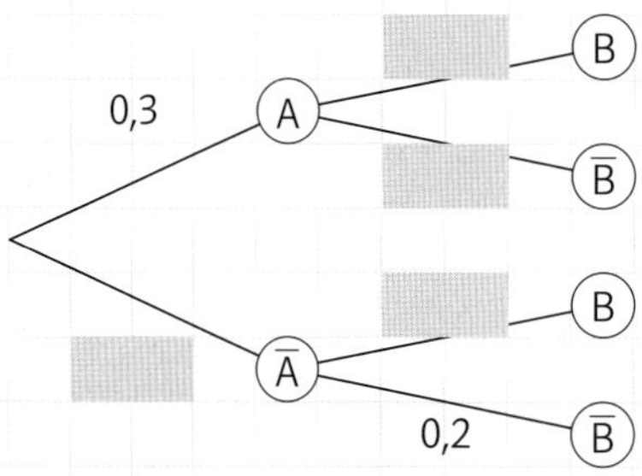

	B	$\overline{B}$	
A			
$\overline{A}$			
			1

b) Von den unabhängigen Ereignissen P und H sind zwei innere Einträge der Vierfeldertafel bekannt. Vervollständigen Sie zuerst die Vierfeldertafel. Tragen Sie anschließend alle fehlenden Einträge in das Baumdiagramm ein.

	H	$\overline{H}$	
P	$\frac{9}{20}$	$\frac{3}{10}$	
$\overline{P}$			
			1

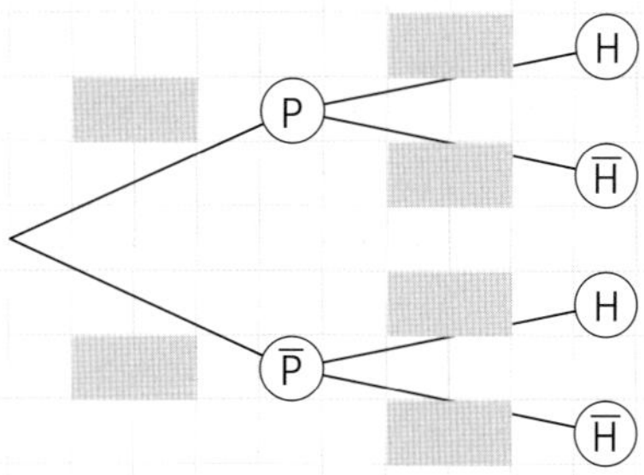

4. Ein Unternehmen hat insgesamt 1680 Mitarbeiter, darunter 760 Frauen und 920 Männer. Die Tabelle zeigt, wie viele Frauen bzw. Männer jeweils eine Sehhilfe (Brille oder Kontaktlinsen) tragen. Ein Mitarbeiter wird zufällig ausgewählt. Untersuchen Sie, ob die Wahrscheinlichkeit, dass dieser Mitarbeiter eine Sehhilfe trägt, vom Geschlecht abhängig ist.

	Sehhilfe (S)	Keine Sehhilfe ($\overline{S}$)
Frauen (F)	266	494
Männer ($\overline{F}$)	322	598

5. Es ist bekannt, dass $P(A) = 0{,}3$; $P(\overline{B}) = 0{,}8$ und $P(\overline{A} \cap B) = 0{,}15$. Sind die Ereignisse A und B voneinander unabhängig?

© Als Kopiervorlage für den Unterricht freigegeben. Ernst Klett Verlag GmbH, Stuttgart 2013.

Unabhängigkeit von Ereignissen

1. Eine Laplace-Münze (Z = Zahl; W = Wappen) wird dreimal geworfen. Die Ergebnisse werden in der Reihenfolge ihres Auftretens notiert, also z.B. (W; Z; Z) oder (Z; W; Z).

a) Geben Sie Ω und die angegebenen Ereignisse in aufzählender Schreibweise an.

Ω = {(Z ; Z ; Z), (Z; Z; W), (Z; W; Z), (W; Z; Z), (Z; W; W), (W; Z; W), (W; W; Z), (W; W; W) }

A: Es fällt höchstens einmal Wappen;   B: Im ersten Wurf fällt Zahl;   C: Im dritten Wurf fällt Wappen.

A = {(Z ; Z ; Z), (Z; Z; W), (Z; W; Z), (W; Z; Z) };   B = {(Z ; Z ; Z), (Z; Z; W), (Z; W; Z), (Z; W; W) };

C = {(Z ; Z ; W), (Z; W; W), (W; Z; W), (W; W; W) };

A ∩ B = { (Z; Z; Z), (Z; Z; W), (Z; W; Z) };   A ∩ C = { (Z; Z; W) };   B ∩ C = { (Z; Z; W), (Z; W; W) }.

b) Welche zwei der Ereignisse A, B und C sind voneinander unabhängig?

$P(A) = \frac{4}{8}$; $P(B) = \frac{4}{8}$; $P(C) = \frac{4}{8}$; $P(A \cap B) = \frac{3}{8}$; $P(A \cap C) = \frac{1}{8}$; $P(B \cap C) = \frac{2}{8} = \frac{1}{4}$

$P(A) \cdot P(B) = \frac{1}{4}$; $P(A) \cdot P(C) = \frac{1}{4}$; $P(B) \cdot P(C) = \frac{1}{4}$;

Damit gilt: Voneinander unabhängig sind die Ereignisse B und C.

2. a) Für eine zufällig ausgewählte Familie mit zwei Kindern betrachtet man die Ereignisse A: „Die Familie hat höchstens einen Knaben" und B: „Die Familie hat Kinder beiden Geschlechts". Zeigen Sie unter der Voraussetzung der Gleichwahrscheinlichkeit von Knabengeburten (K) und Mädchengeburten (M), dass die beiden Ereignisse A und B voneinander abhängig sind.

Ω = {(K; K), (K; M), (M; K), (M; M)};   A = {(K; M), (M; K), (M; M)};   B = {(K; M), (M; K)};   A ∩ B = {(K; M), (M; K)};

$P(A) = \frac{3}{4}$; $P(B) = \frac{2}{4}$; $P(A) \cdot P(B) = \frac{3}{8}$; $P(A \cap B) = \frac{2}{4} \neq P(A) \cdot P(B)$

b) Zeigen Sie, dass die Ereignisse A und B unabhängig voneinander sind, wenn man Familien mit drei Kindern betrachtet.

Ω = {(K; K; K), (K; K; M), (K; M; K), (M; K; K), (K; M; M), (M; K; M), (M; M; K), (M; M; M)};

A = {(K; M; M), (M; K; M), (M; M; K), (M; M; M)};   B = {(K; K; M), (K; M; K), (M; K; K), (K; M; M), (M; K; M), (M; M; K)};

A ∩ B = {(K; M; M), (M; K; M), (M; M; K)}; $P(A) = \frac{4}{8}$; $P(B) = \frac{6}{8}$; $P(A) \cdot P(B) = \frac{4}{8} \cdot \frac{6}{8} = \frac{3}{8}$; $P(A \cap B) = \frac{3}{8} = P(A) \cdot P(B)$

3. a) Von den unabhängigen Ereignissen A und B sind zwei Einträge im Baumdiagramm bekannt. Vervollständigen Sie zuerst das Baumdiagramm. Tragen Sie anschließend alle fehlenden Einträge in die Vierfeldertafel ein.

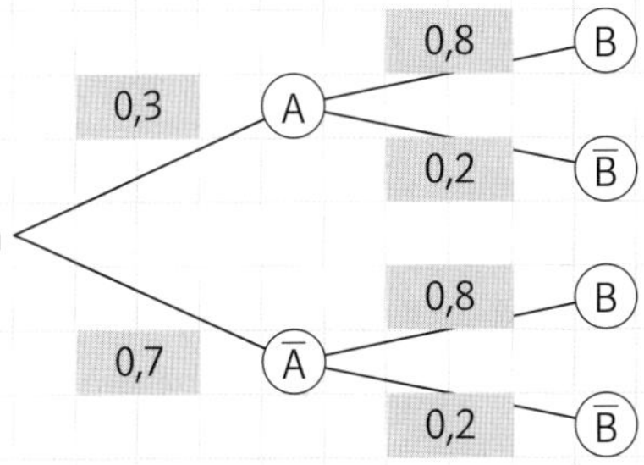

	B	B̄	
A	0,24	0,06	0,3
Ā	0,56	0,14	0,7
	0,8	0,2	1

b) Von den unabhängigen Ereignissen P und H sind zwei innere Einträge der Vierfeldertafel bekannt. Vervollständigen Sie zuerst die Vierfeldertafel. Tragen Sie anschließend alle fehlenden Einträge in das Baumdiagramm ein.

	H	H̄	
P	$\frac{9}{20}$	$\frac{3}{10}$	$\frac{3}{4}$
P̄	$\frac{3}{20}$	$\frac{1}{10}$	$\frac{1}{4}$
	$\frac{3}{5}$	$\frac{2}{5}$	1

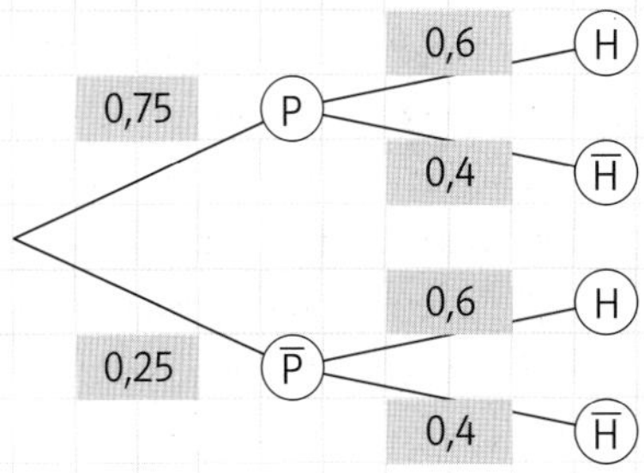

4. Ein Unternehmen hat insgesamt 1680 Mitarbeiter, darunter 760 Frauen und 920 Männer. Die Tabelle zeigt, wie viele Frauen bzw. Männer jeweils eine Sehhilfe (Brille oder Kontaktlinsen) tragen. Ein Mitarbeiter wird zufällig ausgewählt. Untersuchen Sie, ob die Wahrscheinlichkeit, dass dieser Mitarbeiter eine Sehhilfe trägt, vom Geschlecht abhängig ist.

	Sehhilfe (S)	Keine Sehhilfe (S̄)
Frauen (F)	266	494
Männer (F̄)	322	598

Es genügt, ein Ereignispaar, also z.B. S und F, auf stochastische Unabhängigkeit zu untersuchen: |Ω| = 1680; |F| = 760; |S| = 588; |S ∩ F| = 266

$P(S) = \frac{588}{1680} = \frac{7}{20}$; $P(F) = \frac{760}{1680} = \frac{19}{42}$; $P(S \cap F) = \frac{266}{1680} = \frac{19}{120}$; $P(S) \cdot P(F) = \frac{19}{120}$

Hieraus folgt, dass das Tragen einer Sehhilfe nicht vom Geschlecht abhängt.

5. Es ist bekannt, dass $P(A) = 0{,}3$; $P(\overline{B}) = 0{,}8$ und $P(\overline{A} \cap B) = 0{,}15$. Sind die Ereignisse A und B voneinander unabhängig?

$P(\overline{A}) = 1 - P(A) = 0{,}7$; $P(B) = 1 - P(\overline{B}) = 0{,}2$; $P(\overline{A}) \cdot P(B) = 0{,}7 \cdot 0{,}2 = 0{,}14 \neq P(\overline{A} \cap B)$;   A und B sind voneinander abhängig.

© Als Kopiervorlage für den Unterricht freigegeben. Ernst Klett Verlag GmbH, Stuttgart 2013.

Unabhängigkeit gewinnt – Spielanleitung

Spiel für 2 bis 6 Personen

Spielmaterial: 32 Wahrscheinlichkeitskarten, 20 Situationskarten, 1 Rechenbogen, Stift

Spielvorbereitung: Die Wahrscheinlichkeitskarten werden gemischt und an die Spieler verteilt:
Bei 2 Spielern erhält jeder Spieler 8 Karten,
bei 3 Spielern erhält jeder Spieler 7 Karten,
bei 4 Spielern erhält jeder Spieler 6 Karten,
bei 5 Spielern erhält jeder Spieler 5 Karten,
bei 6 Spielern erhält jeder Spieler 4 Karten.
Die Karten können auf der Hand gehalten oder offen vor jedem Spieler aufgelegt werden.
Die übrigen Wahrscheinlichkeitskarten werden als verdeckter Stapel abgelegt.
Die Situationskarten werden gemischt und ebenfalls als verdeckter Stapel abgelegt.

Spielziel: Jeder Spieler versucht, möglichst viele Situationskarten für sich zu gewinnen. Dazu muss eine der eigenen Wahrscheinlichkeitskarten so ausgespielt werden, dass die auf der Situationskarte beschriebene Situation zwei unabhängige Ereignisse zeigt.

Spielanleitung: Die oberste Situationskarte wird aufgedeckt. In dem abgebildeten Diagramm (Vierfeldertafel oder Baumdiagramm) sind nur wenige Wahrscheinlichkeiten eingetragen. Ein beliebiges der leeren Felder soll nun so mit einer Wahrscheinlichkeit belegt werden, dass die Ereignisse A und B voneinander unabhängig sind.
Alle Spieler prüfen gleichzeitig, ob sie eine entsprechend passende Wahrscheinlichkeitskarte besitzen.
Wer zuerst eine passende Karte ausspielt, darf die Situationskarte zu sich nehmen und vor sich ablegen.
Alle Spieler prüfen gemeinsam durch Übertragen der Situation auf den Rechenbogen und Berechnung noch fehlender Werte, ob die Wahrscheinlichkeitskarte vom Spieler korrekt ausgespielt wurde und die Ereignisse A und B nun unabhängig voneinander sind.
In diesem Fall darf die Situationskarte behalten werden.
Wurde die Wahrscheinlichkeitskarte jedoch irrtümlich ausgespielt, muss der Spieler die Situationskarte zurück unter den Situationskartenstapel legen und beim Betrachten der nächsten Situationskarte aussetzen.
Für die ausgespielte Wahrscheinlichkeitskarte, die verdeckt unter den Wahrscheinlichkeitskartenstapel geschoben wird, darf eine neue vom Stapel nachgezogen werden. Dann wird die nächste Situationskarte aufgedeckt.
Kann kein Spieler (innerhalb angemessener Zeit) eine geeignete Wahrscheinlichkeitskarte ausspielen, wird die Situationskarte verdeckt unter den Situationskartenstapel geschoben und ebenfalls eine neue aufgedeckt.

Spielende: Das Spiel endet, wenn nur noch eine Situationskarte in der Mitte liegt. Es gewinnt derjenige Spieler, der die meisten Situationskarten sammeln konnte.

… und wenn noch Zeit ist, kann man über den programmatischen Titel nachdenken.

© Als Kopiervorlage für den Unterricht freigegeben. Ernst Klett Verlag GmbH, Stuttgart 2013.

Unabhängigkeit gewinnt – Situationskarten

Situationskarten gegebenenfalls zur besseren Lesbarkeit auf DIN A3 vergrößert (141%) kopieren.

	A	$\bar{A}$	
B			64 %
$\bar{B}$			
	25 %		100 %

	A	$\bar{A}$	
B			90 %
$\bar{B}$			
		20 %	100 %

	A	$\bar{A}$	
B			75 %
$\bar{B}$			
		28 %	100 %

	A	$\bar{A}$	
B			
$\bar{B}$		63 %	84 %
			100 %

	A	$\bar{A}$	
B		19 %	
$\bar{B}$	31 %		62 %
			100 %

	A	$\bar{A}$	
B			
$\bar{B}$		23 %	
		92 %	100 %

	A	$\bar{A}$	
B			80 %
$\bar{B}$			
	15 %		100 %

	A	$\bar{A}$	
B			40 %
$\bar{B}$			
	30 %	70 %	100 %

	A	$\bar{A}$	
B	13 %		65 %
$\bar{B}$			
			100 %

	A	$\bar{A}$	
B		19 %	
$\bar{B}$			
		76 %	100 %

	A	$\bar{A}$	
B	57 %		95 %
$\bar{B}$			
			100 %

	A	$\bar{A}$	
B			35 %
$\bar{B}$	26 %		65 %
			100 %

	A	$\bar{A}$	
B	33 %		
$\bar{B}$	22 %		
			100 %

	A	$\bar{A}$	
B		11 %	20 %
$\bar{B}$			80 %
			100 %

	A	$\bar{A}$	
B		43 %	
$\bar{B}$			
		86 %	100 %

	A	$\bar{A}$	
B			32 %
$\bar{B}$	51 %		
			100 %

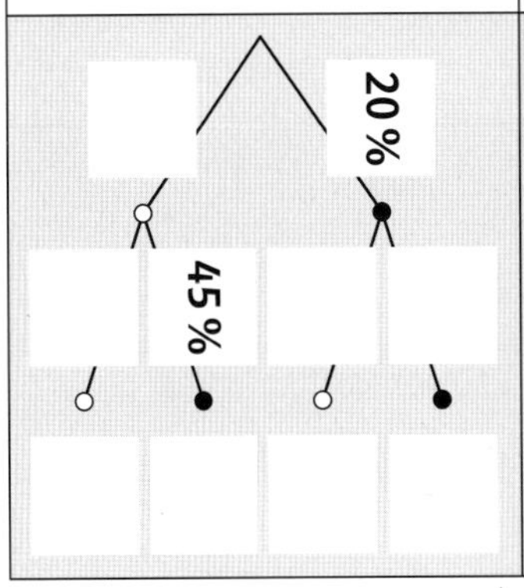

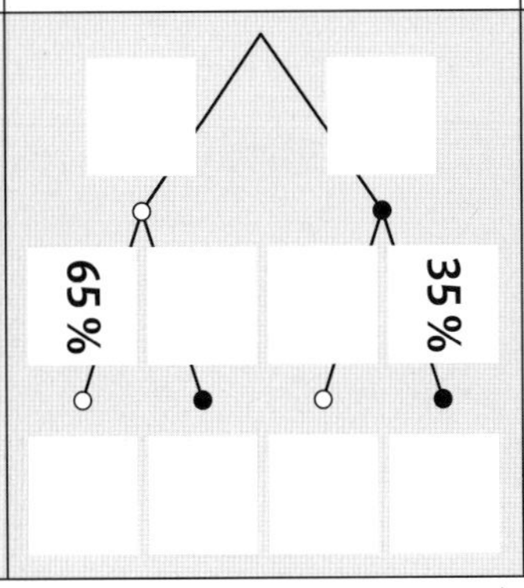

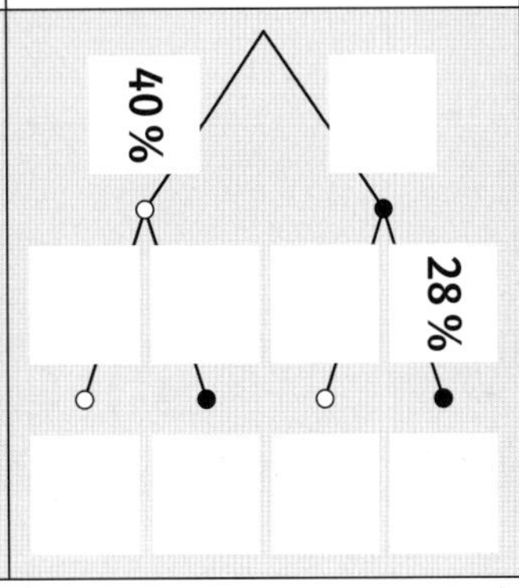

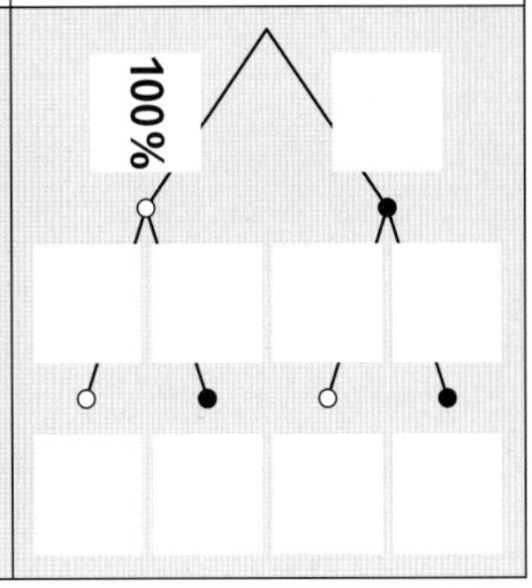

© Als Kopiervorlage für den Unterricht freigegeben. Ernst Klett Verlag GmbH, Stuttgart 2013.

Unabhängigkeit gewinnt – Rechenbogen

Die folgenden Diagramme dienen zur Kontrolle der ausgespielten Wahrscheinlichkeitskarte. Es sind die Werte der betrachteten Situationskarte zu übertragen, die Wahrscheinlichkeit der ausgespielten Wahrscheinlichkeitskarte in das gewünschte Feld zu schreiben und dann alle fehlenden Einträge zu berechnen. Alle Mitspieler prüfen gemeinsam die Berechnung.

	A	$\bar{A}$	
B			
$\bar{B}$			

	A	$\bar{A}$	
B			
$\bar{B}$			

	A	$\bar{A}$	
B			
$\bar{B}$			

	A	$\bar{A}$	
B			
$\bar{B}$			

	A	$\bar{A}$	
B			
$\bar{B}$			

	A	$\bar{A}$	
B			
$\bar{B}$			

	A	$\bar{A}$	
B			
$\bar{B}$			

	A	$\bar{A}$	
B			
$\bar{B}$			

	A	$\bar{A}$	
B			
$\bar{B}$			

	A	$\bar{A}$	
B			
$\bar{B}$			

	A	$\bar{A}$	
B			
$\bar{B}$			

	A	$\bar{A}$	
B			
$\bar{B}$			

	A	$\bar{A}$	
B			
$\bar{B}$			

	A	$\bar{A}$	
B			
$\bar{B}$			

	A	$\bar{A}$	
B			
$\bar{B}$			

	A	$\bar{A}$	
B			
$\bar{B}$			

	A	$\bar{A}$	
B			
$\bar{B}$			

	A	$\bar{A}$	
B			
$\bar{B}$			

	A	$\bar{A}$	
B			
$\bar{B}$			

	A	$\bar{A}$	
B			
$\bar{B}$			

	A	$\bar{A}$	
B			
$\bar{B}$			

	A	$\bar{A}$	
B			
$\bar{B}$			

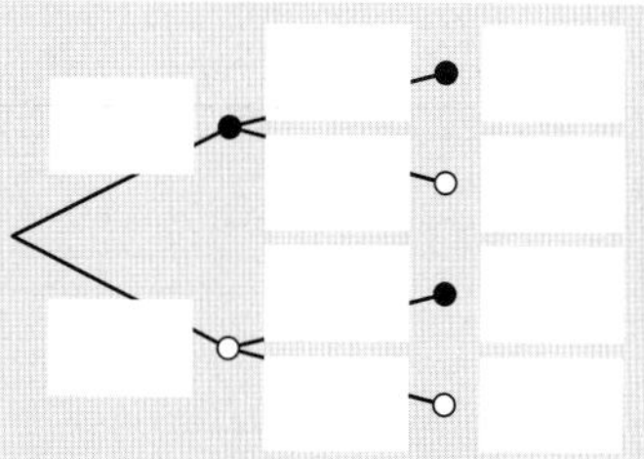

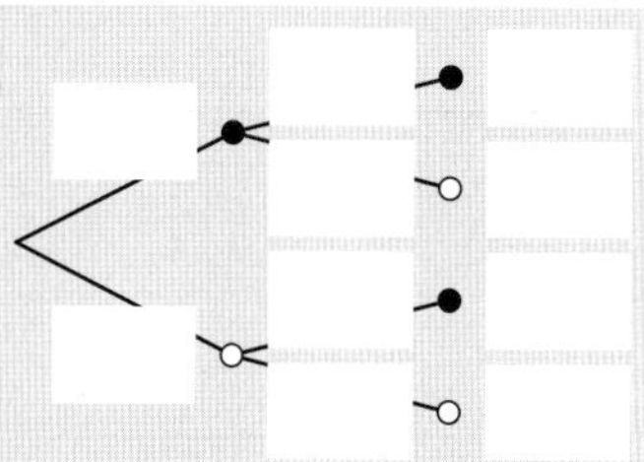

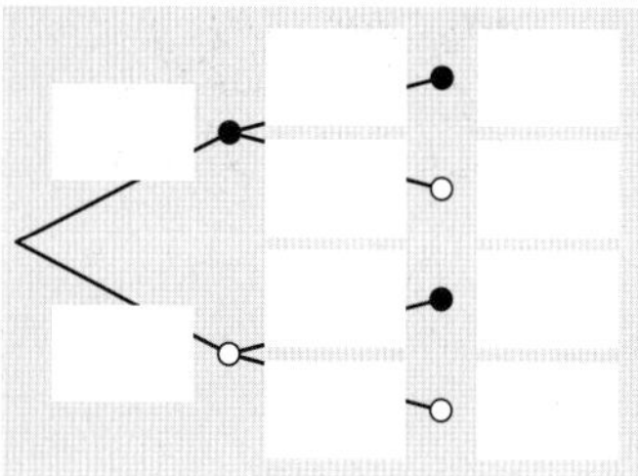

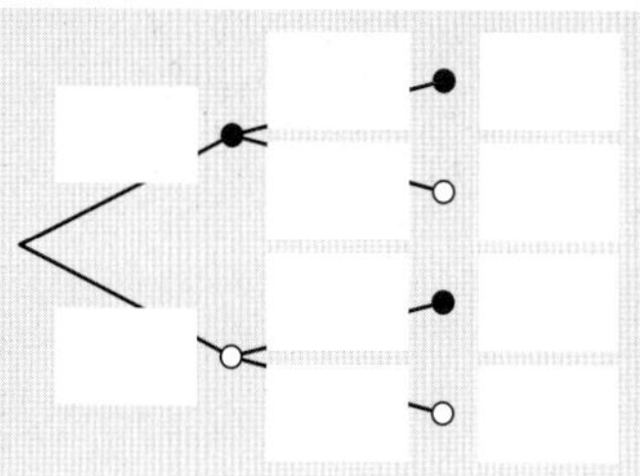

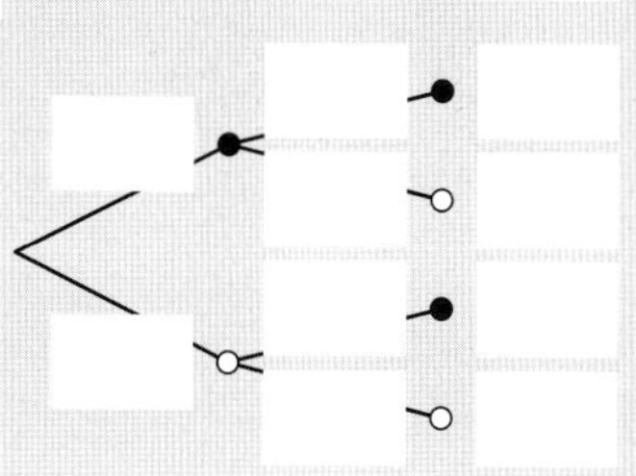

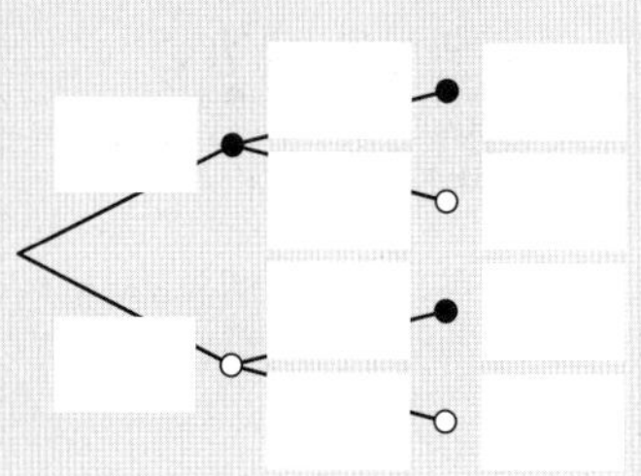

© Als Kopiervorlage für den Unterricht freigegeben. Ernst Klett Verlag GmbH, Stuttgart 2013.

Unabhängigkeit gewinnt – Wahrscheinlichkeitskarten Teil 1

2%	3%	6%	7%
8%	9%	12%	14%
16%	17%	18%	20%
21%	24%	25%	25%

© Als Kopiervorlage für den Unterricht freigegeben. Ernst Klett Verlag GmbH, Stuttgart 2013.

Unabhängigkeit gewinnt – Wahrscheinlichkeitskarten Teil 2

28 %	35 %	36 %	38 %
40 %	44 %	45 %	50 %
55 %	60 %	65 %	68 %
72 %	75 %	75 %	80 %

© Als Kopiervorlage für den Unterricht freigegeben. Ernst Klett Verlag GmbH, Stuttgart 2013.

Modellieren: Wahl des Koordinatensystems, Erstellen des Funktionsterms

1. Ein Architekt plant ein chinesisches Dach. Für das Profil wählt er eine ganzrationale Funktion vierten Grades. Deren Funktionsterm hat die allgemeine Form $f(x) = ax^4 + bx^3 + cx^2 + dx + e$. Um die fünf Parameter bestimmen zu können, sind fünf Bedingungen nötig. Im Folgenden soll durch geschickte Wahl des Koordinatensystems ein Ansatz gewonnen werden, der mit weniger Parametern auskommt.

a)

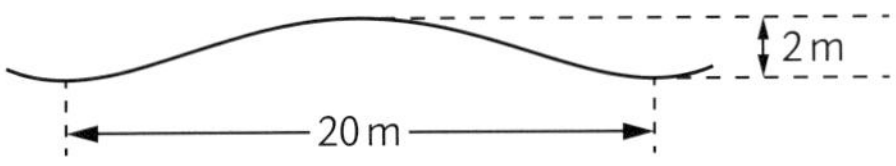

Wählen Sie das Koordinatensystem so, dass
(1) die y-Achse die Symmetrieachse ist (damit entfallen sämtliche Potenzen mit ungeraden Exponenten),
(2) der Hochpunkt H im Ursprung liegt.
Zeichnen Sie x- und y-Achse entsprechend ein.

Ansatz: $f(x) = ax^4 + cx^2 + e$
$\Rightarrow$ $f'(x) =$ ___

Bedingungen: Hier gilt: Es sind ___ Parameter gesucht.
$\Rightarrow$ Es sind ___ Bedingungen nötig:
(I) Hochpunkt H im Ursprung $\Rightarrow$ $f(0) =$ ___
(II) Tiefpunkt T hat y-Wert -2 $\Rightarrow$ $f($ ___ $) = -2$
(III) T ist Tiefpunkt $\Rightarrow$ $f'($ ___ $) =$ ___

Gleichungen und Lösung:
(I) $a \cdot 0^4 + c \cdot 0^2 + e = 0 \Rightarrow e =$ ___ in (II), (III)
(II) ___
(III) ___
(III) ___ a + ___ c = ___ $\Rightarrow$ c = ___ in (II)
(II) ___
$\Rightarrow$ a = ___ ; c = ___

Funktionsterm: $f(x) =$ ___

b)

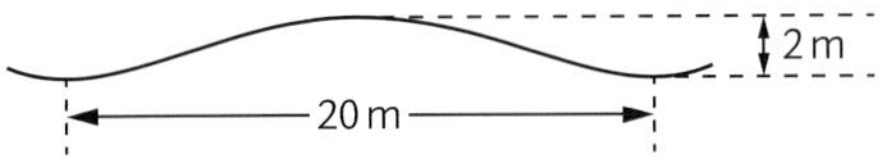

Wählen Sie das Koordinatensystem nun so, dass
(1) sämtliche Tiefpunkte des Graphen Nullstellen sind, d.h. der Funktionsterm in Nullstellenform dargestellt werden kann,
(2) einer der Tiefpunkte im Ursprung liegt.
Zeichnen Sie x- und y-Achse entsprechend ein.

Ansatz: $f(x) = a(x-0)^2 \cdot (x -$ ___ $)^2$

Bedingungen: Hier gilt: Nur der Parameter ___ ist gesucht.
$\Rightarrow$ Nur ___ Bedingung ist nötig:
(I) Hochpunkt H hat y-Wert ___
$\Rightarrow$ $f($ ___ $) =$ ___

Gleichung und Lösung:
(I) a · ___ · (___ $)^2$ = ___
$\Rightarrow$ a = ___

Funktionsterm: $f(x) =$ ___ $\cdot (x -$ ___ $)^2$ bzw.
$f(x) =$ ___ x^4 − ___ x^3 + ___ x^2

2. Für eine Böschung soll eine Rampe ohne Knickstelle gebaut werden. Die Baufirma wählt für das Profil eine Sinusfunktion. Diese hat allgemein die Form $f(x) = a \sin(b(x+c)) + d$. Im Folgenden soll durch geschickte Wahl des Koordinatensystems ein Ansatz gewonnen werden, der mit möglichst wenigen Parametern auskommt.

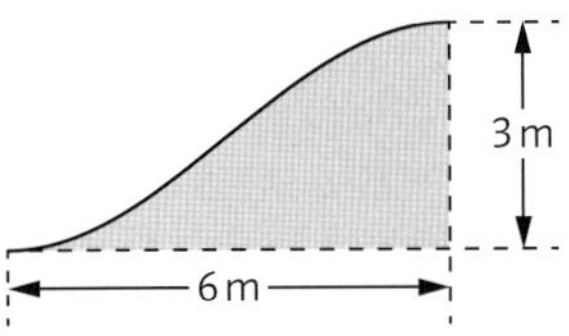

Wählen Sie das Koordinatensystem so, dass der Ursprung das Symmetriezentrum des Graphen ist. Damit entfallen die additiven Parameter c und d. Zeichnen Sie x- und y-Achse entsprechend ein.

Ansatz: $f(x) = a \cdot \sin(bx)$ mit $a, b \neq 0$
$\Rightarrow$ $f'(x) =$ ___

Bedingungen: Für ___ Parameter sind ___ Bedingungen nötig.
(I) Hochpunkt H hat y-Wert ___
$\Rightarrow$ $f($ ___ $) =$ ___
(II) H ist Hochpunkt
$\Rightarrow$ $f'($ ___ $) =$ ___

Gleichungen und Lösung:
(I) ___ = ___
(II) ___ = ___
Wegen $a, b \neq 0$ folgt aus (II): ___ = 0
$\Rightarrow$ ___ $= \frac{\pi}{2}$ $\Rightarrow$ b = ___ in (I)
(I) ___ $\Rightarrow$ a = ___

Funktionsterm: $f(x) =$ ___

© Als Kopiervorlage für den Unterricht freigegeben. Ernst Klett Verlag GmbH, Stuttgart 2013.

Modellieren: Wahl des Koordinatensystems, Erstellen des Funktionsterms — Lösung

1. Ein Architekt plant ein chinesisches Dach. Für das Profil wählt er eine ganzrationale Funktion vierten Grades. Deren Funktionsterm hat die allgemeine Form $f(x) = ax^4 + bx^3 + cx^2 + dx + e$. Um die fünf Parameter bestimmen zu können, sind fünf Bedingungen nötig. Im Folgenden soll durch geschickte Wahl des Koordinatensystems ein Ansatz gewonnen werden, der mit weniger Parametern auskommt.

a)

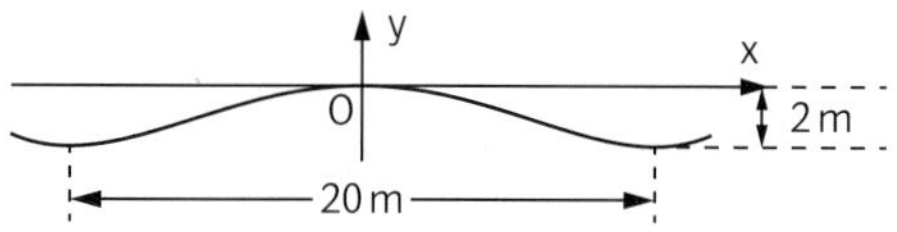

Wählen Sie das Koordinatensystem so, dass
(1) die y-Achse die Symmetrieachse ist (damit entfallen sämtliche Potenzen mit ungeraden Exponenten),
(2) der Hochpunkt H im Ursprung liegt.
Zeichnen Sie x- und y-Achse entsprechend ein.

Ansatz: $f(x) = ax^4 + cx^2 + e$
$\Rightarrow f'(x) = 4ax^3 + 2cx$

Bedingungen: Hier gilt: Es sind 3 Parameter gesucht.
$\Rightarrow$ Es sind 3 Bedingungen nötig:
(I) Hochpunkt H im Ursprung $\Rightarrow f(0) = 0$
(II) Tiefpunkt T hat y-Wert −2 $\Rightarrow f(10) = -2$
(III) T ist Tiefpunkt $\Rightarrow f'(10) = 0$

Gleichungen und Lösung:
(I) $a \cdot 0^4 + c \cdot 0^2 + e = 0 \Rightarrow e = 0$ in (II), (III)
(II) $a \cdot 10^4 + c \cdot 10^2 + 0 = -2$
(III) $4a \cdot 10^3 + 2c \cdot 10 = 0$

(III) $4000\,a + 20\,c = 0 \Rightarrow c = -200a$ in (II)
(II) $10\,000a + 100 \cdot (-200a) + 0 = -2$
$\Rightarrow a = 0{,}0002$; $c = -0{,}04$

Funktionsterm: $f(x) = 0{,}0002x^4 - 0{,}04x^2$

b)

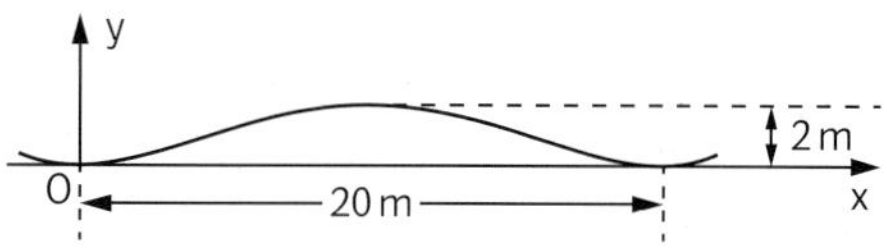

Wählen Sie das Koordinatensystem nun so, dass
(1) sämtliche Tiefpunkte des Graphen Nullstellen sind, d.h. der Funktionsterm in Nullstellenform dargestellt werden kann,
(2) einer der Tiefpunkte im Ursprung liegt.
Zeichnen Sie x- und y-Achse entsprechend ein.

Ansatz: $f(x) = a(x-0)^2 \cdot (x - 20)^2$

Bedingungen: Hier gilt: Nur der Parameter a ist gesucht.
$\Rightarrow$ Nur eine Bedingung ist nötig:
(I) Hochpunkt H hat y-Wert 2
$\Rightarrow f(10) = 2$

Gleichung und Lösung:
(I) $a \cdot 10^2 \cdot (10 - 20)^2 = 2$
$\Rightarrow a = 0{,}0002$

Funktionsterm: $f(x) = 0{,}0002x^2 \cdot (x - 20)^2$ bzw.
$f(x) = 0{,}0002\,x^4 - 0{,}008\,x^3 + 0{,}08\,x^2$

2. Für eine Böschung soll eine Rampe ohne Knickstelle gebaut werden. Die Baufirma wählt für das Profil eine Sinusfunktion. Diese hat allgemein die Form $f(x) = a\sin(b(x+c)) + d$. Im Folgenden soll durch geschickte Wahl des Koordinatensystems ein Ansatz gewonnen werden, der mit möglichst wenigen Parametern auskommt.

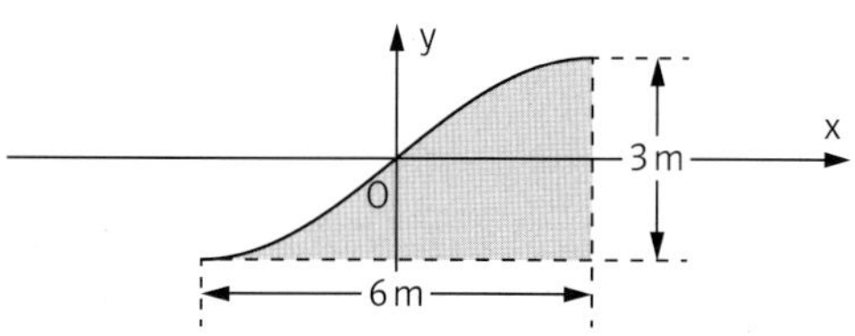

Wählen Sie das Koordinatensystem so, dass der Ursprung das Symmetriezentrum des Graphen ist. Damit entfallen die additiven Parameter c und d. Zeichnen Sie x- und y-Achse entsprechend ein.

Ansatz: $f(x) = a \cdot \sin(bx)$ mit $a, b \neq 0$
$\Rightarrow f'(x) = a \cdot b \cdot \cos(bx)$

Bedingungen: Für 2 Parameter sind 2 Bedingungen nötig.
(I) Hochpunkt H hat y-Wert 1,5
$\Rightarrow f(3) = 1{,}5$
(II) H ist Hochpunkt
$\Rightarrow f'(3) = 0$

Gleichungen und Lösung:
(I) $a \cdot \sin(b \cdot 3) = 1{,}5$
(II) $ab \cdot \cos(b \cdot 3) = 0$

Wegen $a, b \neq 0$ folgt aus (II): $\cos(3b) = 0$
$\Rightarrow 3b = \frac{\pi}{2} \Rightarrow b = \frac{\pi}{6}$ in (I)
(I) $a \cdot \sin\left(\frac{\pi}{2}\right) = 1{,}5 \Rightarrow a = 1{,}5$

Funktionsterm: $f(x) = 1{,}5\sin\left(\frac{\pi}{6}x\right)$

© Als Kopiervorlage für den Unterricht freigegeben. Ernst Klett Verlag GmbH, Stuttgart 2013.

Extremwertprobleme

1. Aus einem 72 cm langen Draht soll ein Kantenmodell eines Quaders mit quadratischer Grundfläche geformt werden.

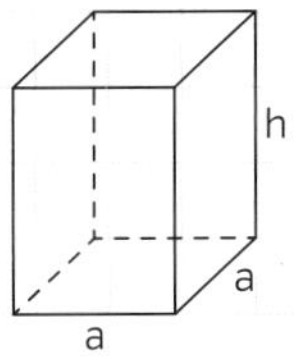

Bei welchen Kantenlängen ist das Volumen maximal?

1. Schritt: Term aufstellen:
$V = a^2 \cdot h$

2. Schritt: Nebenbedingungen formulieren:
Drahtlänge: ___ = ___ a + ___ h | : 4
$\Rightarrow$ 18 = ___
$\Rightarrow$ h = ___ mit $0 < a < 9$

3. Schritt: Zielfunktion mit nur einer Variablen bestimmen:
V(a) = ___ ·(___) = ___ − ___
V′(a) = ___

4. Schritt: Extrema berechnen, prüfen und Ergebnis formulieren:
V′(a) = 0 $\Rightarrow$ ___ = 0
$\Rightarrow$ 6a · (___) = 0
$\Rightarrow$ a = ___ bzw. a = ___ (entfällt)
V′(a) > 0 für ___ < a < ___
V′(a) < 0 für ___ < a
Bei a = ___ gibt es ein lokales ___.
Ergebnis:
Kantenlängen: a = ___, h = ___

2. Ein 24 cm breiter Blechstreifen soll zu einer rechteckigen Dachrinne gebogen werden. Bei welchen Abmessungen ist die Querschnittsfläche am größten?

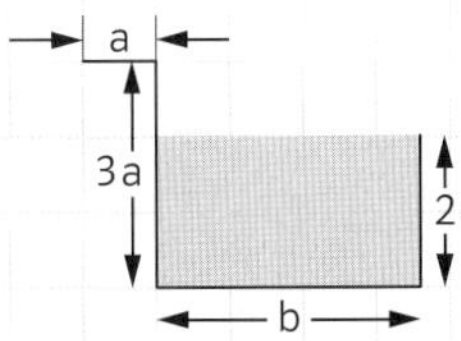

1. Schritt: Term:
$A = 2a \cdot b$

2. Schritt: Nebenbedingungen:
Blechbreite: ___ = ___ ·a + b
$\Rightarrow$ b = ___ mit 0 < a < ___

3. Schritt: Zielfunktion:
A(a) = ___ ·(___) = ___ − ___
A′(a) = ___

4. Schritt: Extrema:
A′(a) = ___ $\Rightarrow$ ___ = ___
$\Rightarrow$ ___ = ___
$\Rightarrow$ a = ___
A′(a) ___ für ___ < a < ___
A′(a) ___ für ___ < a
Bei a = ___ gibt es ein lokales ___.
Ergebnis:
Abmessungen: a = ___, b = ___

3. Eine Firma verkauft zurzeit von einem Artikel monatlich 200 Stück zu je 140 €. Sie vermutet, dass immer, wenn sie den Preis um 10 € senkt, 20 Stück mehr verkauft werden. Wie oft muss die Firma demnach den Preis senken, um den größten Umsatz zu erreichen?

1. Schritt: Term:
U = Stückzahl · Stückpreis (U: Umsatz)

2. Schritt: Nebenbedingungen (n = Zahl der Senkungen):
Stückzahl = ___ + ___ ·n
Stückpreis = ___ − ___ ·n
mit ___ < x < ___

3. Schritt: Zielfunktion:
U(n) = ___ · ___
= ___
= ___
U′(n) = ___

4. Schritt: Extrema:
U′(n) = ___ $\Rightarrow$ ___
$\Rightarrow$ n = ___
___ für ___ < n < ___
___ für ___ < n
Bei n = ___ gibt es ein lokales ___.
Ergebnis:
Nach einer ___ Senkung erreicht man den höchsten Umsatz.

4. Dem Graphen der Funktion f: $x \mapsto 1 - \ln x$ soll ein Rechteck so einbeschrieben werden, dass zwei seiner Seiten auf den Koordinatenachsen und eine Ecke P auf dem Graphen liegen. Für welches P hat das Rechteck den größten Flächeninhalt?

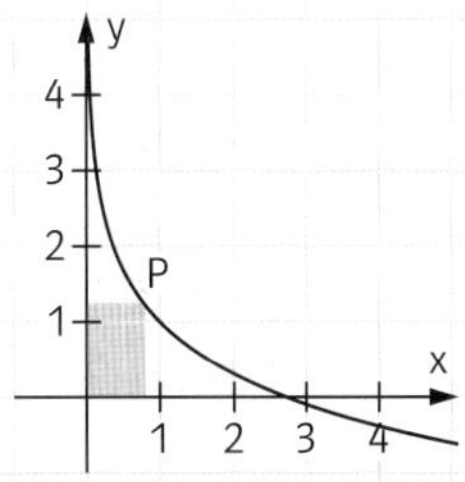

1. Schritt: Term: A = ___

2. Schritt: Nebenbedingungen:
Länge a = f(x)
Breite b = x mit ___ < x < ___

3. Schritt: Zielfunktion:
A(x) = ___ · ___ = ___ · ___
= x − ___
A′(x) = ___ = ___

4. Schritt: Extrema:
A′(x) = ___ $\Rightarrow$ ___ $\Rightarrow$ x = ___
___ für ___ < x < ___
___ für ___ < x
Bei x = ___ gibt es ein lokales ___.
Ergebnis:
Für P(___ | ___) ist A maximal.
Das Rechteck ist ein ___.

© Als Kopiervorlage für den Unterricht freigegeben. Ernst Klett Verlag GmbH, Stuttgart 2013.

Extremwertprobleme

Lösung

1. Aus einem 72 cm langen Draht soll ein Kantenmodell eines Quaders mit quadratischer Grundfläche geformt werden.

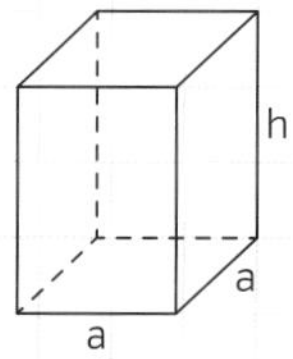

Bei welchen Kantenlängen ist das Volumen maximal?

1. Schritt: Term aufstellen:

$V = a^2 \cdot h$

2. Schritt: Nebenbedingungen formulieren:

Drahtlänge: $72 = 8a + 4h \quad | :4$

$\Rightarrow 18 = 2a + h$

$\Rightarrow h = 18 - 2a$ mit $0 < a < 9$

3. Schritt: Zielfunktion mit nur einer Variablen bestimmen:

$V(a) = a^2 \cdot (18 - 2a) = 18a^2 - 2a^3$

$V'(a) = 36a - 6a^2$

4. Schritt: Extrema berechnen, prüfen und Ergebnis formulieren:

$V'(a) = 0 \Rightarrow 36a - 6a^2 = 0$

$\Rightarrow 6a \cdot (6 - a) = 0$

$\Rightarrow a = 6$ bzw. $a = 0$ (entfällt)

$V'(a) > 0$ für $0 < a < 6$

$V'(a) < 0$ für $6 < a$

Bei $a = 6$ gibt es ein lokales Maximum.

Ergebnis:

Kantenlängen: $a = 6\,\text{cm}$, $h = 6\,\text{cm}$

2. Ein 24 cm breiter Blechstreifen soll zu einer rechteckigen Dachrinne gebogen werden. Bei welchen Abmessungen ist die Querschnittsfläche am größten?

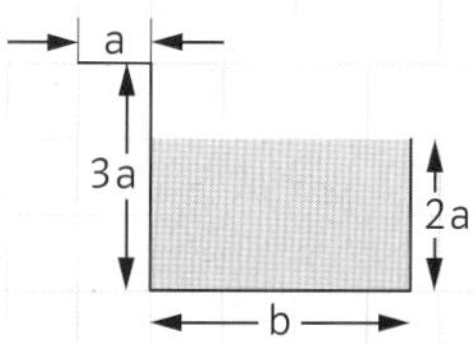

1. Schritt: Term:

$A = 2a \cdot b$

2. Schritt: Nebenbedingungen:

Blechbreite: $24 = 6 \cdot a + b$

$\Rightarrow b = 24 - 6a$ mit $0 < a < 4$

3. Schritt: Zielfunktion:

$A(a) = 2a \cdot (24 - 6a) = 48a - 12a^2$

$A'(a) = 48 - 24a$

4. Schritt: Extrema:

$A'(a) = 0 \Rightarrow 48 - 24a = 0$

$\Rightarrow 24(2 - a) = 0$

$\Rightarrow a = 2$

$A'(a) > 0$ für $0 < a < 2$

$A'(a) < 0$ für $2 < a$

Bei $a = 2$ gibt es ein lokales Maximum.

Ergebnis:

Abmessungen: $a = 2\,\text{cm}$, $b = 4\,\text{cm}$

3. Eine Firma verkauft zurzeit von einem Artikel monatlich 200 Stück zu je 140 €. Sie vermutet, dass immer, wenn sie den Preis um 10 € senkt, 20 Stück mehr verkauft werden. Wie oft muss die Firma demnach den Preis senken, um den größten Umsatz zu erreichen?

1. Schritt: Term:

U = Stückzahl · Stückpreis (U: Umsatz)

2. Schritt: Nebenbedingungen (n = Zahl der Senkungen):

Stückzahl $= 200 + 20 \cdot n$

Stückpreis $= 140 - 10 \cdot n$

mit $0 < x < 14$

3. Schritt: Zielfunktion:

$U(n) = (200 + 20n) \cdot (140 - 10n)$

$= 28\,000 - 2000n + 2800n - 200n^2$

$= -200n^2 + 800n + 28\,000$

$U'(n) = -400n + 800$

4. Schritt: Extrema:

$U'(n) = 0 \Rightarrow -400n + 800 = 0$

$\Rightarrow n = 2$

$U'(n) > 0$ für $0 < n < 2$

$U'(n) < 0$ für $2 < n$

Bei $n = 2$ gibt es ein lokales Maximum.

Ergebnis:

Nach einer zweimaligen Senkung erreicht man den höchsten Umsatz.

4. Dem Graphen der Funktion $f: x \mapsto 1 - \ln x$ soll ein Rechteck so einbeschrieben werden, dass zwei seiner Seiten auf den Koordinatenachsen und eine Ecke P auf dem Graphen liegen. Für welches P hat das Rechteck den größten Flächeninhalt?

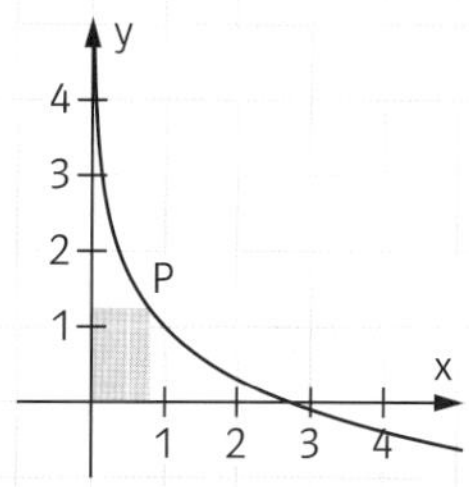

1. Schritt: Term: $A = ab$

2. Schritt: Nebenbedingungen:

Länge $a = f(x)$

Breite $b = x$ mit $0 < x < e$

3. Schritt: Zielfunktion:

$A(x) = x \cdot f(x) = x \cdot (1 - \ln x)$

$= x - x \ln x$

$A'(x) = 1 - \left(\ln x + \frac{x}{x}\right) = -\ln x$

4. Schritt: Extrema:

$A'(x) = 0 \Rightarrow -\ln x = 0 \Rightarrow x = 1$

$A'(x) > 0$ für $0 < x < 1$

$A'(x) < 0$ für $1 < x$

Bei $x = 1$ gibt es ein lokales Maximum.

Ergebnis:

Für $P(1 \mid 1)$ ist A maximal.

Das Rechteck ist ein Quadrat.

© Als Kopiervorlage für den Unterricht freigegeben. Ernst Klett Verlag GmbH, Stuttgart 2013.

Extremwertprobleme-Quintett – Teil 1

Spiel für 2 bis 4 Personen

Spielmaterial: 40 Spielkarten (von 5 Kartenkategorien je 8 Karten)

Spielvorbereitung: Die Karten werden gemischt und die Spieler erhalten 6 Karten auf die Hand, der beginnende Spieler jedoch nur 5 Karten. Der Rest der Karten wird verdeckt als Stapel in die Mitte gelegt.

Spielziel: Jeder Spieler versucht, möglichst viele Quintette zu sammeln. Hierzu müssen die zur Bestimmung von Extremwerten nötigen Schritte nachvollzogen und einander zugeordnet werden.

Spielregel: Der Spieler, der an der Reihe ist, wählt aus den (verdeckt gehaltenen) Karten des linken Nachbarn eine Karte, die er zu sich nimmt. Dann darf er die oberste Karte des Stapels ziehen und eine seiner Karten verdeckt unter den Stapel schieben. Hat er nun mindestens drei zum gleichen Extremwertproblem gehörende Karten auf der Hand, darf er diese offen vor sich ablegen. Außerdem kann er an schon vor sich ausliegende Karten weitere passende Karten anlegen, bis die Quintette vollständig sind.
Alle anderen Spieler prüfen, ob die Karten korrekt abgelegt wurden. Ist auch nur eine der Karten falsch, so müssen alle soeben abgelegten Karten wieder auf die Hand genommen werden.
Nun darf der Spieler gegebenenfalls noch so viele Karten vom Stapel nachziehen, wie er abgelegt hat. Dann ist der linke Nachbar an der Reihe.

Spielende: Sobald ein Spieler nicht mehr genügend Karten vom Stapel nachziehen kann, endet das Spiel. Es gewinnt der Spieler, welcher die meisten Quintette ablegen konnte.

Beschreibung des Problems

Zwischen der Parabel von $h: x \mapsto -0{,}5x^2 + 6$ und der x-Achse wird ein Rechteck so einbeschrieben, dass dessen Seiten parallel zu den Achsen verlaufen. Welche x-Koordinate müssen die rechten Ecken haben, damit der Umfang maximal wird?

Beschreibung des Problems

Zwischen den Parabeln von $h: x \mapsto -0{,}5x^2 + 3$ und $g: x \mapsto 0{,}5x^2$ wird ein Rechteck so einbeschrieben, dass dessen Seiten parallel zu den Achsen verlaufen. Welche x-Koordinaten müssen die Ecken haben, damit der Flächeninhalt des Rechtecks maximal wird?

Beschreibung des Problems

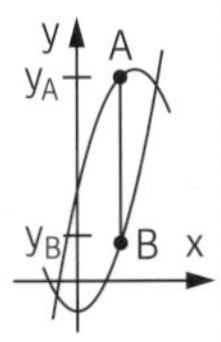

Die Parabeln von $g: x \mapsto x^2 - 1$ und $h: x \mapsto -x^2 + 4x + 3$ schneiden aus einer Parallelen zur y-Achse eine Strecke [AB] aus. Welche x-Koordinate müssen die Endpunkte der Strecke haben, wenn deren Länge maximal sein soll?

Beschreibung des Problems

Die Graphen von $f: x \mapsto x^2 - 6x$ und $k: x \mapsto -0{,}5x^2 + 3x$ schneiden sich im Ursprung O. Eine zur y-Achse parallele Gerade durch den Punkt (a | 0) schneidet G_f in F und G_k in K. Für welches a wird der Flächeninhalt des Dreiecks OFK maximal?

Beschreibung des Problems

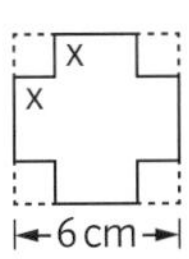

Von einem quadratischen Stück Blech mit 6 cm langen Seiten werden an den Ecken Quadrate herausgeschnitten.
Wie lang ist die Seite dieser kleinen Quadrate, wenn der Rest eine Schachtel mit maximalen Volumen bildet?

Beschreibung des Problems

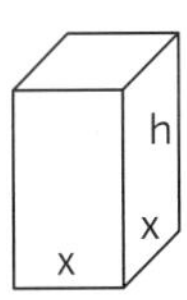

Bei einem Quader mit quadratischer Grundfläche sind die Grundflächenseite und die Höhe zusammen 4 m lang.
Wie lang ist bei maximaler Quaderoberfläche die Seite x?

Beschreibung des Problems

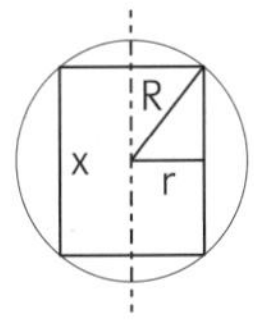

Einer Kugel mit Radius R = 6 cm ist ein Zylinder mit maximalem Volumen einbeschrieben.
Wie hoch ist der Zylinder, dessen Radius mit r bezeichnet wird?

Beschreibung des Problems

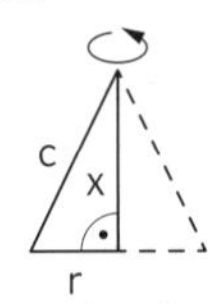

Ein Kegel entsteht aus einem rechtwinkligen Dreieck mit der Hypotenuse c = 6 cm durch Drehung um eine Kathete.
Wie lang muss diese sein, damit das Kegelvolumen maximal wird?

© Als Kopiervorlage für den Unterricht freigegeben. Ernst Klett Verlag GmbH, Stuttgart 2013.

Extremwertprobleme-Quintett – Teil 2

1. Term aufstellen $U = 2\cdot(a+b)$	**1. Term aufstellen** $A = a\cdot b$	**1. Term aufstellen** $l = y_A - y_B$	**1. Term aufstellen** $A = \frac{1}{2}\cdot g\cdot h$
1. Term aufstellen $V = a^2\cdot h$	**1. Term aufstellen** $O = 2x^2 + 4xh$	**1. Term aufstellen** $V = \pi r^2\cdot x$	**1. Term aufstellen** $V = \frac{1}{3}\cdot\pi r^2\cdot x$
2. Nebenbedingungen formulieren $a = 2x$ $b = h(x) = -0{,}5x^2 + 6$	**2. Nebenbedingungen formulieren** $a = 2x$ $b = h(x) - g(x)$ $= -0{,}5x^2 + 3 - 0{,}5x^2$ $= -x^2 + 3$	**2. Nebenbedingungen formulieren** $y_A = h(x) = -x^2 + 4x + 3$ $y_B = g(x) = x^2 - 1$	**2. Nebenbedingungen formulieren** $h = x$ $g = k(x) - f(x)$ $= (-0{,}5x^2 + 3x) - (x^2 - 6x)$ $= -1{,}5x^2 + 9x$
2. Nebenbedingungen formulieren $a = 6 - 2x$ $h = x$	**2. Nebenbedingungen formulieren** $h = 4 - x$	**2. Nebenbedingungen formulieren** $r^2 = 36 - \left(\frac{x}{2}\right)^2$	**2. Nebenbedingungen formulieren** $r^2 = 36 - x^2$

© Als Kopiervorlage für den Unterricht freigegeben. Ernst Klett Verlag GmbH, Stuttgart 2013.

Extremwertprobleme-Quintett – Teil 3

3. Zielfunktion mit nur einer Variable

$U(x) = 2 \cdot (2x - 0{,}5x^2 + 6)$
$= -x^2 + 4x + 12$

3. Zielfunktion mit nur einer Variable

$A(x) = 2x \cdot (-x^2 + 3)$
$= -2x^3 + 6x$

3. Zielfunktion mit nur einer Variable

$l(x) = (-x^2 + 4x + 3) - (x^2 - 1)$
$= -2x^2 + 4x + 4$

3. Zielfunktion mit nur einer Variable

$A(x) = 0{,}5 \cdot (-1{,}5x^2 + 9x) \cdot x$
$= -0{,}75x^3 + 4{,}5x^2$

3. Zielfunktion mit nur einer Variable

$V(x) = (6 - 2x)^2 \cdot x$
$= 4x^3 - 24x^2 + 36x$

3. Zielfunktion mit nur einer Variable

$O(x) = 2x^2 + 4x(4 - x)$
$= -2x^2 + 16x$

3. Zielfunktion mit nur einer Variable

$V(x) = \pi \cdot \left[36 - \left(\frac{x}{2}\right)^2\right] \cdot x$
$= 36\pi \cdot x - \frac{\pi}{4} \cdot x^3$

3. Zielfunktion mit nur einer Variable

$V(x) = \frac{1}{3} \cdot \pi \cdot (36 - x^2) \cdot x$
$= 12\pi \cdot x - \frac{\pi}{3} \cdot x^3$

4. Extrema bestimmen, Ergebnis angeben

$U'(x) = -2x + 4$
$= -2(x - 2)$
$U'(x) = 0 \Rightarrow x = 2$
$U'(x) > 0$ für $0 < x < 2$
$U'(x) < 0$ für $2 < x$
bei $x = 2$ ein rel. Maximum

4. Extrema bestimmen, Ergebnis angeben

$A'(x) = -6x^2 + 6$
$= -6(x^2 - 1)$
$A'(x) = 0 \Rightarrow x_1 = -1;\ x_2 = 1$
$A'(x) < 0$ für $x < -1$
$A'(x) > 0$ für $-1 < x < 1$
$A'(x) < 0$ für $1 < x$
bei $x = 1$ ein rel. Maximum

4. Extrema bestimmen, Ergebnis angeben

$l'(x) = -4x + 4$
$= -4(x - 1)$
$l'(x) = 0 \Rightarrow x = 1$
$l'(x) > 0$ für $0 < x < 1$
$l'(x) < 0$ für $1 < x$
bei $x = 1$ ein rel. Maximum

4. Extrema bestimmen, Ergebnis angeben

$A'(x) = -2{,}25x^2 + 9x$
$= -2{,}25x(x - 4)$
$A'(x) = 0 \Rightarrow x_1 = 0$ (entfällt),
$x_2 = 4$
$A'(x) > 0$ für $0 < x < 4$
$A'(x) < 0$ für $4 < x$
bei $x = 4$ ein rel. Maximum

4. Extrema bestimmen, Ergebnis angeben

$V'(x) = 12x^2 - 48x + 36$
$= 12(x - 1)(x - 3)$
$V'(x) = 0 \Rightarrow x_1 = 1;\ x_2 = 3$
$V'(x) > 0$ für $0 < x < 1$
$V'(x) < 0$ für $1 < x < 3$
$V'(x) > 0$ für $3 < x$
bei $x = 1$ ein rel. Maximum

4. Extrema bestimmen, Ergebnis angeben

$O'(x) = -4x + 16$
$= 4(4 - x)$
$O'(x) = 0 \Rightarrow x = 4$
$O'(x) > 0$ für $0 < x < 4$
$O'(x) < 0$ für $4 < x$
bei $x = 4$ ein rel. Maximum

4. Extrema bestimmen, Ergebnis angeben

$V'(x) = 36\pi - \frac{3}{4}\pi x^2$
$= \frac{3}{4}\pi(48 - x^2)$
$V'(x) = 0 \Rightarrow x_1 = -4\sqrt{3}$ (entfällt),
$x_2 = 4\sqrt{3}$
$V'(x) > 0$ für $0 < x < 4\sqrt{3}$
$V'(x) < 0$ für $4\sqrt{3} < x$
bei $x = 4\sqrt{3}$ ein rel. Maximum

4. Extrema bestimmen, Ergebnis angeben

$V'(x) = 12\pi - \pi \cdot x^2$
$= \pi \cdot (12 - x^2)$
$V'(x) = 0 \Rightarrow x_1 = -2\sqrt{3}$ (entfällt),
$x_2 = 2\sqrt{3}$
$V'(x) > 0$ für $0 < x < 2\sqrt{3}$
$V'(x) < 0$ für $2\sqrt{3} < x$
bei $x = 2\sqrt{3}$ ein rel. Maximum

© Als Kopiervorlage für den Unterricht freigegeben. Ernst Klett Verlag GmbH, Stuttgart 2013.

Funktionenscharen

1. Hier sind jeweils die Graphen von Funktionen f_a für $a = -2, -1, 0, 1, 2$ dargestellt.

a) Für welchen der Funktionsterme $\ln x$, $\sqrt{x}$, e^x, x^2, x^3 ist hier der Graph abgebildet? Unterstreichen Sie diese Terme und markieren Sie deren Graphen farbig.

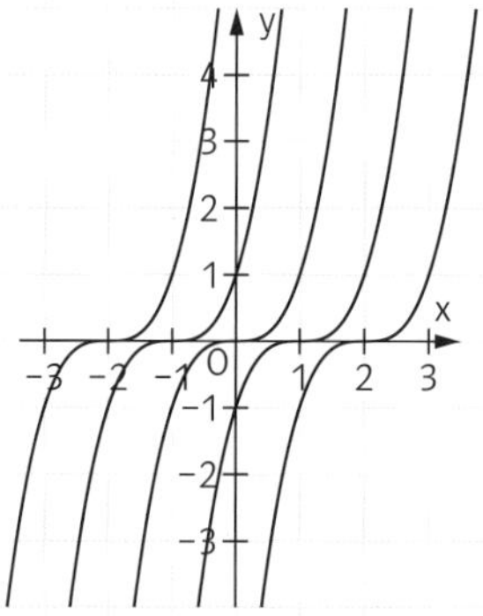

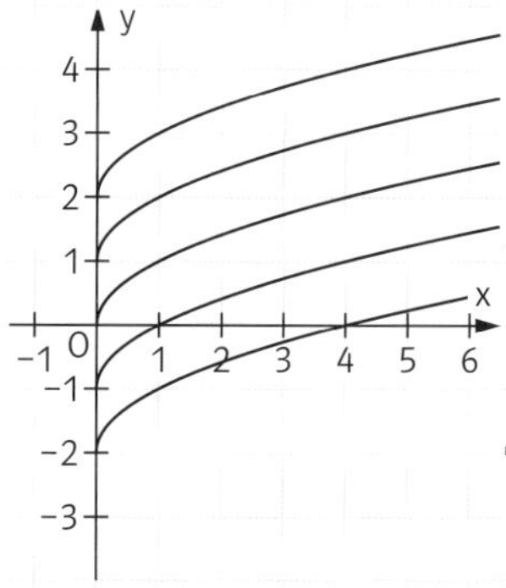

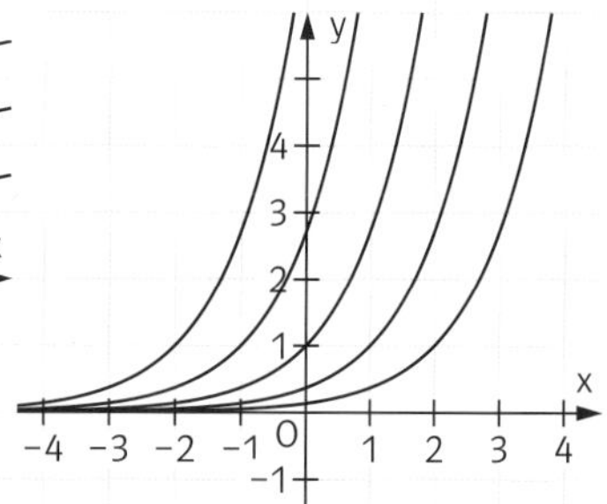

b) Neben dem gefärbten Graphen enthält jede Figur noch weitere vier Graphen, die aus diesem durch eine Verschiebung hervorgehen. Diese Verschiebungen werden durch Parameter a bewirkt. Ergänzen Sie unter jeder abgebildeten Graphenschar den passenden Funktionsterm mit Parameter.

c) Schreiben Sie an die Graphen den jeweils passenden Parameterwert.

2. Die in der Figur dargestellten Graphen gehören zu Funktionen $f_a\colon x \mapsto x^4 - \frac{a}{2}x^3$.

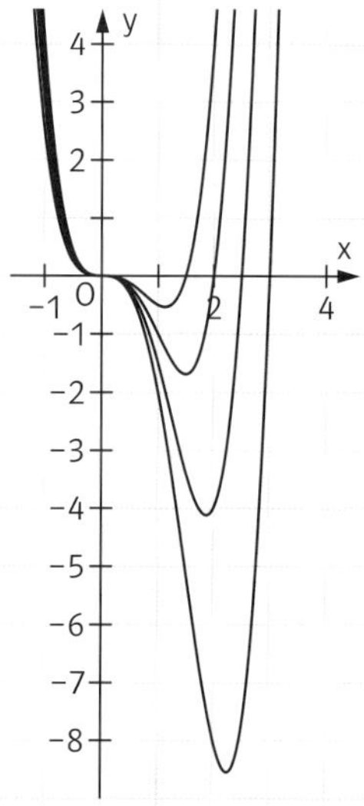

a) Der Punkt $P(2\,|\,-4)$ liegt auf einem der Graphen. Markieren Sie ihn und bestimmen Sie den Parameter a der Funktion des betreffenden Graphen. Setzen Sie hierzu die Koordinaten von P in die Funktionsgleichung $f_a(x) = y$ ein und lösen Sie nach a auf.

$f_a(2) = -4 \quad \Rightarrow \qquad \Rightarrow \quad a =$

b) Bestimmen Sie die Parameterwerte der restlichen drei Graphen. Entnehmen Sie dazu die zweite Nullstelle x_2 der Figur, setzen Sie sie in die Funktionsgleichung ein und lösen Sie diese nach dem Parameter a auf. Beschriften Sie die Graphen mit den zugehörigen Parameterwerten.

2. Graph: $f_a(x_2) = 0 \quad \Rightarrow \qquad \Rightarrow \quad a =$

3. Graph: $f_a(x_2) = 0 \quad \Rightarrow \qquad \Rightarrow \quad a =$

4. Graph: $f_a(x_2) = 0 \quad \Rightarrow \qquad \Rightarrow \quad a =$

c) Die Ergebnisse lassen vermuten, dass man die Parameterwerte allgemein aus der zweiten Nullstelle x_2 bestimmen kann.

Stellen Sie diese Vermutung in Form einer Gleichung auf: $a =$

d) Da die obige Gleichung nur eine Vermutung ist, muss man zeigen, dass sie für alle Werte von a gilt. Lösen Sie hierzu die Funktionsgleichung $f_a(x_2) = 0$ nach a auf: $\qquad \Rightarrow \quad a =$

3. Von den Graphen G_a der Funktionen $f_a\colon x \mapsto \frac{1}{4}x^2\left(\frac{x}{a} - 3\right)$ ist in der Figur G_1 dargestellt. Dessen Nullstellen bzw. einige Graphenpunkte sind in der Tabelle angegeben.
Berechnen Sie die fehlenden Werte der Tabelle und zeichnen Sie mit deren Hilfe die Graphen G_2 und G_3 in die Figur ein.

a	Punkt P	Erste Nullstelle	Tiefpunkt	Zweite Nullstelle
1	(−1 | −1)	0	(2 | −1)	3
2	(−2 |)		(|)	
3	(−3 |)		(|)	

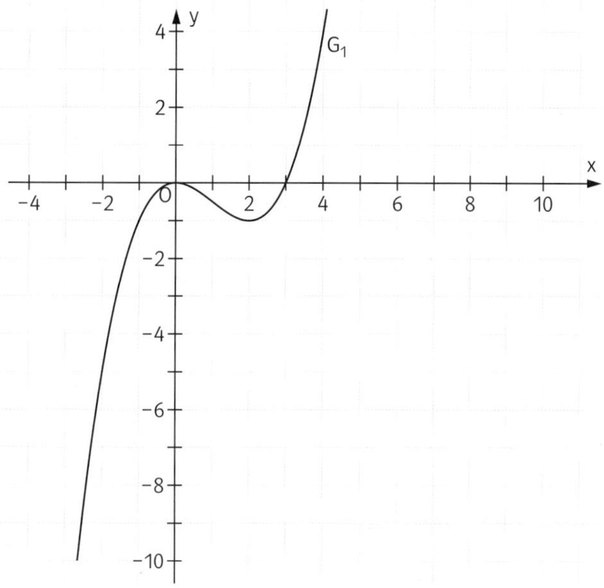

© Als Kopiervorlage für den Unterricht freigegeben. Ernst Klett Verlag GmbH, Stuttgart 2013.

Funktionenscharen

Lösung

1. Hier sind jeweils die Graphen von Funktionen f_a für $a = -2, -1, 0, 1, 2$ dargestellt.

a) Für welchen der Funktionsterme $\ln x$, $\sqrt{x}$, e^x, x^2, x^3 ist hier der Graph abgebildet? Unterstreichen Sie diese Terme und markieren Sie deren Graphen farbig.

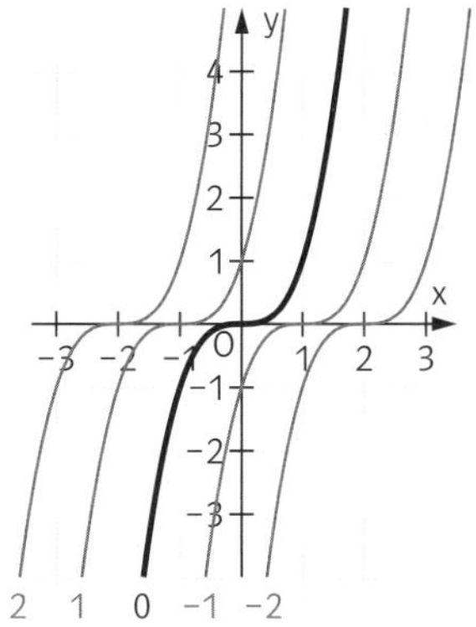

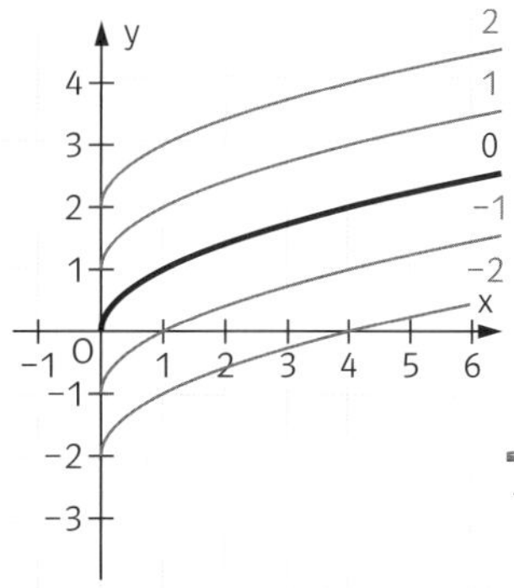

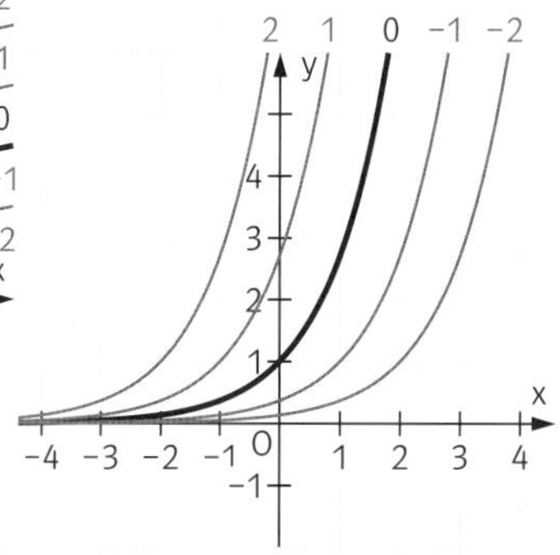

b) Neben dem gefärbten Graphen enthält jede Figur noch weitere vier Graphen, die aus diesem durch eine Verschiebung hervorgehen. Diese Verschiebungen werden durch Parameter a bewirkt. Ergänzen Sie unter jeder abgebildeten Graphenschar den passenden Funktionsterm mit Parameter.

$f: x \mapsto (x+a)^3$ $\quad$ $f: x \mapsto \sqrt{x} + a$ $\quad$ $f: x \mapsto e^{x+a}$

c) Schreiben Sie an die Graphen den jeweils passenden Parameterwert.

2. Die in der Figur dargestellten Graphen gehören zu Funktionen f_a: $x \mapsto x^4 - \frac{a}{2}x^3$.

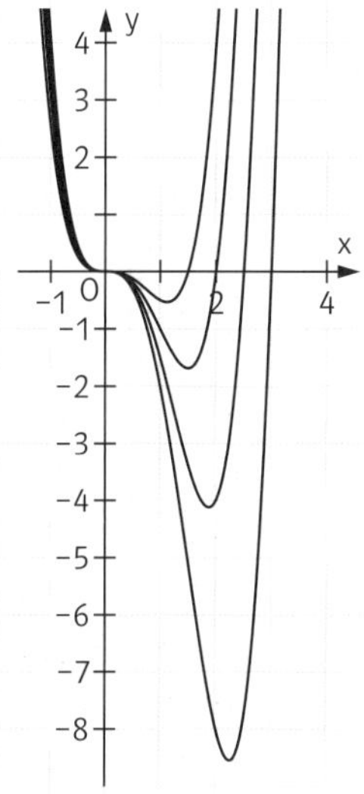

a) Der Punkt P(2 | −4) liegt auf einem der Graphen. Markieren Sie ihn und bestimmen Sie den Parameter a der Funktion des betreffenden Graphen. Setzen Sie hierzu die Koordinaten von P in die Funktionsgleichung $f_a(x) = y$ ein und lösen Sie nach a auf.

$f_a(2) = -4 \quad \Rightarrow \quad 2^4 - \frac{a}{2}2^3 = -4 \quad \Rightarrow \quad 16 - \frac{a}{2}\cdot 8 = -4 \;|:4 \quad \Rightarrow \quad 4 - a = -1 \quad \Rightarrow \quad a = 5$

b) Bestimmen Sie die Parameterwerte der restlichen drei Graphen. Entnehmen Sie dazu die zweite Nullstelle x_2 der Figur, setzen Sie sie in die Funktionsgleichung ein und lösen Sie diese nach dem Parameter a auf. Beschriften Sie die Graphen mit den zugehörigen Parameterwerten.

2. Graph: $f_a(x_2) = 0 \;\Rightarrow\; 1{,}5^4 - \frac{a}{2}\cdot 1{,}5^3 = 0 \;|:1{,}5^3 \;\Rightarrow\; 1{,}5 - \frac{a}{2} = 0 \;\Rightarrow\; \frac{a}{2} = 1{,}5 \;\Rightarrow\; a = 3$

3. Graph: $f_a(x_2) = 0 \;\Rightarrow\; 2^4 - \frac{a}{2}\cdot 2^3 = 0 \;|:2^3 \;\Rightarrow\; 2 - \frac{a}{2} = 0 \;\Rightarrow\; \frac{a}{2} = 2 \;\Rightarrow\; a = 4$

4. Graph: $f_a(x_2) = 0 \;\Rightarrow\; 3^4 - \frac{a}{2}\cdot 3^3 = 0 \;|:3^3 \;\Rightarrow\; 3 - \frac{a}{2} = 0 \;\Rightarrow\; \frac{a}{2} = 3 \;\Rightarrow\; a = 6$

c) Die Ergebnisse lassen vermuten, dass man die Parameterwerte allgemein aus der zweiten Nullstelle x_2 bestimmen kann.

Stellen Sie diese Vermutung in Form einer Gleichung auf: $a = 2x_2$

d) Da die obige Gleichung nur eine Vermutung ist, muss man zeigen, dass sie für alle Werte von a gilt. Lösen Sie hierzu die Funktionsgleichung $f_a(x_2) = 0$ nach a auf: $x_2^4 - \frac{a}{2}x_2^3 = 0 \;|:x_2^3 \;\Rightarrow\; x_2 - \frac{a}{2} = 0 \;\Rightarrow\; a = 2x_2$

3. Von den Graphen G_a der Funktionen f_a: $x \mapsto \frac{1}{4}x^2\left(\frac{x}{a} - 3\right)$ ist in der Figur G_1 dargestellt. Dessen Nullstellen bzw. einige Graphenpunkte sind in der Tabelle angegeben.
Berechnen Sie die fehlenden Werte der Tabelle und zeichnen Sie mit deren Hilfe die Graphen G_2 und G_3 in die Figur ein.

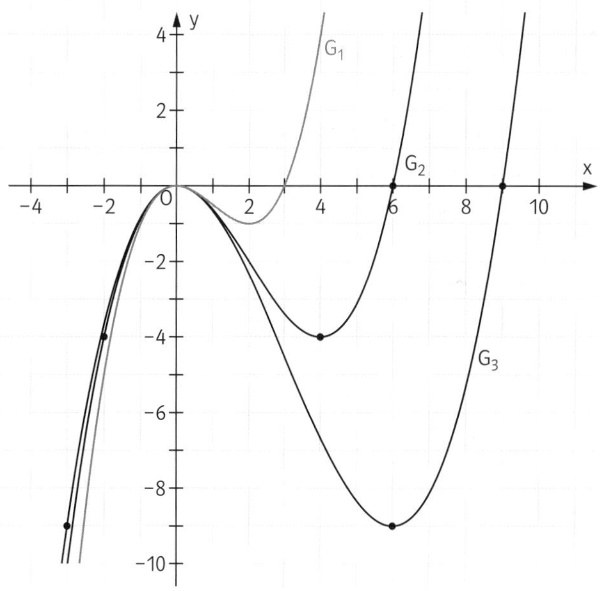

a	Punkt P	Erste Nullstelle	Tiefpunkt	Zweite Nullstelle
1	(−1 | −1)	0	(2 | −1)	3
2	(−2 | −4)	0	(4 | −4)	6
3	(−3 | −9)	0	(6 | −9)	9

© Als Kopiervorlage für den Unterricht freigegeben. Ernst Klett Verlag GmbH, Stuttgart 2013.

Ortskurven

1. Abgebildet sind die Graphen der Funktionen f_a: $x \mapsto x - \ln(a+x)$ für $a = -1; 0; 1$ und 2.

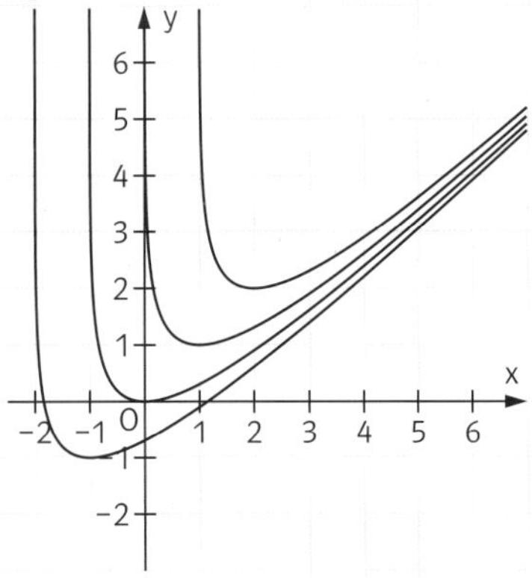

a) Markieren Sie die Tiefpunkte T_a der Graphen und verbinden Sie diese.

b) Die Verbindungslinie ist Teil eines Graphen.
Geben Sie dessen Gleichung an: y =

c) Tragen Sie die Koordinatenwerte x_a und y_a der Tiefpunkte in folgende Tabelle ein. Geben Sie in der letzten Tabellenspalte diese Koordinaten allgemein in Abhängigkeit von a an.

Parameter a	−1	0	1	2	a
x_a					
y_a					

d) Stellen Sie die Tiefpunkte T_a allgemein dar, indem Sie die oben gewonnene Darstellung der Koordinatenwerte in Abhängigkeit von a verwenden: $T_a($ | $)$

e) Berechnen Sie die Tiefpunkte T_7, T_{-12} und $T_{1,5}$: $T_7($ | $)$, $T_{-12}($ | $)$, $T_{1,5}($ | $)$

2. Abgebildet sind die Graphen der Funktionen f_a: $x \mapsto (x+a)\cdot e^x$ für $a = -3; -2; -1$ und 0.

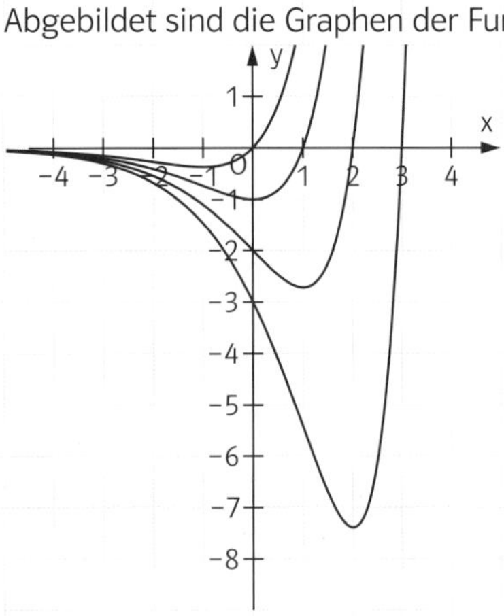

a) Markieren Sie die Tiefpunkte T_a und verbinden Sie diese.

b) Die Tiefpunkte haben die allgemeine Darstellung $T_a(-a-1 \mid -e^{-a-1})$.
Vervollständigen Sie die folgende Tabelle:

Parameter a	−3	−2	−1	0	a
x_a	2				
y_a	$-e^2$				

c) Die Werte y_a sollen nun mithilfe von x_a dargestellt werden, so dass der Parameter a nicht mehr erscheint. Die Tabelle lässt vermuten, wie die Werte y_a von den Werten x_a abhängen. Geben Sie die allgemeine Gleichung für y an, die nicht mehr vom Parameter a abhängt: y =

d) Die in c) gewonnene Gleichung für y gehört zu einer Funktion g. Zeichnen Sie deren Graphen mit ins Koordinatensystem.

3. Die in der Tabelle angegebenen Funktionenscharen besitzen analog zu Aufgabe 1 und 2 jeweils einen Graphen, auf dem sämtliche Tief- oder auch Hochpunkte liegen. Die Funktionsterme der zu diesen Graphen gehörenden Funktionen g sollen nun jeweils allgemein bestimmt werden.

	Gleichung der Funktionenschar	Art der Extrema	x_a	y_a	Gleichung von g
(1)	$y = x - ae^x$	Maximum	$-\ln a$		
(2)	$y = ax^2 + 4x$	Minimum	$-\frac{2}{a}$		
(3)	$y = \ln\left(\frac{x^2+a^2}{x}\right)$	Minimum	a		

a) Bestimmen Sie jeweils die Koordinate y_a des Extremums, indem Sie den Term von x_a in die Gleichung der jeweiligen Funktionenschar einsetzen und vereinfachen. Tragen Sie das Ergebnis anschließend in die Tabelle ein.

(1): $y_a = (-\ln a) - ae^{(-\ln a)} =$

(2): $y_a =$

(3): $y_a =$

b) Lösen Sie nun jeweils den Term für x_a nach dem Parameter a auf. Setzen Sie das Ergebnis in den Term für y_a ein, um so eine parameterfreie Darstellung der Gleichung von g zu erhalten. Bei x_a und y_a kann daher nun a weggelassen werden.

(1): $x_a = -\ln a \;\Rightarrow\; a = \;\Rightarrow\; y_a = \;\Rightarrow\;$ g: y =

(2): $x_a = \;\Rightarrow\; a = \;\Rightarrow\; y_a = \;\Rightarrow$

(3): $x_a = \;\Rightarrow$

Übertragen Sie die Ergebnisse in die Tabelle.

Graphen, wie sie auf diesem Blatt gewonnen wurden, nennt man Ortskurven oder Ortslinien der Minima/Maxima (oder z. B. der Wendepunkte etc.) der Funktionenschar.

© Als Kopiervorlage für den Unterricht freigegeben. Ernst Klett Verlag GmbH, Stuttgart 2013.

Ortskurven

Lösung

1. Abgebildet sind die Graphen der Funktionen f_a: $x \mapsto x - \ln(a+x)$ für $a = -1; 0; 1$ und 2.

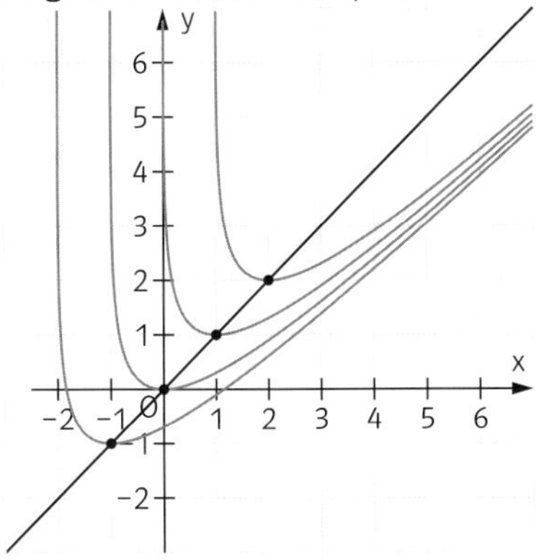

a) Markieren Sie die Tiefpunkte T_a der Graphen und verbinden Sie diese.

b) Die Verbindungslinie ist Teil eines Graphen.
Geben Sie dessen Gleichung an: $y = x$

c) Tragen Sie die Koordinatenwerte x_a und y_a der Tiefpunkte in folgende Tabelle ein. Geben Sie in der letzten Tabellenspalte diese Koordinaten allgemein in Abhängigkeit von a an.

Parameter a	−1	0	1	2	a
x_a	2	1	0	−1	1 − a
y_a	2	1	0	−1	1 − a

d) Stellen Sie die Tiefpunkte T_a allgemein dar, indem Sie die oben gewonnene Darstellung der Koordinatenwerte in Abhängigkeit von a verwenden: $T_a(1-a \mid 1-a)$

e) Berechnen Sie die Tiefpunkte T_7, T_{-12} und $T_{1,5}$: $T_7(-6 \mid -6)$, $T_{-12}(13 \mid 13)$, $T_{1,5}(-0{,}5 \mid -0{,}5)$

2. Abgebildet sind die Graphen der Funktionen f_a: $x \mapsto (x+a)\cdot e^x$ für $a = -3; -2; -1$ und 0.

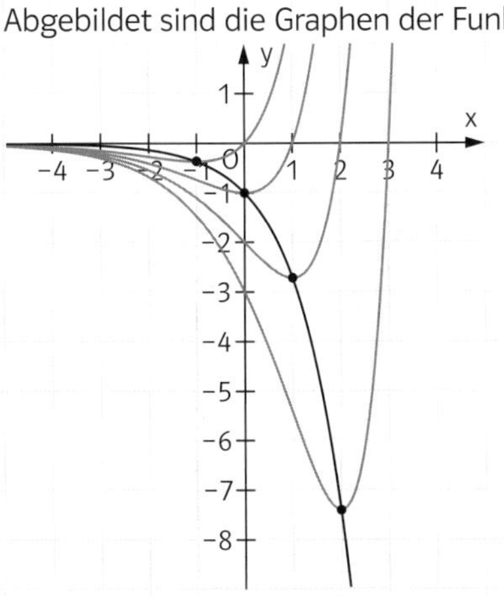

a) Markieren Sie die Tiefpunkte T_a und verbinden Sie diese.

b) Die Tiefpunkte haben die allgemeine Darstellung $T_a(-a-1 \mid -e^{-a-1})$.
Vervollständigen Sie die folgende Tabelle:

Parameter a	−3	−2	−1	0	a
x_a	2	1	0	−1	$-a-1$
y_a	$-e^2$	$-e^1$	$-e^0$	$-e^{-1}$	$-e^{-a-1}$

c) Die Werte y_a sollen nun mithilfe von x_a dargestellt werden, so dass der Parameter a nicht mehr erscheint. Die Tabelle lässt vermuten, wie die Werte y_a von den Werten x_a abhängen. Geben Sie die allgemeine Gleichung für y an, die nicht mehr vom Parameter a abhängt: $y = -e^x$

d) Die in c) gewonnene Gleichung für y gehört zu einer Funktion g. Zeichnen Sie deren Graphen mit ins Koordinatensystem.

3. Die in der Tabelle angegebenen Funktionenscharen besitzen analog zu Aufgabe 1 und 2 jeweils einen Graphen, auf dem sämtliche Tief- oder auch Hochpunkte liegen. Die Funktionsterme der zu diesen Graphen gehörenden Funktionen g sollen nun jeweils allgemein bestimmt werden.

	Gleichung der Funktionenschar	Art der Extrema	x_a	y_a	Gleichung von g
(1)	$y = x - ae^x$	Maximum	$-\ln a$	$-\ln a - 1$	$y = x - 1$
(2)	$y = ax^2 + 4x$	Minimum	$-\frac{2}{a}$	$-\frac{4}{a}$	$y = 2x$
(3)	$y = \ln\left(\frac{x^2+a^2}{x}\right)$	Minimum	a	$\ln(2a)$	$y = \ln(2x)$

a) Bestimmen Sie jeweils die Koordinate y_a des Extremums, indem Sie den Term von x_a in die Gleichung der jeweiligen Funktionenschar einsetzen und vereinfachen. Tragen Sie das Ergebnis anschließend in die Tabelle ein.

(1): $y_a = (-\ln a) - ae^{(-\ln a)} = -\ln a - a\cdot\frac{1}{e^{\ln a}} = -\ln a - \frac{a}{a} = -\ln a - 1$

(2): $y_a = a\left(-\frac{2}{a}\right)^2 + 4\left(-\frac{2}{a}\right) = a\frac{4}{a^2} - \frac{8}{a} = \frac{4}{a} - \frac{8}{a} = -\frac{4}{a}$

(3): $y_a = \ln\left(\frac{a^2+a^2}{a}\right) = \ln\left(\frac{2a^2}{a}\right) = \ln(2a)$

b) Lösen Sie nun jeweils den Term für x_a nach dem Parameter a auf. Setzen Sie das Ergebnis in den Term für y_a ein, um so eine parameterfreie Darstellung der Gleichung von g zu erhalten. Bei x_a und y_a kann daher nun a weggelassen werden.

(1): $x_a = -\ln a \Rightarrow a = e^{-x_a} \Rightarrow y_a = -\ln(e^{-x_a}) - 1 = -(-x_a) - 1 \Rightarrow$ g: $y = x - 1$

(2): $x_a = -\frac{2}{a} \Rightarrow a = -\frac{2}{x_a} \Rightarrow y_a = \frac{-4}{-\frac{2}{x_a}} = 2x_a \Rightarrow$ g: $y = 2x$

(3): $x_a = a \Rightarrow a = x_a \Rightarrow y_a = \ln(2x_a) \Rightarrow$ g: $y = \ln(2x)$

Übertragen Sie die Ergebnisse in die Tabelle.

Graphen, wie sie auf diesem Blatt gewonnen wurden, nennt man Ortskurven oder Ortslinien der Minima/Maxima (oder z. B. der Wendepunkte etc.) der Funktionenschar.

© Als Kopiervorlage für den Unterricht freigegeben. Ernst Klett Verlag GmbH, Stuttgart 2013.

Funktionsbestimmungen

1. Gesucht ist eine Funktion der Form f: $x \mapsto \frac{1}{ax+b} + c$. Bestimmen Sie a, b und c so, dass der Graph von f eine waagrechte Asymptote mit der Gleichung $y = -2$ besitzt, bei $x = 1{,}5$ eine Polstelle hat und durch den Punkt $P(2\,|\,-1)$ geht.

- Asymptote mit der Gleichung $y = -2$ $\Rightarrow$ c = ___
- Polstelle bei $x = 1{,}5$ $\Rightarrow$ (I) ___ $\cdot a + b = 0$
- $P(2\,|\,-1) \in G_f$ $\Rightarrow$ $\frac{1}{\text{\_\_\_}}$ + ___ = ___ $\Rightarrow$ (II) ___ $\cdot a$ + ___ = ___

(II) − (I): ___ $\cdot a$ = ___ $\Rightarrow$ a = ___
a in (II): ___ $\cdot$ ___ + b = ___
$\Rightarrow$ b = ___

Die Lösung des linearen Gleichungssystems liefert a = ___ ; b = ___ ; also gilt: f(x) = ___

2. Der Graph einer Funktion f: $x \mapsto a\sqrt{bx+4}$ hat im Punkt $P(0\,|\,2{,}4)$ die Steigung 1,5. Bestimmen Sie a und b.

- $P(0\,|\,2{,}4) \in G_f$ $\Rightarrow$ ___ $\sqrt{\text{\_\_\_}} = 2{,}4$ $\Rightarrow$ a = ___ ; somit gilt: f(x) = ___
- Ableitung des (vereinfachten) Funktionsterms von f: f′(x) = ___ = ___
- Steigung in P ist 1,5 $\Rightarrow$ f′(___) = ___ $\Rightarrow$ ___ = ___ $\Rightarrow$ b = ___

Der Funktionsterm mit den gesuchten Parametern lautet also: f(x) = ___

3. Die Abbildung zeigt den Graphen einer ganzrationalen Funktion vom Grad 3.

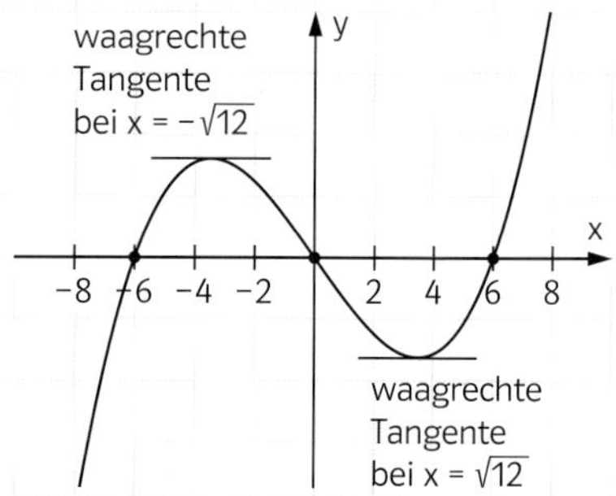

Im Folgenden soll gezeigt werden, dass die aus der Abbildung zu entnehmenden Informationen nicht ausreichen, um für den gesuchten Funktionsterm von f zu einer eindeutigen Lösung zu gelangen.

Dem Graphen kann man entnehmen, dass es sich bei den drei Nullstellen jeweils um ___ Nullstellen handelt. Bei einer ganzrationalen Funktion dritten Grades ist deshalb für den Funktionsterm der folgende einfache Ansatz möglich:
f(x) = a $\cdot$ ___ ;
ausmultipliziert gilt: f(x) = ___ ; damit gilt für die Ableitung: f′(x) = ___ ;
Bedingung für den Tiefpunkt an der Stelle $x = \sqrt{12}$: f′(___) = ___ $\Rightarrow$ ___ = ___ . Die letzte Gleichung gilt für alle ___ . Bedingung für den Hochpunkt an der Stelle $x = -\sqrt{12}$: f′(___) = ___ $\Rightarrow$ ___ = ___ .
Auch diese letzte Gleichung gilt für alle ___ . Damit sind alle aus der Abbildung zu entnehmenden Informationen verwertet worden, ohne zu einer eindeutigen Lösung für den Funktionsterm zu gelangen.

4. a) Gesucht ist eine Funktion der Form f: $x \mapsto a \cdot (e^{bx} + e^{-bx})$. Ihr Graph geht durch den Punkt $P(0\,|\,1)$. Bestimmen Sie zunächst den Parameter a: $P(0\,|\,1) \in G_f$ $\Rightarrow$ a $\cdot$ (___) = ___ $\Rightarrow$ ___ = ___ $\Rightarrow$ a = ___

b) Zeigen Sie, dass der Graph von f unabhängig vom Parameter b achsensymmetrisch bezüglich der y-Achse ist und an der Stelle $x = 0$ eine waagrechte Tangente hat.

- Nachweis der Symmetrie: f(−x) = ___ = ___ = f(___)
- Ableitung der Funktion f: f′(x) = ___
- An der Stelle $x = 0$ gilt: f′(___) = ___ = ___ $\Rightarrow$ G_f hat eine waagrechte Tangente an der Stelle $x = 0$.

5. Zeigen Sie, dass der Graph der Funktion f: $x \mapsto \ln(ax)^b$ in jedem seiner Punkte eine Steigung besitzt, die nicht vom Parameter a abhängt. Tipp: Formen Sie den Funktionsterm zunächst mithilfe der Logarithmengesetze geeignet um.

___

6. Gesucht ist eine Funktion der Form f: $x \mapsto a \cdot \sin x + b \cdot \cos x$. Der Graph hat an der Stelle $x = \frac{\pi}{4}$ eine waagrechte Tangente und geht durch den Punkt $P\left(\frac{\pi}{4}\,\middle|\,2\right)$. Bestimmen Sie a und b. $\left(\text{Tipp: } \sin\frac{\pi}{4} = \cos\frac{\pi}{4} = \frac{1}{\sqrt{2}}\right)$

- Ableitung der Funktion f: f′(x) = ___
- Waagrechte Tangente bei $x = \frac{\pi}{4}$ $\Rightarrow$ f′(___) = ___ = ___ $\Rightarrow$ a = ___ ;

  Damit gilt: f(x) = ___ $\cdot \sin x$ + ___ $\cdot \cos x$
- $P\left(\frac{\pi}{4}\,\middle|\,2\right) \in G_f$ $\Rightarrow$ ___ $\cdot$ ___ + ___ $\cdot$ ___ = ___ $\Rightarrow$ ___ = ___ $\Rightarrow$ a = ___

Der gesuchte Funktionsterm lautet: f(x) = ___

© Als Kopiervorlage für den Unterricht freigegeben. Ernst Klett Verlag GmbH, Stuttgart 2013.

Funktionsbestimmungen

1. Gesucht ist eine Funktion der Form f: $x \mapsto \frac{1}{ax+b} + c$. Bestimmen Sie a, b und c so, dass der Graph von f eine waagrechte Asymptote mit der Gleichung $y = -2$ besitzt, bei $x = 1{,}5$ eine Polstelle hat und durch den Punkt P(2 | −1) geht.

- Asymptote mit der Gleichung $y = -2$ ⇒ $c = -2$
- Polstelle bei $x = 1{,}5$ ⇒ (I) $1{,}5 \cdot a + b = 0$
- $P(2|-1) \in G_f$ ⇒ $\frac{1}{2a+b} + (-2) = -1$ ⇒ (II) $2 \cdot a + b = 1$

(II) − (I): $0{,}5 \cdot a = 1$ ⇒ $a = 2$

a in (II): $2 \cdot 2 + b = 1$ ⇒ $b = -3$

Die Lösung des linearen Gleichungssystems liefert $a = 2$; $b = -3$; also gilt: $f(x) = \frac{1}{2x-3} - 2$

2. Der Graph einer Funktion f: $x \mapsto a\sqrt{bx+4}$ hat im Punkt P(0 | 2,4) die Steigung 1,5. Bestimmen Sie a und b.

- $P(0|2{,}4) \in G_f$ ⇒ $a\sqrt{0 \cdot x + 4} = 2{,}4$ ⇒ $a = 1{,}2$; somit gilt: $f(x) = 1{,}2\sqrt{bx+4}$
- Ableitung des (vereinfachten) Funktionsterms von f: $f'(x) = 1{,}2 \cdot \frac{1}{2} \cdot (bx+4)^{-\frac{1}{2}} \cdot b = \frac{0{,}6b}{\sqrt{bx+4}}$
- Steigung in P ist 1,5 ⇒ $f'(0) = 1{,}5$ ⇒ $\frac{0{,}6b}{\sqrt{4}} = 1{,}5$ ⇒ $b = 5$

Der Funktionsterm mit den gesuchten Parametern lautet also: $f(x) = 1{,}2\sqrt{5x+4}$

3. Die Abbildung zeigt den Graphen einer ganzrationalen Funktion vom Grad 3. Im Folgenden soll gezeigt werden, dass die aus der Abbildung zu entnehmenden Informationen nicht ausreichen, um für den gesuchten Funktionsterm von f zu einer eindeutigen Lösung zu gelangen.

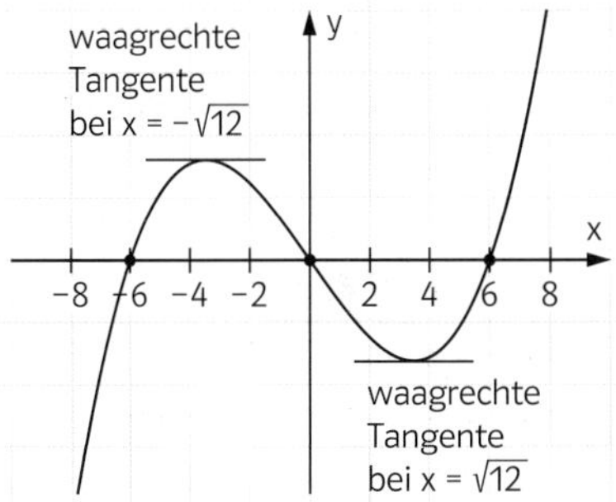

Dem Graphen kann man entnehmen, dass es sich bei den drei Nullstellen jeweils um einfache Nullstellen handelt. Bei einer ganzrationalen Funktion dritten Grades ist deshalb für den Funktionsterm der folgende einfache Ansatz möglich:
$f(x) = a \cdot x \cdot (x-6) \cdot (x+6)$;
ausmultipliziert gilt: $f(x) = ax^3 - 36ax$; damit gilt für die Ableitung: $f'(x) = 3ax^2 - 36a$;
Bedingung für den Tiefpunkt an der Stelle $x = \sqrt{12}$: $f'(\sqrt{12}) = 0$ ⇒ $36a - 36a = 0$. Die letzte Gleichung gilt für alle $a \in \mathbb{R}$. Bedingung für den Hochpunkt an der Stelle $x = -\sqrt{12}$: $f'(-\sqrt{12}) = 0$ ⇒ $36a - 36a = 0$.
Auch diese letzte Gleichung gilt für alle $a \in \mathbb{R}$. Damit sind alle aus der Abbildung zu entnehmenden Informationen verwertet worden, ohne zu einer eindeutigen Lösung für den Funktionsterm zu gelangen.

4. a) Gesucht ist eine Funktion der Form f: $x \mapsto a \cdot (e^{bx} + e^{-bx})$. Ihr Graph geht durch den Punkt P(0 | 1). Bestimmen Sie zunächst den Parameter a: $P(0|1) \in G_f$ ⇒ $a \cdot (e^0 + e^0) = 1$ ⇒ $2a = 1$ ⇒ $a = 0{,}5$

b) Zeigen Sie, dass der Graph von f unabhängig vom Parameter b achsensymmetrisch bezüglich der y-Achse ist und an der Stelle $x = 0$ eine waagrechte Tangente hat.

- Nachweis der Symmetrie: $f(-x) = 0{,}5 \cdot (e^{b(-x)} + e^{-b(-x)}) = 0{,}5 \cdot (e^{-bx} + e^{bx}) = f(x)$
- Ableitung der Funktion f: $f'(x) = 0{,}5 \cdot (be^{bx} - be^{-bx})$
- An der Stelle $x = 0$ gilt: $f'(0) = 0{,}5 \cdot (be^0 - be^0) = 0$ ⇒ G_f hat eine waagrechte Tangente an der Stelle $x = 0$.

5. Zeigen Sie, dass der Graph der Funktion f: $x \mapsto \ln(ax)^b$ in jedem seiner Punkte eine Steigung besitzt, die nicht vom Parameter a abhängt. Tipp: Formen Sie den Funktionsterm zunächst mithilfe der Logarithmengesetze geeignet um.

$f(x) = b \cdot \ln(ax) = b \cdot (\ln a + \ln x) = b\ln a + b\ln x$ ⇒ $f'(x) = 0 + \frac{b}{x} = \frac{b}{x}$ (unabhängig von a)

6. Gesucht ist eine Funktion der Form f: $x \mapsto a \cdot \sin x + b \cdot \cos x$. Der Graph hat an der Stelle $x = \frac{\pi}{4}$ eine waagrechte Tangente und geht durch den Punkt $P(\frac{\pi}{4}|2)$. Bestimmen Sie a und b. (Tipp: $\sin\frac{\pi}{4} = \cos\frac{\pi}{4} = \frac{1}{\sqrt{2}}$)

- Ableitung der Funktion f: $f'(x) = a \cdot \cos x - b \cdot \sin x$
- Waagrechte Tangente bei $x = \frac{\pi}{4}$ ⇒ $f'(\frac{\pi}{4}) = a \cdot \frac{1}{\sqrt{2}} - b \cdot \frac{1}{\sqrt{2}} = 0$ ⇒ $a = b$;

Damit gilt: $f(x) = a \cdot \sin x + a \cdot \cos x$

- $P(\frac{\pi}{4}|2) \in G_f$ ⇒ $a \cdot \sin\frac{\pi}{4} + a \cdot \cos\frac{\pi}{4} = 2$ ⇒ $\frac{2a}{\sqrt{2}} = 2$ ⇒ $a = \sqrt{2}$

Der gesuchte Funktionsterm lautet: $f(x) = \sqrt{2} \cdot \sin x + \sqrt{2} \cdot \cos x$

© Als Kopiervorlage für den Unterricht freigegeben. Ernst Klett Verlag GmbH, Stuttgart 2013.

Wahl des Funktionstyps bei Funktionsanpassungen

1. Die Bilder zeigen Profile. Verbinden Sie diese jeweils mit dem Funktionsterm, dessen Graph das Profil möglichst gut darstellt.

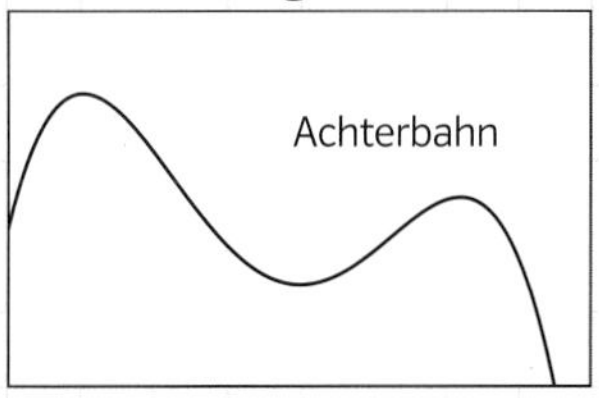

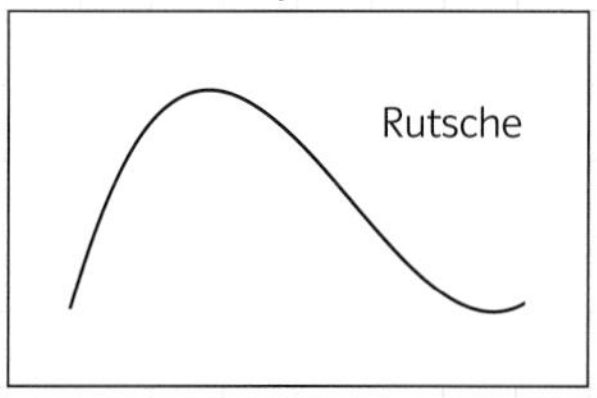

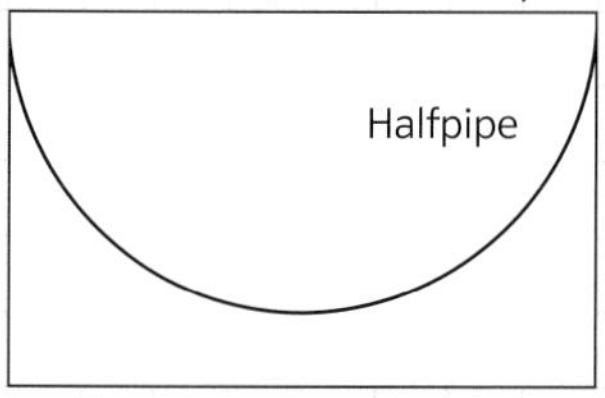

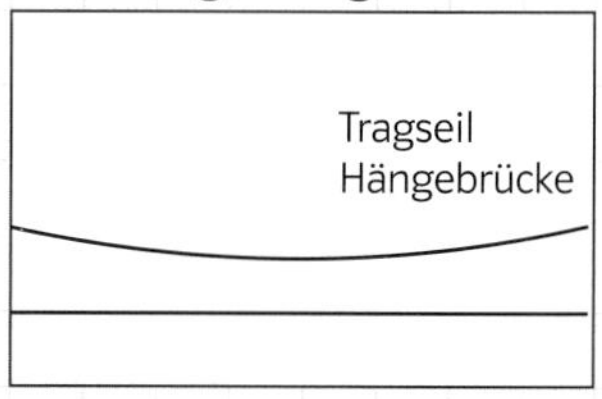

$f(x) = 2{,}7 \cdot 10^{-4}x^2 + 77$ $\quad f(x) = -\sqrt{16 - x^2} + 4$ $\quad f(x) = 0{,}1x^3 - 0{,}8x^2 + x + 2{,}6$ $\quad f(x) = -0{,}005x^4 + 0{,}03x^3 + 0{,}2x^2 - x$

2. Die Messwerte der folgenden Wachstumsvorgänge sind jeweils in einer Tabelle angegeben. Zeichnen Sie die Tabellenwerte in das jeweilige Koordinatensystem ein und skizzieren Sie die Graphen. Geben Sie an, mit welcher der angegebenen Funktionen – bei geeigneter Parameterwahl – das Wachstum modelliert werden kann. Beschreiben Sie kurz die wesentlichen Eigenschaften des jeweiligen Wachstumsvorgangs.

Mögliche Funktionstypen: $\quad f\colon x \mapsto a + bx$; $\quad f\colon x \mapsto a - be^{-cx}$; $\quad f\colon x \mapsto ae^{bx}$

a) Im Wasser eines Sees werden Bakterien festgestellt, die sich täglich um etwa 8% vermehren.

Zeit t in d	0	2	4	8	10	12
Anzahl	200	265	350	613	811	1073

Funktion:

Beschreibung:

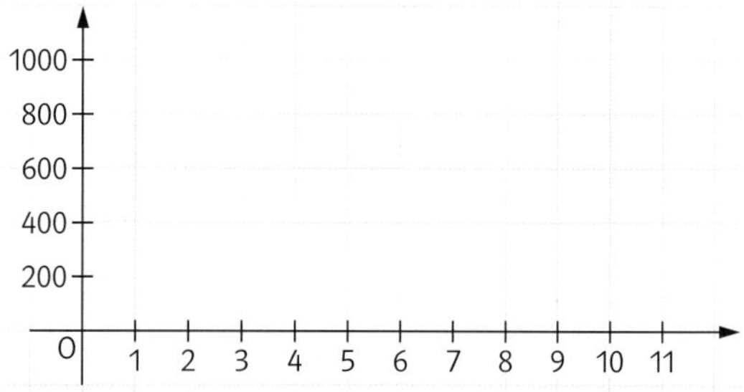

b) Je tiefer man in einem See taucht, desto stärker wird der Druck. An der Wasseroberfläche wirkt nur der dort herrschende Luftdruck.

Tiefe x in m	0	2	4	6	8	10
Druck p in bar	1,0	1,2	1,4	1,6	1,8	2,0

Funktion:

Beschreibung:

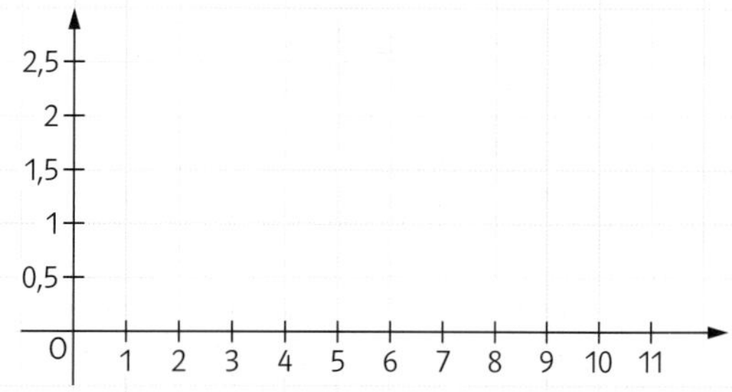

c) Ein 6 °C kalter Saft erwärmt sich nach dem Herausnehmen aus einem Kühlschrank auf die Raumtemperatur von 20 °C.

Zeit t in min	0	2	4	8	12	16
Temperatur T in °C	5,0	11,7	15,5	18,6	19,6	19,9

Funktion:

Beschreibung:

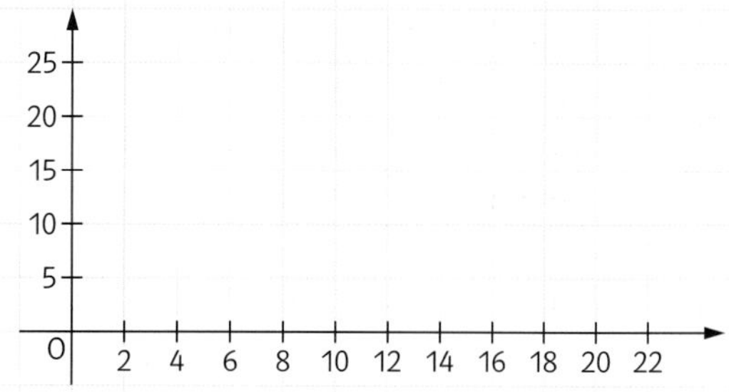

3. Udo hat bei Aufgabe 2 andere Funktionsterme gewählt. Diese sind in den angegebenen Bereichen zwar naheliegend, jedoch leider falsch. Begründen Sie kurz, warum seine Funktionstypen für positive x-Werte grundsätzlich nicht geeignet sein können.

Größe	Anzahl (Bakterien)	Druck (Wasser)	Temperatur (Saft)
Udos Funktionsterm	$f\colon x \mapsto 0{,}03\,x^2\,(x - 18)$	$f\colon x \mapsto 13 \sin\left(\frac{\pi}{200}\,x\right)$	$f\colon x \mapsto 4{,}5\,\sqrt{x}$
Graph	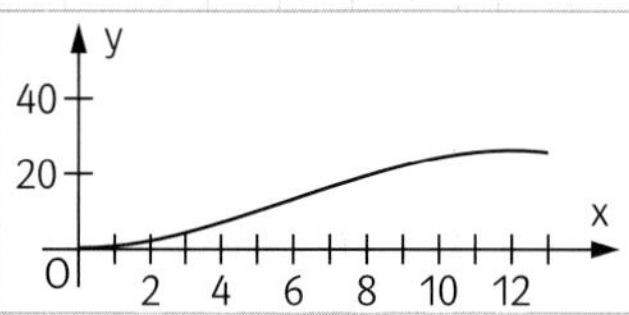	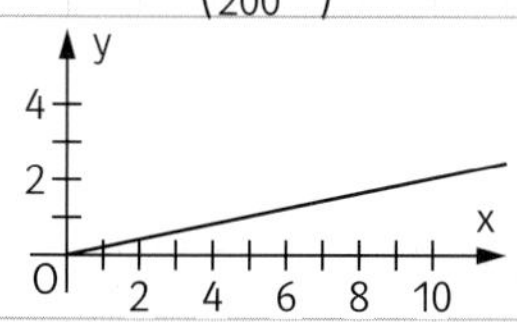	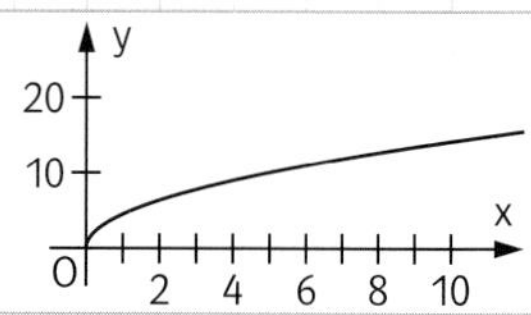
Begründung, warum ungeeignet			

© Als Kopiervorlage für den Unterricht freigegeben. Ernst Klett Verlag GmbH, Stuttgart 2013.

Wahl des Funktionstyps bei Funktionsanpassungen

Lösung

1. Die Bilder zeigen Profile. Verbinden Sie diese jeweils mit dem Funktionsterm, dessen Graph das Profil möglichst gut darstellt.

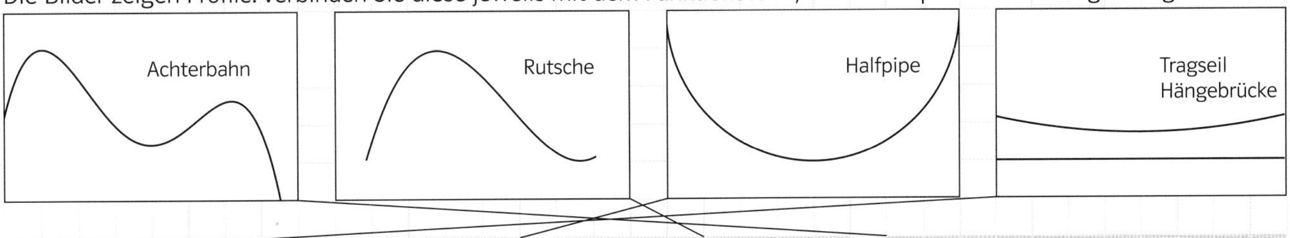

$f(x) = 2{,}7 \cdot 10^{-4}x^2 + 77$ | $f(x) = -\sqrt{16 - x^2} + 4$ | $f(x) = 0{,}1x^3 - 0{,}8x^2 + x + 2{,}6$ | $f(x) = -0{,}005x^4 + 0{,}03x^3 + 0{,}2x^2 - x$

2. Die Messwerte der folgenden Wachstumsvorgänge sind jeweils in einer Tabelle angegeben. Zeichnen Sie die Tabellenwerte in das jeweilige Koordinatensystem ein und skizzieren Sie die Graphen. Geben Sie an, mit welcher der angegebenen Funktionen – bei geeigneter Parameterwahl – das Wachstum modelliert werden kann. Beschreiben Sie kurz die wesentlichen Eigenschaften des jeweiligen Wachstumsvorgangs.

Mögliche Funktionstypen: $f\colon x \mapsto a + bx$; $f\colon x \mapsto a - be^{-cx}$; $f\colon x \mapsto ae^{bx}$

a) Im Wasser eines Sees werden Bakterien festgestellt, die sich täglich um etwa 8% vermehren.

Zeit t in d	0	2	4	8	10	12
Anzahl	200	265	350	613	811	1073

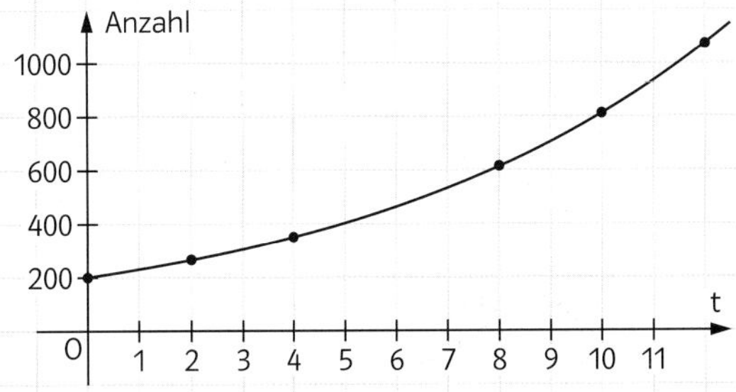

Funktion: $f\colon x \mapsto ae^{bx}$
Beschreibung: f wächst zunehmend und immer schneller.

b) Je tiefer man in einem See taucht, desto stärker wird der Druck. An der Wasseroberfläche wirkt nur der dort herrschende Luftdruck.

Tiefe x in m	0	2	4	6	8	10
Druck p in bar	1,0	1,2	1,4	1,6	1,8	2,0

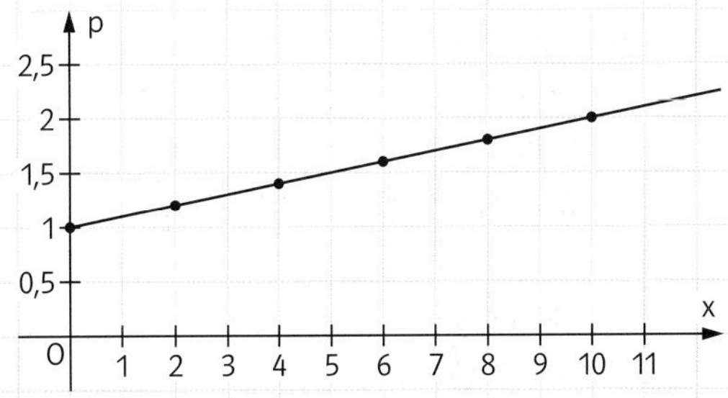

Funktion: $f\colon x \mapsto a + bx$
Beschreibung: f wächst linear.

c) Ein 6 °C kalter Saft erwärmt sich nach dem Herausnehmen aus einem Kühlschrank auf die Raumtemperatur von 20 °C.

Zeit t in min	0	2	4	8	12	16
Temperatur T in °C	5,0	11,7	15,5	18,6	19,6	19,9

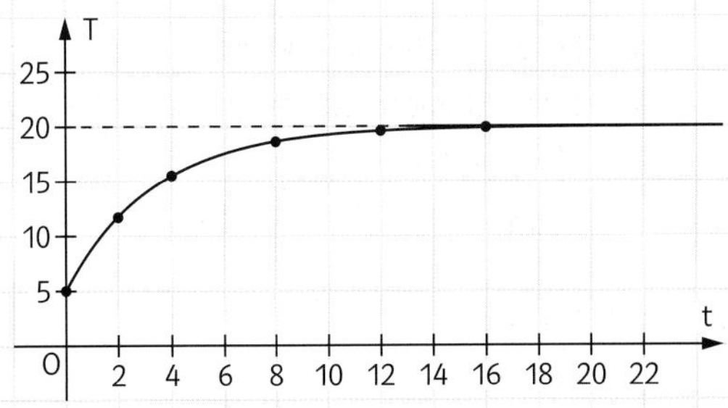

Funktion: $f\colon x \mapsto a - be^{-cx}$
Beschreibung: f wächst anfangs stark und ist beschränkt.

3. Udo hat bei Aufgabe 2 andere Funktionsterme gewählt. Diese sind in den angegebenen Bereichen zwar naheliegend, jedoch leider falsch. Begründen Sie kurz, warum seine Funktionstypen für positive x-Werte grundsätzlich nicht geeignet sein können.

Größe	Anzahl (Bakterien)	Druck (Wasser)	Temperatur (Saft)
Udos Funktionsterm	$f\colon x \mapsto 0{,}03\,x^2\,(x - 18)$	$f\colon x \mapsto 13 \sin\left(\frac{\pi}{200}\,x\right)$	$f\colon x \mapsto 4{,}5\,\sqrt{x}$
Graph	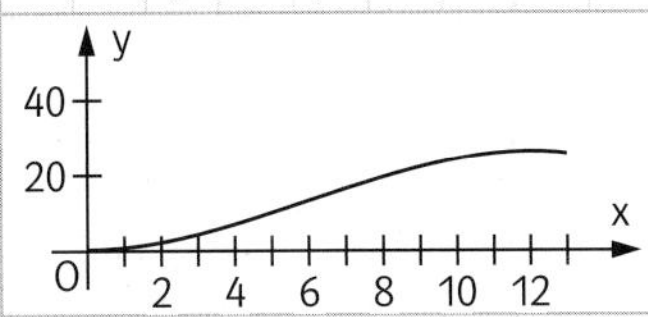	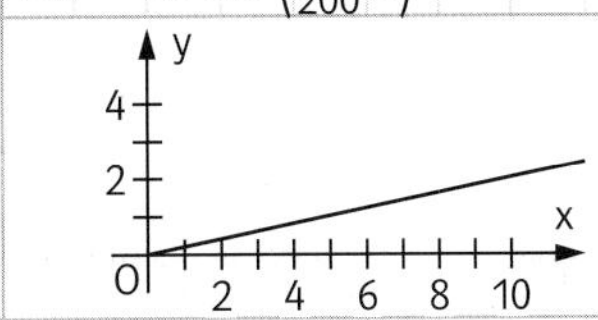	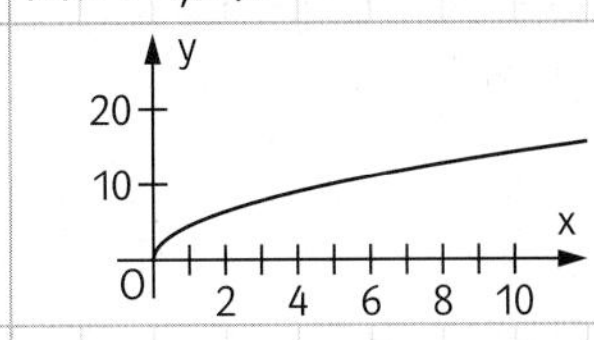
Begründung, warum ungeeignet	Funktion nimmt bei wachsenden x wieder ab.	Funktion ist periodisch für x und nicht linear.	Funktion wächst für größere x auch über den Wert 20 hinaus.

© Als Kopiervorlage für den Unterricht freigegeben. Ernst Klett Verlag GmbH, Stuttgart 2013.

Zum Umgang mit der Abitur-Lernkartei

Um das Abitur in Mathematik erfolgreich bestehen zu können, muss man eine Vielzahl von Sätzen, Definitionen, Vorgehensweisen und Regeln beherrschen.
Diese Abitur-Lernkartei will den Weg dorthin erleichtern. Da die Karteikarten häufig benutzt werden sollen, empfiehlt es sich, für diese festeres Papier bzw. einen dünnen Karton zu verwenden.
Als Grundlage für den Inhalt der Karteikarten dienten die Rückblickseiten aus dem Band für Jahrgangsstufe 11, aber in einem praktischen, lernfreundlichen Format neu aufbereitet und wohl portioniert. Der vermittelte Stoff kann so jederzeit unabhängig vom Schülerbuch wiederholt und vertieft werden.
Um die Karten besonders lernfreundlich zu gestalten, werden die theoretischen Teile ergänzt durch grau hinterlegte Abschnitte, welche einfache Anschauungsbeispiele, Graphiken oder Ähnliches enthalten.
Da abiturrelevante Inhalte der Stochastik auch in Jahrgangsstufe 8 und 9 behandelt werden, beziehen sich die Stochastik-Karten nicht nur auf Inhalte der 11. Jahrgangsstufe.
Sinnvollerweise sollten die Karten immer im Anschluss an die Behandlung des Sachgegenstandes oder des jeweiligen Kapitels zur Kartei hinzukommen. Damit wächst die Sammlung kontinuierlich bis zum Abitur und ermöglicht ein langfristiges, stetiges Wiederholen wichtiger Themen bis zum Abitur.
Natürlich wird es für Jahrgangsstufe 12 eine Fortsetzung geben.

Gebrochen rationale Funktionen — 11/I

Funktionen der Form $f: x \mapsto \frac{p(x)}{q(x)}$ mit zwei Polynomen $p(x)$ und $q(x)$ heißen gebrochen rationale Funktionen.

Die Nullstellen des Zählerpolynoms $p(x)$ sind die **Nullstellen der Funktion**.
Die Nullstellen des Nennerpolynoms $q(x)$ sind nicht in der Definitionsmenge D_f enthalten, man nennt sie **Definitionslücken**.

$f(x) = \frac{3-x}{x+1}$

Zählerpolynom $p(x) = 3 - x$ — Nullstelle der Funktion f: $p(x) = 0 \Rightarrow 3 - x = 0 \Rightarrow x = 3$

Nennerpolynom $q(x) = x + 1$ — Definitionslücke der Funktion f: $q(x) = 0 \Rightarrow x + 1 = 0 \Rightarrow x = -1$

Definitionsmenge: $D_f = \mathbb{R}\setminus\{-1\}$

© Als Kopiervorlage für den Unterricht freigegeben. Ernst Klett Verlag GmbH, Stuttgart 2013.

Polstellen gebrochen rationaler Funktionen, senkrechte Asymptoten — 11/I

Wenn an einer Definitionslücke x_0 einer gebrochen rationalen Funktion f

$\lim_{x \underset{<}{\to} x_0} f(x) = +\infty$ oder $\lim_{x \underset{<}{\to} x_0} f(x) = -\infty$

und $\lim_{x \underset{>}{\to} x_0} f(x) = +\infty$ oder $\lim_{x \underset{>}{\to} x_0} f(x) = -\infty$

gilt, so nennt man die Definitionslücke x_0 eine **Polstelle von f** und die Gerade mit der Gleichung $x = x_0$ **senkrechte Asymptote des Graphen von f.**

(1) $f(x) = \frac{1}{x-1}$ mit $D = \mathbb{R}\setminus\{1\}$

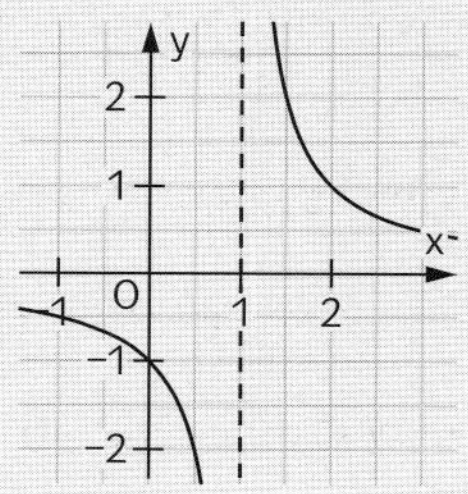

Polstelle mit Vorzeichenwechsel; senkrechte Asymptote bei x = 1

(2) $g(x) = \frac{1}{(x-1)^2}$ mit $D = \mathbb{R}\setminus\{1\}$

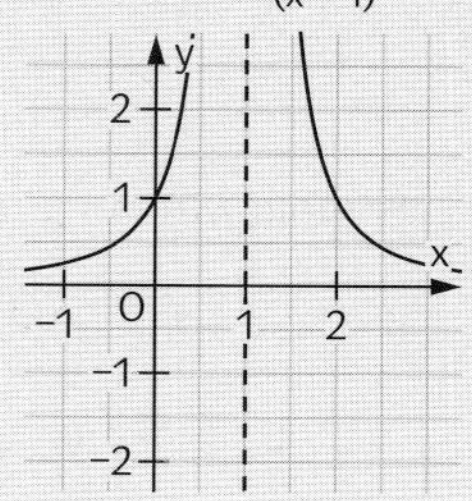

Polstelle ohne Vorzeichenwechsel; senkrechte Asymptote bei x = 1

© Als Kopiervorlage für den Unterricht freigegeben. Ernst Klett Verlag GmbH, Stuttgart 2013.

Waagrechte und schräge Asymptoten bei gebrochen rationalen Funktionen — 11/I

Der Graph einer gebrochen rationalen Funktion f mit $f(x) = \frac{p(x)}{q(x)}$, wobei z der Grad von p und n der Grad von q ist, hat für $x \to \pm\infty$ im Fall

- $z < n$ die x-Achse als waagrechte Asymptote;

$f(x) = \frac{x}{x^2-2}$ Es gilt: $z = 1$; $n = 2$

- $z = n$ eine waagrechte Asymptote (nicht die x-Achse);

$f(x) = \frac{x^2}{x^2-2}$ Es gilt: $z = 2$; $n = 2$; waagrechte Asymptote bei $y = 1$

- $z = n+1$ eine schräge Asymptote;

$f(x) = \frac{x^2-2}{x-1}$ Es gilt: $z = 2$; $n = 1$ Polynomdivision liefert: $f(x) = x + 1 - \frac{1}{x-1}$ also schräge Asymptote $y = x + 1$

- $z > n+1$ keine waagrechte oder schräge Asymptote.

$f(x) = \frac{x^4-2}{x^2-1}$ Es gilt: $z = 4$; $n = 2$

© Als Kopiervorlage für den Unterricht freigegeben. Ernst Klett Verlag GmbH, Stuttgart 2013.

Behebbare Definitionslücken gebrochen rationaler Funktionen — 11/I

Gilt für eine Funktion f $\lim\limits_{x \underset{<}{\to} x_0} f(x) = a$ **und** $\lim\limits_{x \underset{>}{\to} x_0} f(x) = a$,

so schreibt man in zusammenfassender Form: $\lim\limits_{x \to x_0} f(x) = a$.

Ist x_0 Definitionslücke von f, so heißt diese dann **(be-)hebbar**.

$f(x) = \frac{(x+1)(x-2)}{x-2} = x + 1$ (für $x \neq 2$)

Nullstelle des Nennerpolynoms: $x = 2 \Rightarrow D = \mathbb{R} \setminus \{2\}$
Die Nullstelle des Nennerpolynoms ist auch Nullstelle des Zählerpolynoms.
$\Rightarrow$ Der Faktor $(x - 2)$ lässt sich kürzen.
$\Rightarrow$ $f(x) = x + 1$ (für $x \neq 2$)
und $\lim\limits_{x \to 2} f(x) = 3$

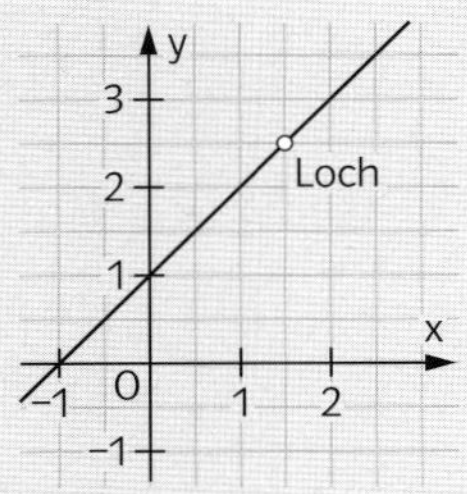

© Als Kopiervorlage für den Unterricht freigegeben. Ernst Klett Verlag GmbH, Stuttgart 2013.

Differenzenquotient, mittlere Änderungsrate — 11/II

Ist die Funktion f auf dem Intervall [a;b] definiert, so heißt $\frac{f(b) - f(a)}{b - a}$ der **Differenzenquotient** oder die **mittlere Änderungsrate** von f im Intervall [a;b].
Anschaulich entspricht $m = \frac{f(b) - f(a)}{b - a}$ der Steigung der Sekante durch die Graphenpunkte $P(a \mid f(a))$ und $Q(b \mid f(b))$.

$f(x) = 0{,}25x^2 + 1$; $I = [0;3]$
$\Rightarrow$ $f(0) = 1$ und $f(3) = 3{,}25$
$m = \frac{f(3) - f(0)}{3 - 0} = \frac{3{,}25 - 1}{3 - 0} = \frac{2{,}25}{3} = \frac{3}{4}$

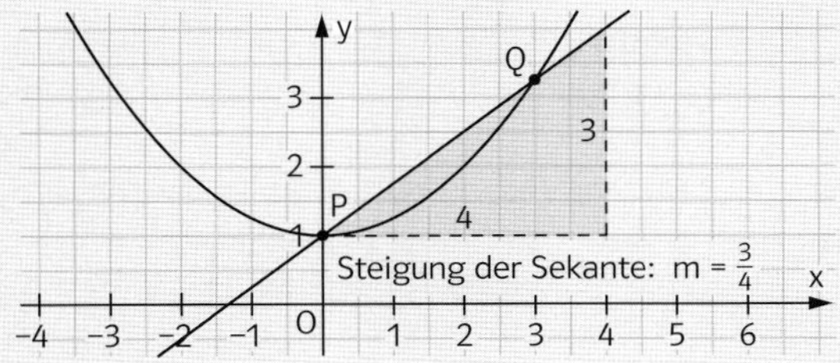

© Als Kopiervorlage für den Unterricht freigegeben. Ernst Klett Verlag GmbH, Stuttgart 2013.

Differentialquotient, lokale Änderungsrate — 11/II

Wenn für eine Funktion f an der Stelle x_0 der Grenzwert $\lim\limits_{x \to x_0} \frac{f(x) - f(x_0)}{x - x_0}$ der mittleren Änderungsrate existiert, dann heißt er **Differentialquotient** oder **lokale (momentane) Änderungsrate** von f an der Stelle x_0 und wird meist mit m_{x_0} bezeichnet.
Anschaulich entspricht $\lim\limits_{x \to x_0} \frac{f(x) - f(x_0)}{x - x_0}$ der Tangentensteigung im Punkt $P_0(x_0 \mid f(x_0))$.
Die Tangentensteigung wird als **Steigung des Graphen** im jeweiligen Punkt bezeichnet.

$f(x) = 0{,}25x^2 + 1$
lokale Änderungsrate für $x = 2$:

$f'(x) = 2 \cdot 0{,}25x = 0{,}5x$
$\Rightarrow$ $m_2 = f'(2) = 0{,}5 \cdot 2 = 1$

Die Tangentensteigung in $P_0(2 \mid f(2))$ beträgt also 1.

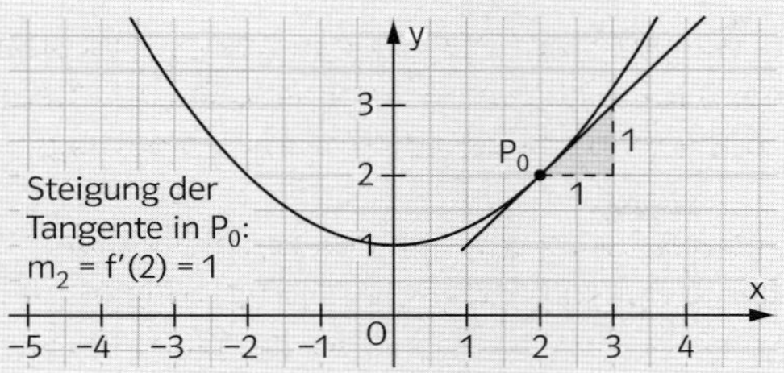

© Als Kopiervorlage für den Unterricht freigegeben. Ernst Klett Verlag GmbH, Stuttgart 2013.

Differenzierbarkeit — 11/II

Wenn eine Funktion f an der Stelle x_0 den Differentialquotienten bzw. die lokale Änderungsrate $m_{x_0} = \lim\limits_{x \to x_0} \frac{f(x) - f(x_0)}{x - x_0}$ besitzt, so heißt f **an der Stelle x_0 differenzierbar**.
Man nennt den Grenzwert m_{x_0} die **Ableitung von f an der Stelle x_0** und schreibt $m_{x_0} = f'(x_0)$. Ist eine Funktion f **für alle** Werte x_0 aus einem Intervall I **differenzierbar**, so nennt man f eine auf I **differenzierbare Funktion**.

Die Funktion $f: x \mapsto x^3 - 2x^2 - x + 1$ ist für alle $x \in \mathbb{R}$ differenzierbar.

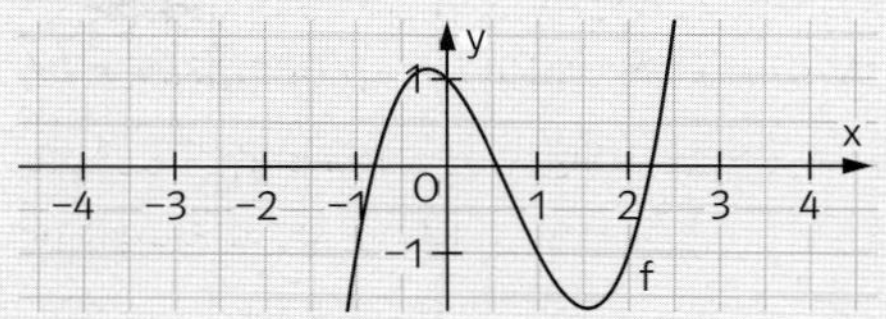

Die Funktion
$h: x \mapsto \begin{cases} -(x+3)^2 + 1; & \text{falls } x < -3 \\ 2\,|x + 2| - 1{,}5; & \text{falls } x \geqq -3 \end{cases}$
ist für $x_1 = -3$ **(„Sprungstelle")** und $x_2 = -2$ **(„Knick")** nicht differenzierbar.

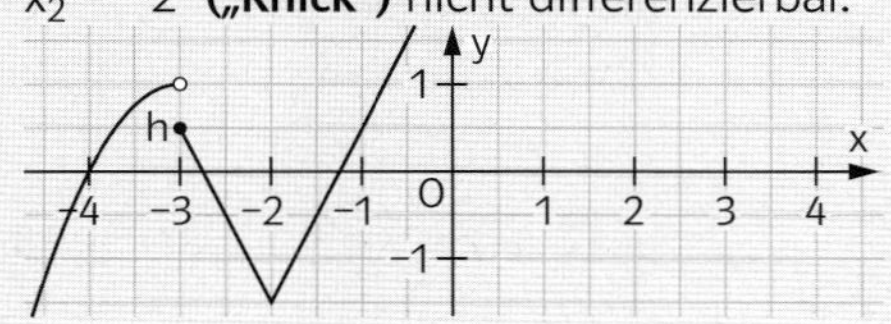

© Als Kopiervorlage für den Unterricht freigegeben. Ernst Klett Verlag GmbH, Stuttgart 2013.

Ableitungsfunktion, Stammfunktion **11/II**

Zu einer Funktion f heißt die Funktion $f'\colon x \mapsto f'(x)$ die **Ableitungsfunktion** oder kurz die **Ableitung von f**.

Eine Funktion F heißt eine **Stammfunktion** der Funktion f, wenn im gemeinsamen Definitionsbereich gilt: $F'(x) = f(x)$

Funktion: $f\colon x \mapsto x^3 - 2x^2 - x + 1$

Ableitung: $f'\colon x \mapsto 3x^2 - 4x - 1$

Stammfunktion: $F\colon x \mapsto \frac{1}{4}x^4 - \frac{2}{3}x^3 - \frac{1}{2}x^2 + x$

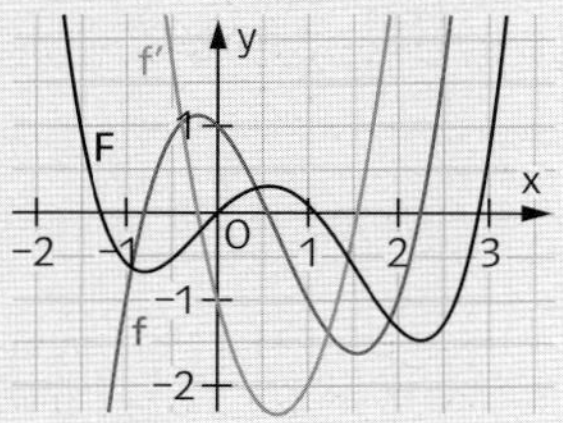

© Als Kopiervorlage für den Unterricht freigegeben. Ernst Klett Verlag GmbH, Stuttgart 2013.

Ableitungsregeln **11/II**

(1) Potenzfunktionen: $f(x) = x^n \Rightarrow f'(x) = n \cdot x^{n-1}$ $(n \in \mathbb{Z})$

(2) Summenregel: $f(x) = g(x) + h(x) \Rightarrow f'(x) = g'(x) + h'(x)$

(3) Faktorregel: $f(x) = c \cdot g(x) \Rightarrow f'(x) = c \cdot g'(x)$ $(c \in \mathbb{R})$

(4) Produktregel: $f(x) = u(x) \cdot v(x) \Rightarrow f'(x) = u'(x) \cdot v(x) + u(x) \cdot v'(x)$

(5) Quotientenregel: $f(x) = \frac{u(x)}{v(x)} \Rightarrow f'(x) = \frac{u'(x) \cdot v(x) - u(x) \cdot v'(x)}{[v(x)]^2}$

(1) $f(x) = \frac{1}{x^3} = x^{-3} \Rightarrow f'(x) = -3 \cdot x^{-4} = -\frac{3}{x^4}$

(2) $f(x) = x^2 - x \Rightarrow f'(x) = 2x - 1$

(3) $f(x) = 3x^2 \Rightarrow f'(x) = 3 \cdot 2x = 6x$

(4) $f(x) = x^2 \cdot (2x^3 - 5x) \Rightarrow f'(x) = 2x \cdot (2x^3 - 5x) + x^2 \cdot (6x^2 - 5)$
$= 4x^4 - 10x^2 + 6x^4 - 5x^2 = 10x^4 - 15x^2$

(5) $f(x) = \frac{2x}{x-1} \Rightarrow f'(x) = \frac{2 \cdot (x-1) - 2x \cdot 1}{(x-1)^2} = \frac{2x - 2 - 2x}{(x-1)^2} = \frac{-2}{(x-1)^2}$

© Als Kopiervorlage für den Unterricht freigegeben. Ernst Klett Verlag GmbH, Stuttgart 2013.

Monotonie **11/III**

Wenn für eine Funktion f für alle x_1, x_2 aus einem Intervall I des Definitionsbereichs mit $x_1 < x_2$ gilt

- $f(x_1) < f(x_2)$, dann heißt f **streng monoton zunehmend** in I,
- $f(x_1) > f(x_2)$, dann heißt f **streng monoton abnehmend** in I.

Gilt

- $f(x_1) \leqq f(x_2)$, so heißt f **monoton zunehmend** in I,
- $f(x_1) \geqq f(x_2)$, so heißt f **monoton abnehmend** in I.

Monotoniekriterium:
Die Funktion f sei im Intervall I differenzierbar. Wenn für alle $x \in I$ gilt

- $f'(x) > 0$, dann ist f **streng monoton zunehmend** in I,
- $f'(x) < 0$, dann ist f **streng monoton abnehmend** in I.

$f\colon x \mapsto \frac{1}{2}x^3 - \frac{1}{8}x^4$; $D_f = \mathbb{R}$
f ist streng monoton zunehmend für $x \in]-\infty; 3]$.
f ist streng monoton abnehmend für $x \in [3; +\infty[$.

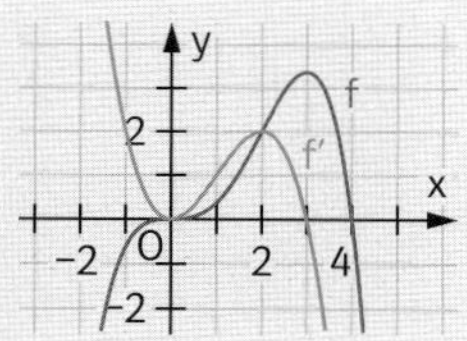

© Als Kopiervorlage für den Unterricht freigegeben. Ernst Klett Verlag GmbH, Stuttgart 2013.

Extremwerte **11/III**

Wenn es eine Umgebung $U(x_0)$ gibt, so dass für alle Werte $x \in U(x_0)$ aus dem Definitionsbereich gilt

- $f(x) \leqq f(x_0)$, dann heißt der Funktionswert $f(x_0)$ **lokales Maximum**,
- $f(x) \geqq f(x_0)$, dann heißt der Funktionswert $f(x_0)$ **lokales Minimum** von f.

Ist der Funktionswert $f(x_0)$ ein Maximum oder Minimum, nennt man ihn auch **Extremwert** und x_0 eine **Extremstelle**.
Der Punkt $P_0(x_0 \mid f(x_0))$ des zu f gehörenden Graphen heißt **Extrempunkt**. Im Falle des Maximums heißt P_0 **Hochpunkt**, im Falle des Minimums heißt P_0 **Tiefpunkt**.

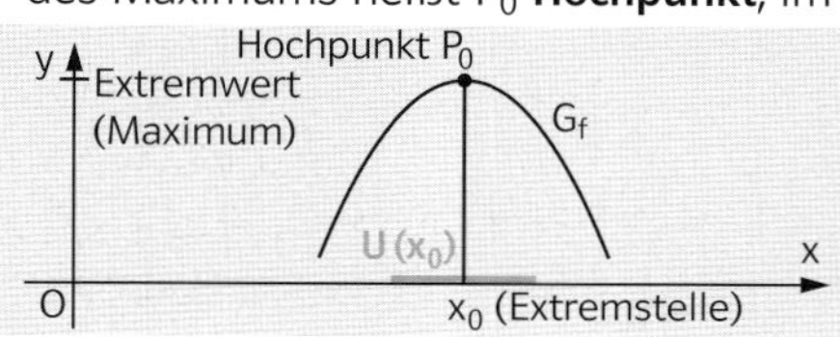

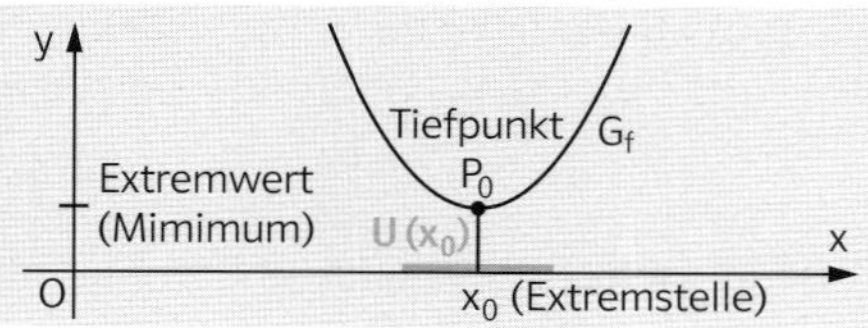

Gilt die Bedingung $f(x) \leqq f(x_0)$ bzw. $f(x) \geqq f(x_0)$ **für alle Werte x** aus dem Definitionsbereich, dann heißt $f(x_0)$ auch **globales** oder **absolutes Maximum** von f bzw. **globales** oder **absolutes Minimum** von f in D_f.

© Als Kopiervorlage für den Unterricht freigegeben. Ernst Klett Verlag GmbH, Stuttgart 2013.

Bedingung für Extremwerte

Die Funktion f sei auf einem Intervall $I =]a;b[$ differenzierbar und x_0 eine innere Stelle von I.
Wenn $\mathbf{f'(x_0) = 0}$ und **f'** bei x_0 einen **Vorzeichenwechsel**
- von + nach − hat, dann hat die Funktion f ein lokales Maximum,
- von − nach + hat, dann hat die Funktion f ein lokales Minimum

an der Stelle x_0.

$f(x) = \frac{1}{3}x^3 - x^2 - 8x \Rightarrow f'(x) = x^2 - 2x - 8$

Suche nach Extremstellen: $f'(x) = 0 \Rightarrow x^2 - 2x - 8 = 0 \Rightarrow x_1 = -2$ und $x_2 = 4$

f': $f' > 0$ | −2 | $f' < 0$ | 4 | $f' > 0$

f: ↗ Max ↘ Min ↗

$\Rightarrow$ lokales Maximum bei $x = -2$: $f(-2) = 9\frac{1}{3} \Rightarrow$ Hochpunkt $H\left(-2 \middle| 9\frac{1}{3}\right)$

$\Rightarrow$ lokales Minimum bei $x = 4$: $f(4) = -26\frac{2}{3} \Rightarrow$ Tiefpunkt $T\left(4 \middle| -26\frac{2}{3}\right)$

© Als Kopiervorlage für den Unterricht freigegeben. Ernst Klett Verlag GmbH, Stuttgart 2013.

Funktionsuntersuchungen rationaler Funktionen

a) **Definitionslücken:** Nullstellen des Nennerpolynoms
b) **Symmetrieeigenschaften:** – Achsensymmetrie bezüglich y-Achse: $f(-x) = f(x)$
– Punktsymmetrie bezüglich Ursprung: $f(-x) = -f(x)$
c) **Nullstellen**: $f(x) = 0$
d) **Schnittpunkte mit der y-Achse:** Berechnen von $f(0)$
e) **Asymptoten:**
– senkrechte Asymptoten: bei Nullstellen des Nennerpolynoms, die keine Nullstellen des Zählerpolynoms sind
– waagrechte Asymptote: Zählergrad $z \leq$ Nennergrad n
– schräge Asymptote: $z = n + 1$
f) **Extremwerte:** $f'(x_0) = 0$ und f' hat bei x_0 einen Vorzeichenwechsel.
g) **Monotonie:** f streng monoton zunehmend, wenn $f'(x) > 0$.
f streng monoton abnehmend, wenn $f'(x) < 0$.

Umgekehrt lassen sich aus vorgegebenen Eigenschaften einer Funktion und ihres Graphen mögliche Funktionsterme ermitteln.

© Als Kopiervorlage für den Unterricht freigegeben. Ernst Klett Verlag GmbH, Stuttgart 2013.

Newton-Verfahren

Hat die differenzierbare Funktion f eine Nullstelle x^*, so kann diese näherungsweise mit dem Newton-Verfahren ermittelt werden. Ist x_0 ein sinnvoll gewählter Näherungswert für die Nullstelle x^*, so kann man x_0 sukzessive verbessern durch die Iterationsvorschrift:

$$x_{n+1} = x_n - \frac{f(x_n)}{f'(x_n)} \quad \text{mit } f'(x) \neq 0.$$

$f(x) = \frac{1}{6}x^3 - x^2 + 2$

$f(x) = 0$

Startwert $x_0 = 1 \Rightarrow f(1) = \frac{7}{6};\ f'(1) = -\frac{3}{2}$

Erster Iterationsschritt:

$x_1 = x_0 - \frac{f(x_0)}{f'(x_0)} = 1 - \frac{\frac{7}{6}}{-\frac{3}{2}} = \frac{16}{9}$

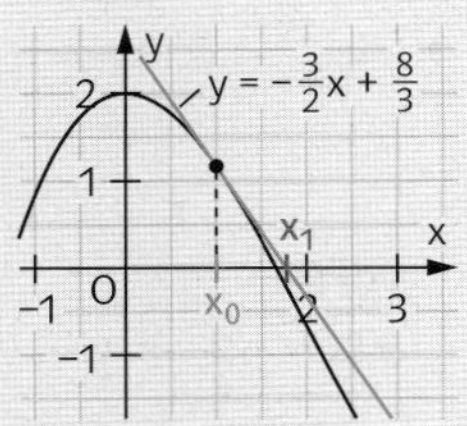

© Als Kopiervorlage für den Unterricht freigegeben. Ernst Klett Verlag GmbH, Stuttgart 2013.

Das dreidimensionale Koordinatensystem

Zur Beschreibung der Lage von Punkten im Raum benötigt man ein dreidimensionales Koordinatensystem.

Die Achsen x_1, x_2 und x_3 stehen paarweise aufeinander senkrecht.

Die drei zugehörigen Koordinatenebenen zerlegen den Raum in acht Oktanten I bis VIII:

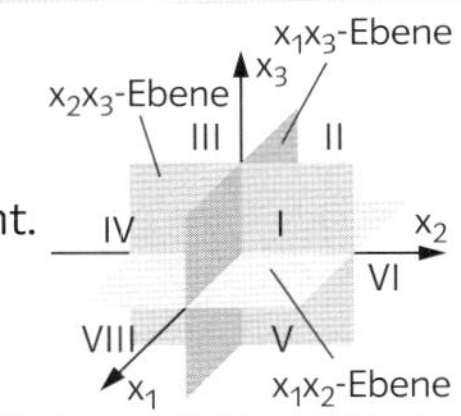

Vektoren

Die Menge aller zueinander paralleler, gleich langer und gleich gerichteter Pfeile bezeichnet man als **Vektor**. Jeder einzelne Pfeil heißt **Repräsentant** des Vektors.

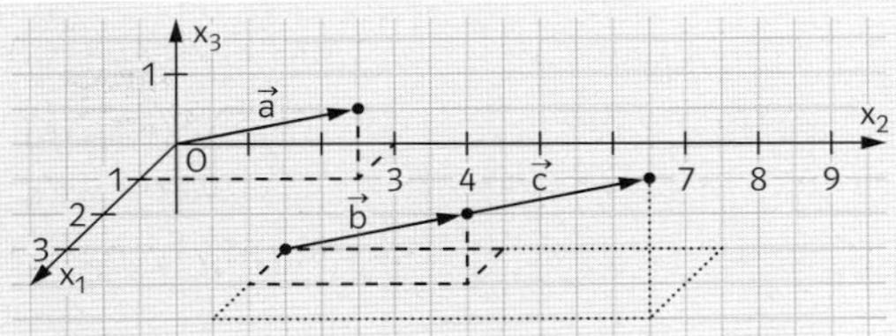

$\vec{a}$, $\vec{b}$ und $\vec{c}$ sind Repräsentanten desselben Vektors.

© Als Kopiervorlage für den Unterricht freigegeben. Ernst Klett Verlag GmbH, Stuttgart 2013.

Addition und Subtraktion von Vektoren, Multiplikation mit einer Zahl

11/IV

Zwei Vektoren $\vec{a}$ und $\vec{b}$ werden **addiert** bzw. **subtrahiert**, indem jeweils die gleichartigen Koordinaten addiert bzw. subtrahiert werden.

$\vec{a} = \begin{pmatrix} 1 \\ -1 \\ 2 \end{pmatrix}; \vec{b} = \begin{pmatrix} 5 \\ 1 \\ 0 \end{pmatrix}$

$\vec{a} + \vec{b} = \begin{pmatrix} 1 \\ -1 \\ 2 \end{pmatrix} + \begin{pmatrix} 5 \\ 1 \\ 0 \end{pmatrix} = \begin{pmatrix} 1+5 \\ -1+1 \\ 2+0 \end{pmatrix} = \begin{pmatrix} 6 \\ 0 \\ 2 \end{pmatrix}$

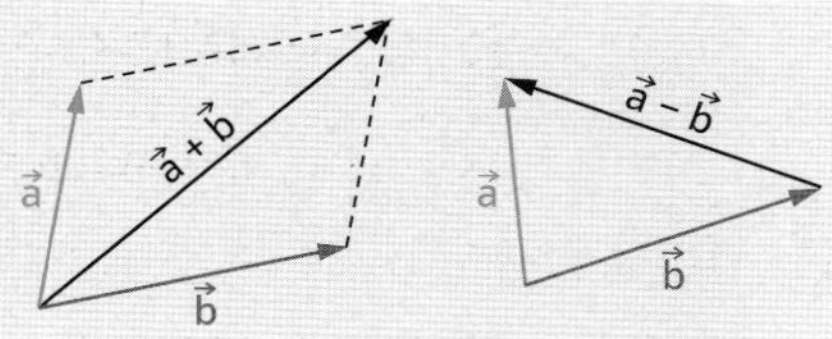

Das **r-Fache eines Vektors** erhält man, indem man jede Koordinate mit r multipliziert.

$\vec{a} = \begin{pmatrix} 1 \\ 3 \\ 2 \end{pmatrix}; r = -2$

$\Rightarrow \quad -2 \cdot \begin{pmatrix} 1 \\ 3 \\ 2 \end{pmatrix} = \begin{pmatrix} -2 \\ -6 \\ -4 \end{pmatrix}$

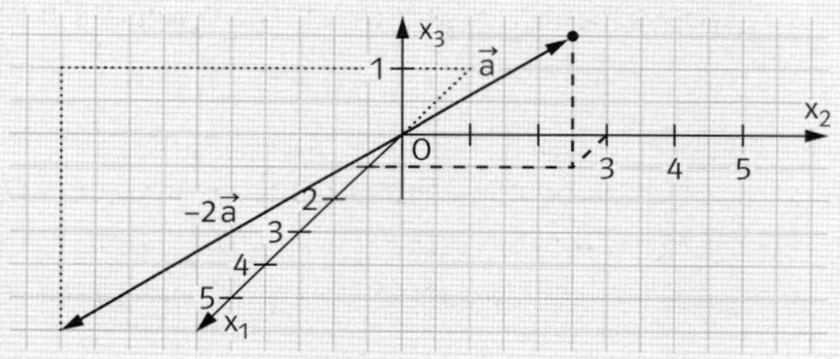

© Als Kopiervorlage für den Unterricht freigegeben. Ernst Klett Verlag GmbH, Stuttgart 2013.

Linearkombination

11/IV

Einen Term wie $r_1 \cdot \vec{a_1} + r_2 \cdot \vec{a_2} + \ldots + r_n \cdot \vec{a_n}$ $(n \in \mathbb{N})$ nennt man eine **Linearkombination** der Vektoren $\vec{a_1}, \vec{a_2}, \ldots, \vec{a_n}$; die reellen Zahlen $r_1, r_2, \ldots, r_n$ heißen **Koeffizienten**.

(1) $2 \cdot \vec{a} + 3 \cdot \vec{b}$ ist eine Linearkombination der Vektoren $\vec{a}$ und $\vec{b}$.

Veranschaulichung:

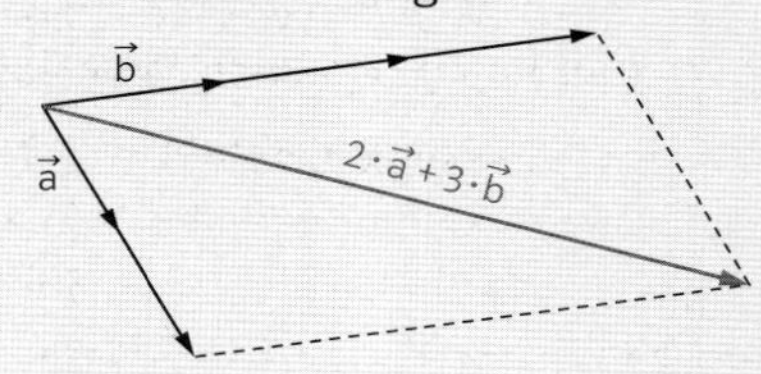

(2) $5 \cdot \vec{a} - 1 \cdot \vec{b} + 7 \cdot \vec{c}$ ist eine Linearkombination der Vektoren $\vec{a}$, $\vec{b}$ und $\vec{c}$.

© Als Kopiervorlage für den Unterricht freigegeben. Ernst Klett Verlag GmbH, Stuttgart 2013.

Betrag eines Vektors

11/IV

Unter dem Betrag eines Vektors $\vec{a}$ versteht man die Länge eines zu $\vec{a}$ gehörenden Repräsentanten. Der Betrag von $\vec{a}$ wird mit $|\vec{a}|$ bezeichnet.

Für $\vec{a} = \begin{pmatrix} a_1 \\ a_2 \\ a_3 \end{pmatrix}$ gilt: $|\vec{a}| = \sqrt{a_1^2 + a_2^2 + a_3^2}$

Einen Vektor mit dem Betrag 1 nennt man **Einheitsvektor**.
Ist $\vec{a} \neq \vec{o}$, so bezeichnet man mit $\vec{a_0}$ den zu $\vec{a}$ gehörenden Einheitsvektor.
Er hat die gleiche Richtung wie $\vec{a}$. Es gilt: $\vec{a_0} = \frac{1}{|\vec{a}|} \cdot \vec{a}$

$\vec{a} = \begin{pmatrix} 2 \\ 1 \\ -2 \end{pmatrix} \quad \Rightarrow \quad |\vec{a}| = \sqrt{2^2 + 1^2 + (-2)^2} = \sqrt{9} = 3$

Einheitsvektor $\vec{a_0} = \frac{1}{3} \cdot \begin{pmatrix} 2 \\ 1 \\ -2 \end{pmatrix}$

© Als Kopiervorlage für den Unterricht freigegeben. Ernst Klett Verlag GmbH, Stuttgart 2013.

Skalarprodukt, Winkel zwischen Vektoren $\vec{a}$ und $\vec{b}$

11/IV

Skalarprodukt: $\vec{a} \circ \vec{b} = |\vec{a}| \cdot |\vec{b}| \cdot \cos\varphi$

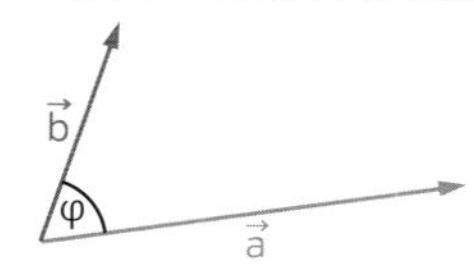

Koordinatendarstellung: $\vec{a} \circ \vec{b} = \begin{pmatrix} a_1 \\ a_2 \\ a_3 \end{pmatrix} \circ \begin{pmatrix} b_1 \\ b_2 \\ b_3 \end{pmatrix} = a_1 \cdot b_1 + a_2 \cdot b_2 + a_3 \cdot b_3$

Winkel zwischen $\vec{a}$ und $\vec{b}$: $\cos\varphi = \frac{a_1 \cdot b_1 + a_2 \cdot b_2 + a_3 \cdot b_3}{\sqrt{a_1^2 + a_2^2 + a_3^2} \cdot \sqrt{b_1^2 + b_2^2 + b_3^2}}$

Es gilt: $\vec{a} \perp \vec{b} \Leftrightarrow \vec{a} \circ \vec{b} = 0$ $\left(\text{für } \vec{a} \neq \vec{o};\ \vec{b} \neq \vec{o}\right)$

$\vec{a} = \begin{pmatrix} 2 \\ -3 \\ 4 \end{pmatrix}; \vec{b} = \begin{pmatrix} 3 \\ -2 \\ 1 \end{pmatrix} \quad \Rightarrow \quad \vec{a} \circ \vec{b} = \begin{pmatrix} 2 \\ -3 \\ 4 \end{pmatrix} \circ \begin{pmatrix} 3 \\ -2 \\ 1 \end{pmatrix} = 2 \cdot 3 + (-3) \cdot (-2) + 4 \cdot 1 = 16$

Winkel zwischen $\vec{a}$ und $\vec{b}$: $\cos\varphi = \frac{16}{\sqrt{2^2 + (-3)^2 + 4^2} \cdot \sqrt{3^2 + (-2)^2 + 1^2}}$

$\Rightarrow \quad \varphi \approx 37{,}43°$

© Als Kopiervorlage für den Unterricht freigegeben. Ernst Klett Verlag GmbH, Stuttgart 2013.

Vektorprodukt, Parallelogrammfläche und Spatvolumen

11/IV

Vektorprodukt von $\vec{a} = \begin{pmatrix} a_1 \\ a_2 \\ a_3 \end{pmatrix}$ und $\vec{b} = \begin{pmatrix} b_1 \\ b_2 \\ b_3 \end{pmatrix}$: $\vec{a} \times \vec{b} = \begin{pmatrix} a_2 b_3 - a_3 b_2 \\ a_3 b_1 - a_1 b_3 \\ a_1 b_2 - a_2 b_1 \end{pmatrix}$

Es gilt: $\vec{a} \times \vec{b} \perp \vec{a}$ und $\vec{a} \times \vec{b} \perp \vec{b}$

Der **Flächeninhalt** des von den Vektoren $\vec{a}$ und $\vec{b}$ aufgespannten **Parallelogramms** beträgt:

$A_{Parallelogramm} = |\vec{a} \times \vec{b}| = |\vec{a}| \cdot |\vec{b}| \cdot \sin\varphi$

Der von den Vektoren $\vec{a}$, $\vec{b}$ und $\vec{c}$ aufgespannte **Spat** hat das **Volumen** $V_{Spat} = |(\vec{a} \times \vec{b}) \circ \vec{c}|$.

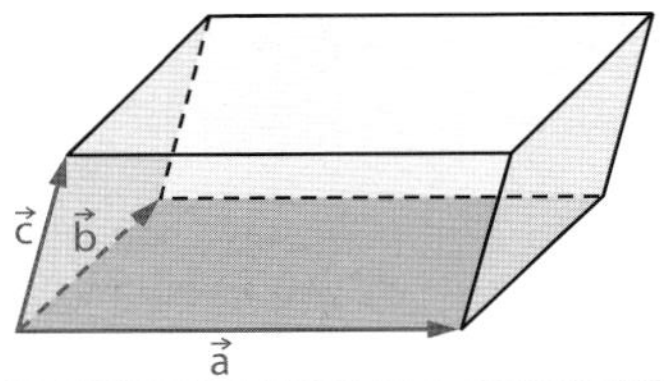

$\vec{a} = \begin{pmatrix} 2 \\ 1 \\ -2 \end{pmatrix}; \vec{b} = \begin{pmatrix} -3 \\ 0 \\ 1 \end{pmatrix} \Rightarrow \vec{a} \times \vec{b} = \begin{pmatrix} 1 \cdot 1 - (-2) \cdot 0 \\ -2 \cdot (-3) - 2 \cdot 1 \\ 2 \cdot 0 - 1 \cdot (-3) \end{pmatrix} = \begin{pmatrix} 1 \\ 4 \\ 3 \end{pmatrix}$

Flächeninhalt des von $\vec{a}$ und $\vec{b}$ aufgespannten Parallelogramms: $|\vec{a} \times \vec{b}| = \left|\begin{pmatrix} 1 \\ 4 \\ 3 \end{pmatrix}\right| = \sqrt{1^2 + 4^2 + 3^2} = \sqrt{26}$

© Als Kopiervorlage für den Unterricht freigegeben. Ernst Klett Verlag GmbH, Stuttgart 2013.

Kreis- bzw. Kugelgleichung

11/IV

Gleichung in Vektordarstellung: $(\vec{X} - \vec{M})^2 = r^2$

Gleichungen in Koordinatendarstellung:

Kreis: $(x_1 - m_1)^2 + (x_2 - m_2)^2 = r^2$

Kugel: $(x_1 - m_1)^2 + (x_2 - m_2)^2 + (x_3 - m_3)^2 = r^2$

Für $M(1|-3|0)$ und $r = 4$ lautet die Kugelgleichung

(1) in Vektordarstellung:

$\left(\vec{X} - \begin{pmatrix} 1 \\ -3 \\ 0 \end{pmatrix}\right)^2 = 4^2$

(2) in Koordinatendarstellung:

$(x_1 - 1)^2 + (x_2 + 3)^2 + (x_3 - 0)^2 = 4^2$

© Als Kopiervorlage für den Unterricht freigegeben. Ernst Klett Verlag GmbH, Stuttgart 2013.

Umkehrbarkeit, Umkehrfunktion

11/V

Eine Funktion $f: x \mapsto f(x)$ mit der Definitionsmenge D_f und der Wertemenge W_f heißt **umkehrbar**, falls es zu jedem $y \in W_f$ genau ein $x \in D_f$ mit $f(x) = y$ gibt. Ist die Funktion f umkehrbar, so ist die umgekehrte Zuordnung eine Funktion. Diese heißt **Umkehrfunktion** und wird mit $\mathbf{f^{-1}}$ bezeichnet.

Kriterium für die Umkehrbarkeit

Ist eine Funktion f streng monoton, so ist sie **umkehrbar**. Insbesondere ist jede differenzierbare Funktion f, für die **$f'(x) > 0$ für alle x in einem Intervall** (bzw. **$f'(x) < 0$ für alle x in einem Intervall**), in diesem Intervall umkehrbar.

$f(x) = x^2$ und $f'(x) = 2x$

$f'(x) > 0$ für $x > 0$; d.h. f ist umkehrbar auf dem Intervall $I =]0;+\infty[$

bzw.

$f'(x) < 0$ für $x < 0$; d.h. f ist umkehrbar auf dem Intervall $I =]-\infty;0[$.

Für alle $x \in \mathbb{R}$ ist f nicht umkehrbar, da zwei x-Werten die gleichen y-Werte zugeordnet werden; z.B. $f(-1) = 1 = f(1)$.

© Als Kopiervorlage für den Unterricht freigegeben. Ernst Klett Verlag GmbH, Stuttgart 2013.

Bestimmen der Umkehrfunktion

11/V

Bestimmen des Funktionsterms:

(1) Auflösen der Funktionsgleichung $y = f(x)$ nach x

(2) Variablentausch $x \longleftrightarrow y$, wobei nun $y = f^{-1}(x)$

Graph:

Die Graphen einer Funktion und ihrer Umkehrfunktion sind zueinander **symmetrisch** bzgl. der **Winkelhalbierenden** des I. und III. Quadranten.

Zusammenhang von Definitions- und Wertemenge:

Es gilt: $D_{f^{-1}} = W_f$ und $W_{f^{-1}} = D_f$

$f: x \mapsto (x - 2)^2$

f ist in $D_f =]2;+\infty[$ umkehrbar;

$W_f =]0;+\infty[$

(1) $\sqrt{y} = x - 2 \Rightarrow \sqrt{y} + 2 = x$

(2) $\sqrt{x} + 2 = y$; $f^{-1}: y = \sqrt{x} + 2$

mit $D_{f^{-1}} =]0;+\infty[$; $W_{f^{-1}} =]2;+\infty[$

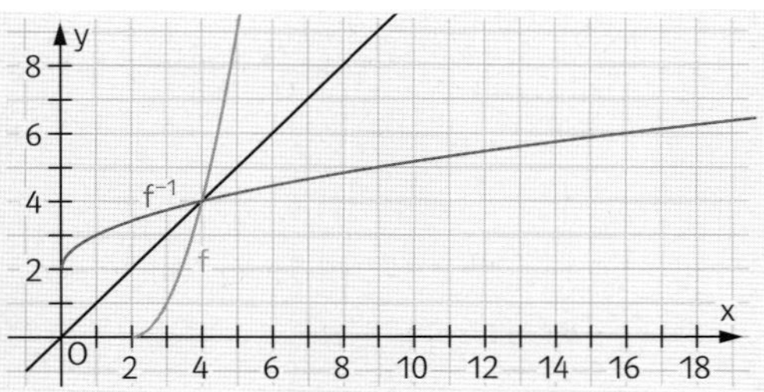

© Als Kopiervorlage für den Unterricht freigegeben. Ernst Klett Verlag GmbH, Stuttgart 2013.

Verkettung von Funktionen — 11/V

Für zwei Funktionen $v: x \mapsto v(x)$ und $u: x \mapsto u(x)$ heißt die Funktion $u \circ v: x \mapsto u(v(x))$ **Verkettung** oder **Hintereinanderausführung** der Funktionen u und v. v heißt **innere** und u **äußere** Funktion.

Es gilt im Allgemeinen: $u \circ v \neq v \circ u$
Die Verkettung zweier Funktionen ist also **nicht kommutativ**.

Umgekehrt lässt sich oft eine komplizierte Funktion f als Verkettung von einfacheren Funktionen u und v darstellen mit $f = u \circ v$ (Zerlegung einer Verkettung).

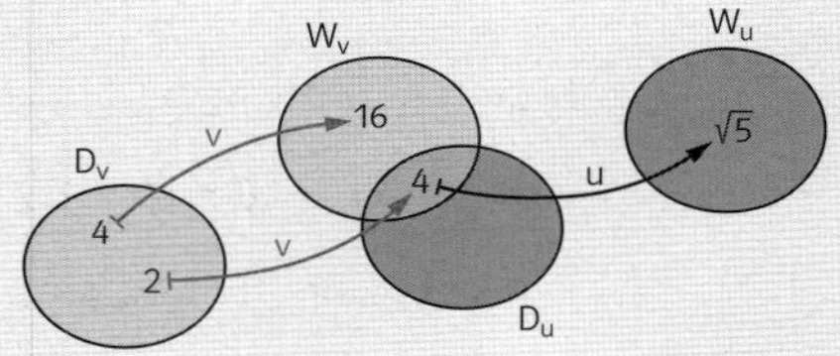

$v(x) = x^2$ und $u(x) = \sqrt{9 - x}$;
$D_v = \mathbb{R}$; $D_u =]-\infty; 9]$

$u(v(x)) = \sqrt{9 - x^2}$ mit $D_{u \circ v} = [-3; 3]$

jedoch

$v(u(x)) = (\sqrt{9 - x})^2 = 9 - x$ mit $D_{v \circ u} =]-\infty; 9]$

© Als Kopiervorlage für den Unterricht freigegeben. Ernst Klett Verlag GmbH, Stuttgart 2013.

Ableitung von verketteten Funktionen (Kettenregel) — 11/V

Ist $f = u \circ v$ eine Verkettung zweier differenzierbarer Funktionen u und v, so ist auch f differenzierbar.

Es gilt für $f(x) = (u \circ v)(x) = u(v(x))$:

$$f'(x) = (u \circ v)'(x) = u'(v(x)) \cdot v'(x)$$

(1) $f(x) = 4(5 - x^2)^3$; $v(x) = 5 - x^2$; $u(x) = 4x^3$ $\Rightarrow$ $v'(x) = -2x$; $u'(x) = 12x^2$

$\Rightarrow$ $f'(x) = 12(5 - x^2)^2 \cdot (-2x) = -24x(5 - x^2)^2$

(2) $f(x) = (2x - 1)^{\frac{2}{3}}$; $v(x) = 2x - 1$; $u(x) = x^{\frac{2}{3}}$ $\Rightarrow$ $v'(x) = 2$; $u'(x) = \frac{2}{3}x^{\frac{2}{3}-1} = \frac{2}{3}x^{-\frac{1}{3}}$

$\Rightarrow$ $f'(x) = \frac{2}{3}(2x - 1)^{-\frac{1}{3}} \cdot 2 = \frac{4}{3}(2x - 1)^{-\frac{1}{3}}$

(3) $f(x) = (\cos x)^2$; $v(x) = \cos x$; $u(x) = x^2$ $\Rightarrow$ $v'(x) = -\sin x$; $u'(x) = 2x$

$\Rightarrow$ $f'(x) = 2(\cos x) \cdot (-\sin x) = -2\cos x \sin x$

© Als Kopiervorlage für den Unterricht freigegeben. Ernst Klett Verlag GmbH, Stuttgart 2013.

Potenzfunktionen mit rationalen Exponenten und ihre Ableitung — 11/V

Funktionen der Form $f: x \mapsto a \cdot x^{\frac{p}{q}} = a \cdot \sqrt[q]{x^p}$ $(a \in \mathbb{R},\ p \in \mathbb{Z}$ und $q \in \mathbb{N})$ heißen **Potenzfunktionen mit rationalen Exponenten.**

Für die Ableitungsfunktion f′ gilt: $f'(x) = a \cdot \frac{p}{q} \cdot x^{\frac{p}{q} - 1}$

Für die Umkehrfunktion f^{-1} gilt: $f^{-1}(x) = \left(\frac{1}{a} \cdot x\right)^{\frac{q}{p}}$

$f(x) = 2 \cdot \sqrt[4]{x^3} = 2 \cdot x^{\frac{3}{4}}$

$\Rightarrow$ $f'(x) = 2 \cdot \frac{3}{4} \cdot x^{\frac{3}{4} - 1} = \frac{3}{2}x^{-\frac{1}{4}}$

und

$f^{-1}(x) = \left(\frac{1}{2} \cdot x\right)^{\frac{4}{3}}$

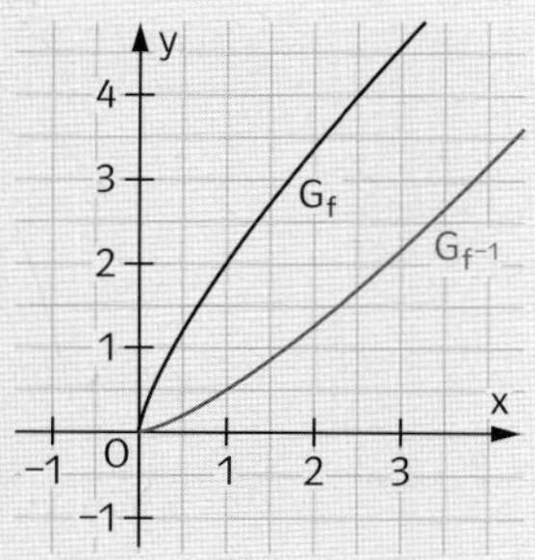

© Als Kopiervorlage für den Unterricht freigegeben. Ernst Klett Verlag GmbH, Stuttgart 2013.

Ableitung von trigonometrischen Funktionen — 11/V

Für die Funktion $f: x \mapsto \sin x$ gilt: $f'(x) = \cos x$
Für die Funktion $f: x \mapsto \cos x$ gilt: $f'(x) = -\sin x$

(1) $f(x) = \sin x + \cos x$
$\Rightarrow$ $f'(x) = \cos x - \sin x$

(2) $f(x) = x \cdot \sin x$
$\Rightarrow$ $f'(x) = 1 \cdot \sin x + x \cdot \cos x = \sin x + x \cdot \cos x$

(3) $f(x) = \tan x = \frac{\sin x}{\cos x}$

$\Rightarrow$ $f'(x) = \frac{\cos x \cdot \cos x - \sin x \cdot (-\sin x)}{(\cos x)^2} = \frac{(\cos x)^2 + (\sin x)^2}{(\cos x)^2} = \frac{1}{(\cos x)^2}$

© Als Kopiervorlage für den Unterricht freigegeben. Ernst Klett Verlag GmbH, Stuttgart 2013.

Die natürliche Exponentialfunktion 11/VI

Bei der natürlichen Exponentialfunktion f: $x \mapsto e^x$ ist die Euler'sche Zahl $e = 2{,}71828\ldots$ die Basis.

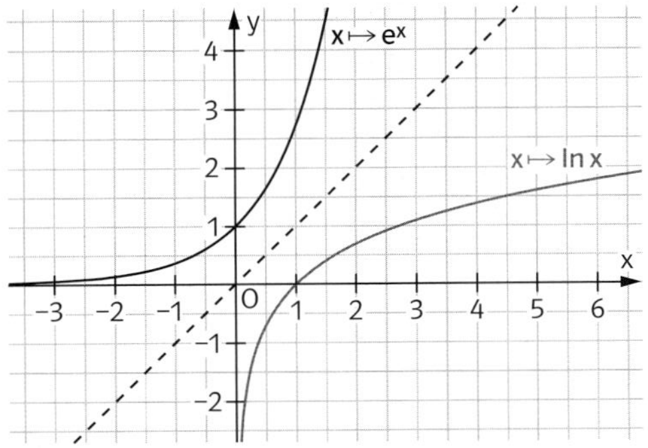

Es gilt:
- Ableitung: $f'(x) = e^x$
- Stammfunktion: $F(x) = e^x + c \quad (c \in \mathbb{R})$
- Umkehrfunktion: $f^{-1}(x) = \ln x \quad (\text{für } x \in \mathbb{R}^+)$

Die verkettete Funktion f: $x \mapsto e^{v(x)}$ hat die Ableitung $f'(x) = e^{v(x)} \cdot v'(x)$.

(1) $f(x) = 4e^x \quad \Rightarrow \quad f'(x) = 4e^x; \quad F(x) = 4e^x + c$

(2) $f(x) = e^{2x} \quad \Rightarrow \quad f'(x) = 2 \cdot e^{2x}; \quad F(x) = 0{,}5 \cdot e^{2x} + c$

(3) $f(x) = e^{-0{,}5x} \quad \Rightarrow \quad f'(x) = -0{,}5 \cdot e^{-0{,}5x}; \quad F(x) = -2 \cdot e^{-0{,}5x} + c$

© Als Kopiervorlage für den Unterricht freigegeben. Ernst Klett Verlag GmbH, Stuttgart 2013.

Die natürliche Logarithmusfunktion 11/VI

Die natürliche Logarithmusfunktion f: $x \mapsto \ln x$ (für $x \in \mathbb{R}^+$) ist die Umkehrfunktion der natürlichen Exponentialfunktion.
Die Euler'sche Zahl $e = 2{,}71828\ldots$ ist die Basis des natürlichen Logarithmus: $\ln x = \log_e x$

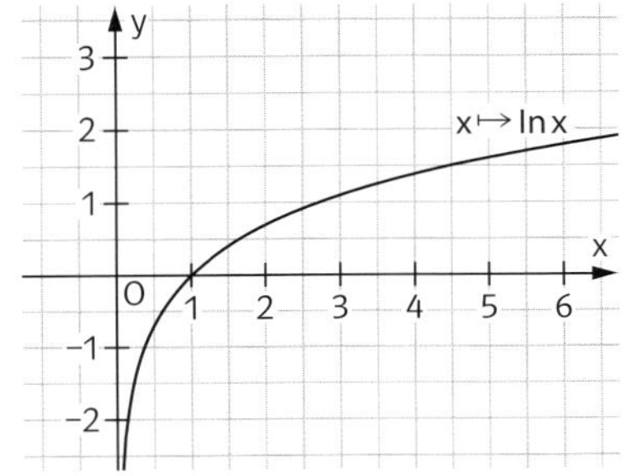

Es gilt:
- Ableitung: $f'(x) = \frac{1}{x}$;
  somit ist F: $x \mapsto \ln|x|$ eine Stammfunktion von f: $x \mapsto \frac{1}{x}$.
- Umkehrfunktion: $f^{-1}(x) = e^x$

Die verkettete Funktion f: $x \mapsto \ln|v(x)|$ (mit $v(x) > 0$) hat die Ableitung $f'(x) = \frac{1}{v(x)} \cdot v'(x)$.

(1) $f(x) = \ln(x^2 + 1)$ Ableitung: $f'(x) = \frac{1}{x^2+1} \cdot 2x = \frac{2x}{x^2+1}$

(2) $h(x) = \frac{1}{x+5}$ Stammfunktion: $H(x) = \ln|x + 5|$

© Als Kopiervorlage für den Unterricht freigegeben. Ernst Klett Verlag GmbH, Stuttgart 2013.

Allgemeine Exponential- und Logarithmusfunktionen 11/VI

Die allgemeine Exponentialfunktion f: $x \mapsto a^x$, $x \in \mathbb{R}$, ist darstellbar als Exponentialfunktion mit der Basis e: $f(x) = e^{x \cdot \ln a}$

(1) $f(x) = 2^x = (e^{\ln 2})^x = e^{x \ln 2}$

$f'(x) = \ln 2 \cdot e^{x \ln 2} = \ln 2 \cdot 2^x; \qquad F(x) = \frac{1}{\ln 2} \cdot e^{x \ln 2} = \frac{1}{\ln 2} \cdot 2^x$

(2) $f(x) = 3^{x-2} = (e^{\ln 3})^{x-2} = e^{(x-2) \cdot \ln 3}$

$f'(x) = \ln 3 \cdot e^{(x-2) \cdot \ln 3} = \ln 3 \cdot 3^{x-2}; \qquad F(x) = \frac{1}{\ln 3} \cdot e^{(x-2)\ln 3} = \frac{1}{\ln 3} \cdot 3^{x-2}$

Die allgemeine Logarithmusfunktion g: $x \mapsto \log_a x$, $x \in \mathbb{R}^+$, kann man mithilfe der natürlichen Logarithmusfunktion schreiben: $g(x) = \frac{1}{\ln a} \cdot \ln x$

(3) $f(x) = \log_4 x = \frac{1}{\ln 4} \cdot \ln x$

$f'(x) = \frac{1}{\ln 4} \cdot \frac{1}{x}$

© Als Kopiervorlage für den Unterricht freigegeben. Ernst Klett Verlag GmbH, Stuttgart 2013.

Lösen von Exponential- und Logarithmusgleichungen 11/VI

Eine Exponentialgleichung der Form $e^x = y$ hat die Lösung $x = \ln y$.

Für das Lösen von Gleichungen können folgende Zusammenhänge nützlich sein:
Für alle $x > 0$ gilt: $\mathbf{e^{\ln x} = x}$ und für alle $x \in \mathbb{R}$ gilt: $\mathbf{\ln(e^x) = x}$

(1)
$e^{x-2} = 1$ | beidseitiges Logarithmieren
$\ln(e^{x-2}) = \ln 1$ | es gilt: **ln 1 = 0**
$x - 2 = 0$
$x = 2$

(2)
$\ln(x - 3) = 1$ | beidseitig als Potenz von e
$e^{\ln(x-3)} = e^1$
$x - 3 = e$
$x = e + 3$

© Als Kopiervorlage für den Unterricht freigegeben. Ernst Klett Verlag GmbH, Stuttgart 2013.

Wichtige Grenzwerte 11/VI

Exponentialfunktion: $\lim\limits_{x \to -\infty} e^x = 0$ $\lim\limits_{x \to +\infty} e^{-x} = 0$

für alle $r \in \mathbb{R}^+$ gilt: $\lim\limits_{x \to +\infty} \frac{x^r}{e^x} = 0$ $\lim\limits_{x \to +\infty} (e^x - x^r) = +\infty$

Die Aussagen bedeuten, dass e^x für $x \to +\infty$ „schneller" wächst als jede Potenz x^r ($r \in \mathbb{R}^+$).

$\lim\limits_{x \to +\infty} e^{-0{,}5x} = 0$; d.h. der Graph der Funktion $f: x \mapsto e^{-0{,}5x}$ hat die waagrechte Asymptote $y = 0$ (x-Achse).

Logarithmusfunktion: $\lim\limits_{x \to 0} \ln x = -\infty$ $\lim\limits_{x \to +\infty} \ln x = +\infty$

für alle $r \in \mathbb{R}^+$ gilt: $\lim\limits_{x \underset{>}{\to} 0} (x^r \cdot \ln x) = 0$ $\lim\limits_{x \to +\infty} \frac{\ln x}{x^r} = 0$

Die letzte Aussage bedeutet, dass $\ln x$ für $x \to +\infty$ „langsamer" wächst als jede Potenz x^r ($r \in \mathbb{R}^+$).

$\lim\limits_{x \to +\infty} \left(\frac{1}{\sqrt{x}} \cdot \ln x\right) = \lim\limits_{x \to +\infty} \frac{\ln x}{\frac{1}{x^2}} = 0$; d.h. der zugehörige Graph hat die waagrechte Asymptote $y = 0$ (x-Achse).

© Als Kopiervorlage für den Unterricht freigegeben. Ernst Klett Verlag GmbH, Stuttgart 2013.

Wichtige Begriffe der Wahrscheinlichkeitsrechnung 11/VII

- Die Menge aller möglichen Ergebnisse eines Zufallsexperiments nennt man **Ergebnismenge**. Sie wird mit Ω bezeichnet.
  Die einzelnen Ergebnisse bezeichnet man mit $\omega_1, \omega_2, \omega_3, \ldots$
- Bei einem Zufallsexperiment nennt man jede Teilmenge A der Ergebnismenge Ω **Ereignis**. Das Ereignis A ist eingetreten, wenn bei einer Durchführung des Zufallsexperiments ein Ergebnis aus A eintritt.
- $\emptyset$ oder { }: **unmögliches Ereignis**
  Ω: **sicheres Ereignis**
- $|A|$ ist die Mächtigkeit von A, d.h. die Anzahl der Elemente von A.

Ergebnismenge

Werfen eines Würfels: $\Omega = \{1; 2; 3; 4; 5; 6\}$

Ergebnis

Ereignis A: „Augenzahl ist gerade"

$\Rightarrow$ $A = \{2; 4; 6\}$ mit $A \subset \Omega$

$\Rightarrow$ $|A| = 3$

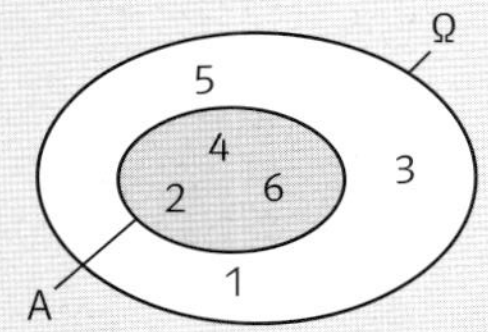

© Als Kopiervorlage für den Unterricht freigegeben. Ernst Klett Verlag GmbH, Stuttgart 2013.

Laplace-Experiment/Laplace-Wahrscheinlichkeit 11/VII

Zufallsexperimente, bei denen alle Ergebnisse gleich wahrscheinlich sind, heißen **Laplace-Experimente**. Hat ein Laplace-Experiment n Ergebnisse, dann beträgt die Wahrscheinlichkeit für jedes Ergebnis $\frac{1}{n}$.

Werfen eines Würfels, der nicht gezinkt ist. Werfen einer Münze, die nicht manipuliert ist.

Für Laplace-Experimente gilt:
Die Wahrscheinlichkeit P(A) eines Ereignisses A erhält man, indem man die Anzahl der für A günstigen durch die Gesamtzahl der möglichen Ergebnisse dividiert.

Laplace-Wahrscheinlichkeit für das Ereignis A:

$$P(A) = \frac{\text{Anzahl der für A günstigen Ergebnisse}}{\text{Anzahl der möglichen Ergebnisse}} = \frac{|A|}{|\Omega|}$$

Werfen eines Laplace-Würfels: $\Omega = \{1; 2; 3; 4; 5; 6\}$ $\Rightarrow$ $|\Omega| = 6$
Ereignis A sei „Augenzahl ist gerade", also $A = \{2; 4; 6\}$ $\Rightarrow$ $|A| = 3$
$\Rightarrow$ $P(A) = \frac{|A|}{|\Omega|} = \frac{3}{6} = \frac{1}{2}$

© Als Kopiervorlage für den Unterricht freigegeben. Ernst Klett Verlag GmbH, Stuttgart 2013.

Wahrscheinlichkeit bei mehrstufigen Zufallsexperimenten 11/VII

Ein Zufallsexperiment, das aus mehreren Teilexperimenten besteht, nennt man **mehrstufiges Zufallsexperiment**. Je nach Anzahl der Stufen des Zufallsexperiments schreibt man seine Ergebnisse als n-Tupel ($a_1; a_2; \ldots a_n$). Jedes n-Tupel stellt genau einen Pfad im zugehörigen Baumdiagramm vom Startpunkt bis zu einem Endpunkt dar.
1. Pfadregel: Bei einem mehrstufigen Zufallsexperiment erhält man die Wahrscheinlichkeit eines Ergebnisses, indem man die Wahrscheinlichkeiten längs des zugehörigen Pfades multipliziert.
2. Pfadregel: Bei einem mehrstufigen Zufallsexperiment erhält man die Wahrscheinlichkeit eines Ereignisses, indem man die Summe der Wahrscheinlichkeiten der Pfade bildet, die zu dem Ereignis gehören.

Aus einer Urne mit 3 weißen und 4 schwarzen Münzen werden zwei ohne Zurücklegen gezogen.

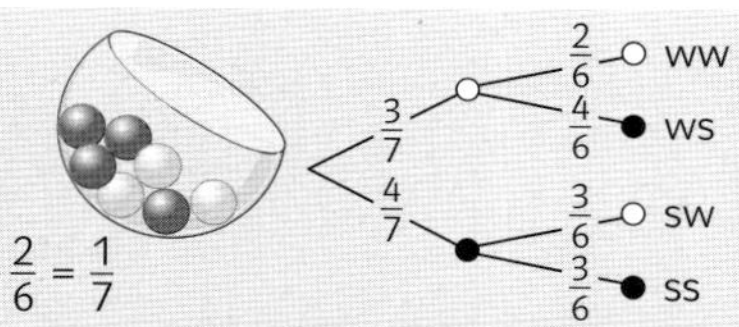

1. Pfadregel: P(„zwei weiße Kugeln") = $P(ww) = \frac{3}{7} \cdot \frac{2}{6} = \frac{1}{7}$

2. Pfadregel: P(„zwei gleichfarbige Kugeln") = $P(ww) + P(ss) = \frac{3}{7} \cdot \frac{2}{6} + \frac{4}{7} \cdot \frac{3}{6} = \frac{3}{7}$

© Als Kopiervorlage für den Unterricht freigegeben. Ernst Klett Verlag GmbH, Stuttgart 2013.

Wahrscheinlichkeitsverteilung

Eine Funktion $P: A \mapsto P(A)$ mit $A \subset \Omega$ und $P(A) \in \mathbb{R}$ heißt **Wahrscheinlichkeitsverteilung**, wenn sie folgende Bedingungen, auch **Axiome von Kolmogorow** genannt, erfüllt:

Axiom I: $P(A) \geqq 0$
Axiom II: $P(\Omega) = 1$
Axiom III: Wenn $A \cap B = \{\ \}$, dann muss gelten: $P(A \cup B) = P(A) + P(B)$

P(A) heißt **Wahrscheinlichkeit von A**.

Ein Zufallsexperiment hat drei mögliche Ausgänge: ω_1, ω_2 und ω_3. Die Wahrscheinlichkeit von ω_1 beträgt 0,2; die Wahrscheinlichkeit von ω_3 beträgt 0,45.
Wie groß ist die Wahrscheinlichkeit von ω_2?

$P(\Omega) = 1 \Rightarrow P(\{\omega_1\}) + P(\{\omega_2\}) + P(\{\omega_3\}) = 1$
$\Rightarrow 0{,}2 + P(\{\omega_2\}) + 0{,}45 = 1$
$\Rightarrow P(\{\omega_2\}) = 0{,}35$

© Als Kopiervorlage für den Unterricht freigegeben. Ernst Klett Verlag GmbH, Stuttgart 2013.

Zusammengesetzte Ereignisse

- **Gegenereignis** von A:
  $\overline{A} = \Omega \setminus A$

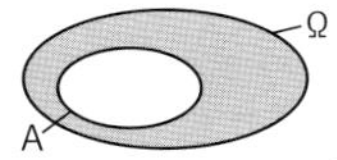

- Ereignis A **und** Ereignis B:
  $A \cap B$

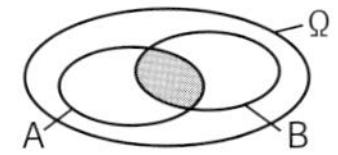

- Ereignis A **oder** Ereignis B:
  $A \cup B$

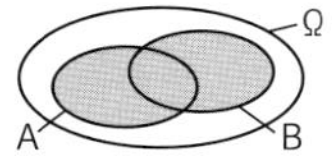

- Ereignis A **ohne** Ereignis B
  (Ereignis A **und nicht** Ereignis B):
  $A \setminus B = A \cap \overline{B}$

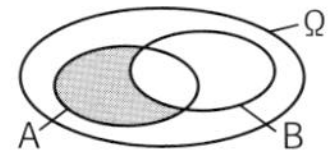

Gesetze von de Morgan:

- **Weder** Ereignis A **noch** Ereignis B:
  $\overline{A} \cap \overline{B} = \overline{A \cup B}$

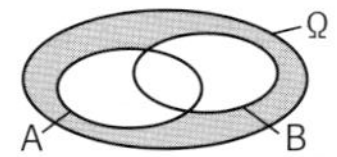

- **Nicht beide** Ereignisse A und B **gleichzeitig**:
  $\overline{A \cap B} = \overline{A} \cup \overline{B}$

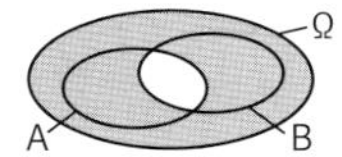

© Als Kopiervorlage für den Unterricht freigegeben. Ernst Klett Verlag GmbH, Stuttgart 2013.

Additionssatz

Für zwei Ereignisse A und B gilt: $P(A \cup B) = P(A) + P(B) - P(A \cap B)$

In einer Stadt gibt es die zwei Lokalzeitungen A und B. 40 % der Bürger lesen A, 24 % B und 4 % beide Zeitungen. Mit welcher Wahrscheinlichkeit liest eine zufällig ausgewählte Person keine der beiden Zeitungen $(= P(\overline{A} \cap \overline{B}))$?

Möglichkeit 1 (Additionssatz):

$P(\overline{A} \cap \overline{B}) = P(\overline{A \cup B}) = 1 - P(A \cup B)$
$= 1 - [P(A) + P(B) - P(A \cap B)]$
$= 1 - [0{,}40 + 0{,}24 - 0{,}04] = 0{,}4$

Möglichkeit 2 (Vierfeldertafel):

	A	$\overline{A}$	
B	**0,04**	0,20	**0,24**
$\overline{B}$	0,36	0,40	0,76
	0,40	0,60	1

© Als Kopiervorlage für den Unterricht freigegeben. Ernst Klett Verlag GmbH, Stuttgart 2013.

Unabhängigkeit

Zwei Ereignisse A und B heißen **(stochastisch) unabhängig**, wenn gilt:
$P(A \cap B) = P(A) \cdot P(B)$

Sind zwei Ereignisse A und B **unabhängig**, so ist die zugehörige Vierfeldertafel eine **Multiplikationstafel**.
Im Baumdiagramm sind dann in der 2. Stufe die Wahrscheinlichkeiten aller abwärts (aufwärts) gerichteten Äste gleich.

	B	$\overline{B}$	
A	$P(A \cap B)$ $= P(A) \cdot P(B)$	$P(A \cap \overline{B})$ $= P(A) \cdot P(\overline{B})$	P(A)
$\overline{A}$	$P(\overline{A} \cap B)$ $= P(\overline{A}) \cdot P(B)$	$P(\overline{A} \cap \overline{B})$ $= P(\overline{A}) \cdot P(\overline{B})$	$P(\overline{A})$
	P(B)	$P(\overline{B})$	1

Bei zwei Ereignissen muss sorgfältig unterschieden werden zwischen:

- Wahrscheinlichkeit von A **und** B: $P(A \cap B)$
  sowie
  Bedingter Wahrscheinlichkeit von B unter A: $P_A(B) = \frac{P(A \cap B)}{P(A)}$
- **Unvereinbarkeit** von A und B: $A \cap B = \{\ \}$
  sowie
  Unabhängigkeit von A und B: $P(A \cap B) = P(A) \cdot P(B)$

© Als Kopiervorlage für den Unterricht freigegeben. Ernst Klett Verlag GmbH, Stuttgart 2013.

Vorgehen beim Lösen vom Extremwertproblemen
11/VIII

1. Beschreiben der Größe, die extremal werden soll, durch einen Term, der mehrere Variablen enthalten kann.
2. Formulieren von gegebenen Nebenbedingungen.
3. Bestimmen der Zielfunktion, die nur noch von einer Variablen abhängt.
4. Untersuchen der Zielfunktion auf Extremwerte und Formulierung des Ergebnisses. Hier sind auch Randwerte zu berücksichtigen.

Zerlegen Sie die Zahl 12 so in zwei Summanden, dass ihr Produkt möglichst groß wird.
1. Term für das Produkt: $p = u \cdot v$
2. Nebenbedingung: $u + v = 12 \Rightarrow v = 12 - u$
3. Zielfunktion: $p(u) = u(12-u) = -u^2 + 12u$
4. Extrema: $p'(u) = -2u + 12; \quad p'(u) = 0 \Rightarrow u = 6$
   Aus $p'(u) > 0$ für $u < 6$ und $p'(u) < 0$ für $u > 6$ folgt, dass es sich um ein lokales Maximum handelt. Dies ist zugleich ein globales Maximum, da $p(6) \geqq p(x)$ für alle x aus dem Definitionsbereich.

Antwort: Wenn beide Summanden 6 betragen, wird das Produkt maximal.

© Als Kopiervorlage für den Unterricht freigegeben. Ernst Klett Verlag GmbH, Stuttgart 2013.

Funktionen mit Parametern
11/VIII

Enthält ein Funktionsterm außer der Variablen x noch eine weitere (von x unabhängige) Variable a, so gehört zu jedem möglichen Wert von a eine Funktion $f_a\colon x \mapsto f_a(x)$.

Die Variable a nennt man **Parameter**.
Die Menge dieser Funktionen bezeichnet man als **Funktionenschar**.

$f_a\colon x \mapsto ax^2 - 2x$

$f_1(x) = x^2 - 2x$
$f_2(x) = 2x^2 - 2x$
$f_{0,5}(x) = 0{,}5x^2 - 2x$

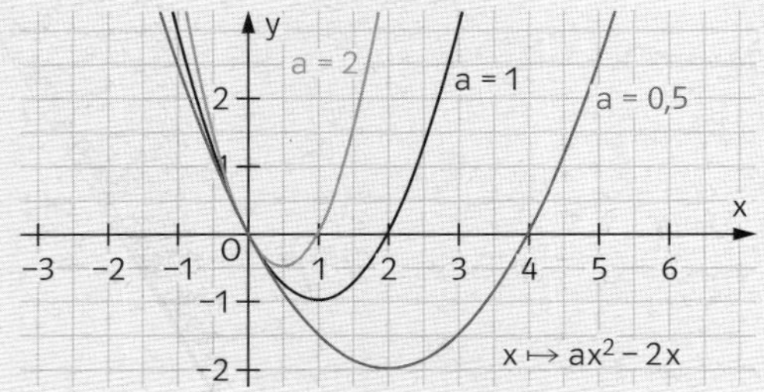

© Als Kopiervorlage für den Unterricht freigegeben. Ernst Klett Verlag GmbH, Stuttgart 2013.

Vorgehen bei einer Funktionsbestimmung
11/VIII

Um eine Funktion f zu bestimmen, die vorgegebene Eigenschaften hat, z.B.
- Punkte auf dem Graphen, $f(x_0) = y_0$
- Extremstellen oder die Steigung des Graphen an einer Stelle x_0, $f'(x_0) = 0$ oder $f'(x_0) = c$
- Nullstellen oder Polstellen, $f(x_0) = 0$ oder $q(x_0) = 0$ für $f(x) = \frac{p(x)}{q(x)}$,

sind diese Eigenschaften mithilfe von f oder f′ als Gleichungen zu formulieren und das Gleichungssystem zu lösen. Die nötige Anzahl von Gleichungen wird durch die Zahl der Parameter im Funktionsterm bestimmt.

Gesucht: Ganzrationale Funktion 3. Grades, deren Graph den Hochpunkt H(0|9) hat und die x-Achse bei $x = 3$ mit der Steigung 6 schneidet.
Ansatz: $f(x) = ax^3 + bx^2 + cx + d$ und $f'(x) = 3ax^2 + 2bx + c$
(I) $f(0) = 9 \Rightarrow d = 9$
(II) $f'(0) = 0 \Rightarrow c = 0$
(III) $f(3) = 0 \Rightarrow 27a + 9b + 9 = 0$
(IV) $f'(3) = 6 \Rightarrow 27a + 6b = 6$
Lösen des Gleichungssystems (III) + (IV) führt zu folgenden Lösungen:
$a = \frac{4}{3};\ b = -5;\ c = 0;\ d = 9 \Rightarrow f(x) = \frac{4}{3}x^3 - 5x^2 + 9$

© Als Kopiervorlage für den Unterricht freigegeben. Ernst Klett Verlag GmbH, Stuttgart 2013.

Vorgehen bei einer Funktionsanpassung
11/VIII

1. Daten in ein Koordinatensystem eintragen.
2. Mithilfe von Parametern Gleichung einer Funktion aufstellen, deren Graph näherungsweise durch die gegebenen Punkte gehen soll.
3. Je nach Zahl der Parameter die Koordinaten einer entsprechenden Zahl von Punkten in die Funktionsgleichung einsetzen und das entstandene Gleichungssystem lösen.
4. Mithilfe der Koordinaten weiterer Punkte die Brauchbarkeit der gefundenen Funktion überprüfen.

Gegebene Wertetabelle:

x	0	1	2	3	4
y	1,0	1,5	2,7	4,1	6,7

Ansatz: $f(x) = ax^2 + bx + c$
(I) $f(0) = 1 \Rightarrow c = 1$
(II) $f(1) = 1{,}5 \Rightarrow a + b = 0{,}5$
(III) $f(4) = 6{,}7 \Rightarrow 16a + 4b = 5{,}7$
$\Rightarrow a \approx 0{,}31;\ b \approx 0{,}19;\ c = 1{,}0$
$\Rightarrow f(x) = 0{,}31x^2 + 0{,}19x + 1$

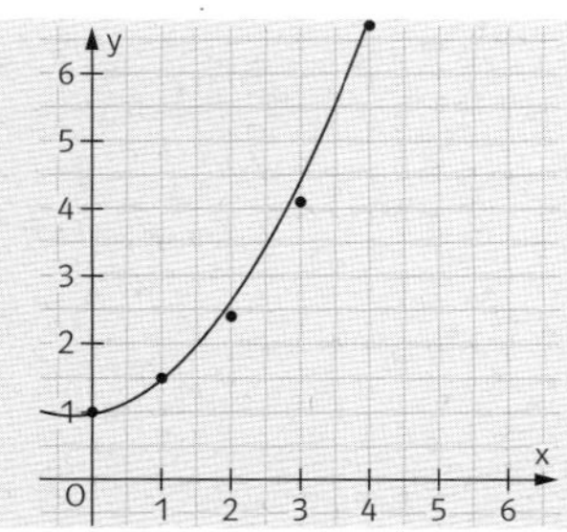

© Als Kopiervorlage für den Unterricht freigegeben. Ernst Klett Verlag GmbH, Stuttgart 2013.